Reinhard Zellner

Chemie über den Wolken

Chemie über den Wolken

... und darunter

*Herausgegeben von
Reinhard Zellner
und der
Gesellschaft Deutscher Chemiker*

WILEY-VCH Verlag GmbH & Co. KGaA

Herausgeber

Prof. Dr. Reinhard Zellner
Physikalische & Theoret. Chemie
Universität Duisburg-Essen
Universitätsstr. 5
45141 Essen

GDCh – Gesellschaft
Deutscher Chemiker e.V.
Varrentrappstr. 40–42
60486 Frankfurt

1. Nachdruck 2013

1. Auflage 2011

Alle Bücher von Wiley-VCH werden sorgfältig erarbeitet. Dennoch übernehmen Autoren, Herausgeber und Verlag in keinem Fall, einschließlich des vorliegenden Werkes, für die Richtigkeit von Angaben, Hinweisen und Ratschlägen sowie für eventuelle Druckfehler irgendeine Haftung

Bibliografische Information der Deutschen Nationalbibliothek
Die Deutsche Nationalbibliothek verzeichnet diese Publikation in der Deutschen Nationalbibliografie; detaillierte bibliografische Daten sind im Internet über <http://dnb.d-nb.de> abrufbar.

© 2011 WILEY-VCH Verlag GmbH & Co. KGaA,
Boschstr. 12, 69469 Weinheim, Germany

Alle Rechte, insbesondere die der Übersetzung in andere Sprachen, vorbehalten. Kein Teil dieses Buches darf ohne schriftliche Genehmigung des Verlages in irgendeiner Form – durch Photokopie, Mikroverfilmung oder irgendein anderes Verfahren – reproduziert oder in eine von Maschinen, insbesondere von Datenverarbeitungsmaschinen, verwendbare Sprache übertragen oder übersetzt werden. Die Wiedergabe von Warenbezeichnungen, Handelsnamen oder sonstigen Kennzeichen in diesem Buch berechtigt nicht zu der Annahme, dass diese von jedermann frei benutzt werden dürfen. Vielmehr kann es sich auch dann um eingetragene Warenzeichen oder sonstige gesetzlich geschützte Kennzeichen handeln, wenn sie nicht eigens als solche markiert sind.

Printed in the Federal Republic of Germany

Gedruckt auf säurefreiem Papier.

Satz TypoDesign Hecker GmbH, Leimen
Druck betz-druck GmbH, Darmstadt
Bindung Litges & Dopf Buchbinderei GmbH, Heppenheim
Grafiker Simone Benjamin

Print ISBN: 978-3-527-32651-8

Vorwort

„Chemie über den Wolken … und darunter" – eigentlich sollte das vorliegende Buch „nur" eine geringfügige Erweiterung und Aktualisierung des erfolgreichen, 2007 erschienen Themenhefts „Chemie der Atmosphäre" der Zeitschrift *Chemie in unserer Zeit* werden. Denn Herausgeber, Autoren und Verlag hatten schnell die Marktlücke erkannt und wollten sie ebenso schnell schließen: Direkt zu Beginn des Internationalen Jahrs der Chemie 2011 sollte ein solches Buch erscheinen.

Bei den Vorbereitungen wurden sich Herausgeber und Verlag jedoch einig, dass die Chemie über den Wolken nicht isoliert davon betrachtet werden darf, was sich chemisch unter den Wolken abspielt. Dies müsse deutlich stärker als zuvor einbezogen werden.

Jetzt begann für unseren Co-Herausgeber, Professor Dr. Reinhard Zellner, eine Arbeit, die sich schnell als umfangreicher als ursprünglich erwartet herausstellte. Irgendwie gelangen ja alle biogen und anthropogen emittierten Gase und leicht flüchtigen Stoffe in höhere Luftschichten und werden dort zu beständigen (persistenten) oder leicht umwandelbaren Bestandteilen des photochemischen Reaktors „Atmosphäre". Dies hat ganz entscheidenden Einfluss auf das Klima unserer Erde und auch auf andere Phänomene wie das Ozonloch, den Sommersmog oder die Feinstäube.

Reinhard Zellner ist sicher der Wissenschaftler in Deutschland, der die „Szene" der Chemie der Atmosphäre in ihrer gesamten Komplexität am besten durchdrungen hat. Seiner Überzeugungskraft als angesehener Hochschullehrer und -forscher ist es entscheidend zu verdanken, dass in den 90er Jahren in Deutschland der Ausstieg aus der Produktion von Fluorchlorkohlenwasserstoffen, die die Ozonschicht schädigen, recht schnell erfolgte. Auch in der aktuellen Klimadebatte hat seine Stimme Gewicht. Doch hier sind die Zusammenhänge komplexer; einfache Lösungen gibt es nicht.

„Chemie der Atmosphäre" – diesen Gemeinschaftsausschuss konnte Reinhard Zellner 1997 bei der Gesellschaft Deutscher Chemiker (GDCh), der Gesellschaft für Chemische Technik und Biotechnologie (Dechema) und der Deutschen Bunsen-Gesellschaft für Physikalische Chemie (DBG) etablieren. Seither, und seit fünf Jahren unter dem Ausschussnamen „Chemie, Luftqualität und Klima", lädt er renommierte Wissenschaftler – er selbst ist Physikochemiker – aus allen relevanten Disziplinen ein, die wichtige Beiträge zur Aufklärung der chemischen Vorgänge in der Atmosphäre leisten können. In diesen Zirkeln steht die wissenschaftliche Diskussion im Vordergrund. Reinhard Zellner ist auf der Suche nach der wissenschaftlichen Lösung einer anstehenden Fragestellung – jede Art von Interessensvertretung oder Lobbyismus hat bei diesen Diskussionen nichts zu suchen.

Im Internationalen Jahr der Chemie will eine wissenschaftliche Gesellschaft wie die GDCh die wissenschaftlichen Leistungen ihrer Disziplin aufzeigen. Sie will zeigen, welch enormes Forschungspotenzial in der Chemie steckt, die ungeheure thematische Spannungsbögen aufweist – von der Energieforschung zu Aspekten der Ernährung, von der Materialforschung bis zu medizinischen Fragestellungen.

Chemie – dahinter steckt auch eine starke Industriebranche, was dieses Buch in Ansätzen ebenfalls aufzeigt. Und es zeigt auch – bei allen Versäumnissen, die in der Vergangenheit gemacht wurden – mit welch hoher Verantwortung dieser Industriezweig heute Stoffe produziert mit dem Ziel, dem Menschen zu helfen, sicherer und sorgloser durchs Leben gehen zu können, und seine Lebensqualität stets zu verbessern. Umweltschutz und nachhaltige Entwicklung, auch das macht dieses Buch deutlich, sind nur mit Hilfe moderner chemischer Forschung und Entwicklung leistbar.

Lassen Sie uns kurz noch auf „unsere" Gesellschaft, die Gesellschaft Deutscher Chemiker, eingehen. Mit rund 30 000 Mitgliedern ist sie eine der größten chemiewissenschaftlichen Gesellschaften weltweit. Entgegen ihrem Namen haben sich in ihr auch Chemikerinnen und Vertreter anderer Naturwissenschaften sowie Studierende und Auszubildende dieser Fachrichtungen zusammengefunden, um in diesem wissenschaftlichen Netzwerk, der nachhaltigen chemischen Forschung und der eigenen Karriere förderlich, mitzuwirken. Die GDCh betätigt sich u.a. auf dem Feld der wissenschaftlichen Nachwuchsförderung, der modernen Schul- und Hochschulausbildung sowie der Kommunikation und Diskussion von Forschungsergebnissen sowohl in wissenschaftlichen Kreisen als auch in der Öffentlichkeit, der wir hiermit dieses Buch vorlegen.

Wir wünschen allen Lesern eine anregende Lektüre!

Michael Dröscher   **Wolfram Koch**

PROFFESSOR DR.
MICHAEL DRÖSCHER
PRÄSIDENT DER GDCH

PROFFESSOR DR.
WOLFRAM KOCH
GESCHÄFTSFÜHRER DER GDCH

Inhalt

5 Vorwort

8 **Die Atmosphäre – Zwischen Erde und Weltall**

Reinhard Zellner
9 Unsere lebenswichtige Schutzhülle

Reinhard Zellner
18 Störfaktor Mensch

26 **Kohlendioxid – Zu viel des Guten**

Martin Heimann und Christian-Dietrich Schönwiese
27 CO_2 und der Klimawandel

Roswitha Harrer
38 Atmosphärisches CO_2 und die Photosynthese – Wie aus Licht Leben wird

Michael Röper
43 Was die Industrie aus CO_2 machen kann

Jürgen O. Metzger und Franz May
Abscheiden und speichern

52 **Methan – ein faules Gas, das zündet**

Reinhard Zellner
53 Aufstieg aus Sümpfen, Weiden und Feldern

Hilmar Rempel
60 Erdgas und unsere Energieversorgung

Matthias Haeckel und Erwin Suess
65 Natürliche Gashydrate – Künftige Energieträger oder Option zur CO_2-Speicherung?

Evgenii V. Kondratenko und David Linke
71 Mit Methan fängt Vieles an

76 **Lachgas – Nicht immer zum Lachen**

Klaus Butterbach-Bahl und Peter Wiesen
77 Der Landwirtschaft und der Industrie entkommen

84 **Kohlenwasserstoffe, Stickoxide und Ozon – Dicke Luft**

Ian Barnes, Karlheinz Becker, Peter Bruckmann, Stefan Gilge, Gerhard Smiatek, Rainer Steinbrecher und Peter Wiesen
85 Reinheit und Qualität der Luft haben Grenzen

Andreas Martin und Manfred Richter
97 Katalysatoren – Die Schadstoffkiller im Auto

Clemens von Sonntag und Torsten C. Schmidt
101 Sauberes Wasser mit Ozon

104 **Feinstaub – Klein, fein und gemein**

Peter Bruckmann, Thomas A. J. Kuhlbusch, Astrid John, Ulrich Quass und Markus Kasper
105 Staub ist überall – Auch in der Luft

Thomas Eikmann
120 Bloß keinen Staub aufwirbeln

Günter Schmid
124 Nanopartikel – Zwerge mit riesigen Eigenschaften

128 **Wasser – Das umtriebige Elixier**

Detlev Möller, Johann Feichter und Hartmut Hermann
129 Von Wolken, Nebel und Niederschlag

Hans-Curt Flemming
140 Wasser und Leben

INHALT

150 **Gletscher und Meereis – Wie lange noch?**

Lars Kaleschke
151 Weiße Eisflächen: Unser Klima braucht sie

Dirk Notz
157 Kippt das Klima?

162 **OH-Radikale – Waschmittel der Atmosphäre**

Andreas Wahner, Andreas Hofzumahaus und Geert Moortgat
163 Die Kraft der Selbstreinigung

172 **Spurenstoffe im Visier**

Ulrich Platt und John Burrows
173 Von nah und fern erforscht

John Burrows und Ulrich Platt
183 Aus der Perspektive von Satelliten

194 **FCKW und die Ozonschicht – Eine erfolgreiche Erkenntnis**

Martin Dameris, Markus Rex und Christiane Voigt
195 Was passiert mit dem Ozon über den Wolken?

Günter Siegemund und Jürgen Russow
205 Original und Ersatz - FCKW und ihre Nachfolger

210 **POPs, REACH und unsere Umwelt**

Gerhard Lammel, Wolf-Ulrich Palm und Cornelius Zetzsch
211 Was und wo sind POPs?

Edgar L. Gärtner
221 Sisyphus im Dienste der Umwelt: Chemischer Pflanzenschutz

Gesine Fickel
226 Wohin führt uns REACH

230 Autorenverzeichnis

233 Bildquellen

236 Stichwortverzeichnis

UNSERE ATMOSPHÄRE

Die Atmosphäre – Zwischen Erde und Weltall

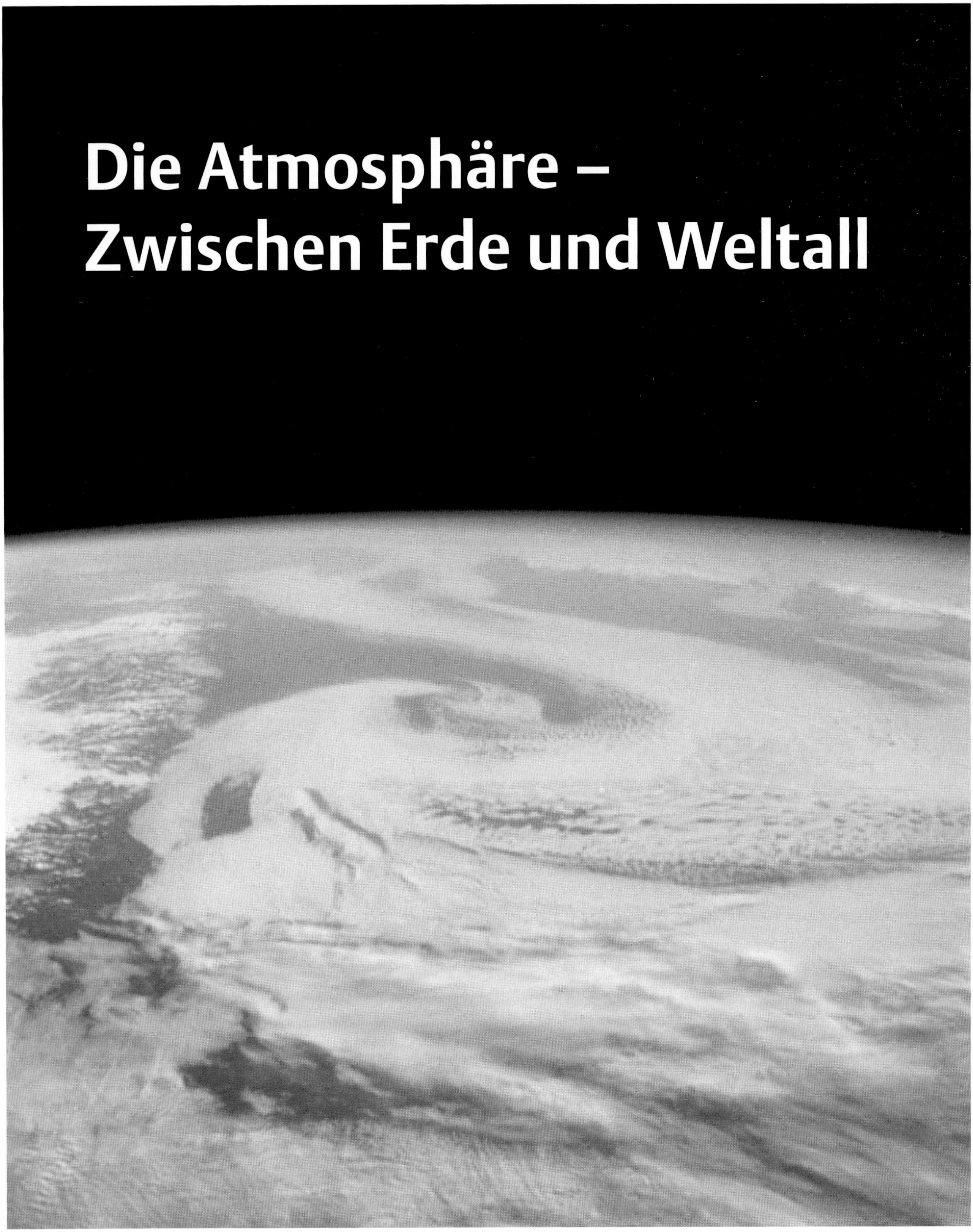

UNSERE ATMOSPHÄRE

Unsere lebenswichtige Schutzhülle

REINHARD ZELLNER

Leben auf der Erde ist ohne die Atmosphäre nicht denkbar. Die Beschäftigung mit der Atmosphäre (griech.: atmos = Luft, Dampf, sphaira = Ball, Hülle) ist allerdings ein interdisziplinäres Anliegen. Die Meteorologie und die Atmosphärenphysik verstehen die Atmosphäre als eine Senke der Sonnenenergie und wie diese Energie in Dynamik, Winde und Niederschlag umgewandelt wird. Für die Astrophysik ist sie eine ungewollte und unvermeidbare Notwendigkeit, die den Blick in den Weltraum erschwert. Für die Radiophysiker sind die höheren Regionen wegen ihres Gehaltes an Ionen und Elektronen und deren begleitende Reflexion von elektromagnetischer Strahlung von Interesse. Die Biologen „schätzen" die Atmosphäre wegen ihrer lebenserhaltenden Funktionen aufgrund des Austauschs von Spurengasen mit der Biosphäre und durch die Abschirmung der Erde vor der energiereichen Sonnenstrahlung. Für den Chemiker – und dies soll uns hier vornehmlich interessieren – ist die Erdatmosphäre ein riesiger photochemischer Reaktor, in dem Spurengase und Schwebstoffe (Aerosole) verdünnt, umgewandelt und wieder entfernt werden. Die nunmehr jahrzehntelange wissenschaftliche Beschäftigung mit der Atmosphäre hat unser Wissen über dieses wichtige Kompartiment der Erde erheblich erweitert, uns aber auch vor Augen geführt, wie verletzlich sie sein kann. Ozonloch und Klimawandel sind die vermutlich stärksten anthropogenen Veränderungen, die die Erdatmosphäre in ihrer jüngeren Geschichte jemals erlebt hat. Was dies für die Menschheit langfristig bedeutet und welche Folgen hiervon ausgehen, ist derzeit noch überhaupt nicht klar. Allerdings wissen wir, dass wir dringend unser Handeln ändern müssen, um die vermeintlichen Konsequenzen in beherrschbaren Grenzen zu halten.

Abb. 1 *Unser Sonnensystem*

Unsere Einzigartigkeit im Sonnensystem

Die Erde ist der einzige Planet in unserem Sonnensystem, auf dem sich Leben entwickeln und dauerhaft etablieren konnte. Die Atmosphäre der Erde ist die Einzige unter den Planetenatmosphären, die relativ hohe Sauerstoffmengen enthält und die von einer komplexen Biosphäre beeinflusst ist. Sie ist selbst durch die Lebensvorgänge geprägt, „sorgt" aber auch dafür, dass Leben erhalten bleibt.

Ebenso wie die Atmosphären unserer Nachbarplaneten Venus und Mars entstand auch die Erdatmosphäre durch das Ausgasen des flüssigen Planetenkörpers, wobei Wasserdampf und Kohlendioxid die wichtigsten Komponenten waren. Sie sind auch heute noch wichtige Bestandteile der vulkanischen Exhalation. Im Gegensatz zu den anderen Planeten, ist der Abstand der Erde von der Sonne aber gerade richtig, um eine Oberflächentemperatur zu erzeugen, bei der Wasserdampf auch kondensieren kann. Die Temperaturen der Nachbarplaneten Mars (T = –50 °C) und Venus (T = 462 °C) sind entweder zu niedrig oder zu hoch, um die Existenz von Wasser in flüssiger Form zu erlauben (Tabelle 1).

Als Folge konnte der exhalierte Wasserdampf der Erde in Form der Ozeane kondensieren. Auf der heißeren Venus war dies nicht der Fall, weshalb dieser – gemeinsam mit dem ebenfalls vorhandenen CO_2 – einen gigantischen Treibhauseffekt und entsprechend hohe Oberflächentemperaturen hat. Der entferntere Mars dagegen konnte wegen seiner niedrigen Temperaturen allenfalls eine Eisschicht aufbauen.

Die Entstehung der Ozeane war vermutlich auch die wesentlichste Voraussetzung für die Entstehung des Lebens

UNSERE ATMOSPHÄRE

TAB. 1	VERGLEICH DER INNEREN PLANETEN DES SONNENSYSTEMS UND IHRER ATMOSPHÄREN			
	Venus	**Erde**	**Mars**	**Jupiter**
Mittlerer Abstand von der Sonne (in Millionen km)	108	150	228	778
Mittlerer Radius (in km)	6049	6371	3390	69 500
Mittlere Dichte der Planeten (in g/cm^3)	5,23	5,25	3,96	1,33
Mittlere Oberflächentemperatur (in C°)	462	15	−50	−130
Druck an der Oberfläche (in bar)	90	1	0,007	0,1
Hauptbestandteile (relativer Volumenanteil)	CO_2 (95–97%) N_2 (3,5–4,5%) H_2O (0,06–0,14%)	N_2 (78,08%) O_2 (20,95%) Ar (0,93%)	CO_2 (95%) N_2 (3%) Ar (1,5%)	H_2 (88%) He (11%)

auf der Erde. Einerseits war das flüssige Wasser ein ideales Lösungsmittel für das atmosphärische CO_2, wodurch dieses in der Atmosphäre abgereichert und in Form von Calcium- und Magnesium-Carbonatgesteinen in den Sedimenten abgelagert wurde. Andererseits ist es der Ort des Entstehens des Sauerstoffs und des beginnenden Lebens.

Als Quelle des irdischen Sauerstoffs kommen nur nichtgeologische Prozesse in Betracht, bei denen der Sauerstoff aus oxidierten Gasen wie H_2O und CO_2 nachträglich freigesetzt wurde. Als Energiequelle könnte das Sonnenlicht gedient haben. Allerdings zeigt sich, dass die direkte Photolyse wie z. B. $CO_2 + h\nu \rightarrow CO + 1/2\ O_2$ zu langsam war, um nennenswerte Mengen an Sauerstoff aufzubauen. Dagegen scheint die Photosynthese von organischen Verbindungen, in der der Sauerstoff ein Nebenprodukt ist, die wesentliche Ursache für das Entstehen des irdischen Sauerstoffs gewesen zu sein. Die Photosynthese erfordert Sonnenlicht; die Produkte der Photosynthese dagegen, nämlich die höheren organischen Moleküle sowie Biomoleküle wie Aminosäuren und Proteine, den Schutz vor zu energiereicher Sonnenstrahlung. Aus diesem Grunde ist die Photosynthese vermutlich im Wasser „erfunden" worden, wo photosynthetisierende Purpurbakterien vor der kurzwelligen Sonnenstrahlung geschützt waren. Erst nachdem die Erdatmosphäre genügend Sauerstoff angesammelt hatte und das Ozon als UV-Schutzfilter aufgebaut war, konnten grüne Pflanzen entstehen und das Leben auch außerhalb der Ozeane existieren.

Die Entstehung der heutigen Erdatmosphäre ist ein relativ junges Ereignis der Erdgeschichte. Nahezu die Hälfte der Zeit seit ihrem Entstehen vor 4,5 Milliarden Jahren hat die Erdatmosphäre praktisch keinen Sauerstoff enthalten. Auch der weitaus größte Teil des jemals durch Photosynthese gebildeten Sauerstoffs ist nicht frei in der Atmosphäre enthalten, sondern als Oxid in den Metallen und Nicht-Metallen der Erdkruste gebunden. Nur etwa 5 % des jemals gebildeten Sauerstoffs macht unseren derzeitigen atmosphärischen Gehalt aus (Abb. 2).

In den Atmosphären unserer Nachbarplaneten hat diese physikalisch und biologisch bedingte Evolution nicht stattgefunden. Der Sauerstoffgehalt ist deshalb verschwindend gering. Hauptbestandteil ist das CO_2, wie in der irdischen Uratmosphäre.

Struktur und Schichtung der Erdatmosphäre

Im Vergleich zur Erde mit ihren 12 000 km Durchmesser ist die Erdatmosphäre eine relativ dünne Schicht. Sie erstreckt sich über einige 100 km Höhe; aber nur die ersten 100 km sind überhaupt von Interesse für das Geschehen auf der Erde.

Der untere Bereich der Erdatmosphäre wird in verschiedene Schichten eingeteilt (Abb. 3). Die dem Erdboden am nächsten gelegene Schicht ist die Troposphäre. Sie hat eine Höhe von 8 km (über den Polen) und ca. 17 km über dem Äquator. In mittleren Breiten – wie bei uns – beträgt die Troposphärenhöhe ca. 12–14 km. Die Troposphäre ist über die sog. Tropopause von der darüber liegenden

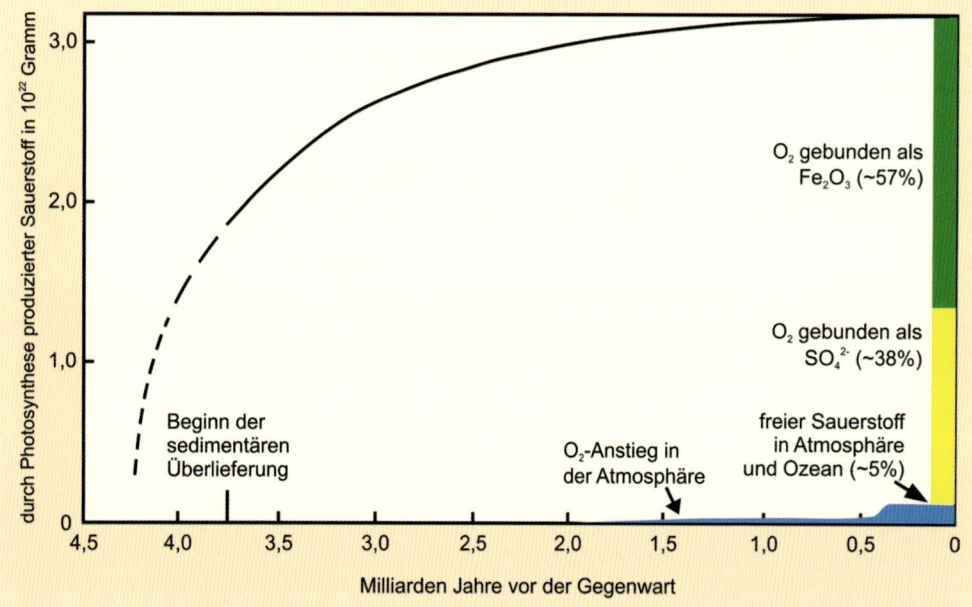

Abb. 2 *Entwicklung des irdischen Sauerstoffs seit der Entstehung der Erde vor 4,5 Milliarden Jahren* [1]

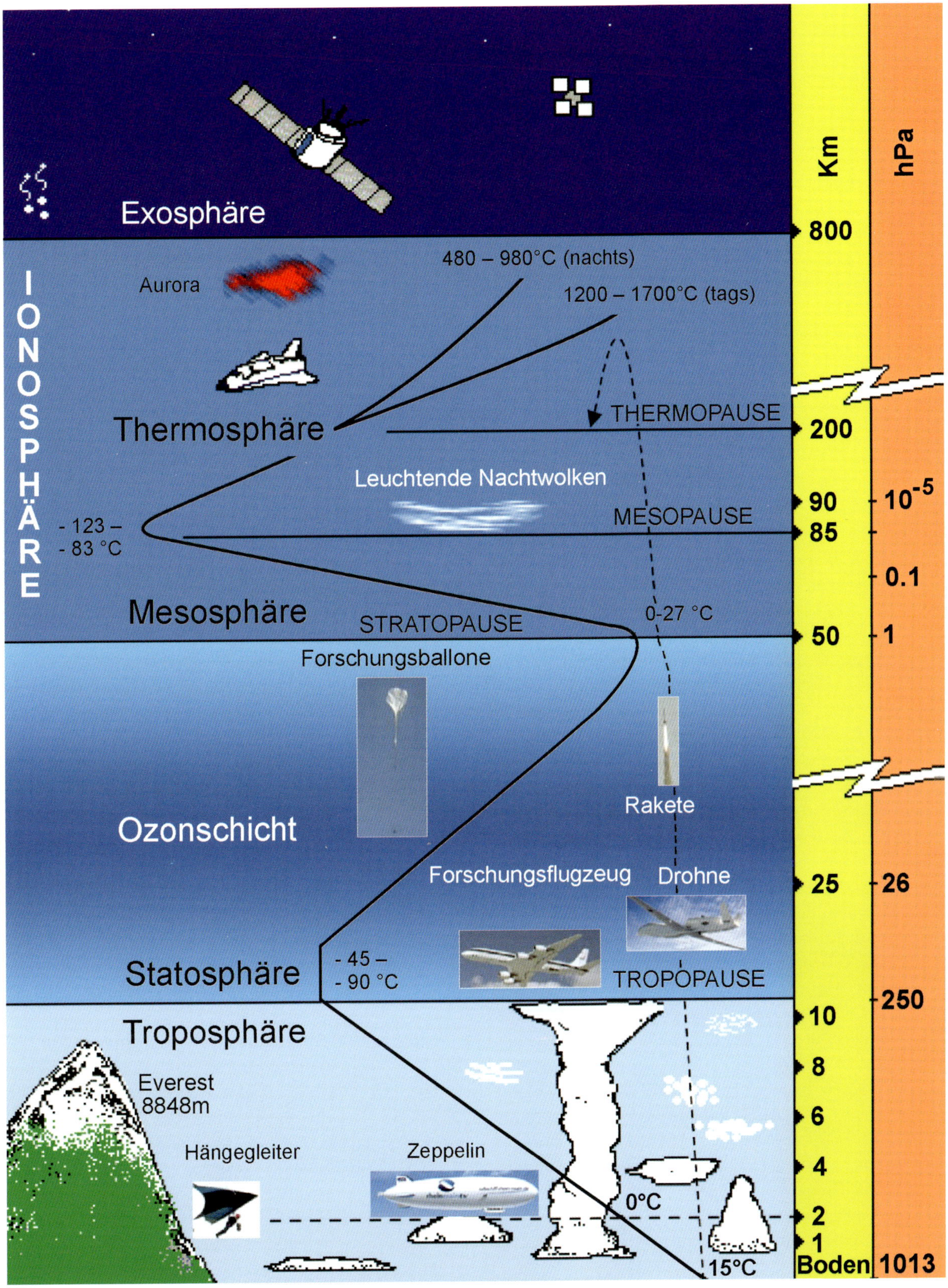

UNSERE ATMOSPHÄRE

Abb. 3 *Aufbau der Erdatmosphäre und Messträger der atmosphärischen Forschung*

UNSERE ATMOSPHÄRE

Stratosphäre getrennt. Die Stratosphäre erstreckt sich bis in etwa 50 km Höhe. Sie wird durch die Stratopause von der Mesosphäre getrennt, die bis in Höhen von ca. 85 km reicht. Oberhalb der Mesosphäre – und getrennt durch die Mesopause – befindet sich die Thermosphäre. Jede dieser Sphären hat ihre Besonderheiten.

Der Druck in der Atmosphäre und damit die Dichte der Luft nehmen mit der Höhe exponentiell nach oben schnell ab. Es gilt die sog. hydrostatische Gleichung oder barometrische Höhenformel

$$P(z) = P_0 \exp(-z/H)$$

wobei z die atmosphärische Höhe in km, p_0 der Druck in Bodennähe (1013 mbar oder hPa) und H die sog. Skalenhöhe bedeutet. H enthält die Gravitationskonstante (g), die Temperatur und die mittlere Molmasse (M) der Luft

$$H = RT/(Mg)$$

und beträgt in der unteren Atmosphäre etwa 8 km. Dies bedeutet, dass der Druck in 8 km Höhe (also in etwa der Höhe des Mount Everest) auf den Bruchteil (1/e = 1/2,718 = 37 %) seines ursprünglichen Wertes abgefallen ist. In 50 km Höhe beträgt der Druck gar nur noch 1 hPa, also ein Tausendstel des Drucks in Bodennähe. Aus diesem Grunde befindet sich auch die Hälfte der Gesamtmasse der Atmosphäre von 5×10^{18} kg unterhalb von 5,5 km und 99 % der Masse unterhalb von 30 km. Die unterste Schicht, die Troposphäre, ist auch für den Energiegehalt der Atmosphäre und dessen Transport in Form von Winden und Wolken die weitaus entscheidende. Wolken kommen praktisch nur in dieser Schicht vor. Der höhere Teil der Atmosphäre ist viel zu trocken, um die Wolkenbildung zu ermöglichen.

Der Umgebungsdruck in der Atmosphäre bestimmt auch die maximalen Flughöhen, in denen sich Flugzeuge bewegen können. Beim Fliegen sind das Gewicht des Flugzeugs und der Auftrieb nämlich genau kompensiert; der Antrieb durch Düsentriebwerke oder Propeller sorgt nur für die Geschwindigkeit, also den Vortrieb gegen die Reibung der Luft. Typischerweise ist die maximale Flughöhe bei kommerziellen Langstreckenflügen in mittleren Breiten der Oberrand der Troposphäre (10–12 km). Nur Spezialflugzeuge erreichen etwas größere Höhen. Will man noch höher hinaus, so muss das Fluggerät neben dem Brennstoff selbst auch den zur Verbrennung nötigen Sauerstoff mit sich führen, also auf Raketenantriebe zurückgegriffen werden. Für Forschungszwecke einfacher und billiger sind deshalb Forschungsballone. Ihr Nachteil allerdings ist, dass sie in der Luftmasse eingeschlossen sind und nicht aktiv bewegt werden können.

Da mit dem Druck natürlich auch der Sauerstoffgehalt abnimmt, wird die Bewegung für den Menschen in größeren Höhen zunehmend beschwerlich. Bereits jeder Skiläufer kennt das Gefühl der erhöhten Anstrengung in solchen Höhen. Nur äußerst gut Trainierte können sich deshalb auf den höchsten Bergen der Erde ohne Atemgerät bewegen.

Die Einteilung der Atmosphäre in Sphären und Pausen ist nicht willkürlich. Sie erfolgt anhand des vertikalen Temperaturprofils. Dieses ist nicht konstant, sondern zeigt abwechselnd Bereiche mit fallender und zunehmender Temperatur (siehe Abb. 3). Immer wenn sich das Vorzeichen des vertikalen T-Gradienten ändert, beginnt eine neue Sphäre. Die globale Mitteltemperatur in Bodennähe beträgt etwa 15 °C. Sie ist damit etwa doppelt so hoch wie die Jahresmitteltemperatur in Deutschland. In der untersten Schicht, der Troposphäre, nimmt die Temperatur mit der Höhe um ca. –6,8 °C/km ab und erreicht an der Tropopause Temperaturen von –45 bis –90 °C, je nach geographischer Breite. Dass es auf einem Berg immer kälter ist als unten, ist eine allgemeine Erfahrung. Auch die Ansage einer Außentemperatur von –60 °C durch den Flugkapitän auf einem Flug von Europa in die USA ist deshalb nichts Besonderes. Es spricht nur dafür, dass sich das Flugzeug in Tropopausenhöhe bewegt. Wegen der größeren Höhe ist dabei die äquatoriale Tropopause die kälteste. In der Stratosphäre nimmt die Temperatur mit der Höhe wieder zu und erreicht in 50 km Werte von 0 bis –20 °C, der Temperatur eines typischen Wintertages in unseren Breiten. In der darüberliegenden Mesosphäre fällt die Temperatur mit der Höhe sehr stark ab und erreicht in 85 km Höhe Werte zwischen –80 bis –120 °C. Die Mesopause über den Polen ist mit –140 °C die kälteste Region in unserer Erdatmosphäre überhaupt. In der Thermosphäre schließlich wächst die Temperatur mit der Höhe wieder schnell an, wobei wegen der starken Heizung durch die Sonnenstrahlung große Unterschiede zwischen Tag und Nacht bestehen.

Das Vorzeichen des vertikalen Temperaturgradienten in einer Schicht ist von großer Bedeutung für deren dynamische Stabilität. Ein negativer Gradient wie in der Troposphäre hat eine sehr instabile und gut durchmischte Schicht zur Folge, während ein positiver Gradient wie in der unteren Stratosphäre eine sehr stabile Schichtung erzeugt. Troposphäre und Stratosphäre sind deshalb bezüglich des Stoffaustauschs weitestgehend voneinander entkoppelt.

Haupt- und Spurengase, Kreisläufe

Die Hauptkomponenten der Luft in Bodennähe sind N_2: 78,08 %, O_2: 20,94 %, Ar: 0,93 %, CO_2: 0,038 % und H_2O-Dampf: 10^{-3} bis 1 %. Sie bestimmen die Hauptzusammensetzung der Luft in der Troposphäre und (mit Ausnahme des Wasserdampfes) auch bis in eine Höhe von etwa 100 km, dem Bereich der sog. Homosphäre. Alle anderen Gase sind in deutlich geringerer Konzentration vorhanden und werden deshalb als Spurengase bezeichnet. Eine Zusammenstellung von Haupt- und Spurengasen der Erdatmosphäre ist in Tabelle 2 gezeigt. Angegeben sind die sog. (Volumen)-Mischungsverhältnisse in Einheiten von 10^{-6} = 1 ppm. Der in der Atmosphärenchemie gebräuchliche Begriff des Mischungsverhältnisses (engl. *mixing ratio*) ist identisch mit dem chemischen Begriff des Molenbruchs.

UNSERE ATMOSPHÄRE

Häufig wird in den Atmosphärenwissenschaften die Konzentration eines Spurengases auch in Form der Teilchenzahlkonzentration (Einheiten: Teilchen/m³) angegeben. Letztere werden erhalten aus den Mischungsverhältnissen und der absoluten Teilchenzahl (N_{STP}) in einem Gas bei STP-Bedingungen (Standard-Temperatur und -Druck, 298 K und 1 bar). Diese ist gleich der Avogadro-Zahl dividiert durch das Standard-Molvolumen und beträgt N_{STP} = $6,023 \times 10^{23}/22,414 \times 10^3 = 2,6 \times 10^{19}$ Teilchen/cm³ = $2,6 \times 10^{25}$ Teilchen/m³. Die Angabe von Konzentrationen in Einheiten von Teilchen/cm³ anstelle von Mischungsverhältnissen oder Partialdrucken ist insbesondere gebräuchlich für freie Radikale, deren Mischungsverhältnisse häufig deutlich kleiner als 1 ppt (10^{-12}) sind. So spricht man z. B. bei dem so wichtigen OH-Radikal von einer global gemittelten Konzentration von 1×10^6 cm⁻³, entsprechend einem Mischungsverhältnis von 4×10^{-14} oder 4×10^{-2} ppt. Die Konzentrationen von Sauerstoffatomen in ihren Grund- bzw. angeregten (O^1D) Zuständen sind noch mehrere Größenordnungen kleiner.

In Tabelle 2 ist auch die Herkunft der Gase angegeben und ob sie sich in einem bio-geo-chemischen Kreislauf befinden (wie CO_2, SO_2 u. a.) oder durch Akkumulation (wie die Edelgase) entstanden sind. Im Falle von CO_2 oder CH_4 z. B. greift auch der Mensch in die natürlichen Kreisläufe ein und verändert damit deren atmosphärische Konzentration.

Es ist ein Charakteristikum aller atmosphärischen Gase, dass ihre Konzentrationen mit der Höhe variieren. Dies wird zum einen verursacht durch den abnehmenden Gesamtdruck und zum anderen durch höhenabhängige Bildungs- und/oder Verlustprozesse. Als Ergebnis zeigen die meisten Spurengase recht komplexe Vertikalprofile. Ein herausragendes Beispiel ist die stratosphärische Ozonschicht, die sich in Form einer photochemischen Schicht über den gesamten Höhenbereich von 15–50 km erstreckt.

Die überwiegende Zahl von atmosphärischen Gasen ist an Kreisläufen beteiligt, mit denen die Atmosphäre an die Bio-, Geo- oder Hydrosphäre gekoppelt ist. Diese Kreisläufe aufzuklären und ihre Quell- und Senkenstärken zu quantifizieren, ist eine der herausragenden Aufgaben der Atmosphärenwissenschaften. Insbesondere erfordert die Einschätzung des Ausmaßes einer anthropogenen Veränderung immer die entsprechenden Kenntnisse über die natürlichen Kreisläufe. Diese sind allerdings häufig nur sehr mühsam zu gewinnen.

Der Spurengashaushalt unserer Atmosphäre wird etwa seit Mitte des letzten Jahrhunderts systematisch untersucht. Am Anfang stand das Internationale Geophysikalische Jahr 1956/57, in dem erstmals international das Bewusstsein um die menschliche Beeinflussung unserer Atmosphäre geschärft und die methodischen Voraussetzungen für die Beobachtung dieser Veränderungen diskutiert und implementiert wurden. Heute, gut 50 Jahre später, bestehen internationale Messnetze mit gut etablierten und abgestimmten Methoden und gemeinsamen Auswertungen. Neben den klassischen In-situ-Messmethoden in der Bodenluft, vom Flugzeug oder Ballonen aus, sind die Fernerkundungsverfahren hinzugekommen, die grundsätzlich eine viel bessere räumliche und zeitliche Erfassung erlauben und die in der Satellitenfernerkundung ihren vorläufigen Höhepunkt gefunden haben.

Seither wissen wir, dass viele Spurengase der Atmosphäre über z. T. recht komplexe Kreisläufe an die Bio- und Hydrosphäre gebunden sind, die durch den Menschen beeinflusst werden können. Für die meisten der wichtigen Spurengase wie der Wasserdampf, CO_2, CH_4, N_2O, O_3 und die FCKW können diese Kreisläufe heute gut quantifiziert, d. h. die Natur und die Stärken von Quellen und Senken angegeben, werden. Allerdings ist für eine ganze Reihe von Spurengasen auch nachgewiesen, dass ihre Konzentrationen mit der Zeit aufgrund des Einflusses des Menschen angestiegen sind.

Alle Spurengaskreisläufe – ob natürlich oder anthropogen – entsprechen einem der in Abb. 4 gezeigten Muster.

Der Wasserdampf, dessen Konzentration in der Atmosphäre sehr variabel ist, hat ausschließlich einen physikalisch-chemischen Kreislauf, in dem die verschiedenen Phasen des Wassers (gasförmig, flüssig, fest) ineinander umgewandelt werden. Die jeweilige Konzentration des Wasserdampfes ist mit der Temperatur und der relativen Feuchte (RF) verknüpft. Nimmt man z. B. eine Temperatur von 10 °C und eine relative Feuchte von 50 % an, so beträgt der Wasserdampfpartialdruck ca. 5 mbar. Das resultierende Mischungsverhältnis in der Atmosphäre bei 1 bar Gesamtdruck beträgt demzufolge ca. 5×10^{-3}.

TAB. 2 | HAUPT- UND SPURENGASE DER ATMOSPHÄRE: MISCHUNGSVERHÄLTNISSE IN PPM UND BETEILIGUNGEN AN BIO-GEO-CHEMISCHEN KREISLÄUFEN

Gas	Mischungsverhältnis [ppm]	Zyklus
Ar	9340	Kein Zyklus
Ne	18	
Kr	1.1	
Xe	0.09	
N_2	780 840	Biologisch und mikrobiologisch
O_2	209 460	
CH_4	1.78	Biologisch und chemisch
CO_2	385	Anthropogen und biogen
CO	0.13 (NH) 0.07 (SH)	Anthropogen und chemisch
H_2	0.58	Biogen und chemisch
N_2O	0.323	Biogen und chemisch
SO_2	10^{-5}–10^{-4}	Anthropogen, biogen, chemisch
NH_3	10^{-4}–10^{-3}	Biogen und chemisch
NO NO_2	10^{-6}–10^{-2}	Anthropogen, biogen, chemisch
O_3	10^{-2}–10^{-1}	Chemisch
H_2O	variabel	Physikalisch-chemisch
He	5.2	

UNSERE ATMOSPHÄRE

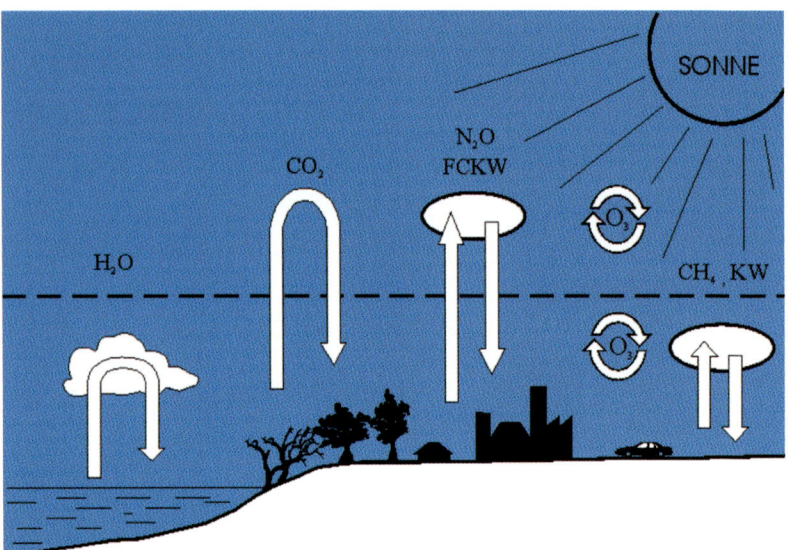

Abb. 4 *Schematische Darstellung der verschiedenen Spurengaskreisläufe in der Atmosphäre*

Ein Spurengas, das ebenfalls keinerlei chemische Reaktionen in der Atmosphäre eingeht, ist das CO_2. Im Gegensatz zum Wasserdampf kann es allerdings unter atmosphärischen Bedingungen nicht kondensieren und dringt deshalb auch in die Stratosphäre vor. CO_2 wird aus der Atmosphäre ausschließlich entfernt durch Aufnahme in den Ozeanen und in der Biosphäre.

Im Vergleich zu den physikalischen Zyklen, in denen die Spurengase nicht verändert werden, werden in den sog. chemischen Zyklen die Spurengase vollständig in andere Komponenten konvertiert. Je nachdem ob solche Zyklen über die Stratosphäre verlaufen oder nur in der Troposphäre ablaufen, kann man auch hier von langen bzw. kurzen Zyklen reden. Zu den Spurengasen, die an langen chemischen Zyklen teilnehmen, gehören z. B. die FCKW oder das N_2O. Beide sind in der Troposphäre praktisch inert und werden erst in der Stratosphäre unter dem Einfluss der energiereichen Sonnenstrahlen photochemisch zersetzt. Ihre Abbauprodukte sind CO_2, HCl und HF bzw. NO und HNO_3. Unter diesen werden die Säuren wegen ihrer hohen Löslichkeit mit dem Niederschlag ausgewaschen. Kurze chemische Zyklen haben Stoffe mit entsprechend kürzeren chemischen Lebensdauern wie z. B. die Kohlenwasserstoffe. Sie werden ausschließlich in der Troposphäre abgebaut.

Alle soweit diskutierten Spurengase haben Quellen an der Erdoberfläche. Ihre Zyklen starten also am Boden und einige enden auch dort in Form der Deposition der entsprechenden Abbauprodukte. Daneben gibt es aber auch Spurengase, die ausschließlich in der Atmosphäre selbst gebildet und im Wesentlichen auch dort wieder verbraucht werden. Hierzu gehören das Ozon sowie eine Reihe von freien Radikalen. Da das Ozon sowohl in der Stratosphäre als auch in der Troposphäre gebildet und verbraucht wird und die Prozesse in diesen Bereichen voneinander entkoppelt sind, bestehen zwei unabhängige *in-situ*-Zyklen für dieses Gas.

Die Phasenwechsel des Wassers haben eine große Bedeutung für den Wärmetransport in der unteren Atmosphäre: Mit der Verdunstung von Wasser auf den Ozeanen oder den Landflächen wird dem entstehenden Wasserdampf die Verdampfungsenthalpie in Höhe von 44 kJ/mol zugeführt. Diese wird mit dem Wasserdampf als sog. latente Wärme in die Höhe transportiert und mit dessen Kondensation bei der Bildung von Wolken oder Nebeln wieder freigesetzt. Dieser Prozess entspricht netto einem Transport von Wärme von der Oberfläche in die Atmosphäre, und er trägt zu deren Aufheizung bei. Diese Aufheizung infolge Kondensation ist auch dafür verantwortlich, dass der vertikale Temperaturgradient in der realen und feuchten Troposphäre −6,8 K/km beträgt und damit schwächer ausfällt als es in trockener Luft aufgrund adiabatischer Expansion (−9 K/km) zu erwarten wäre.

Transport und Dynamik

Die Mischung in der Atmosphäre erfolgt aufgrund des Transports von Luftmassenpaketen oder von einzelnen Molekülen. Ersteres wird unter dem Begriff der Konvektion zusammengefasst; letzteres ist die molekulare Diffusion. Bei der Konvektion unterscheiden wir die Advektion (Transport nur in einer Richtung wie z. B. durch einen Horizontalwind), die Dispersion (Transport in mehrere Richtungen durch komplexe Windfelder) und die turbulente Dispersion, auch Eddy-Diffusion, genannt. Im Vergleich zu der Konvektion ist die molekulare Diffusion in den unteren Luftschichten der Atmosphäre ein langsamer Prozess. Sie wird erst in größeren Höhen und bei niedrigeren Drucken bedeutsam.

Da die Konvektion durch Druck- oder Temperaturunterschiede angetrieben wird, und diese im Mittel auf dem Globus eine reguläre Verteilung haben, stellt sich auf dem Globus auch ein bestimmtes reguläres Zirkulationsmuster ein. Dieses ist in Abb. 5 in Form der dominierenden Winde und der hemisphärischen Zirkulationssysteme gezeigt.

Dieses Zirkulationsmuster ist vornehmlich geprägt durch zwei gegenläufige Zellen, den sog. Hadley-Zellen, die sich im subtropischen Bereich vom Äquator bis zu 30° N bzw. 30° S ausbilden. Sie werden erzeugt durch erwärmte und aufsteigende Luftmassen am Äquator, die unmittelbar außerhalb der Subtropen in absteigende Luftmassen übergehen. Die diese Zellen begleitenden Horizontalwinde wehen aufgrund des Coriolis-Effektes von Ost nach West (*Easterlies*). In den Regionen der aufsteigenden bzw. absinkenden Luftmassen herrscht Windstille. Im subpolaren Bereich zwischen 30° bis 60° jeder Hemisphäre baut sich aufgrund der Polarfronten, die starke Tiefdruckgebiete erzeugen, ein zweites Zirkulationssystem auf. Im Gegensatz zur subtropischen Zelle wehen in dieser subpolaren Zelle die Horizontalwinde von West nach Ost (*Westerlies*). Auch in unseren geographischen Breiten wehen die Winde bevorzugt aus westlicher Richtung.

Zur Ausbildung eines Windes ist immer eine Druckdifferenz erforderlich, wie sie in Form von Hoch- und Tiefdruckgebieten vorliegt. Allerdings strömt der Wind nicht einfach vom Hoch zum Tief, sondern wird aufgrund von Reibung am Boden und der Coriolis-Kraft abgelenkt. Die Coriolis-Kraft ist eine Kraft, die auf sich bewegende Objekte in einem rotierenden System ausgeübt wird. Sie sorgt dafür, dass Winde vom Äquator in Richtung der Pole nach Osten abgelenkt werden. Umgekehrt werden Winde in Richtung zum Äquator nach Westen abgelenkt. Obwohl die Druckdifferenz den Antriebsfaktor für die Winde darstellt, wehen Winde niemals direkt vom Hoch- zum Tiefdruckgebiet, sondern in einer Richtung senkrecht zum Druckgefälle. In der Nordhemisphäre umströmen die Winde ein Hochdruckgebiet immer im Uhrzeigersinn, ein Tiefdruckgebiet entsprechend umgekehrt.

Die Zellen der Zirkulation bilden sich über die gesamte Höhe der Troposphäre aus. Im Bereich der Tropopause werden sie ergänzt durch sog. Strahlströme (*Subtropical Jets* und *Polar Jets*), die den Globus entlang der Breitengrade umströmen. Der Flugverkehr aus den USA nach Europa „sucht" den ostwärts wehenden polaren Strahlstrom, um mit dessen Rückenwind schneller und energiesparender zu fliegen. Umgekehrt meidet der Flugverkehr von Europa in die USA den polaren Strahlstrom.

In Abb. 6 sind schematisch die wichtigen Mischungsregionen und ihre Zeitskalen in der Troposphäre und in der unteren Stratosphäre gezeigt.

Wie oben bereits dargestellt wurde, ist das dominierende Zirkulationssystem der Troposphäre in der Nord-Süd-Ebene die Hadley-Zirkulation. Sie wird von der Sonne angetrieben, hat ihre stärksten vertikalen Advektionen im Bereich des senkrechten Sonnenstandes und umfasst die gesamte tropische Interkonvergenz-Zone (ITCZ). Der Konvektion überlagert ist der Luftmassentransport durch turbulente Diffusion, der sog. Eddy-Diffusion. Im gesamten Bereich der Troposphäre ist die Eddy-Diffusion besonders effektiv; die vertikale Mischungszeit beträgt nur etwa einen Monat. Die horizontale Mischung dagegen ist deutlich langsamer: Sie beträgt ca. sechs Monate innerhalb einer Hemisphäre und ca. ein Jahr über die ITCZ. Dies bedeutet, dass ein Spurengas, das z. B. bei 50° N, also etwa in unseren geographischen Breiten, emittiert wird, sich zunächst vertikal ausbreitet, dann die gesamte Hemisphäre erfüllt und schließlich in die Südhemisphäre eingemischt wird.

Ein besonders interessantes Phänomen ist die vertikale Durchmischung über die Tropopause hinaus. Die charakteristische Mischzeit für diesen Vorgang beträgt 1–2 Jahre. Dies bedeutet, dass die Troposphäre von der Stratosphäre dynamisch entkoppelt ist. Spurengase der Troposphäre werden nicht leicht in die Stratosphäre eingemischt und umgekehrt. Der physikalische Grund für das Einbrechen der vertikalen Durchmischung ist das Temperaturprofil. In der Troposphäre mit ihrem negativen T-Gradienten wird der vertikale Austausch von Luftmassen unterstützt, da ein nach oben steigendes und sich abkühlendes Luftmassenpaket in eine ebenfalls kältere Umgebung kommt. Mit umgekehrtem Vorzeichen gilt dasselbe für den Abstieg von Luftmassen. In

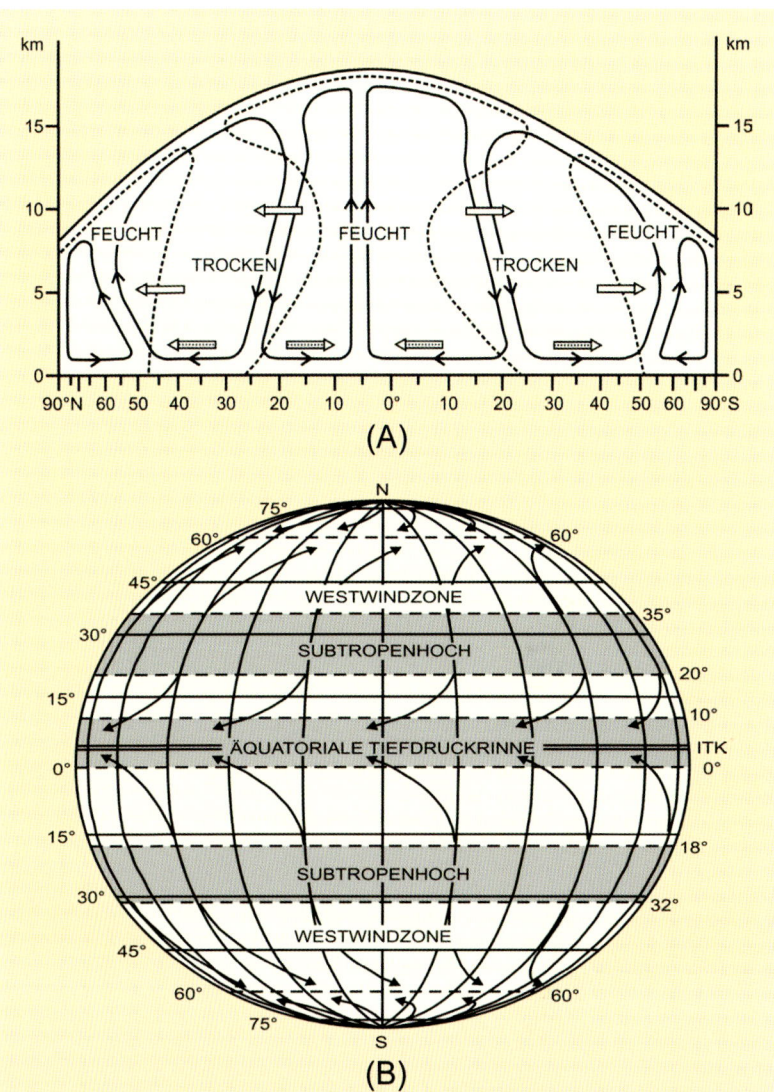

Abb. 5 *Das allgemeine Zirkulationssystem und die vorherrschenden Windrichtungen der Atmosphäre. (A) Vertikalschnitt entlang eines Längenkreises (N/S-Schnitt). Die obere Kurve entspricht der Höhe der Tropopause. (B) Bevorzugte Windrichtungen von polwärts- bzw. äquatorwärts gerichteten Oberflächenwinden (Coriolis-Ablenkung).*

der Stratosphäre dagegen, wo die Temperatur mit wachsender Höhe ebenfalls anwächst, wird die vertikale Durchmischung behindert.

Strahlung und Temperatur

Alle verfügbare Strahlung in der Erdatmosphäre stammt von der Sonne. Diese emittiert wie ein Schwarzer Strahler bei ca. 5 900 K entsprechend der Planck'schen Strahlungsgleichung (Abb. 8). Die integrale – über alle Wellenlängen betrachtete – Strahlungsenergiedichte an der Obergrenze der Atmosphäre auf eine Fläche senkrecht zur Sonneneinstrahlung beträgt $S_K = 1{,}37$ kW/m² (Solarkonstante). Hiervon erreichen aber nur 240 W/m² effektiv die Erdoberfläche. Der Rest geht infolge von Rückstreuung (Albedo) und den geo-

UNSERE ATMOSPHÄRE

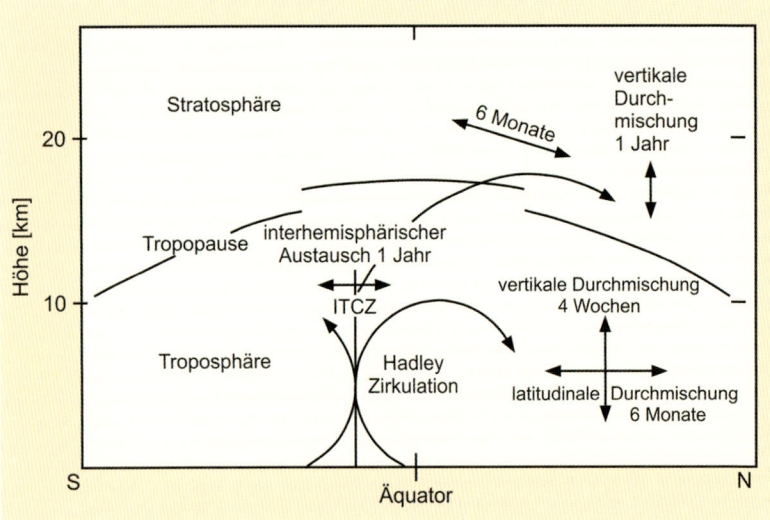

Abb. 6 *Mischungsregionen in der unteren Atmosphäre und deren charakteristische Zeiten*

Abb. 7 *Steinbogen im Arches-Nationalpark, Utah*

metrischen Verhältnissen auf einer Kugel, die nur von einer Richtung beleuchtet wird, verloren.

Der Vergleich der Strahlung an der Atmosphärenobergrenze und am Boden zeigt, dass innerhalb der Atmosphäre selbst ein nicht unerheblicher Teil der Strahlung absorbiert wird. Diese Absorption ist aber nicht bei allen Wellenlängen gleich stark, sondern erfolgt bevorzugt im Absorptionsbereich einiger wichtiger Spurengase wie dem Ozon und dem Wasserdampf. Der Sauerstoff selbst ist für die Strahlungsabsorption in UV-C-Bereich verantwortlich und beeinflusst insbesondere die kurzwellige Solarstrahlung. Sauerstoff hat aber auch eine nicht vernachlässigbare Absorption im Sichtbaren/Nahinfrarot, die dem $(O_2)_2$-„Strahlungs-Dimer" zugeordnet wird. Den entsprechenden Prozess nennt man Dimol-Absorption, wobei zwei Moleküle gleichzeitig ein Quant der doppelten Energie absorbieren. Diese Absorption wird auch in flüssigem Sauerstoff beobachtet und ist für dessen blaue Färbung verantwortlich.

Die Absorption in der Atmosphäre ist dafür verantwortlich, dass die Solarstrahlung nicht durchgehend den Boden erreicht und – je nach Wellenlänge – mehr oder weniger stark in die Erdatmosphäre eindringt. Alle kurzwellige Strahlung unterhalb von 200 nm wird in der oberen bzw. mittleren Atmosphäre durch molekularen Sauerstoff absorbiert. Der Wellenlängenbereich zwischen 200 und 300 nm wird durch das atmosphärische Ozon herausgefiltert. Erst oberhalb von etwa 290 nm erreicht die Solarstrahlung auch den Boden. Die genaue Lage der Abbruchkante und damit die Intensität der UV-B-Strahlung, die am Boden empfangen wird, ist von der Ozongesamtmenge abhängig. Eine reduzierte Ozonmenge verschiebt die Abbruchkante nach links zu kürzeren Wellenlängen und umgekehrt. Dies ist der biologische Schutzeffekt des Ozons.

Die Temperatur an der Erdoberfläche wird im Wesentlichen bestimmt durch das Strahlungsgleichgewicht mit der Sonne. Wenn im Mittel 240 W/m² an solarer Strahlung auf die Erde eintreffen, so muss im Strahlungsgleichgewicht dieselbe Leistung – allerdings als terrestrische Wärmestrahlung im infraroten Spektralbereich – wieder abgestrahlt werden. Mithilfe des Stefan-Boltzmann-Gesetzes ($u = \sigma T^4$) kann man hieraus eine Strahlungstemperatur von 255 K (−18 °C) berechnen. Da die tatsächliche mittlere Oberflächentemperatur der Erde 288 K (+15 °C) beträgt, besteht eine Temperaturdifferenz von 33 °C. Diese wird durch die Treibhausgase erzeugt und als natürlicher Treibhauseffekt bezeichnet. Von den natürlichen Treibhausgasen ist hieran im Wesentlichen der Wasserdampf beteiligt, der allein schon über 20 °C erzeugt. Der natürliche CO_2-Gehalt ist für weitere 7 °C verantwortlich.

Die darüber liegenden Luftschichten werden sich im Kontakt mit dem Boden ebenfalls erwärmen und durch Konvektion auch in größere Höhen getragen. Dieser Aufheizmechanismus entspricht dem einer Heizplatte. Der Temperaturgradient in den unteren Schichten wird dann erzeugt durch Expansion der am Boden erwärmten und aufsteigenden Luftmassen. Eine solche Expansion erfolgt ohne Wärmeaustausch mit den umgebenden Luftmassen und führt deshalb zu einer Abkühlung. Nach dem ersten Hauptsatz der Thermodynamik, dem Satz von der Erhaltung der

UNSERE ATMOSPHÄRE

Energie, heißt eine Expansion, bei der eine Volumenvergrößerung ausschließlich auf Kosten der Inneren Energie erfolgt, eine adiabatische Expansion. Das Abkühlverhalten der Luft ändert sich aber erheblich, wenn die Abkühlung mit einer Auskondensation von Wasserdampf verknüpft ist. Dann wird die Kondensationsenthalpie freigesetzt und die Abkühlung pro Höhenintervall deutlich verringert. Man spricht in dieser Situation von der sog. feucht-adiabatischen Expansion.

Neben der Aufheizung der Atmosphäre durch den erwärmten Boden kann die Atmosphäre auch selbst durch das Sonnenlicht erwärmt werden, wenn sie Konstituenten enthält, die zu einer solchen Absorption in der Lage sind. Dies ist der Fall z. B. in der Stratosphäre, in der Sauerstoff und Ozon das Sonnenlicht absorbieren und zu einer Aufheizung der entsprechenden Luftschicht führen. Dieser Heizmechanismus ist für den positiven Temperaturgradienten der Stratosphäre und deren dynamische Stabilität verantwortlich. Das Wesen der Aufheizung durch photochemische Prozesse besteht darin, dass ein photochemisch aktives Molekül Photonen mit Energien absorbiert, die von den photo-physikalischen Eigenschaften des Moleküls vorgegeben sind und oberhalb der thermochemischen Dissoziationsgrenze des Moleküls liegen. Die Folge ist, dass die Fragmente der Dissoziation überschüssige Energie tragen, die in Wärme umgewandelt wird.

Während die Absorption von Sonnenstrahlung im UV- und sichtbaren Spektralbereich immer nur eine Erwärmung zur Folge hat, ist die terrestrische Wärmestrahlung im IR-Bereich für Abkühlung verantwortlich. Die relative Bedeutung von Sonnen- und Wärmestrahlung ist in jedem Volumenelement der Atmosphäre unterschiedlich. Aber auch im globalen Mittel ist der relative Beitrag der beiden nicht bilanziert. Während über weiten Teilen des Globus die solare Erwärmung dominiert, überwiegt in den Polarbereichen die thermische Abstrahlung (siehe Abb. 9)

Damit ist die Energiebilanz an einem bestimmten Ort nicht ausgeglichen. An den Polen geht ständig mehr Energie verloren als sie empfangen; die Äquatorialregion empfängt stets mehr Wärme als sie abstrahlt. Die Differenz muss durch Wärmetransport von niederen zu höheren Breiten in der Atmosphäre oder in den Ozeanen ausgeglichen werden. Dies ist der entscheidende Grund, warum ozeanische und atmosphärische Strömungen überhaupt existieren.

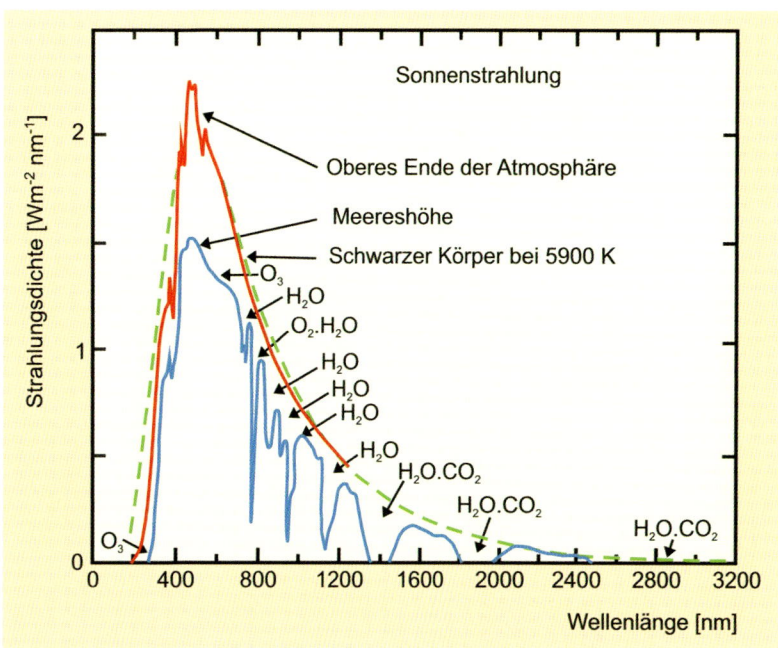

Abb. 8 *Verteilung der monochromatischen Strahlungsenergiedichte (W/m²nm) der Sonne außerhalb der Atmosphäre und in Bodennähe (nach [2])*

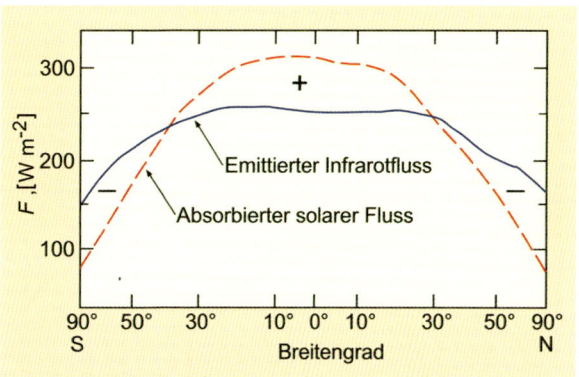

Abb. 9 *Gemittelte Nord-Süd-Verteilung von solarer Erwärmung und terrestrischer Kühlung (nach [3])*

Literatur

[1] M. Schidlowski, H. Wendt (1982) Kosmos, Erde und Mensch, in *Kindlers Enzyklopädie*, Band I.
[2] F. Air, S. Valley (1965) *Handbook of Geophysics and Space Environments*, McGraw-Hill, New York.
[3] W. Roedel (1992) *Physik unserer Umwelt: Atmosphäre*, Springer.

UNSERE ATMOSPHÄRE

Störfaktor Mensch

REINHARD ZELLNER

Bevölkerungswachstum und Energiebedarf

Ein wesentlicher Grund für die Veränderung der Atmosphäre – und anderer Bereiche unserer Umwelt – ist das Wachstum der globalen Bevölkerung und die Übernutzung unserer natürlichen Ressourcen. Während noch in den 60er Jahren des letzten Jahrhunderts der renommierte Club of Rome [1] eine mögliche Endlichkeit der Ressourcen als begrenzenden Faktor der zukünftigen Entwicklung darstellte, ist seither durch einen erheblich intensivierten Kenntnisstand über die Verletzlichkeit der Umwelt deutlich geworden, dass es eher eine Endlichkeit in der Aufnahmekapazität unserer Umwelt gegenüber schädigenden Emissionen gibt, jenseits derer die Existenz des Menschen ernsthaft gefährdet sein könnte.

Das Wachstum der globalen Bevölkerung hat sich seit Mitte des 17. Jahrhunderts stark beschleunigt. Die Bevölkerungszahl stieg von damals 500 Millionen auf etwa 1,7 Milliarden im Jahr 1900 und 2,5 Milliarden im Jahr 1950. Heute, im Jahre 2010, sind es bereits 6,9 Milliarden. Die Prognosen des UN Department of Economic and Social Affairs (UN-DESA) reichen für das Jahr 2050 von 8,0–10,5 Milliarden; nach mittleren Entwicklungsprognosen wird die Zahl bei etwa 9,1 Milliarden liegen (Abb.11). Das heißt, die jetzt bereits lebenden Jugendlichen werden sich in 40 Jahren den Globus mit etwa 30 % mehr Menschen teilen müssen. Vermutlich erst ab dem Jahr 2070 wird die Weltbevölkerung wieder rückläufig sein.

Ebenso wichtig wie die Gesamtbevölkerungszahl selbst ist deren Wachstumsrate. Diese betrug global zwischen 1950 und 1990 nahezu konstant 1,8–1,9 % / Jahr [2]. Dies bedeutete z. B. für den Zeitraum 1985–1990 einen jährlichen Gesamtzuwachs von 89 Millionen Menschen, mehr als die gesamte Einwohnerzahl der Bundesrepublik Deutschland. Aufgrund einer Vielzahl von nationalen Programmen zur Eindämmung des Bevölkerungswachstums ist die Wachstumsrate seit Ende der 90er Jahre des letzten Jahrhunderts rückläufig. Allerdings wird sich das Vorzeichen dieser Wachstumsrate kaum mehr vor Mitte des 21. Jahrhunderts ändern. Dieser langsame Prozess ist immanent im System angelegt, wenn man nur jeder Frau im gebärfähigen Alter auch nur ein Kind zugesteht.

Die globale Wachstumsrate ist allerdings regional sehr unterschiedlich verteilt (Abb. 12). Sie ist bereits jetzt leicht negativ in einigen Regionen, nur leicht positiv in weiten Bereichen Nord- und Südamerikas, Europas und Asiens. Die größten Zuwächse findet man dagegen in den Schwellen- und Entwicklungsländern in Mittelamerika, Afrika und Südostasien.

Das Wirtschaften des Menschen, sein tägliches Handeln, aber auch seine alleinige physische Existenz erfordern die Nutzung von Ressourcen für die Ernährung und Gesundheitsvorsorge, den Schutz vor den Naturgewalten, die Mobilität und die Erzeugung wirtschaftlicher Güter. Mit wachsender Bevölkerungszahl war es deshalb erforderlich, zunehmende Anbauflächen für Nahrungsmittel bereitzustellen, die landwirtschaftliche Produktivität zu erhöhen sowie Energie für Mobilität, Raum- und Prozesswärme und Strom bereitzustellen. Bereits heute werden 35 % der globalen eisfreien Landflächen für die Landwirtschaft genutzt [4]; 25 % der globalen, jährlichen Nettoprimärproduktion der Vegetation wird direkt und indirekt durch den Menschen verbraucht [5]. Es ist deshalb nicht überraschend, dass der Primärenergiebedarf mit Anstieg der Weltbevölkerung ebenfalls substantiell angestiegen ist (Abb. 13) und weiter steigen wird.

Es ist allerdings nicht allein dieser Anstieg, der beunruhigen muss, sondern dass dieser im Wesentlichen auf der

Abb. 10 *Das steigende Bevölkerungswachstum hat einen großen Einfluss auf den globalen Energiebedarf und das Weltklima.*

UNSERE ATMOSPHÄRE

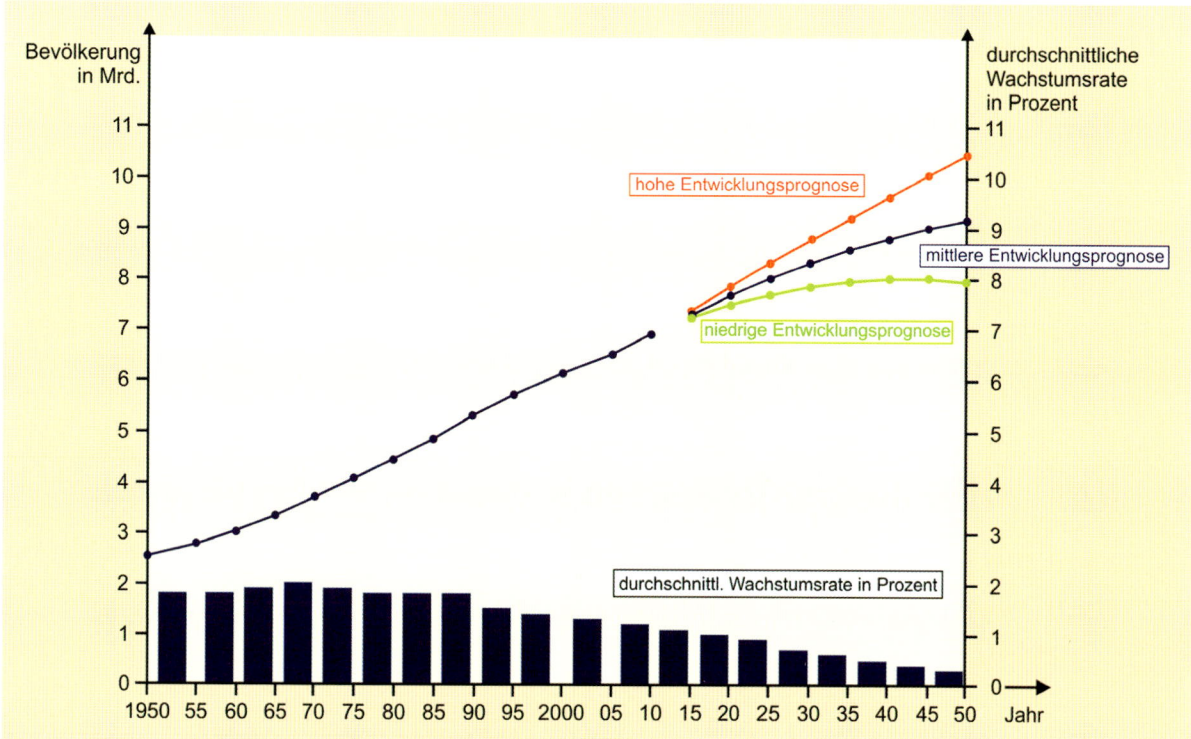

Abb. 11 *Weltbevölkerung in absoluten Zahlen und Wachstumsraten (in % / Jahr) im Zeitraum 1950–2050 [2]*

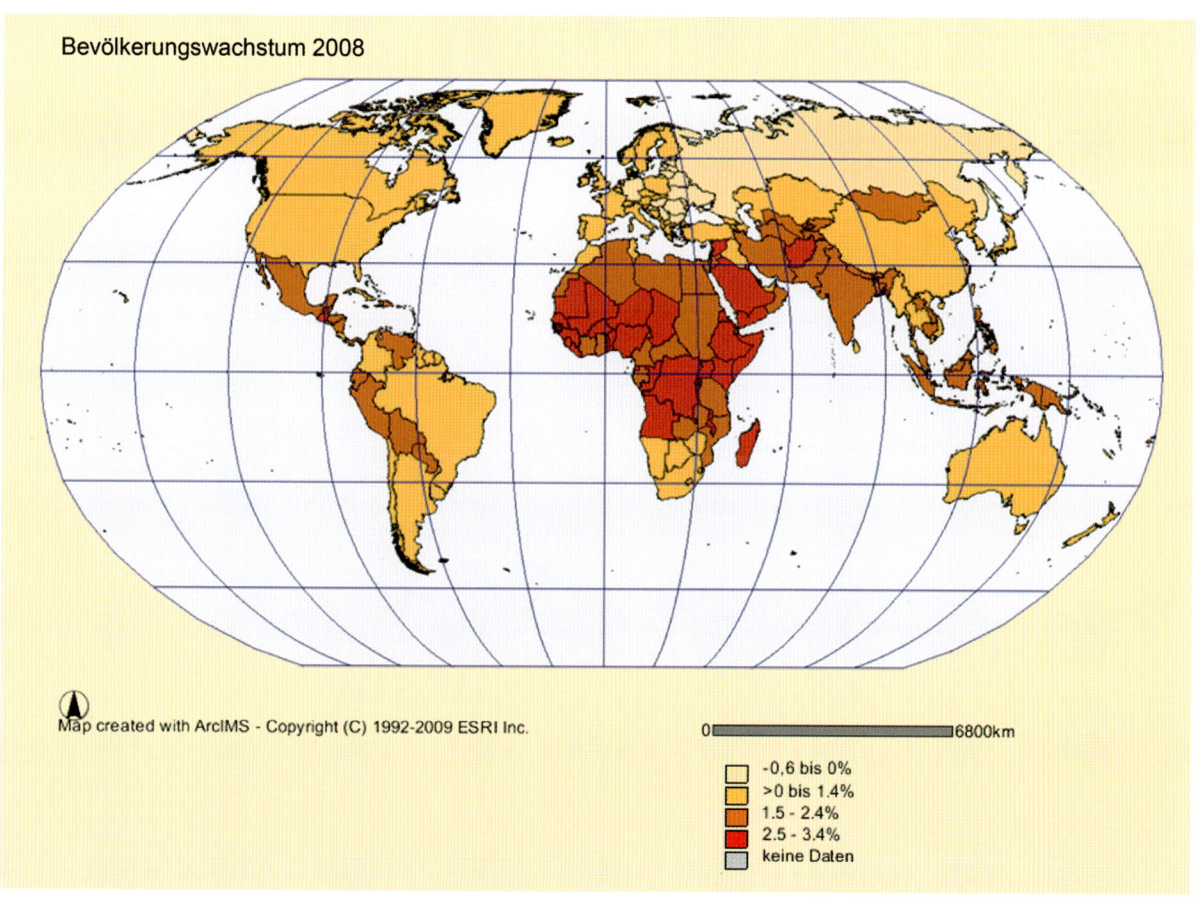

Abb. 12 *Regionale Verteilung des globalen Bevölkerungswachstums im Jahre 2008 [3]*

UNSERE ATMOSPHÄRE

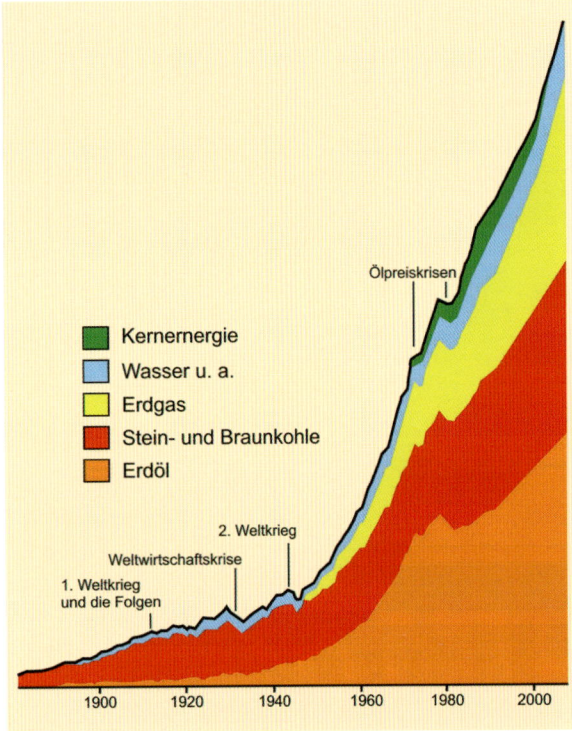

Abb. 13 *Anstieg des Weltprimärenergiebedarfs und seine Verteilung auf die verschiedenen Energiequellen [6]*

Nutzung nicht nachwachsender, fossiler Ressourcen wie Kohle, Öl und Erdgas erfolgte. Der Anteil regenerativer Ressourcen wie die Wasserkraft war bis zum Ende des letzten Jahrhunderts – global gesehen – recht unbedeutend. Die heute diskutierten weiteren regenerativen Energieformen wie Wind- und Solarenergie waren bis zu diesem Zeitpunkt weitestgehend nicht in den Köpfen.

Ähnlich wie beim Bevölkerungswachstum waren die Zuwächse beim Energiebedarf auch nicht einheitlich über den Globus verteilt. Die größten Steigerungen hatten die westlichen Industrienationen zu verzeichnen, vorrangig die USA und Kanada. Der bundesdeutsche Anteil am Primärenergieaufkommen der Welt beträgt derzeit etwa 4 %; im Bereich des Stromes allein sind es etwa 3 % (Tabelle 3).

Im Hinblick auf eine – wie auch immer geartete – globale Gerechtigkeit ist es erhellend, sich den Bedarf an energetischer Leistung vor Augen zu führen, den ein Mensch in den westlichen Industrienationen in Anspruch nimmt. Es sind etwa 6 kW, die auf Raumwärme, Mobilität, Strom, Kommunikation und die Erzeugung von Industriegütern entfallen. Die rein biologische, d. h. ausschließlich zur Aufrechterhaltung seiner Körperfunktionen, benötigte Leistung des Menschen dagegen beträgt nur etwa 150 W. Dies bedeutet, dass sich jeder Einzelne von uns etwa 40 virtuelle „Sklaven" leistet, die ihm ihre körperliche Leistung ganzzeitig zur Verfügung stellen. Der entsprechende Leistungsbedarf in den Entwicklungs- und Schwellenländern beträt nur etwa 1–2 kW; ein global nachhaltiger Wert sollte bei etwa 2 kW liegen.

Die Folgen für die Atmosphäre: Ozonloch und Klimawandel

Das Wachstum der Weltbevölkerung hat vielerlei Folgen, von der Übernutzung der Böden, der Verknappung von Nahrungsmitteln und verfügbarem Trinkwasser ausreichender Qualität, der Verstädterung und der Entstehung von Megacities (> 10 Millionen Einwohner) bis zu der gewachsenen Zahl an Betroffenen im Ausgeliefertsein gegenüber Naturgewalten wie Hochwässer, Stürme, Erdbeben und Tsunamis. Dies alles erfahren wir in fast täglichen Katastrophenmeldungen der modernen Kommunikationsmedien. Selbst die Geschehnisse in den entferntesten Regionen werden in der globalisierten Welt zu hautnahen Erlebnissen.

Viel weniger spektakulär, aber für den Eingeweihten mindestens gleichermaßen beunruhigend, sind die schleichenden Veränderungen in und an der Erdatmosphäre. Die Zerstörung der stratosphärischen Ozonschicht und der anthropogene Klimawandel sind die vielleicht bedeutendsten Veränderungen, die die Atmosphäre in ihrer jüngeren Geschichte je erfahren hat. Im Vergleich zu den episodischen Naturkatastrophen sind solche Veränderungen stetig und kaum wahrnehmbar. Sie sind aber von mindestens derselben potentiellen Schadwirkung. Ja, wegen ihrer Nichtum-

TAB. 3 | **PRIMÄRENERGIEBEDARF DER WELT UND DER BUNDESREPUBLIK DEUTSCHLAND (2006)**

	Welt	Deutschland
Primärenergie	$1{,}07 \times 10^{14}$ kWh	$4{,}07 \times 10^{12}$ kWh
Strom	$1{,}80 \times 10^{13}$ kWh	$5{,}50 \times 10^{11}$ kWh

Bedarfssteigerung (global) bis 2030: ca. 50 %
In Deutschland leben wir derzeit in einer 6 kW-Gesellschaft!
$1 \text{ kWh} = 3{,}6 \times 10^6 \text{ J}$
$4{,}07 \times 10^{12} \text{ kWh} = 14{,}4 \times 10^3 \text{ PJ} = 492 \text{ Mio t SKE}$

Abb. 14 *Das Auge eines Hurricans über dem Atlantik*

UNSERE ATMOSPHÄRE

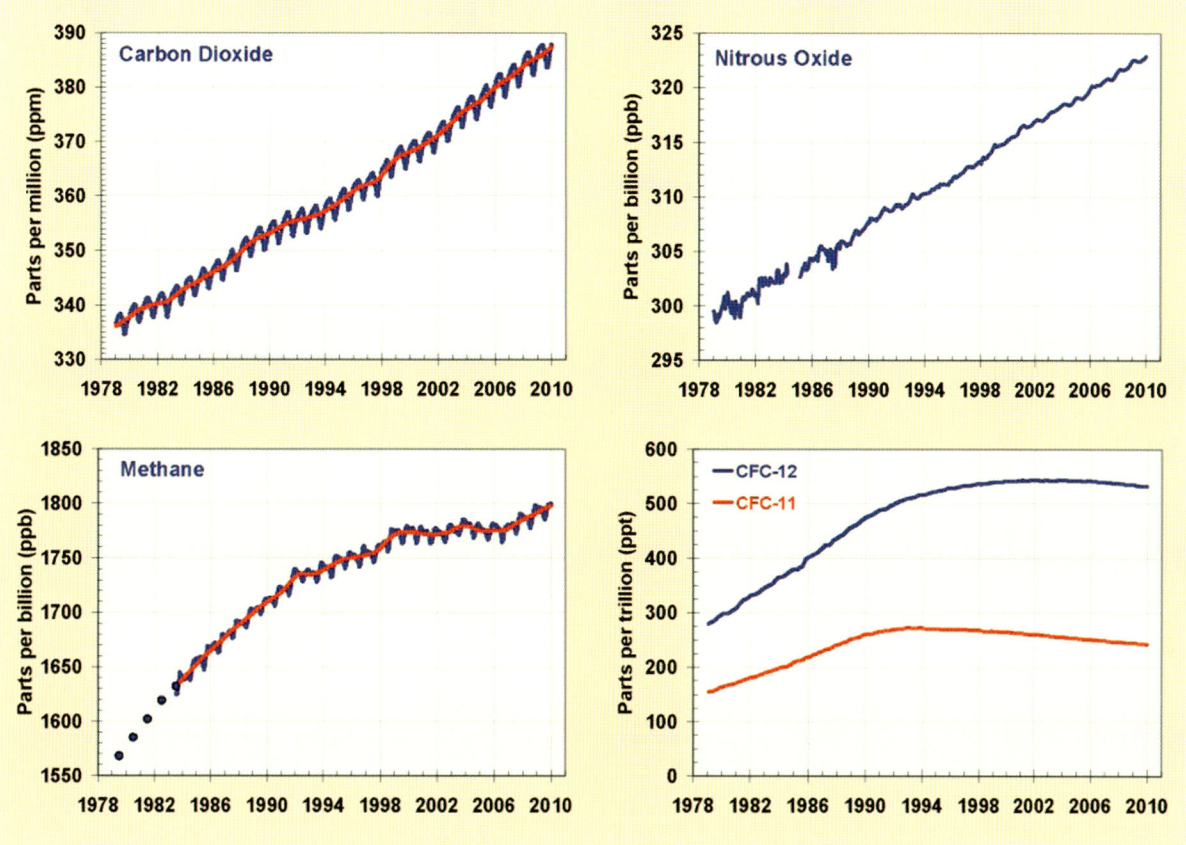

Abb. 15 *Zeitliche Entwicklung der atmosphärischen Konzentrationen von CO_2, CH_4, N_2O sowie FCKW-11 und -12 seit 1979 [7]*

kehrbarkeit erfordern sie unsere rechtzeitige Aufmerksamkeit und unser energisches Gegensteuern.

Ein wesentlicher Unterschied zwischen stetigen Veränderungen und episodischen Katastrophen ist die Planbarkeit. Den stetigen Veränderungen kann der Mensch im Prinzip durch geeignete Maßnahmen entgegenwirken oder sich anpassen und sich gar auf ihre Folgen einstellen. Allerdings setzt dies voraus, dass die Einsicht in die Notwendigkeit der Maßnahme in der Gesellschaft vorhanden ist oder zumindest von akzeptierten Experten vermittelt werden kann. Dies gilt im Wesentlichen nicht für die Naturkatastrophen, denen trotz aller historisch gewachsener Erfahrungen nach wie vor ein gewisses Überraschungsmoment inne ist.

Was hat sich an der Atmosphäre verändert, dass wir um Ozonloch und Klimawandel besorgt sein müssen? Die Zeitreihen der Entwicklung der atmosphärischen Konzentrationen für die Spurengase CO_2, CH_4, N_2O sowie FCKW-11 ($CFCl_3$) und -12 (CF_2Cl_2) seit 1979 zeigt Abb. 15. Diese Gase sind für die Atmosphärenwissenschaftler deshalb so interessant, da sie eindeutig die anthropogene Aktivität widerspiegeln und deshalb eine gewisse Proportionalität zur Bevölkerungszahl bzw. deren wirtschaftlicher Aktivität zeigen. Das Spurengas CO_2 ist der Nutzung fossiler Brennstoffe zuzuordnen, das Methan der Nahrungsmittelproduktion (Nassreis-Anbau und Rinderzucht), das N_2O dem Düngemittelverbrauch und die FCKW der „segensreichen" Verwendung als Kälte- und Aerosoltreibmittel.

Es ist diese Art von Beobachtungen, die die Atmosphärenwissenschaftler erst auf das Problem der Verletzlichkeit der Erdatmosphäre aufmerksam gemacht hat. Ein eindringliches Beispiel ist das der FCKW und des Ozonabbaus in der Stratosphäre. Die FCKW sind bereits in den 30er Jahren des letzten Jahrhunderts in den Laboratorien der Firma Dupont in den USA erfunden worden. Als segensreiche Stoffgruppe, die nicht brennbar, nicht toxisch, chemisch inert und geruchlos ist, haben sie schnell ihren Siegeszug in verschiedenen Anwendungen als Kälte- und Kühlmittel sowie als Treibgase für Aerosole und Polymerschäume angetreten. Die globale Produktion stieg insbesondere nach dem Zweiten Weltkrieg stark an und betrug in den frühen 1980ern ca. 1 Mio. t / Jahr. Niemand machte sich anfangs Gedanken darüber, welche Konsequenzen diese Stoffe, die aufgrund des Anwendungsmusters entweder direkt oder über Leckagen letztlich in die Atmosphäre gelangten, eigentlich hatten. Bis in den frühen 60er Jahren erste atmosphärische Messungen darauf schließen ließen, dass alle FCKW, die jemals produziert wurden, noch in der Atmosphäre vorhanden waren. Dies war einerseits eine hervorragende Bestätigung ihrer Reaktionsträgheit. Auf der anderen Seite wurde aber auch das Problem mit der Ozonschicht

UNSERE ATMOSPHÄRE

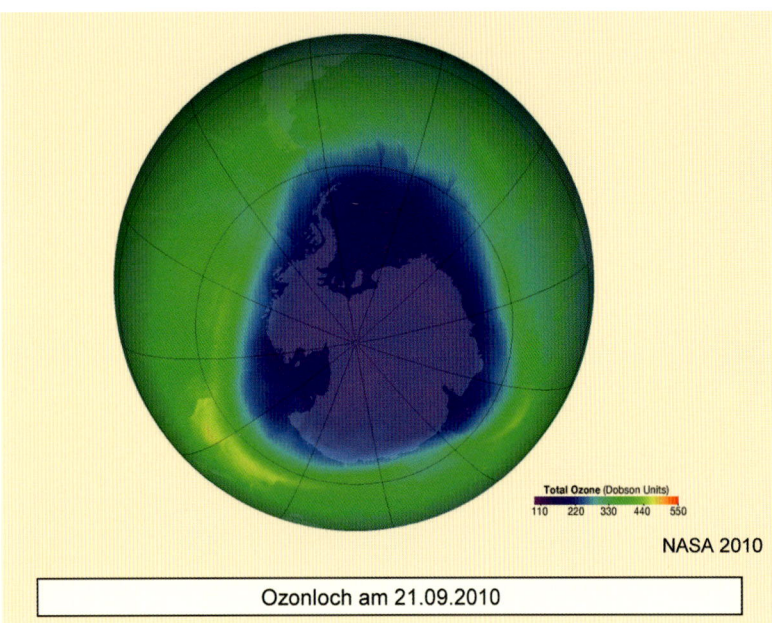

Abb. 16 *Ozonloch über der Antarktis am 21.09.2010, Satellitenaufnahme der NASA*

klar. Die Chemiker Mario Molina und F. Sherwood Rowland – gemeinsam mit Paul Crutzen Chemie-Nobelpreisträger des Jahres 1995 – hatten nämlich zwischenzeitlich in Laborexperimenten herausgefunden, dass die FCKW unter den photochemischen Bedingungen der Stratosphäre Chloratome freisetzen, die das Ozon über katalytische Ketten zersetzen. Dies war das erste Alarmzeichen, das später – nach Entdeckung des Ozonlochs über der Antarktis (Farman et al., 1985 [8]) – zur Verbannung der FCKW im Montrealer Protokoll zum Schutz der Ozonschicht geführt hat.

Seither hat sich über der Antarktis in jedem Jahr zwischen August und Dezember ein beträchtliches Ozonloch ausgebildet. Wie die Abb. 16 zeigt, ist zum Zeitpunkt der maximalen Ausbreitung des Ozonlochs mehr als der gesamte antarktische Kontinent erfasst. Die jeweils verlorene Ozonmenge beträgt etwa 40 Mio. Tonnen. Derzeit haben sich die Konzentrationen der FCKW stabilisiert (FCKW-12) bzw. sind bereits leicht rückläufig (FCKW-11). Dies ist eine Bestätigung dafür, dass das Montrealer Protokoll wirkt: Die Produktion und Emission der FCKW ist tatsächlich dramatisch zurückgegangen. Dass mit diesem Rückgang die atmosphärischen Konzentrationen nicht sofort absinken würden, ist auf die relativ lange Lebensdauer dieser Verbindungen von 120 bzw. 65 Jahren zurückzuführen. Sie ist mit unserem Verständnis über das Verhalten anthropogener Stoffe in der Atmosphäre völlig in Übereinstimmung.

Das Ozonloch ist ein saisonales Phänomen. Die Stärke seiner Ausbildung hängt vom FCKW-Gehalt der Stratosphäre und von meteorologischen Randbedingungen, insbesondere der Temperatur, ab. Ähnliche Effekte werden deshalb auch über dem Nordpol, allerdings in abgeschwächter Form, beobachtet. Wegen der langen Lebensdauern der FCKW ist trotz Montrealer Protokoll noch mit dem Auftreten des Ozonlochs bis mindestens Mitte dieses Jahrhunderts zu rechnen.

Ein weiteres Beispiel sind die strahlungswirksamen Spurengase und der Klimawandel. Beobachtungen von Temperaturzeitreihen, die z. T. weit über 100 Jahre zurückgehen, und Wetterereignissen deuten darauf hin, dass die globalen Mitteltemperaturen seit Beginn der Industrialisierung angestiegen sind und dass sich die Ereignisse von extremem Wettern innerhalb der letzten beiden Dekaden gehäuft haben. Im vierten Assessment-Bericht (AR4) des Intergovernmental Panel on Climate Change (IPCC, 2007 [9]) wird u. a. festgestellt, dass

- sich die globale Durchschnittstemperatur in den letzten 100 Jahren um 0,7 K erhöht hat;
- 11 der 20 wärmsten Jahre seit Beginn der Temperaturaufzeichnungen im Zeitraum nach 1995 auftraten;
- Extremwetter (Hitzewellen, Dürren, Starkniederschläge) häufiger geworden sind.

Das Jahr 2000 war das bislang wärmste Jahr seit Beginn der systematischen Klimaaufzeichnungen, dicht gefolgt vom Jahr 2007. Es gilt als gesicherte Erkenntnis, dass der Mensch – vornehmlich aufgrund der Nutzung fossiler Energierohstoffe, aber auch der Landwirtschaft und der Änderung der Landnutzung – für diesen Klimawandel verantwortlich ist. Weiterer Klimawandel scheint ebenfalls unvermeidbar.

Das Konzept der globalen Mitteltemperatur ist für die Klimamodellierung von großer Bedeutung, hat aber für das Erfahren von Wetter und Klima durch den Menschen nur wenig Aussagekraft. Überhaupt ist Klima eine praktisch nicht erfahrbare Größe, denn sie ist die „Statistik des Wetters" (Tabelle 4). Nach Definition der Klimaforscher redet man über Klima als dem Mittelwert über eine Reihe von Klimaparametern, von denen einer die Temperatur ist. Andere sind die Niederschläge, die Zahl der Sonnenstunden, die Windgeschwindigkeiten etc. Der gemittelte Zeitraum sind üblicherweise 30 Jahre. Aber nicht nur die Mittelwerte von Klimaparametern machen das Klima aus, sondern auch deren Varianz.

Dies bedeutet, dass z. B. nicht nur die Jahresmitteltemperatur, sondern auch deren Ausprägung während der ver-

TAB. 4 | PDEFINITION DES BEGRIFFES „KLIMA" UND DIE SOG. KLIMAPARAMETER

Was ist Klima?
Mittelwerte von Klimaparametern und ihre Varianz in ca. 30 Jahren: „Klima ist die Statistik des Wetters" Klimaparameter: • Jahresmitteltemperatur • Niederschläge und ihre Verteilung • Druckverteilung • Windgeschwindigkeit • Sonneneinstrahlung/Bewölkung • Klimaextreme: – Stürme   – Überflutungen   – Hitze-/Kältewellen   – Dürren

schiedenen Jahreszeiten oder auch über 24 Stunden von Interesse ist. Ähnliches gilt für die Niederschläge: Ein bestimmtes Jahresmittel des Niederschlags macht keinerlei Aussagen über die Wahrscheinlichkeit und Häufigkeit von Starkniederschlägen, Hochwassern und Trocken- oder gar Dürreperioden und ist allein genommen noch kein Anzeichen für den Klimawandel.

Welche Faktoren sind eigentlich für unser Klima verantwortlich? In Abb. 17 ist unser Klimasystem schematisch zusammengestellt.

Eine der wichtigsten und am stärksten wahrgenommenen Komponenten des Klimasystems ist die Atmosphäre. In ihr findet das Wetter statt, bilden sich Wolken und Winde und damit Niederschläge und Stürme. Das Wetter ist geprägt von der Verteilung von Hoch- und Tiefdruckgebieten, die sich ihrerseits aufgrund unterschiedlicher Erwärmungsprozesse der Luft in verschiedenen Bereichen ausbilden. Die Atmosphäre ist aber auch an die Ozeane gekoppelt, denn von diesen – ebenso wie auch von den Landoberflächen – wird sie mit Wasserdampf versorgt. Darüber hinaus tauscht die Atmosphäre mit dem Ozean Kohlendioxid aus. Etwa die Hälfte des anthropogen erzeugten CO_2 wird in den Ozeanen gespeichert und reduziert deshalb die Geschwindigkeit des atmosphärischen Zuwachses. Für diese Speicherung ist nicht nur die gut durchmischte Deckschicht der Ozeane (ca. 50 m) verantwortlich. Durch Mischprozesse innerhalb der Ozeane selbst und durch die sog. „biologische Pumpe" wird gelöstes CO_2 auch in die Tiefsee verfrachtet.

Über den CO_2-Kreislauf ist die Atmosphäre auch an die Biosphäre gekoppelt. Wachstumsperioden mit starker Photosyntheseaktivität sind sehr deutlich in dem atmosphärischen CO_2-Gehalt erkennbar. Umgekehrt wird außerhalb der Wachstumsperioden durch Veratmung CO_2 aus der absterbenden Biomasse an die Atmosphäre zurückgeführt.

Das Wasservorkommen auf der Erde wird zwar durch die Ozeane eindeutig dominiert, es kommt aber auch in erheblichen Mengen in Form von Eis in den Polarregionen vor. Mengenmäßig von Bedeutung sind das Festlandeis am Südpol und auf Grönland sowie das Meereis im Nordpolarbereich. Die Ausdehnung und Verteilung von Eisflächen spielt u. a. eine erhebliche Rolle für die sog. Albedo. Hierunter verstehen wir den Anteil der einfallenden Solarstrahlung, die am Boden zurückreflektiert wird. Eine Eisfläche hat eine erheblich höhere Albedo als z. B. eine dunkle Meeresoberfläche oder eine Gras- oder Waldfläche. Eine schrumpfende Eisfläche verringert deshalb die Albedo und erhöht den Anteil der absorbierten Sonnenstrahlung. Die Klimaforschung redet in diesem Zusammenhang von einer positiven Rückkopplung: Eine steigende Temperatur lässt die Eisflächen schrumpfen, schrumpfende Eismassen heizen die Temperatur weiter an.

Die alles treibende Kraft unseres Klimasystems ist die Sonne. Ihre Strahlkraft, die Solarkonstante, ist streng genommen nicht konstant, sondern ändert sich aufgrund periodischer Änderungen der Solaraktivität mit Zyklen von

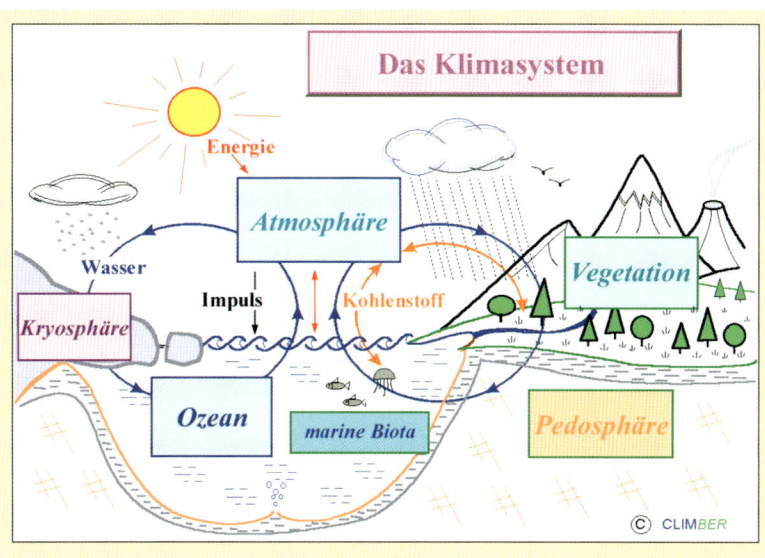

Abb. 17 *Die Komponenten des Klimasystems und die sie verbindenden Prozesse* [10]

11, 22 und mehreren 100 Jahren. Insbesondere die kürzeren Zyklen der Sonne sind aufgrund der neueren Satellitenmessungen sehr gut bekannt. Die Änderungen innerhalb dieser Zyklen betragen aber nur wenige Prozent und sind für die neueren Klimaänderungen allein nicht entscheidend.

Neben CO_2 gehören CH_4, N_2O und die FCKW zu den vom Menschen gemachten Treibhausgasen. Jedes dieser Gase hat ein eigenes Treibhauspotential (GWP – *Greenhouse Warming Potential*), das die Lage und Stärke der Infrarotabsorption dieser Gase im Wärmestrahlungsspektrum der Erde berücksichtigt. Danach sind CH_4, N_2O und die FCKW deutlich stärker wirksam als das CO_2 und deshalb trotz ihrer viel geringeren Konzentrationen durchaus für die Änderung der Wärmebilanz der Erde von Interesse. Aus diesem Grunde wird häufig die gewichtete Summe aller Treibhausgasemissionen in Form der sog. CO_2-Äquivalente angegeben. Die Zunahme dieser Äquivalente wird heute als wesentliche Ursache für den Klimawandel seit Beginn der Industrialisierung angesehen.

Wie man leicht hätte erwarten können, sind die Hauptverursacher der gestiegenen CO_2-Konzentration die westlichen Industrienationen aufgrund der Nutzung fossiler Brennstoffe. Aus diesem Grunde tragen diese auch die Hauptverantwortung für die historisch gewachsene Klimaveränderung des letzten Jahrhunderts. Allerdings holen die Anderen auf. Im Jahre 2009 hat die gesamte Treibhausgasemission Chinas erstmals den Anteil der USA überstiegen. Wie sich solche CO_2-Äquivalente derzeit auf verschiedene Länder verteilen, ist in Abb. 18 gezeigt. Angegeben in dieser Abbildung ist auch, zu welcher Ländergruppe (Annex-I, Nicht-Annex-I) des Kyoto-Protokolls (1997) [11] und damit zu welchem Reduktionsszenario die jeweiligen Länder gehören.

Die gesamte globale CO_2-Emission summiert sich derzeit auf etwa 29,3 Mrd. Tonnen pro Jahr (CDIAC, 2009 [12]). Die Emission der Bundesrepublik Deutschland beträgt ca. 830 Mio. Tonnen (UBA, 2010 [13]), knapp 3 % der globa-

UNSERE ATMOSPHÄRE

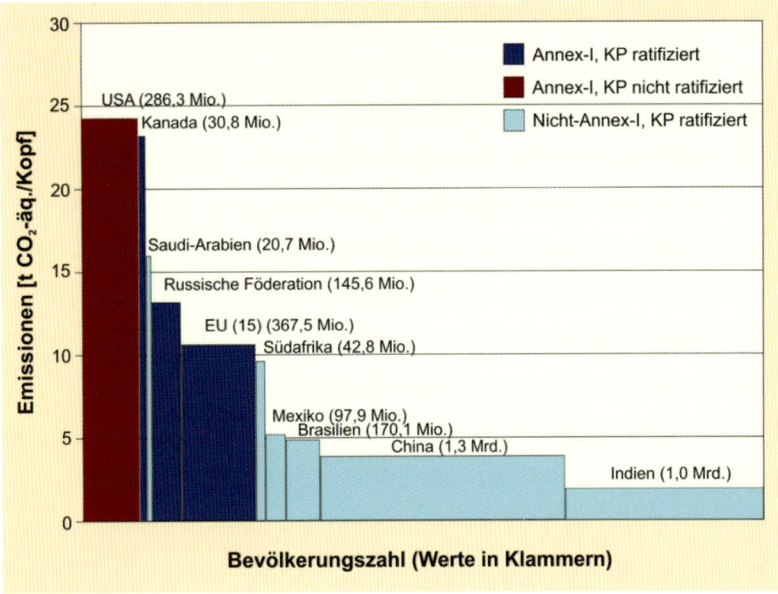

Abb. 18 Treibhausgasemissionen in CO_2-Äquivalenten pro Kopf der Bevölkerung und Bevölkerungszahlen in ausgewählten Ländern

len Menge. Unsere Pro-Kopf-Emission liegt deshalb bei ca. 10 t pro Jahr.

Ein Credo für die nachhaltige Entwicklung: Beispiel Klimawandel

Die Beobachtung von globalen Umweltveränderungen und deren Folgen, aber auch anderer längst bekannter, aber dennoch nicht gelöster Ungerechtigkeiten wie die globale Ungleichheit bei der Nutzung von Ressourcen, dem Nahrungsmittelangebot sowie der sozio-ökonomischen und politischen Entwicklung lassen das Bestreben für eine nachhaltige gesellschaftliche Entwicklung, die solche Unterschiede vermeidet oder zumindest verringert, wach werden. Nachhaltigkeit bedeutet, die natürliche Umwelt zu schonen, unsere Ressourcen nur in dem Ausmaß zu nutzen wie sie sich selbst erneuern, zwischen den jetzt Lebenden auf dem Globus Gerechtigkeit herzustellen und in der Folge verschiedener Generationen die wirtschaftliche und soziale Entwicklung nicht zu behindern.

Eines der Ziele globaler Nachhaltigkeit ist, die weitere globale Erwärmung auf nicht mehr als +2 Grad zu begren-

zen. Bereits 1992 hat die UNFCCC (United Nation Framework Convention on Climate Change [14]) die Erfordernisse im Umgang mit einem anthropogenen Klimawandel im Sinne der drei Säulen der Nachhaltigkeit wie folgt definiert:

"Greenhouse gases should be stabilized to prevent dangerous anthropogenic interference with the climate system. The time frame should be sufficient
- To allow ecosystems to adapt naturally to climate change
- To ensure that food production is not threatened
- To enable economic development to proceed in a sustainable manner."

Aus heutiger Sicht wird diese Nachhaltigkeitsforderung, die seit Mitte der 1990er Jahre auch offizielles umweltpolitisches Ziel der EU ist, gerade noch erfüllt für einen Temperaturanstieg von nicht mehr als ca. zwei Grad bis zum Ende dieses Jahrhunderts. Damit verknüpft ist ein Anstieg des Meeresspiegels aufgrund thermischer Ausdehnung von ebenfalls recht erträglichen +0,5 m. Nur wenn der Klimawandel nicht stärker ausfällt, können nach Meinung der etablierten Klimaforschung weit reichende Unstetigkeiten im Klimasystem wie das Schrumpfen des grönländischen Inlandeises oder die Störung der thermohalinen Zirkulation im Nordatlantik, die zu einer massiven Erhöhung des Meeresspiegels bzw. einer substantiellen Abkühlung in Europa führen würden, vermieden werden. Zu den derzeit unwägbaren, aber nicht unrealistischen Erwartungen unter einem stärkeren Klimawandel gehört auch die weitere Ausbreitung von Infektionskrankheiten.

Während die akzeptierten Schwellwerte von Klimawandel mehr plausibel und konsensual als streng wissenschaftlich begründbar sind, ist Klimawandel dennoch ein unumstößliches Faktum geworden. Klimawandel wird aber auch weiter fortschreiten. Werden die Treibhausgasemissionen nicht substantiell verringert, ist eine weitere Temperaturzunahme von 0,2 Grad pro Dekade für die nächsten 30 Jahre sehr wahrscheinlich. Modellrechnungen mit gesteigerter Komplexität und Realitätsnähe führen auf weite-

TAB. 5 | SOZIO-ÖKONOMISCHE SZENARIEN DES 21. JAHRHUNDERTS [15]

A1	B1

• Schnelles ökonomisches Wachstum
• Maximum der globalen Weltbevölkerung erreicht in 2050
• Schnelle Einführung neuer Technologien
• Regionale Konvergenz (Abbau regionaler Unterschiede)
  FI: Fossil-intensiv
  T: Nicht-fossil
  B: Bilanz zwischen fossil und nicht-fossil
	• Wie A1, aber schneller Wechsel der ökonomischen Struktur in Service u. Informations-Ökonomie
	• Reduktion der Materialintensität
	• Globale Nachhaltigkeit (ökonomisch, ökologisch und sozial)

A2	**B2**
• Langsames ökonomisches Wachstum • Kontinuierlich wachsende Bevölkerung • Erhalt lokaler/regionaler Identität	• Wie B1, nur zeitliche und räumliche Umsetzung wie A2

re globale Erwärmungen zwischen 1,8 bis 4,0 °C innerhalb des 21. Jahrhunderts, je nachdem welche Szenarien für die globale Bevölkerungsentwicklung und deren Wirtschaftsverhalten angenommen werden. Auch mit bedeutenden Anstrengungen im Klimaschutz ist eine weitere Temperaturzunahme um bis zu +2 Grad praktisch nicht mehr vermeidbar.

Wie kann man ein solches Klimaziel erreichen? Man muss dazu zunächst wissen, wie viel CO_2 in der Zukunft emittiert werden wird und wie diese Menge die atmosphärische Konzentration und damit die globale Temperatur verändert. Diese Fragen sind miteinander verknüpft, fallen aber in völlig verschiedene Fachdisziplinen. Während die Letztere in den Bereich der naturwissenschaftlichen Klimaforschung gehört, sind für die Erstere die Soziologen und Ökonomen zuständig. Dieser Arbeitsteilung bewusst, sind bereits vor gut 20 Jahren eine Vielzahl von Szenarien für die globale ökonomische Entwicklung entworfen und im Hinblick auf die begleitenden Emissionen geprüft worden. Diese sog. SRES (*Second Report on Emission Scenarios*) – Szenarien des IPCC-Berichts von 2001 – unterscheiden sich in dem Ausmaß des Bevölkerungswachstums, des ökonomischen Wachstums, der Einführung regenerativer Energien sowie deren regionale bzw. globaler Konvergenz (vgl. Tabelle 5). Die resultierenden Entwicklungen für die CO_2-Emissionen, die sich aus solchen Szenarien ergeben, sind in Abb. 19 gezeigt.

Wie daraus zu erkennen ist, verlaufen nur die Szenarien A1 und B1 über ein Maximum in der CO_2-Emission, da sie von einer Stabilisierung der Weltbevölkerung ausgehen. Die anderen Szenarien mit einer kontinuierlich wachsenden Bevölkerung dagegen haben ständig weiter wachsende CO_2-Emissionen zur Folge. Die Ergebnisse der Klimamodellierung für die weitere Entwicklung der globalen Temperaturen zeigen allerdings, dass nur das Szenario B1 in etwa mit einem weiteren Temperaturanstieg von nicht mehr als +2 Grad im Einklang ist. Wie der Verlauf der B1-Kurve zeigt, müssen dazu die globalen Emissionen dramatisch zurückgefahren werden. Da im Hinblick auf die inter-generative Gerechtigkeit das Wachstum der Dritt- und Schwellenländer im Verlaufe dieses Jahrhunderts deutlich höher sein wird als das der derzeitigen Industrienationen, bedeutet ein solches Emissionsszenario auch, dass die Emissionsbegrenzung im Wesentlichen von den Industrieländern geleistet werden muss.

Die Diskussion um die Verteilung der Lasten einer solch gewaltigen Aufgabe der Menschheit ist in vollem Gange. Das derzeitige Kyoto-Protokoll zur Begrenzung der Treibhausgasemissionen läuft 2012 aus. Seine Verlängerung muss neu verhandelt werden. Das Zusammentreffen der Verhandlungspartner in Kopenhagen 2009 hat gezeigt, dass dies nach wie vor ein äußerst schwieriger Prozess ist, in dem sehr unterschiedliche nationale Interessen aufeinander treffen und Willensbekundungen zum Schutz des Erdklimas leicht geäußert, aber konkrete Handlungsziele nur selten beschlossen werden.

Das Ziel der Bundesrepublik, die Treibhausgasemissionen über die nächsten beiden Dekaden durch intensive

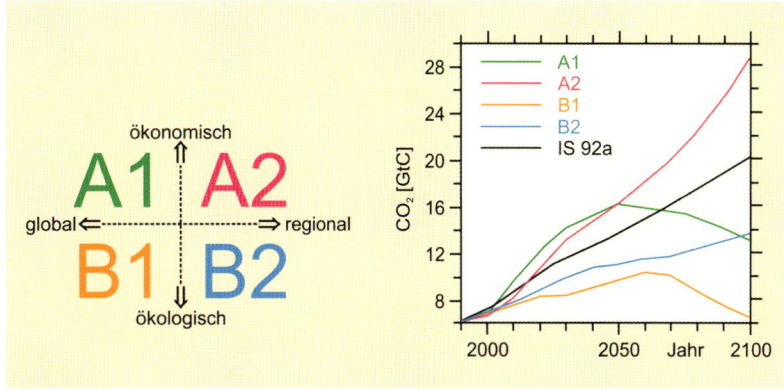

Abb. 19 *Die verschiedenen Szenarien der sozio-ökonomischen Entwicklungen im 21. Jahrhundert sowie die resultierenden Szenarien der globalen CO_2-Emissionen [15]. Das Szenario IS 92a entspricht dem „Business-as-usual"-Szenario von Anfang der 90er Jahre [16].*

Förderung der regenerativen Energien sowie durch Energieeinsparung um mindestens 50 % zu senken, ist richtig und anerkennenswert. Dennoch ist dies derzeit nur eine Vorreiterrolle, denn mit 50 % von 3 % allein kann der Globus noch längst nicht gerettet werden. Klimaschutz ist eine internationale Aufgabe.

Literatur

[1] Club of Rome (1972) *Grenzen des Wachstums* (Autor: Dennis Meadows).
[2] UN-DESA: World Population Prospects: The 2008 Revision.
[3] Deutsche Stiftung Weltbevölkerung: www.weltbevoelkerung.de.
[4] Foley, J.A., Monfreda, C., Ramankutty, N., Zaks, D. (2007) Our share of the planetary pie. Proceedings of the National Academy of Sciences, 104, 12585.
[5] Haberl, H., Erg, K.H., Krausmann, F., Gaube, V., Bondeau, A., Plutzar, C., Gingrich, S., Lucht, W., Fischer-Kowalski, M. (2007) Quantifying and mapping the human appropriation of net primary production in earth's terrestrial ecosystems. Proceedings of the National Academy of Sciences, 104, 12942–12947.
[6] IEA (2002) Internationale Energie Agentur. Die IEA ist eine autonome Institution der Organisation für wirtschaftliche Zusammenarbeit und Entwicklung (OECD) zur Einrichtung eines internationalen Energieprogramms (gegründet 1974, Sitz: Paris)
[7] NOAA ESRL: National Oceanic and Atmospheric Administration, Earth System Research Laboratory, Boulder, Co.
[8] Farman, J.C., Gardiner, B.G., Shanklin, J.D. (1985), *Nature* 315, 207–210.
[9] IPCC (2007) Intergovernmental Panel on Climate Change, Assessment Report No. 4, Genf.
[10] CLIMBER (CLIMate and BiosphERe) – das Modell des Instituts für Klimafolgen-Forschung, Potsdam, ist ein Erdsystemmodell mittlerer Komplexität.
[11] Kyoto-Protokoll (1997). Das Kyoto-Protokoll ist ein Zusatzprotokoll zur Ausgestaltung der Klimarahmenkonvention der Vereinten Nationen (UNFCCC). Es trat 2005 in Kraft und läuft bis 2012.
[12] CDIAC (2009) Carbon Dioxide Information Analysis Center des Department of Energy (DOE) der USA.
[13] Umweltbundesamt.
[14] UNFCCC United Nations Framework Convention on Climatic Change.
[15] IPCC (2001) Intergovernmental Panel on Climate Change, Third Assessment Report, Genf.
[16] IPCC (1995) Intergovernmental Panel on Climate Change, Genf.

KLIMAGAS KOHLENDIOXID

Kohlendioxid – Zu viel des Guten

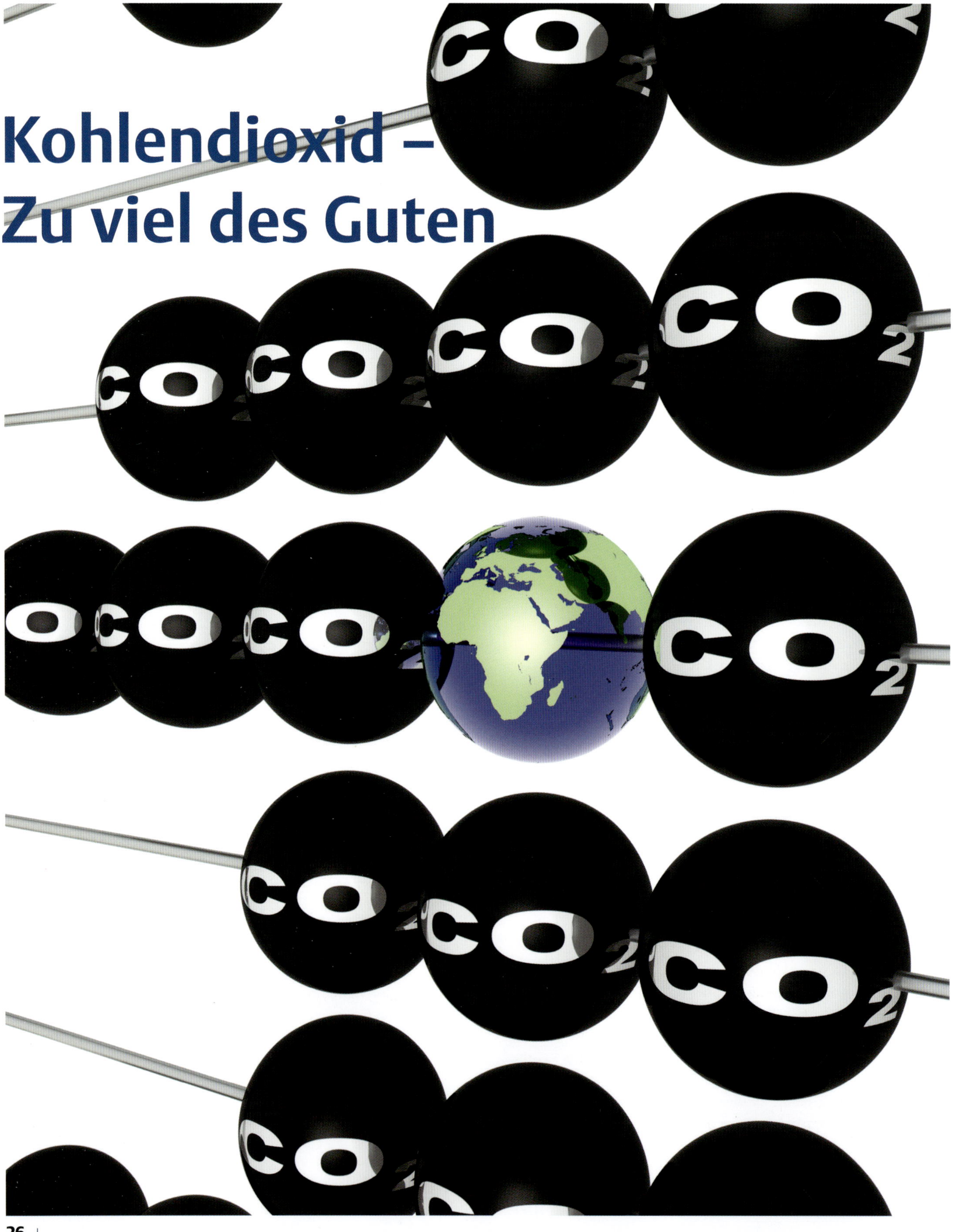

KLIMAGAS KOHLENDIOXID

CO_2 und der Klimawandel

MARTIN HEIMANN UND CHRISTIAN-DIETRICH SCHÖNWIESE

Der Kohlenstoffkreislauf
Veränderungen der atmosphärischen Kohlendioxid-Konzentration

Vor nunmehr 50 Jahren wurde zum ersten Mal mit direkten und genauen Messungen gezeigt [1], dass die Konzentration des Kohlendioxids (CO_2) in der Atmosphäre zunimmt. Diese Beobachtungen, die auf dem Vulkan Mauna Loa auf Hawaii und am Südpol begannen, wurden seither kontinuierlich fortgesetzt. Sie demonstrieren eindrücklich, wie der Mensch durch seine Aktivitäten die Zusammensetzung der globalen Atmosphäre verändert (Abb. 1).

Aus Analysen von Eisbohrkernen der Antarktis und Grönlands lässt sich die Zusammensetzung der Atmosphäre für noch weiter zurückliegende Zeiträume rekonstruieren. Dabei benutzt man den Umstand, dass bei der Eisbildung an der Unterseite des porösen Schneefirns auf den Eisschilden Atmosphärenluft in kleinen Luftbläschen eingeschlossen wird. Diese lassen sich auf ihre Zusammensetzung analysieren, während man gleichzeitig das Alter der Eismatrix aus Analysen des $^{18}O/^{16}O$-Sauerstoff-Isotopenverhältnis bestimmen kann. Abbildung 2 zeigt den auf diese Weise ermittelten Konzentrationsverlauf des CO_2 während der letzten 2000 Jahre [2]. Die Eiskernmessungen stimmen mit den direkten Beobachtungen im zeitlich überlappenden Bereich hervorragend überein.

Vor Beginn des 19. Jahrhunderts finden sich nur geringfügige Schwankungen der atmosphärischen CO_2-Konzentration um einen Hintergrundwert von etwa 280 ppm. Erst mit der industriellen Revolution erhöhte sich das CO_2 bis heute (2010) auf 385 ppm, entsprechend einer Zunahme um +38 %. Analysen von älteren Eiskernen aus der Antarktis zeigen, dass sich das CO_2 während des gesamten Holozäns, also während der letzten 10 000 Jahre, um nicht mehr als etwa 20 ppm verändert hat. Noch weiter zurück findet man Konzentrationswerte um 280 ppm in den Warm- und erniedrigte Konzentrationen bis zu 180 ppm in den Kaltphasen der letzten Eiszeitzyklen. Für noch weiter zurückliegende Zeiträume kann die Atmosphärenkonzentration des CO_2 nur über indirekte Verfahren geschätzt werden, wie z. B. über Schwankungen des $^{13}C/^{12}C$-Isotopenverhältnis in Karbonatgesteinen. Alle diese Analysen zeigen, dass die heutigen Werte von über 385 ppm in der Erdgeschichte mindestens seit mehreren Millionen Jahren einmalig sind.

Da CO_2 ein wichtiges Treibhausgas ist, impliziert dieser Konzentrationsanstieg eine Verstärkung des Strahlungsantriebs und damit eine Änderung des Klimas der Erde. Eine Vielzahl von Indikatoren belegen eindeutig, dass der Mensch ursächlich bei diesem Konzentrationsanstieg beteiligt ist. Ein indirekter Hinweis ergibt sich u. a. aus dem Konzentrationsunterschied zwischen der Nord- und Südhemisphäre, wie er durch die Messungen von der Mauna Loa und der Südpolstation stellvertretend wiedergegeben wird. Während in den 1960er Jahren die Jahresmittelwerte beider Stationen noch etwa gleich hoch waren (siehe Abb. 1), hat sich in den folgenden Jahrzehnten ein zunehmend stärkerer Konzentrationsunterschied ausgebildet, da die anthropogenen Emissionen vorwiegend in der Nordhe-

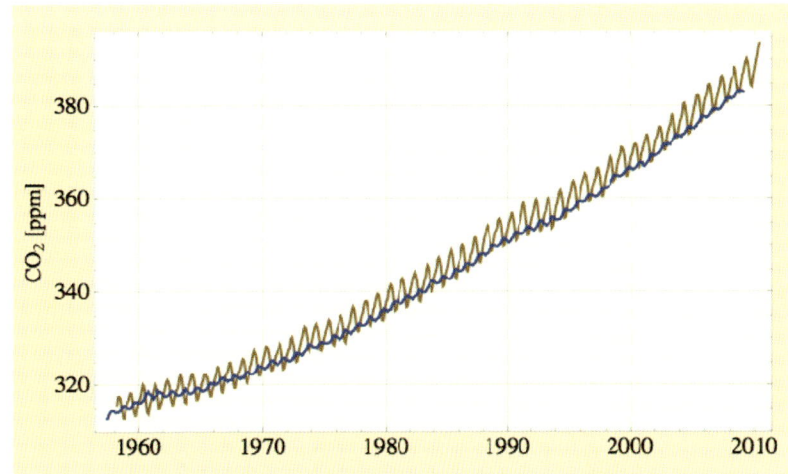

Abb. 1 *Gemessene atmosphärische CO_2-Konzentration an den Stationen Mauna Loa (braun) und Südpol (blau) [1]. (Einheit: 1 ppm = 1 part per million = 1 Molekül CO_2 pro 1 Million Luftmoleküle)*

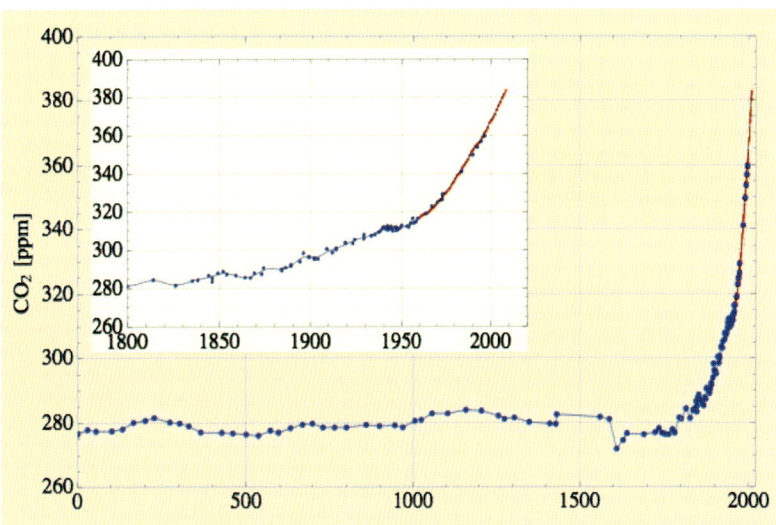

Abb. 2 *Atmosphärische CO_2-Konzentration rekonstruiert aus Eiskernen (blau, [2]) und direkte Messungen (rot, Jahresmittel, Durchschnitt der Messungen von Mauna Loa und Südpol [1]) während der letzten 2000 Jahre. Der Einschub zeigt den Verlauf seit Beginn der Industrialisierung in höherer zeitlicher Auflösung.*

KLIMAGAS KOHLENDIOXID

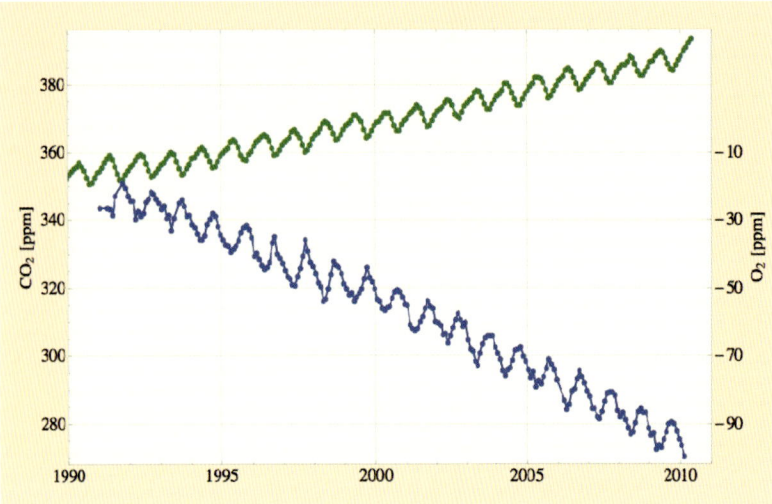

Abb. 3 *Atmosphärische Konzentration des CO_2 (grün, linke Skala) und des Luftsauerstoffs (blau, rechte Skala, Abweichung vom Standard [3]) gemessen an der Station Mauna Loa.*

Der natürliche Kohlenstoffkreislauf

Um die Zunahme des atmosphärischen CO_2 besser zu verstehen und dessen zukünftigen Verlauf abzuschätzen, muss der natürliche globale Kreislauf des Kohlenstoffs betrachtet werden. In Abb. 4 ist dieser schematisch dargestellt, wobei hier nur die Kohlenstoffspeicher Atmosphäre, Ozean und Landbiosphäre diskutiert werden. Diese tauschen Kohlenstoff auf Zeitskalen von Sekunden (z. B. durch Photosynthese) bis einige 1000 Jahren (Umwälzzeit des Ozeans) miteinander aus. Auf noch längeren, geologischen Zeitskalen müsste auch die Lithosphäre mit berücksichtigt werden, welche über die Vulkane CO_2 emittiert und dieses durch Verwitterungsprozesse der Atmosphäre wieder entzieht.

In der Atmosphäre findet sich der Kohlenstoff vorwiegend in Form von CO_2. Im Jahre 2010 betrug die Gesamtmenge ~ 817 PgC (1 PgC = 10^{15} gC = 1 Gigatonne C); geringere Mengen entfallen auf das Methan (2010: ca. 4 PgC). Kohlenmonoxid, Kohlenwasserstoffe und weitere flüchtige organische Verbindungen enthalten wesentlich geringere Mengen Kohlenstoff und können in der quantitativen Analyse des globalen Kohlenstoffkreislaufs vernachlässigt werden.

Der im Vergleich zur Atmosphäre um ein Vielfaches größere ozeanische Kohlenstoffspeicher (ca. 3 800 PgC) besteht vorwiegend aus anorganischem gelöstem Kohlenstoff (DIC = *Dissolved Inorganic Carbon*), welcher aus Hydrogencarbonat- (HCO_3^-) und Carbonationen (CO_3^{2-}) besteht. Auf die marine Biosphäre entfällt nur etwa 3 PgC, vorwiegend in Form von Plankton und anderen Mikroor-

misphäre stattfinden. Ein zweiter Hinweis ergibt sich aus Beobachtungen der Abnahme des Luftsauerstoffs (O_2), welche den Sauerstoffverbrauch bei der Verbrennung fossiler Energieträger dokumentiert [3]. Da der Sauerstoffgehalt der Atmosphäre relativ hoch ist, ist eine sehr hohe Genauigkeit und Langzeitstabilität des Messverfahrens notwendig, um Änderungen im ppm-Bereich zu erfassen. Aus diesem Grund liegen solche Messungen erst seit 1990 vor (Abb. 3).

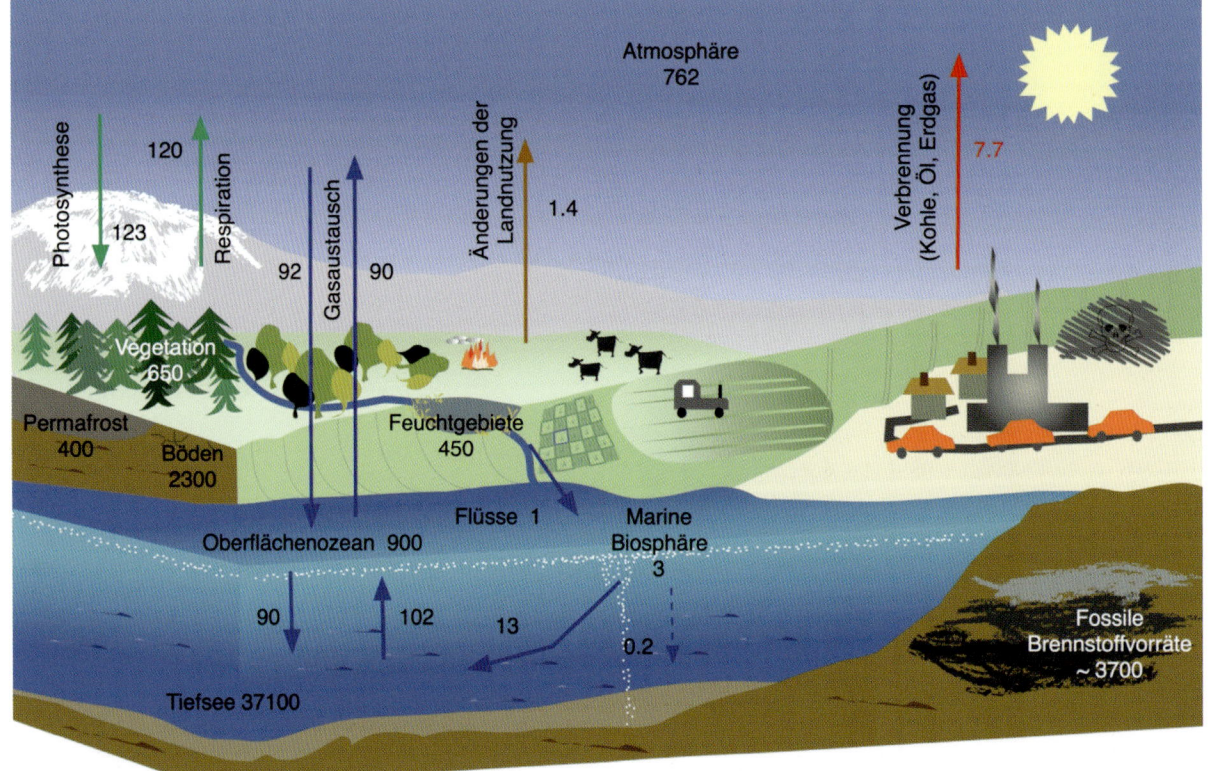

Abb. 4 *Schema des globalen Kohlenstoffkreislaufs (nach [4], vereinfacht). Einheiten: Vorräte: PgC, Austauschflüsse: PgC/Jahr.*

KLIMAGAS KOHLENDIOXID

ganismen. Durch Photosynthese des Phytoplanktons wird der Deckschicht des Ozeans aber ständig anorganischer Kohlenstoff entzogen, durch die marine Nahrungskette weitergereicht und letztlich durch heterotrophe Respiration wieder in anorganischen Kohlenstoff überführt. Da ein Teil des marinen organischen Kohlenstoffs nach dem Absterben der Organismen in die Tiefe sinkt, ergibt sich ein natürlicher Konzentrationsgradient des DIC zwischen der Deckschicht und dem Tiefenwasser. Aufquellendes Tiefenwasser ist daher mit anorganischem Kohlenstoff angereichert und gibt diesen als CO_2 an die Atmosphäre ab. Ozeanische Auftriebsgebiete sind daher CO_2-Quellgebiete, z. B. im äquatorialen Pazifik oder vor der Westküste Afrikas. Dieser natürliche Kreislauf, oft auch als „marine biologische Pumpe" bezeichnet, wird weitgehend durch die Sonneneinstrahlung und die verfügbaren Nährstoffe (vor allem PO_4^{3-} und NO_3^-) begrenzt. Ein zweiter ozeanischer Kreislauf ergibt sich durch die Bildung von Kalkschalen einiger ozeanischer Mikroorganismen in der Deckschicht und deren Lösung in tieferen Wasserschichten. Paradoxerweise besitzt diese „marine Carbonatpumpe" bezüglich Bindung und Freisetzung von CO_2 ein der biologischen Pumpe entgegengesetztes Verhalten: Bei der Bildung von Kalkschalen wird Hydrogencarbonat in Carbonat und CO_2 gespalten und damit CO_2 freigesetzt, andererseits wird bei Auflösung in der Tiefe CO_2 verbraucht und zu gelöstem Hydrogencarbonat umgewandelt. Da die Löslichkeit von CO_2 in kaltem Wasser höher ist als in warmem, ergibt sich daneben noch ein dritter ozeanischer Kreislauf, die sog. „Löslichkeitspumpe", welche über Wärmespeicherung und -transport Kohlenstoff im Ozean von kälteren zu wärmeren Wassern verfrachtet.

Auf den Landflächen findet sich Kohlenstoff in Form von organischen Verbindungen in der Vegetation (global ca. 650 PgC) und im Boden (ca. 3 150 PgC, davon 450 PgC in Feuchtgebieten und etwa 400 PgC im Permafrost). Durch Photosynthese der Landvegetation werden der Atmosphäre jährlich ca. 120 PgC entzogen; etwa die Hälfte davon wird durch die Pflanzen im selben Jahr wieder veratmet (autotrophe Respiration); die andere Hälfte wird als organischer Kohlenstoff in die Biomasse eingebaut. Diese wird auf einem weiten Spektrum von Umwälzzeiten über Spreu und Bodenkohlenstoff umgesetzt und durch heterotrophe Respiration und andere Prozesse (z. B. Vegetationsfeuer) wieder als CO_2 in die Atmosphäre zurückgeführt.

Da das Pflanzenwachstum in den gemäßigten Breiten in der Nordhemisphäre vorwiegend während der wärmeren Jahreszeiten stattfindet und in den kälteren Jahreszeiten der Abbau des organischen Kohlenstoffs dominiert, ergibt sich in der Nordhemisphäre ein ausgeprägter Jahresgang in der CO_2-Konzentration, welcher sich im Sauerstoff mit umgekehrten Vorzeichen ebenfalls abzeichnet (siehe Abb. 3). In der Südhemisphäre ist dieser Jahresgang aufgrund der viel geringeren jahreszeitlichen Vegetation wesentlich kleiner und der Phasenlage der Nordhemisphäre entgegengesetzt (siehe Abb. 1).

Die anthropogene Störung und die globale CO_2-Bilanz

Die geringen Schwankungen der atmosphärischen CO_2-Konzentration während des Holozäns lassen darauf schließen, dass sich der Kohlenstoffkreislauf quasi im Gleichgewicht befand. Die Zunahme seit 1800 beruht in erster Linie auf den Emissionen durch die Verbrennung fossiler Energieträger (Kohle, Öl und Erdgas), und zu einem kleinen Anteil aus der Zementproduktion. Diese Emissionen lassen sich ziemlich genau aus Statistiken des Verbrauchs fossiler Energieträger ermitteln. Eine zweite anthropogene CO_2-Quelle ist die Änderung der Landnutzung, vor allem die Rodung der Wälder zur Gewinnung zusätzlicher Landwirtschaftsflächen.

Dabei wird zunächst ein Teil des in der Vegetation gespeicherten Kohlenstoffs durch Brandrodung als CO_2 freigesetzt. Zudem wird der organische Kohlenstoff im Boden im Zuge der nachfolgenden Bodenbearbeitung durch Oxidation verstärkt abgebaut. Die Quellstärke dieser Emissionen lässt sich nur indirekt aus Statistiken der Landnutzungsflächen schätzen und enthält daher beträchtliche Unsicherheiten. Abbildung 6 zeigt den Verlauf der Emissionen aus fossilen Brennstoffen und aus Änderungen der Landnutzung während der letzten 50 Jahre. Parallel zur Wirt-

Abb. 5 *Brandrodung zur Gewinnung zusätzlicher Flächen für die Landwirtschaft*

KLIMAGAS KOHLENDIOXID

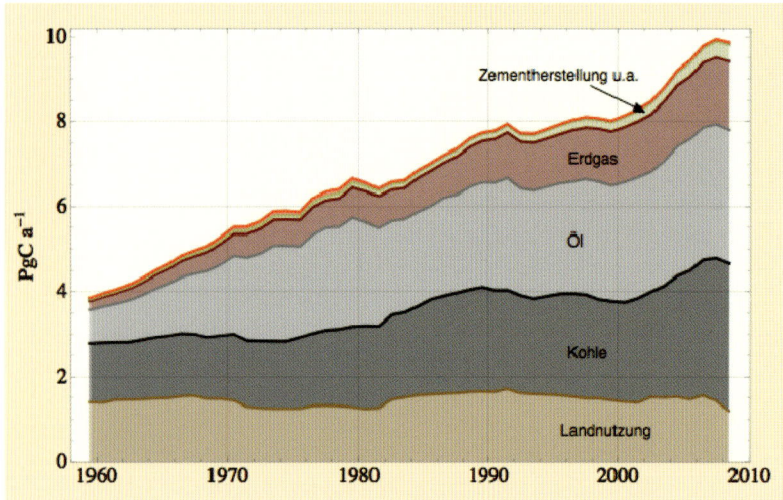

Abb. 6 *Zeitlicher Verlauf der CO_2-Emissionen aus der Verbrennung fossiler Energieträger und der Zementherstellung – kumulative Darstellung [5].*

schaftsentwicklung haben die fossilen Emissionen stetig zugenommen, während die Emissionen aus Landnutzungsänderungen stagnierten und in den letzten Jahren sogar etwas zurückgingen.

Nur etwa 45 % des emittierten CO_2 verbleiben auch in der Atmosphäre; der Rest wird vom Ozean und der Landbiosphäre aufgenommen (Abb. 7). Da CO_2 in der Atmosphäre eine lange Verweilzeit besitzt, lassen sich die Änderungen des Inventars der Atmosphäre aus den Stationsmessungen mit großer Genauigkeit bestimmen. Die CO_2-Aufnahme durch den Ozean ist relativ gut verstanden. Die Zunahme des Partialdrucks des CO_2 in der Atmosphäre führt zu einem Gastransfer in die ozeanische Deckschicht, in welcher sich die Verteilung innerhalb des Carbonatsystems etwas verschiebt (Ansäuerung) und der aufgenommene Kohlenstoff durch Meeresströmungen und Mischung in die Tiefe verfrachtet wird.

Die Aufnahme durch die Landbiosphäre ergibt sich als Residuum von globalen Emissionen minus der Akkumulation in der Atmosphäre und dem Ozean. Abbildung 7 zeigt, dass die Bilanz der Landbiosphäre extrem starke Schwankungen aufweist, welche durch interannuale Klimavariationen (u. a. El Niño) verursacht werden. Es kommt hinzu, dass die Ursache der CO_2-Aufnahme der Landbiosphäre nach wie vor umstritten ist: Pflanzen wachsen besser unter höherer CO_2-Konzentration (sog. CO_2-„Düngeeffekt"), allerdings nur wenn genügend Nährstoffe und Wasser vorhanden sind. Großräumiger anthropogener Stickstoffeintrag sowie nachwachsende Wälder in früher intensiv genutzten Regionen der USA und Europas dürften demnach auch zur heutigen Kohlenstoffspeicherung auf dem Lande beitragen. Zunehmende Temperaturen und damit einhergehende längere Vegetationsperioden in mittleren und hohen Breiten dürften zur Zeit auch mitwirken.

In Tabelle 1 ist die globale Kohlenstoffbilanz kumulativ seit 1750 sowie für die letzten neun Jahre (2000–2008) aufgeführt [5]. Die sog. *„airborne fraction"* bezeichnet den in der Atmosphäre verbleibenden Anteil der Emissionen. Gemittelt über mehrere Jahre verblieb sie erstaunlicherweise relativ konstant auf einem Wert von 45 ± 5 %. Im Zuge größerer Klimaänderungen wird erwartet, dass sich die *airborne fraction* in Zukunft jedoch erhöhen wird.

Zukünftige Entwicklung

Entscheidend für die Entwicklung der CO_2-Konzentration bei vorgegebenen zukünftigen Emissionen ist das Verhalten der terrestrischen und ozeanischen Senken. Dabei ist zu unterscheiden zwischen der internen Dynamik und möglichen Rückkopplungseffekten, die durch das sich verändernde Klima ausgelöst werden.

Mit steigendem atmosphärischen CO_2-Gehalt nimmt die Ozeansenke zu. Sie wird allerdings abgeschwächt, da die chemische Pufferung des CO_2 im Carbonatsystem bei Ansäuerung reduziert wird. Darüber hinaus führt die Klimaerwärmung zu einer Abschwächung der Tiefenwasserbildung. Simulationsrechnungen mit gekoppelten Klima-Kohlenstoffkreislaufmodellen erlauben es, diese Effekte global zu erfassen. Dabei zeigt sich, dass die Klimarückkopplung beim Ozean relativ moderat ausfällt und dass die Rate des CO_2-Anstiegs in der Atmosphäre die Ozeansenke mit beeinflusst: Bei langsamerem Wachstum hat der Ozean gewissermaßen mehr Zeit, Überschuss-CO_2 aufzunehmen.

Auf den Landoberflächen ist eine Vielzahl von positiven und negativen Rückkopplungseffekten zu beachten. Neben dem bereits angesprochenen CO_2-Düngeeffekt sind die Auswirkungen der globalen Klimaänderungen auf die terrestrische Kohlenstoffbilanz noch weitgehend umstritten. Trotz der heute stagnierenden direkten CO_2-Emissionen aus Landnutzungsänderungen ist zu erwarten, dass die zunehmende Weltbevölkerung durch den Bedarf an Flächen für Landwirtschaft und Urbanisierung die Dynamik des terrestrischen Kohlenstoffkreislaufs entscheidend verändern wird. Bereits heute werden 35 % der globalen eisfreien

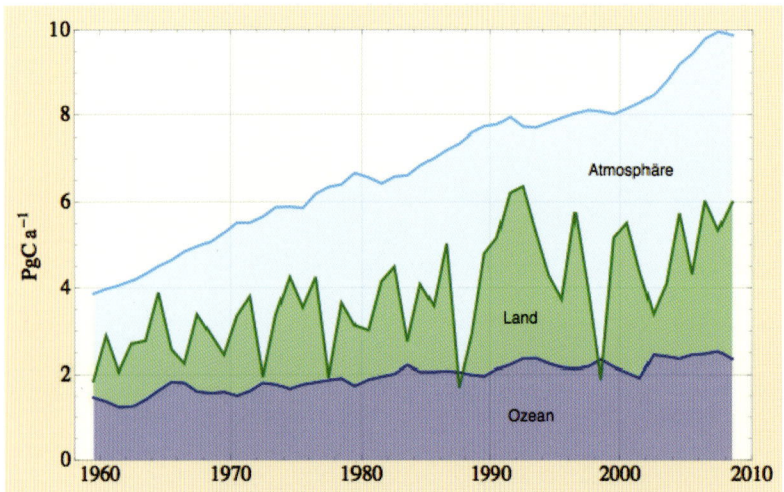

Abb. 7 *Globale CO_2-Senken: Akkumulation im Ozean (blau), in der Landbiosphäre (grün) und in der Atmosphäre (hellblau) – kumulative Darstellung [5].*

KLIMAGAS KOHLENDIOXID

TAB. 1 | GLOBALE KOHLENSTOFFBILANZ (KUMULATIVE EMISSIONEN FÜR DEN ZEITRAUM 1750–2008 UND MITTLERE JÄHRLICHE EMISSIONEN IM ZEITRAUM 2000–2008) [5]

	1750–2008 (PgC)	2000–2008 (PgCa^{-1})
Emissionen:		
Fossile Brennstoffe (aus Energiestatistiken)	340	7,7 ± 0,5
Änderungen der Landnutzung (aus Landnutzungsstatistiken)	190	1,4 ± 0,7
	530	9,1 ± 0,9
Senken:		
Atmosphäre (aus Beobachtungen)	230	4,1 ± 0,1
Ozean (aus Beobachtungen)	155	2,3 ± 0,4
Landbiosphäre (Residuum)	145	2,7 ± 1,0
airborne fraction	~43 %	45 ± 5 %

Landflächen für Landwirtschaft und Viehzucht genutzt; 25 % der globalen, jährlichen Nettoprimärproduktion der Vegetation wird direkt und indirekt durch den Menschen verbraucht. Die Bewertung und Quantifizierung dieser Effekte und ihre Auswirkungen im Kontext der zukünftigen globalen Entwicklung sind eine große Herausforderung für die Erdsystemwissenschaften.

Klimarelevante Strahlungsprozesse

Atmosphärische Spurengase wie Wasserdampf (H_2O), Kohlendioxid (CO_2), aber auch Methan (CH_4), Lachgas (N_2O), Ozon (O_3) und andere sind wegen ihrer Strahlungseigenschaften für das Klima von Bedeutung [4, 6, 7]. Außerdem spielt die atmosphärische Verweilzeit eine wichtige Rolle, weil sich Substanzen ab Verweilzeiten von ungefähr 2–3 Jahren unabhängig von dem Ort ihrer Emission annähernd gleichmäßig in der Atmosphäre verteilen.

Strahlungsgesetze

Um die Strahlungseigenschaften zu verstehen, müssen wir uns zunächst mit den wichtigsten Strahlungsgesetzen befassen. An erster Stelle steht dabei das Stefan-Boltzmann-Gesetz, siehe Kasten 1.

Es besagt, dass jede Materie, gleich welcher Größe, in Abhängigkeit von ihrer Oberflächentemperatur pro Flächen- und Zeiteinheit eine bestimmte Energie ausstrahlt, genannt Energieflussdichte Q. Der Energietransport dieser Strahlung funktioniert auch im materielosen Raum, also beispielsweise von der Sonne zur Erde. Wenn aber Strahlung auf Materie trifft, gibt es Wechselwirkungen. Diese bestehen darin, dass die bestrahlte Materie die Strahlung teils absorbiert, was stets zur Erwärmung führt, und teils streut, bis sie auf weitere Materie trifft, wo genau das Gleiche geschieht (Mehrfachstreuung). Sogenannte ideale Schwarze Körper absorbieren die gesamte Strahlung. Für sie ist das im Stefan-Boltzmann-Gesetz enthaltene Emissionsvermögen (ε) maximal gleich 1.

Ein weiteres fundamentales Strahlungsgesetz ist das von Planck, siehe wiederum Kasten 1, das die Strahlungsflussdichte nach den Wellenlängen aufschlüsselt. Integriert über alle Wellenlängen ergibt sich daraus das Stefan-Boltzmann-Gesetz als entsprechende Vereinfachung. Das Wien'sche Verschiebungsgesetz gibt an, bei welcher Wellenlänge die maximale Ausstrahlung erfolgt.

Strahlungsenergie und Temperatur

Gekoppelt mit der Strahlung ist die Wärmeenergie bzw. die Temperatur. Im Gegensatz zur Strahlung ist sie materiegebunden: Je höher die Bewegung der Atome und Moleküle ist, aus der sich Materie zusammensetzt, umso höher ist die Temperatur. Daher spricht man auch von molekularkinetischer Energie. Ruhe bzw. keine Bewegung entspricht der Temperatur von –273 °C oder 0 K. Steht Materie unterschiedlicher Temperatur in Kontakt, so wird Wärmeenergie vom wärmeren zum kälteren Körper transportiert (Wärmeleitung), bis der Temperaturunterschied ausgeglichen ist. Im Gegensatz zu diesem Transport sensibler Wärme gibt es auch die sog. latente Wärme, die im Aggregatzustand (fest-flüssig-gasförmig) von Materie versteckt ist. So wird beispielsweise der Erdoberfläche durch Verdunstung, also durch den Übergang von Wasser zu Wasserdampf, latente Energie entzogen, was sich durch Abkühlung äußert. Bei

---

STRAHLUNGSGESETZE

Das wichtigste Strahlungsgesetz stammt von Josef Stefan und Ludwig Boltzmann (Stefan-Boltzmann-Gesetz). Es besagt: Von jeder Materie geht die Energieflussdichte $Q = \varepsilon \sigma T^4$ aus mit ε = Emissionsvermögen (im Fall eines idealen Schwarzen Körpers ist $\varepsilon = 1$), $\sigma = 5{,}67 \times 10^{-8}$ Wm^{-2}K^{-4} (Stefan-Boltzmann-Konstante) und T = Oberflächentemperatur. Daraus folgt gerundet für die Sonne (T = 6 000 K) $Q_{Sonne} = 6{,}3 \times 10^7$ Wm^{-2} und für die Erde (T = 288 K) $Q_{Erde} = 390$ Wm^{-2} (288 K = 15 °C).

Die Aufschlüsselung nach der Wellenlänge λ beschreibt das Planck'sche Strahlungsgesetz $\partial Q = 2hc^2/[\lambda^5[\exp(hc/k\,\lambda T) - 1]]\,\partial \lambda$ mit $h = 6{,}626 \times 10^{-34}$ Js (Planck'sche Wirkungsquantum), $k = 1{,}381 \times 10^{-23}$ JK^{-1} (Boltzmann-Konstante) und c = Lichtgeschwindigkeit (im Vakuum gilt $c_0 = 2{,}9979 \times 10^8$ ms^{-1}).

Mit dem Wien'schen Verschiebungsgesetz, das die Beziehung zwischen der Wellenlänge der maximalen Ausstrahlung Q und der Temperatur T angibt, $\lambda_{max}T = 2\,898$ µmK, folgt für die Sonne $\lambda_{max} = 0{,}48$ µm (grünes Licht) und für die Erde $\lambda_{max} = 10$ µm (Wärme).

KLIMAGAS KOHLENDIOXID

der Kondensation des Wasserdampfs in der Atmosphäre, insbesondere bei der Wolkenbildung, wird sie wieder frei (Erwärmung). Ähnliches gilt beim Übergang von Wasser zu Eis bzw. umgekehrt. Zwischen der Strahlungsflussdichte und der Temperatur besteht die wichtige Beziehung

$$dQ = (c\,m)\,dT$$

das heißt, bei einer bestimmten Einstrahlung dQ erwärmt sich die betreffende Masse m um einen Temperaturbetrag dT, der abhängig von der spezifischen Wärmekapazität c (Materialkonstante) ist. Entsprechend führt die Ausstrahlung –dQ zur Abkühlung –dT.

Die wichtigste Energiequelle für die Erde ist die Sonne. Die betreffende solare Energieflussdichte, wie sie am fiktiven Außenrand der Erdatmosphäre gemessen werden kann, die sog. Solarkonstante S_K, beträgt 1,37 kWm^{-2}. Die Ausstrahlung der Erde, die terrestrische Strahlungsflussdichte, lässt sich nach dem Stefan-Boltzmann-Gesetz berechnen. Unter vereinfachenden Annahmen ($\varepsilon = 1$, obwohl die Erde nicht ganz ein idealer Schwarzer Körper ist) erhält man rund 390 Wm^{-2}. Im Gleichgewicht sollten Ein- und Ausstrahlung identisch sein. Dabei ist bei der Relation Sonne-Erde aber zu beachten, dass die Erde über ihre ganze Kugeloberfläche ausstrahlt, jedoch die Sonneneinstrahlung nur mit ihrer Querschnittsfläche empfängt. Daher ist die Sonneneinstrahlung nur auf einem Viertel der Erdausstrahlungsfläche wirksam und es ergibt sich die Relation

$$Q_{Erde} / (S_K / 4) = 390 / (1\,370 : 4) = 390 / 342{,}5 \approx 1{,}14$$

entsprechend 114 % (vgl. Abb. 8). Das heißt, die Ausstrahlung der Erde ist an ihrer Oberfläche zunächst etwas größer als die Einstrahlung der Sonne am Oberrand der Atmosphäre. Bisher ist aber diese Atmosphäre gar nicht berücksichtigt. Da sie aus Materie besteht, werden die Strahlungsvorgänge durch Absorption und Streuung modifiziert, siehe wiederum Abb. 8. Im globalen und langzeitlichen Mittel ergibt sich gemäß Messungen und Modellierungen eine Strahlungsbilanz von +27 % an der Erdoberfläche und entsprechend –27 % in der Atmosphäre [7]. Der Ausgleich wird dadurch gewährleistet, dass die im Mittel von der Erdoberfläche zur Atmosphäre gerichteten Flüsse sensibler und latenter Wärme die Strahlungsbilanz kompensieren. An irgendeinem bestimmten Ort der Erde und zu einer bestimmten Zeit ist das natürlich nicht der Fall, so dass die stets variable Sonneneinstrahlung und die mit ihr verbundenen Prozesse, nicht zuletzt auch des Wetters, zu ausgeprägten Tages- und Jahresgängen führen.

Die atmosphärischen Strahlungswechselwirkungen reduzieren die terrestrische Ausstrahlung von 114 % auf 18 %. Diesen Effekt kann man auch bezüglich der Temperatur berechnen. Setzt man nämlich das Stefan-Boltzmann-Gesetz für die Erde ins Gleichgewicht mit $S_K/4$ und geht man weiterhin von der derzeitigen mittleren solaren Strahlungsreflexion des Systems Erdoberfläche-Atmosphäre von 30 % aus (als planetare Albedo bezeichnet), so führt die Auflösung nach der Temperatur zu dem Wert, der in Nähe der Erdoberfläche ohne Treibhauseffekt herrschen müsste: –18 °C [7, 8]. Die Differenz zum tatsächlich beobachteten Wert von +15 °C, also 33 K (°C), wird allgemein als natürlicher Treibhauseffekt bezeichnet.

CO_2 – wie auch alle anderen klimawirksamen Gase – absorbieren in ganz bestimmten spektralen Absorptionslinien (Rotationslinien), die zu Absorptionsbanden (Schwingungsbanden) zusammengefasst werden. Abbildung 9 [9] zeigt die solare Einstrahlung und die terrestrische Aus-

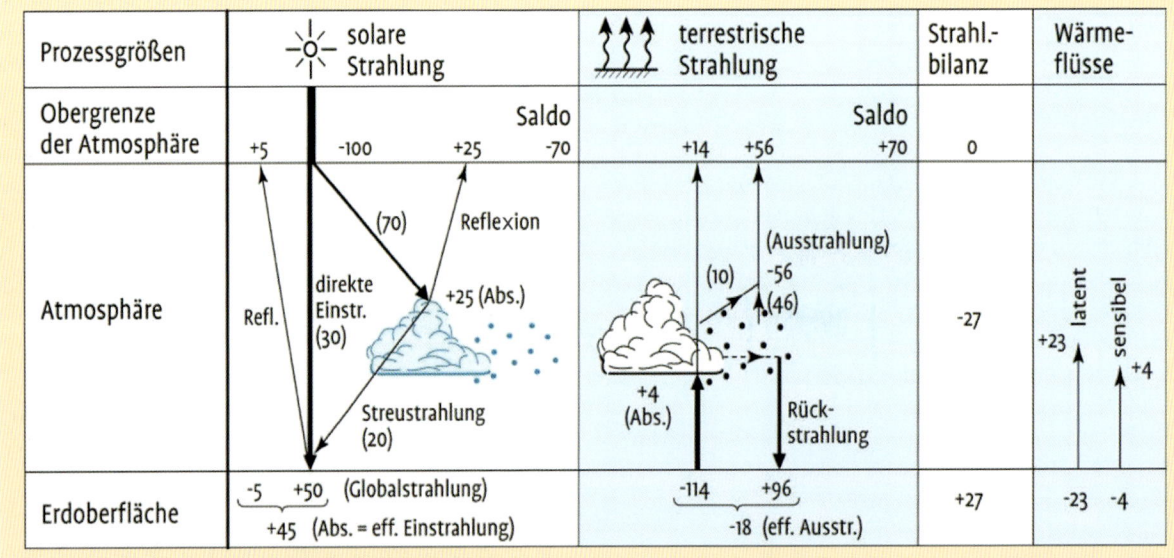

Abb. 8 *Global gemittelte prozentuale Energieflüsse im System Erdoberfläche-Atmosphäre. Die am fiktiven äußeren Rand der Atmosphäre wirksame Sonneneinstrahlung (342 Wm^{-2}) wurde gleich 100 % gesetzt (IPCC [4], modifiziert nach [7]).*

KLIMAGAS KOHLENDIOXID

strahlung nach dem Planck`schen Strahlungsgesetz, und zwar ohne und mit Absorption durch die atmosphärischen Spurengase. Obwohl es sich bereits um eine stark vereinfachte Betrachtung handelt, ist das Ergebnis dennoch kompliziert. Immerhin sieht man, dass der Wasserdampf (H_2O) die meisten Absorptionsbanden aufweist und CO_2 im Wesentlichen in den Wellenlängenbereichen von 2–4 μm und 13–17 μm absorbiert [9].

Das heißt, diese Gase reduzieren die terrestrische Ausstrahlung, ohne die solare Einstrahlung zu beeinflussen, genau das, was das Charakteristikum eines Treibhausgases ausmacht. Im Gegensatz zum CO_2 und etlichen weiteren Treibhausgasen verändert der Mensch kaum etwas an der H_2O-Konzentration, und zwar schon deswegen, weil er mit der Verdunstung der Ozeane auch nicht annähernd konkurrieren kann. Zudem ist die Verweilzeit des atmosphärischen H_2O mit im Mittel ca. 10 Tagen sehr kurz. Ganz anders ist das beim CO_2, das ja in seiner atmosphärischen Konzentration im Laufe des Industriezeitalters erheblich zugenommen hat.

Strahlungscodes und Strahlungsantrieb

Was bedeutet das für die Absorption terrestrischer Strahlung und letztlich für den Treibhauseffekt? Die Modellrechnungen, die das klären sollen, beginnen mit dem sog. Strahlungscode und dem Strahlungsantrieb. Um möglichst einheitlich vorzugehen, sind spezielle Datenbanken entstanden, z. B. die *High-Resolution Transmission Molecular Absorption Database* HITRAN [10], die allein für CO_2 27 979 Absorptionslinien enthält. Mit Hilfe solcher Strahlungscode-Ansätze kommt man dann zu Abschätzungen der Strahlungsantriebe, das heißt der energetischen Störung der unteren Atmosphäre, die den Konzentrationserhöhungen der einzelnen Treibhausgase seit Beginn des Industriezeitalters ab ca. 1750 zuzuordnen sind.

Abbildung 10 zeigt, dass dabei dem CO_2 mit 1,66 Wm^{-2} der mit Abstand höchste Wert zukommt. Das ist aber erst der Anfang, weil auch weitere Effekte wie z. B. Landnutzung (Änderung der Albedo der Erdoberfläche) und vor allem der Effekt der Aerosole berücksichtigt werden müssen. Dabei bewirken bestimmte Aerosole, insbesondere Sulfatpartikel, im Gegensatz zu den Treibhausgasen, einen negativen Strahlungsantrieb, also eine Abkühlung. Selbstverständlich lässt sich auch natürlichen Vorgängen wie der Variation der Sonnenaktivität oder dem Vulkanismus ein Strahlungsantrieb zuordnen.

Klimawandel
Klima und Wetter

Während das Wetter den Momentanzustand der Atmosphäre an irgendeinem Ort hinsichtlich der Messgrößen Temperatur, Luftfeuchte, Bewölkung, Niederschlag, Luftdruck, Wind usw. beschreibt, ist das Klima die Langzeitstatistik dieser Wetterereignisse [7]. Nach internationaler Konvention der Weltorganisation für Meteorologie der UN (WMO) bedeutet „Langzeit" mindestens 30 Jahre; einer der

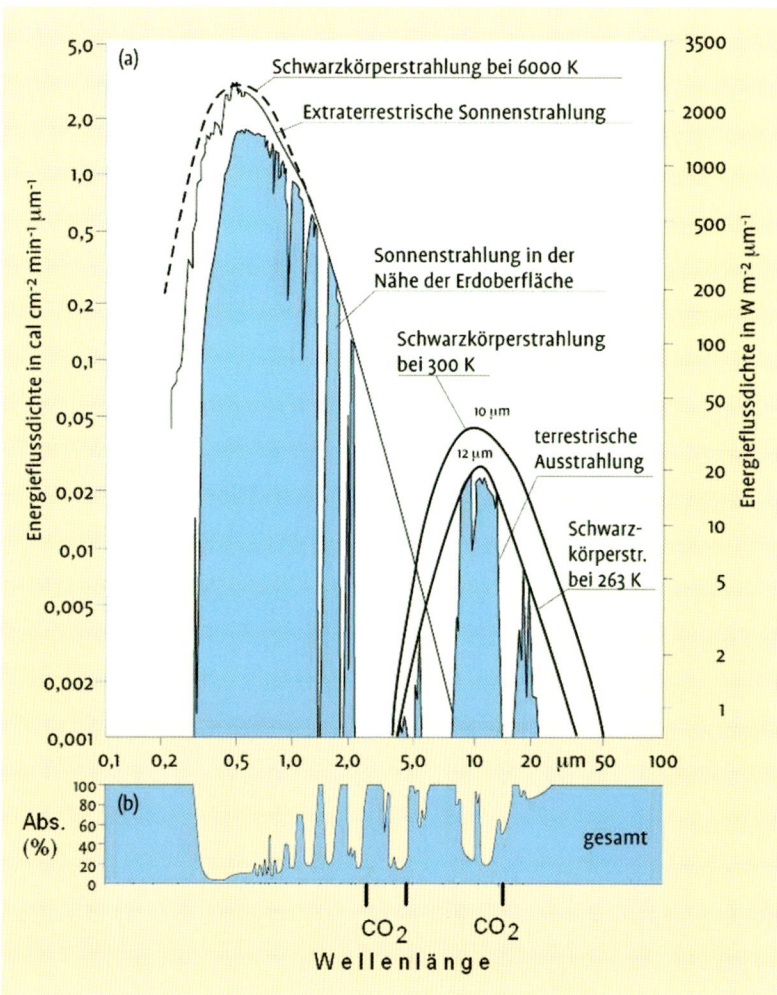

Abb. 9 *(a) Ideale (äußere schwarze Hüllkurven) Sonneneinstrahlung bzw. Erdausstrahlung in Abhängigkeit von der Wellenlänge nach dem Planck'schen Strahlungsgesetz und die aufgrund der Absorption der atmosphärischen Gase verbleibende Anteile (blau unterlegt) [7, 9]. (b) Prozentuale Gesamtabsorption sowie die Hauptabsorptionsbanden von CO_2.*

wichtigsten statistischen Aspekte ist die Häufigkeitsverteilung (Abb. 12). Solche Verteilungen lassen sich durch ihren Mittelwert und die Streuung kennzeichnen. Ändern sich solche Verteilungen mit der Zeit, haben wir es mit Klimawandel zu tun, wobei Veränderungen des Mittelwerts als Klimatrend bezeichnet werden. Allerdings können solche Trends von komplizierten Fluktuationen überlagert sein.

Im Rahmen des Klimas lassen sich einzelne Wetter- bzw. Witterungsereignisse nur in ihrer Eintrittswahrscheinlichkeit angeben. Im Fall der in Abb. 12 dargestellten einfachen Häufigkeitsverteilung (Normalverteilung) liegen die wahrscheinlichsten Werte um den Mittelwert und je weiter entfernt davon sie auftreten, umso seltener und somit unwahrscheinlicher sind sie; man spricht in solchen Fällen von Extremereignissen bzw. Extremwerten. Schließlich sei erwähnt, dass Klima – im Gegensatz zum Wetter – häufig sehr großräumig betrachtet wird, z. B. in Form von Klimazonen.

KLIMAGAS KOHLENDIOXID

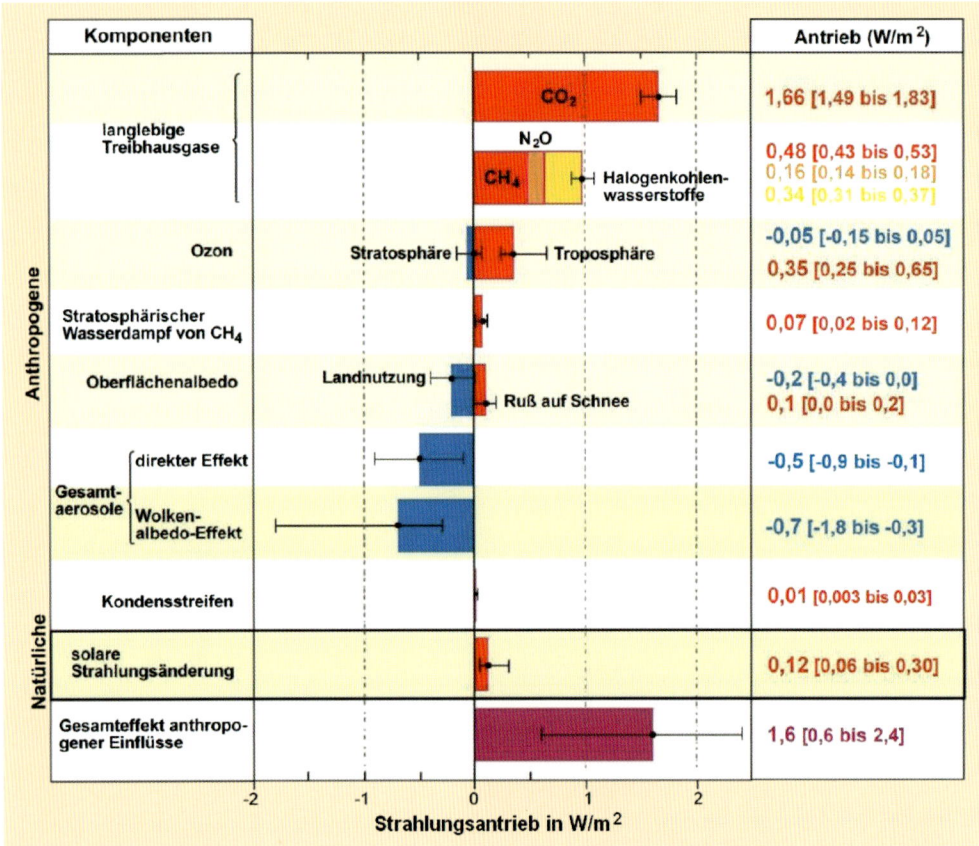

Abb. 10 *Mittlere globale Strahlungsantriebe in der Troposphäre seit 1750 nach IPCC [4]. Positive Antriebe (im Bildteil rot, gelb, orange und lila dargestellt) bewirken Erwärmung, negative (blau) Abkühlung. Nicht berücksichtigt ist der negative Strahlungsantrieb durch den Vulkanismus.*

Das Klima der Vergangenheit

Um Klimaprozesse zu verstehen, ist es notwendig, das Klima der Vergangenheit über möglichst lange Zeit zu erfassen [7, 11, 12]. Mithilfe der indirekten Rekonstruktionsmethoden der Paläoklimatologie gelingt dies für maximal 3,8 Mrd. Jahre zurück (Alter der Erde: 4,6 Mrd. Jahre). Aufgrund der Indizien, die z. B. Ablagerungen unter der Erdoberfläche und Eisbewegungen an der Erdoberfläche hinterlassen haben, weiß man, dass die zunächst sehr heiße Erde sich allmählich abgekühlt hat, bis sich vor etwa 3 Mrd. Jahren die Ozeane zu bilden begannen und vor etwa 2,3 Mrd. Jahren erstmalig Eis auf der Erdoberfläche auftrat. Dies war allerdings nur ein vorübergehendes Ereignis. Es folgten mehrere relativ kalte Klimazustände von jeweils einigen Jahrmillionen Dauer, Eiszeitalter genannt, die das deutlich länger vorherrschende sehr warme Klima ohne jegliche Eisvorkommen auf der Erdoberfläche (akryogenes, d. h. eisfreies, Warmklima) unterbrochen haben. Zuletzt erfolgte, ausgehend vom Tertiär, vor ungefähr 2–3 Jahrmillionen, der Übergang zum Eiszeitalter des Quartärs, in dem wir heute noch leben.

Innerhalb solcher Eiszeitalter gibt es ein ausgeprägtes Wechselspiel zwischen relativen Kalt- und Warmzeiten, auch Eis- und Zwischeneiszeiten (Glaziale und Interglaziale) genannt, deren auffälligstes Merkmal die unterschiedliche Eisbedeckung der Erde ist. So war während des Höhe-

Abb. 11 *Nehmen in Zukunft die Niederschläge und ihre Heftigkeit zu?*

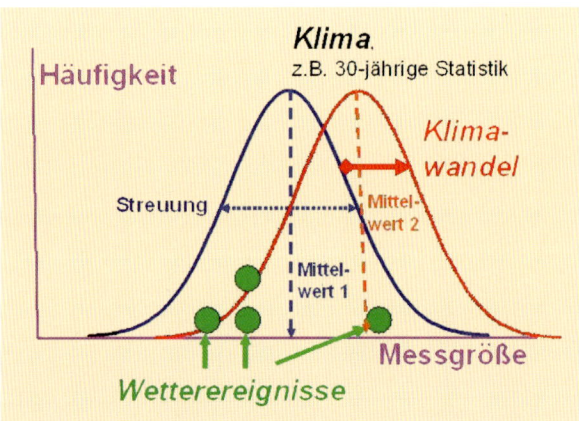

Abb. 12 *Veranschaulichung des Wetter-Klima-Unterschieds: Die Statistik der einzelnen Wetterereignisse (grüne Kreise) – hier anhand der Häufigkeitsverteilung dargestellt (blaue Kurve) – ist das Klima. Klimawandel zeigt sich dann in einer Verschiebung dieser Verteilung (rote Kurve).*

KLIMAGAS KOHLENDIOXID

punkts der letzten Kaltzeit (Würm-Eiszeit) vor ca. 18 000 Jahren die Fläche dieser Eisbedeckung ungefähr dreimal so groß wie heute, bei einer ca. 4-5 K tieferen globalen Mitteltemperatur. Vor etwa 10 000 Jahren ist die letzte Kaltzeit in unser heutiges relativ warmes Klima, das Holozän, übergegangen.

Woher weiß man das alles und was sind die Ursachen für diesen Klimawandel der Vergangenheit? Eine der wichtigsten Informationsquellen der Paläoklimatologie sind Bohrungen im polaren Festlandeis (siehe Kasten 2), die relativ genaue Temperaturrekonstruktionen der letzten 700 000 Jahre erlauben (siehe Abb. 13). Eine ähnliche Methode basiert auf Bohrungen in den Sedimenten des Ozeanbodens, wo die in den Kalkschalen früherer Organismen enthaltenen Sauerstoffisotope zur Temperaturrekonstruktion verwendet werden.

Ursachen des Klimawandels

Die Ursachen des Klimawandels sind überaus vielfältig und kompliziert, auch wenn sich jeweils Primäreinflüsse finden lassen. Dies ist beim Kommen und Gehen der Eiszeitalter die Kontinentaldrift, die dazu führt, dass immer dann, wenn sich Kontinente im Bereich der geographischen Pole befinden (wie heute in idealer Weise die Antarktis), aus Schneeniederschlag Eisbedeckungen entstehen können. Andernfalls fällt der Schnee im wahrsten Sinn des Wortes ins Wasser. Diese Eisbedeckungen erhöhen die Albedo, d. h. den Anteil der reflektierten Sonneneinstrahlung, was eine Erniedrigung der Absorption solarer Strahlung und somit Abkühlung bedeutet. Dabei schaukeln sich Abkühlung, Schneeanteil am Niederschlag und Albedo gegenseitig auf (Eis-Albedo-Rückkopplung) und erreichen auf diese Weise so große Effektivität, dass sie Eiszeitalter einleiten bzw. aufrechterhalten können. Da es auf der Erde mehr Ozean als Land gibt, ist dieser Zustand erdgeschichtlich relativ selten.

Das Kommen und Gehen der Kalt- und Warmzeiten innerhalb eines Eiszeitalters wird hauptsächlich von den Orbitalparametern, d. h. den Charakteristika des Erdumlaufs um die Sonne, gesteuert. Dazu gehören die variable Exzentrizität der Erdumlaufbahn, die Erdachsenneigung und die Orientierung der Erdachse im Raum. Damit variieren die solaren Einstrahlungsbedingungen. Interessant ist, dass parallel zum Temperaturzyklus der Kalt- und Warmzeiten auch die atmosphärische Zusammensetzung schwankt, insbesondere hinsichtlich CO_2 und CH_4 (siehe Abb. 13). Das ist zwar primär eine Folge der Temperaturschwankungen, u. a. weil ein warmer Ozean stärker ausgast als ein kalter. Andererseits verstärkt die Strahlungswirkung dieser Gase die Temperaturschwankungen, so dass wir es wieder einmal mit einer Rückkopplung im Klimasystem zu tun haben.

Innerhalb der letzten 10 000 Jahre (Postglazial, Holozän) waren die Temperaturschwankungen mit maximal 1-1,5 K deutlich geringer, was aber dennoch hinsichtlich der Auswirkungen nicht unterschätzt werden darf. So war während eines relativ warmen Klimas im Mittelalter, vor grob 1 000 Jahren (vgl. Abb. 14) Weinanbau in großen Teilen Südeng-

KASTEN 2

Eisbohrungen im polaren Festlandeis erfolgen mithilfe spezieller Bohrtürme und Bohrgestänge, die erlauben, Eisproben aus unterschiedlicher Tiefe und somit unterschiedlichen Alters an die Oberfläche zu bringen und im Labor zu analysieren. Dabei ist das Eis Grönlands (max. Tiefe ca. 2 km) maximal ca. 120 000 Jahre alt, das der Antarktis (max. Tiefe ca. 3,5 km) maximal fast 900 000 Jahre. Allerdings sind die untersten Schichten so stark komprimiert, dass sie sich der Analyse entziehen. Ziel der Analysen sind die Rekonstruktion u. a. der Temperatur (aus der massenspektrometrischen Bestimmung des Sauerstoff-Isotopenverhältnisses $^{18}O/^{16}O$), grob auch des Niederschlages (aus der Akkumulation), des Vulkanismus (aus entsprechenden Staubhorizonten bzw. der elektrischen Leitfähigkeit aufgrund des H^+-Ionengehalts) und der Sonnenaktivität (aus der relativen Konzentration des Beryllium-Isotops ^{10}Be).

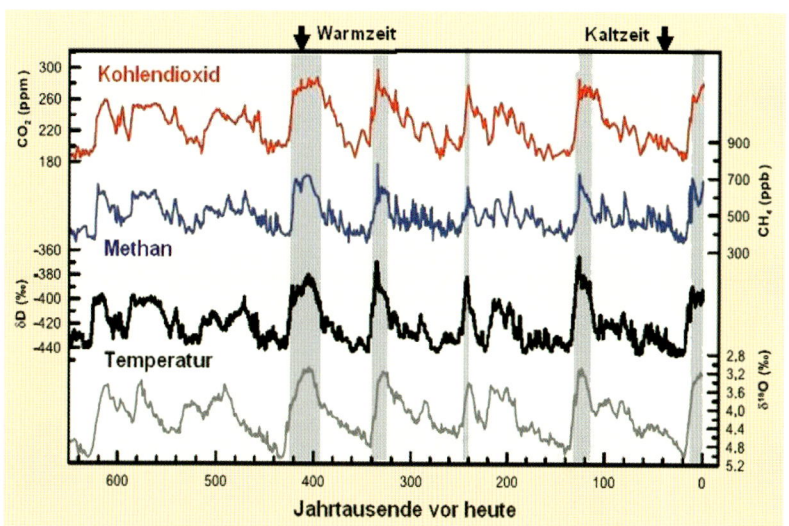

Abb. 13 *Bodennahe Temperaturvariationen (untere Kurven), rekonstruiert anhand von Isotopenverhältnissen im antarktischen Eis (hier Deuterium D bzw. Sauerstoff O) und Rekonstruktionen der atmosphärischen CO_2- und CH_4-Konzentration für die letzten 650 000 Jahre. Die gegenüber den Kaltzeiten deutlich kürzeren Warmzeiten sind grau markiert (nach IPCC [4]).*

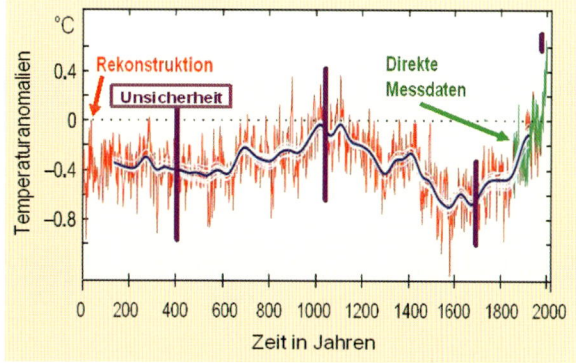

Abb. 14 *Rekonstruktion der relativen jährlichen Variationen der bodennahen nordhemisphärischen Mitteltemperatur (rote Kurve) in den letzten 2 000 Jahren mit 80-jähriger Glättung (blaue Kurve), verglichen mit der Analyse direkt gewonnener Messdaten (grüne Kurve) [14]. Die vertikalen Balken (lila) geben die Unsicherheitsbereiche aufgrund alternativer Abschätzungen an [4, 7].*

KLIMAGAS KOHLENDIOXID

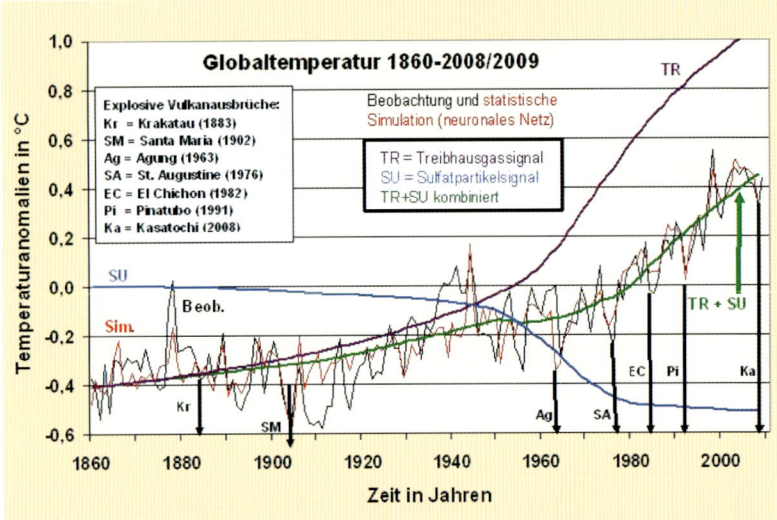

Abb. 15 *Global gemittelte relative Variationen (Abweichungen vom Mittelwert 1961–1990) der bodennahen Lufttemperatur seit 1860 (schwarze Kurve), verglichen mit einer Reproduktion durch ein neuronales Netz (rote Kurve), das die jeweils anthropogenen Einflüsse klimawirksamer Spurengase („Treibhausgase") TR und Sulfatpartikel SU sowie die natürlichen Einflüsse durch Sonnenaktivität, Vulkanismus und El-Niño-Ereignisse berücksichtigt. Die durch den TR- bzw. SU-Einfluss allein bewirkten Trends sind ebenfalls angegeben, einschließlich der kombinierten Wirkung TR + SU. (Beobachtungsdatenbasis [14, 15], Modell und Analyse [16]).*

einstrahlung hervorgerufen, die vermutlich im Prozentbereich liegen.

Deutlich wirksamer als die Sonne ist der Vulkanismus, wenn er schwefelhaltige Gase in die Stratosphäre (ca. 10-50 km) schleudert. Dort wandeln sich diese Gase in Sulfatpartikelschichten um, die verstärkt die Sonneneinstrahlung streuen, so dass weniger davon die untere Atmosphäre erreicht und dort für Abkühlungseffekte sorgt. Nach 2-3 Jahren sind diese Partikel wieder weitgehend aussedimentiert, so dass der Vulkanismus immer nur sehr kurzfristig das Klima beeinflusst.

Die Zeit ab etwa 1850/1860 ist neoklimatologisch abgedeckt, d. h. es stehen weitgehend direkte Messdaten zur Verfügung, und dies in hoher räumlicher und zeitlicher Auflösung. Daher weiß man über diese Zeit klimatologisch besonders gut Bescheid. Wir erkennen (vgl. Abb. 15 [15–17]), dass in dieser Zeit die bodennahe Globaltemperatur um ca. 0,7-0,8 °C angestiegen ist. Verschiedene Modelle erklären dies zum größten Teil durch den anthropogenen Treibhauseffekt und die überlagerten Fluktuationen durch natürliche Einflüsse. Die natürlichen Einflüsse haben im Wesentlichen relativ kurzfristige Abweichungen von den Trends bewirkt, wobei einige markante explosive Vulkanausbrüche (→ Abkühlungseffekte) aufgetreten sind. Allerdings ist in der Zeit 1945-1975 auch ein anthropogener Kühleffekt erkennbar, der auf die bereits erwähnten Sulfatpartikel zurückgeht; in diesem Fall stammen sie allerdings aus der anthropogenen SO_2-Emission. Dieser Kühleffekt hat offenbar den erwärmenden Effekt der Treibhausgase, der seit 1860 auf über 1 °C geschätzt wird, abgeschwächt. Bei alledem darf aber nicht übersehen werden, dass der Klimawandel regional sehr unterschiedlich abläuft, wie das Beispiel der Temperaturtrends 1901-2000 zeigt (vgl. Abb. 16). Dies zu reproduzieren, ist noch eine große Herausforderung für die Klimamodellierung.

lands und Südskandinaviens möglich und die Normannen erreichten auf dem nördlichen Seeweg über Grönland (das „grüne Land"!) Nordamerika. Andererseits war die nachfolgende „Kleine Eiszeit" ca. 1400-1900 von diversen Missernten und Hungersnöten und auch sozialen Unruhen begleitet.

Der Einfluss der Sonnenaktivität besteht darin, dass Störungen, die u. a. in Form von Sonnenflecken sichtbar sind, zu Zeiten einer solchen „unruhigen" Sonne zu etwas verstärkter Ausstrahlung führen. Dieser Effekt tritt teils zyklisch (quasi 11-, 22-, 76-jährig) und teils episodisch (sog. solare Minima) auf und hat im Holozän Variationen der Sonnen-

Das Verständnis des Klimawandels seit Beginn des Industriezeitalters ist ausgesprochen gut. Somit gewinnen die entsprechenden Klimamodell-Zukunftsprojektionen an Brisanz. Je nach Szenario des menschlichen Handelns (Energienutzung, Entwicklung der Bevölkerung und Wirtschaft usw.) werden im Laufe des 21. Jahrhunderts gemäß IPCC [4] erwartet:

- Eine Erwärmung der bodennahen Atmosphäre im globalen Mittel (2090-2099 gegenüber 1980-1999) um 1,1-6,4 °C mit Maxima im Winter polwärts der Tropen;
- Eine Abkühlung der Stratosphäre, was den dortigen Ozonabbau begünstigt (siehe Kapitel 11);
- Eine Niederschlagsumverteilung, wobei u. a. die Mittelmeerregion trockener, Skandinavien dagegen feuchter wird und in Mitteleuropa

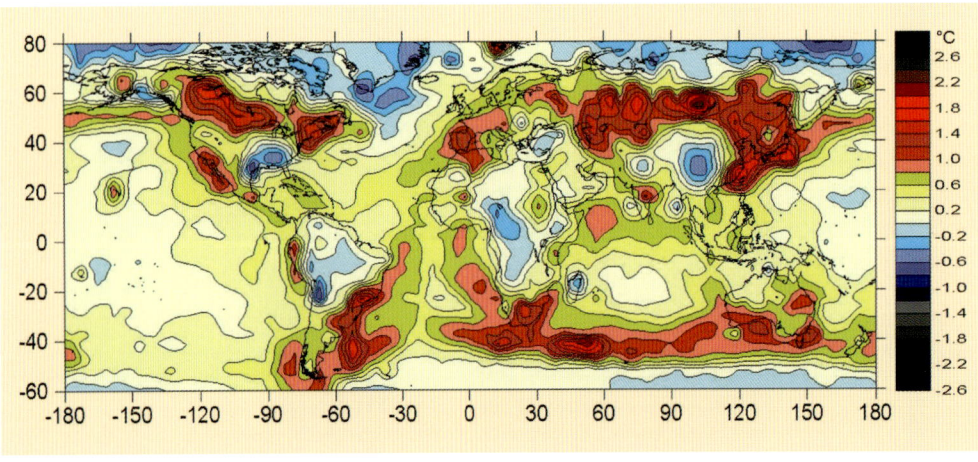

Abb. 16 *Globalkarte der beobachteten linearen Temperaturtrends 1901–2000 in 5°-Auflösung (Datenbasis [16], Analyse [7]).*

KLIMAGAS KOHLENDIOXID

trockenere Sommer und feuchtere Winter erwartet werden;
- Einen Meeresspiegelanstieg um rund 20–60 cm;
- Regional häufigere bzw. intensivere Extremereignisse wie z. B. Hitzewellen, Dürren bzw. Starkniederschläge, Wirbelstürme usw., insbesondere beim Wind jedoch sehr unsicher.

Inwieweit diese anthropogenen Trends von natürlichen Fluktuationen überlagert sein werden, lässt sich nicht absehen. Trotzdem stellen die menschlichen Eingriffe ein Experiment mit dem Klimasystem dar, dessen Risiken, insbesondere auch hinsichtlich der Auswirkungen, sehr ernst genommen werden müssen. Daher werden national wie international Maßnahmen diskutiert, die sowohl Anpassungsmaßnahmen an den nicht mehr vermeidbaren Klimawandel betreffen als auch Vorsorgemaßnahmen, um diesen zu begrenzen. Dabei ist in der Diskussion, die globale Mitteltemperatur möglichst um nicht mehr als 2 °C gegenüber dem vorindustriellen Niveau ansteigen zu lassen [17]. Davon sind 0,7–0,8 °C schon erreicht und ein ähnlich hoher Betrag wegen der Zeitverzögerungen im Klimasystem bereits angelegt [4]. Es bleibt daher nicht mehr viel Spielraum.

Ob die derzeit international geplanten Maßnahmen dieser Herausforderung gerecht werden, ist fraglich. Seit 1995 sind zur UN-Klimarahmenkonvention jährlich sog. Vertragsstaatenkonferenzen auf dem Weg, um diese Konvention zu präzisieren. Das im Rahmen dieser Konferenzen bereits 1997 vereinbarte Kyoto-Protokoll, das bis spätestens 2012 gegenüber 1990 eine Reduktion der globalen Emission einer Reihe von Treibhausgasen um 5,2 % vorsieht, ist dafür keinesfalls ausreichend. So empfiehlt das IPCC [18] allein beim CO_2 langfristig, d. h. bis ungefähr 2050, eine Emissionsminderung um 50–85 %. Ob solche weitergehenden „Post-Kyoto"-Ziele erreicht werden, ist derzeit (2010) leider noch offen.

Literatur

[1] Keeling, C. D. (1960) The concentration and isotopic abundances of carbon dioxide in the atmosphere. *Tellus*, 12, 200–203 (aktuelle Daten: http://scrippsco2.ucsd.edu).

[2] Macfarling Meure, C., Etheridge, D., Trudinger, C., Steele, P., Langenfelds, R., Van Ommen, T., Smith, A., Elkins, J. (2006) Law Dome CO_2, CH_4 and N_2O ice core records extended to 2000 years BP. *Geophysical Research Letters*, 33, 1–4.

[3] Keeling, R. F. and Shertz, S. R. (1992) Seasonal and interannual variations in atmospheric oxygen and implications for the global carbon-cycle. *Nature*, 358, 723–727 (aktuelle Daten: http://scrippso2.ucsd.edu).

[4] IPCC 2007: Climate Change 2007: The Physical Science Basis. Contribution of Working Group I to the Fourth Assessment Report of the Intergovernmental Panel on Climate Change Cambridge University Press, Cambridge, United Kingdom and New York, NY, USA.

[5] Le Quéré, C., M. R. Raupach, J. G. Canadell, G Marland, L. Bopp, P. Ciais, T. J. Conway, S. C. Doney, R. Feely, P. Foster, P. Friedlingstein, K. Gurney, R. A. Houghton, J. I. House, C. Huntingford, P. E. Levy, M. R. Lomas, J. Majkut, N. Metzl, J. P. Ometto, G. P. Peters, I. C. Prentice, J. T. Randerson, S. W. Running, J. L. Sarmiento, U. Schuster, S. Sitch, T. Takahashi, N. Viovy, G. R. van der Werf, F. I. Woodward (2009) Trends in the sources and sinks of carbon dioxide. *Nature Geosciences*, 2, 831–836, doi:10.1038/ngeo689 (Daten: Global Carbon Project, http://www.globalcarbonproject.org).

[6] Kraus, H. (2001) *Die Atmosphäre der Erde. Eine Einführung in die Meteorologie*, Springer, Berlin.

[7] Schönwiese, C.-D. (2008) *Klimatologie*, Ulmer (UTB), Stuttgart.

[8] Roedel, W. (2000) *Physik unserer Umwelt. Die Atmosphäre*, Springer, Berlin.

[9] Peixoto, J.P., Oort, A.H. (1992) *Physics of Climate*, American Inst. Physics, New York.

[10] Rothman, L., et al. (2004) The HITRAN 2004 molecular spectroscopic database. *J. Quant. Spectrosc. Radiat. Transfer*, 96, 139–2004.

[11] Endlicher, W., Gerstengarbe, F.-W., Hrsg. (2007) *Der Klimawandel. Einblicke, Rückblicke und Ausblicke*, Institut für Klimafolgenforschung Potsdam / Humboldt-Universität zu Berlin, Potsdam.

[12] Rahmstorf, S., Schellnhuber, H.J. (2007) *Der Klimawandel. Diagnose, Prognose, Therapie*, 4. Aufl., C.H. Beck, München.

[13] Moberg, A., et al. (2005) Highly variable northern hemisphere temperatures reconstructed from low- and high-resolution proxy data. *Nature*, 433, 613–617.

[14] Brohan, P., et al. (2006) Uncertainty estimates in regional and global observed temperature changes: a new dataset from 1850. *J. Geophys. Res.*, 111, D2106, doi: 10.1029/2005JD006548.

[15] Climatic Research Unit (CRU, Univ. Norwich, UK, 2010): Globale Temperaturdaten. http://www.cru.uea.ac.uk/cru/data/temperature/.

[16] Schönwiese, C.-D., et al. (2010): Statistical assessments of anthropogenic and natural global climate forcing. An update. *Meteorol. Z.*, N.F., 19, 3–10.

[17] Wissenschaftlicher Beirat der Bundesregierung Globale Umweltveränderungen (WBGU, 2010): http://www.wbgu.de (Diverse Gutachten, u. a. Factsheet „Klimawandel: Warum 2 °C?").

[18] IPCC (2007) Climate Change 2007. Mitigation of Climate Change. Contribution of Working Group III to the Fourth Assessment Report of the Intergovernmental Panel on Climate Change (IPCC). Cambridge Univ. Press, Cambridge.

KLIMAGAS KOHLENDIOXID

Atmosphärisches CO₂ und die Photosynthese – Wie aus Licht Leben wird

ROSWITHA HARRER

Pflanzliche Photosynthese als Lebensgrundlage

Pflanzliche Organismen dominieren die Gesamt-Biomasse auf der Erde. Von mehr als 1 800 Milliarden Tonnen gehören nur etwa zwei Milliarden Tonnen zu tierischen Lebewesen - rund tausendmal weniger als zu pflanzlichen [1]. Eine derart erfolgreiche Stoffproduktion beruht auf der pflanzlichen Photosynthese. Aus Sonnenenergie erzeugt sie chemische Energie, deren gespeicherte Menge allein bei Landpflanzen auf etwa 1×10^{18} kJ pro Jahr geschätzt wird [1].

Abb. 17 *Ohne Licht keine Photosynthese*

Der Stoffumsatz der Photosynthese ist der größte aller chemischen Reaktionen der Erde. Er lässt sich durch folgende chemische Gleichung beschreiben:

$$6\ CO_2 + 12\ H_2O + h\nu \rightarrow C_6H_{12}O_6 + 6\ O_2.$$

In Worten heißt dies: Unter Ausnutzung von Lichtenergie (hν) bindet das Kohlendioxid der Luft den Wasserstoff des Wassers. Neben freiem Sauerstoff entstehen die Kohlenhydrate Glucose und Fructose ($C_6H_{12}O_6$), die in Form von Saccharose und Stärke gespeichert werden. Verbraucht werden die Energiespeicher sowie der Sauerstoff wiederum im Stoffwechsel der Pflanzen (Abb. 17) - und natürlich auch in dem der Tiere. Bei solch einfachen stofflichen Vorgaben - nämlich nur die Beteiligung des Kohlendioxids der Luft, des ubiquitär vorkommenden Wassers und des Sonnenlichts - kann man sich fragen, warum nicht auch tierische Lebewesen Photosynthese betreiben können. Woran fehlt es?

Die grüne Farbe und die photoempfindliche Membran

Eines der augenfälligsten Unterscheidungsmerkmale von Pflanzen und Tieren ist die grüne Farbe. Sie wird durch das Pigment Chlorophyll (Abb. 18) verursacht, das die roten Anteile des Sonnenlichts absorbiert. Die Verteilung des Chlorophylls in der Pflanzenzelle ist allerdings keinesfalls homogen. Unter dem Mikroskop erkennt man, dass es konzentrisch in 2-8 µm großen Kügelchen vorliegt, den Chloroplasten (Abb. 19). Auch die Chloroplasten sind strukturiert, was allerdings erst im Elektronenmikroskop deutlich wird. Teilweise dicht gestapelte Bänder oder Schläuche durchziehen den Chloroplasten.

Gemeinsam bilden sie ein ausgedehntes System biologischer Membranen (siehe Infokasten Biologische Membran), das Thylakoid (siehe Abb. 20) genannt wird.

Interessant ist, dass sämtliches Chlorophyll an diese Membranen gebunden ist, also eigentlich die Membranen grün sind, nicht die Chloroplasten. Eine Seite der Membran ist dem Kompartiment zwischen Thylakoid und der Chloroplasten-Begrenzung (Stroma) zugewandt; die andere umschließt das sog. Lumen. In oder auf den jeweiligen Lipidschichten sitzen Proteine. Wie durch Gefrierbruch-Technik deutlich gemacht werden kann, enthält insbesondere die dem Lumen zugewandte Schicht der gestapelten Bereiche auffällige große Teilchen von etwa 16 nm Durchmesser. Die

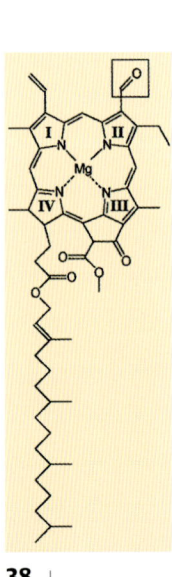

Abb. 18 *Strukturformel des Chlorophylls. Es handelt sich um eine metallorganische Verbindung, in der vier Pyrrolringe mit einem Magnesium-Atom koordiniert sind. Chlorophyll a und Chlorophyll b unterscheiden sich dadurch, dass am Pyrrolring II eine Methylgruppe (–CH₃) durch eine Formylgruppe (–CHO) ersetzt ist (siehe Kasten).*

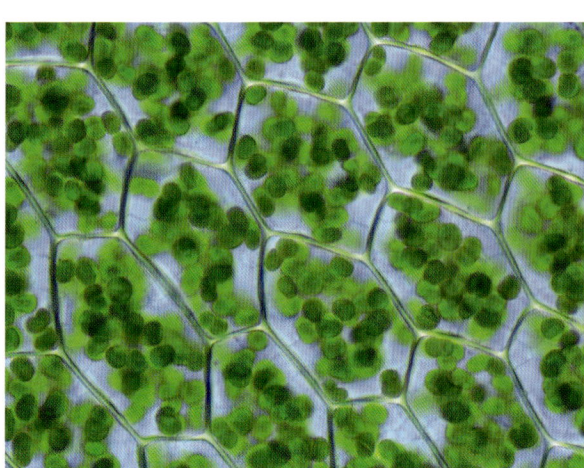

Abb. 19 *Chloroplasten in Lamina-Zellen (Plagiomnium affine)*

KLIMAGAS KOHLENDIOXID

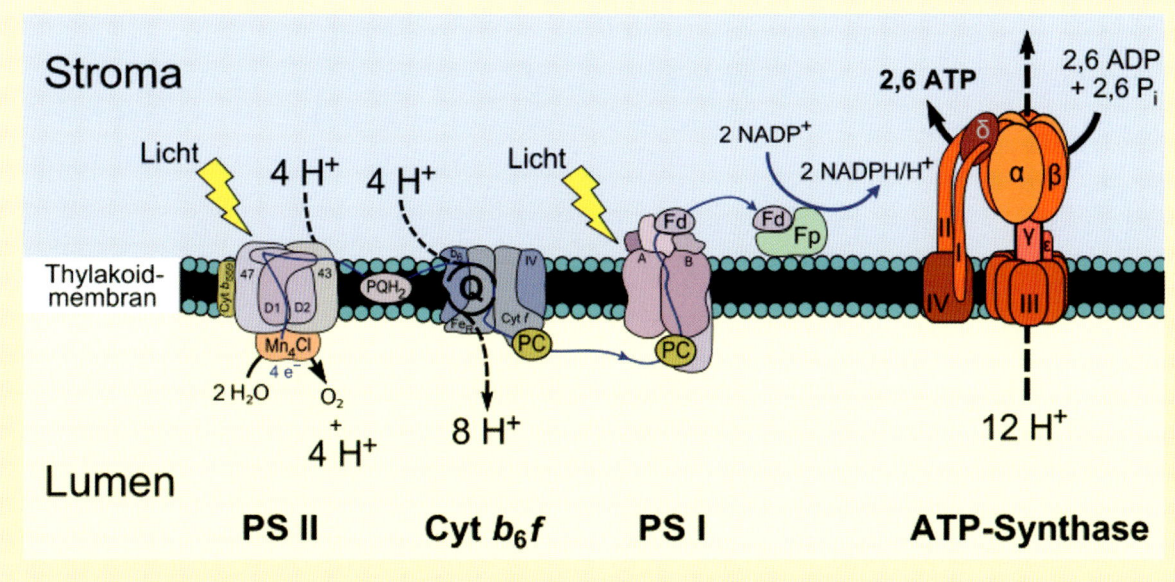

Abb. 20 Schematische Darstellung der Thylakoid-Membran von Chloroplasten und ihrer Belegung mit Proteinkomplexen sowie der Mechanismen von Photosystem I (PS I) und II (PS II) und der ATP-Synthase

zweitgrößten Partikel (ca. 13 nm) befinden sich in der Stroma-exponierten Membran der nichtgestapelten Bereiche. Von der Seite erkennt man außerdem nach außen ragende „Pilzköpfchen", deren Durchmesser etwa 9 nm betragen.

Wie alle biologischen Membranen lässt sich das Thylakoid mit Detergenzien (Seifen) auflösen. Unter geeigneten Bedingungen werden dabei die das Protein umgebenden Lipide durch Detergenzmoleküle ersetzt, und die intakten Proteine lassen sich nach ihrer Größe (oder auch anderen Eigenschaften) auftrennen. Der größte und schwerste Proteinkomplex ist das Photosystem II, etwas kleiner ist Photosystem I, und am kleinsten und leichtesten ist der Lichtsammelkomplex II, die „Licht-Antenne" für Photosystem II. (Die Zählweise der beiden Photosysteme beruht auf der Reihenfolge ihrer Entdeckung). Das Chlorophyll ist an die Proteine gebunden, d. h. Pigment und Protein bilden eine Einheit. Dieser Schluss ist keinesfalls trivial, da man das Chlorophyll aufgrund seiner Fettlöslichkeit ursprünglich als frei in der Membran vorkommend angenommen hatte. Dass dies nicht der Fall ist, sondern die Proteine selbst die Träger der Pigmente sind, entdeckte der Pflanzen-Biochemiker Philip Thornber (1934–1996) [2]. Als Post-Doktorand trug er während des abendlichen Aufwasches rein interessehalber die Seifenrückstände der gespülten Reaktionskolben auf ein Polyacrylamidgel auf, das Proteine durch Elektrophorese auftrennt. Deutlich waren grüne Banden zu sehen, die Pigment *und* Protein enthielten.

Die Lichtreaktion

Chlorophyll allein macht noch keine Photosynthese; erst die Kombination von Protein und Chlorophyll bringt die Lichtreaktion in Gang. Sie beginnt mit dem Einfangen von Photonen und endet mit der Reduktion von oxidiertem Nicotinsäureamid-Adenosin-Dinucleotid-Phosphat (NADP$^+$) zum starken Hydrierungsreagens NADPH (Abb. 21). Gleichzeitig wird Adenosintriphosphat (ATP), der universelle Energiespeicher aller Zellen, gebildet. Wie kommt dieses zustande?

Einen direkten Einblick in die Interaktion von Chlorophyll und Protein liefert die Aufklärung der atomaren Struktur. Aus zwei Gründen ist diese bei photosynthetischen Pigment-Protein-Komplexen allerdings schwierig zu bestimmen. Zum einen sind die Komplexe überdurchschnittlich groß. Das Photosystem II z. B. besteht aus 20–25 einzelnen Proteinen, und sie fallen – einfach gesprochen – bei der Isolierung und Charakterisierung leicht auseinander. Zum anderen muss für eine Kristallisation ihre komplizierte, aus Lipiden und wässrigem Medium bestehende Umgebung sorgfältig simuliert werden. Aus diesen Gründen war auch ein Nobelpreis fällig, als 1986 zum ersten Mal durch Deisenhofer, Huber und Michel das photosynthetische Reaktionszentrum eines Bakteriums strukturell aufgeklärt werden konnte [3]. Wohlgemerkt, es handelte sich um das Reaktionszentrum eines Purpurbakteriums, das dem Photosystem II ähnlich ist, aber keine Wasserspaltung betreiben kann. Erst 15 Jahre später, 2001, wurde durch Röntgenkristallographie die Struktur des „echten" Photosystems II aus Cyanobakterien wenigstens annähernd aufgeklärt [4, 5], und zwar von den Arbeitsgruppen von Witt und Saenger an der Technischen und der Freien Universität Berlin. Von Vorteil bei der Strukturaufklärung erwies sich die bemerkenswert ähnliche Anordnung der Pigmente im bakteriellen Photosystem sowie in PS II und PS I. Auch der Elektronentransport läuft vergleichbar ab. Verschieden sind allerdings die jeweiligen lichtinduzierten Potentiale und somit auch die Substanzen, die die Photosysteme umsetzen können.

Dabei übt seit jeher PS II eine besondere Faszination aus. Es katalysiert als einziges bekanntes biologisches Sys-

KLIMAGAS KOHLENDIOXID

Abb. 21 *Molekülstrukturen des Systems NADP⁺/NADPH sowie ATP und ADP*

tem die Spaltung eines Wassermoleküls (H_2O) in Protonen (H^+), Elektronen (e^-) und Sauerstoff (O_2), eine energieaufwändige Angelegenheit. Das Wassermolekül ist energetisch gesehen extrem stabil und steht normalerweise am Ende von chemischen Reaktionsketten. Mit einem Redoxpotential von etwa +1 V ist das lichtangeregte PS II eines der stärksten Oxidationsmittel in biologischen Systemen überhaupt. Die Elektronen, die es dem Wasser entzieht, werden am Ende der Lichtreaktion am PS I zur Reduktion von $NADP^+$ in NADPH verwendet. Das Redoxsystem NADPH/$NADP^+$ hat ein Potential von –0,32 V. Die gesamte Lichtreaktion der Photosynthese entspricht also einer Reduktion von $NADP^+$ durch die lichtinduzierte Oxidation von Wasser:

$$H_2O + NADP^+ + \Delta H \rightarrow NADPH + H^+ + \tfrac{1}{2} O_2$$

wobei ΔH die Differenz der freien Enthalpie, die mit der Differenz der Redoxpotentiale verknüpft ist, darstellt.

Insgesamt werden dafür vier Rotlichtquanten verbraucht: zwei der Wellenlänge 680 nm für die Wasserspaltung am Photosystem II und zwei der Wellenlänge 700 nm zur $NADP^+$-Reduktion am Photosystem I. Dies entspricht einer Energiemenge von ca. 684 kJ/mol. Gespeichert werden im reduzierten NADPH aber nur 218 kJ/mol [6]. Rechnet man die Bildung von mindestens einem ATP (30 kJ/mol) als weiteren Energiespeicher hinein, ergibt sich eine Quantenausbeute von etwa 36 %, ein in etwa doppelt so hoher Wert wie der von industriell gefertigten Solarzellen. Auch die Selektion bei der Oxidation des Wassermoleküls am PS II verdient Bewunderung. Ein System, welches Wasser spaltet, kann im Grunde jede chemische Bindung spalten, sich also auch selbst zerstören. Um Fehler zu vermeiden, müssen die Elektronen der Reaktion außerordentlich präzise gelenkt werden. Der molekulare Aufbau des Reaktionszentrums (Abb. 20) ist also von großem Interesse.

Das eigentliche lichtsensitive Zentrum, das sog. „special pair" besteht aus zwei im Abstand von 1,0 nm nahezu parallel liegenden Chlorophyllen. Durch die Anregung werden sie oxidiert und das entstehende Elektron über Distanzen von jeweils etwa 1 nm von Pigment zu Pigment weitergeleitet. Endstation im Photosystem II ist das lose gebundene Plastochinon. Zwei aufeinander folgende Elektronen reduzieren dieses Molekül unter Aufnahme von Protonen zu Plastochinol, das dann das Photosystem II verlässt und in die Membran diffundiert. Andere Pigmente und Cofaktoren scheinen „ungebraucht", da sie am normalen Elektronenfluss nicht teilnehmen. Einige von ihnen dienen der Relaxierung überschüssiger Energie, die andernfalls das empfindliche System aus dem Gleichgewicht bringen könnte [7].

Die Speicherung der Energie durch ATP-Synthase

Lichtanregung, Ladungstrennung und darauf folgender Elektronenfluss geschehen extrem schnell [8]. Die Aufnahme von Photonen liegt im Bereich von Femtosekunden (10^{-15} s), der Elektronentransport innerhalb der einzelnen Photosysteme erfolgt im Pico- und Nanosekundenbereich (10^{-12}–10^{-9} s). Nach wenigen Mikrosekunden (10^{-6} s) ist der lineare Elektronenfluss bis zur Reduktion von $NADP^+$ am Photosystem I abgeschlossen. Die eigentlichen Endprodukte, die Kohlenhydrate, werden dagegen im Milli- bis Se-

KLIMAGAS KOHLENDIOXID

kundenbereich aufgebaut [8]. Damit zwischen den schnellen Lichtreaktionen und den trägeren Vorgängen im Chloroplasten-Stroma kein Stau entsteht, muss eine Verbindung bestehen, die die Energie speichert und in Portionen weitergibt. Das wichtigste Medium zur kurzfristigen Energiespeicherung und zur Energieübertragung in der Zelle ist ATP (siehe Abb. 21). Dieses Molekül wird aufgebaut, indem ein Phosphatmolekül mit einem Adenosindiphosphatmolekül (ADP) verknüpft wird. Dabei wird Energie aufgenommen, die an anderer Stelle in der Zelle durch ATP-Hydrolyse, d. h. durch Umkehr der Aufbaureaktion, wieder frei wird.

Das Protein, das für den Aufbau von ATP verantwortlich ist, ist die ATP-Synthase. In der Seitenansicht der Membran im Elektronenmikroskop kann man ihre einzigartige Struktur ausmachen: Herausgelöst aus der Membran erkennt man „Köpfchen", „Stiel" und „Anker" (Abb. 20). ATP-Synthasen kommen in allen lebenden Organismen vor. Außer in der Thylakoid-Membran der Chloroplasten sind sie in der Plasmamembran von Bakterien sowie in der inneren Membran von pflanzlichen und tierischen Mitochondrien zu Hause. Es wird geschätzt, dass im Durchschnitt jedes einzelne ATP-Molekül im menschlichen Körper tausendmal am Tag dephosphoryliert und wieder phosphoryliert wird, was einem Umsatz von 40 kg ATP entspricht [9].

Bereits seit den 1960er Jahren wird die enzymkatalysierte Reaktion der ATP-Synthese erforscht. Für ihre Beiträge zur Aufklärung des Reaktionsmechanismus wurde 1997 der Nobelpreis für Chemie an Walker, Boyer und Scout vergeben. Wieder spielte die Röntgenkristallographie eine große Rolle, denn den Mitarbeitern um John E. Walker gelang die Kristallisation und die Strukturaufklärung der Proteine des ATP-Synthase-Kopfteils in atomarem Detail [10]. Was ist nun das besondere an der Arbeitsweise dieses Enzyms? Sie entspricht der einer Drehturbine, dem Antreiben eines Motors durch ein Stoffgefälle. Den Stoff bilden dabei die aus der Lichtreaktion freigesetzten Protonen:

$2\ H_2O \rightarrow O_2 + 4\ e^- + 4\ H^+$.

Sie sammeln sich im Thylakoid-Lumen, säuern diesen Bereich an und induzieren über die Membran ein Ladungsgefälle. Zum Ausgleich dieses Gefälles gibt es nur eine einzige Schleuse, die ATP-Synthase. Sie transportiert die Protonen und synthetisiert dabei ATP. Der ATP-Synthase-Kopfteil besteht aus je drei symmetrischen α- und β-Untereinheiten, wobei die β-Untereinheit (griechische Buchstaben bezeichnen die Untereinheiten im Kopf-, lateinische die im Membranteil) die Bindungstasche für ADP und ATP enthält. Die Verbindung zwischen Kopf- und Membranteil besteht aus einer b- und einer γ-Untereinheit, wobei erstere der äußere „Stator" ist, letztere aber innen an die α- und β-Untereinheiten „andockt". Durch dieses „Andocken" verändert sich die Konformation der Bindungstaschen, die dann nicht mehr gleichermaßen Nucleotide einlagern können. Asymmetrie ist erzeugt. Im arbeitenden Enzym ist daher immer eine Bindungstasche leer, eine andere ist bereit zur Aufnahme von ADP und freiem Phosphat, und die dritte enthält ein fertiges ATP-Molekül. Die γ-Untereinheit rotiert in 120°-Schritten. Bei der nächsten 120°-Drehung wird in der zweiten Tasche ADP zu ATP phosphoryliert, während aus der dritten ATP austritt.

Die Funktion der ATP-Synthase kann übrigens vollständig umgekehrt werden. Das Enzym arbeitet dann als ATPase. In diesem Fall wird ATP zugegeben und durch Hydrolyse ADP und Phosphat erzeugt. Tatsächlich beruhen die meisten mechanistischen Erkenntnisse zur ATP-Synthase/ase auf dieser umkehrbaren Funktionsweise.

Katalysatoren für die Sonnenenergie – das künstliche Blatt

Gemessen an der Menge der stündlich auf die Erde fallenden Sonnenenergie ist es erstaunlich, dass der Mensch seinen Energiebedarf immer noch zum größten Teil aus fossilen Energiequellen deckt. Wie oben dargestellt wurde, sind die Mechanismen der Pflanzen, das Wasser mithilfe des Sonnenlichts in seine Bestandteile Wasserstoff und Sauerstoff zu spalten und das CO_2 zu Kohlenhydraten umzusetzen, größtenteils aufgeklärt. Die Entwicklung der künstlichen Photosynthese und somit die mehr oder minder direkte Nutzung der Sonnenenergie ist seit Jahren ein zentrales Thema. Wie kann man diese Erkenntnisse für eine wirkungsvolle, artifizielle Energieerzeugung aus Sonnenlicht nutzen und worauf kommt es dabei für die menschlichen Belange am meisten an?

Der erste Punkt dieser richtungsgebenden Vorschläge betrifft die Entwicklung eines „künstlichen Blattes". Um ein kompliziertes integrales System wie das der Pflanze zu erschaffen, sind verschiedene Katalysatoren gleichzeitig erforderlich, zum einen zur Wasserspaltung, also der Erzeugung von Wasserstoff und Sauerstoff aus Wasser, zum anderen zur Reduktion von Kohlendioxid. Für die jeweils einzelnen Prozesse gibt es bereits technische Lösungen, aber die Integration aller zu einem effizienten nicht-natürlichen Photosynthese-System ist noch in den Anfängen [11].

Um Wasserstoff zu erzeugen, werden im Brennstoffzellenbereich für Kfz-Antriebe u. a. Photovoltaik-Zellen, die Sonnenlicht in elektrische Energie umwandeln, mit Elektrolyseeinheiten kombiniert, die diese Energie zur Herstellung von Wasserstoff aus Wasser umsetzen. Dringend gesucht sind jedoch zum einen kostengünstige Materialien für Katalysatoren, zum anderen solche Materialien, die Licht im gesamten solaren Spektrum umsetzen können und nicht, wie bisher, hauptsächlich im ultravioletten Bereich. Damit ließe sich die niedrige Effizienz von bisher 1–5 % auf höhere Werte steigern. Auch für die Erzeugung von Sauerstoff sind billigere Katalysatoren als die bisherigen auf der Basis von Platin gesucht. Neuere Arbeiten, die sich genauer an der bekannten Struktur des Wasserspaltungskomplexes in den grünen Pflanzen orientieren, bringen Vorschläge für Elektroden auf der Basis unterschiedlicher Metalloxide ein. Im Hinblick auf die Möglichkeiten, Kohlendioxid chemisch zu binden,

KLIMAGAS KOHLENDIOXID

BIOLOGISCHE MEMBRANEN

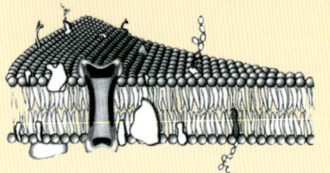

Biologische Membranen umgrenzen im Allgemeinen Zellkompartimente. Sie regeln den Austausch von Stoffen oder von elektrischen Signalen. In der Abbildung ist ein genereller Aufbau einer biologischen Membran dargestellt. Polare Lipid-Köpfchen weisen zur wässrigen Phase. Die unpolaren Kohlenwasserstoffketten der Fettsäuren sind gegeneinander gerichtet und bilden die Lipid-Doppelschicht, deren Dicke etwa 5 nm (Milliardstel Millimeter) ausmacht. Die Membranen sind mit Proteinen, aber auch mit anderen Stoffen wie Steroiden (Cholesterin, das aber im Pflanzenreich keine Rolle spielt) oder Pigmenten wie Carotinoiden besetzt. Manche Proteine ragen durch die gesamte Doppelschicht und bilden beispielsweise einen Kanal für Ionen oder andere Stoffe. Andere sitzen nur in einem Teil oder liegen der Membran auf. Viele Proteine haben durch einen Abschnitt mit dem wässrigen, durch einen anderen Abschnitt mit dem hydrophoben (Lipid-) Medium Kontakt.

müssen Katalysatoren entwickelt werden, die CO_2 zu Kohlenwasserstoffen umsetzen. Weil die Kohlenstoff-Sauerstoff-Bindungen im CO_2 jedoch äußerst stabil, die Produkte dagegen eher labil sind, ist die Reaktion energetisch ungünstig und deshalb langsam und bislang nur an teuren Rhenium-Katalysatoren möglich. Um völlig unabhängig von zugeführter äußerer Energie zu werden, sollte außerdem die Wasserspaltung direkt an eine CO_2-Reduktion geknüpft werden. Dann könnten die während der Wasserspaltung frei werdenden Elektronen ohne die Notwendigkeit eines externen Elektronendonors genutzt werden, um Kohlendioxid mit Wasserstoff umzusetzen und flüssigen Kraftstoff wie etwa Methanol zu erzeugen. Ein solches Wunschsystem ist leider noch weit von seiner Realisierung entfernt.

Literatur

[1] P. Sitte, H. Ziegler, F. Ehrendorfer, A. Bresinsky (1996) *Strasburger, Lehrbuch der Botanik,* 34. Aufl., Gustav Fischer, Stuttgart, S. 228.

[2] J.P. Thornber (1995) Thirty years of fun with antenna pigment-proteins and photochemical reaction centers: A tribute to the people who have influenced my career. *Photosynth. Res.*, 44, 3–22.

[3] Übersichtsartikel: J. Deisenhofer, H. Michel (1989) Das photosynthetische Reaktionszentrum des Purpurbakteriums *Rhodopseudomonas viridis.* (Nobel-Vortrag), *Angew. Chem.*, 101, 872–892; *Angew. Chem. Int. Ed. Engl.*, 28, 829–847.

[4] A. Zouni, H.-T. Witt, J. Kern, P. Fromme, N. Krauß, W. Saenger, P. Orth (2001) Crystal structure of photosystem II from *Synechococcus elongatus* at 3.8 Å resolution. *Nature*, 409, 739–743.

[5] P. Jordan, P. Fromme, H. T. Witt, O. Klukas, W. Saenger, N. Krauss (2001) *Nature*, 411, 909–917; Übersichtsartikel: P. Fromme, P. Jordan, N. Krauss (2001) Structure of photosystem I. *Biochim. Biophys. Acta*, 5–31.

[6] P. Sitte, H. Ziegler, F. Ehrendorfer, A. Bresinsky (1996) *Strasburger, Lehrbuch der Botanik,* 34. Aufl., Gustav Fischer, Stuttgart, S. 240.

[7] J. Barber, W. Kühlbrandt (1999) Photosystem II. *Curr. Opin. Struct. Biol.*, 9, 469–475.

[8] Bacon Ke (2001) *Advances in Photosynthesis: Photosynthesis, Photobiochemistry and Photobiophysics*, Vol. 10, Kluwer Academic Publishers, S. 14.

[9] Übersichtsartikel: R.A. Capaldi, R. Aggeler (2002) Mechanism of the F_1F_0-type ATP synthase, a biological rotary motor. *Trends Biochem. Sci.*, 27, 154–160, zit. Lit.

[10] Übersichtsartikel: J.E. Walker (1998) ATP-Synthese durch Rotations-Katalyse. (Nobel-Vortrag), *Angew. Chem.*, 110, 2438–2450; *Angew. Chem. Int. Ed.*, 37, 2308–2319.

[11] „Sonnenlicht als Energiequelle für die Erde", White Paper mit Beiträgen und Ergebnissen der ersten Chemical Sciences and Society Symposium (CS3), Kloster Seeon, Deutschland, 23.–25.7.2009; http://www.gdch.de/fowi/cs3wp_dt.pdf.

KLIMAGAS KOHLENDIOXID

Was die Industrie aus CO_2 machen kann

MICHAEL RÖPER

Technische Gewinnung von CO_2

Die anthropogenen CO_2-Emissionen aus der Nutzung fossiler Brennstoffe wurden 2006 auf rund 29 Mrd. Tonnen pro Jahr geschätzt [1]. Wegen des Beitrags zur Klimaerwärmung wird derzeit ein Bündel von Maßnahmen zur Emissionsminderung diskutiert, darunter die Abtrennung aus Abgasen und die anschließende Speicherung des dann in großen Mengen anfallenden CO_2. Die Gewinnung von CO_2 aus Abgasen kommt wegen der dafür notwendigen Infrastruktur nur aus stationären Quellen in Frage. Darüber hinaus bedarf es aber auch einer neu zu errichtenden Infrastruktur, um das CO_2 über Pipelinenetze zu den Speicherorten zu transportieren und dort sicher zu lagern. Wegen der damit verbundenen hohen Kosten und möglicher Akzeptanzprobleme in der Bevölkerung wird diskutiert, ob CO_2 – zumindest teilweise – auch stofflich genutzt werden kann [2]. Ein weiterer Aspekt ist dabei die Einsparung von kohlenstoffhaltigen Rohstoffen wie das Erdöl.

CO_2 entsteht bei zahlreichen Fermentationsprozessen, so auch bei der alkoholischen Gärung. Die Bioethanolherstellung ist somit eine bedeutende Quelle. In der chemischen Industrie entsteht bei einigen großvolumigen Produktionsprozessen CO_2 in nahezu reiner Form. Beispiele sind die Wasserstoffherstellung für die Ammoniaksynthese und Oxidationsverfahren wie die Herstellung von Ethylenoxid. Die derzeit genutzten CO_2-Ströme stammen fast ausschließlich aus diesen Prozessen, wobei Überschussmengen heute in größerem Umfang über Dach geblasen werden.

CO_2 als chemischer Rohstoff

Gegenüber den CO_2-Emissionen aus Verbrennungsprozessen wird nur ein verschwindender Anteil im Promille-Bereich als Industriegas oder für chemische Synthesen verwendet. Davon betrug die Nutzung als Industriegas 2002

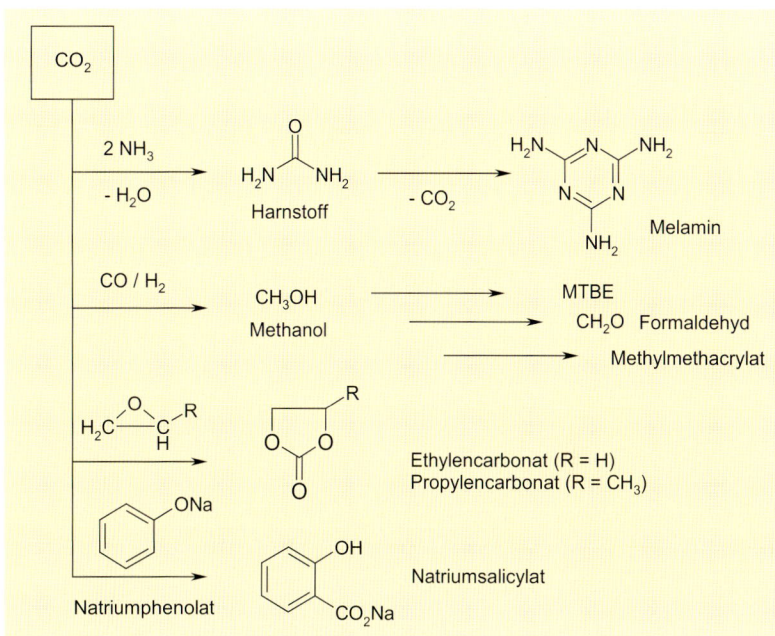

Abb. 23 *Die heutige chemische Nutzung von CO_2*

rund 20 Millionen Tonnen. Hier sind wichtige Einsatzgebiete die tertiäre Erdölförderung, die Getränkeindustrie und die Verwendung als Reinigungs- oder als Extraktionsmittel.

Als chemischer Rohstoff dient CO_2 hauptsächlich für die Synthese von Harnstoff durch Umsetzung mit Ammoniak. Hierfür wurden im Jahre 2008 weltweit rund 107 Mio. Tonnen eingesetzt (Abb. 23).

Neben der hauptsächlichen Nutzung als Stickstoffdünger wird Harnstoff für Kondensationsharze mit Formaldehyd verwendet, teilweise über die Zwischenstufe des Melamins, das seinerseits eine umfangreiche Folgechemie aufweist.

Abb. 22 *Getreide als Ausgangsstoff für die Bioethanolherstellung*

Abb. 24 *Auch mineralische Volldünger haben einen hohen Stickstoffdüngeranteil.*

KLIMAGAS KOHLENDIOXID

Die Harnstoff-Formaldehyd-(UF)-Harze werden in großem Umfang als Tischlerleime und Tränkharze für die Herstellung von Spanplatten verwendet. Die Melamin-Formaldehyd-Harze weisen neben guten mechanischen Eigenschaften eine hohe Wasserfestigkeit auf und werden wegen ihrer Lebensmitteltauglichkeit auch für die Herstellung von Ess- und Trinkgeschirren genutzt. Geschäumtes Melamin-Formaldehyd-Harz ist ein Isoliermaterial mit beeindruckenden Eigenschaften: Es ist sehr leicht, weist hervorragende Wärmedämm- und Schallschutzeigenschaften auf und ist zudem praktisch unbrennbar. Daher findet es vielfältige Anwendungen im Flugzeugbau, in der Raumfahrt, in der Automobilindustrie oder beim U-Bahn-Bau.

Etwa zwei Millionen Tonnen CO_2 pro Jahr werden für die Herstellung von Methanol aus wasserstoffreichem Synthesegas (Mischungen von CO und H_2) eingesetzt. Methanol wird seinerseits als Kraftstoffkomponente sowie chemisch hauptsächlich für die Herstellung von Formaldehyd, Methyltertiärbutylether (MTBE, Oktanzahlverbesserer für Benzin), Essigsäure und Methylmethacrylester, dem Ausgangsstoff für Plexiglas, verwendet.

Daneben gibt es noch weitere chemische Verfahren auf Basis CO_2, allerdings mit deutlich geringeren Einsatzmengen: die Synthese von cyclischen Carbonaten wie Ethylen- oder Propylencarbonat durch Umsetzung mit Epoxiden (rund 40 000 Tonnen pro Jahr) sowie die Herstellung von Salicylsäure durch Umsetzung mit Natriumphenolat (rund 25 000 Tonnen pro Jahr). Aus Salicylsäure gewinnt man das fiebersenkende Schmerzmittel Aspirin.

Kann die chemische Nutzung von CO_2 einen Beitrag zum Klimaschutz leisten?

Im Sinne eines positiven Beitrags zum Klimaschutz müssen bei der stofflichen Nutzung von CO_2 als Kohlenstoffquelle für Kraft- und Chemierohstoffe folgende Aspekte beachtet werden:

- Zum einen ist CO_2 energetisches Endprodukt aus Verbrennungsprozessen. Bei der Umsetzung (Reduktion) von CO_2 beispielsweise zu Kraftstoffen muss aus Gründen der Thermodynamik mehr Energie eingesetzt werden, als bei deren Verbrennung frei wird. Eine CO_2-Nutzung ist somit nur im Zusammenhang mit regenerativer oder zumindest CO_2-freier Energiebereitstellung sinnvoll.
- Zum anderen ist die Frage der Mengen zu beachten. Selbst unter Berücksichtigung der mengenmäßig stärksten Produktionsverfahren für Polymere und andere Chemiebasisprodukte könnte die Verwendung von CO_2 als Chemierohstoff die weltweit anfallende Emission nur um weniger als 1 % mindern. Um eine Zehnerpotenz größer wäre der Effekt, wenn auf diesem Wege Kraftstoffe für mobile Anwendungen hergestellt werden könnten.

Die chemische Nutzung von CO_2 kann durch Reaktion mit energiereichen Verbindungen wie Alkenoxiden zu cyclischen oder polymeren Alkencarbonaten erfolgen. Eine weitere Strategie zur Überwindung der Energiehürde ist die Umsetzung mit Reduktionsmitteln wie Wasserstoff, Methan oder Kohlenstoff zu Kohlenmonoxid oder dessen Folgeprodukten.

Neue katalytische Verfahren

Kohlendioxid ist äußerst reaktionsträge. Eine Aktivierung ist nahezu ausschließlich mithilfe geeigneter heterogener, homogener und biologischer Katalysatoren möglich (Abb. 25). Das mengenmäßig größte Potential bietet die Erzeugung von Synthesegas, d. h. Mischungen von CO und H_2. Hierzu bieten sich zwei Möglichkeiten an, nämlich die trockene Reformierung von Methan mit CO_2 und die Reduktion von CO_2 mit Wasserstoff.

Für großvolumige Anwendungen besonders interessant ist die trockene Reformierung, bei der CO_2 mit Methan zu Synthesegas umgesetzt wird. Das Konzept stellt u. a. eine Möglichkeit zur Ausbeutung entlegener Erdgasfelder unter Herstellung von Methanol oder von GTL-Produkten (*Gas-to-Liquid*) dar. Prinzipiell könnte auch gereinigtes Biogas eingesetzt werden. Die derzeit bekannten Katalysatoren auf Basis von Edelmetallen sind jedoch zu teuer und neigen zur Verkokung.

Das so erzeugte Synthesegas kann über die Fischer-Tropsch-Synthese zur Herstellung von Kraftstoffen (Diesel, Benzin) oder von Chemierohstoffen (Olefine, Paraffine) genutzt werden. Auch Methanol besitzt als Synthesegasfolgeprodukt erhebliches Potential im Kraftstoffbereich, unter anderem in Form der Derivate Methyltertiärbutylether (MTBE), Dimethylcarbonat (DMC) und Dimethylether

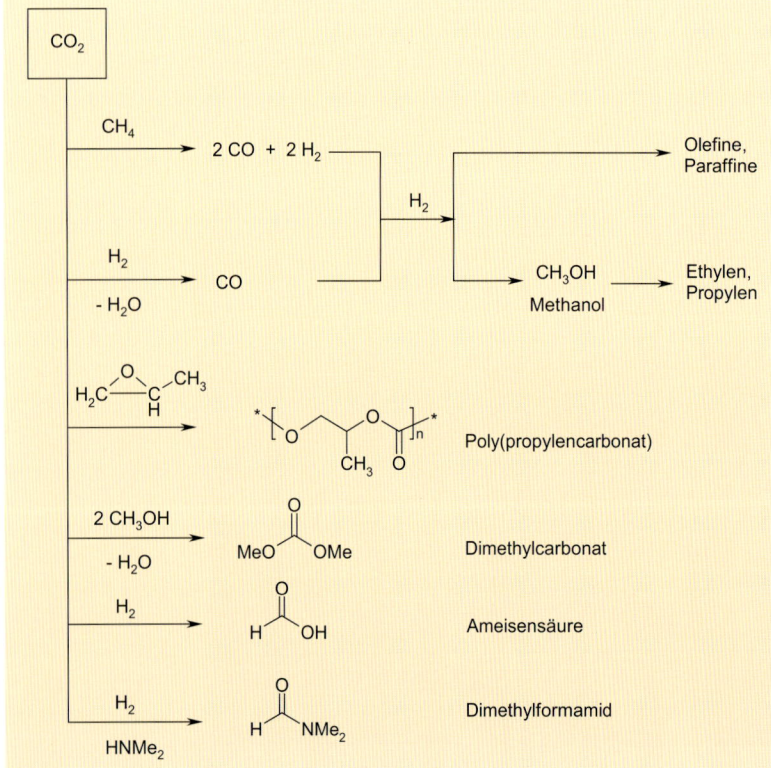

Abb. 25 *Neue katalytische Synthesen zur Nutzung von CO_2*

KLIMAGAS KOHLENDIOXID

Abb. 26 *Transparente, elastische Folien für die Verpackung von Lebensmitteln*

(DME). Über die Zeolith-katalysierte Dehydratisierung können Chemierohstoffe wie Ethylen oder Propylen (MTO-Verfahren) und Alkylaromaten hergestellt werden.

Mittels geeigneter Katalysatoren kann die Reaktion von Propylenoxid mit CO_2 selektiv auch zum polymeren Poly(propylencarbonat) gelenkt werden (siehe Abb. 25). Dieses neue Polymer ist biologisch abbaubar und kann zur Herstellung von transparenten, reißfesten und dehnbaren Folien für die Lebensmittelverpackung und die Landwirtschaft verwendet werden.

Dimethylcarbonat wird heute durch oxidative Carbonylierung von Methanol oder durch Methanolyse von Ethylencarbonat hergestellt und ersetzt zunehmend Phosgen bei der Produktion von Polycarbonaten. Eine effiziente Synthese direkt aus CO_2 ist noch nicht bekannt. Der Ersatz des hochtoxischen Phosgens durch Folgeprodukte der Kohlensäure wie Dimethylcarbonat oder Harnstoff wäre auch für die Synthese von Isocyanaten von Interesse.

Die dem CO_2 chemisch am nächsten stehende Industriechemikalie ist die Ameisensäure. Die Hydrierung von CO_2 ist beispielsweise durch homogene Edelmetallkomplexe unter basischen Bedingungen möglich. Sie führt zu salzartigen Formiaten, aus denen die Ameisensäure erst durch thermische Spaltung freigesetzt werden muss. Dies ist bisher technisch noch nicht gelöst. Ebenfalls durch Hydrierung von CO_2 sind Methyl- und Dimethylformamid zugänglich, wobei hier das Problem der Aufarbeitung leichter lösbar ist.

In der Natur wird CO_2 mittels der Photosynthese zum Aufbau von Biomasse stofflich genutzt. Durch Erhöhung der CO_2-Konzentration kann die Biomassebildung beschleunigt werden, was bereits heute in Gewächshäusern ausgenutzt wird, in die die Abgase der mit Erdgas betriebenen Heizanlagen eingeleitet werden. Im Pilotmaßstab wird auch die Abtrennung von CO_2 mittels Grünalgen erprobt, die anschließend zu Wertprodukten aufgearbeitet werden können.

Fazit

Die stoffliche Nutzung von CO_2 stellt ein strategisch wichtiges Konzept dar, das langfristig durch Kombination mit kostengünstigen und CO_2-freien Methoden zur H_2-Erzeugung sowie der Nutzung nachwachsender Rohstoffe zu neuen Technologien zur Rohstoffsicherung führen kann. Dabei besitzen Kraftstoffe gegenüber den Chemierohstoffen ein mindestens zehnfach größeres Mengenpotential [3]. Die notwendigen neuen katalytischen Verfahren befinden sich jedoch erst in einem sehr frühen Entwicklungsstadium und erfordern noch umfangreiche Forschungsarbeiten, bevor eine technische Umsetzung in Betracht gezogen werden kann.

Literatur

[1] International Energy Annual 2006, Update December 8, 2008.
[2] Verwertung und Speicherung von CO_2, DECHEMA/VCI, 2009.
[3] Positionspapier Rohstoffbasis im Wandel, GDCh, DECHEMA, DGMK, VCI, 2010.

KLIMAGAS KOHLENDIOXID

Abscheiden und speichern

JÜRGEN O. METZGER UND FRANZ MAY

Abscheidung von CO_2*

Die Rückhaltung und anschließende Speicherung des bei der Energieerzeugung aus fossilen Rohstoffen anfallenden CO_2 – häufig abgekürzt mit CCS (CO_2 *Capture and Storage*) – durch Abtrennung aus den riesigen Gasvolumina der Rauchgase der Kraftwerke ist eine enorme Herausforderung. Dabei ist das Ziel nicht, CO_2 zu 100 % abzutrennen, was viel zu aufwändig wäre. Man begnügt sich mit > 90 %. Aus diesem Grunde ist auch der Name der europäischen Technologie-Plattform „Zero Emission Fossil Fuel Power Plants (ZEP)" [1] etwas zu anspruchsvoll.

CCS erfordert drei Prozessschritte:
- Abscheidung des CO_2 vor oder nach dem Verbrennungsprozess;
- Transport zu geeigneten Lagerstätten;
- dauerhafte Einlagerung in geeignete Speicherformationen.

Unter den zahlreichen Varianten wird die Abscheidung des CO_2 aus dem Rauchgas der kohlebefeuerten Kraftwerke als eine aussichtsreiche Möglichkeit gesehen, vor allem, weil dieses Verfahren prinzipiell auch in bereits laufenden Anlagen nachgerüstet werden kann. So sollen u. a. alle neuen RWE-Kohlekraftwerke mit einer CO_2-Wäsche nachgerüstet werden.

Die CO_2-Wäsche ist ein etablierter Prozess in der chemischen Industrie zur Abtrennung von CO_2 insbesondere aus Erdgas und aus Synthesegas, einem industriell viel verwendeten Gemisch von Kohlenmonoxid und Wasserstoff ($CO + H_2$). Seit 1996 wird sie zur Abtrennung von CO_2 aus Erdgas direkt bei der Erdgasförderung, z. B. auf dem Erdgasfeld Sleipner West des norwegischen Erdöl-Konzerns Statoil, etwa 260 km vor der norwegischen Küste, eingesetzt [2]. Dort werden ca. 1 Mio. Tonnen CO_2 pro Jahr (Mt/a) aus dem Erdgas herausgewaschen, verflüssigt und wieder im Erdgasfeld verbracht, ein bereits funktionierendes Beispiel der CO_2-Sequestrierung (vgl. Abb. 27). Das CO_2 wird dabei mit einer Absorptionsflüssigkeit, meist Monoethanolamin (MEA), ausgewaschen. Das Monoethanolamin muss zur möglichst häufigen Wiederverwendung regeneriert werden, wofür erhebliche Dampfmengen, also Wärmeenergie, benötigt werden.

Der Prozess der CO_2-Wäsche durch wässrige Lösungen ist im Grundsatz wohlbekannt, die Größenordnung aber ist neu. Hinzu kommt, dass derzeit ein erheblicher Forschungsaufwand in die Entwicklung neuer bzw. optimierter Absorptionsflüssigkeiten gesteckt wird. Diese haben zum Ziel, die Menge und die Rate der CO_2-Aufnahme in solche Lösungen zu verbessern sowie die Kosten für die Regeneration der Absorptionsmittel zu senken. Die Anlagen und auch die Prozesstechnologie in der notwendigen Größenordnung sind ebenfalls noch nicht verfügbar und müssen stark modifiziert oder sogar neu entwickelt werden. Ein 1 000 MW Kohlekraftwerk z. B. emittiert etwa 4 Mt pro Jahr oder 520 t pro Stunde (t/h) an CO_2, das zudem im Gemisch mit viel Stickstoff aus der Luft (ca. 79 %), restlichem Sauerstoff (ca. 4–7 %) und vielen anderen Verunreinigungen

---
* Autor: J. O. Metzger

Abb. 27 Erdgasbohrinsel Sleipner West des norwegischen Energiekonzerns Statoil in der Nordsee, ca. 260 km vor der norwegischen Küste, mit CO_2-Abscheidung

KLIMAGAS KOHLENDIOXID

Abb. 28 *CO₂-Wäsche im Innovationszentrum Kohle der RWE Power AG am Kraftwerksstandort Niederaußem*

vorliegt. Vor allem der Sauerstoff birgt Probleme, da er das Absorptionsmittel Monoethanolamin langsam oxidiert und dadurch unbrauchbar macht.

Der Stromkonzern Vattenfall hat angekündigt, im Kraftwerk Jänschwalde 2013 eine Demonstrationsanlage für die Abtrennung von 900 kt/a CO_2 aus den Rauchgasen eines Kraftwerkblocks in Betrieb zu nehmen [3]. Die RWE hat 2009 in Zusammenarbeit mit Linde und BASF im Kraftwerk Niederaußem eine Pilotanlage (Abb. 28) in Betrieb genommen, in der neue Absorptionsflüssigkeiten von der BASF eingesetzt werden sollen [4]. Man darf auf die Ergebnisse gespannt sein.

Wenn man sich die riesigen Gasmengen aus Kraftwerken vor Augen führt, die gewaschen werden müssen, erscheint es sinnvoll, den Stickstoff, der ja den größten Teil der Gasmenge ausmacht, vor der Verbrennung aus der Luft abzutrennen und damit die Gasvolumina zu reduzieren. Dann wird die Kohle – vereinfacht gesprochen – in reinem Sauerstoff verbrannt, ein Verfahren, das unter dem Namen „Oxyfuel-Prozess" bekannt geworden ist. Hierzu muss zunächst unter hohem Energieaufwand, d. h. zusätzlicher CO_2-Produktion, Sauerstoff in riesigen Mengen hergestellt werden. Für ein 1 000 MW Kraftwerk z. B. sind etwa 4 Mt/Jahr erforderlich. Die Verbrennungsgase, die nun in ihrem Gesamtvolumen deutlich kleiner sind, müssen nur noch, wie üblich, entschwefelt und das bei der Verbrennung mit entstehende Wasser auskondensiert werden. Das so gewonnene CO_2 ist bereits ziemlich sauber und kann direkt verflüssigt werden. Der Stromkonzern Vattenfall betreibt in Schwarzheide (Südbrandenburg) eine Pilotanlage, die mit

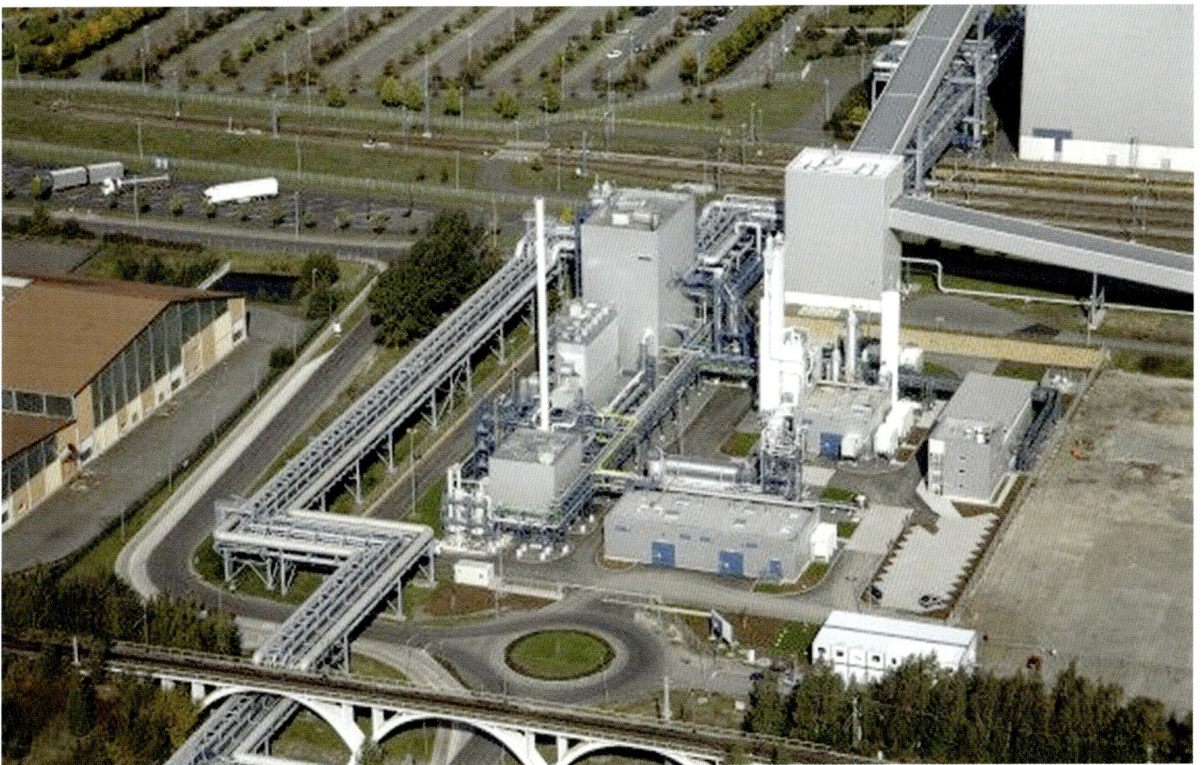

Abb. 29 *Oxyfuel-Pilotanlage der Vattenfall AG im Industriepark „Schwarze Pumpe" in der Lausitz/Brandenburg*

KLIMAGAS KOHLENDIOXID

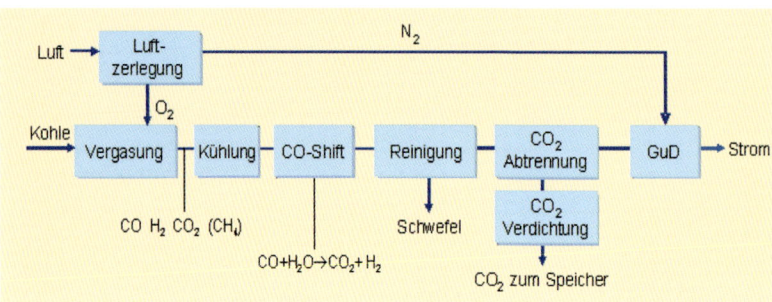

Abb. 30 *Prinzip des Integrated Gasification Combined Cycle, IGCC-Verfahrens, (RWE)*

Abb. 31 *CO_2-Injektionsbohrung am Pilotspeicher Ketzin/Brandenburg*

Eine weitere aussichtsreiche Variante stellt das sog. IGCC-Verfahren (*Integrated Gasification Combined Cycle*) dar. Bei diesem Prozess wird Kohle unter Sauerstoffzufuhr und Druck vergast. Das CO im entstehenden Synthesegas wird in einer nachfolgenden Shift-Konvertierung zu Wasserstoff und CO_2 umgesetzt (Abb. 30), einem lange bekannten und wichtigen chemischen Prozess, der auch zur Produktion von Synthesegas für die Fischer-Tropsch-Synthese benutzt wird. Damit wird insbesondere von der Sasol-AG, einem der größten Unternehmen der Petrochemie in Südafrika, Benzin und Diesel produziert. Der Unterschied zur Nutzung in Kohlekraftwerken liegt auch hier in der Größenordnung. Das CO_2 wird vom Wasserstoff abgetrennt und der Wasserstoff anschließend verbrannt. Die Abtrennung des CO_2 erfolgt hier also bereits auf der Seite des Brenngases.

Nach der Abscheidung wird das CO_2 zum Zweck des Transports und der Speicherung auf 110 bar komprimiert und verflüssigt und über dafür eigens zu installierende Pipelines zur Ablagerung transportiert. Ergänzend oder auch alternativ ist ein Transport mit Tankern möglich. Ein CO_2-Tanker würde in seiner Auslegung ähnlich dimensioniert sein wie die Transportschiffe für LPG (*Liquified Petroleum Gas*). Es gibt Pläne, Tanker mit bis zu 1 Mio. t Tragfähigkeit für den CO_2-Transport zu bauen.

Der Energieverlust durch die CO_2-Abscheidung ist in jedem Falle nicht unerheblich.

Je nach Abscheideverfahren und Kraftwerkskonzept ergeben sich nach heutigem Kenntnisstand Einbußen des Wirkungsgrades von 6–14 %. Diese erfordern bei gleicher Nennleistung einen Mehrbedarf an Brennstoff von 10–35 % und erhebliche zusätzliche Investitionen (30–150 %). Die ungünstigsten Verhältnisse bezüglich erhöhter Investitionskosten, Mehraufwand für Brennstoffe und stärkster Wirkungsgradminderung ergeben sich bei der CO_2-Abscheidung aus Rauchgasen von konventionellen Kohlekraftwerken. Das wirtschaftlich günstigste und technisch ausgereiftere Verfahren ist die Kohlevergasung mit Sauerstoff unter Druck mit CO_2-Abtrennung

10 t/h Sauerstoff 6,5 t/h Kohle verbrennt und 9 t/h CO_2 aus dem Rauchgas auswäscht (Abb. 29). Mit den hier gemachten Erfahrungen soll im Kraftwerk Jänschwalde 2013 oder 2015 eine Demonstrationsanlage des Oxyfuel-Prozesses für die Abtrennung von 900 kt/a CO_2 in Betrieb gehen.

KLIMAGAS KOHLENDIOXID

auf der Brenngasseite. Keines der beschriebenen Verfahren ist derzeit allerdings einsatzbereit. Es besteht noch ein enormer Forschungsbedarf. Die Entwicklung wird noch viele Jahre dauern und erhebliche Kosten verursachen.

Es sei darauf hingewiesen, dass die Bindung von CO_2 durch Aufforstung von degradierten Flächen sowie die Nutzung von Biomasse möglicherweise wesentlich effizienter sein könnten.

Speicherung von CO_2*

Die Verknüpfung von Abscheidung, Transport und Speicherung von CO_2 im Untergrund ist noch eine relativ junge Technik, die im industriellen Maßstab weltweit nur an wenigen Standorten erfolgt [5, 6]. Bei der Errichtung der ersten Speicher konnte man auf technische Erfahrungen mit der Untertagespeicherung von Erdgas zurückgreifen. Ebenso wird CO_2 bereits seit etlichen Jahren in Erdöllagerstätten gepumpt, um die Ölausbeute zu erhöhen. Dabei nutzt man unter anderem das gute Lösungsvermögen des unter Lagerstättenbedingungen überkritischen Kohlenstoffdioxids. Weitere industrielle Speicher sind in Vorbereitung, und in vielen Ländern laufen Versuchsvorhaben. Im brandenburgischen Ketzin, nahe Potsdam, wird CO_2 mit Unterstützung der Bundesregierung [7] zu Forschungszwecken in den Untergrund gepumpt (Abb. 31).

Das CO_2 wird dabei nicht in Kavernen, Bergwerken oder Höhlen gespeichert. Diese Hohlräume würden gar nicht ausreichen, um industriell erzeugte Mengen aufzunehmen. Es wird unter Druck in die feinen Poren fester Sandsteine gepresst und bildet deshalb auch keine unterirdischen Seen. Der Anteil des Porenvolumens zwischen den Sandkörnern guter Speichergesteine beträgt etwa 20 Vol.-% des Gesamtvolumens der Gesteine. Ein potentielles, in Deutschland weit verbreitetes Speichergestein ist der Buntsandstein, der zum Beispiel die Insel Helgoland bildet (vgl. Abb. 32). Undurchlässige Gesteine wie Steinsalz oder Tonsteine verhindern, dass das eingespeicherte Gas aus den Speichern entweichen kann. Erst in Tiefen von mehr als etwa 800 Metern reicht der Druck der überlagernden Gesteine aus, um das komprimierte Gas als Fluid hoher Dichte zu erhalten. Nur so kann der vorhandene Porenraum im Untergrund effizient genutzt werden.

Als potentielle Speicher werden ehemalige Erdgaslagerstätten oder tiefe, Salzwasser führende Gesteine untersucht. Das über Tiefbohrungen in die Speichergesteine gepumpte Gas verdichtet und verdrängt die in den Poren vorhandenen Fluide. In erschöpften Erdgaslagerstätten kann

Abb. 32 *Sandstein im Aufschluss und unter dem Mikroskop*

so das unter niedrigem Druck vorhandene Restgas komprimiert werden und Platz für CO_2 schaffen. Das Lagerstättenwasser ist dagegen nur gering kompressibel, so dass bei der Speicherung in tiefen Grundwasserleitern (Aquiferen) Salzwasser verdrängt wird.

Speichergesteine bestehen zum großen Teil aus Quarzsandkörnern. Je nach dem Herkunftsgebiet der Sedimente enthalten die Gesteine noch Anteile von Gesteinsbruchstücken, Feldspäten oder vulkanischem Glas. Diese Körner werden durch andere Minerale zusammengehalten, die bei der Verfestigung der Sedimente im Laufe der Erdgeschichte gebildet wurden. Dazu gehören Eisenoxide, Karbonate, Sulfate, Tonminerale oder Halit (Kochsalz).

Die Gesteine bilden im Untergrund selten ebene Schichten. In der Regel sind diese verbogen, gefaltet oder gebrochen. Zur Speicherung geeignete Untergrundstrukturen verhindern die ungehinderte Ausbreitung des Gases, etwa so wie eine umgestülpte Schüssel unter Wasser. Allerdings sollten keine durchlässigen Brüche die Speichersicherheit gefährden. Geeignete Gesteine und Strukturen finden sich vor allem im Norddeutschen Tiefland. Dort befinden sich auch die meisten deutschen Erdgasfelder, die nach dem Ende der Gasförderung für die Speicherung von CO_2 genutzt werden könnten. Erdgaslagerstätten haben den Vorteil, dass ihre Eigenschaften aufgrund der Erkundung und Förderung bereits gut bekannt sind. Aus der Fördergeschichte, d. h. den Fördermengen und Lagerstättendrücken, lässt sich leicht errechnen, wie viel CO_2 in die Speicher passt, bis der ursprüngliche Druck wieder erreicht wird. Die größeren Erdgasfelder in Deutschland könnten etwa 2 750 Mio. Tonnen CO_2 aufnehmen. Das Speichervolumen der Salzwasser führenden Aquifere ist wesentlich schwieriger zu bestimmen, da deren Verbreitung im Untergrund weniger gut bekannt ist und die Speichereigenschaften größerer Gebiete nur mit-

---
* Autor: F. May

KLIMAGAS KOHLENDIOXID

Abb. 33 *Umwandlung von Feldspat in Dolomit in einem natürlichen CO$_2$-Vorkommen*

hilfe einiger weniger Tiefbohrungen abgeschätzt werden können. Die Bundesanstalt für Geowissenschaften und Rohstoffe (BGR) schätzt das Speichervolumen tiefer Aquifere auf mehr als 6 300 bis 12 800 Mio. Tonnen CO$_2$ [8].

Theoretisch ist also viel Platz für CO$_2$ im Untergrund. Die realistisch nutzbare Kapazität lässt sich allerdings nicht sicher angeben, denn neben der Volumenschätzung sind die geotechnischen Eigenschaften der Speicher detailliert zu erkunden und die Speichersicherheit nachzuweisen. Rechtlich bindende Anforderungen und Kriterien zur Genehmigung von Speichern sind noch zu definieren. Ferner sind sozio-ökonomische Randbedingungen entscheidend. Die Speicherkosten sind von den Entwicklungen verschiedener Märkte und politischen Entscheidungen über Klimaschutzmaßnahmen sowie von strategischen Entscheidungen der Unternehmen abhängig. CCS ist nur eine der Optionen zum Klimaschutz, die zur Auswahl stehen. Zusätzlich beeinflusst die öffentliche Akzeptanz für die neue Technologie den tatsächlich nutzbaren Speicherraum ganz erheblich.

CO$_2$ bildet mit den Lagerstättenwässern kohlensaure Lösungen, die mit den Gesteinen reagieren und sie umwandeln können. Durch die in den Lagerstättenwässern gelösten Stoffe und die im CO$_2$ enthaltenen Nebenbestandteile kann eine Vielzahl möglicher Reaktionen stattfinden. Ein wesentlicher Nebenbestandteil des CO$_2$-Fluids ist beispielsweise der Sauerstoff aus der Oxyfuel-Abscheidung, der in ein reduzierendes Milieu gelangt und mit Eisen-, Schwefel- oder Bleiverbindungen reagieren könnte. Karbonate hingegen können Kohlensäure neutralisieren. Die geotechnische Bedeutung dieser Reaktionen liegt darin, dass Lösung und Ausfällung von Mineralen die Porosität und Injektivität der Speichergesteine verändern. Bei hohen Reaktionsgeschwindigkeiten kann der Speicherbetrieb, bei lang-

samen Reaktionen die langfristige Speichersicherheit beeinflusst werden. Dabei sind sowohl positive als auch negative Effekte möglich, je nachdem, wie die Massenbilanz der beteiligten festen Phasen ausfällt und ob Speichergesteine oder Deckschichten betroffen sind.

Die Prognose der geochemischen Reaktionen und deren Auswirkungen ist daher eine der Aufgaben bei der Suche nach geeigneten Speichern. Aufgrund der unsicheren thermodynamischen und kinetischen Daten für hochkonzentrierte wässrige Lösungen und komplexe natürliche Minerale (mit Mischreihen, Verunreinigungen, Gitterstörungen, Oberflächeneffekten) sind insbesondere langfristige, mithilfe von Computersimulationen erstellte Prognosen nicht belastbar. Laborexperimente können für kleine Maßstäbe und schnelle Reaktionen die natürlichen Verhältnisse unter kontrollierten Bedingungen nachbilden. Es gibt natürliche CO$_2$-Lagerstätten und damit Gesteine, die langfristig natürlichem CO$_2$ ausgesetzt waren, beispielsweise in Thüringen. Die Untersuchung dieser Gesteine hilft ebenfalls bei der Prognose möglicher chemischer Veränderungen von Speicher- und Barrieregesteinen. Häufig lässt sich beispielsweise die Umwandlung von Alumosilikaten beobachten (Abb. 33).

Ziel eines sicheren Speicherbetriebs ist es, zu verhindern, dass das Gas aus dem Speicher entweicht und Menschen gefährdet oder die Umwelt beeinträchtigt werden. Die Lagerstättenwässer sind etwa zehnmal salziger als Meerwasser. Daher ist bei der Speicherung in Aquiferen sorgfältig darauf zu achten, dass kein verdrängtes Salzwasser nach oben gelangt und das oberflächennahe, für die Trinkwasserversorgung genutzte Grundwasser oder terrestrische Ökosysteme geschädigt werden. Neben dem gelösten Hauptbestandteil Kochsalz (Halit) enthalten die Tiefenwässer auch Elemente, die ökotoxisch wirken können, wie Aluminium oder Schwermetalle.

Mögliche Pfade für Leckagen zwischen den tief liegenden Speichern und den oberflächennahen Schutzgütern sind geologische Störungen. Insbesondere erdgeschichtlich junge oder noch aktive Störungen können durchlässig für Fluide sein. Aufgrund seiner jungen Tektonik sind die Speicherstrukturen im Oberrheingraben deshalb vermutlich weniger günstig als die in Norddeutschland. Ältere Störungen sind oft durch die Ausfällung von Quarz oder Kalkspat versiegelt worden, so dass sie undurchlässige Barrieren für Kohlenwasserstoffe und andere Fluide bilden. Die Existenz von störungsbegrenzten Erdgaslagerstätten beweist die Fähigkeit dieser Strukturen, Gas langfristig zurück zu halten, oft über Millionen von Jahren. Bei der Speicherung in ausge-

KLIMAGAS KOHLENDIOXID

förderten Lagerstätten sind dagegen eher die mitunter zahlreichen früheren Förderbohrungen als potentielle Leckagepfade relevant. Diese wurden nicht für den Zweck der dauerhaften CO_2-Speicherung verschlossen und müssen eventuell aufwändig überarbeitet und korrosionssicher abgedichtet werden.

Die Überwachung des Speicherbetriebs und die Entdeckung möglicher Leckagen bedienen sich physikalischer Methoden, die – satellitengestützt – an der Erdoberfläche oder in Bohrlöchern eingesetzt werden. Für die Überwachung der Grund-, Oberflächen- und Tiefenwässer in Gesteinsschichten über dem Speicher kommen Methoden der analytischen Chemie zum Einsatz. Dabei besteht noch Entwicklungsbedarf für die langfristige, wartungsarme und automatische Überwachung chemischer Parameter wie z. B. Sensoren für den Einsatz im Bohrloch. Gasgeochemische Methoden sind erforderlich, um die natürliche oder industrielle Herkunft des CO_2 in der Bodenluft nachweisen und quantifizieren zu können. Der Nachweis der Herkunft der Gase ist durch natürliche Isotope, Spurengase oder künstliche Tracer möglich. Neben der Speicherüberwachung und den daran geknüpften Vorsorgekonzepten sind die wichtigsten Sicherheitsmaßnahmen: die sorgfältige und detaillierte Erkundung des Speichers und seiner eventuell beeinflussten oder gefährdeten Umgebung in der Frühphase eines Speichervorhabens sowie die objektive Auswahl und unabhängige Prüfung bzw. Genehmigung desselben.

Literatur

[1] http://www.zeroemissionsplatform.eu/index
[2] http://www.statoil.com
[3] http://www.vattenfall.de/de/klimaschutz-ccs.htm
[4] http://www.rwe.com/web/cms/de/55436/rwe-power-ag/
[5] B. Metz, O. Davidson, H. de Coninck, M. Loos and L. Meyer (Hrsg.) (2005) *Carbon Dioxide Capture and Storage*, IPCC, Cambridge University Press, UK.
[6] P. Radgen, C. Cremer, S. Warkentin, P. Gerling, F. May, St. Knopf (2006) Verfahren zur CO_2-Abscheidung und Speicherung, Abschlussbericht. Climate change 07-06. Umweltbundesamt, Berlin, ISSN 1611-8855.
[7] L. Stroink, P. Gerling, M. Kühn, F. Schilling (Hrsg.) (2009) Die Dauerhafte geologische Speicherung von CO_2 in Deutschland. Geotechnologien Science Report, 14, Potsdam, ISSN 1619-7399.
[8] http://www.bgr.bund.de/cln_109/nn_1933780/DE/Themen/Geotechnik/CO2-Speicherung/Downloads/ET-knopf-2010,templateId=raw,property=publicationFile.pdf/ET-knopf-2010.pdf

Methan – ein faules Gas, das zündet

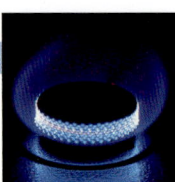

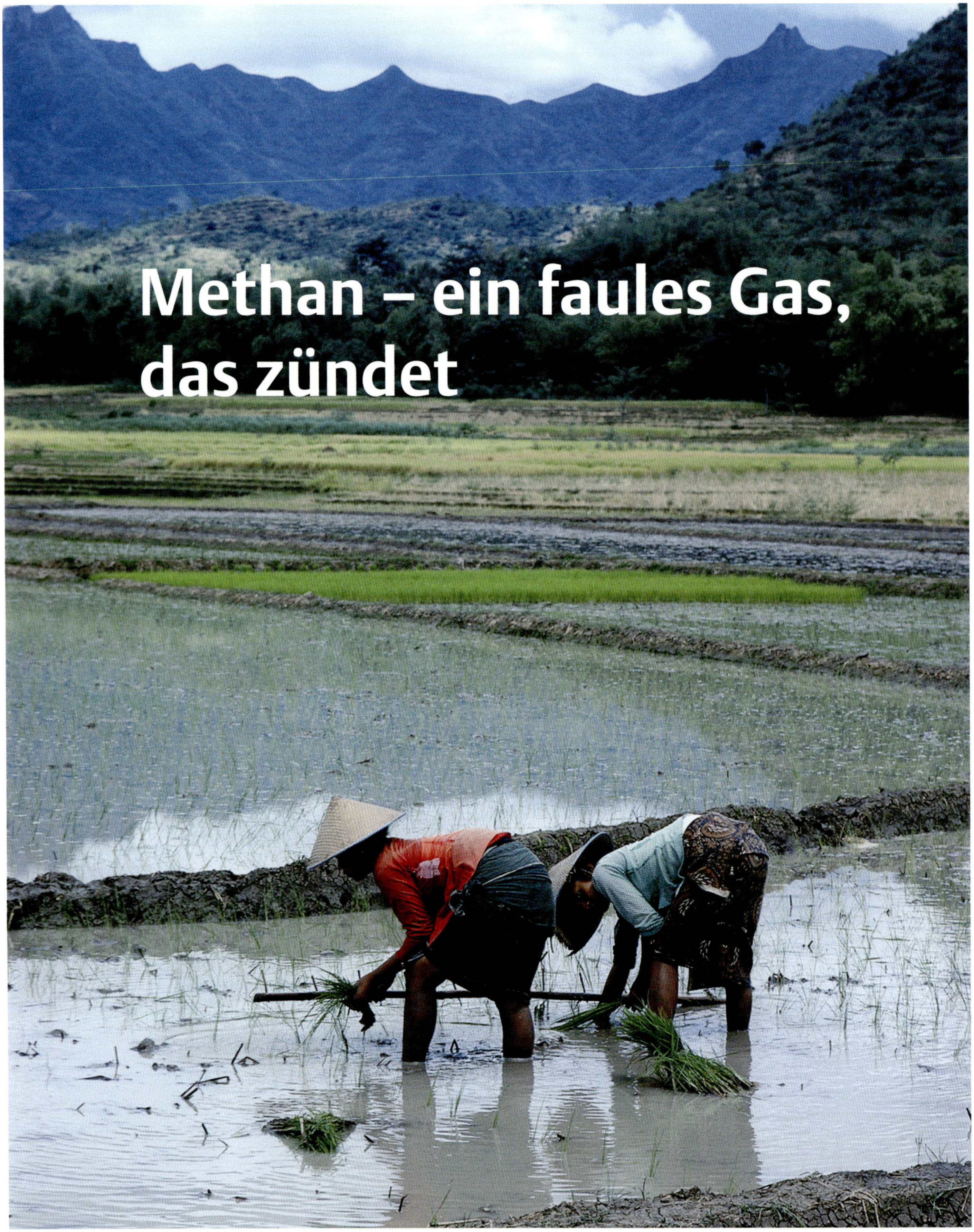

Chemie über den Wolken. Reinhard Zellner · Copyright © 2011 WILEY-VCH Verlag GmbH & Co. KGaA, Weinheim · ISBN: 978-3-527-32651-8

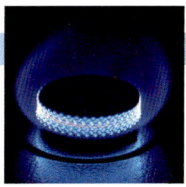

ERDGAS UND METHAN

Aufstieg aus Sümpfen, Weiden und Feldern

REINHARD ZELLNER

Budget und Verteilung des Methans

Mit einem Mischungsverhältnis von nunmehr 1,78 ppm ist das Methan (CH_4) das häufigste unter den reaktiven Spurengasen der Atmosphäre. Dies liegt an der Vielfalt und Stärke seiner Quellen, aber auch an seiner relativ langen Lebensdauer. Im Vergleich zu anderen Kohlenwasserstoffen ist das Methan nämlich nur wenig reaktiv gegenüber den typischen atmosphärischen Oxidantien wie die OH-Radikale und kann deshalb zu relativ hohen Konzentrationen anwachsen.

Das Methan wird produziert und emittiert aus einer Vielzahl von Quellen, von denen aber nur wenige wirklich bedeutsam sind: (1) die Produktion durch Bakterien unter anaeroben Bedingungen vor allem in Feuchtgebieten, beim Reisanbau, in Mülldeponien und in den Mägen von Wiederkäuern, (2) die Förderung von fossilen Brennstoffen wie Erdgas, Kohle und Erdöl und (3) die unvollständige Verbrennung von Biomasse, u. a. bei der Brandrodung in den Tropen. Von diesen stellt die Emission aus den Feuchtgebieten die einzig wirklich natürliche Quelle dar. Die Emission aus den Mägen der Wiederkäuer wird nur teilweise als natürlich gerechnet, da die Viehhaltung als vom Menschen verursacht betrachtet wird. In Zukunft möglicherweise bedeutend werdende natürliche Methanquellen sind die Permafrostböden und die sog. Methanhydrate.

Die atmosphärische Methan-Konzentration ist seit 1750 um 150 % angestiegen und ist derzeit höher als jemals zuvor in den letzten 650 000 Jahren (IPCC, 2007 [1]). Das Methan greift aufgrund seiner atmosphärischen Abbaumechanismen in die Chemie anderer Spurengase ein: Es trägt zur Ozonbildung in der Troposphäre bei, es ist der größte Lieferant von Wasserdampf in der Stratosphäre und es beeinflusst indirekt die stratosphärische Chemie des Ozons und der Chlorverbindungen. Seine atmosphärische Lebensdauer beträgt ca. 8,6 Jahre und ist damit groß genug, um überall auf dem Globus – auch über den Ozeanen – nachgewiesen werden zu können.

Das Methan ist ein relativ starker Absorber von Infrarotstrahlung und beeinflusst deshalb auch den Strahlungshaushalt der Erde. Mit einem Strahlungsantrieb von 0,48 W/m² ist es nach CO_2 derzeit das zweitstärkste Klimagas. Aus diesem Grunde gehört das Methan auch zu den geregelten Verbindungen des Kyoto-Protokolls, wenngleich der gesellschaftliche und politische Druck der Emissionsminderung im Falle dieses Gases deutlich geringer als beim CO_2 ist. Der vermeintliche Grund ist die relativ hohe Beteiligung des Nahrungsmittelsektors an der anthropogen bedingten Methanemission, insbesondere in Form des Reisanbaus.

Das atmosphärische Methan hat eine Vielzahl von Quellen, die in Tabelle 1 zusammengefasst sind. Mit ca.

Abb. 1 *Wiederkäuer tragen als natürliche Quellen zur atmosphärischen Methankonzentration bei.*

600 Tg (CH_4)/Jahr, das entspricht 600 Mio. t CH_4, gehört die Methanquelle zu den stärksten Spurengasemissionen auf dem Globus überhaupt. Wie aus der Tabelle zu erkennen ist, sind die dominierenden Quellen die natürlichen Feuchtgebiete sowie die Wiederkäuer und der Reisanbau. Falls – wie in dieser Tabelle geschehen – die Wiederkäuer als ausschließlich anthropogen gezählt werden, obwohl es auch nicht-domestizierte Wiederkäuer gibt, dominieren die anthropogenen Quellen deutlich. Die ebenfalls angegebenen Fraktionierungsfaktoren ($\delta^{13}CH_4$) sind ein Maß für die Verschiebung des natürlichen Kohlenstoff-Isotopenverhältnisses aufgrund verschiedener Bildungs- und Verbrauchsprozesse [1]. Sie werden weiter unten genauer diskutiert.

Unter den Senken des CH_4 dominiert bei weitem der atmosphärische Abbau durch OH-Radikale in der Troposphäre. Da die troposphärische OH-Konzentration aufgrund ihrer starker Abhängigkeit von der Sonneneinstrahlung ein Maximum in den Tropenregionen hat und die atmosphärische Konzentration des Methans ziemlich gleichmäßig verteilt ist, sind die Tropen auch die Hauptregion des Abbaus des atmosphärischen Methans. Eine schematische Darstellung des globalen Methankreislaufs ist in Abb. 2 gezeigt.

Trotz der relativ langen Lebensdauer ist das Methan in der Atmosphäre dennoch nicht vollkommen einheitlich verteilt, sondern man findet deutlich erhöhte Konzentrationen in bzw. nahe den Quellregionen. Dies wurde zunächst durch Messungen in der bodennahen Luft an verschiedenen Orten auf der Nord- und Südhalbkugel deutlich. Das voll-

ERDGAS UND METHAN

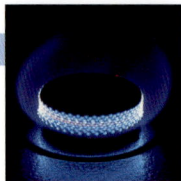

TAB. 1 QUELLEN, SENKEN UND ATMOSPHÄRISCHES BUDGET DES METHANS IN TG (CH_4)/JAHR [1–3]. DIE $\delta^{13}CH_4$-ZAHLEN KENNZEICHNEN DIE $^{13}C/^{12}C$-ISOTOPENFRAKTIONIERUNG IN DEN EINZELNEN BILDUNGS- UND VERBRAUCHSPROZESSEN.

Quellen*		$\delta^{13}C$/‰	Senken#		$\delta^{13}C$/‰
Natürlich	168		Böden	30	–18
Feuchtgebiete	145	–58	Troposphärisches OH	511	–3,9
Termiten	23	–70	Stratosphärischer Verlust	40	
Anthropogen	428		**Senken gesamt**	581	
Kohleabbau	58	–37			
Gas, Öl, Industrie	36	–44	# [1]		
Deponien	43**	–55	** [3]		
Wiederkäuer	146	–60	* [2]		
Reisanbau	112	–63			
Verbrennung von Biomasse	43	–25			
Quellen gesamt	596				

ständigere Bild wurde allerdings erst durch die Satellitenbeobachtung möglich, in der größere Regionen mit hinreichender Auflösung über längere Zeiten beobachtet werden können. Abbildung 3 ist eine Satellitenaufnahme mit dem Instrument SCIAMACHY des Instituts für Umweltphysik der Universität Bremen, das sich auf dem europäischen Umweltsatelliten ENVISAT befindet. Sie zeigt die Methanverteilung über den Kontinenten der Nordhemisphäre für zwei verschiedene Jahreszeiten im Jahr 2003. Hieraus ist deutlich zu erkennen, dass die Feuchtgebiete der Nordhemisphäre in Russland, Sibirien (Sümpfe) und China (Reisanbau) die wesentlichen Quellen des Methans darstellen. Die Quellstärke im Sommer, wenn es warm und feucht ist, ist deutlich höher als die im Frühjahr.

Wie aus der Abb. 3 erkennbar ist, zeigt die troposphärische Methankonzentration eine saisonale Variabilität. Aus der atmosphärischen Lebensdauer von etwa acht Jahren lässt sich schließen, dass jährlich gut 10 % des globalen Methangehalts abgebaut und erneuert werden müssen. Wie bereits oben erwähnt, findet der größte Teil dieses Abbaus

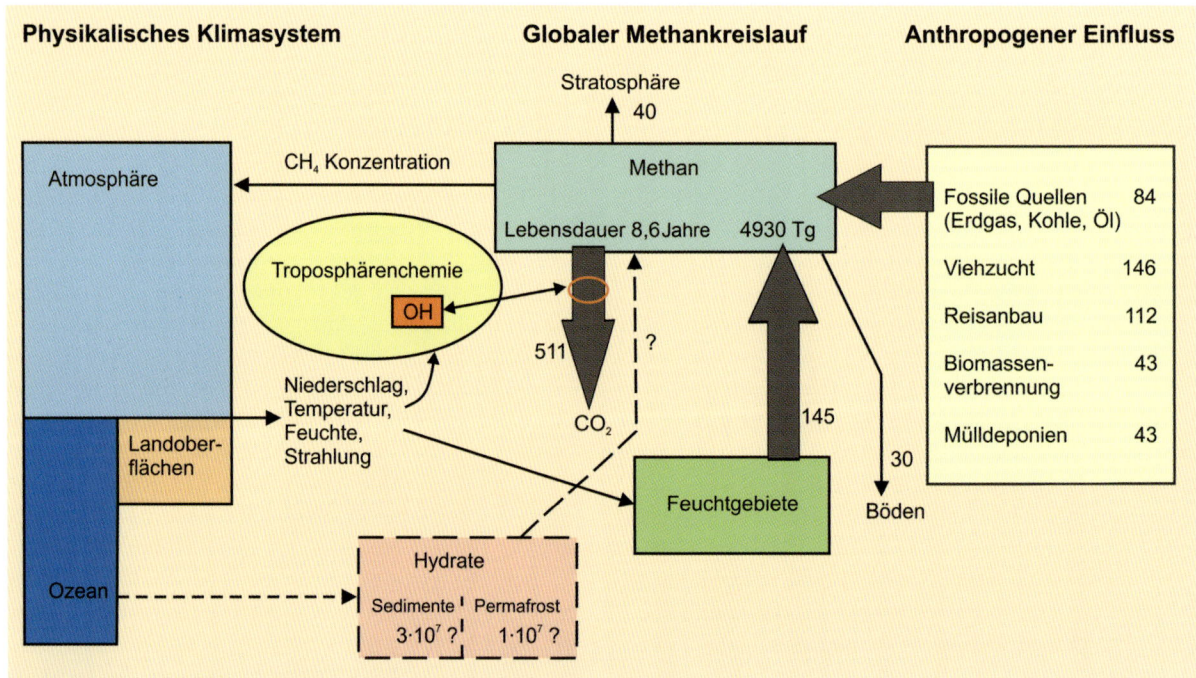

Abb. 2 Schematische Darstellung des globalen Methankreislaufs. Die Zahlen bezeichnen Reservoirgrößen (in Tg (CH_4)) bzw. Flüsse (in Tg (CH_4)/Jahr) (nach [3] mit aktualisierten Zahlen).

ERDGAS UND METHAN

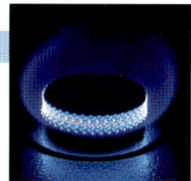

wegen der erhöhten OH-Konzentration in den Tropenregionen statt. In diesen hat die Methanmenge auch nur eine geringe saisonale Variation, da die Quell- und Senkenstärke ganzjährig nur wenig variiert. Die Abbaurate in mittleren Breiten dagegen hat wegen der Variabilität in der OH-Konzentration eine große saisonale Amplitude, und sie ist im Sommer um fast einen Faktor 10 größer als im Winter. Obwohl ein Teil dieses Signalunterschiedes durch die Variabilität in der Quellstärke kompensiert wird, bleibt dennoch ein saisonaler Unterschied in der Konzentration in mittleren Breiten von einigen Prozent erhalten (Abb. 4). Diese Saisonalität besteht in allen geographischen Breiten; die Maxima in der Südhemisphäre sind allerdings um sechs Monate gegenüber der Nordhemisphäre verschoben.

Die ersten systematischen Messungen des Methans in der bodennahen Luft begannen Anfang der 80er Jahre des letzten Jahrhunderts. Wie sich diese Konzentration seither entwickelt hat, ist in Abb. 5 gezeigt. Hieraus ist zu erkennen, dass die Konzentration seither weiter angestiegen ist und heute einen Wert von 1,78 ppm erreicht hat. Allerdings ist dieser Anstieg – im Gegensatz zu dem des CO_2 – nicht gleichförmig gewesen, sondern zeigt eine relativ starke Variabilität. Insbesondere in den 90er Jahren hat sich der Anstieg deutlich verlangsamt und zeigt sogar Jahre, in denen die Konzentrationen niedriger waren als im Vorjahr. Der Grund für diese Verlangsamung ist derzeit nicht völlig geklärt. Es könnte sich einerseits um eine Abnahme der Quellstärke und andererseits um eine Zunahme der Senkenstärke in Form des Abbaus durch OH-Radikale handeln (IPCC, 2007 [1]).

Betrachtet man eine deutlich längere Zeitskala, so hat sich die Methankonzentration allerdings deutlich erhöht. Aus Analysen von eingeschlossenen Luftblasen in Eiskernen weiß man, dass das Methan seit 1800 um mehr als einen Faktor 2 angestiegen ist. Da die Gesamtemission des Methans im Wesentlichen anthropogen bedingt ist und sich die Weltbevölkerung im gleichen Zeitraum vervierfacht hat, ist dieser Anstieg vornehmlich auf den Menschen zurückzuführen.

Das Methan ist bei Normalbedingungen ein farbloses, geruchloses, aber brennbares Gas. Unter geeigneten physikalischen Bedingungen (tiefe Temperaturen und/oder hoher Druck) kann es aber auch als Festkörper in Form einer gesonderten sog. Hydratphase gemeinsam mit dem Wasser existieren. Große Mengen solcher Vorkommen werden am Meeresboden an den Schelfabhängen und im arktischen Permafrost nachgewiesen. Sie werden einerseits heute neben dem Erdgas als potentielle zukünftige Energiequelle angesehen; andererseits könnten solche Lagerstätten im Zusammenhang mit einer fortschreitenden Erwärmung instabil werden und das Gas in die Atmosphäre entweichen. Da die als Hydrat gespeicherten Mengen die derzeitigen freien atmosphärischen Mengen um ein Vielfaches überschreiten, könnten schon relativ kleine Instabilitäten zu massiven Veränderungen des Methankreislaufs führen und pulsartig das Klima weiter anheizen.

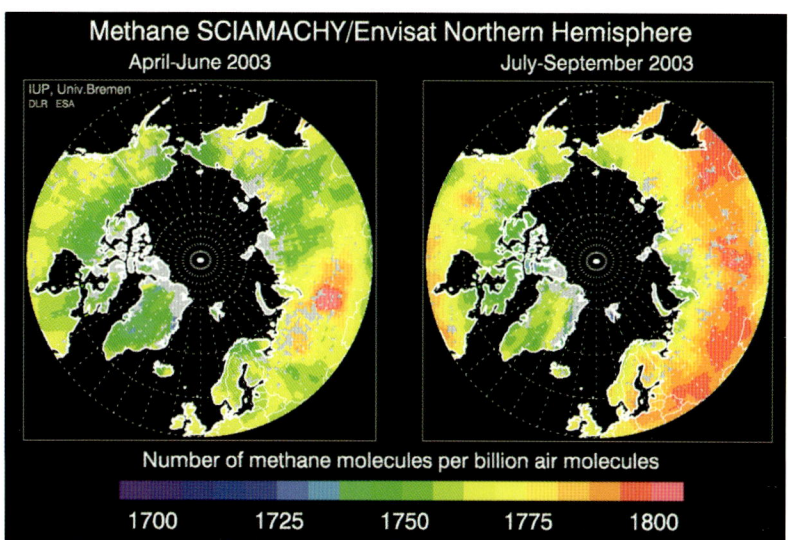

Abb. 3 *Methanverteilung über den Kontinenten der Nordhemisphäre zu zwei verschiedenen Jahreszeiten (April–Juni (links) und Juli–September (rechts)). Die Konzentration ist angegeben als Mischungsverhältnis in ppb = 10^{-9}.*

Eine höchst interessante Möglichkeit der Unterscheidung von biogenem und fossilem Methan bietet die Kohlenstoffisotopie. Kohlenstoff kommt mit den Isotopen ^{12}C (98,89 %), ^{13}C (1,11 %) und ^{14}C (10^{-10} %) vor. Von diesen sind die Isotope ^{12}C und ^{13}C stabil, während das Isotop ^{14}C radioaktiv ist und mit einer Lebensdauer von 5 730 Jahren zerfällt. Altes, d. h. fossiles, Methan enthält deshalb praktisch kein ^{14}C. Biogen gebildetes Methan dagegen ist relativ reich an ^{14}C, da es in biochemischen Mechanismen aus atmosphärischem CO_2 gebildet wird. In atmosphärischem

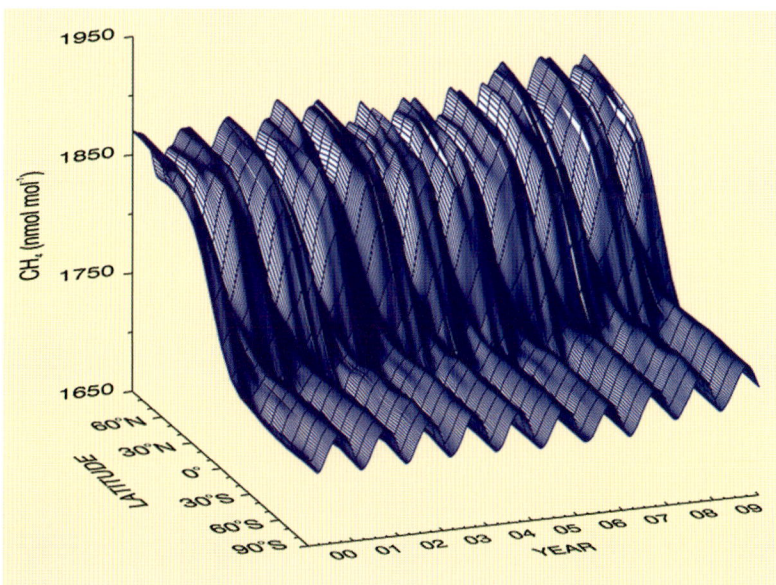

Abb. 4 *Saisonale Variation des Mischungsverhältnisses (in ppb) des atmosphärischen Methans in den Reinluftgebieten der Nord- und Südhemisphäre im Zeitraum 1999–2009.*

ERDGAS UND METHAN

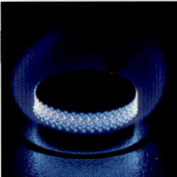

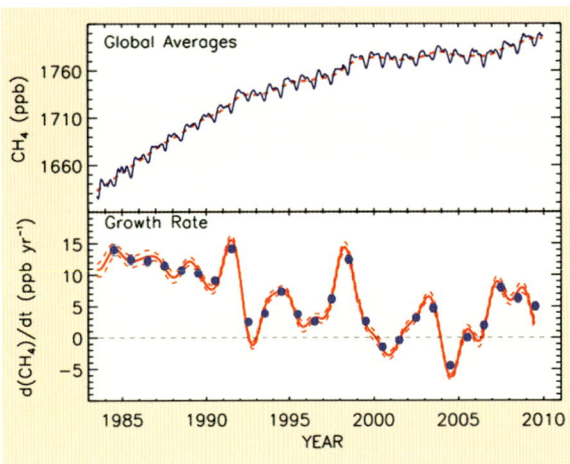

Abb. 5 *Entwicklung der global gemittelten Methankonzentration in ppb seit 1983 (oben) und der global gemittelten Zuwachsrate (unten).*

CO_2 wird der ^{14}C-Anteil ständig durch Kernreaktionen von Stickstoffatomen mit thermischen Neutronen unter Beteiligung von kosmischer Strahlung aufrechterhalten. Allerdings erfordert diese Art der Untersuchung wegen der geringen Konzentrationen eine spezielle und äußerst leistungsfähige Methode der Massenspektrometrie, die sog. Beschleuniger-Massenspektrometrie. Darüber hinaus ist auch die Aussagekraft solcher Untersuchungen etwas eingeschränkt, da $^{14}CH_4$ auch aus Kernkraftwerken emittiert wird (Levin [4]). Im selben Kontext muss angemerkt werden, dass biogenes und fossiles Methan auch anhand von ^{13}C-Messungen unterschieden werden können, da biogene Prozesse aufgrund der Isotopenfraktionierung in den Stoffwechselmechanismen den ^{13}C-Anteil im Methan abreichern und deshalb dessen Anteil gegenüber dem fossilen Methan verringern.

Bedeutung im Klimasystem
Oxidation des Methans

Obwohl die Erdatmosphäre grundsätzlich oxidierend ist, ist der molekulare Sauerstoff viel zu reaktionsträge, um als direktes Oxidationsmittel für Kohlenwasserstoffe wie das Methan in Frage zu kommen. Dagegen kann die C-H-Bindung des Methans relativ leicht in Reaktion mit freien Radikalen wie OH, Cl oder angeregten Sauerstoffatomen ($O(^1D)$) gespalten und damit das Molekül oxidiert werden. Die chemische Triebkraft für diese Vorgänge ist der Energiegewinn in der Reaktion

$$X + CH_4 \rightarrow CH_3 + HX + \text{Energie}$$

(wobei X = OH, Cl oder $O(^1D)$), da die H-X-Bindungsstärke die der H-CH_3-Bindung deutlich übersteigt. Unter den genannten Radikalen ist allerdings das OH-Radikal das weitaus bedeutendste und im gesamten Bereich der unteren Atmosphäre dominierend. In der Stratosphäre dagegen werden auch Chloratome und angeregte Sauerstoffatome wichtig.

Der gesamte Mechanismus der Oxidation des Methans in verschiedenen Regionen der Atmosphäre ist in Abb. 6 gezeigt. Wie daraus zu erkennen ist, wird das Methan in einer Kette unter der Beteiligung von O_2 und NO hauptsächlich zu Formaldehyd (CH_2O) oxidiert, das in der Folge in CO bzw. CO_2 übergeht. In Luftmassen mit sehr geringen NO-Konzentrationen wie in der Reinluft über den Ozeanen kann – zumindest intermediär – auch Methylhydroperoxid (CH_3COOH) entstehen. Eine wichtige Konsequenz dieses Oxidationsmechanismus ist der Erhalt der Oxidationskapazität, da in der Folge dieses Mechanismus HO_2-Radikale entstehen, die durch Reaktion mit NO wieder in OH-Radikale umgewandelt werden. Die eingangs benötigten OH-Radikale werden also in Summa nicht verbraucht.

Entsprechend der o. g. Reaktionsgleichung wird in der Reaktion von OH-Radikalen mit Methan als Produkt neben den CH_3-Radikalen auch H_2O gebildet. Dieser Prozess ist in der Troposphäre völlig unbedeutend, da der Wassergehalt hier durch die Verdampfung an der Oberfläche bestimmt wird. In der viel trockeneren Stratosphäre dagegen ist die OH + Methan-Reaktion eine bedeutende Quelle für den Wasserdampf. Es kann sogar gezeigt werden, dass die Zunahme des Wassergehaltes der Stratosphäre mit dem Anstieg der Methankonzentration korreliert.

Die Methanoxidation in der Stratosphäre durch Chloratome (Cl) ist u. a. für die katalytischen Reaktionen, die zum Ozonabbau führen, von Bedeutung. Diese Reaktionen werden im Wesentlichen durch Chloratome initiiert, die aus den FCKW durch photochemische Reaktionen freigesetzt werden. Eine hohe Chloratomkonzentration bedeutet eine hohe katalytische Effizienz und damit einen hohen Ozon-

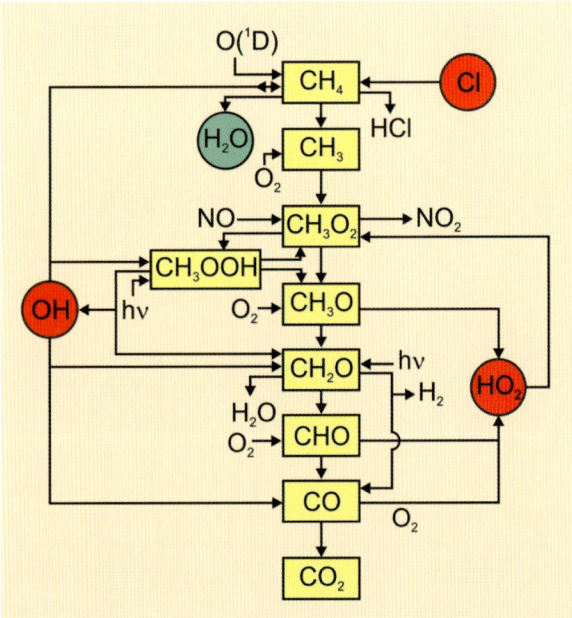

Abb. 6 *Schema der atmosphärischen Oxidation des Methans. Die möglichen Reaktanden der einleitenden Oxidation sind OH, Cl und $O(^1D)$. Von diesen sind in der unteren Atmosphäre aber nur die OH-Radikale von Bedeutung.*

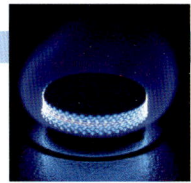

ERDGAS UND METHAN

verlust. Da in der Reaktion von Chloratomen mit Methan Chlorwasserstoff (HCl) entsteht, wird dem System der wichtige Ozon-Katalysator Cl entzogen und die ozonabbauende Wirkung abgeschwächt. Die Gegenwart des Methans wirkt also den FCKW entgegen.

In der unteren Troposphäre ist die Oxidation des Methans dagegen verknüpft mit der Bildung von Ozon durch die Photosmog-Mechanismen. Infolge der Reaktion von Methylperoxyradikalen (CH_3OO) mit NO wird letzteres zu NO_2 aufoxidiert. Solche Konversionsreaktionen von NO zu NO_2 durch Peroxyradikale (RO_2) sind dafür verantwortlich, dass sich das Verhältnis NO/NO_2 zugunsten des NO_2 verändert und unter Lichteinwirkung aufgrund der Photolyse von NO_2 Ozon entsteht. Wegen der relativ langsamen Oxidation des Methans kann aber diese Quelle insgesamt nicht mit anderen Quellen wie die Oxidation von Olefinen, Aromaten oder Terpenen konkurrieren.

Die Bedeutung des Methans im Klimasystem

Das Methan gehört zu den klimawirksamsten Spurengasen der Erdatmosphäre. Dies liegt zum einen an der Lage und Stärke seiner Infrarotabsorption, die sich bei 3,31, 3,42, 6,51 und 7,65 µm und damit am Rande des sog. atmosphärischen Fensters (zwischen 7 und 15 µm) befinden. In diesem Wellenlängenbereich ist die Wärmestrahlungsemission der Erde praktisch nicht durch den Wasserdampf und durch CO_2 blockiert und kann ungestört in den Weltraum entweichen. Moleküle wie das CH_4, die in diesem Wellenlängenbereich absorbieren, reduzieren deshalb die Wärmeabstrahlung und erhöhen die bodennahe Temperatur. Zum anderen hat das Methan eine ausreichend hohe atmosphärische Konzentration. An dem natürlichen Treibhauseffekt, d. h. der Differenz zwischen der Temperatur im Strahlungsgleichgewicht (254 K) und der mittleren tatsächlichen Globaltemperatur (288 K) von 34 K, ist das Methan mit etwa 1 K beteiligt. Nach IPCC (2007 [1]) beträgt sein Anteil am anthropogenen Strahlungsantrieb seit Beginn der Industrialisierung 0,48 W/m² und damit ca. 30 % des gesamten anthropogenen Antriebs. Mit einem gemittelten anthropogenen Treibhauseffekt von etwa 0,7 K pro 100 Jahre errechnet sich daraus eine dem Methan zuzuordnende Erwärmung von gut 0,2 K seit Beginn der Industrialisierung.

Im Hinblick auf die Begrenzung von Treibhausgasemissionen durch nationale Gesetze oder internationale Übereinkommen hat es sich als günstig erwiesen, Kennzahlen für die jeweiligen Treibhausgase zu entwickeln. Im Falle des Treibhauseffektes ist diese Kennzahl der sog. GWP-Wert (*Greenhouse Warming Potential*) mit CO_2 als Referenzstandard. Dieser ist definiert als das zeitliche Integral über den Strahlungsantrieb einer Verbindung (ΔF_i) für eine instantane Emission von 1 kg bezogen auf die entsprechende Wirkung von 1 kg emittiertem CO_2.

$$GWP_i = \int \Delta F_i\, n(t)\, dt \,/\, \int \Delta F_{CO2}\, n_{CO2}(t)\, dt$$

Wegen der Integration über die Zeit und der unterschiedlichen Lebensdauern von Klimagasen relativ zu CO_2 sind GWP-Werte vom betrachteten Zeithorizont abhängig. Das Methan mit einer Lebensdauer von 8,6 Jahren hat einen GWP-Wert von 60 auf der Zeitskala von 20 Jahren. Das heißt, es ist 60 Mal so klimawirksam wie das CO_2. Auf einer längeren Zeitskala betrachtet wird dieser Wert allerdings kleiner und fällt auf 24 auf der Skala von 100 Jahren.

Eine interessante weitere Interpretation von GWP-Werten ergibt sich durch die sog. Klimafrachten (KF_i). Diese sind ein Maß für die aktuellen Beiträge verschiedener Länder bzw. der gesamten Welt zum Treibhauseffekt aufgeteilt nach einzelnen Klimagasen. Formal kann man die Klimafracht als das Produkt aus GWP-Wert (hier auf der Zeitskala von 20 Jahren) und emittierter Menge ($E_{M,i}$) in kg pro Jahr definieren:

$$KF_{i,20} = GWP_{i,20} \times E_{M,i}.$$

In Tabelle 2 sind die Klimafrachten von CH_4 und CO_2 global und für die Bundesrepublik Deutschland zusammengestellt. Wie hieraus zu erkennen ist, ist die Klimafracht des Methans global gesehen sogar größer als die des Kohlendioxids. Hierbei ist natürlich zu berücksichtigen, dass die natürlichen Quellen des Methans eingeschlossen sind und dass deshalb nicht automatisch geschlossen werden darf, dass der Handlungsbedarf bezüglich einer Emissionsminderung beim CH_4 größer ist als beim CO_2.

Für die Bundesrepublik Deutschland dagegen ist dies schon etwas anderes. In diesem Fall ist die Klimafracht des CH_4 nur etwa 15 % der des CO_2. Wenn man allerdings hinzunimmt, dass in diesem Fall die Methanemissionen nahezu ausschließlich anthropogenen Ursprungs (tierische Ausscheidungen, Wiederkäuer, Abfalldeponien, Porengrundwasserleiter) sind, ist Handlungsbedarf auch hier gegeben. Die Methanemission in Deutschland kann deshalb aus Gründen des Klimaschutzes nicht ausgenommen werden.

TAB. 2 | **KLIMAFRACHTEN VON METHAN UND KOHLENDIOXID IM GLOBALEN BEREICH UND FÜR DIE BUNDESREPUBLIK DEUTSCHLAND (2008)**

		Global		Deutschland	
i	$GWP_{m,i}^{20}$	$E_{m,i}$/Mt Jahr^{-1}	KF_i	$E_{m,i}$/Mt Jahr^{-1}	KF_i
CO_2	1	29×10^3	29×10^3	862	862
CH_4	60	596	36×10^3	2,2	132

ERDGAS UND METHAN

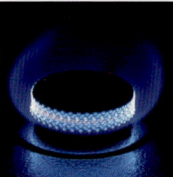

Die biochemische Bildung des Methans

Die Emissionen des Methans aus biogenen Quellen machen etwa 70 % der gesamten Quellstärke aus. Diese Quellen verteilen sich auf die natürlichen Feuchtgebiete, den Reisanbau, Deponien und Wälder sowie die Ozeane und die Termiten. Obwohl deshalb recht unterschiedliche biologische Umgebungen zur Methanbildung beitragen und die Bildungsmechanismen insgesamt recht komplex sind, scheinen sie in jedem Fall mit der primären Fermentation von organischen Makromolekülen zur Essigsäure (CH_3COOH), anderen organischen Säuren, Alkoholen, CO_2 und Wasserstoff (H_2) zu beginnen (Acidogenese). Diese wird gefolgt von einer sekundären Fermentation von Alkoholen und organischen Säuren zu Acetat, CO_2 und H_2 (Acetogenese). Essigsäure, CO_2 und H_2 werden schließlich durch methanogene Archaeen, die sog. Methanogene, in Methan umgewandelt (Methanogenese) (Conrad, 2009 [5]). Eine schematische Zusammenfassung dieses Bildungsmechanismus ist in Abb. 7 gezeigt.

Unter den mikrobiellen Metabolismen kommt der Methanogese eine besondere Bedeutung zu. Sie wird erzeugt durch den Stoffwechsel von Archaeen oder Archae-Bakterien, die neben den Bakterien und den Eukaryoten eine separate Domäne unter den zellulären Lebewesen darstellen und in denen möglicherweise Merkmale des früheren Lebens auf der Erde erhalten geblieben sind. Viele von ihnen sind autotroph, d. h. sie gewinnen den Kohlenstoff zum Aufbau ihrer Körperbestandteile ausschließlich durch Assimilation von CO_2 und nicht durch den Kohlenstoff aus organischen Verbindungen. Methanogene Archaeen werden deshalb auch bei der Boden- und Gewässersanierung sowie zur Methangewinnung in Biogasanlagen verwendet.

Methanogene Archaeen und CH_4-Bildung werden typischerweise an solchen Stellen angetroffen, wo organisches Material in Abwesenheit von Sauerstoff (anaerob) oder an-

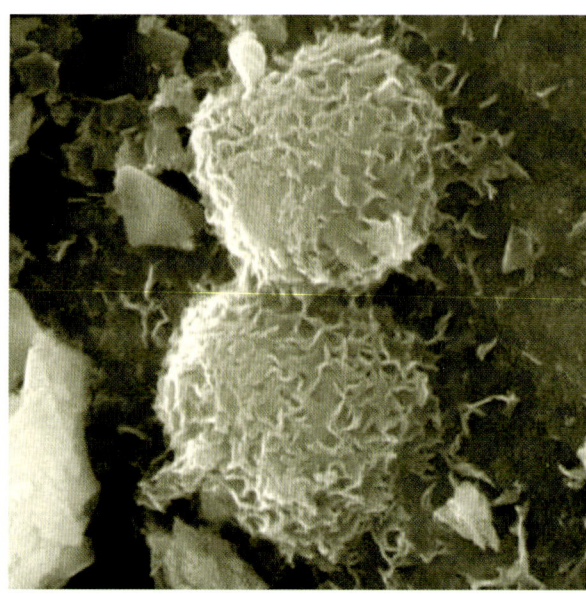

Abb. 8 *Methanogene Archaeen*

deren Oxidantien wie Nitrat, Sulfat oder Fe(III)-Ionen zersetzt wird. So werden in Reisfeldern etwa 60 % des emittierten Methans durch die Zersetzung von totem Wurzelmaterial im Bereich der Rhizosphäre, dem von der Wurzel beeinflussten Bereich des Bodens, gebildet (Conrad, 2009 [5]). Während die mikrobielle Methanproduktion in der Rhizosphäre von aquatischen Pflanzen ein durchaus verbreiteter und allgemein akzeptierter Prozess ist, ist die Methanproduktion in anderen Teilen der Pflanze, wie in den Blättern, recht unerwartet. Keppler et al. (2006 [6]) beobachteten erstmals eine solche Methanbildung durch Inkubation pflanzlicher Mikrokosmen, wobei die Bildung des CH_4 auf aerobe chemische Reaktionen in den Blättern unter Beteiligung des Pektins zurückgeführt wird. Die Extrapolation einer solchen Quelle auf die globale Skala führte auf eine Gesamtproduktion in der Größenordnung von 6 % der gesamten Quellstärke, also durchaus signifikant.

Das Methan kann allerdings in den anaeroben Umweltkompartimenten auch wieder oxidiert werden. Die Existenz einer solchen Oxidation wird schon seit langem vermutet, um die Konzentrationsgradienten und isotopen Signaturen in marinen Sedimenten zu erklären. Viele der in Tabelle 1 genannten biogen induzierten Methanflüsse sind die Nettoflüsse zwischen der Atmosphäre und der Erdoberfläche. Die tatsächlichen biogenen Bildungsstärken dagegen können noch deutlich größer sein. Im Falle der Reisfelder z. B. werden etwa 20 % des gebildeten Methans durch aerobe, methanotrophe Bakterien wieder verbraucht, die in der Rhizosphäre leben. Der Nettofluss in die Atmosphäre ist somit verringert (Frenzel, 2000 [7]).

Die Böden sind eine Senke für atmosphärisches Methan. Mit einem atmosphärischen Mischungsverhältnis von 1,78 ppm bzw. einer Konzentration in Wasser von 2 nM ist der lokale Methangehalt in solchen Kompartimenten sehr klein, um den Energiebedarf methanotropher Bakterien zu

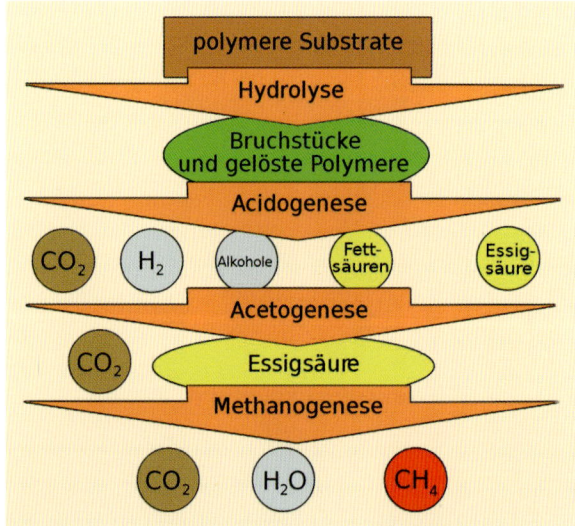

Abb. 7 *Schematische Darstellung der Methanbildung in mikrobiellen Mechanismen unter der Beteiligung von Archae-Bakterien*

ERDGAS UND METHAN

decken. Dies wird allerdings dadurch kompensiert, dass die Enzyme dieser Bakterien über eine extrem hohe Affinität gegenüber dem Substrat CH_4 verfügen (Conrad, 2009 [5]).

Die Methanogese schließt komplexe Mechanismen biochemischer Reaktionen unter Beteiligung von Kohlenstoffatomen ein. Die Kinetik solcher Reaktionen ist u. a. von der Masse der beteiligten Atome abhängig, sodass für chemisch gleiche Atome eine Isotopenfraktionierung auftreten kann. Dies gilt sowohl für die leichten Atome H und D als auch für die deutlich schwereren Atome ^{12}C und ^{13}C. Das Ausmaß der Isotopenfraktionierung ($\delta^{13}C$ bzw. δD) bezogen auf die natürlichen Vorkommen ($^{13}C/^{12}C = 1{,}11\,\%$) ist in jeder biochemischen Reaktion unterschiedlich. Ebenso wie z. B. in der Photosynthese von C_3-Pflanzen wie dem Weizen das leichte Isotop des CO_2 bevorzugt eingebaut wird, wird auch in der Methanogese eine Isotopenfraktionierung eintreten und zu unterschiedlichen Isotopensignaturen bezüglich $^{13}CH_4$ ($\delta^{13}C/^o/_{oo}$) und $^{12}CH_3D$ ($\delta D/^o/_{oo}$) führen. Messungen dieser Isotopomere erlauben deshalb eine Identifikation bestimmter Quelltypen bzw. Senkentypen. Charakteristische Werte für $\delta^{13}C$ sind in Tabelle 1 zusammengestellt. Langzeitmessungen machen darüber hinaus eine Aussage darüber, wie sich unterschiedliche Quellen und Senken im Laufe der Zeit verändert haben.

Literatur

[1] IPCC (2007), Climate Change 2007: The Physical Science Basis. Contribution of Working Group I to the Fourth Assessment Report of the Intergovernmental Panel on Climate Change. Solomon, S., Qin, D., Manning, M., Chen, Z., Marquis, M., Averyt, K.B., Tignor, M., Miller, H.L. (eds.), Cambridge University Press, Cambridge, UK and New York, NY, USA.
[2] Chen, Y.H., Prinn, R.G. (2006) *J. Geophys. Res.* 111, D10307, doi:10.1029/2005JD006058.
[3] Hein R., Crutzen, P.J., Heimann, M. (1997) *Global Biogeochem Cycles* 11, 43–76.
[4] Levin, I. (2010), Institut für Umweltphysik, Universität Heidelberg, private Mitteilung.
[5] Conrad, R. (2009), *Environ Microbiol Reports* 1, 285–292.
[6] Keppler, F., Hamilton, J.T.G., Brass, M., Röckmann, T. (2006) *Nature* 439, 187–191.
[7] Frenzel, P. (2000) *Adv. Microb. Ecol.* 16, 85–114.

ERDGAS UND METHAN

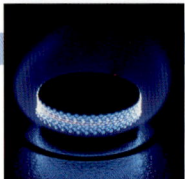

Erdgas und unsere Energieversorgung

HILMAR REMPEL

Einführung

Das Erdgas ist heute ein wichtiger Primärenergieträger. Mit einem Anteil von etwa 24 % am Welt-Primärenergieverbrauch rangiert es hinter Erdöl und Kohle. Dabei weist das Erdgas in den letzten Jahren hohe Steigerungsraten auf; ein Trend, der sich auch in Zukunft fortsetzen dürfte. Erdgas wird überwiegend als Brennstoff für Haushalte, Gewerbebetriebe, Kraftwerke und Industrie verwendet. Neben dem Einsatz zu Heizzwecken dient Erdgas im Haushaltsbereich auch zur Warmwasserbereitung und zum Kochen. In geringerem Umfang wird Erdgas als Rohstoff in der chemischen Industrie eingesetzt. Zunehmend wird Erdgas auch für den Verkehrssektor interessant.

Erdgas ist ein in der Erdkruste vorkommendes Gasgemisch. Neben Methan als Hauptkomponente können darin weitere Bestandteile wie Ethan und Propan sowie nichtbrennbare Gase wie Stickstoff, Kohlendioxid, Schwefelwasserstoff und Helium enthalten sein. Erdgas kommt in großem Umfang in natürlichen unterirdischen Lagerstätten vor. Aufgrund seiner physikalischen und chemischen Eigenschaften ist Erdgas im Vergleich zu anderen fossilen Energieträgern relativ umweltschonend und weist unter den fossilen Energieträgern die geringsten spezifischen Emissionen für das Treibhausgas CO_2 auf. Mit nur 0,2 kg pro kWh Brennstoffeinsatz stößt es etwa nur halb so viel CO_2 aus wie Braunkohle. Der größte Anteil an den globalen Methanemissionen stammt aus dem Reisanbau und der Rinderhaltung. Der Anteil aus der Erdöl- bzw. Erdgasförderung und ihrem Transport liegt deutlich unter 5 % (siehe Kap. 3.1).

Die Bedeutung von Erdgas als Energieträger wird zukünftig weiter zunehmen. Dabei ist sowohl die relative Umweltfreundlichkeit als auch die mögliche Rolle als Brückenenergie beim Übergang zu erneuerbaren Energien von Bedeutung. So kann Erdgas z.B. bei der Stromerzeugung gut in der Spitzenlast als Regelenergie zum Ausgleich der Schwankungen bei Wind- und Solarstrom eingesetzt werden.

Beim Erdgas hat sich eine Unterteilung in konventionelle und nicht-konventionelle Vorkommen etabliert. Man spricht von konventionellen Vorkommen, wenn eine Gewinnung mit den klassischen Explorations-, Förder- und Transporttechniken möglich ist. Man kann hierbei auch von frei strömendem Erdgas sprechen. Gemäß dieser Definition bedarf die Erschließung und Nutzung nicht-konventioneller Vorkommen eines höheren technologischen Aufwands. Nachfolgend werden das Potenzial an Erdgas, seine Förderung und sein Verbrauch sowie der Transport ausführlicher betrachtet mit Schwerpunkt auf dem konventionellem Erdgas und kurzem Exkurs zum nicht-konventionellen Erdgas. Diese Ausführungen basieren auf den Energiestudien der Bundesanstalt für Geowissenschaften und Rohstoffe (BGR) [1, 2] sowie anderen Publikationen zur Erdgasversorgung Europas [3–5] und zum nicht-konventionellen Erdgas [6, 7].

Das Potenzial an konventionellem Erdgas

Das weltweite Gesamtpotenzial an konventionellem Erdgas wird zu Ende 2008 auf etwa 516 Bill. m³ geschätzt. Das entspricht vom Energieinhalt her etwa 429 Mrd. toe (Tonnen Öläquivalent) und liegt damit um knapp 5 % über dem Gesamtpotenzial an konventionellem Erdöl. Das Gesamtpotenzial an Erdgas ist, ebenso wie das von Erdöl, regional sehr ungleichmäßig verteilt (siehe Abb. 9).

Über das bedeutendste Erdgaspotenzial verfügt die GUS, insbesondere Russland. Von großer Bedeutung ist auch der Nahe Osten. Obwohl Nordamerika ein bedeutendes Gesamtpotenzial aufweist, ist es hinsichtlich seines verbleibenden Potenzials von etwas geringerer Bedeutung, da speziell in den USA bereits etwa die Hälfte des gesamten Erdgases gefördert ist. Das Potenzial Europas ist mit knapp 5 % eher unbedeutend.

Die weltweiten Reserven an konventionellem Erdgas haben in den letzten Jahren trotz steigender Förderung weiter zugenommen und betrugen am Jahresende 2008 ca. 188 Bill. m³ (Abb. 10). Der Energieinhalt der weltweiten Erdgasreserven liegt damit knapp 7 % über dem der bekannten konventionellen Welt-Erdölreserven. Die Erdgasreserven sind, ebenso wie die Erdölreserven, sehr ungleich auf einzelne Länder und Regionen verteilt.

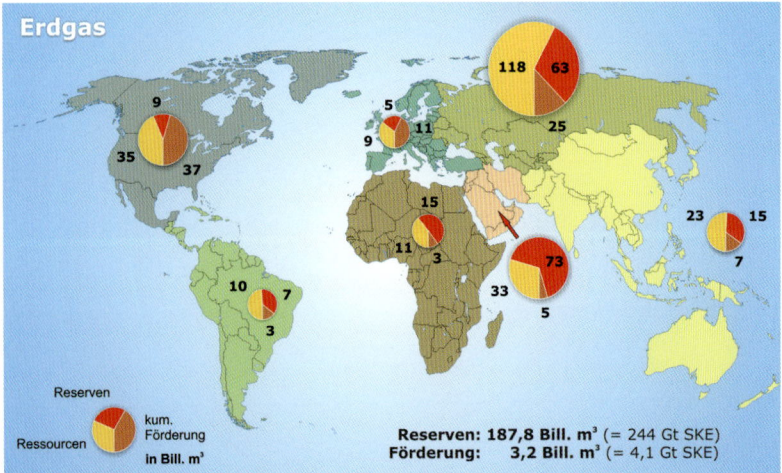

Abb. 9 *Globale Verteilung des Gesamtpotenzials (516 Bill. m³) an konventionellem Erdgas im Jahre 2008*

ERDGAS UND METHAN

DEFINITIONEN

Reserven sind die Mengen an Erdgas, die mit großer Genauigkeit erfasst wurden und mit den derzeitigen technischen Möglichkeiten wirtschaftlich gewonnen werden können.

Ressourcen sind die Mengen an Erdgas,
- *die geologisch nachgewiesen sind, aber derzeit nicht wirtschaftlich gewonnen werden können und,*
- *die nicht nachgewiesen sind, aber aus geologischen Gründen in dem betreffenden Gebiet erwartet werden können.*

Dabei werden wie bei den Reserven zahlenmäßig nur die zu erwartenden gewinnbaren Mengen berücksichtigt. Angaben „in-situ" oder „in-place" bezeichnet die Gesamtmenge an Erdgas, die im Speichergestein ursprünglich enthalten war, unabhängig davon, wie viel davon tatsächlich gewonnen werden kann.

Das Gesamtpotenzial (Estimated Ultimate Recovery, EUR) ist die gesamte gewinnbare Menge an Erdgas, also die Summe aus den bisher insgesamt geförderten Mengen, den Reserven und den Ressourcen.

Das verbleibende Potenzial ist die gesamte noch gewinnbare Menge, also die Summe aus den Reserven und Ressourcen.

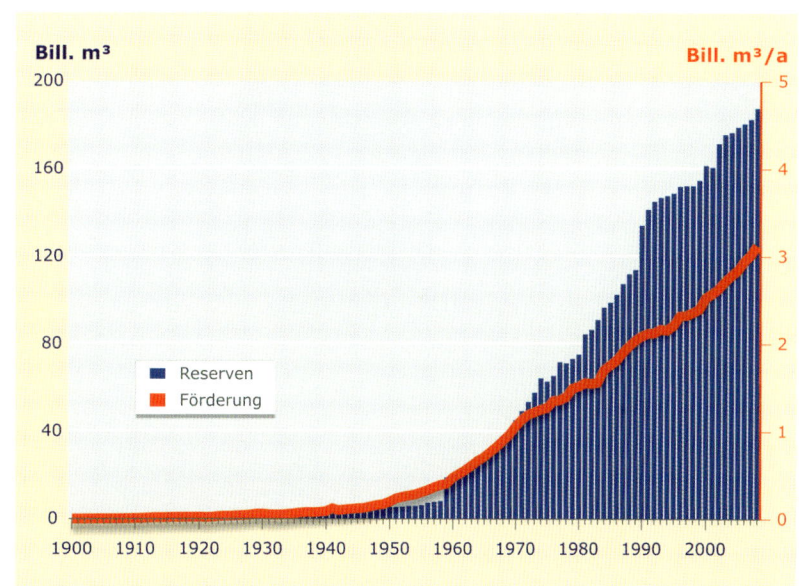

Abb. 10 Entwicklung der weltweiten Reserven und Förderung von Erdgas von 1900 bis 2008

Die Erdgasreserven sind ebenso wie die Erdölreserven sehr ungleich auf einzelne Länder und Regionen verteilt. Der Nahe Osten und die GUS verfügen über fast drei Viertel der Welt-Erdgasreserven (siehe Abbildung 11). Historisch zählte auch Nordamerika zu den großen Reservenregionen. Durch die seit etwa 100 Jahren auf hohem Niveau laufende Erdgasproduktion wurden hier aber bereits etwa vier Fünftel der ursprünglichen Reserven gefördert. Beim Vergleich der einzelnen Reservenländer fällt auf, dass die drei führenden Länder eine Sonderstellung einnehmen. Russland verfügt über gut 26 % der Welt-Erdgasreserven und hält zusammen mit Iran und Katar etwa 54 % der Weltreserven. Die acht Länder mit Reserven von über 5 Bill. m³ verfügen über mehr als zwei Drittel der Weltreserven. Unter den zehn Ländern mit den größten Reserven sind sieben OPEC-Länder. Mit etwa 65 Bill. m³ stellt der off-shore-Bereich gut ein Drittel der Welt-Erdgasreserven. Der Nahe Osten verfügt hier über die größten Reserven, wobei rund 38 Bill. m³ auf das weltgrößte Erdgasfeld South Pars/North Field (Iran/Katar) im Persischen Golf entfallen.

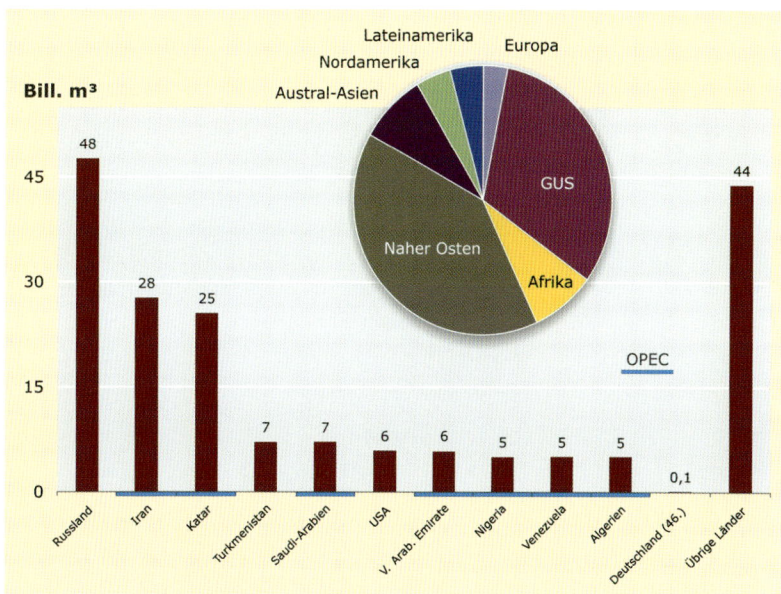

Abb. 11 Reserven von konventionellem Erdgas (insgesamt 183 Bill. m³) der zehn wichtigsten Länder und Deutschlands sowie Verteilung nach Regionen 2008

Förderung und Verbrauch von Erdgas

Die Welt-Erdgasförderung hat in den vergangenen Jahren stetig zugenommen und erreichte 2008 mit 3 174 Mrd. m³ seinen historisch höchsten Wert. Größte Förderregionen waren die GUS und Nordamerika mit jeweils gut einem Viertel, mit weitem Abstand gefolgt von Austral-Asien, dem Nahen Osten und Europa mit je einem Zehntel der Weltförderung (vgl. Abb. 12). Die kumulierte globale Erdgasförderung erreichte bis Ende 2008 gut 90 Bill. m³ oder etwa 32 % der bisher insgesamt entdeckten Reserven. Die Hälfte davon wurde allein innerhalb der letzten 17 Jahre gefördert. Rechnet man das bei der Produktion aus Erdölfeldern ohne Nutzwert abgefackelte Erdgas („Gas Flaring") hinzu, so wurde den Lagerstätten bisher mehr als ein Drittel der ursprünglichen Erdgasreserven entnommen.

In den kommenden Jahren sind bezogen auf einzelne Länder bedeutende Steigerungen insbesondere in Katar und – abhängig von der politischen Entwicklung – im Iran mit der Erschießung des weltgrößten Erdgasfeldes South Pars/North Field sowie in Turkmenistan zu erwarten. Bei den führenden zehn Ländern zeigen sich die dominierenden Stellungen Russlands und der USA. Die Erdgasförderung aus offshore-Feldern hat in den letzten Jahren stetig zu-

ERDGAS UND METHAN

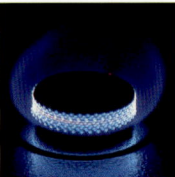

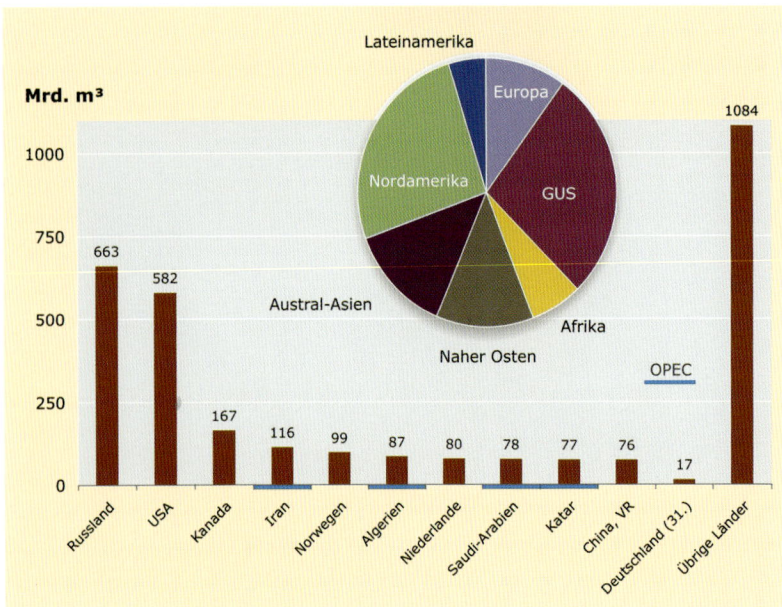

Abb. 12 *Förderung von Erdgas (insgesamt 3,2 Bill. m³) der zehn wichtigsten Länder und Deutschlands sowie Verteilung nach Regionen 2008*

genommen. Mit rund 905 Mrd. m³ kamen im Jahr 2008 knapp 30 % des weltweit geförderten Erdgases aus offshore-Feldern.

Der Welt-Erdgasverbrauch lag im Jahr 2008 bei gut 3,1 Bill. m³. Größte Erdgasverbraucher waren die USA, gefolgt von Russland, Iran, Kanada, Deutschland, Großbritannien und Japan (vergl. Abb. 13).

Weltweit bestehen vier großregionale Erdgasmärkte, in denen sich Produzenten und Abnehmer durch langfristige Lieferverträge aneinander gebunden haben:

Abb. 13 *Erdgaspipeline*

- der Europäische Markt mit den Hauptexporteuren Russland, Nordafrika, Norwegen und den Niederlanden
- der Nordamerikanische Markt (NAFTA-Staaten)
- der Asiatische Markt, der durch große Entfernungen der Hauptverbraucher (Japan, Südkorea, Taiwan) zu den Lieferländern (Indonesien, Malaysia, Brunei, arabische Golfstaaten u. a.) gekennzeichnet ist und durch den Handel mit verflüssigtem Erdgas (LNG) dominiert wird.

Der Europäische Markt – als derzeit größter regionaler Markt – hat dank Russland und Nordafrika Zugang zu gut 48 % des weltweiten verbleibenden Potenzials. Rechnet man den Nahen Osten als potenzielles Liefergebiet hinzu, ergibt sich sogar ein Zugang zu ca. 73 % des weltweit verbleibenden Potenzials an konventionellem Erdgas. Damit verfügt der Europäische Erdgasmarkt über eine komfortable Position im Vergleich zu anderen Märkten, insbesondere zu Nordamerika.

Die Erdgasversorgung Europas

Europa nahm mit 574 Mrd. m³ im Jahr 2008 beim Erdgasverbrauch einen führenden Platz hinter Nordamerika und der GUS ein. Allerdings kam mit 315 Mrd. m³ nur etwas mehr als die Hälfte des benötigten Erdgases aus der eigenen Förderung, wobei Norwegen mit ca. 100 Mrd. m³ den größten Beitrag lieferte. Deshalb ist Europa stark auf Importe aus

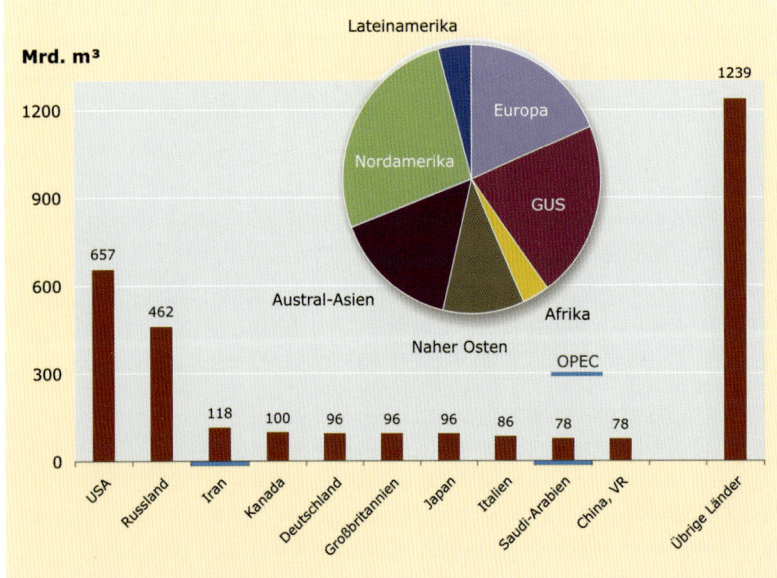

Abb. 14 *Verbrauch von Erdgas (insgesamt 3,1 Bill. m³) der zehn wichtigsten Länder und Deutschlands sowie Verteilung nach Regionen 2008*

ERDGAS UND METHAN

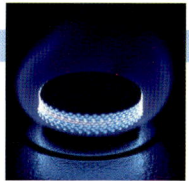

anderen Ländern angewiesen. Wichtigste Lieferanten im Jahr 2008 waren Russland, Algerien und Nigeria.

Die Entwicklung des Erdgasverbrauchs in Europa mit einer Projektion bis 2030 (Abb. 14) zeigt eine zunehmende Importabhängigkeit des europäischen Raumes. Nach den Projektionen der EU wird für die Region EU-30, die neben den Staaten der EU-27 noch Norwegen, die Schweiz und die Türkei einbezieht, weiterhin ein kontinuierlicher Anstieg des Verbrauchs erwartet. Bis 2020 soll der europäische Erdgasverbrauch auf ca. 720 Mrd. m^3 und bis 2030 auf bis zu 800 Mrd. m^3 ansteigen. Ob der infolge der weltweiten Wirtschaftskrise erfolgte Einbruch im Jahr 2009 beim Erdgasverbrauch von fast 9 % längerfristig zu einer Reduzierung des Bedarfs führen wird, bleibt zu bezweifeln. Bereits 2010 zeichnet sich wieder ein deutlicher Anstieg des Verbrauchs ab. Unsicherheiten bezüglich des zukünftigen Bedarfs an Erdgas resultieren aus der kontrovers diskutierten Rolle des Erdgases bei der Stromerzeugung als Hauptwachstumsmarkt sowie der zukünftigen eigenen Beiträge von nicht-konventionellem Erdgas.

Für den Transport des Erdgases verfügt der europäische Erdgasmarkt über ein sehr ausgedehntes Fernleitungsnetz, das die großen Förderregionen in West-Sibirien, im Wolga-Ural-Gebiet, in der Nordsee und in Nordafrika mit den Hauptverbraucherregionen in Westeuropa und dem Westteil der GUS verbindet. Das Erdgas-Fernleitungsnetz von West- und Zentraleuropa umfasst etwa 50 000 km, zu dem ein Verteilungsnetz von mehr als 1,5 Mio. km hinzu kommt.

Nicht-konventionelles Erdgas

Zum nicht-konventionellen Erdgas zählen u.a. Tight Gas (Erdgas aus dichten Sand- oder Kalksteinen), Shale Gas (Erdgas aus Tonsteinen) und Kohleflözgas (Coal-bed methan – CBM). Eine wirtschaftliche Gewinnung dieser Erdgase ist in der Regel erst nach künstlicher Stimulierung der Speichergesteine und Schaffung zusätzlicher Fließwege möglich. Außerdem gehören Aquifergase, d.h. in den Tiefenwässern gelöste Gase und Erdgas aus Gashydrat zu den nicht-konventionellen Erdgasen.

Schätzungen zu den gewinnbaren Mengen an nicht-konventionellem Erdgas sind im Vergleich zu den konventionellen Kohlenwasserstoffen noch mit erheblichen Unsicherheiten behaftet, was aus dem geringeren Untersuchungsgrad resultiert und an den teilweise unzureichenden Erfahrungen bezüglich ihrer Gewinnung und Aufbereitung liegt. Für Regionen wie Nordamerika und Australien, aber auch Südostasien wird hier ein bedeutendes Potenzial gesehen, das die Vorkommen an konventionellem Erdgas um ein Vielfaches übertrifft. Insbesondere in Ländern und Regionen in denen durch die Nutzung dieses neuen Erdgaspotenzials die heimische Versorgungssicherheit substanziell gesteigert werden kann, sind aktuell auch die stärksten Explorationsbemühungen zu sehen.

Nicht-konventionelles Erdgas ist in riesigen Mengen vorhanden und stellt ein bedeutendes Potenzial für die zukünftige Energieversorgung dar. Bezüglich der Größenord-

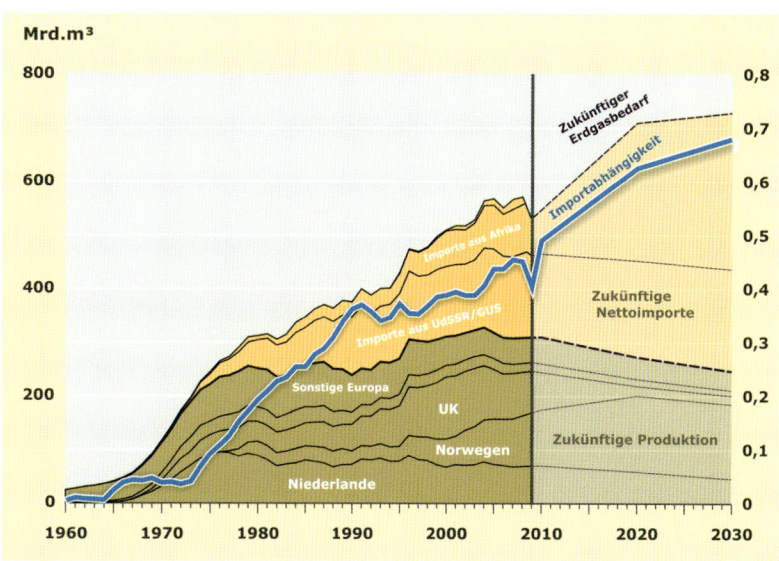

Abb. 15 *Entwicklung des Erdgasbedarfs Europas bis 2030 nach Bezugsquellen und Importabhängigkeit [5]*

nung liegt das nicht-konventionelle Potenzial deutlich über dem konventionellen. Höhere Gewinnungskosten und höhere Umweltbelastungen stellen jedoch ein Hindernis für die rasche Entwicklung ihrer Förderung dar und müssen entsprechend berücksichtigt beziehungsweise ausgeglichen werden. Der Anteil nicht-konventionellen Erdgases an der Gesamtförderung liegt gegenwärtig nur bei wenigen Prozent. Durch Fortschritte in der Förder- und Aufbereitungstechnik ist die Gewinnung nicht-konventionellen Erdgases in den letzten Jahren in den Bereich der Wirtschaftlichkeit gelangt. Allerdings kann es nur bei anhaltend hohen Energiepreisen zu ihrer verstärkten Nutzung kommen.

Fazit

Die Reserven- und Ressourcenlage für Erdgas ist günstiger als die für Erdöl. Erdgas kann daher voraussichtlich noch für Jahrzehnte in den erforderlichen Mengen zur Verfügung gestellt werden. Die Verteilung der Erdgasreserven auf die einzelnen Märkte ist sehr unterschiedlich. Der europäische Markt befindet auf Grund seiner Nähe zu erdgasreichen Regionen in Russland und den anderen GUS-Staaten sowie in Nordafrika und dem Nahen Osten in einer komfortablen Situation. Neben der Versorgung Europas über Pipelines wird zukünftig die Versorgung mit LNG zunehmen und in gewissem Maß zur Diversifizierung der Erdgasversorgung beitragen.

Mit dem steigenden Anteil von LNG am weltweiten Erdgashandel können sich verstärkt Spotmärkte herausbilden. Die im Vergleich zum Erdöl hohen spezifischen Transportkosten für Erdgas stellen jedoch einen begrenzenden Faktor dar.

Literatur

[1] BGR (Bundesanstalt für Geowissenschaften und Rohstoffe) (2009): Energierohstoffe 2009: Reserven, Ressourcen, Verfügbarkeit von Energierohstoffen. Hannover. 284 S.

[2] BGR (Bundesanstalt für Geowissenschaften und Rohstoffe) (2009): Kurzstudie 2009: Reserven, Ressourcen und Verfügbarkeit von Energierohstoffen. Hannover. 88. S.

[3] Bittkow, P., Rempel, H. (2008): Edelenergie Erdgas – Der Europäische Markt und die zukünftige Rolle Russlands (1). ERDÖL ERDGAS KOHLE 124 (11): 444–452.

[4] Bittkow, P., Rempel, H. (2009): Edelenergie Erdgas – Der Europäische Markt und die zukünftige Rolle Russlands (2). ERDÖL ERDGAS KOHLE 125 (1): 11–19.

[5] Rempel, H. (2010): Die Kaspische Region – Rettung für die Erdgasversorgung Europas? ERDÖL ERDGAS KOHLE 126 (5): 192–197

[6] Andruleit H., Rempel, H., Meßner, J., Babies, H.G, Schlömer, S., Schmidt, S., Cramer, B. (2010): Nicht-konventionelles Erdgas: Weltweite Ressourcen und Entwicklungen eines „Hoffnungsträgers" unter den fossilen Energierohstoffen. ERDÖL ERDGAS KOHLE 126 (7/8): 277–282

[7] Rempel, H. Andruleit, H., Cramer, B., Babies, H.G., Messner, J., Schlömer, S., Schmidt, S. (2010): Nicht-konventionelle Kohlenwasserstoffe– Energiequelle der Zukunft? Energiewirtschaftliche Tagesfragen (in Druck)

ERDGAS UND METHAN

Natürliche Gashydrate – Künftige Energieträger oder Option zur CO_2-Speicherung?

MATTHIAS HAECKEL UND ERWIN SUESS

In der Meeresforschung erlangten Gashydrate in der vergangenen Dekade eine herausragende Bedeutung. Zum einen weil immense Vorkommen von Erdgas gebunden in Hydrat in den Sedimenten der Kontinentalhänge existieren, zum anderen weil die Speicherung des Klimakillers CO_2 international vorrangig offshore geplant ist und hier die Einlagerung in marine Sedimente als festes Gashydrat interessante Alternativen bietet. Besonders attraktiv erscheint dabei die Kombination „Methanhydratabbau durch CO_2-Injektion". Darüberhinaus spielen die natürlichen Gashydrate eine heiß diskutierte, aber im Grunde bisher unbekannte Rolle im Klimawandel, da sie bei fortschreitender globaler Erwärmung destabilisieren, Methan freisetzen und so den Treibhauseffekt verstärken könnten. Dieser Beitrag gibt eine Übersicht über die aktuellen Bestrebungen in der marinen Gashydratforschung sowie mögliche Anwendungen zur Energiegewinnung und CO_2-Speicherung.

Historisches

Gashydrate sind der Chemie bereits seit 200 Jahren bekannt, als Sir Humphrey Davy 1811 entdeckte, dass Chlorgas in Kontakt mit Wasser unterhalb von 40° Fahrenheit (ca. 4,5 °C) einen gelben, kristallinen Feststoff bildet [1]. In den Jahrzehnten danach wurden zahlreiche weitere Moleküle, meist Gase und leicht flüchtige Flüssigkeiten, gefunden, die mit Wasser zu ähnlichen Verbindungen reagieren. Für die nächsten mehr als hundert Jahre erfuhren Gashydrate „keinerlei praktisches Interesse, abgesehen davon, dass sie in Amerika gelegentlich bei kaltem Wetter die Erdgasleitungen verstopfen", wie von Stackelberg 1949 [2] berichtet. Ursache war und ist auch heute noch feuchtes, in den Leitungen unter Druck stehendes Erdgas, dessen Hauptbestandteil Methan ist, und welches bei den niedrigen Temperaturen festes Methanhydrat bildet. Das Problem wird durch verbesserten Feuchtigkeitsentzug und Zusatz von Chemikalien, wie Methanol, verhindert. Heute werden zur sogenannten „flow assurance" dem Erdgas moderne Polymere in sehr geringen Konzentrationen beigemischt.

In den 70er Jahren des 20. Jahrhunderts wurden von russischen Wissenschaftlern natürliche Vorkommen von Methanhydraten auf der Erde postuliert und schließlich durch Funde im Boden des Schwarzen Meeres, des Golf von Mexiko, des Blake Ridge vor Florida und vor Mittelamerika belegt, vor allem durch das internationale Tiefseebohrprogramm ODP (Ocean Drilling Program). Die in dieser Zeit zunächst nur vereinzelt angelegten Untersuchungen zeigten, dass Methanhydrate weltweit unter dem Meeresboden und in den Böden der Permafrostgebiete vorkommen.

Heute stehen Fragen einer Nutzung von Methanhydrat als Energieträger sowie die Speicherung von Kohlendioxid durch Umwandlung von CH_4-Hydrat in CO_2-Hydrat im Vordergrund.

Was sind Gashydrate?

Gashydrate sind Käfig- oder Einschlussverbindungen, auch Clathrate [3] genannt (lat. clatratus = vergittert), bei denen Wassermoleküle verschieden große Käfige bilden, in die kleine Gasmoleküle (<0.9 nm [4]) eingeschlossen werden. Bekannt sind Clathrat-Hydrate z.B. von Cl_2, Br_2, SO_2, CO_2, H_2S, N_2, Methan, Ethan, Propan, Butan, Isobutan, aber auch von Edelgasen und chlorierten Kohlenwasserstoffen. Dabei zeigt das Verhältnis von Wasser zu Gasmolekülen eine gewisse Variabilität, charakteristisch für nicht-stöchiometrische, kristalline Verbindungen.

Aus dem marinen Bereich und dem Permafrost sind bisher drei kristallographische Strukturen bekannt (Abb. 16), zwei davon sind kubisch (Struktur I und II) und die dritte hexagonal (Struktur H). Gashydrat der Struktur I mit Methan als Gastmolekül kommt am häufigsten vor. Kleine Beimengungen von höheren Kohlenwasserstoffen, z.B. Propan, zum Methan dagegen führen zur Ausbildung der Struktur II. Die Gasmenge, die in 1 m^3 natürlichem Methanhydrat der Struktur I eingelagert wird, beträgt etwa 182 m^3 Methangas, bezogen auf Standardbedingungen (1 bar und 25 °C), 5,9 Wassermoleküle pro Gasmolekül (natürliche Variabilität: 5,8 – 6,1 [5]) und einer spezifischen Dichte von 0,9 g/cm^3 [6].

In Meeressedimenten und Permafrostböden findet sich Gashydrat sowohl fein verteilt im Porenraum als auch in cm-mächtigen Lagen entlang Schichtflächen oder als Verfüllung von Störungen (Abb. 16). Die Verfügbarkeit von Porenraum bestimmt in erster Linie die Ausbildung der Hydratvorkommen.

Entscheidend für die Bildung von natürlichem Gashydrat sind hoher Druck, niedrige Temperatur und eine ausreichende Verfügbarkeit von im Meerwasser gelöstem Gas. Die thermodynamische Stabilität wird zudem durch andere im Wasser gelöste Komponenten beeinflusst. Die Anwesenheit von H_2S, CO_2 sowie höheren Kohlenwasserstoffen, wie Ethan, Propan und Butan, verschiebt die Stabilitätsgrenze durch Bildung von Mischhydraten zu höheren Temperaturen und niedrigerem Druck. Stickstoff und im Wasser gelöste Salze, wie im Meer- und Porenwasser mariner Sedimente, verschieben hingegen die Stabilität zu niedrigeren Temperaturen und geringerem Druck (Abb. 17a). Der Druck- und Temperaturbereich, in dem Methanhydrate im

ERDGAS UND METHAN

Ozean und im Meeresboden existieren, bildet das „Stabilitätsfenster". Der Teil des Fensters unter dem Meeresboden ist die „Hydratstabilitätszone". Mit Ausnahme der polaren Gebiete, wo die Wassertemperaturen an der Meeresoberfläche um den Gefrierpunkt liegen, kommen Methanhydrate im Ozean nur tiefer als ca. 500 m vor. Unterhalb des Meeresbodens steigt die Temperatur wieder an (geothermischer Gradient), im globalen Mittel mit 30 °C/km, sodass Gashydrate nur bis zu einer bestimmten Sedimenttiefe vorkommen. Unter ähnlichen Bedingungen ist auch das reine Gashydrat des Kohlendioxids im Meeresboden stabil (Abb. 17b).

Weltweites Vorkommen

Die Bildung von Methan in marinen Sedimenten hängt von der Zusammensetzung und der Ablagerungsgeschwindigkeit des Sediments ab. Ein hoher Gehalt an organischem Kohlenstoff, meistens Reste von abgestorbenem Plankton, und eine schnelle Einbettung in tiefere Sedimentschichten sind dabei entscheidend. Ist die Einbettungsgeschwindigkeit zu gering, entsteht bei der mikrobiellen Zersetzung des organischen Materials kein Methan, da aus dem Bodenwasser ständig genügend Sauerstoff oder Sulfat in das Sediment gelangen. Erfolgt die Einbettung dagegen schneller als die Diffusion Sauerstoff und Sulfat nachzuliefern vermag, schaltet der mikrobielle Abbau auf Fermentation bzw. Karbonatreduktion um, zwei Reaktionen, bei denen Methan entsteht. Dieser Umstand in Verbindung mit hohen Sedimentationsraten in Landnähe erklärt, warum Gashydrate bevorzugt entlang der Kontinentalränder vorkommen (Abb. 18).

Die Bildung größerer Hydratmengen erfordert den kontinuierlichen Transport von Methan, das unterhalb des Stabilitätsfensters gebildet wird, in das Stabilitätsfeld. Gasmigration und Porenwasserbewegung durch Druck aus Sedimentauflast oder aufgrund kollidierender Erdplatten sind die wichtigsten Mechanismen. In weniger häufigen Fällen gelangt Methan aus Öl- oder Erdgaslagerstätten in die Stabilitätszone und wird als Methanhydrat festgelegt.

Methanhydrat als Energieträger

Bei der Mengenabschätzung von Hydraten muss zwischen der *in situ* Menge, der förderbaren Menge und der wirtschaftlich ausbeutbaren Menge unterschieden werden. Förderbar sind normalerweise Hydratvorkommen mit hoher Permeabilität, wie z.B. in sandigen Sedimenten, was die Fließbewegung des Methangases nach der Freisetzung erhöht. Bei der wirtschaftlichen Betrachtung müssen die Entfernungen zu existierender Infrastruktur, zu Abnehmern sowie der Energiepreis und andere Faktoren berücksichtigt werden. Ohne diese Unterscheidung entstehen falsche Vorstellungen über die Nutzung des Methanhydrats als Energieträger, denn die Abschätzungen liegen leicht um mehrere Größenordnungen auseinander.

Tabelle 1 zeigt beispielhaft abbaubare und förderwürdige Hydratvorkommen aus der nordamerikanischen Arktis und vor der zentraljapanischen Küste im Vergleich zu *in situ* Vorräten. Die Methanmengen sind zwar be-

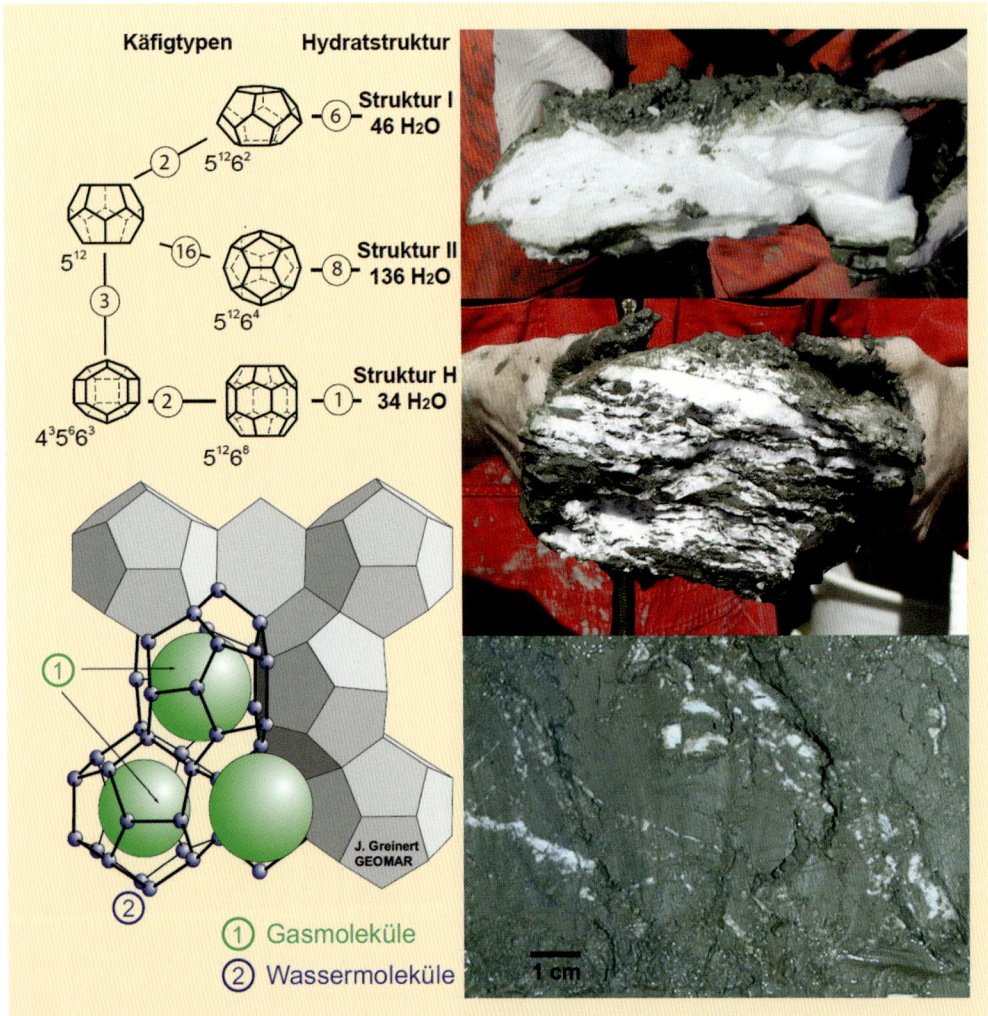

Abb. 16 *(links) Käfigtypen und Zusammensetzung der Hydratstrukturen I, II und H sowie Details zur Gashydratstruktur I: Die Einheitszelle besteht aus 6 großen ($5^{12}6^2$) und 2 kleinen (5^{12}) Wasserkäfigen mit Platz für jeweils ein Gasmolekül. Die kleinen Käfige sind aus zwölf 5-eckigen Flächen (Pentagondodekaeder) aufgebaut, die großen Käfige sind um zwei zusätzliche 6-eckige Flächen erweitert. Als ideale Summenformel ergibt sich so für Methanhydrat $CH_4 \cdot 5{,}75\ H_2O$. (rechts) In marinen Sedimenten findet man massive Gashydratstücke (oben) oder Hydratlagen eingebettet im Sediment (mittig), überwiegend kommt Gashydrat allerdings fein verteilt im Porenraum (unten) der Sedimente vor.*

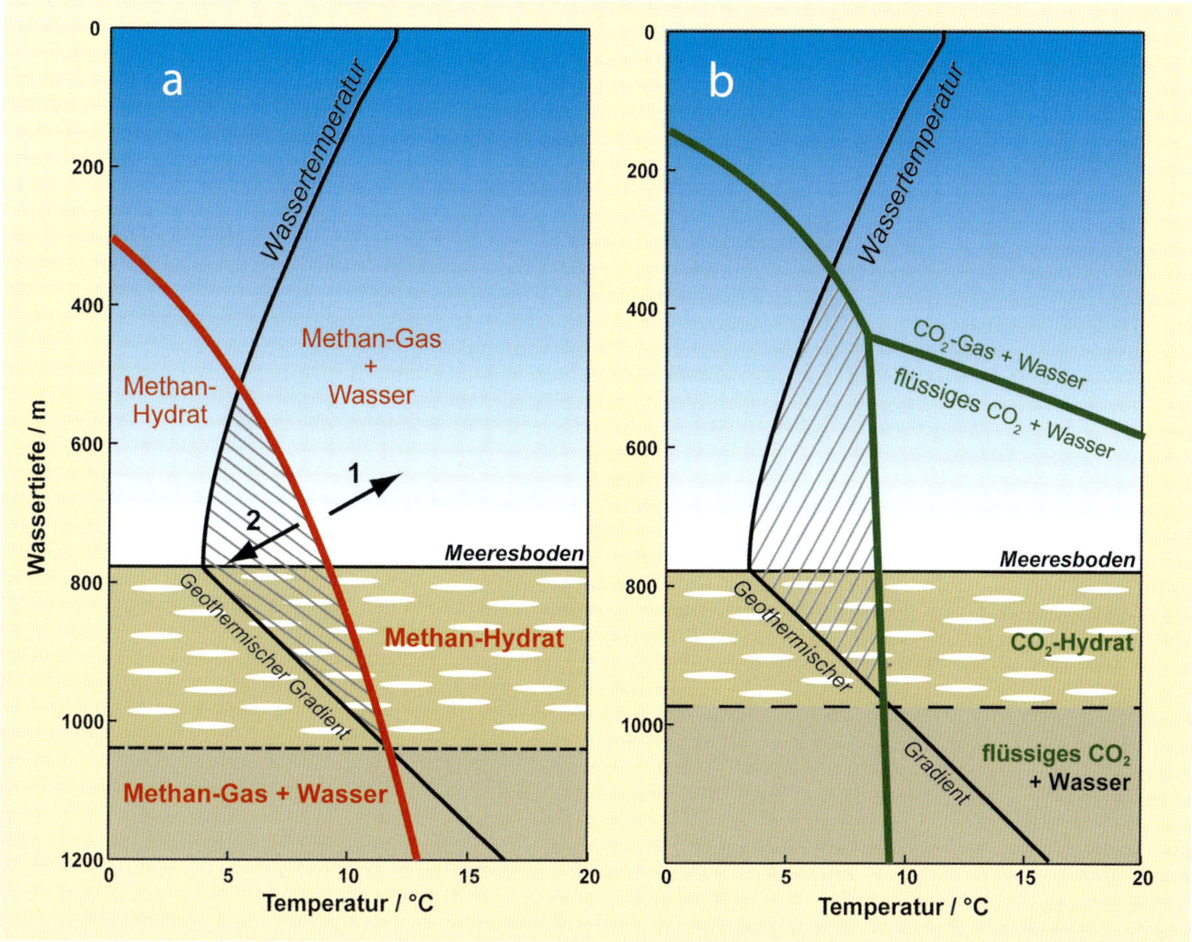

ERDGAS UND METHAN

Abb. 17 *Thermodynamische Stabilität von (a) Methanhydrat und (b) Kohlendioxidhydrat im marinen Druck- und Temperaturbereich (10 m Wassertiefe entsprechen 1 bar hydrostatischem Druck). Die schraffierten Flächen zeigen die jeweiligen Stabilitätsfenster an, die Teile unterhalb des Meeresbodens bilden die Gashydratzonen. Für CH$_4$-Hydrat (2a) wird das Stabilitätsfeld durch Spurengase zu niedrigeren Drücken und höheren Temperaturen verschoben (Pfeil 1), während gelöste Salze einen entgegengesetzten Effekt haben (Pfeil 2). Das Stabilitätsfeld von CO$_2$-Hydrat (2b) überlappt teilweise mit dem von CH$_4$-Hydrat. In diesem Bereich, bis ca. 950 m Tiefe unter dem Meeresboden, ist eine CH$_4$-CO$_2$-Hydratumwandlung möglich. Diese Reaktion kann für eine gekoppelte CH$_4$-Freisetzung und CO$_2$-Speicherung genutzt werden*

trächtlich, reihen sich aber ein in die Abschätzungen konventioneller Vorkommen (siehe Kapitel 3.2).

Trotz der Intensivierung der Gashydratforschung befindet sich die Entwicklung zur Methanförderung aus Gashydraten noch in einem frühen Stadium. Abwandlungen traditioneller Methoden der Öl- und Gasindustrie werden erwogen. Erwärmung, Druckentlastung oder Injektion von chemischen Zusätzen in den Lagerstätten sollen zur lokalen Destabilisierung der Hydrate bis zur Freisetzung von Methangas führen. Die Entzündbarkeit von natürlichem Methanhydrat ist in Abb. 19 eindrucksvoll dargestellt und motiviert so immer wieder Anstrengungen Hydrate als Energieträger zu gewinnen.

CH$_4$-CO$_2$-Hydratumwandlung

Eine vielversprechende, innovative Technologie zur Methangewinnung aus Gashydraten verwendet verflüssigtes CO$_2$ aus herkömmlichen Kohlekraftwerken, das über eine Bohrung in die Methanhydratlage injiziert wird. Hierbei reagiert das CO$_2$ spontan mit dem Methanhydrat und setzt das Erdgas frei:

CH$_4$-Hydrat + CO$_2$ (flüssig/überkritisch) → CO$_2$-Hydrat + CH$_4$-Gas

Bei dieser Umwandlungsreaktion wird Wärme freigesetzt, da CO$_2$-Hydrat stabiler als CH$_4$-Hydrat ist (Abb. 17b). Die CO$_2$-Zugabe stimuliert also die Freisetzung von Methangas aus Gashydraten und produziert Wärme für weitere Hydratzersetzung. In Laborversuchen wurde die Umwandlung schon erfolgreich durchgeführt, allerdings verläuft sie langsam. Eine schnellere und weitergehende Austauschreaktion ist durch eine Kombination von Wärmezufuhr und CO$_2$ zu erwarten.

Die Synergie von Erdgasproduktion und CO$_2$-Speicherung könnte durch diese Umwandlung einen wichtigen wirt-

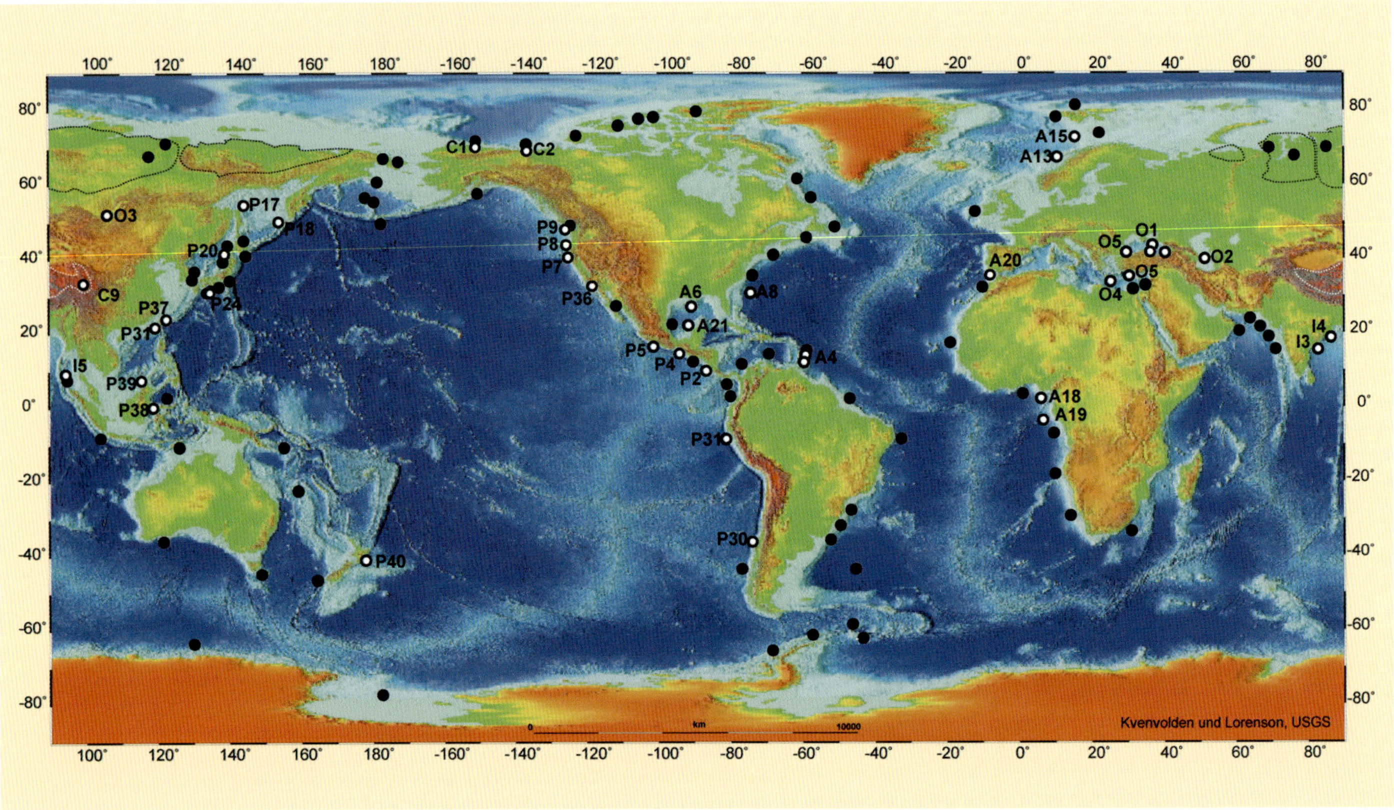

ERDGAS UND METHAN

Abb. 18 *Weltweite Gashydratvorkommen. Symbole: offen = aus Bohrungen und Beprobungen des Meeresbodens; geschlossen = aufgrund geophysikalischer Identifizierung; C = kontinentale Vorkommen (Permafrost), O = Randmeere, P = Pazifischer Ozean, A = Atlantischer Ozean.*

schaftlichen Anreiz setzen und somit den Beginn einer weltweiten Entwicklung von Technologien zur CO_2-Speicherung beschleunigen, insbesondere in Ländern mit rasant wachsenden Ökonomien, wie z.B. Indien und China. Natürliches CO_2-Hydrat wurde erstmals im südlichen Okinawa Trog von japanischen Wissenschaftlern gefunden (Abb. 20). Es bildet sich, wenn flüssiges CO_2 mit Meerwasser in Kontakt kommt. In diesem Falle ist das CO_2 submarin vulkanischen Ursprungs und tritt bei hydrostatischem Druck entsprechend der Wassertiefe von 1380m als fluide Phase aus.

TAB. 1 ABSCHÄTZUNGEN GLOBALER UND REGIONALER GASHYDRATMENGEN [8]

		CH_4-Kohlenstoff Gt C *	CH_4-Gasvolumen Mrd. m³ **	Tcf ***
Gashydratvorräte				
Weltweit	Maximum	10 000	20 400 000	721 000
	Minimum	1 000	2 040 000	72 100
	niedrige Permeabilität	1 390	2 830 000	100 000
	mittlere Permeabilität	139	283 000	10 000
	hohe Permeabilität	14	28 300	1 000
Arktis	gesamt	1,4	2 830	100
	förderbar	0,1	283	10
Japan	östlicher Nankai-Graben	0,6	1 132	40
	westlicher Nankai-Graben	3	5 660	200
	förderbar	0,3	566	20

Fette Zahlenangaben = Originaldaten
* 1 Gt C (Gigatonne Kohlenstoff) = $2,04 \times 10^{12}$ m³ Gas (Standardbedingungen)
** 1×10^9 m³ = 1 Mrd. m³ = 1 bcm (billion cubic meters)
*** 1 Tcf (Trillion cubic feet) = $28,3 \times 10^9$ m³
Lorenson, USGS, Menlo Park, California, http://walrus.wr.usgs.gov/globalhydrate)

ERDGAS UND METHAN

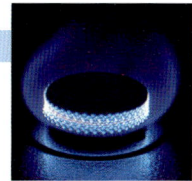

Abb. 19 *Brennendes Eis; angezündete Gashydratstücke an Bord eines Forschungsschiffes kurz nach ihrer Bergung vom Meeresboden. Bei diesem Druck und Temperatur zerfallen die Gashydrate zu Wasser und Gas. Das frei werdende Methan entweicht und verbrennt mit konstanter Flamme.*

Gefahrenpotentiale

Neben den Risiken bei einer industriellen Gewinnung von Methan aus Gashydraten existieren auch natürliche Gefahren, die vor allem von der anthropogen induzierten Klimaerwärmung herrühren. Sie betreffen eine Beschleunigung des globalen Treibhauseffektes und die Herabsetzung mechanischer Stabilitäten entlang von Kontinentalhängen.

Methan ist ein starkes Treibhausgas und ist so an der globalen Erwärmung beteiligt (siehe Kap. 3.1). Würde auch nur ein kleiner Teil des auf mehrere tausend Gt C geschätzten Hydratvorkommens als Methangas freigesetzt, könnte dies erhebliche Konsequenzen für die weitere Erderwärmung haben. Der Ozean wird diesen direkten Klimaeffekt zu einem gewissen Maß abschwächen, da sich ein Teil des Methans im Meerwasser lösen wird. Verschiebt sich allerdings das Zirkulationsmuster der Ozeane, wie gegenwärtig durch Modellansätze prognostiziert wird, so erhöhen sich regional die Temperaturen am Meeresboden, wodurch sich die Zersetzung von Methanhydrat verstärkt.

Gashydrate wirken im Porenraum von marinen Sedimenten wie Zement und erhöhen die Festigkeit des Meeresbodens, besonders an steilen Kontinentalhängen. Bei Gashydratbildung in noch unverfestigten Sedimenten verhindert dies eine normale Kompaktion. Werden durch Druckabnahme oder Temperaturzunahme die porenfüllenden Gashydrate zersetzt, so kommt es zu einer enormen Abnahme der Festigkeit. Submarine Rutschungen sind die Folge.

CO$_2$-Speicherung im Meeresboden

Carbon Capture and Storage (CCS) ist Teil des Portfolios zur Reduzierung der anthropogenen CO$_2$-Emissionen. Derzeit werden relativ geringe Mange CO$_2$ in salinen Aquiferen (Salzwasser führende Gesteinsschichten) und entleerten Öl- und Erdgaslagerstätten eingelagert (Abb. 21). Die CH$_4$-CO$_2$-Hydratumwandlung bietet eine vielversprechende Alternative.

Ab einer Wassertiefe von ungefähr 300 m erreicht der Umgebungsdruck Werte, die bei Temperaturen unterhalb von 5 °C die Bildung von CO$_2$-Hydraten zulassen (Abb. 17b). Unterhalb des Meeresbodens steigt die Temperatur langsam wieder an, entsprechend muss die Wassertiefe für eine CO$_2$-Hydratspeicherung so gewählt werden, dass auch in ausreichender Sedimenttiefe CO$_2$-Hydrat noch stabil ist. Hier läge das CO$_2$ dann als immobiler Feststoff vor und bliebe über lange Zeiträume sicher gebunden.

Zusätzlich erlaubt die Injektion von CO$_2$ in Methanhydratlagerstätten (s.o.) eine CO$_2$-neutrale Produktion von Methangas, weil die bei der Verbrennung des Methans freiwerdende CO$_2$-Menge bereits als Gashydrat festgelegt wurde. Die Kombination von CO$_2$-Speicherung und Energiegewinnung erscheint daher aus wirtschaftlichen Überlegungen vorteilhafter als andere Optionen. Experimentell wurde dieser Austausch in mehreren Laboren erfolgreich durchgeführt und patentierte Verfahren sollen 2011 zur Anwendung kommen.

Eine weitere sichere, aber teure, Möglichkeit der Speicherung von CO$_2$ ist in Wassertiefen von mehr als 3000 m gegeben. Hier besitzt flüssiges CO$_2$ eine höhere Dichte als das umgebende Porenwasser und kann daher im Sedimentverband zunächst absinken. Da die Temperatur mit der Sedimenttiefe wieder ansteigt, wird CO$_2$ in Sedimenttiefen um 200 m erneut spezifisch leichter. So entsteht eine Dichtefalle, in der flüssiges CO$_2$ gefangen bleibt, vermeintlich über lange Zeiträume [7].

Blick in die Zukunft

Die Erforschung von Gashydraten ist durch die Themen langfristige Energieversorgung sowie Eindämmung der negativen Konsequenzen des Klimawandels motiviert. Dabei

Abb. 20 *Natürliches CO$_2$-Hydrat vom Meeresboden des südlichen Okinawa Troges; weiße Krabben und braune Muscheln (Vordergund links) leben als typische Vertreter an Austrittstellen von Fluiden und Gasen. Swallow Chimney, Yonaguni Knoll in 1380 m Wassertiefe.*

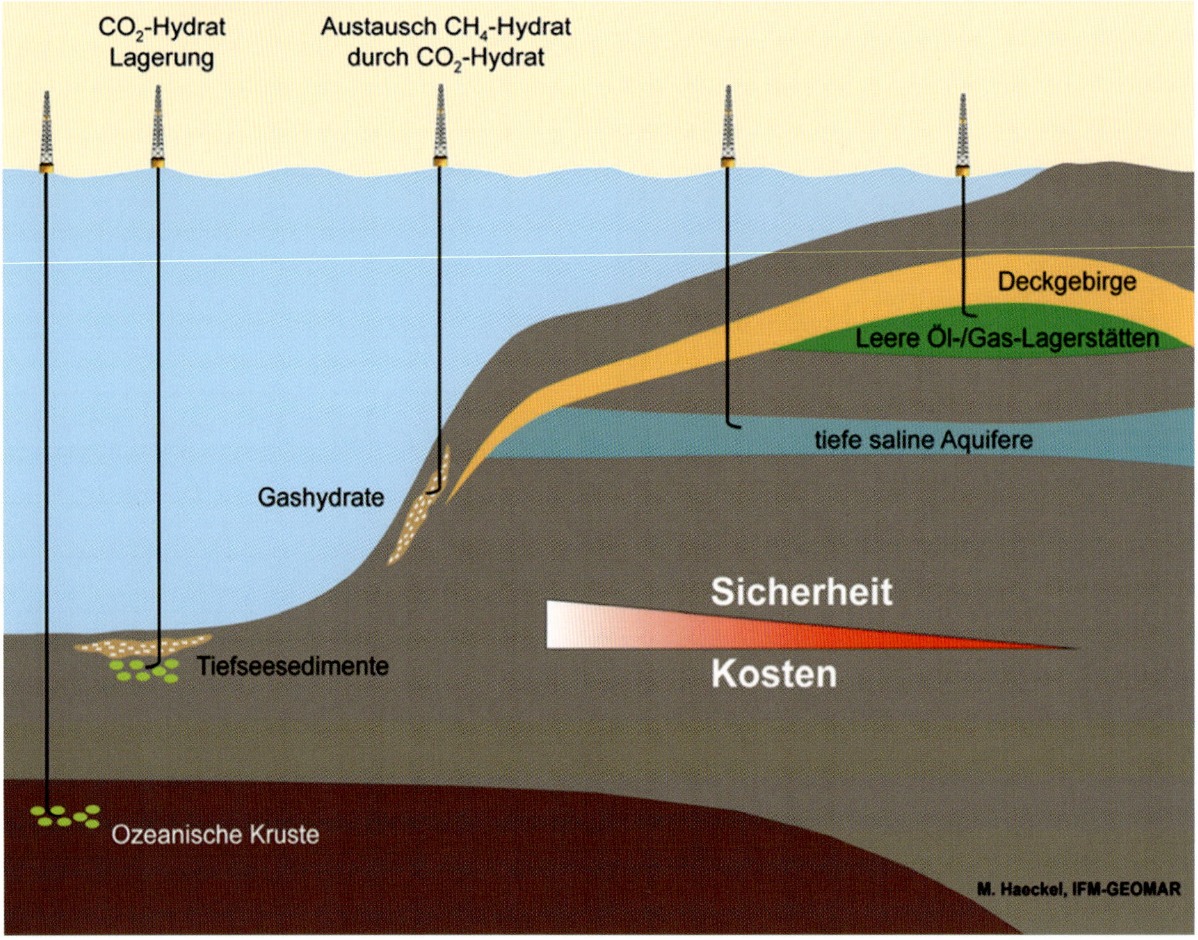

ERDGAS UND METHAN

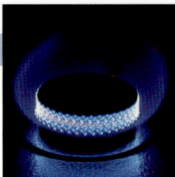

Abb. 21 *Bestehende Optionen zur CO_2-Speicherung in ausgebeuteten Erdgas- und Erdölfeldern oder tiefen, salinen Grundwasserleitern sowie innovative alternative Optionen als festes CO_2-Hydrat und dichte Flüssigkeit in Tiefseesedimenten und basaltischer Kruste. Schematisch angedeutet sind die steigenden Kosten und größere Sicherheit mit zunehmender Wassertiefe.*

reicht die Palette der Forschungsfelder von den Grundlagen, wie der Rolle der Gashydrate im globalen Kohlenstoffkreislauf, der Bildungsmechanismen und Erscheinungsformen in natürlichen Sedimenten, der Prozesse in den mit Methanhydrat assoziierten Ökosystemen und dem Verständnis der Kinetik von Hydratbildung und –zersetzung an der Phasengrenze flüssig-gasförmig, über angewandte Probleme in der Verfahrens- und Ingenieurstechnik, wie der Nutzung von Hydraten zur Wasserstoffspeicherung und Reinigung und Entsalzung von Wasser, zu den Themen der Energieversorgung und CO_2-Speicherung. Ob dann Gashydrate ein Teil des Lösungs-Portfolios dieser beiden großen Themen werden, ist dabei davon abhängig, dass der noch notwendige technische Durchbruch auch ökonomisch attraktiv ist und gesellschaftliche Akzeptanz findet. Die Voraussetzungen dazu sind durch die vorhandene gute internationale und interdisziplinäre Vernetzung und Zusammenarbeit gegeben.

Literatur

[1] H. Davy, Philosophical Transactions of the Royal Society of London 1811, 101, 1.
[2] M. von Stackelberg, Die Naturwissenschaften 1949, 36, 327.
[3] H. M. Powell, Journal of the Chemical Society 1948, I, 61.
[4] E. D. Sloan, C. A. Koh, Clathrate Hydrates of Natural Gases, 3rd ed., Marcel Dekker, Inc., New York, 2007.
[5] K. C. Hester, P. G. Brewer, Annual Review of Marine Science 2009, 1, 303.
[6] E. Suess, M. E. Torres, G. Bohrmann, R. W. Collier, D. Rickert, C. Goldfinger, P. Linke, A. Heuser, H. Sahling, K. Heeschen, C. Jung, K. Nakamura, J. Greinert, O. Pfannkuche, A. Trehu, G. Klinkhammer, M. J. Whiticar, A. Eisenhauer, B. Teichert, M. Elvert, in Natural Gas Hydrates: Occurrence, Distribution, and Detection, Vol. 124 (Eds.: W. P. Dillon, C. K. Paull), American Geophysical Union, Washington, DC, 2001, pp. 87.
[7] K. Z. House, D. P. Schrag, C. F. Harvey, K. S. Lackner, Proceedings of the National Academy of Sciences 2006, 103, 12291.
[8] E. Suess, M. Haeckel, Geographische Rundschau 2010, 5, 22.

ERDGAS UND METHAN

Mit Methan fängt Vieles an

EVGENII V. KONDRATENKO UND DAVID LINKE

Erdöl bildet gegenwärtig die Kohlenstoffrohstoffbasis für unsere chemische Industrie. Obwohl die weltweiten Erdölvorräte immer knapper werden, nimmt der Bedarf an Produkten, die aus Erdöl hergestellt werden, immer weiter zu. Diese Situation stimuliert die Suche nach alternativen Rohstoffen und Verfahren, die nicht auf Erdöl basieren. Unter den fossil vorkommenden Kohlenwasserstoffen ist Erdgas der Rohstoff mit den größten Reserven. Die Entwicklung und die Verbesserung der Erdgas-basierten Technologien gewinnt daher zunehmend an Bedeutung.

Das rohe Erdgas besteht hauptsächlich aus Methan (bis 95 %) und anderen Kohlenwasserstoffen (Ethan (1-15 %), Propan (1-10 %) und Butan (1-5 %)). Bevor es industriell verwendet werden kann, muss es in mehreren Reinigungsstufen von Wasser, Stickstoff, Quecksilber, Kohlendioxid und Helium befreit werden. Interessanterweise wird Helium überwiegend als ein Nebenprodukt der Erdgasreinigung gewonnen. Anschließend wird das Kohlenwasserstoffgemisch einem Trennungsprozess unterzogen (Abb. 22). Die so gewonnenen C_2-C_5-Kohlenwasserstoffe finden direkte Anwendungen als Rohstoffe in der chemischen und petrochemischen Industrie. Was aber passiert mit Methan, das den Hauptbestand des Erdgases ausmacht? Die beiden einfachsten Anwendungen von Erdgas sind die Gewinnung von Elektrizität und die Verwendung als Brenngas zur Beheizung. Methan spielt aber auch eine große Rolle in der chemischen Industrie für die Herstellung verschiedener organischer Chemikalien.

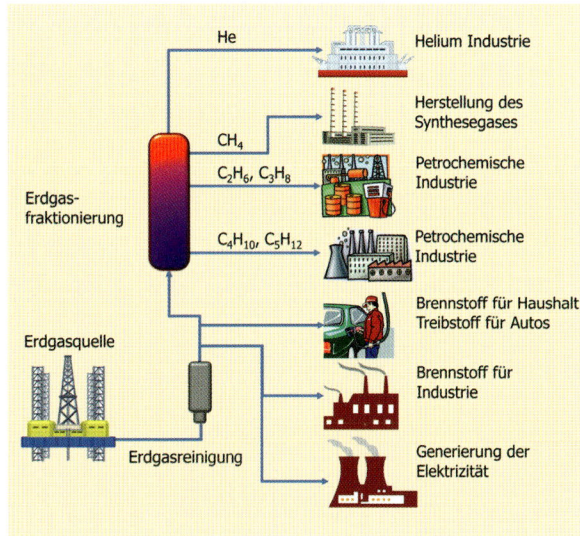

Abb. 22 *Verwendung des Erdgases*

Industrierelevante Methanchemie

Das Methan gehört zu den organischen Verbindungen der homologen Reihe der Alkane (gesättigte azyklische Kohlenwasserstoffe), die nur aus Kohlenstoff und Wasserstoff bestehen. Es ist das einfachste Alkan, in dem ein Kohlenwasserstoffatom mit vier Wasserstoffatomen über gleich starke (ca. 440 kJ/mol) und lange Einfachbindungen verbunden ist (Abb. 23). Methan ist reaktionsträge. Es ist daher nicht einfach, Methan zu funktionalisieren, d. h. in andere Stoffe umzuwandeln. Die Methanaktivierung wird allerdings in Anwesenheit von Wasser, Sauerstoff oder Kohlenstoffdioxid erleichtert.

Die wichtigsten großtechnischen Prozesse der Methanumsetzung sowie die attraktivsten alternativen Technologien sind schematisch in Abb. 24 dargestellt. Die zurzeit meistbenutzte Technologie ist die Herstellung von Synthesegas, einem Gemisch aus Kohlenmonoxid (CO) und Wasserstoff (H_2). Die Synthesegaschemie wurde bereits Anfang des zwanzigsten Jahrhunderts geboren. Schon 1902 haben Sabatier und Senderens Methan aus einem CO-H_2-Gemisch an Kobalt- und Nickel-haltigen Katalysatoren synthetisiert. Zwanzig Jahre später haben Hans Fischer und Franz Tropsch den Synthol-Prozess vorgeschlagen, in dem aus Methan an Eisenspänen bei 400 °C und einem Druck über 100 bar aliphatische Alkohole, Aldehyde und Carbonsäuren entstehen.

Die Hauptanwendung der heutigen industriellen Nutzung des Methans ist die Herstellung von Wasserstoff für das Haber-Bosch-Verfahren, bei dem Stickstoff (N_2) und Wasserstoff bei hohen Drücken (ca. 1000 bar) zu Ammoniak (NH_3) reagieren [1]. NH_3 ist das Ausgangsprodukt für die

Abb. 23 *Dreidimensionale Struktur von Methan (rot: Kohlenstoffatom, gelb: Wasserstoffatome)*

ERDGAS UND METHAN

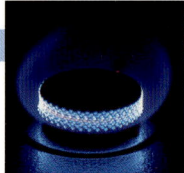

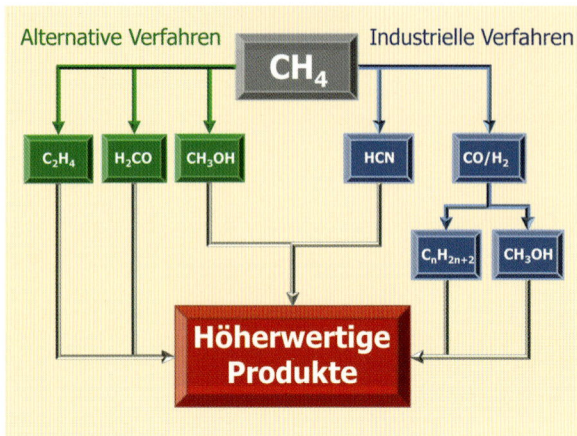

Abb. 24 *Verfahren zur Veredelung des Methans*

Herstellung vieler Düngemittel. Die Methanol-Synthese ist der zweitgrößte Verbraucher des Synthesegases [2]. In letzter Zeit gewinnt auch die Herstellung von höheren Kohlenwasserstoffen als hochwertige „synthetische" schwefelfreie Kraftstoffe sowie die Herstellung von Oxygenaten und Olefinen aus Synthesegas nach dem Fischer-Tropsch-Verfahren an Bedeutung [3].

Herstellung von Synthesegas

Die zwei überwiegend benutzten Technologien für die Synthesegaserzeugung aus Methan sind die Wasserdampf-Reformierung (WDR) und die autotherme Reformierung (ATR) [4]. Das Herzstück beider Prozesse ist der Reformerreaktor, der aus 40–400 Stahlrohren mit einer Länge von ca. 10 m besteht und bei Drücken von 20–40 bar und Temperaturen von über 900 °C arbeitet. Die Methan-WDR ist eine stark endotherme Reaktion (Gl. (1)). Die benötigte Energie wird durch das Verbrennen von Methan zwischen den Rohren geliefert. Die Rohre selbst sind mit einem Nickel-haltigen Katalysator befüllt.

$$CH_4 + H_2O \leftrightarrow CO + 3H_2 \qquad \Delta H_{298K} = +206 \text{ kJ} \cdot \text{mol}^{-1} \quad (1)$$

In der autothermen Reformierung (ATR) werden die Wasserdampf-Reformierung von Methan und die Methanoxidation mit reinem Sauerstoff oder Luft kombiniert. In diesem Fall können zusätzlich die folgenden Reaktionen (Gl. (2)–(6)) ablaufen:

$$CH_4 + 0,5 \times O_2 \leftrightarrow CO + 2H_2 \quad \Delta H_{298K} = -36 \text{ kJ} \cdot \text{mol}^{-1} \quad (2)$$
$$CH_4 + O_2 \leftrightarrow CO_2 + 2H_2 \quad \Delta H_{298K} = -319 \text{ kJ} \cdot \text{mol}^{-1} \quad (3)$$
$$CH_4 + 1,5 \times O_2 \leftrightarrow CO + 2H_2O \quad \Delta H_{298K} = -520 \text{ kJ} \cdot \text{mol}^{-1} \quad (4)$$
$$CH_4 + 2 \times O_2 \leftrightarrow CO_2 + 2H_2O \quad \Delta H_{298K} = -803 \text{ kJ} \cdot \text{mol}^{-1} \quad (5)$$
$$CH_4 + CO_2 \leftrightarrow 2 \times CO + 2H_2 \quad \Delta H_{298K} = +247 \text{ kJ} \cdot \text{mol}^{-1} \quad (6)$$

Die Oxidationsreaktionen (Gl. (2)–(5)) sind exotherm und liefern die benötigte Energie für die endothermen Reformierungsreaktionen (Gl. (1) und (6)). Energetisch gesehen läuft die ATR-Reaktion autothermisch ab, d. h. es muss nicht wie bei der WDR von außen geheizt werden.

Das H_2/CO-Verhältnis der Methanumsetzung nach Gl. (1) liegt bei 3. Es kann aber, je nach dem was im Folgeprozess benötigt wird, auch variiert werden. Wenn, wie bei der Ammoniaksynthese, Wasserstoff das Zielprodukt ist, kann CO durch die Wassergas-Shift-Reaktion (Gl. (7)) entfernt werden. Dagegen wird sowohl für die Methanol- als auch für die Fischer-Tropsch-Synthese ein H_2/CO-Verhältnis von unter 3 benötigt. In diesem Fall wird die Methanumsetzung bei H_2O/CH_4-Verhältnissen kleiner als 1 und hohen Temperaturen (bis zu 1 050 °C) durchgeführt.

$$CO + H_2O \leftrightarrow CO_2 + H_2 \qquad \Delta H_{298K} = -42 \text{ kJ} \cdot \text{mol}^{-1} \quad (7)$$

Da die Herstellung des Synthesegases einen hohen (bis 60 %) Anteil an den Kosten der Folgeprodukte hat, ist es von großem wirtschaftlichen Interesse, die Kosten für die Synthesegasproduktion zu reduzieren. Eine Möglichkeit ist die Entwicklung von aktiveren sowie Schwefel- und Koks-resistenteren Katalysatoren. Edelmetalle sind gute, aber sehr teure Kandidaten. Die Herausforderung ist, die Mengen an Edelmetallen stark zu reduzieren, ohne Verlust an Aktivität und Stabilität zu erleiden.

Die direkte Methanoxidation zu Synthesegas (Gl. (2)) ist eine vielversprechende Alternative zur Wasserdampf-Reformierung von Methan. Aufgrund des Einsatzes von Sauerstoff und der starken Exothermie der Reaktion, müssen Maßnahmen gegen Reaktorexplosion getroffen werden. Außerdem braucht die Methanoxidation reinen Sauerstoff, der erst einmal hergestellt werden muss. Eine viel versprechende Entwicklung zur Bereitstellung des Sauerstoffs sind keramische Membranen [5], die bei hoher Temperatur nur für den Sauerstoff aus der Luft durchlässig sind, aber den Stickstoff zurückhalten (Abb. 25).

Methanol-Synthese

Methanol ist das kleinste Glied der homologen Reihe der Alkohole. Aus chemischer Sicht besitzen alle Alkohole Kohlenstoff- und Wasserstoff-haltige Fragmente sowie mindes-

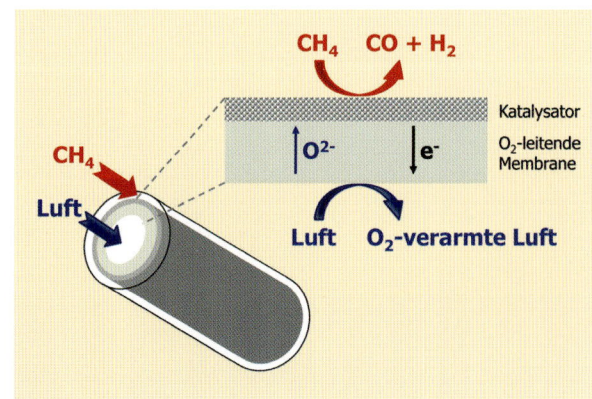

Abb. 25 *Methanoxidation zu Synthesegas in einem Membranreaktor*

ERDGAS UND METHAN

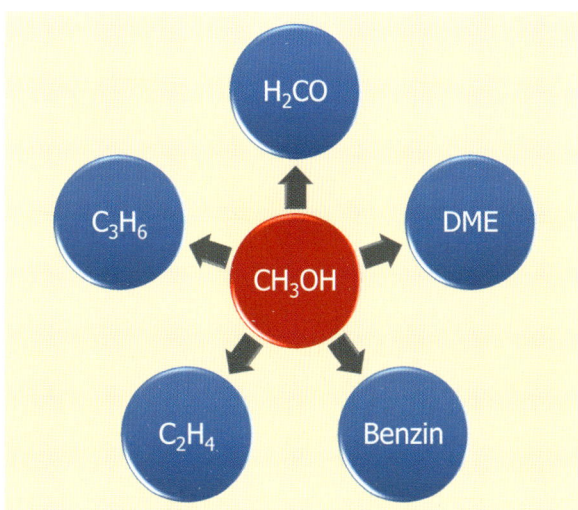

Abb. 26 *Produkte basierend auf Methanol*

tens eine OH-Gruppe. Trotz seines einfachen Aufbaus sind die chemischen Möglichkeiten des Methanols faszinierend vielfältig [2]. Zusammen mit Ammoniak und Schwefelsäure gehört Methanol zu den drei wichtigsten Grundchemikalien. Wie Abb. 26 zeigt, wird Methanol in organische Zwischenprodukte (Formaldehyd, Essigsäure, höhere Aldehyde, Karbonsäuren, Ester usw.) und in petrochemische Bausteine (niedere Alkene und Alkane) umgewandelt sowie für den Treibstoff- und Energiesektor eingesetzt. Methanol wird auch als chemischer „Wasserstoffspeicher" intensiv diskutiert.

Die Methanolsynthese ist ähnlich der Ammoniaksynthese und verläuft nach Gl. (8) und (9). Allerdings ist die Methanolsynthese durch unerwünschte Nebenreaktionen (Gl. (10)–(12)) verkompliziert.

$$CO + 2 \times H_2 \leftrightarrow CH_3OH \qquad \Delta H_{298K} = -98 \text{ kJ} \cdot \text{mol}^{-1} \qquad (8)$$
$$CO_2 + 3 \times H_2 \leftrightarrow CH_3OH \qquad \Delta H_{298K} = -58 \text{ kJ} \cdot \text{mol}^{-1} \qquad (9)$$
$$CO + 3 \times H_2 \leftrightarrow CH_4 + H_2O \qquad \Delta H_{298K} = -207 \text{ kJ} \cdot \text{mol}^{-1} \qquad (10)$$
$$CO_2 + C \leftrightarrow 2 \times CO \qquad \Delta H_{298K} = -161 \text{ kJ} \cdot \text{mol}^{-1} \qquad (11)$$
$$CO_2 + H_2 \leftrightarrow CO + H_2O \qquad \Delta H_{298K} = +42 \text{ kJ} \cdot \text{mol}^{-1} \qquad (12)$$

Von der BASF wurden ab 1923 als erste Katalysatoren für die industrielle Methanolherstellung Gemische aus ZnO und Cr_2O_3 eingesetzt. Mit diesen Katalysatoren benötigte man bei 350 bis 400 °C Drücke von 250 bis 300 bar, um CO-Umsätze im Bereich von 15 bis 20 % zu erzielen. Dieses Verfahren wird als Hochdruckverfahren bezeichnet und wegen der zu hohen Investitionskosten nicht mehr angewendet. CuO-haltige Katalysatoren sind wesentlich aktiver und ermöglichen hohe CO-Umsätze bereits bei 250 bis 300 °C und Drücken von 50 bis 100 bar (Niederdruckverfahren). Heute werden CuO, ZnO und Al_2O_3 als Mischkatalysatoren für die großtechnische Methanolsynthese eingesetzt.

Obwohl die Methanolsynthese weltweit im großtechnischen Maßstab durchgeführt wird, versuchen Forscher seit Jahrzehnten die katalytische Wirkung der Kupfer-basierten Katalysatorsysteme immer weiter zu verbessern.

Als eine Alternative zur industriell etablierten Methanolsynthese aus CO und H_2 ist die direkte Methanoxidation zu Methanol denkbar. Interessanterweise kann die Natur Methan mithilfe des Enzyms Methanoxygenase mit hoher Selektivität zu Methanol oxidieren. Diese Leistung der Natur hat mehrere Forscher inspiriert, Methan mithilfe nicht-enzymatischer Katalysatoren zu oxidieren. Trotz intensiver Forschung gibt es bisher jedoch noch keine Katalysatoren, die sich für einen industriellen Einsatz eignen. Das Problem ist die zu geringe Selektivität für Methanol und damit die Bildung von unerwünschtem CO und CO_2.

Fischer-Tropsch-Synthese (FTS)

Die FTS ist für die großtechnische Produktion von Benzin und Ölen aus Synthesegas, aber auch als Lieferant chemischer Grundstoffe von Bedeutung. Außer Erdgas können auch Kohle oder Biomasse als Rohstoffe eingesetzt werden. Die Möglichkeit, mit dem FTS-Verfahren Kohle in Kraftstoffe und/oder Chemierohstoffe umzuwandeln, war die ursprüngliche Motivation für die Entwicklung des Verfahrens. In Deutschland wurde das Verfahren insbesondere vor und während des Zweiten Weltkriegs eingesetzt, da die Erdölversorgung eingeschränkt, aber genug Kohle vorhanden war. Danach wurde die Entwicklung für viele Jahre nur in Südafrika weitergeführt, wo Kohle sehr günstig verfügbar war. Aufgrund des Anstiegs des Rohölpreises in den letzten 30 Jahren ist die Fischer-Tropsch-Synthese mittlerweile jedoch wieder von breiterem Interesse.

In der FTS werden aus Synthesegas n-Alkane (Gl. (13)), 1-Alkene (Gl. (14)) und n-Alkohole (Gl. (15)) gebildet. Die relativen Anteile dieser Produkte lassen sich durch die Wahl des Katalysators und die Reaktionsbedingungen beeinflussen. Daneben können aber auch Aldehyde und verzweigte Produkte entstehen. Für die FTS wird ein Synthesegas mit einem H_2/CO-Verhältnis von etwas über 2 benötigt. Dabei werden Produkt-Gemische mit Molekülen unterschiedlicher Kettenlänge erhalten. Dies ist eine Folge davon, dass der Prozess einer Polymerisationsreaktion ähnlich ist, in der die Produkte aus –CH_2– Bausteinen aufgebaut werden, die sich an der Katalysatoroberfläche aus CO und H_2 bilden.

$$n \times CO + (2n+1) \times H_2 \leftrightarrow C_nH_{2n+2} + n \times H_2O \qquad (13)$$
$$n \times CO + 2n \times H_2 \leftrightarrow C_nH_{2n} + n \times H_2O \qquad (14)$$
$$n \times CO + 2n \times H_2 \leftrightarrow C_nH_{2n+1}OH + (n-1) \times H_2O \qquad (15)$$

Die Reaktion wird durch Eisen, Kobalt, Nickel oder Ruthenium katalysiert; die Temperaturen liegen zwischen 150 und 350 °C bei Drücken von 20 bis 40 bar. Tieftemperaturverfahren (210–250 °C) zielen auf ein im Mittel langkettigeres Produkt und dienen vornehmlich der Herstellung von sog. Mitteldestillat (Diesel, Kerosin) und Wachs. Die Ausbeute an Mitteldestillat kann durch eine nachgeschaltete Aufspaltung der langkettigen wachsartigen n-Paraffine in einem Hydrocracker erhöht werden. Hochtemperaturver-

ERDGAS UND METHAN

Abb. 27 *Herkömmliche Kraftstoffe wie Diesel, Benzin oder Super-Benzin gewinnt man als Fraktionen bei der Erdölraffinierung. Biokraftstoffe werden dagegen aus nachwachsenden Rohstoffen wie Getreide, Mais, Raps oder Zuckerrüben hergestellt.*

fahren (320–350 °C) dagegen liefern ein kurzkettigeres Produkt, das hauptsächlich zur Benzinherstellung dient, aber auch weitere Wertprodukte für die chemische Industrie, wie α-Olefine und sauerstoffhaltige Verbindungen, enthält. Die FTS liefert einen Kraftstoff, der völlig frei von Schwefel und aromatischen Verbindungen ist sowie gute Verbrennungskennzahlen, wie z. B. hohe Cetan-Zahl für die Verwendung als Diesel-Kraftstoff, aufweist (Abb. 27).

Die Verteilung der Produkte der FTS über die Kohlenstoffanzahl wird mit der Kettenwachstumswahrscheinlichkeit beschrieben und kann durch die empirische Anderson-Schultz-Flory-Verteilung ausgedrückt werden (Abb. 28 und Gl. (16)):

$$\frac{W_n}{n} = (1-\alpha)^2 \times \alpha^{n-1} \qquad (16)$$

W_n ist der Gewichtsanteil der Kohlenwasserstoffmoleküle, die n Kohlenstoffatome enthalten, α ist die Kettenwachstumswahrscheinlichkeit, d. h. die Wahrscheinlichkeit, mit der ein Molekül mit n C-Atomen zu einem mit n + 1 C-Atomen reagiert.

Die FTS ist exotherm und die Wärmeabfuhr stellt eine entscheidende verfahrenstechnische Herausforderung dar. Sie wird üblicherweise mittels Wärmetausch im Reaktor unter Wasserdampferzeugung realisiert. Für die Synthese muss eine bestimmte Temperatur eingehalten werden, um den Reaktor sicher zu beherrschen, die Katalysatorlebensdauer nicht zu gefährden und vor allem um die Selektivität im gewünschten Rahmen zu halten.

Ein äußerst interessantes, aber auch schwierig zu erreichendes Forschungsziel ist, die Produktverteilung durch geschicktes Katalysatordesign und die Wahl der Prozessbedingungen so zu steuern, dass unmittelbar in der Reaktion mehr Produkte der gewünschten Kohlenstoffzahl entstehen. Aufgrund des polymerisationsartigen und damit schwer steuerbaren Verlaufs der Reaktion ist dieses Ziel bisher nur sehr eingeschränkt zu erreichen. Ein anderer interessanter Aspekt bei der FTS ist, statt Kohlenmonoxid Kohlendioxid einzusetzen und so das Treibhausgas Kohlendioxid chemisch zu binden. Allerdings gibt es in dieser Richtung bisher nur wenige Forschungsarbeiten.

Literatur

[1] J.R. Jennings (eds) (1991) *Catalytic Ammonia Synthesis: Fundamentals and Practice*, Plenum Press, New York.
[2] M. Baerns, A. Behr, A. Brehm, J. Gmehling, H. Hofmann, U. Onken and A. Renken (2006) *Technische Chemie*, Wiley-VCH.
[3] A.P. Steynberg, M.E. Dry (eds) (2004) *Studies in Surface Science and Catalysis.* 152 (*Fischer Tropsch Technology*).
[4] P.F. van den Oosterkamp (2003) in *Encyclopedia of catalysis,* (eds) I. Horvath, Vol. 6, pp. 456–482, Wiley-VCH, Weinheim.
[5] R. Dittmeyer and J. Caro (2008) in *Handbook of heterogeneous catalysis,* (eds) G. Ertl, H. Knözinger, F. Schüth and J. Weitkamp, Wiley-VCH, Vol. 4, pp. 2198–2248.

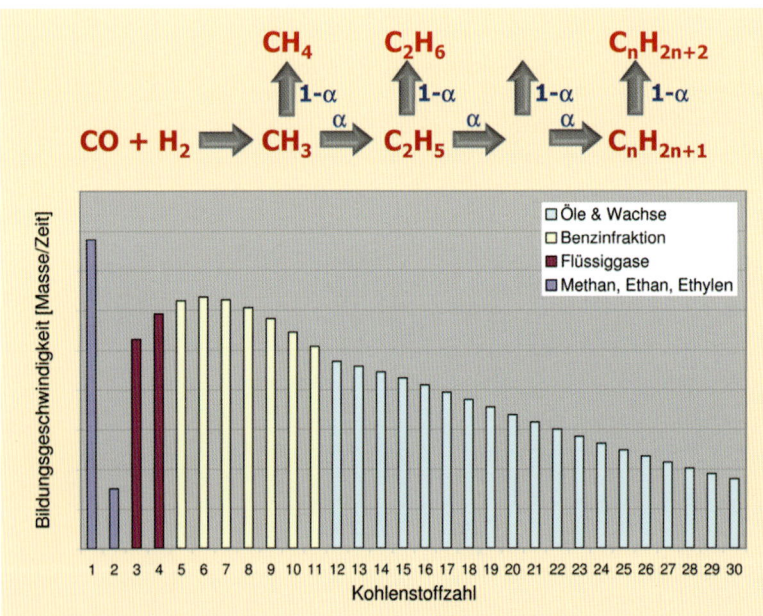

Abb. 28 *Produktverteilung in der Fischer-Tropsch-Synthese*

ERDGAS UND METHAN

Abb. 29 Erdgas, das als Nebenprodukt bei der Erdölförderung anfällt, wird häufig vor Ort abgefackelt (engl. „gas flaring"). Das gebildete Kohlendioxid ist zwar weniger klimaschädlich als das zum Großteil aus Methan bestehende Erdgas, dennoch ist dieser Prozess sehr umstritten. Es gibt zunehmend Bestrebungen dieses Gas nutzbar zu machen und das unkontrollierte Verbrennen von anfallenden Gasen zu verbieten.
Eine kontrollierte Form des Abfackelns findet dagegen u.a. in Erdölraffinerien statt, um Behälter und Rohrleitungen vor zu hohen Drücken zu schützen. Der Überdruck kann über Sicherheitsventile abgebaut, die ausströmenden Gase dann verbrannt werden.

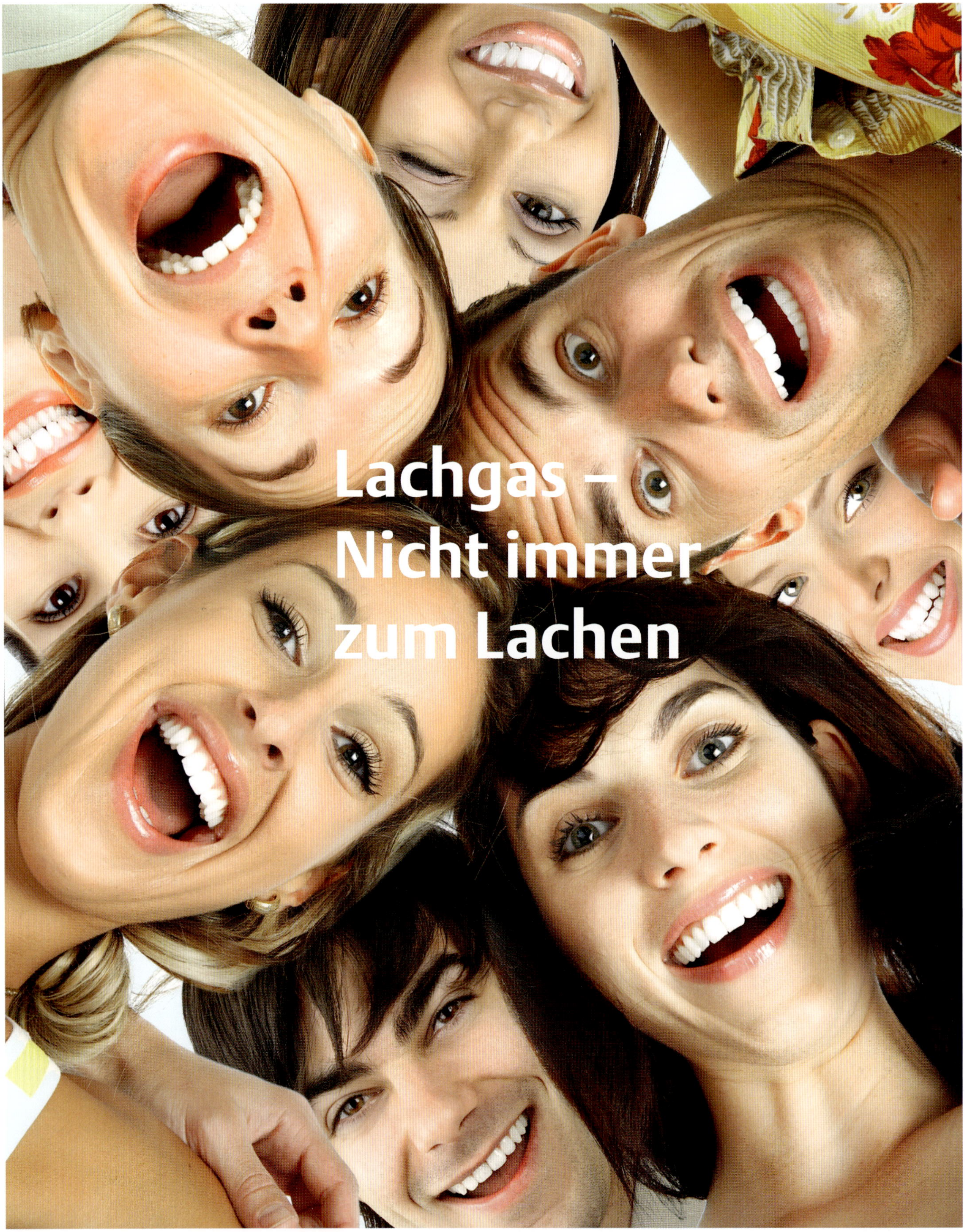

Lachgas – Nicht immer zum Lachen

Chemie über den Wolken. Reinhard Zellner · Copyright © 2011 WILEY-VCH Verlag GmbH & Co. KGaA, Weinheim · ISBN: 978-3-527-32651-8

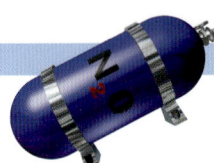

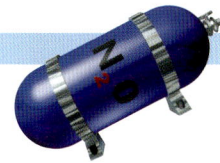

Der Landwirtschaft und der Industrie entkommen

KLAUS BUTTERBACH-BAHL UND PETER WIESEN

Chemie und Klimawirkung des N_2O

Lachgas (Distickstoffmonoxid, Stickoxydul, N_2O) ist ein relativ reaktionsträges, geschmack- und geruchloses Spurengas, das von den üblichen Oxidantien der Atmosphäre (OH-Radikale, Ozon u. a.) nicht angegriffen wird. Wegen dieser Eigenschaften und wegen seiner analgetischen Wirkung war und ist N_2O auch Narkose- und Sedierungsmittel in der Medizin. In der Atmosphäre ist N_2O in den unteren Schichten völlig stabil. Seine atmosphärische Lebensdauer beträgt etwa 115 Jahre [1], vergleichbar mit dem Fluorchlorkohlenwasserstoff FCKW-12 (CF_2Cl_2).

Erst unter dem Einfluss der energiereicheren Sonnenstrahlung in der Stratosphäre sowie durch Reaktion mit angeregten Sauerstoffatomen wird N_2O abgebaut:

$$N_2O + h\nu \longrightarrow N_2 + O(^1D), \quad \lambda < 230 \text{ nm} \quad (1)$$
$$N_2O + O(^1D) \longrightarrow 2\,NO \quad (2)$$
$$N_2O + O(^1D) \longrightarrow N_2 + O_2. \quad (3)$$

Die Bedeutung der Reaktion (1) nimmt mit der Höhe zu, hat aber – über die gesamte Stratosphäre gesehen – mit ca. 90 % von allen diesen Reaktionen den größten Anteil am N_2O-Abbau, während die beiden anderen Reaktionen daran mit je ca. 5 % beteiligt sind. Wichtig in diesem Mechanismus ist die Bildung von NO, das zu den Katalysatoren des stratosphärischen Ozonabbaus gehört. Reaktion (2) ist die bei weitem bedeutendste Stickoxidquelle der Stratosphäre in einem Höhenbereich von 15–40 km. Das entstehende NO führt zu einem katalytisch induzierten Ozonabbau, der für einen großen Teil des in der Stratosphäre beobachteten Ozonumsatzes verantwortlich ist [1].

Beim Vergleich der atmosphärischen N_2O-Konzentration aus vorindustrieller Zeit mit der heutigen kann – ähnlich wie beim Kohlendioxid und Methan – eine dramatische Veränderung beobachtet werden. Während bis etwa zur Mitte des letzten Jahrhunderts die N_2O-Konzentration bei ca. 275 ppb lag, nimmt diese mit wachsender Geschwindigkeit zu und beträgt derzeit ca. 320 ppb. Die gegenwärtige Steigerungsrate beträgt 0,2–0,3 % pro Jahr. Für den in den letzten 100 Jahren beobachteten Anstieg der atmosphärischen N_2O-Konzentration werden im Wesentlichen anthropogene Quellen verantwortlich gemacht. Zurzeit ist N_2O – neben den FCKW – die wichtigste anthropogene Substanz für den Abbau des stratosphärischen Ozons und wird dies mit großer Wahrscheinlichkeit auch weiterhin in diesem Jahrhundert bleiben. Durch die stetige Zunahme der atmosphärischen N_2O-Konzentration könnte sich die durch das Montreal-Protokoll und das Verbot von FCKWs eingeleitete Erholung der stratosphärischen Ozonschicht signifikant verzögern [2].

Die Hauptquellen des N_2O sind biologische Denitrifizierungsprozesse in Böden, natürliche und anthropogene Verbrennungsvorgänge sowie bestimmte industrielle Prozesse, wie die Salpetersäure- oder die Adipinsäure-Produktion. Insbesondere die mikrobielle N_2O-Emission wird durch Landnutzungsänderungen – u. a. durch Abholzung von Wäldern – und die damit verstärkte Mineralisation von organisch gebundenem Stickstoff sowie durch Einsatz von Stickstoffdüngern verstärkt. Trotz einer Vielzahl wissenschaftlicher Untersuchungen gehört der atmosphärische N_2O-Kreislauf vermutlich immer noch zu den am wenigsten verstandenen Spurenstoffkreisläufen.

Lachgas ist auch ein klimarelevantes Spurengas, das aufgrund seiner molekularen Eigenschaften effektiv Strahlung im Infrarotbereich bei 520–660, 1 200–1 350 und 2 120–2 270 cm^{-1} absorbiert. Im Vergleich zu CO_2 und bezogen auf einen Zeithorizont von 100 Jahren ist das Global Warming Potential (GWP) des N_2O ca. 298-fach stärker [1] (kg N_2O versus kg CO_2) als das des CO_2. Bei einem mittleren atmosphärischen Mischungsverhältnis von derzeit 320 ppb beträgt der N_2O-Beitrag zum anthropogen verursachten Treibhauseffekt zurzeit 0,14 Wm^{-2} im Vergleich zu 1,56 Wm^{-2} für CO_2 [1]. Dies bedeutet, dass auch geringe N_2O-Emissionen von wenigen kg N_2O-N pro Hektar und Jahr eine erhebliche Bedeutung für die Treibhausgasbilanz von Biomasseproduktion haben können. Dies ist insbesondere unter dem Gesichtspunkt der Diskussion über die energetische Nutzung von Biomasse als Substitut für fossile Energieträger zu berücksichtigen. Aufgrund seiner Klimawirksamkeit und seiner Bedeutung beim stratosphärischen Ozonabbau sowie fehlender internationaler Regelungen zur Begrenzung der N_2O-Emissionen, wurde N_2O bereits in den 90er Jahren des vorigen Jahrhunderts als Treibhausgas des 21. Jahrhunderts bezeichnet.

Biochemische Bildung, Quellen und Quellstärken des N_2O
Biochemische Bildungsmechanismen

Lachgas wird biogen durch mikrobielle Stickstoffumsetzungen gebildet. Hierbei sind insbesondere zwei Prozesse hervorzuheben: die Nitrifikation und die dissimilatorische Nitrat-Reduktion, wobei unter letzterer die Denitrifikation und Nitrat-Ammonifikation verstanden werden. Die Nitrifikation ist ein oxidativer Prozess, bei dem Ammoniak (NH_3) zu Hydroxylamin, Nitrit und Nitrat oxidiert wird. Bei der Denitrifikation, einem reduktiven Prozess, werden oxygenierte, anorganische Stickstoffverbindungen (Nitrat, Nitrit, Stickstoffmonoxid, Lachgas) durch Denitrifizierer als Elektronenakzeptoren beim Abbau organischer Substanz genutzt. Die Denitrifikation findet insbesondere in anaeroben

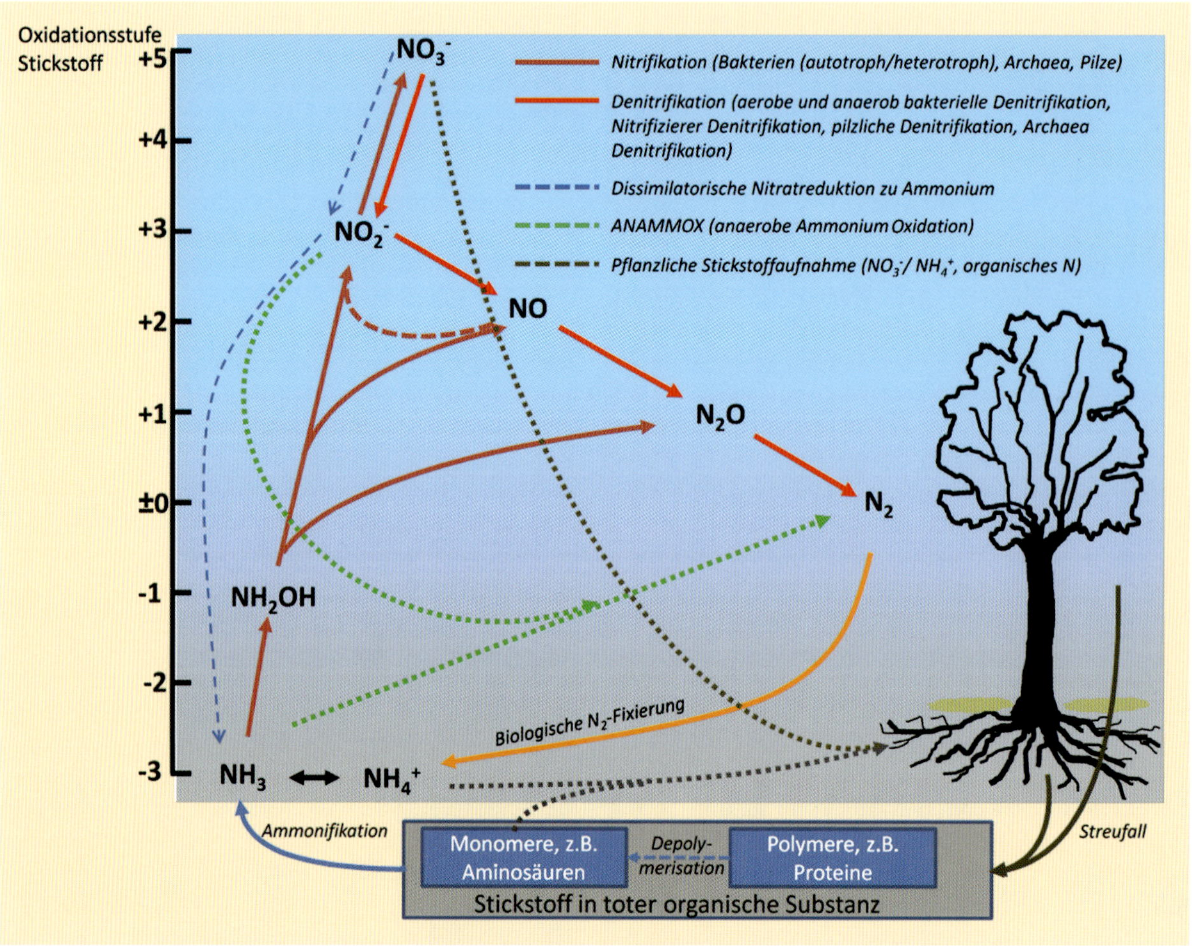

LACHGAS

Abb. 1 *Stickstoffkreislauf und mikrobielle Stickstoffumsetzungen in Böden*

Bereichen von Böden, Sedimenten und Gewässern statt und ist der Schlüsselprozess zur Schließung des globalen Stickstoffkreislaufs. Bei der dissimilatorischen Nitrat-Ammonifikation, ebenfalls ein vor allem unter strikt anaeroben Bedingungen ablaufender mikrobieller Prozess, ist das Endprodukt nicht N_2, sondern Ammonium. Das hierbei entstehende Ammonium wird mikrobiell nicht assimiliert, sondern als Endprodukt ausgeschieden.

Beide Prozesse, Nitrifikation wie auch Nitrat-Reduktion, sind Hauptprozesse mikrobieller Stickstoffumsetzungen in Böden, Sedimenten oder Gewässern (Abb. 1). Zur Nitrifikation sind nicht nur eine Vielzahl von Bakterien, sondern auch Pilze und Archea befähigt. Bei der klassischen autotrophen Nitrifikation erfolgt die Oxidation von NH_3 zum Nitrit (z. B. durch Bakterien der Gattung *Nitrosomonas*) bzw. vom Nitrit zum Nitrat (z. B. durch Bakterien der Gattung *Nitrobacter*) zum Zwecke der Energiegewinnung. Die gewonnene Energie wird dabei u. a. zur Fixierung von Luft-CO_2 zur Biomassesynthese verwendet, d. h. autotrophe Nitrifizierer sind zur lichtunabhängigen CO_2-Fixierung befähigte Organismen. Bei der heterotrophen Nitrifikation dagegen, die nach bisherigem Kenntnisstand nicht mit Energiegewinnung verbunden ist, werden NH_3 oder reduzierte organische N-Verbindungen zu Hydroxylamin, Nitrit oder Nitrat oxidiert.

In der Natur sind Nitrat-bildende (Nitrifikation) und Nitrat-abbauende Prozesse eng verknüpft und treten nur selten isoliert auf. Dies wird u. a. auch dadurch verdeutlicht, dass eine Vielzahl autotropher oder auch heterotropher Nitrifizierer gleichzeitig auch Denitrifizierer sind. Das heißt, je nach Umweltbedingungen (oxidativ / reduktiv) können Stickstoffverbindungen von diesen Bakterien oxidiert oder reduziert werden (Abb. 2).

Die Vielzahl der in Stickstoffumsetzungen involvierten Mikroorganismen zeigt, dass in Böden die Konkurrenz um Substrate und die Möglichkeit des Substrattransfers von N_2O oder intermediären Produkten eher die Regel als die Ausnahme sein dürfte. Dies bedeutet, dass Umweltbedingungen wie Bodendurchlüftung, Substratverfügbarkeit, pH-Wert oder Struktur der mikrobiellen Gemeinschaft und deren räumliche Anordnung in der Bodenmatrix die N_2O-Konzentrationen im Boden bestimmen und dass z. B. durch autotrophe Nitrifizierer gebildetes N_2O – nach dessen Diffusion in vorwiegend anaerobe Bereiche des Bodens – durch denitrifizierende Bakterien weiter zu N_2 reduziert werden kann. Aufgrund der komplexen biologischen Bildungswege

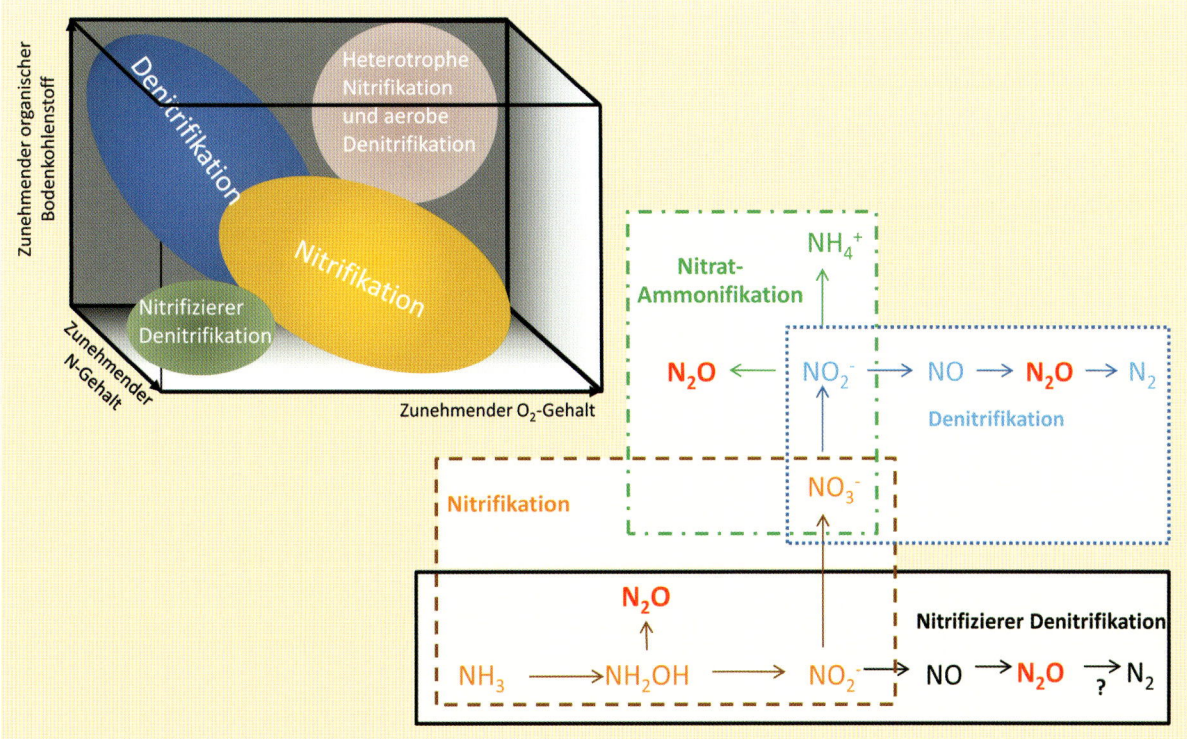

Abb. 2 *Diversität mikrobieller N₂O-Bildungsprozesse und deren generelle Abhängigkeit von Umweltbedingungen wie Bodenkohlenstoff- und Stickstoffgehalt bzw. O₂-Verfügbarkeit innerhalb der Bodenmatrix (verändert nach [3, 4])*

von N_2O ist es daher auch nicht richtig, N_2O-Emissionen aus Böden nur auf Denitrifikation zurückzuführen, wie dies bis vor zwei Jahrzehnten fast ausschließlich der Fall war. Zwar kann insbesondere nach Niederschlagsereignissen oder infolge des Eintrags von Nitratdüngern die Denitrifikation der vorwiegende N_2O-Bildungsprozess sein, jedoch zeigt eine zunehmende Anzahl wissenschaftlicher Arbeiten, dass die N_2O-Bildung im Zuge der Oxidation von Ammoniak von nicht zu unterschätzender Bedeutung ist (Abb. 2).

Die Höhe der N_2O-Bildung bei mikrobiologischen N-Umsetzungen in Böden ist in sehr hohem Maße von den Umweltbedingungen abhängig. Primäre Steuergröße für diese Prozesse ist die Substratverfügbarkeit, d. h. die Konzentration und Menge an verfügbaren Stickstoff in Form von Ammonium bzw. Nitrat. Weitere obligatorische Substrate bei der Denitrifikation sind zudem leicht abbaubare Kohlenstoffverbindungen. Dies bedeutet, dass Böden mit hohen Stickstoff- bzw. Kohlenstoffgehalten, wie z. B. landwirtschaftliche Böden nach Ausbringung von synthetischen oder Wirtschaftsdüngern, potentiell starke Quellen für N_2O darstellen können. Die Nitrifikation bzw. Denitrifikation als Prozess der N_2O-Bildung wird darüber hinaus über den Bodensauerstoffgehalt gesteuert. Das heißt, unter aeroben Bedingungen werden nitrifikatorische Bildungsprozesse des N_2O überwiegen, während unter vorwiegend anaeroben Bedingungen, wie sie z. B. nach Starkniederschlägen aufgrund eingeschränkter Sauerstoffdiffusion in die Bodenmatrix auftreten, denitrifikatorische N_2O-Bildung dominiert.

Auch der pH-Wert verändert nicht nur das Produktverhältnis $N_2O : N_2$, was auf die pH-Empfindlichkeit der N_2O-Reduktase – ein Enzym der Denitrifikationskette – zurückgeführt wird, sondern auch wesentlich die Zusammensetzung der mikrobiellen Population.

Während der Nitrifikation und Denitrifikation ist N_2O ein Nebenprodukt von oxidativen bzw. reduktiven mikrobiellen Stickstoffumsetzungen. Dementsprechend sind die Gesamt-N_2O-Bildungsraten im Vergleich zu den mit den Prozessen verbundenen Gesamtstickstoffumsatzraten gering und bewegen sich überwiegend im unteren Prozentbereich. Bei der Betrachtung mikrobieller Bildungsprozesse von N_2O ist auch zu berücksichtigen, dass gebildetes N_2O über Denitrifikation oder andere bisher noch nicht identifizierte biologische und abiologische Prozesse verbraucht werden kann. Folglich ist der an der Grenzschicht Boden-Atmosphäre zu beobachtende N_2O-Fluss die Folge gleichzeitig stattfindender Produktions- und Verbrauchsprozesse. In den letzten Jahren konnte in einer Reihe von Studien gezeigt werden, dass Böden temporär auch Netto-Senken für atmosphärisches N_2O darstellen, d. h., dass unter bestimmten Umweltbedingungen – meist geringe O_2-Verfügbarkeit, niedriger pH-Wert und niedrige N-Verfügbarkeit – der N_2O-Verbrauch größer war als die N_2O-Produktion [5]. Für einige Böden sind die Zeitphasen einer Netto-N_2O-Aufnahme so bedeutend, dass sie bei der Berechnung von Jahresaustauschraten von N_2O Berücksichtigung finden sollten.

LACHGAS

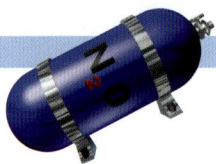

Biogene Quellen und ihre Quellstärken

In Bezug auf das atmosphärische Budget von N_2O sind biogene Quellen mit einem Beitrag zur Gesamtquellstärke von ca. 88 % dominierend (Tabelle 1). N_2O-Emissionen aus landwirtschaftlich oder forstlich genutzten Böden bzw. aus Böden naturnaher oder natürlicher Ökosysteme wie tropische Regenwälder und Savannen repräsentieren mehr als drei Viertel der N_2O-Emissionen aus biogenen Quellen bzw. zwei Drittel aller Quellen für atmosphärisches N_2O. Allerdings stellt die exakte Quantifizierung der Quellstärke eine nach wie vor große Herausforderung dar. Bodenbürtige N_2O-Emissionen sind Flächenemissionen. Das heißt, obwohl der Beitrag eines Hektars landwirtschaftlichen Bodens zum Gesamtbudget marginal ist, ist aufgrund der globalen Ausdehnung landwirtschaftlicher Böden deren Gesamtbeitrag zum globalen N_2O-Budget durchaus bedeutend. Problematisch bleibt allerdings, dass die N_2O-Emissionen aus Böden aufgrund ihres mikrobiellen Ursprungs und der damit verbundenen Abhängigkeit von Umweltparametern eine extreme zeitliche wie auch räumliche Variabilität aufweisen [6]. Im Einzelfall bedeutet dies, dass die Jahres-N_2O-Emissionen aus Böden, nach den jeweiligen meteorologischen Bedingungen oder auch der Feldbearbeitung, um einen Faktor von 2–10 variieren können. Nur die wenigsten Untersuchungen erfüllen die Kriterien für Flächen- und Zeitrepräsentativität, so dass die bestehenden Abschätzungen zum Beitrag von Böden zur Gesamtquellstärke atmosphärischen N_2O mit hohen Unsicherheiten behaftet sind (Tabelle 1).

Die Bedeutung der Landwirtschaft

Ein entscheidender Faktor für die N_2O-Produktion ist die Verfügbarkeit von organischem und anorganischem Stickstoff. Für die landwirtschaftliche Produktion ist Stickstoff essentiell, da Stickstoff ein pflanzliches Nährelement darstellt und durch Stickstoffdüngung das Wachstum deutlich gesteigert werden kann. Erst durch die Nutzung von Stickstoffdüngern ist es möglich geworden, den steigenden Bedarf der Weltbevölkerung an Nahrungsmitteln zu decken, so dass inzwischen die Nahrungsmittelproduktion für ca. 50 % der Weltbevölkerung ohne den Einsatz von ca. 100 Tg N-Düngemitteln pro Jahr nicht mehr zu leisten wäre [8]. Der gewaltige Einfluss von künstlichem Stickstoffdünger, der nach dem Haber-Bosch-Verfahren hergestellt wird, auf den globalen Stickstoffkreislauf zeigt sich nicht nur in einer Verdoppelung des globalen Stickstoffkreislaufes, sondern ist auch in den Steigerungen der Emissionen von NO und NH_3 in die Atmosphäre seit der industriellen Revolution nachweisbar.

Es ist daher offensichtlich, dass der verstärkte Einsatz von Stickstoff in der landwirtschaftlichen Produktion mit erheblichen Umweltproblemen verbunden ist. Stickstoffverbindungen sind mobil und können nach der Ausbringung von Stickstoffdüngemitteln – synthetischer Stickstoff oder Wirtschaftsdünger (Mist und Gülle) – in den Landschaftsraum, gefolgt von wasser- (z. B. Nitrat-Auswaschung) oder luftgebundenem (z. B. Ammoniak-Emissionen) Transport in andere, nicht landwirtschaftlich genutzte, Systeme verfrachtet und dort deponiert werden. Dies kann zu Eutrophierung, Veränderung der Biodiversität oder erhöhten Treibhausgasemissionen führen (Abb. 3).

TAB. 1 | QUELLEN UND SENKEN VON ATMOSPHÄRISCHEM N2O (VERÄNDERT NACH [6, 7])

Quellen	Mittlere Quell-/Senkenstärke		Biogene Quellen	Bödenbürtige Quellen
	Tg N_2O-N Jahr^{-1}			
Natürliche Quellen				
Atmosphäre	0,6	(0.3–1,2)		
Ozeane	3,8	(1,8–5,8)	15,7 Tg N_2O-N Jahr^{-1} (~88 %)	11,9 Tg N_2O-N Jahr^{-1} (~67 %)
Natürliche Böden	6,6	(3,3–9,0)		
Tropische Regenwälder	3,0	(2,2–3,7)		
Tropische Savannen	1,0	(0,5–2,0)		
Temperate Wälder	1,0	(0,1–2,0)		
Grünland	1,0	(0,5–2,0)		
Anthropogen beeinflusste Quellen				
Landwirtschaftliche Böden	2,8	(1,7–4,8)		
Atmosphärische N-Deposition, Nitrat-Auswaschung, Abwässer	2,5	(0,9–4,1)		
Biomasse Verbrennung	0,7	(0,2–1,0)		
Industrielle Quellen	0,7	(0,2–1,8)		
Alle Quellen	17,7	(8,4–27,7)		
Senken				
Stratosphäre	12,5	(10–15)		
Böden	1,5	(0–3,0)		
Alle Senken	14	(10–18)		

LACHGAS

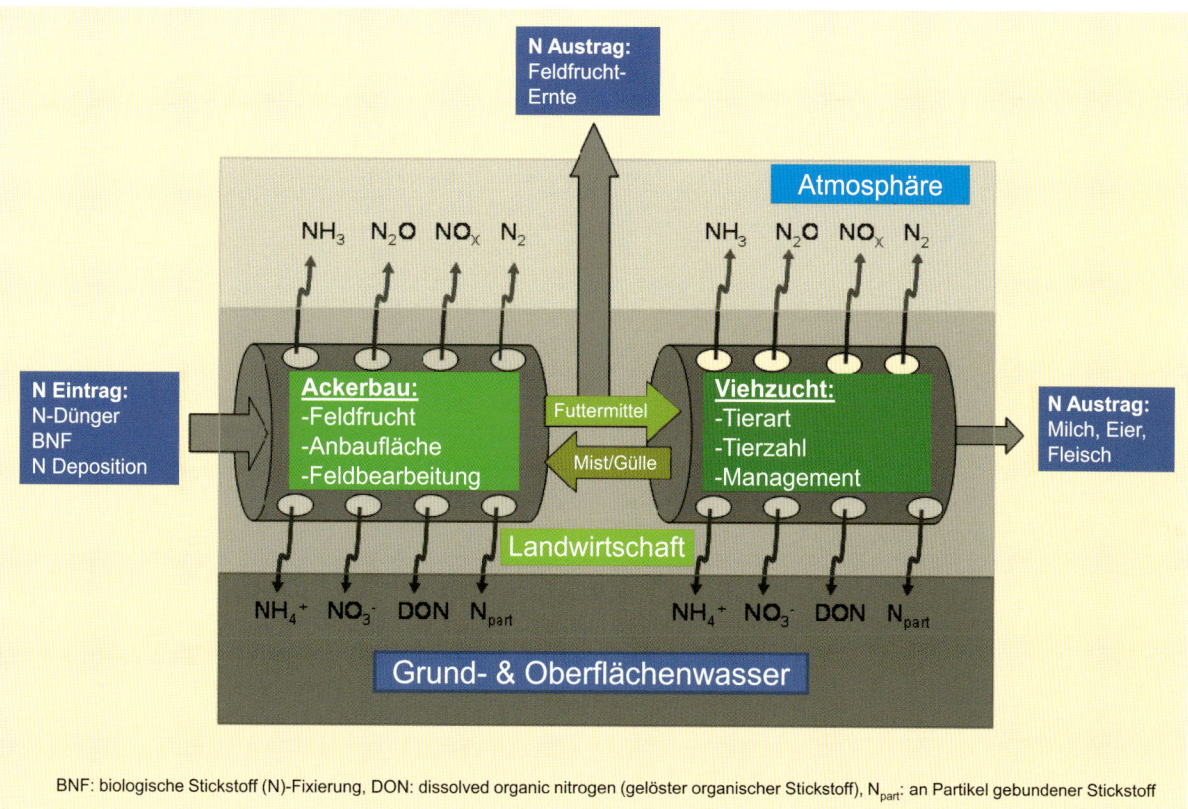

Abb. 3 *Das 'hole in the pipe'-Modell zeigt schematisiert Stickstoff(N)-Einträge und -Austräge – in Form verschiedener agrarischer Produkte und N-Verluste in die Atmosphäre und Hydrosphäre – bei Ackerbau und Viehzucht. Eine Änderung der N-Flüsse bei der Getreideproduktion beeinflusst auch die N-Flüsse bei der Tierproduktion. Die Wirkungskette ist dabei abhängig von den jeweiligen Pufferkapazitäten der Systeme (verändert nach [9]).*

Zusammenfassend bedeutet dies, dass die Produktion von Nahrungs- und Futtermitteln sowie die Intensivtierhaltung zu einer massiven Erhöhung von Stickstoffverbindungen in der Umwelt geführt haben. Mit der erhöhten Stickstoffverfügbarkeit sind die mikrobiellen N_2O-Emissionen aus Böden, aber auch aus Oberflächengewässern wie Flüssen und küstennahen Gewässern im Vergleich zu den Bedingungen im 19. Jahrhundert deutlich angestiegen. Entsprechend bedeutend ist auch die Landwirtschaft als Quelle für atmosphärisches N_2O im nationalen Emissionsinventar ausgewiesen. Bei einer geschätzten Gesamtemission von 180 kt N_2O im Jahr 2007 in Deutschland betrug der Beitrag der Landwirtschaft 96 kt N_2O [10], d. h. mehr als 50 %.

„Bioenergiepflanzen" und N_2O-Bildung

Als grobe Abschätzung für die durch N-Düngung verursachten zusätzlichen N_2O-Emissionen von bewirtschafteten Böden gibt das IPCC [11] einen Emissionsfaktor von 0,01 an; d. h., im globalen Mittel werden 1 % der applizierten N-Düngemittel bereits am Standort in Form von N_2O aus dem Boden in die Atmosphäre emittiert (bei 100 kg N-Dünger also 1 kg N_2O-N). Zusätzlich hierzu müssen noch indirekte N_2O-Emissionen durch den N-Düngemitteleinsatz berücksichtigt werden, die aufgrund der wasser- oder luftgetragenen Stickstoffverlagerungen auftreten. Diese zusätzlichen Emissionen addieren sich nach Angaben des IPCC [11] zu ca. einem weiteren halben Prozent der ursprünglich eingesetzten N-Düngermenge (d. h. bei 100 kg N-Düngemitteleinsatz ergibt sich eine Freisetzung von 1,5 kg N_2O-N). Diese Angaben des IPCC sind allerdings als extrem unsicher zu betrachten.

Auf Basis eines Vergleichs der globalen Kreisläufe von reaktiven Stickstoffverbindungen und N_2O in vorindustrieller und heutiger Zeit schlossen Crutzen und Kollegen [12], dass mit der Einbringung reaktiver Stickstoffverbindungen in terrestrische Ökosysteme eine globale Netto-N_2O-Produktion von 3,3–4,6 % verbunden sein könnte, d. h. 2–3 mal höher als vom IPCC angenommen. Zu etwas niedrigeren Abschätzungen kommt eine kürzlich erschienene Arbeit des Woods Hole Research Center, USA [13]. In dieser Arbeit werden die mit der Anwendung von Wirtschafts- bzw. Kunstdüngern einhergehenden N_2O-Emissionen im globalen Maßstab auf 2,0 bzw. 2,5 % geschätzt. Auch dies ist immer noch deutlich höher als Abschätzungen, die auf der IPCC-Methode basieren. Dies hat erhebliche Konsequenzen für die Abschätzung der Klimaneutralität der Biomasseproduktion für die energetische Nutzung, da die Gesamt-Treibhausgasbilanz für fast alle gängigen „Bioenergiepflanzen" wie Energiemais, Raps oder Zuckerrüben negativ wird. Die Umwelt wird somit nicht von Treibhausgasen

LACHGAS

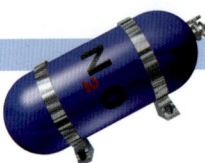

Abb. 4 *Sind Bioenergiepflanzen wie Mais tatsächlich klimaneutral?*

troverser Diskussionen. Die angegebenen Quellstärken aus Biomasseverbrennung, motorischer Verbrennung und aus industriellen Prozessen sind nach wie vor höchst unsicher und werden pauschal mit ca. 1,3 Tg N_2O-N / Jahr [14] abgeschätzt. Die Summe der abiotischen Quellen scheint aber nicht mehr als 10–20 % des globalen Gesamtbudgets des N_2O auszumachen.

In Verbrennungsprozessen entsteht N_2O praktisch immer als geringfügiges Nebenprodukt, und es wurde inzwischen in praktisch allen Prozessen, in denen fossile Brennstoffe verwendet werden, nachgewiesen. Im Gegensatz zu NO ist für N_2O jedoch kein Bildungsmechanismus in Flammen bekannt, bei dem molekularer Stickstoff aus der Verbrennungsluft direkt in N_2O umgewandelt wird. In Öl- und Gasfeuerungen oder bei der Entgasung von Kohle entsteht N_2O überwiegend durch homogene Gasphasenreaktionen. Dagegen sind bei der technischen Verbrennung von Kohle in Kohlestaubflammen oder in Wirbelschichtfeuerungen Reaktionen an Oberflächen oder in den Poren einer festen Phase, z. B. an Kohlenstoffpartikeln, wahrscheinlich.

In Kontrollexperimenten zur N_2O-Entstehung wurde gezeigt, dass sich N_2O in Anwesenheit von NO_x, SO_2 und Wasser in den Probenahmebehältern nachbildete. Aus diesem Grunde mussten frühere Abschätzungen, bei denen fossile Energieträger als eine wichtige N_2O-Quelle eingestuft wurden, korrigiert werden. Die Stärke dieser Quelle wurde durch den sog. „N_2O-Artefakt" um etwa eine Größenordnung überschätzt.

Für die N_2O-Bildung durch homogene Gasphasenreaktionen ist der im Brennstoff in Form von Aminen oder anderen stickstoffhaltigen Verbindungen gebundene Stickstoff von Bedeutung. Die Abb. 5 zeigt die Bildung von N_2O in Verbrennungsprozessen über den sog. HCN-Pfad. In diesem Mechanismus wird sowohl aus stickstoffhaltigem Brennstoff als auch durch die Reaktion von CH-Radikalen mit dem Luftstickstoff zunächst Cyanwasserstoff (HCN) gebildet, der dann in Reaktion mit Sauerstoffatomen des Brenngases zu NCO oxidiert wird. Das NCO-Radikal schließlich reagiert mit NO zu N_2O.

Bei der Verbrennung fossiler Energieträger konnte in den letzten Jahren gezeigt werden, dass der Einsatz NO_x-reduzierender Maßnahmen die N_2O-Emission zum Teil stark erhöhen. Dies gilt für die geregelten Dreiwegekatalysatoren in Kfz-Motoren ebenso wie beim Einsatz der Wirbelschichtfeuerung in Kraftwerken oder bei der Zugabe von stickstoffhaltigen Additiven wie z. B. Harnstoff oder Ammoniak. Unklar ist bislang allerdings, ob homogene Gasphasenreaktionen oder heterogene Prozesse zu dieser N_2O-Bildung beitragen. Bislang ungeklärt ist auch, in welchem Umfang völlig neue NO_x-Reduktionsmaßnahmen bei Lastkraftwagen, wie z. B. AdBlue®, zu einer Zunahme der N_2O-Emissionen führen.

Noch in der Mitte der 90er Jahre wurden neben den Verbrennungsprozessen auch mögliche atmosphärische Quellen, d. h. die direkte Bildung von N_2O in der Luft, diskutiert. So wurden z. B. bei N_2O-Messungen in der Abgasfahne ei-

entlastet, sondern im Vergleich mit fossilen Energieträgern werden eventuell sogar mehr Treibhausgase freigesetzt, was aus dem Gesichtspunkt des Klimaschutzes kontraproduktiv ist.

Abiotische N_2O-Quellen in Verbrennungsprozessen und atmosphärischen Reaktionen

Für viele Jahre war der Beitrag von Industrie- und Verbrennungsprozessen zum globalen N_2O-Budget Gegenstand kon-

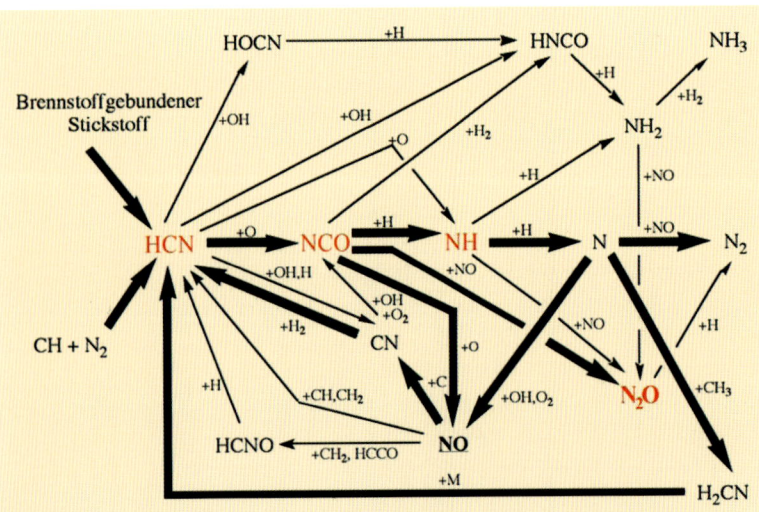

Abb. 5 *Bildung von N_2O in Verbrennungsprozessen über den sog. HCN-Pfad*

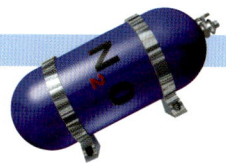

LACHGAS

Abb. 6 *Ob Kletterseil, Heißluftballon oder Feistrumpfhose – aus Nylon entstehen vielfältige Produkte.*

nes Kraftwerkes Hinweise auf die atmosphärische Bildung von N_2O gefunden. Einer der möglichen Bildungsprozesse basiert auf dem sog. Raschig-Mechanismus, der im Zusammenhang mit der Schwefelsäureherstellung bekannt wurde und auch für die N_2O-Nachbildung beim sog. N_2O-Artefakt verantwortlich gemacht wird. Der mögliche Beitrag zur atmosphärischen N_2O-Bildung wurde jedoch als gering eingestuft. Neben den heterogenen Reaktionen wurden auch verschiedene homogene Gasphasenprozesse als potentielle atmosphärische N_2O-Quellen diskutiert. Eine davon war die Reaktion von NH_2-Radikalen, die durch Reaktion von NH_3 mit OH-Radikalen entstehen, mit NO_2. Für diese Reaktion wurde eine globale Quellstärke von 0,9 (+0,9 (-0,4)) Mt N_2O pro Jahr abgeschätzt. Bei dieser Abschätzung blieb jedoch unberücksichtigt, dass die genannte Reaktion nach neueren Untersuchungen nur mit einer Ausbeute von 20 % zum N_2O verläuft, so dass sich die mögliche globale Quellenstärke dementsprechend deutlich verringert.

N_2O-Emissionen der chemischen Industrie

Salpetersäure ist eine wichtige Ausgangsverbindung zur Herstellung stickstoffhaltiger Düngemittel und von Adipinsäure sowie von Explosivstoffen. Die Herstellung von Salpetersäure erfolgt heute üblicherweise durch die Oxidation von Ammoniak an einem Platinkatalysator im sog. Ostwald-Verfahren. Bei diesem Prozess entsteht auch N_2O als Nebenprodukt mit einer Ausbeute von ca. 5 g N_2O pro kg produzierter Salpetersäure. In der Europäischen Union werden bis zum Jahr 2013 Emissionsgrenzwerte eingeführt, die den Einbau effizienter Technologien zur Reduktion der N_2O-Emissionen erforderlich machen. Ein möglicher Prozess dies zu erreichen ist das sog. EnviNOx®-Verfahren. Bei diesem Verfahren wird N_2O katalytisch mit Stickoxiden (oder Kohlenwasserstoffen) bei Temperaturen zwischen 425 und 600 °C zu molekularem Stickstoff entsprechend der nachfolgenden Reaktionsgleichung umgesetzt:

$$2\,N_2O + 2\,NO \longrightarrow 2\,N_2 + 2\,NO_2$$
$$2\,NO_2 \longleftrightarrow 2\,NO + O_2 \quad \text{(Gleichgewicht)}$$
$$2\,N_2O \longrightarrow 2\,N_2 + O_2$$

Bei der Herstellung von Adipinsäure, die als Ausgangssubstanz zur Herstellung von Nylon dient, fallen große Mengen an N_2O an. Pro kg Adipinsäure entstehen ca. 30 g N_2O als Nebenprodukt. Obwohl die Nachfrage nach Adipinsäure in den vergangenen Jahren weiter gestiegen ist, nehmen die N_2O-Emissionen aus diesem Prozess seit Jahren kontinuierlich ab. Dies gelingt durch den Einsatz entsprechender Katalysatoren bei hohen Temperaturen, die eine Zerstörung des N_2O mit einer Effizienz von ca. 99 % ermöglichen.

Literatur

[1] IPCC, 2007. Climate Change 2007: The Physical Science Basis. Contribution of Working Group I to the Fourth Assessment Report of the Intergovernmental Panel on Climate Change. Solomon, S., Qin, D., Manning, M., Chen, Z., Marquis, M., Averyt, K.B., Tignor, M., Miller, H.L. (eds.), Cambridge University Press, Cambridge, United Kingdom and New York, NY, USA, 996 pp.

[2] Ravishankara, A.R., Daniel, J.S., Portmann, R.W. (2009) Nitrous Oxide (N2O): The Dominant Ozone-Depleting Substance Emitted in the 21st Century. *Science*, 326, 123–125.

[3] Wrage, N., Velthof, G.L., Beusichem van, M.L., Oenema, O. (2001) Role of nitrifier denitrification in the production of nitrous oxide. *Soil Biology & Biochemistry*, 33, 1723–1732.

[4] Baggs, E.M. (2008) A review of stable isotope techniques for N2O source partitioning in soils: recent progress, remaining challenges and future considerations. *Rapid Communication in Mass Spectrometry*, 22, 1664–1672.

[5] Chapuis-Lardy, L., Wrage, N., Liemetay, A., Chotte, J.L., Bernoux, M. (2007) Soils, a sink for N2O? A review. *Global Change Biology*, 13, 1–17.

[7] Fowler, D. et al. (2009) Atmospheric composition change: Ecosystems – Atmosphere Interactions. *Atmospheric Environment*, 43, 5193–5267.

[8] Mosier, A., Kroeze, C., Nevison, C., Oenema, O., Seitzinger, S., van Cleemput, O. (1998) Closing the global N2O budget: nitrous oxide emissions through the agricultural nitrogen cycle. *Nutrient Cycling Agroecosystems*, 52, 225–248.

[9] Erisman, J.W., Sutton, M.A., Galloway, J., Kliemont, Z., Winiwarter, W. (2008) How a century of ammonia synthesis changed the world. *Nature Geoscience*, 1, 636–639.

[10] Oenema, O., Witzke, H.P., Klimont, Z., Lesschen, J.P., Velthof, G.L. (2009) Integrated assessment of promising measures to decrease nitrogen losses from agriculture in EU-27. *Agriculture Ecosystems and Environments*, 133, 280–288.

[11] Umweltbundesamt, Nationale Trendtabellen für die deutsche Berichterstattung atmosphärischer Emissionen 1990–2007 (Endstand: 12.11.2008), http://www.umweltbundesamt-daten-zur-umwelt.de/umweltdaten/public/theme.do?nodeIdent=2545.

[12] IPCC, 2006: Guidelines for National Greenhouse Gas Inventories. Vol. 4, Agriculture, Forestry and Other Land Use. Prepared by the National Greenhouse Gas Inventories Program, Eggleston, H.S., Buendia, L., Miwa, K., Ngara, T., Tanabe, K. (eds), Institute for Global Environmental Strategies (IGES), Hayama, Japan, Online: http://www.ipcc-nggip.iges.or.jp/public/2006gl/vol4.html.

[13] Crutzen, P.J., Mosier, A.R., Smith, K.A., Winniwarter, W. (2008) N2O release from agro-biofuel production negates global warming reduction by replacing fossil fuels. *Atmospheric Chemistry and Physics*, 8, 389–395.

[14] Smith, K.A., P.J. Crutzen, A.R. Mosier, W. Winniwater, 2010. The global nitrous oxide budget: a reassessment. In: Nitrous oxide and climate change, K. A. Smith (ed.), Earthscan, London, pp. 63–84.

DICKE LUFT – SAUBERES WASSER

Kohlenwasserstoffe, Stickoxide und Ozon – Dicke Luft

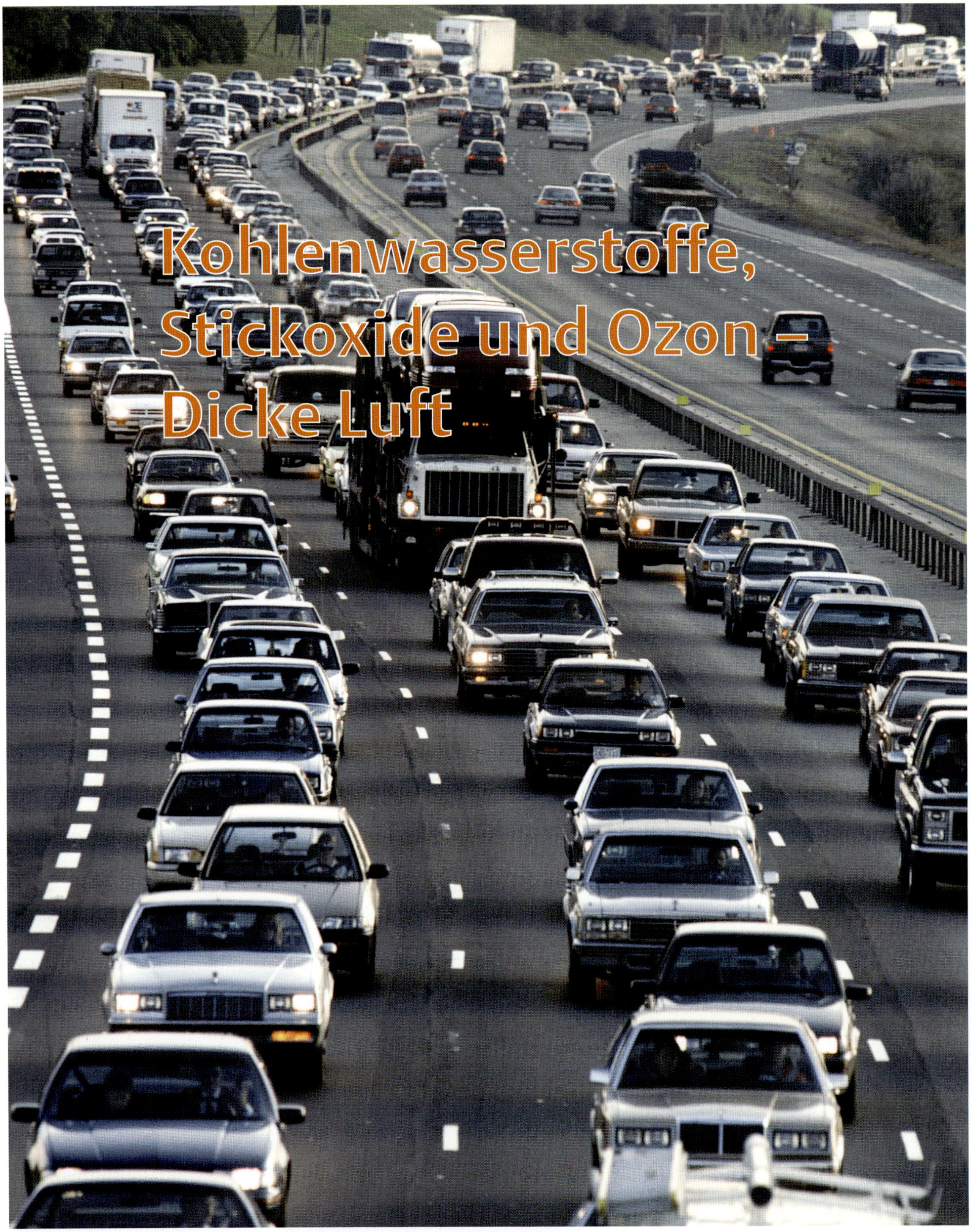

DICKE LUFT – SAUBERES WASSER

Reinheit und Qualität der Luft haben Grenzen

IAN BARNES, KARLHEINZ BECKER, PETER BRUCKMANN, STEFAN GILGE, GERHARD SMIATEK, RAINER STEINBRECHER UND PETER WIESEN

Photochemische Mechanismen des Sommersmogs
Historische Erkenntnisse und Grundlagen

Die photochemische Ozonbildung in der unteren verschmutzten Atmosphäre ist eines der wichtigsten Probleme der Luftreinhaltung. Bereits 1839 entdeckte Schönbein [1] das „Riechende = Ozon" bei Laborexperimenten mit elektrischen Entladungen. Er postulierte, dass durch Blitze in Gewittern auch in der Atmosphäre Ozon entstehen müsse. In der Folgezeit wurde Ozon eindeutig als O_3 identifiziert und in höheren Luftschichten (Stratosphäre) mittels UV-Absorption nachgewiesen. Chapman [2] entwickelte daraufhin eine Theorie über die stratosphärische Ozonbildung. In den nachfolgenden Jahrzehnten galt für Geowissenschaftler ausschließlich die Chapman-Theorie: Ozon entsteht durch Sauerstoffphotolyse in der Stratosphäre, von wo es in tiefere Luftschichten transportiert und am Erdboden abgebaut wird. In Deutschland hat sich diese Vorstellung bis in die siebziger Jahre des letzten Jahrhunderts erhalten. Heute weiß man, dass in der Troposphäre grob gerechnet 5 400 Tg/Jahr O_3 gebildet und 4 800 Tg/Jahr wieder abgebaut werden. Circa 1 200 Tg werden jährlich am Boden zerstört und nur 600 Tg pro Jahr gelangen über Transport aus der Stratosphäre in die Troposphäre. Dieser große Umsatz von troposphärischem Ozon wird hervorgerufen durch luftchemische Reaktionen sog. Vorläufersubstanzen wie Kohlenmonoxid (CO), Methan (CH_4), Nicht-Methan-Kohlenwasserstoffe (NMVOC = *Non-Methane Volatile Organic Compounds*) und Stickoxiden (NO und NO_2), deren globale Emissionsrate etwa in vergleichbarer Größenordnung wie der Ozonumsatz liegt.

Bereits in der vierziger Jahren des letzten Jahrhunderts war im Stadtgebiet von Los Angeles erkannt geworden, dass stark oxidierende Spurenstoffe, sog. Oxidantien, einschließlich des Ozons in mit Autoabgasen belasteter Luft bei Sonneneinstrahlung entstehen. Man spricht seither von dem sog. Los Angeles- oder Photosmog, wobei das Wort „Smog" ein Kunstwort ist, das auf die Worte „*smoke* = Rauch" und „*fog* = Nebel" zurückgeht. Direkte Untersuchungen zeigten schließlich, dass in solchen Luftgemischen aus Stickoxiden (NO_x = NO + NO_2) und reaktiven organischen Verbindungen (NMVOC) Ozon gebildet wird. Die eigentliche Ursache ist die Photolyse des Stickstoffdioxids (NO_2). Da aber im Gegensatz zu NO aus Automobilmotoren praktisch kein NO_2 emittiert wird, blieb längere Zeit unklar, wie NO in NO_2 überführt wird und welche Rolle die NMVOCs dabei spielen. In Deutschland ergaben sich seit den siebziger Jahren des letzten Jahrhunderts ebenfalls eindeutige Hinweise darauf [3], dass sich in belasteten Luftmassen bei sommerlichen Wetterlagen Ozon bildet. Diese Vorstellung setzte sich aber nur zögerlich durch. Erst mit dem „Waldsterben" in den achtziger Jahren des letzten Jahrhunderts, für das das Ozon mit verantwortlich gemacht wurde, rückte dann die Ozonbildung zu einem Hauptproblem der Luftqualität auf.

Bereits in den sechziger Jahren hatte die Frage nach dem atmosphärischen Abbau des CO in den USA zu der Erkenntnis geführt, dass Hydroxylradikale (OH) bei der Ozonbildung eine Schlüsselrolle spielen müssen [4, 5]:

$$OH + CO \rightarrow CO_2 + H$$
$$H + O_2 + M \rightarrow HO_2 + M$$

Als wichtige atmosphärische OH-Quelle war die Ozonphotolyse in Gegenwart von Wasserdampf bereits im Labor entdeckt worden:

$$O_3 + h\nu (Licht) + H_2O \rightarrow O_2 + 2\ OH$$

Die Reaktion CO + OH konnte aber das atmosphärische Reaktionssystem nicht alleine erklären, da die Nachbildung der OH-Radikale unverstanden blieb. Es dauerte weitere Jahre, bis klar wurde, dass die OH-Radikale nur in einer Radikalkette wirksam werden können, mit der wichtigen Reaktion

$$HO_2 + NO \rightarrow OH + NO_2$$

als Kettenfortpflanzung. Hierbei reagieren OH-Radikale mit NMVOCs unter Bildung von HO_2 oder anderen Peroxyradikalen. Beides wird durch diesen Reaktionsschritt erreicht. Die OH-Radikale werden in Gegenwart von NO aus HO_2 in einer Kette zurückgebildet und das emittierte NO in NO_2 überführt. Letzteres steht dann für die photochemische Ozonbildung wieder zur Verfügung:

$$NO_2 + h\nu \rightarrow NO + O$$
$$O + O_2 + M \rightarrow O_3 + M$$

Die genauen Bildungsmechanismen unter Einbezug der NMVOC-Reaktionen sind allerdings im Detail sehr viel komplizierter.

Komplexere Mechanismen

Alle NMVOCs, die ein H-Atom oder eine Doppelbindung enthalten, reagieren mehr oder weniger schnell mit OH-Radikalen. Das in beiden Fällen entstehende Radikal R lagert sofort ein Sauerstoffmolekül an. Die so gebildeten Peroxyradikale, RO_2, würden ohne NO_x fast ausschließlich mitei-

DICKE LUFT – SAUBERES WASSER

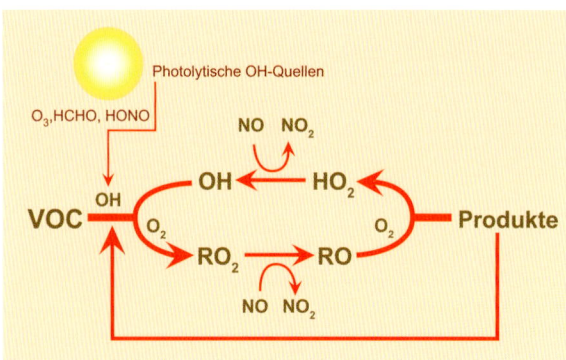

Abb. 1 *Vereinfachtes Schema für die VOC-Oxidation über eine OH/HO$_2$-Radikalkette, die in Gegenwart von NO$_x$ zur Bildung von Ozon führt.*

nander reagieren und keine OH-Radikalkette ermöglichen. In Gegenwart von NO dagegen werden die Peroxyradikale jedoch schnell in Oxyradikale, RO, überführt, die ihrerseits mit dem Luftsauerstoff zu einem Carbonylprodukt und HO$_2$ abreagieren. In diesem Zyklus werden zwei NO$_2$-Moleküle gebildet, die im Sonnenlicht über Photolyse zwei O$_3$-Moleküle erzeugen. Das im primären Reaktionsschritt verbrauchte OH-Radikal wird zurückgebildet. Das gebildete Carbonylprodukt wird dann mit OH weiterreagieren und ebenfalls photolysieren, was zu einer Kettenfortpflanzung bzw. Kettenverzeigung führt. Eine vereinfachte Darstellung dieses Mechanismus zeigt die Abb. 1.

Andererseits können RO$_2$-Radikale – je nach Struktur – auch NO$_2$ anlagern und Peroxynitrate (RO$_2$NO$_2$) bilden, die die Radikalkette verlangsamen. In der Regel sind diese Peroxynitrate thermisch aber nicht stabil und zerfallen schnell wieder. Eine Ausnahme ist das Peroxyacetylnitrat (PAN), CH$_3$C(O)O$_2$NO$_2$. Das PAN gehört zu den langlebigeren Peroxynitraten, da es eine zur –OO-Gruppierung benachbarte Carbonylgruppe enthält, und ist ein typischer Begleiter des Ozons in komplexen Oxidationsmechanismen der belasteten Luft.

Eine ähnliche Vielfalt von Reaktionsmöglichkeiten besteht bei den Oxyradikalen (RO), die aus den Peroxyradikalen durch Reaktion mit NO gebildet werden. Während kleinere RO-Radikale ausschließlich mit O$_2$ reagieren und den entsprechenden Aldehyd bilden, können größere RO auch fragmentieren oder isomerisieren und damit den Radikalumlauf beschleunigen. Eine detaillierte Darstellung des Abbaus organischer Verbindungen über OH-Radikale in der Atmosphäre zeigt die Abb. 2.

Im OH-induzierten Abbau von Aromaten treten besondere Mechanismen auf, die neben der Oxidation des aromatischen Ringes auch zu einer Ringspaltung der intermediären Produkte führen. Insgesamt zeigen solche VOCs eine erhöhte Komplexität in den Mechanismen und damit auch in der Produktverteilung.

VOCs in der Atmosphäre können – neben den OH-Radikalen – aber auch durch andere Oxidantien wie NO$_3$-Radikale, Ozon, Halogenatome (allerdings nur in der marinen Atmosphäre) sowie durch direkte Einwirkung von Sonnenlicht (Photolyse) abgebaut werden. Während die generellen Mechanismen auch für diese Reaktionen gut bekannt sind, besteht für spezifische VOCs noch erheblicher Aufklärungsbedarf [7, 8].

Im Gegensatz zu den OH-Radikalen wurde die Bedeutung der Nitratradikale als photochemische Oxidantien erst sehr viel später entdeckt. NO$_3$-Radikale wurden erstmals 1980 in der Atmosphäre von Los Angeles durch differentielle optische Absorption (DOAS) im roten Bereich des sichtbaren Spektrums nachgewiesen. Die beobachteten Konzentrationen reichen bis zu 350 ppt. NO$_3$-Radikale sind in vielen wichtigen Prozessen der nächtlichen Chemie der Troposphäre beteiligt z. B. bei der Bildung von Salpetersäure, HNO$_3$, der Oxidation von NMVOC und als Nachtquelle für Hydroxylradikale [9]. Das troposphärische Verhalten von NO$_3$-Radikalen ist in Abb. 3 schematisch dargestellt.

Dieser Mechanismus ist dem der OH-Oxidation im Prinzip ähnlich. Auch hier werden RO$_2$ und RO-Radikale gebildet. Allerdings erfolgt die Fortpflanzung der Kette nicht durch NO, sondern durch NO$_3$ selbst. Darüber hinaus ist die Reaktivität von NO$_3$-Radikalen gegenüber den verschiede-

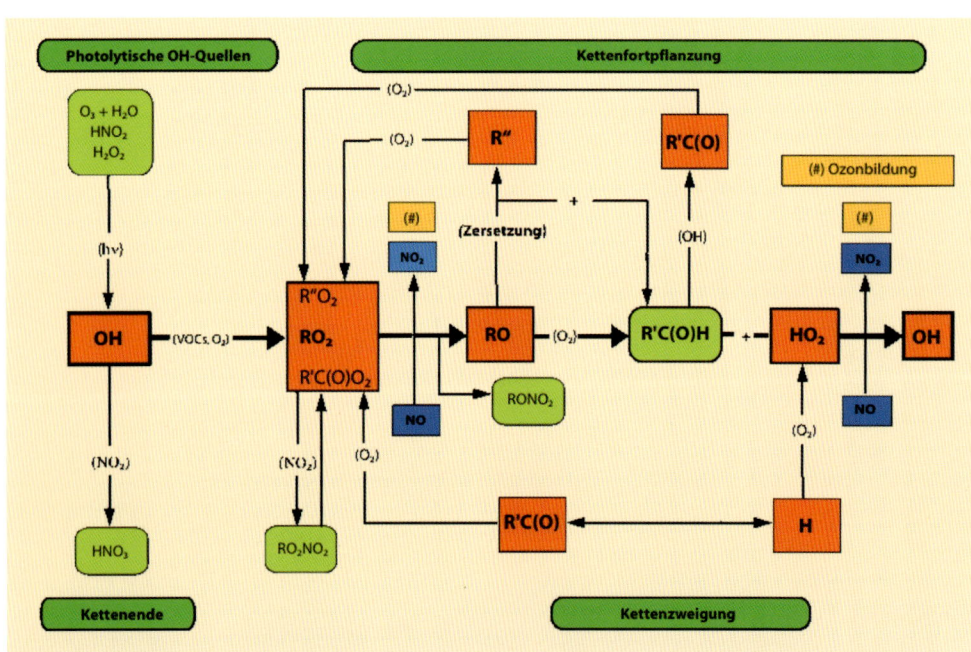

Abb. 2 *Verallgemeinerter Mechanismus der durch OH-Radikale induzierten Oxidationskette von VOCs – insbesondere von Alkanen und Alkenen – in Gegenwart von NO$_x$. Gezeigt sind die Rückbildung von OH-Radikalen (horizontale Pfeile) sowie die Reaktionswege der Kettenfortpflanzung (oben) und der Kettenverzeigung (unten).*

nen VOCs sehr verschieden von der der OH-Radikale. Schnelle Reaktionen existieren nur für ausgewählte Alkene und Aromaten.

Nitratradikale werden in der Atmosphäre praktisch ausschließlich durch die Reaktion von NO_2 mit O_3 gebildet:

$NO_2 + O_3 \rightarrow NO_3 + O_2$

Diese Reaktion läuft aber erst nach Einbruch der Dunkelheit, da andernfalls NO_2 im Tageslicht – wie im o. g. Smogmechanismus erläutert – photolysiert und Ozon bildet. Zwischen NO_3 und NO_2 stellt sich darüber hinaus schnell ein Gleichgewicht unter Bildung von N_2O_5 ein:

$NO_3 + NO_2 + M \Leftrightarrow N_2O_5 + M$

Das Verhalten von NO_3 und N_2O_5 in der Atmosphäre ist über dieses Gleichgewicht sehr eng miteinander verknüpft. Nitratradikale werden am Tage durch Photolyse und Reaktion mit NO sehr schnell verbraucht,

$NO_3 + h\nu (\lambda < 580\ nm) \rightarrow NO_2 + O$
$\phantom{NO_3 + h\nu (\lambda < 580\ nm)} \rightarrow NO + O_2$
$NO_3 + NO \rightarrow 2\ NO_2$

so dass ihre Konzentrationen am Tage unbedeutend sind. Die photolytische Lebensdauer des NO_3-Radikals beträgt tagsüber ca. 5 s. Da die Reaktion von NO_3 mit NO sehr schnell ist, begrenzt diese bereits bei NO-Konzentrationen von ~ 0,4 ppb die chemische Lebensdauer von NO_3 in der Troposphäre auf ebenfalls 5 s. Die NO_3-Konzentration liegt daher am Tage häufig unter 0,1 ppt. In der Nacht dagegen entfällt die Photolyse, und die NO-Konzentrationen werden infolge der Reaktion mit O_3 sehr niedrig, wodurch höhere NO_3-Konzentrationen entstehen.

Auch Ozon reagiert mit ungesättigten organischen Molekülen; im Falle der Alkene spricht man von Ozonolyse [10]. In diesem Zusammenhang spielen biogene VOCs (BVOCs) eine besondere Rolle, da es sich hierbei meist um ungesättigte, hoch reaktive Verbindungen handelt. Analog zur Ozonolyse in Lösung wird auch für die Gasphase angenommen, dass O_3 an die C=C-Doppelbindung im Alken addiert, wodurch ein energiereiches primäres Ozonid entsteht, das in der Literatur oft „Molozonid" (1,2,3-Trioxolan) genannt wird. Das primäre Ozonid zerfällt rasch in eine Carbonylverbindung und ein energiereiches Molekül, das sog. Criegee-Biradikal. Das energiereiche Criegee-Biradikal kann selbst zerfallen oder auch durch Stöße mit Luftmolekülen stabilisiert werden. Als Beispiel ist nachfolgend der vereinfachte Mechanismus der Gasphasenreaktion von Ozon mit Ethen (C_2H_4) gezeigt. Angegeben ist ebenfalls die relative Verteilung des Zerfalls des Criegee-Biradikals auf verschiedene Produkte.

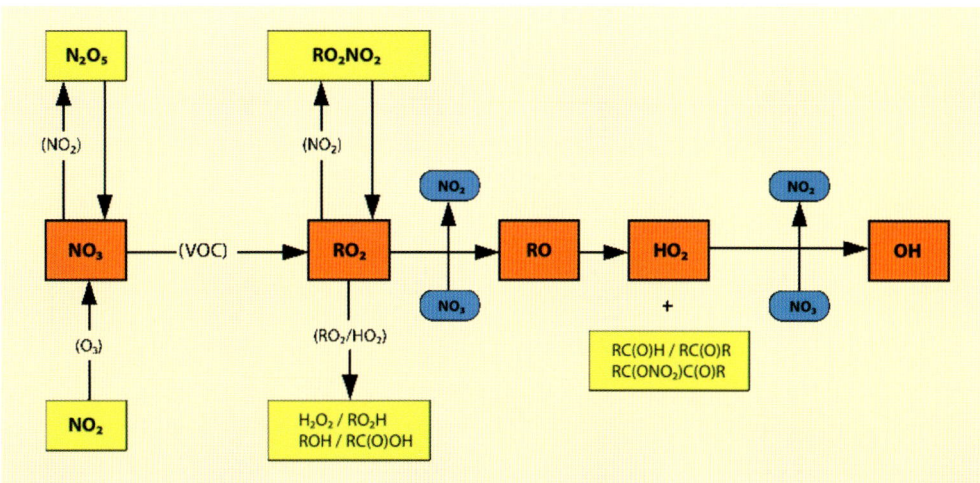

Abb. 3 *Verallgemeinerter Mechanismus der durch NO_3-Radikale induzierten Oxidation von VOCs. Dieser Mechanismus ist nur während der Nacht aktiv, da NO_3-Radikale im Tageslicht schnell photolysiert werden und nur im Dunkeln zu höheren Konzentrationen anwachsen.*

gefolgt von den Reaktionen:
$(H_2COO)^* \rightarrow (H_2COO)$ ca. 46 %
$ \rightarrow H_2 + CO_2$ ca. 13 %
$ \rightarrow 2H + CO_2$ ca. 10 %
$ \rightarrow H_2O + CO$ ca. 31 %

Im Fall symmetrisch aufgebauter Alkene, wie das Ethen, kann nur eine einzige Carbonylverbindung und ein einziges Biradikal gebildet werden, wohingegen für unsymmetrische Alkene jeweils zwei Carbonyle und zwei Biradikale möglich sind (z. B. bei Propen: die Carbonyle HCHO und CH_3CHO und die Biradikale $·CH_2OO·^*$ und $·CH(CH_3)OO·^*$). Untersuchungen haben gezeigt, dass die Reaktion des einfachsten Criegee-Biradikals (H_2COO) mit Wasser zur Bildung von Wasserstoffperoxid (H_2O_2) oder Ameisensäure (HCOOH) führt. In jüngster Zeit wurden auch OH-Radikale als Produkte in der Reaktion von O_3 mit Alkenen nachgewiesen, wobei deren Ausbeute von der Struktur des jeweiligen Alkens abhängig ist [10, 11]. Die Geschwindigkeitskonstanten der Reaktionen von Ozon mit Alkenen sind relativ klein im Vergleich zu denen der entsprechenden OH-Reaktionen. Wegen der deutlich höheren Konzentration des Ozons im Vergleich zum OH können dennoch die Ozonreaktionen mit den OH-Reaktionen häufig konkurrieren.

DICKE LUFT – SAUBERES WASSER

Die Limitierung der Ozonproduktion: Ozon-Isoplethen-Diagramm

Wie bereits oben beschrieben, entsteht Ozon durch den photochemischen Abbau von flüchtigen Kohlenwasserstoffen (VOC) in Gegenwart von Sonnenlicht und Stickoxiden (siehe Abb. 1). Die Ozon-bildenden Reaktionen können dabei wie folgt zusammengefasst werden:

$$VOC(RH) + OH + O_2 \rightarrow RO_2 + H_2O \quad (1)$$
$$RO_2 + NO \rightarrow RO + NO_2 \quad (2)$$
$$RO + O_2 \rightarrow HO_2 + R'CHO \quad (3)$$
$$NO + HO_2 \rightarrow OH + NO_2 \quad (4)$$
$$2\,(NO_2 + h\nu + O_2) \rightarrow 2\,(NO + O_3) \quad (5)$$
$$\text{netto: } VOC + 4\,O_2 + h\nu \rightarrow R'CHO + 2\,O_3 + H_2O \quad (6)$$

Aus der Nettoreaktion (6) ist erkennbar, dass die Ozonproduktion proportional zum VOC-Gehalt, dem Brennstoff, und der Lichtintensität (hν) ist. Die Stickoxide wirken als Katalysator, die in diesem Mechanismus nicht verbraucht werden, aber dennoch dessen Geschwindigkeit mit bestimmen. Je nachdem, welcher der beiden Substanzklassen (VOC oder NO_x) im Unterschuss vorhanden ist, sind entweder die Reaktion (1) oder die Reaktionen (2) bzw. (4) der die Geschwindigkeit bestimmende Schritt. Für den Fall, dass (1) die Reaktionsgeschwindigkeit bestimmt, ist die Ozonproduktionsrate proportional zur VOC-Konzentration. Man spricht dann davon, dass die O_3-Produktion durch VOC „limitiert" ist. Im Fall, dass die NO-Konzentration im Unterschuss vorhanden ist, ist die Abreaktion der Peroxyradikale mit NO ((2) bzw. (4)) der die Geschwindigkeit bestimmende Schritt. Dann ist die O_3-Produktion von der Stickoxidkonzentration abhängig und damit NO_x-limitiert. Das Verhältnis VOC/NO_x ist also verantwortlich für die Art der Limitierung der O_3-Produktion.

Dieser Sachverhalt ist in Abb. 4 verdeutlicht. Sie zeigt die Ergebnisse einer Modellrechnung, in der die Ozonkonzentration in Abhängigkeit von der anfänglichen NO_x- und VOC-Konzentration berechnet wurde [12].

In der Graphik sind zwei unterschiedliche Bereiche farblich markiert. Der rote Bereich mit hohen VOC-, aber niedrigen NO_x-Konzentrationen entspricht typischerweise einer durch biogene Emissionen geprägten Luftmasse in einem Wald. Unter diesen Umständen führt die NO_x-Reduktion zu stärkeren Ozonabnahmen als die VOC-Reduktion (NO_x-Limitierung). Der blau markierte Bereich dagegen entspricht der typischen Situation in einer belasteten Straßenschlucht mit hohen NO_x- und kleineren VOC-Konzentrationen. In diesem Fall werden stärkere Ozonabnahmen nur durch eine VOC-Reduktion erreicht (VOC-Limitierung).

Unter den Bedingungen von niedrigen VOC/NO_x-Verhältnissen nimmt die Ozonkonzentration bei Erhöhung der NO_x-Anfangskonzentration sogar leicht ab, da die OH-Konzentration durch die Reaktion:

$$NO_2 + OH \rightarrow HNO_3 \quad (7)$$

vermindert wird. Damit wird der OH-induzierte VOC-Abbau und die Produktion von Peroxyradikalen begrenzt sowie NO_x aus dem System entfernt, ohne dass Ozon erzeugt wird.

Der Wert der VOC/NO_x-Verhältnisse, bei dem sich die Luftmassen im Grenzbereich zwischen VOC- und NO_x-Limitierung befinden, ist vom Emissionsmuster der Kohlenwasserstoffe abhängig, da verschiedene VOC aufgrund unterschiedlicher Reaktivitäten und Abbauwege bei gleicher Reaktionszeit verschieden stark zur Ozonproduktion beitragen. Bei den Modellrechnungen der Abb. 4 liegt diese Grenze bei einem VOC/NO_x-Verhältnis von 8.

Das VOC/NO_x-Verhältnis nimmt im Laufe der Alterung einer Luftmasse zu, da die VOC im Vergleich zu den Stickoxiden eine längere Lebenszeit haben und da es neben den „punktförmigen" anthropogenen Quellen für Stickoxide und VOC (Städte) zusätzliche weitere Flächenquellen nur für VOC (z. B. biogene VOC aus Wäldern) gibt. Wie oben bereits dargestellt, ist die Ozonproduktion in urbanen Luftmassen aufgrund relativ niedriger VOC/NO_x-Verhältnisse in der Regel VOC-limitiert [7]. Dagegen ist die Ozonproduktion in gealterten Luftmassen immer NO_x-limitiert. Die NO_x-Limitierung setzt also im Verlauf der photochemischen Alterung der Luftmasse ein.

Lebensdauern von VOCs

Die Reaktionsfähigkeit verschiedener VOCs gegenüber OH-Radikalen ist sehr unterschiedlich. Die Reaktionsfrequenz oder OH-Reaktivität eines VOCs wird berechnet durch:

$$d \ln [VOC] / dt\,(s^{-1}) = k_{(VOC + OH)} [OH]$$

mit $k_{(VOC + OH)}$ als Geschwindigkeitskonstante für die Reaktion von OH-Radikalen mit dem VOC und [OH] als Kon-

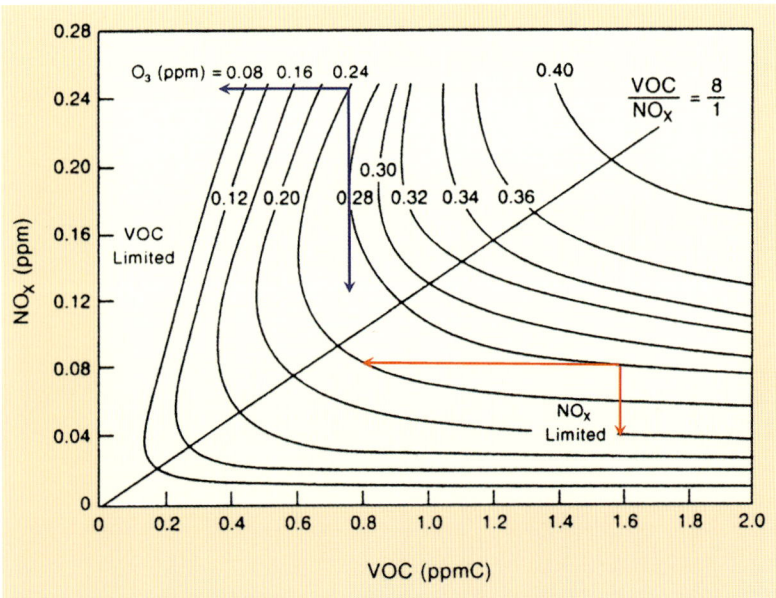

Abb. 4 *Ozon-Isoplethen-Diagramm (Linien gleicher Ozonkonzentration) in Abhängigkeit der NO_x- und VOC-Konzentrationen. Ergebnisse von Modellrechnungen.*

DICKE LUFT – SAUBERES WASSER

Abb. 5 *Schadstoffe mit hoher Lebensdauer sind tickende Zeitbomben in unserer Atmosphäre.*

zentration des OH-Radikals. Das Reziproke des Produktes $(k_{(VOC + OH)} [OH])^{-1}$ wird als Lebensdauer (τ_{VOC}/s) bezeichnet. Die Geschwindigkeitskonstanten der Reaktionen von OH-Radikalen mit VOCs sind sehr unterschiedlich. Sie sind inzwischen für eine große Zahl von VOCs in Laborexperimenten bestimmt bzw. evaluiert worden und in einschlägigen Datenbanken zusammengefasst [7, 10, 13, 14].

Die Lebensdauer eines VOCs wird neben der chemischen Umwandlung durch Photolyse und/oder Transport in die Stratosphäre weiter verkürzt. Die chemischen Lebensdauern reichen von Minuten bzw. Stunden (hochreaktive Terpene), über Tage (Alkene und Aldehyde), Wochen (Benzol), Monate (CO) bis hin zu mehreren Jahren (CH_4). Wird die Verweildauer länger als ein Jahr, gelangt ein Teil des VOCs auch durch Transport in die Stratosphäre. Ein emittierter VOC verteilt sich je nach chemischer Lebensdauer, bis sich ein Gleichgewicht zwischen Emission und Abbau bei einer stationären Konzentration [VOC] eingestellt hat. Der Umsatz beim atmosphärischen Abbau des VOCs ist dabei gegeben durch $[VOC] \times \tau_{VOC}^{-1}$, d. h. auf ein bestimmtes Volumen bezogen entspricht der Umsatz im stationären Fall gleich der Emission in dieses Volumen.

Durch die Entwicklung neuer Messverfahren und die Entdeckung neuer Reaktionsmechanismen hat das Verständnis der OH-Radikal-Chemie in der Atmosphäre in den letzten Jahren bedeutende Fortschritte gemacht. Inzwischen ist bekannt, dass außer der Photolyse des Ozons, die Photolyse von Formaldehyd (CH_2O), die Ozonolyse von Alkenen und die Photolyse von salpetrige Säure (HONO) ebenfalls wichtige OH-Radikalquellen sind. Insbesondere zeigen neueste Feldexperimenten und Modellstudien, dass die HONO-Photolyse auch tagsüber erheblich zu den troposphärischen OH-Radikal-Konzentrationen beiträgt [15].

Emission der Vorläufersubstanzen NMVOC und NO_x

NO_x und NMVOCs sind die wichtigen Vorläufersubstanzen für die photochemische Ozonbildung in der unteren Atmosphäre. Diese Vorläufer werden überwiegend aus Verbrennungsvorgängen wie z. B. dem Verkehr (NO_x) und dem Gebrauch von Lösungsmitteln (NMVOC) emittiert; für NMVOC's spielen allerdings auch größere natürliche (biogene) Quellen eine bedeutende Rolle. Inzwischen wurden die anthropogenen NO_x- und NMVOC-Emissionen in allen Industriestaaten durch gesetzliche Auflagen erfolgreich reduziert. Die Abb. 6 zeigt den Trend der NO_x-Emissionsraten von 1990 bis 2007 für Deutschland aus dem Emissionskataster des Umweltbundesamtes.

Wie daraus zu erkennen ist, ist die NO_x-Reduktion seit Mitte der 90er Jahre hauptsächlich auf die Emissionsminderung im Kraftfahrzeugverkehr durch Einführung des Dreiwegekatalysators in den Otto-Motoren zurückzuführen. Vor diesem Zeitraum stammen signifikante Reduktionen auch aus den Kraftwerken. Der entsprechende Trend für die NMVOC-Emissionen in Deutschland ist in Abb. 7 gezeigt.

Ebenso wie bei NO_x ist auch hier die Rückläufigkeit der Emissionen auf die Verbesserung der Abgasreinigung in Verbrennungsmotoren zurückzuführen. Die Einsparungen im Lösemittelsektor dagegen waren deutlich geringer. Diese Quelle ist seit Anfang der 90er Jahre zu einer Hauptemissionsquelle anthropogener VOCs in Deutschland geworden.

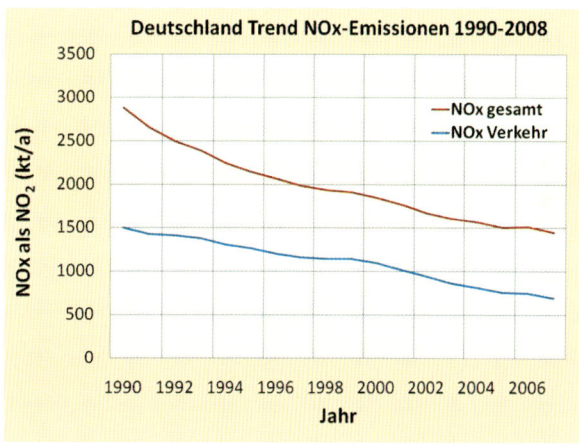

Abb. 6 *Trend der NO_x-Emissionen in Deutschland seit 1990, differenziert nach Verkehrsemissionen und Gesamtemissionen.*

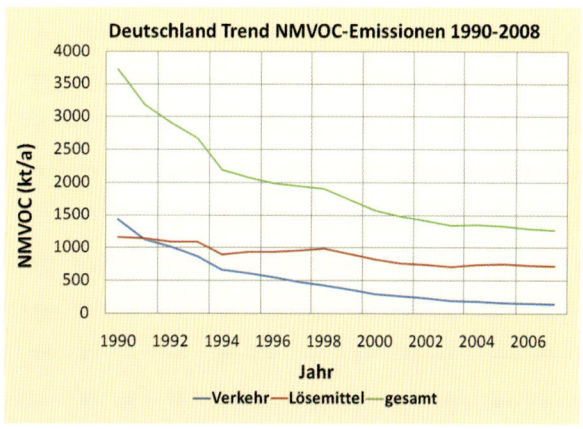

Abb. 7 *Trend der NMVOC-Emissionen in Deutschland seit 1990, differenziert nach den Verkehrs- und Lösungsmittelemissionen sowie Gesamtemissionen.*

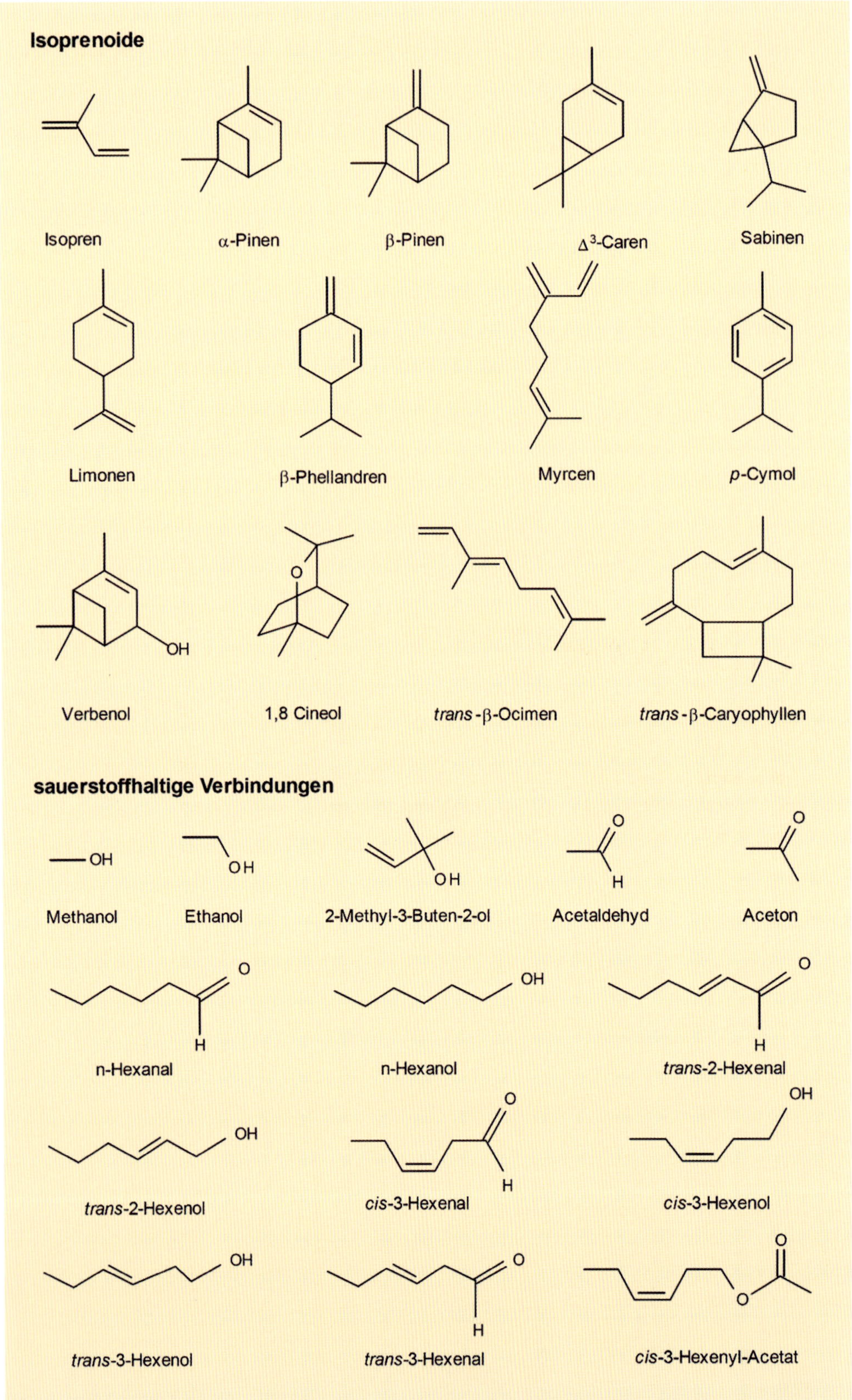

DICKE LUFT – SAUBERES WASSER

Direkte Messungen der Konzentrationen dieser Vorläufersubstanzen in der Atmosphäre folgen allerdings nicht immer dem dargestellten Trend. So zeigten NMVOC-Analysen im Jahr 2002/2003 in der Innenstadt von Wuppertal [6], dass dort die Zusammensetzung des VOC-Mixes immer noch weitgehend den Verkehrsemissionen entsprach und nicht auf die Lösemittel zurückgeführt werden konnte. Ein darauf aufbauende Hochrechnung ergab, dass der Anteil der NMVOC-Emissionen aus dem Gebrauch von Lösemitteln in 2002/2003 höchstens 20 % und nicht über 50 %, wie im UBA-Emissionskataster angegeben, betragen konnte. Dieses zeigt, dass die Emissionsdaten nach wie vor mit relativ hohen Unsicherheiten behaftet und deshalb verlässliche Trendaussagen nicht immer belastbar sind.

Biogene flüchtige Verbindungen

Unsere Umgebung ist voll von flüchtigen natürlichen Verbindungen, die wir oft sogar mit unserer Nase wahrnehmen können. Bei einem Waldspaziergang im Sommer – insbesondere nach Regen – fällt der angenehme, spezifische Waldgeruch auf. Besonders im Nadelwald entsteht dann ein Gemisch aus sog. biogenen flüchtigen organischen Verbindungen (BVOCs), das besonderes aromatisch riecht. Dieses Duftbouquet setzt sich aus Verbindungen zusammen, die überwiegend aus Blättern, Holzteilen und sich zersetzendem organischem Material stammen [16] (vgl. Abb. 8). Eine weitere für die Atmosphärenchemie bedeutende gasförmige Substanz, das Stickstoffmonoxid (NO), stammt aus dem Boden und wird dort von Bakterien produziert [17]. Zusammen mit Substanzen aus menschlichen Aktivitäten, wie z. B. durch den Autoverkehr oder die Lösungsmittel, steuern die biogen gebildeten Verbindungen den photochemischen Reaktionszyklus in der Atmosphäre [18]. In den chemischen Reaktionen der Atmosphäre können aus Gasen aber auch winzige Partikel, das sog. sekundäre organische Aerosol (SOA), gebildet werden. Aus diesem Grunde sind BVOCs nicht nur für die

Abb. 8 *Ausgewählte biogene flüchtige organische Verbindungen (BVOC), die überwiegend von Pflanzen in die Atmosphäre abgegeben werden. Die Isoprenoide sind ein wichtiger Bestandteil des atmosphärischen reaktiven Kohlenstoffkreislaufes und stammen vorwiegend aus sog. Emitterpflanzen. Die sauerstoffhaltigen Verbindungen dagegen werden von fast allen Pflanzen – meist unter Stressbedingungen – gebildet. Einige von ihnen wirken als Signalstoffe in der Kommunikation Pflanze-Pflanze und Pflanze-Tier.*

Gasphasenchemie der Atmosphäre wichtig, sondern auch für die Partikelchemie. Dies hat weitere Auswirkungen auf die Wolkenbildung, den Strahlungshaushalt im Erdsystem und damit auch auf das Klima.

Biogene VOCs im Ökosystem

Pflanzen, Tiere und sogar auch Menschen produzieren eine Reihe von VOC, besonders wenn der Organismus gestresst ist [19]. Nicht immer sind die dabei entstehenden Verbindungen aromatisch, wie z. B. die ätherischen Öle von Pflanzen. Oft sind sie sogar geruchlos, wie z. B. das Methan, das von Bakterien im Magen von Wiederkäuern und in Feuchtgebieten, insbesondere in Reisfeldern, gebildet wird. Auch der menschliche Schweiß ist per se geruchlos. Die darin enthaltenen organischen Verbindungen werden aber schnell von Bakterien in Stoffe umgesetzt, die oft als übel riechend wahrgenommen werden. Jedoch erfüllen diese Bakterien auch eine andere, nützliche Aufgabe: Sie wandeln die im Schweiß enthaltenen Stoffe, wie z. B. das männliche Hormon Testosteron in Sexuallockstoffe, wie das nach Sandelholz duftende Androstenol und das schon in geringsten Konzentrationen wahrnehmbare Androstenon um. Diese sog. Signalstoffe oder Pheromone spielen nicht nur bei der Partnerfindung von Säugetieren eine wichtige Rolle, sondern auch im Kommunikationssystem zwischen Pflanze und Insekt. Die Fichtenborkenkäfer z. B. nutzen ein bestimmtes, im Fichtenduft enthaltenes Isoprenoid, das α-Pinen, als Vorstufe für die Bildung des artspezifischen Lockstoffes Verbenol. Damit zeigen die Käfer ihren Artgenossen den Weg zu einem guten Brutbaum (Langstreckenwirkung) [20]. In unmittelbarer Baumnähe übernimmt dann ein anderes Molekül, das Methylbutenol, die weitere Führung der Käfer zum günstigsten Landeplatz. Durch Anbohren der Rinde werden die Harzgänge verletzt. Das unter Druck stehende Harz tritt aus und die darin enthaltenen VOC werden freigesetzt. Der Baum „spürt" den Insektenangriff, sein Abwehrsystem wird gestartet und unter anderem verstärkt Harz produziert. Damit wird den Borkenkäfern ein Eindringen in die Borke erschwert bzw. unmöglich gemacht. Ist die baumeigene Abwehr z. B. durch die Wirkung von luftgetragenen Schadstoffen geschwächt, kommt es oft zu einem massiven Befall, der zu einem großflächigen Fichtensterben führen kann, wie z. B. im Nationalpark Bayerischer Wald (Abb. 9). Solche Befallsphasen sind begleitet von entsprechend hohen Emissionen an BVOC. Dadurch steigen die VOC-Konzentrationen in der Atmosphäre stark an und zusammen mit Stickstoffoxiden und Sonnenlicht kann verstärkt Ozon gebildet werden. Dieses Ozon kann dann Bäume in unmittelbarer Nähe zusätzlich schwächen und so eine weitere Ausbreitung der Käfer begünstigen.

Derartige Signalstoffe sind nicht nur in der Atmosphäre wirksam, sondern auch im Boden. Das nach Nelken riechende β-Caryophyllen zum Beispiel wird nach Anfressen von Maiswurzeln durch die Larve des Maiswurzelbohrers verstärkt von der Pflanze gebildet und lockt im Boden Fadenwürmer an, die in Käferlarven eindringen und sie töten.

Abb. 9 *Borkenkäferbefall im durch Wind und sauren Regen vorgeschädigten Bayerischen Wald*

Wie reaktive Luftschadstoffe in das fein abgestimmte und sensible „Duftgeflüster" auf verschiedenen Ebenen eines Ökosystems eingreifen ist noch ungeklärt, das Wissen aber von großer Bedeutung für die Entwicklung wirkungsvoller, umweltverträglicher Schädlingsbekämpfungsstrategien.

Emissionen und Emissionsmodellierung

Unter der Vielfalt der biogenen flüchtigen Verbindungen ist das Isopren, ein Kohlenwasserstoff mit fünf Kohlenstoffatomen und zwei Doppelbindungen, das für die Reaktivität der globalen Atmosphäre bedeutendste biogene Molekül. Es wird in großen Mengen von bestimmten Bäumen z. B. Eichen, Pappeln, Palmen, Eukalyptus und auch einigen tropischen Urwaldbäumen in die Atmosphäre abgegeben und kann in der Atmosphäre leicht zu Ozon- und Partikelvorläufersubstanzen oxidiert werden. Aktuell wird geschätzt, dass global im Jahr etwa 500 Tg (10^{12} g) Isoprenkohlenstoff in die Atmosphäre gelangen [18]. Die Emission ist hoch variabel und wird überwiegend von der Temperatur und der Sonneneinstrahlung kontrolliert. Die Abhängigkeit von diesen Umgebungsbedingungen wird in der Modellierung der Emission aus der Biosphäre berücksichtigt. Ist die Landnutzung bekannt, lassen sich je nach räumlicher Auflösung der Daten, z. B. 1 km × 1 km, räumlich und zeitlich hochaufgelöste biogene Emissionsabschätzungen, sog. Emissionskataster, erstellen. In Abb. 10 ist als Beispiel die BVOC-Emission von ausgewählten Ländern Europas für verschiedene Jahre und Monate dargestellt. Die BVOC-Emission ist besonders intensiv, wenn hohe Temperaturen herrschen und genügend Sonnenlicht vorhanden ist. Da unter diesen sommerlichen Voraussetzungen in der Regel auch die Menge der vorhandenen Biomasse groß ist, ist auch der Anteil an BVOC in der Atmosphäre besonders hoch. Dann dominieren in bestimmten Regionen die Emissionen der

DICKE LUFT – SAUBERES WASSER

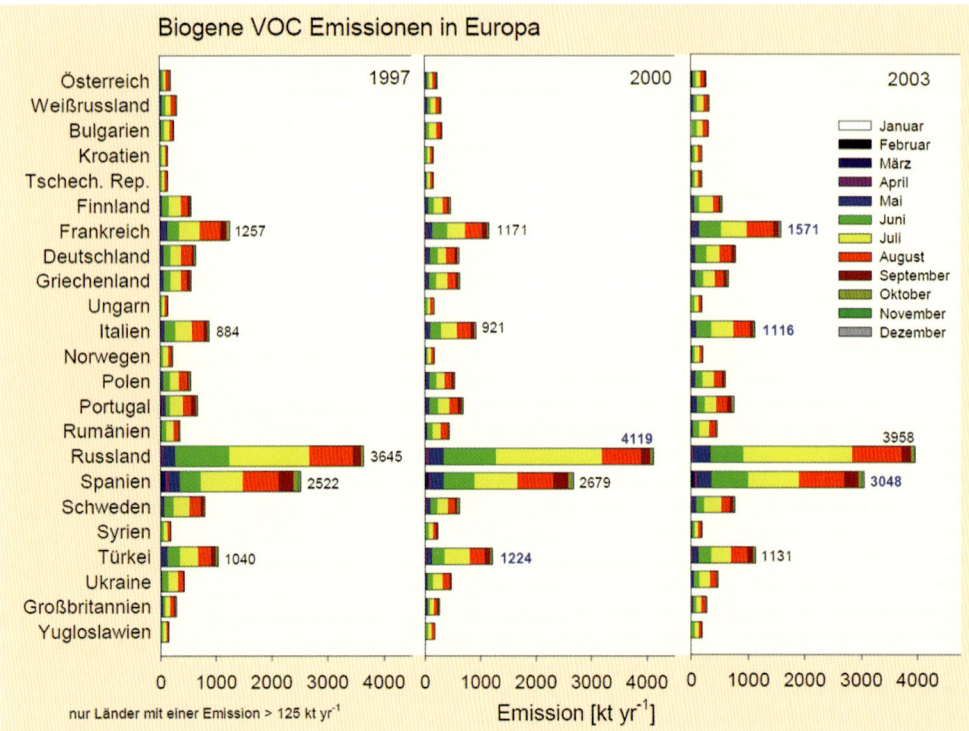

Abb. 10 *Abschätzung der biogenen VOC-Emissionen für verschiedene Länder Europas. Die Rechnungen berücksichtigen die unterschiedlichen Landnutzungsarten wie Eichenwald, Fichtenwald, Grasland, Stadt etc. in einem räumlichen Raster von 10 km × 10 km. Jeder Landnutzungsart ist ein spezifisches BVOC-Profil, das bis zu 26 Einzelverbindungen enthält, zugeordnet. Die Gesamtemission pro Gitterzelle ergibt sich dann aus der Summe der substanzspezifischen Emission der verschiedenen Landnutzungsklassen.*

Strategien zur Minderung der Luftbelastung durch Photooxidation. Im Sommer des Jahres 2003 erreichten die Temperaturen in einigen Regionen Europas Rekordwerte. Damit einhergehend waren auch die biogenen Emissionen in bestimmten Ländern wie z. B. Spanien, Frankreich und Italien besonders hoch und führten u. a. zu erheblichen Überschreitungen der Ozongrenzwerte, auch in Deutschland [21]. Im Gegensatz dazu herrschten 1997 in ganz Europa relative kühle Wetterverhältnisse und die BVOC-Emissionen waren entsprechend niedrig.

Wälder sind mit etwa 60 % Anteil die überwiegende BVOC-Quelle in Europa [22]. Ihre Emission setzt sich in etwa zu zwei Dritteln aus Isoprenoiden zusammen und zu einem Drittel aus sauerstoffhaltigen Verbindungen mit Methanol als Leitkomponente. Bei diesen Abschätzungen sind die Auswirkungen von besonderen Umweltereignissen auf die BVOC-Emission wie Sturmschäden, Ozonstress, Schadinsektenbefall, Überflutungen und Rodungen, die in der Regel die VOC-Emission steigern und ihre Zusammensetzung verändern, nicht berücksichtigt. Lange Trockenperioden und steigende CO_2-Konzentrationen in der Atmosphäre dämpfen jedoch vermutlich die VOC-Emission aus der Vegetation [23]. Es ist deshalb eine große Herausforderung sog. integrierte Modelle zu entwickeln, die in der Lage sind, derartige Ereignisse vorherzusagen sowie die Auswirkungen auf die BVOC-Emission zu berechnen und Rückkopplungen auf die Chemie der Atmosphäre, auf Wetter und Klima abzuschätzen.

Pflanzen die Reaktionsprozesse in der Atmosphäre, da die VOC aus anthropogenen Quellen im Jahresverlauf als fast konstant angenommen werden können. Solche Erkenntnisse sind u. a. die Voraussetzung für die Entwicklung von

Räumliche und zeitliche Verteilung von bodennahem Ozon

Aufgrund seiner Eigenschaft als sekundärer Spurenstoff, der nicht direkt emittiert, sondern aus Vorläufersubstanzen gebildet wird, und seiner relativ kurzen Lebensdauer von etwa 4–5 Tagen ist Ozon sowohl zeitlich als auch räumlich nicht homogen in der Troposphäre verteilt. Je nach Verfügbarkeit der Ozonvorläufer und deren relativer Zusammensetzung, den Strahlungs- und Wetterbedingungen können auch an ein und demselben Ort unterschiedliche Ozonbildungsraten beobachtet werden. So zeigt Abb. 11 für das Meteorologische Observatorium Hohenpeißenberg ganz verschiedene mittlere sommerliche Tagesgänge für Ozon, je nachdem aus welchem Windrichtungssektor die Luftmassen antransportiert wurden. Bei nordöstlichen Windrichtungen werden die Luftmassen durch den Ballungsraum München

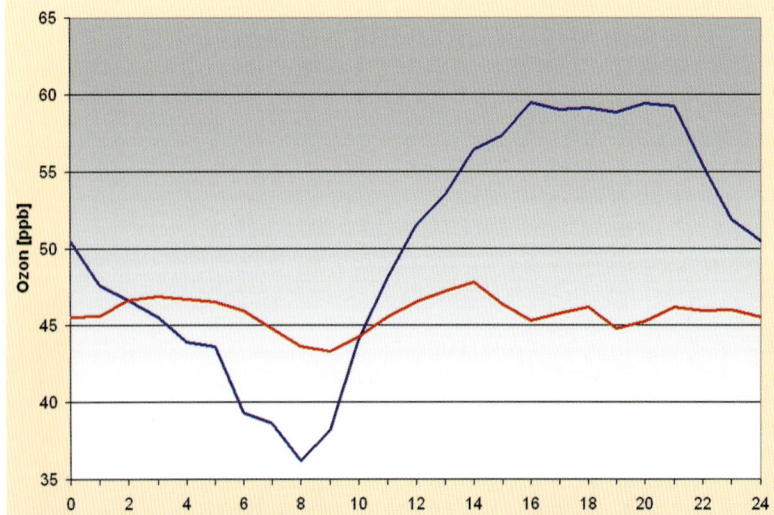

Abb. 11 *Mittlerer, sommerlicher Tagesgang (Stundenmittelwerte für Juni–August, 1995–2006) des bodennahen Ozons am Meteorologischen Observatorium Hohenpeißenberg für die Windrichtungssektoren West-Süd-West (rot) und Nord-Ost (blau).*

DICKE LUFT – SAUBERES WASSER

anthropogen beeinflusst und zeigen dementsprechend einen ausgeprägten Tagesgang mit morgendlich abnehmenden Mischungsverhältnissen und einer dann – bei ausreichender Strahlung – effektiven Ozonproduktion (blaue Linie). Dagegen sind die Luftmassen aus südwestlicher Richtung kaum beeinflusst und weisen sehr viel niedrigere Konzentrationen an Vorläufersubstanzen auf. Dementsprechend ist auch praktisch keine Ozonbildung erkennbar (rote Linie).

Trotzdem zeigen sich, deutschlandweit gesehen und über Jahre gemittelt, einige Regionen, die durch die Konzentration an Ozonvorläufersubstanzen und/oder meteorologische Situationen gegenüber anderen Gebieten bezüglich der Ozonbildung besonders belastet sind. So zeigt Abb. 12 über einen Mittelungszeitraum von 2006 bis 2008 im Rhein-Main-Neckar-Raum, im äußersten Südwesten und im Süden Brandenburgs Gebiete, in denen häufig eine erhöhte Ozonkonzentration über 120 µg/m^3 gemessen wurde. Eine Überschreitung an bis zu 25 Tagen im Jahr wird als „normal" angesehen.

In den letzten zwei Jahrzehnten wurden große Anstrengungen unternommen, um die Emissionen der Vorläufersubstanzen zu reduzieren. Das spiegelt sich auch in der Ozonzeitreihe des Meteorologischen Observatorium Hohenpeißenberg (Abb. 13) wider. Über den gesamten Zeitraum der Beobachtungen seit 1970 steigen (schwarze Trendlinien) sowohl die Mittelwerte (blau) als auch die Maxima (höchstes Stundenmittel eines Monats, violett). Aber in den letzten beiden Dekaden fallen die Maximalkonzentrationen, während die Mittelwerte immer noch steigen. Bei den Mittelwerten zeigen die Regressionsgraden für die letzten 20 bzw. 10 Jahre eine geringere Steigung als für den Gesamtzeitraum; die mittlere Ozonzunahme schwächt sich also ab.

Die sich zwar abschwächende, aber immer noch vorhandene, leichte Zunahme der Mittelwerte ist vermutlich nicht auf eine Emissionsreduktion der Stickoxide zurückzuführen, da diese Mittelwerte in allen Monaten, also nicht nur während der strahlungsarmen Jahreszeit, ansteigen [25]. Wahrscheinlich sind großräumige Transportprozesse dafür verantwortlich.

Das bodennahe Ozon wird seit nunmehr einigen Jahrzehnten an vielen Standorten gemessen und seine Konzentration gehört heute zu den Standardangaben zur Luftqualität von kommunalen oder landesweiten Luftmessstationen. Es gehört aber auch zu den Kenngrößen der globalen Luftüberwachung, die in dem internationalen Projekt „Global Atmosphere Watch" (GAW) zusammengefasst sind. In Abb. 14 sind die O$_3$-Zeitreihen verschiedener Global-Atmosphere-Watch-Stationen aufgetragen. Dabei zeigt die auf ca. 1200 m Höhe gelegene Station Schauinsland im Schwarzwald eine ähnliche Steigung wie der Hohenpeißenberg; ebenso die auch in gemäßigten Breiten der Nordhemisphäre gelegene Station Ryori (Japan). Auch die hochalpinen Stationen Jungfraujoch und Sonnblick haben, neben dem höhenbedingt erhöhten Konzentrationsniveau, nahezu die gleichen Steigungen. Der Trend an der Station Barrow (Alas-

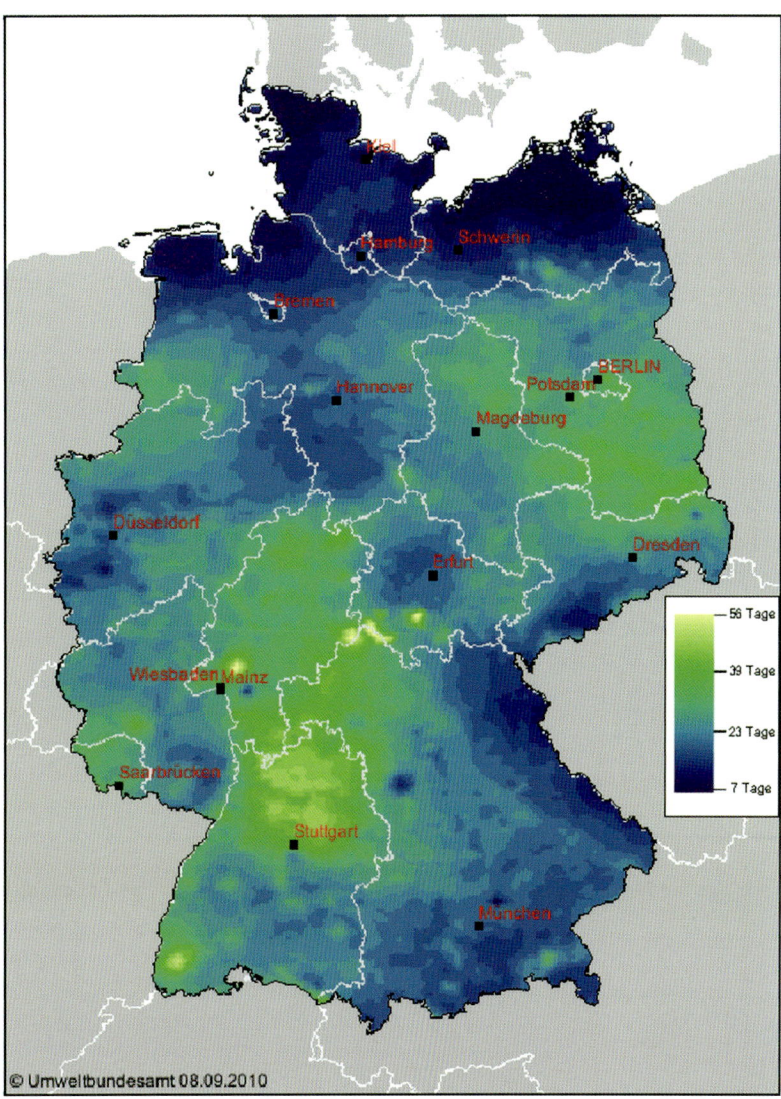

Abb. 12 *Zahl der Tage mit maximalen 8-Stunden-Mittelwerten der Ozonkonzentrationen über 120 µg/m^3 gemittelt über drei Jahre (2006–2008).*

ka) ist nur sehr schwach positiv, an der Station Pallas (Nordfinnland) ist kein Trend zu erkennen, leicht positiv ist der von Mauna Loa (Hawaii), aber nicht so ausgeprägt wie am Hohenpeißenberg. Die Trends der Stationen auf der Südhalbkugel lassen sich wie folgt beschreiben: An der Südpolstation steigen die Messwerte bei einem insgesamt noch abfallenden Trend seit den neunziger Jahren leicht an. Auch das in gemäßigten Breiten der Südhemisphäre liegende Baring Head (Neuseeland) zeigt abfallende Mischungsverhältnisse, während Cape Grim (Australien) und Cape Point (Südafrika) leicht steigende Konzentrationen aufweisen. Die Pazifikinsel Matatula (American Samoa) nahe dem Äquator und die Station Bukit Kototabang in Indonesien zeigen wiederum keinerlei Trend.

Generell kann beobachtet werden, dass die Stationen in den gemäßigten Breiten der Nordhemisphäre einen positiven Trend aufweisen, die in der Südhemisphäre und in den

DICKE LUFT – SAUBERES WASSER

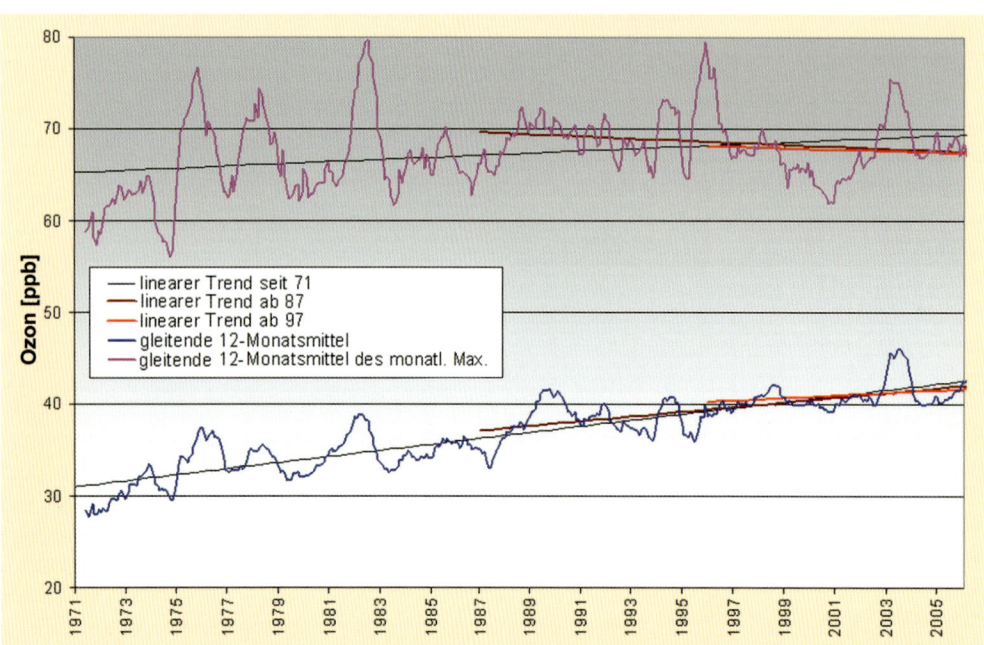

Abb. 13 Zeitreihe des bodennahen Ozons am Meteorologischen Observatorium Hohenpeißenberg; blau: gleitende 12-Monatsmittel; violett: gleitende 12-Monatsmittel des monatlichen Stundenmaximums und entsprechende lineare Trends, schwarz: seit 1971, braun: seit 1987, rot: seit 1997.

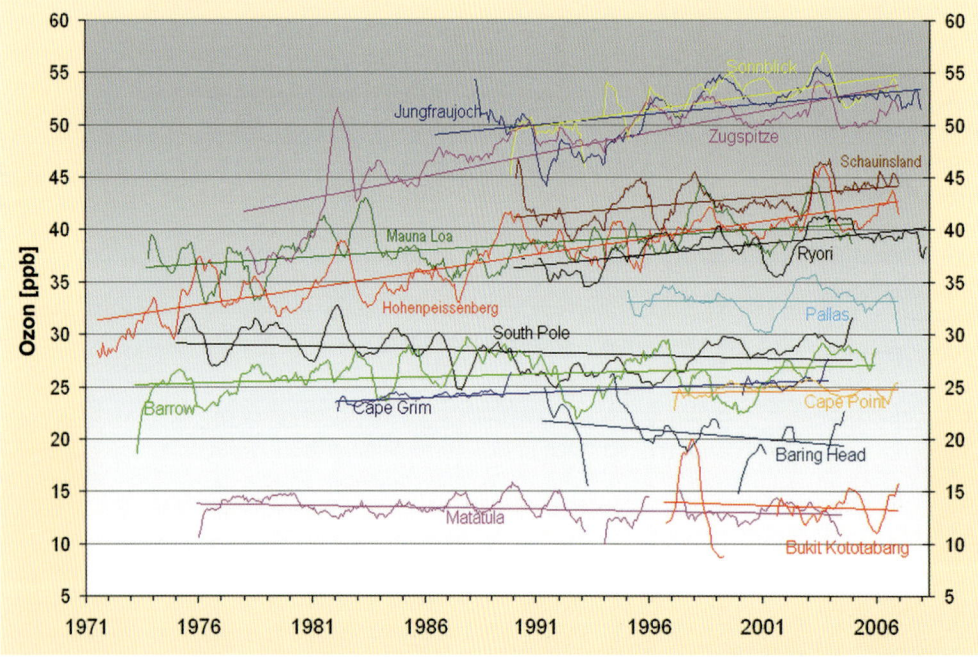

Abb. 14 Zeitreihen (gleitende 12-Monatsmittel) und lineare Trends des troposphärischen Ozons an verschiedenen Global-Atmosphere-Watch-Stationen. Daten von Barrow, Mauna Loa, American Samoa und South Pole wurden von der U.S. NOAA Earth System Research Laboratory, Global Monitoring Division, die Daten aus Ryori, Japan, vom Japanischen Wetterdienst (JMA) erhoben.

Europäische Luftreinhaltung und Emissionsgrenzwerte

Die Europäische Union überprüft in regelmäßigen Abständen ihre Strategie zur Luftreinhaltung und passt sie dem aktuellen Stand von Wissenschaft und Technik an. Im September 2005 hat die Europäische Kommission das derzeit gültige Ziel mit dem Zeithorizont 2020 veröffentlicht und diesem Programm die griffige Abkürzung „CAFE" (*Clean Air For Europe*) gegeben [26]. Als vorrangiges Problem der Luftreinhaltung auf europäischer Ebene wurde die Belastung mit Feinstaub (PM10, PM2.5), Stickstoffdioxid und Ozon sowie der übermäßige Nährstoffeintrag in Ökosysteme (Eutrophierung) und die Versauerung benannt.

Ausgehend von wirkungsbezogenen Beurteilungsmaßstäben für Luftschadstoffe (z. B. den *Air Quality Guidelines* der Weltgesundheitsorganisation WHO [27]) und ihren Emissionen wurden mithilfe von Modellrechnungen (*Integrated Assessment Modelling*) erreichbare Ziele für die Luftqualität in Europa im Jahr 2020 festgelegt. Darüber hinaus wurden die damit verbundenen Kosten abgeleitet sowie Empfehlungen für Maßnahmen gemacht. Nach einer Bewertung der Kosten und des zu erwartenden Nutzens (z. B. verringerte Krankheitskosten bzw. Vermeidung vorzeitiger Todesfälle) wurden für 2020 folgende Zwischenziele festgelegt:

- Verringerung der Feinstaubbelastung (PM2.5) um 75 % und der Ozonkonzentrationen um 60 %, jeweils bezogen auf ein Szenario mit den maximal technisch möglichen Maßnahmen;
- Verringerung der Versauerung und Eutrophierung um jeweils 55 %, bezogen auf das maximal technisch Mögliche;
- Verringerung der NO_x-Emissionen um 60 % und der VOC-Emissionen um 51 %, jeweils bezogen auf das Ausgangsjahr 2000. Durch diese Verringerung der Emissionen von

sehr hohen Breiten jedoch nicht, was darauf hindeutet, dass Emissionen von Ozonvorläufersubstanzen im „Speckgürtel" der Erde auch zu einem Anstieg der mittleren Ozonkonzentrationen geführt haben.

Ozonvorläuferstoffen können im Jahr 2020 bis zu 2 200 vorzeitige Todesfälle durch hohe Ozonkonzentrationen vermieden werden.

DICKE LUFT – SAUBERES WASSER

TAB. 2 | NACH DER RICHTLINIE 2001/81/EG [29] FÜR DEUTSCHLAND FESTGELEGTE EMISSIONSOBERGRENZEN (IN KT PRO JAHR) UND PROGNOSTIZIERTE EMISSIONEN IM JAHR 2010 (NMVOC = NICHT-METHAN-KOHLENWASSERSTOFFE)

Stoff	Emissionsobergrenze 2010	Prognostizierte Emissionen 2010
NO_x	1051	1112
NMVOC	995	987
NH_3	550	610
SO_2	520	459

Abb. 15 Immer mehr deutsche Städte und Kommunen versuchen die Luftqualität durch die Einführung von Umweltzonen zu verbessern.

Die Kosten der zusätzlichen Maßnahmen der Luftreinhaltung belaufen sich europaweit auf 7,1 Milliarden € pro Jahr bei einem geschätzten Nutzen von 42 Milliarden € pro Jahr, so dass der Nutzen die entstehenden Kosten bei weitem überwiegt. Die im Rahmen der CAFE-Strategie beschlossenen Maßnahmen sowie ihr Umsetzungsstand sind in Tabelle 1 aufgeführt.

Die neue Luftqualitäts-Richtlinie 2008/50/EG [28] enthält u. a. für Ozon Zielwerte, Langfristziele, Informations- und Alarmwerte, die von der Vorgänger-Richtlinie 2002/3/EG unverändert übernommen worden sind.

Die Emissionen von Anlagen werden in der novellierten IVU-Richtlinie geregelt (Richtlinie über industrielle Emissionen, 2010 [31]). Für den Großteil der Anlagen geschieht dies indirekt über die Beschreibung des bestverfügbaren Standes der Technik (BAT), so dass es bei der Ausführung in den einzelnen Mitgliedstaaten zu Ungleichgewichten kommen kann. Für einige wichtige Anlagen wie Großfeuerungsanlagen, Müllverbrennungsanlagen oder Anlagen zur Produktion und Verarbeitung flüchtiger organischer Verbindungen (VOC) wurden jedoch Emissionsgrenzwerte für NO_x und VOC festgelegt.

Da sich sekundäre Luftverunreinigungen wie Ozon oder auch die saure Deposition nicht direkt, sondern nur indirekt über die Emissionen ihrer Vorläuferstoffe begrenzen lassen, wurden für 27 Mitgliedstaaten und vier Luftschadstoffe zusätzlich in der Richtlinie 2001/71/EG [29] nationale Emissionsobergrenzen festgelegt, die bis zum Jahr 2010 erreicht werden sollen. Die für Deutschland verbindlichen Emissionsobergrenzen und ihre voraussichtliche Zielerreichung sind in Tabelle 2 enthalten. Jedem Mitgliedstaat ist es freigestellt, mit welchen Maßnahmen das Ziel erreicht wird. Beispielsweise könnte zur Verringerung der NO_x-Emissionen das Schwergewicht auf schärfere Anforderungen für Kraftwerke oder auf die Förderung emissionsarmer Kraftfahrzeuge gelegt werden.

Nach den jüngsten Prognosen der Europäischen Umweltagentur vom Mai 2010 ist zu erwarten, dass Deutschland die Ziele für Stickstoffoxide und Ammoniak knapp verfehlen wird (vgl. Tabelle 2).

Im Rahmen der CAFE-Strategie war auch vorgesehen, die Richtlinie 2001/81/EG [29] zu novellieren und neue Ziele für das Jahr 2020 festzulegen, nunmehr auch einschließlich der Feinstaubfraktion PM2,5. Dies setzt schwierige politische Abstimmungen voraus, da die für die gesamte Eu-

TAB. 1 | WICHTIGE MASSNAHMEN IM RAHMEN DER EUROPÄISCHEN LUFTREINHALTESTRATEGIE CAFE UND STAND DER UMSETZUNG

Maßnahmen im Rahmen von CAFE	Umsetzungsstand (Mitte 2010)
Revision der Luftqualitäts-Richtlinien	+ (Richtlinie 2008/50/EG [28])
Revision der Richtlinie über Nationale Emissionsobergrenzen 2001/81/EG [29]	– (Vorschlag 2013?)
Revision der IVU-Richtlinie 96/61/EG [30]	+ (Richtlinie über industrielle Emissionen [31])
Aufnahme mittlerer Feuerungsanlagen (20–50 MW) in IVU-Richtlinie [30]	–
Begrenzung der Emissionen von Seeschiffen (IMO)	+
Europäische Abgasgesetzgebung: EURO5 (2009), EURO6 (2014); EURO V (2008), EURO VI (2014)	+

ropäische Union festgelegte Emissionsminderung auf die einzelnen Mitgliedstaaten kontingentiert werden muss. Eine „gerechte" Lastenverteilung ist angesichts unterschiedlicher Vorleistungen der Mitgliedstaaten schwierig. Dazu kommt die enge Verzahnung von Luftreinhaltung mit der Klimapolitik und den entsprechenden nationalen Energieszenarien. Angesicht dieser Schwierigkeiten ist eine Revision der Richtlinie 2001/81/EG [29] voraussichtlich auf das Jahr 2013 verschoben worden.

Literatur

[1] Schütt, H.-W., Schönbein, Ch. (1996) Kleine Abhandlungen, Verlag Olms-Weidmann, Hildesheim, Zürich, New York.
[2] Chapman S. (1930) *Phil. Mag. Ser.* 10, 369–383 http://www.informaworld.com/smpp/content%7Edb=all%7Econtent=a910222240%7Efrm=titlelink.
[3] Becker, K. H., W. Fricke, J. Löbel, and U. Schurath (1985) Formation, Transport, and Control of Photochemical Oxidants, in: (eds) R. Guderian *Air Pollution by Photochemical Oxidants*, 3–111, Springer-Verlag, Berlin, Heidelberg.
[4] Levy, H. II. (1971) Normal atmosphere: Large radical and formaldehyde concentrations predicted. *Science* 173, 141–143 (DOI: 10.1126/science.173.3992.141).
[5] Weinstock, B. (1969) Carbon monoxide: Residence time in the atmosphere. *Science* 166, 224–225 (DOI: 10.1126/science.166.3902.224).
[6] Niedojadlo, A., K.H. Becker, R. Kurtenbach, P. Wiesen (2007) The contribution of traffic and solvent use to the total NMVOC emission in a German city derived from measurements and CMB modeling. *Atmos. Environ.* 41, 7108–7126.
[7] Finlayson-Pitts, B., J.N. Pitts Jr. (2000) *Chemistry of the Upper and Lower Atmosphere*, Academic Press, San Diego.
[8] Atkinson, R., J. Arey (2003) Atmospheric degradation of volatile organic compounds. *Chem. Rev.* 103, 4605–4638.
[9] Wayne, R.P., I. Barnes, P. Biggs, J.P. Burrows, C.E. Canosa-Mas, J. Hjorth, G. Le Bras, G.K. Moortgat, D. Perner, G. Poulet, G. Restelli and H. Sidebottom (1991) *Atmos. Environ.* 25A, 1.
[10] Calvert, J.G., R. Atkinson, J.A. Kerr, S. Madronich, G.K. Moortgat, T.J. Wallington and G. Yarwood (2000) *The Mechanisms of Atmospheric Oxidation of Alkenes*, Oxford University Press, New York.
[11] Atkinson, R. and J. Arey (2003) *Chem. Rev.* 103, 4605.
[12] Seinfeld, J.H. and Pandis, S.N. (1998) *Atmospheric Chemistry and Physics*, John Wiley & Sons, New York.
[13] http://kinetics.nist.gov/kinetics/index.jsp
[14] Warneck, P. (2000) *Chemistry of the Natural Atmosphere*, 2nd Ed., Academic Press, San Diego.
[15] Elshorbany, Y., I. Barnes, K. H. Becker, J. Kleffmann, P. Wiesen (2010) Sources and cycling of tropospheric hydroxyl radicals – an overview. *Z. Phys. Chem* 224, 967–987 (DOI: 10.1524/zpch.2010.6136).
[16] Wiedinmyer, Ch., Guenther, A., Harley, P., Hewitt, N., Geron, Ch., Artaxo, P., Steinbrecher, R., Rasmussen, R. (2004) Global organic emission from vegetation, in: *Emissions of Atmospheric Trace Compounds*, C. Granier, P. Artaxo, C. Reeves (eds), Advances in Global Change Research, Vol. 18, Kluwer Academic Publishers B.V., Dordrecht, The Netherlands, ISBN: 1402021666, 115–170.
[17] Ganzefeld, L., Li, Ch., Cárdenas, L., Hawkins, J., Kirkmann, G. (2004) Nitrogen emissions from soils, in: *Emissions of Atmospheric Trace Compounds*, C. Granier, P. Artaxo, C. Reeves (eds), Advances in Global Change Research, Vol. 18, Kluwer Academic Publishers B.V., Dordrecht, The Netherlands, ISBN: 1402021666, 171–238.
[18] Monks, P.S. et al. (2009) Atmospheric composition change – global and regional air quality. *Atmospheric Environment* 43, 5268–5350.
[19] Loreto, F., Schnitzler, J.-P. (2010) Abiotic stresses and induced BVOCs. *Trends in Plant Science* 15, 154–166.
[20] Schlyter, F., Löfqvist, J., Byers, J.A. (1987) Behavioural sequence in the attraction of the bark beetle *Ips typographus* to pheromone sources. *Physiol. Entomol.* 12, 185–196.
[21] Curci, G., Beekmann, M., Vautard, R., Smiatek, G., Steinbrecher, R., Theloke, J., Friedrich, R. (2009) Modeling study of the impact of isoprene and terpene biogenic emissions on European ozone levels. *Atmospheric Environment* 43, 1444–1445.
[22] Steinbrecher, R., Smiatek, G., Köble, R., Seufert, G., Theloke, J., Hauff, K., Ciccioli, P., Vautard, R., Curci, G. (2009) Intra- and inter-annual variability of VOC emissions from natural and semi-natural vegetation in Europe and neighbouring countries. *Atmospheric Environment* 43, 1380–1391.
[23] Peñuelas, J., Staudt, M. (2010) BVOCs and global Change. *Trends in Plant Science* 15, 133–144.
[24] Webseite des Umweltbundesamtes, Luft und Luftreinhaltung, Interaktiver Kartendienst – Karten der Luftbelastung, http://gis.uba.de/Website/luft/index.htm.
[25] Gilge, S., Plass-Duelmer, C., Fricke, W., Kaiser, A., Ries, L., Buchmann, B. (2010) Ozone, Carbon Monoxide and Nitrogen Oxides time series at four Alpine GAW mountain stations in Central Europe. *Atmos. Chem. Phys.* 10, 12295–12316.
[26] Communication from the Commission to the Council and the European Parliament. Thematic strategy on air pollution. COM (2005) 446 final, Brüssel, 21.09.2005, Ratsdok. 12735/05.
[27] WHO-Luftgüte-Richtlinie für Feinstaub, Ozon, Stickstoffdioxid und Schwefeldioxid. Global gültige Aktualisierung 2005. WHO Regional Office for Europe, Kopenhagen (2007).
[28] Richtlinie 2008/50/EG des Europäischen Parlaments und des Rates über Luftqualität und saubere Luft für Europa vom 21.05.2008, ABl. der EU Nr. L152/1.
[29] Richtlinie 2001/81/EG des Europäischen Parlaments und des Rates vom 23.10.2001 über nationale Emissionsobergrenzen für bestimmte Luftschadstoffe, ABl. der EU Nr. L309/22.
[30] Richtlinie 96/61/EG des Rates vom 24.09.1996 über die integrierte Vermeidung und Verminderung der Umweltverschmutzung. ABl. der EU Nr. L257/26.
[31] Richtlinie des Europäischen Parlaments und des Rates über industrielle Emissionen, Veröffentlichung in Vorbereitung.

DICKE LUFT – SAUBERES WASSER

Katalysatoren – die Schadstoff-Killer im Auto

ANDREAS MARTIN UND MANFRED RICHTER

Die automobile Flexibilität – Was kann man der Umwelt zumuten?

Das Wasserstoffauto, angetrieben von Brennstoffzellen, ist noch nicht marktreif, das mit Sonnenlicht angetriebene Solarfahrzeug nur in Kopplung mit anderen Antriebsarten praktikabel, das Elektroauto zwar auf dem Vormarsch, aber mit noch ungenügender Reichweite: die automobile Welt ist auf der Suche nach einer zukünftigen umweltschonenden Fortbewegung als Alternative zu den bewährten Verbrennungsmotoren. Trotz erster serienmäßiger Elektro-Kleinwagen auf dem Markt werden Benzin- und Dieselmotoren den Automobilmarkt noch bis weit in die 20er Jahre dieses Jahrhunderts dominieren.

Vergleicht man Benzin- und Dieselmotor, dann hat zwar der Dieselmotor eine bessere Kraftstoffausnutzung und damit verbunden eine geringere CO_2-Emission als der Benzinmotor, doch ist die Beseitigung von Schadstoffen aus dem Dieselabgas schwieriger. Neben der Verringerung von Ruß- und Partikelemissionen ist es hauptsächlich die Einhaltung der zulässigen Stickoxidanteile im Abgas. Das ist durch Verbesserung der Motoren und Einspritzsysteme, vor allem aber durch den Einsatz von Katalysatoren zur Abgasreinigung, gelungen. Zusammen mit Ruß- und Partikelfiltern ist die Einhaltung der zulässigen Belastung der Umwelt mit den drei prominenten Schadstoffen Kohlenmonoxid (CO), unverbrannte Kohlenwasserstoffe (HC) und Stickoxide (NO_x) auch für die ab 2014 geltenden europäischen Regelungen gesichert.

Die Art und Weise der Abgasreinigung ist für Benzin- und Dieselmotor unterschiedlich. Das liegt an der Betriebsweise und damit an der Zusammensetzung der Motorabgase (Tabelle 3), aber auch an der unterschiedlichen Abgastemperatur [1, 2]. In der Tabelle sind die drei Schadstoffe, die durch Emissionsrichtlinien limitiert sind, hellgelb unterlegt. In der Sprache der Emissionsgesetzgebung wird

TAB. 3 | MITTLERE ZUSAMMENSETZUNG DER ABGASE VON BENZIN- UND DIESELMOTOREN OHNE KATALYSATOR

	Benzin-Ottomotor [Vol.%]	Dieselmotor [Vol.%]
N_2	70,3	72,0
CO_2	18,1	14,6
H_2O	8,2	7,0
O_2	1,1	6,1
CO	0,9	0,08
HC	0,09	0,001
NO_x	0,13	0,19

unter Stickoxiden die Summe aus Monoxid (NO) und Dioxid (NO_2) verstanden und zu NO_x (= NO + NO_2) zusammengefasst.

Man sieht, dass der Dieselmotor geringere Mengen an HC und CO produziert und auch weniger CO_2 ausstößt. Der Motor arbeitet mit einem Luftüberschuss; daher verbleibt mehr Sauerstoff im Abgas. Selbst wenn die Selbstzünder deutlich weniger CO_2 als Benzinmotoren ausstoßen, sind sie aufgrund ihrer höheren Verdichtung im Bereich der NO_x-Emission prinzipiell schlechter. Senkt man die Verdichtung, steigt wiederum der Verbrauch und damit der CO_2-Ausstoß. Die Abgastemperaturen des Dieselmotors sind mit ca. 200 °C deutlich niedriger als die von Benzin-Ottomotoren (ca. 400 °C). Dies hat Konsequenzen für die katalytische Abgasreinigung, denn es werden Katalysatoren benötigt, die bei geringen Temperaturen bereits ausreichende Aktivität entwickeln.

Abgasgesetzgebung

Die Erfolgsgeschichte des Automobils begann am Ende des 19. Jahrhunderts mit dem Benzinmotor. Seit Beginn der Fließbandproduktion von Automobilen bei Ford im Jahr 1913 bis noch in die 70er Jahre des letzten Jahrhunderts waren aber die z. T. übel riechenden und schmutzigen Abgase der „Motor-Kraftwagen" auch stets eine gewisse Hürde für die Akzeptanz der automobilen Fortbewegung. Bis 1974 existierten keinerlei gesetzliche Vorgaben oder andere Zwänge zur Reinigung der Abgase. Die Ausrüstung von Automobilen mit Katalysatoren wurde erstmals 1974 in Teilen der USA als Reaktion auf die zunehmende Belastung durch den Photosmog vorgeschrieben. In Europa forderte zuerst die Schweiz im Alleingang ab 1986 für alle Neuwagen die Ausstattung mit Abgas-Katalysatoren; andere Länder wie Österreich und Schweden zogen bald nach. Ende 1984 beschloss Deutschland, den Einbau von Katalysatoren in Neu-

Abb. 16 *Gehört die Zukunft dem Elektroauto?*

DICKE LUFT – SAUBERES WASSER

Abb. 17 *Die Fließbandproduktion war ein Meilenstein in der Erfolgsgeschichte des Automobils.*

fahrzeuge ab 1989 zur Auflage zu machen. Durch steuerliche Anreize ist der Einsatz von Katalysatoren deutlich beschleunigt worden. Ab 1993 wurden Neufahrzeuge nur noch mit 3-Wege-Katalysator zugelassen.

Der Katalysator

Der 3-Wege-Katalysator (Abb. 18) ist das Herz der „Abgas-Chemiefabrik" im Auto. Er besteht aus einem temperaturstabilen Keramik-Wabenkörper, der eine Vielzahl dünnwandiger Kanäle aufweist. Auf diesem Wabenkörper befindet sich der eigentliche Katalysator. Bei seiner Herstellung wird zunächst ein poröses Aluminiumoxid (Al_2O_3) – modifiziert durch zum Beispiel Cer(IV)-oxid (CeO_2) – aufgebracht, der sog. Washcoat. Durch weitere Tränkungsprozesse werden darauf die eigentlich katalytisch aktiven Edelmetalle Platin, Rhodium und/oder Palladium fixiert. Der monolithische Katalysator wird durch spezielle Lagermatten in einem metallischen Gehäuse – dem sog. Canning – gelagert. Das Canning ist fest im Abgasstrang des Fahrzeuges verbaut und besitzt zum Teil weitere Anschlussmöglichkeiten für z. B. Lambda-Sonden oder Thermoelemente.

Der 3-Wege-Katalysator rückt den drei Schadstoffkomponenten des Abgases (HC, CO und NO_x) gleichzeitig zu Leibe; daher der Name. Er oxidiert restliche unverbrannte Bestandteile des Kraftstoffes (HC) sowie das giftige Kohlenmonoxid (CO) – ein Zwischenprodukt der Kraftstoffverbrennung – zu CO_2, und er wandelt die Stickoxide (NO_x) in harmlosen Stickstoff (N_2) um. Der Kunstgriff besteht darin, zwei gegensätzliche Reaktionstypen, zum einen die Oxidation (von HC/CO zu CO_2), zum anderen die Reduktion (von NO_x zu N_2), durch einen einzigen Katalysator bewerkstelligen zu lassen. Damit dies optimal geschieht, braucht der Katalysator eine ausgeklügelte stoffliche Zusammensetzung, aber auch eine geeignete Arbeitsumgebung, wobei vor allem der Sauerstoffgehalt im Abgas entscheidend ist. Ist er im Abgas hoch, wird die Oxidation erleichtert und die Reduktion erschwert und umgekehrt. Als Folge davon werden bei hohem Sauerstoffanteil HC/CO, aber nicht NO_x, beseitigt. Ist der Sauerstoffanteil dagegen gering, wird NO_x beseitigt, unumgesetztes HC/CO aber verbleibt im Abgas.

In modernen Kraftfahrzeugen wird das Verhältnis von Luft und Kraftstoff von der Motorsteuerung geregelt. Nur bei einem optimalen Luft-Kraftstoff-Gemisch ist eine vollständige Verbrennung gesichert, und der Katalysator kann die schädlichen Abgase umwandeln (Abb. 19). Das optimale oder stöchiometrische Mischungsverhältnis für eine vollständige Verbrennung von Kraftstoffen zu CO_2 und H_2O liegt bei genau 1 : 14,7 oder 1 kg Benzin auf 14,7 kg Luft. In Litern betrachtet: 1 Liter Benzin verteilt auf 9 500 Liter Luft, exakt 0,11 ‰ Benzin [3]. Hier kommt die Lambda-Son-

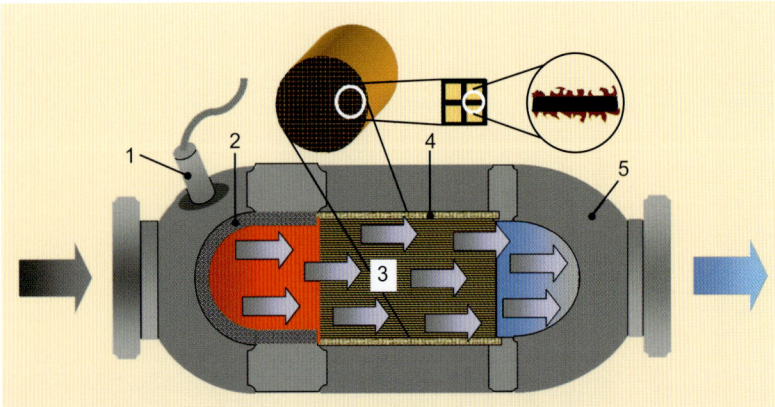

Abb. 18 *Schnitt durch einen 3-Wege-Katalysator. 1 Lambda-Sonde, 2 integrierter Hitzeschutz, 3 Monolith mit Edelmetallbeschichtung, 4 Monolith-Lagerung/Quellmatte, 5 Edelstahlgehäuse. Die Vergrößerung eines einzelnen Kanals (oben) zeigt die durch den Washcoat erreichte Beschichtung und Oberflächenvergrößerung.*

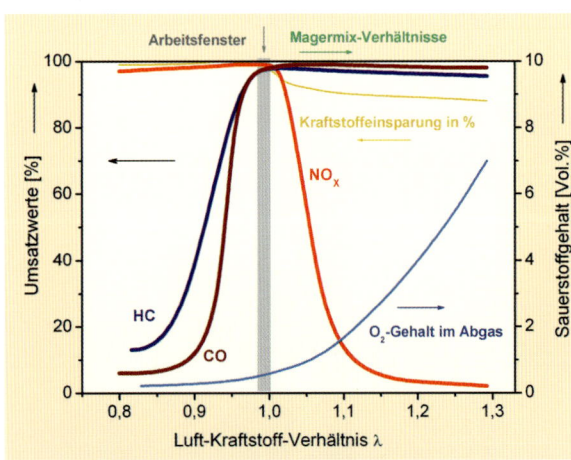

Abb. 19 *Vom Luft-Kraftstoff-Verhältnis (Lambda-Wert) abhängige Parameter im Abgas eines Benzin-Ottomotors. Das „Arbeitsfenster" des 3-Wege-Katalysators, in dem HC, CO und NO_x gleichzeitig entfernt werden können, ist schmal und liegt idealerweise bei einem Lambda-Wert von 1.*

DICKE LUFT – SAUBERES WASSER

de ins Spiel: Sie bildet mit der Motorsteuerung einen Regelkreis, der dafür sorgt, dass stets nur dieses ideale Gemisch verbrannt wird. Man spricht daher auch von einem Katalysator mit „Lambda-Regelung". Das ideale Gemisch repräsentiert einen Lambda-Wert von 1.

Die Wächter des Katalysators: Sonden hier und da

In jedem modernen Auto sind zwei Lambda-Sonden installiert, eine vor dem Katalysator (Regelsonde) und eine dahinter (Diagnosesonde). Das Prinzip ist in Abb. 20 skizziert. Die Regelsonde misst den Restsauerstoff im Abgas, denn dieser sagt etwas aus über die Zusammensetzung des verbrannten Luft-Kraftstoff-Gemischs. Je nach Restsauerstoffgehalt im Abgas generiert die Lambda-Sonde eine niedrige oder höhere Spannung, die als Signal an die Motorsteuerung weitergeleitet wird. Die Motorsteuerung nutzt diese Information, um das Gemisch von Kraftstoff und Luft einzustellen. Die Diagnosesonde überwacht die Arbeit des Katalysators. Signalisiert die Sonde, dass der Katalysator nicht richtig arbeitet, erfolgt eine Warnmeldung und eine fachmännische Überprüfung in der Werkstatt wird empfohlen [3].

Das Entstehen von CO_2 ist untrennbar mit der Energiegewinnung durch Verbrennung von Kohlenwasserstoffen verbunden und lässt sich nicht vermeiden. Wenn schon nicht grundsätzlich seine Bildung, so lässt sich doch die Menge des CO_2 verringern, nämlich dann, wenn pro gefahrenem Kilometer weniger Kraftstoff verbraucht wird. „Magermix" hieß eine Zeitlang das Zauberwort, um den Normverbrauch zu senken. Durch die direkte Einspritzung des Benzins – mit etwa 200 bar direkt in die Brennkammer (Direkteinspritzer) – sollten sog. magere Mischungsverhältnisse mit Lambda-Werten von weit über 1,2 fahrbar werden. Dies reduziert HC und CO; die Reduktion von NO_x im sauerstoffreichen Abgas dagegen ist ähnlich schwierig wie beim Dieselmotor.

Aber auch für dieses Problem hat man eine Lösung gefunden, indem man dem 3-Wege-Katalysator einen Speicher für die Stickoxide, die sog. LNT (= lean NO_x trap), hinzugefügt hat. Der Speicher muss in kurzen Abständen regeneriert werden, indem die Gemischzusammensetzung kurzzeitig verändert wird.

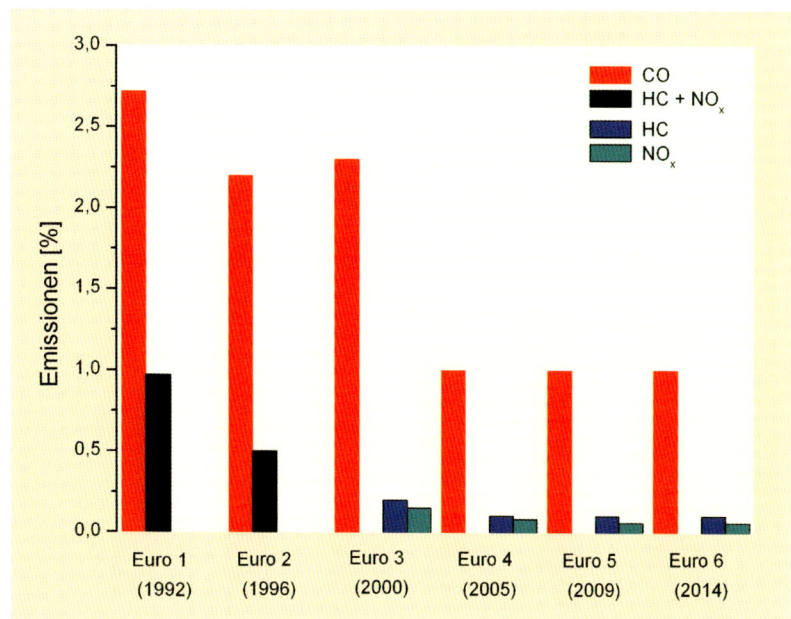

Abb. 21 *Die Entwicklung der europäischen Abgasgrenzwerte für Benzin-Ottomotoren zwischen 1992 und 2014*

Direkteinspritzer erlauben durch eine homogenere Gemischbildung erhebliche Kraftstoffeinsparungen. Doch einen Haken hat das Ganze dennoch: Das maximale Drehmoment erreicht ein Ottomotor bei einem Lambda-Wert von 0,90; die maximale Leistung dagegen bei einem Lambda-Wert von 0,85. Das macht dann wiederum eine Anfettung des Gemisches bei Beschleunigung und hohen Geschwindigkeiten erforderlich und verringert die bei ruhigem Fahren erzielbare Kraftstoffeinsparung, die 10–13 % betragen kann.

Die zulässigen Grenzwerte für die Abgaskomponenten HC, CO und NO_x wurden seit den 80ern systematisch geringer. Einen Überblick über die Entwicklung der europäischen Abgasgrenzwerte für Benzinmotoren ist in Abb. 21 gezeigt. Vergleicht man den HC + NO_x-Wert der Euro-1-Norm von ca. 1 % der Gesamtemission (1,13 g/km) von 1992 mit dem Wert der Euro-5-Norm von ca. 0,16 % (0,10 g/km für HC und 0,08 g/km für NO_x), so wird das Ausmaß der Verringerung deutlich. Dies wurde nicht zuletzt durch den Fortschritt in der Katalysatortechnologie erzielt.

Die selektive katalytische Reduktion von Stickoxiden in Dieselabgasen

Wer in den USA auf dem Automarkt bestehen will, muss deren strenge Emissions-Grenzwerte beachten. Während in Europa und damit auch in Deutschland erst 2014 die Euro-6-Abgasnorm in Kraft tritt, die unter anderem von Dieselmotoren einen Stickoxid-Grenzwert von maximal 0,08 g/km vorschreibt (das ist weniger als die Hälfte der laut Euro-5 zulässigen Emission), ist das in den USA schon gegenwärtig erforderlich. Der NO_x-Ausstoß gilt als Engpass, denn im Dieselabgas ist es schwierig, eine Reduktion von Stickoxiden zu erreichen, wenn die Umgebung durch einen Überschuss

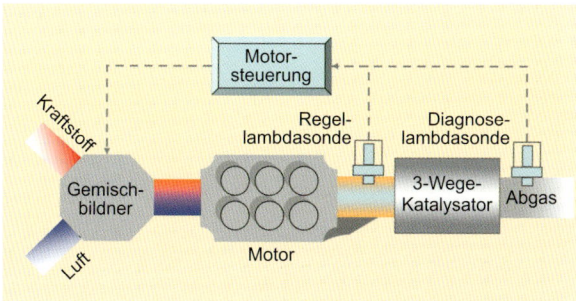

Abb. 20 *Anordnung von 3-Wege-Katalysator im Abgasstrang eines Benzin-Ottomotors und Positionen von Regel- und Diagnose-Lambda-Sonde*

DICKE LUFT – SAUBERES WASSER

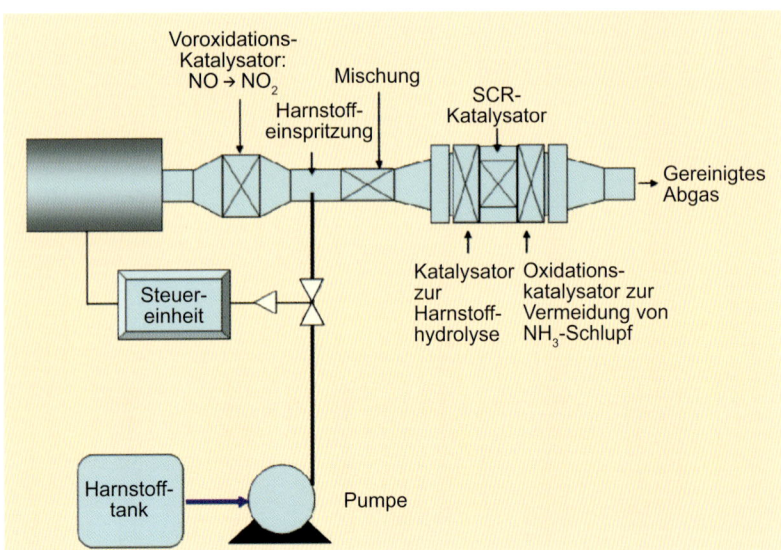

Abb. 22 *Das Harnstoff-SCR-Konzept zur Reduktion von Stickoxiden mit Ammoniak in Abgasen von Dieselmotoren*

an Sauerstoff oxidativ zusammengesetzt ist. Da der Luftüberschuss im Abgas die zur Reduktion der Stickoxide geeigneten Komponenten CO und HC beseitigt, muss dem Katalysator ein alternatives Reduktionsmittel zur Verfügung gestellt werden. In den Laboratorien gab es schon lange vor der Einführung der Euro-5-Norm Versuche, Alkohole oder Kohlenwasserstoffe – ja selbst Wasserstoff – zuzusetzen. Durchgesetzt hat sich schließlich Ammoniak bzw. eine wässrige Harnstofflösung. Harnstoff ist ein farb- und geruchloser kristalliner Feststoff, der sehr gut in Wasser löslich ist. Die Harnstofflösung wird in den Abgasstrang vor den Katalysator eingedüst. Erst nach Verdampfung und Kontakt mit einem Vorkatalysator wird Ammoniak freigesetzt (siehe Abb. 22). Das Verfahren wird selektive katalytische Reduktion (SCR) genannt.

Es wird nur so viel Harnstofflösung zugegeben, dass – rechnerisch – alles Ammoniak bei der Reduktion der Stickoxide verbraucht wird. Und diese läuft hervorragend an speziell zusammengesetzten Katalysatoren. Das Verfahren hat sich schon lange bewährt für die Stickoxidentfernung aus Abgasen stationärer Verbrennungsanlagen, seien es Kohlekraftwerke oder Müllverbrennungsanlagen.

Inzwischen sind die gesetzlichen Grundlagen und auch die infrastrukturellen Voraussetzungen geschaffen. Die europäische Automobilindustrie hat vereinbart, eine 32,5 %ige wässrige Harnstofflösung als Standard-Reduktionsmittel zu verwenden und die Infrastruktur für die Betankung von Fahrzeugen durch sog. AdBlue-Tanksäulen aufzubauen [4]. Der AdBlue-Verbrauch liegt bei etwa 4–6 % des normalen Kraftstoffverbrauchs. Eine Überdosierung der Harnstofflösung muss unbedingt vermieden werden, da nicht umgesetztes Ammoniak dem Autoabgas einen weiteren Schadstoff hinzufügen würde.

Aber auch hier hält die Zukunft noch Verbesserungen bereit. Wie wäre es, Ammoniak im Zuge der Abgasbehandlung aus den Stickoxiden selbst herzustellen? Ebenso wie Ammoniak sich zu Stickoxiden oxidieren lässt, können auch die Stickoxide zu Ammoniak reduziert werden, z. B. mit Wasserstoff, in welchem Fall die Harnstoffdosierung überflüssig wäre. Die Technologie selbst wäre allerdings längst nicht überflüssig, denn sie könnte z. B. für die Abgasreinigung von Schiffsdieselmotoren eingesetzt werden. Hier ist noch viel zu tun, wie die Schadstoffbelastung küstennaher Regionen und von Hafenstädten belegt [5].

Literatur

[1] www.motorlexikon.de
[2] *Vieweg Handbuch Kraftfahrzeugtechnik*, Vieweg Verlag, Wiesbaden, 5. Auflage, 2007, S. 313–320.
[3] www.lambdasonde.de
[4] W.-P. Trautwein (2003) DGMK-Forschungsbericht 616-1: Ad-Blue als Reduktionsmittel für die Absenkung von NO_x-Emissionen aus Nutzfahrzeugen mit Dieselmotor, Hamburg, ISBN 3-936418-08-X.
[5] V. Eyring, J.J. Corbett, D.S. Lee, J.J. Winebrake: (2007) Kurze Zusammenfassung der Wirkungen von Schiffsemissionen auf die atmosphärische Zusammensetzung, das Klima und die Gesundheit des Menschen (in englischer Sprache). Dieses Dokument wurde der Untergruppe „Gesundheit und Umwelt" der International Maritime Organization (IMO) am 6. Nov. 2007 vorgelegt.

DICKE LUFT – SAUBERES WASSER

Sauberes Wasser mit Ozon

Clemens von Sonntag und Torsten C. Schmidt

Ausgelöst durch die Entdeckung des Ozons durch C.F. Schönbein (1799–1868) im Jahre 1839 haben die chemischen Untersuchungen an diesem neuen Gas eine geradezu stürmische Entwicklung genommen. Über viele seiner Reaktionen, mit deren Aufklärung wir uns heute noch beschäftigen, wurde schon zu Lebzeiten Schönbeins berichtet. Als dann Robert Koch pathogene Keime als Ursachen schwerer, häufig tödlicher, Krankheiten (Milzbrand (1876), Cholera (1884)) erkannt hatte, wurde man sich der Bedeutung einer Desinfektion des Trinkwassers bewusst. Die ersten ausführlichen Berichte zur Desinfektion mittels Ozon und Chlor erschienen 1890 im gleichen Heft der Zeitschrift für Mikrobiologie und Immunologie. Die leichtere Verfügbarkeit des Chlors (Chlorkalk) hat dann erst einmal das Rennen in der Praxis für das Chlor entschieden. Um 1910 kam dann als weitere Option die Desinfektion durch UV-Strahlen hinzu. Sehr viel später, als man sich zunehmend der unerfreulichen Nebenprodukte des Chlors bewusst wurde, wurde Chlor durch Chlordioxid ersetzt. Durch Chlor und Chlordioxid erhält das Trinkwasser einen unangenehmen Nebengeschmack. Ozon ist aber in Wasser nicht stabil. Da es auf dem Weg vom Wasserwerk zum Verbraucher zerfallen ist, behalten ozonisierte, wie auch UV-desinfizierte, Trinkwässer ihren natürlichen Geschmack. Heutzutage werden Chlor und Chlordioxid als Desinfektionsmittel zunehmend durch Ozon und UV verdrängt. Wesentlich dazu beigetragen haben die Fortschritte in der Ozonerzeugung und in der UV-Strahlertechnologie.

Das Mülheimer Verfahren

Ein großer Durchbruch in der Trinkwasseraufbereitung gelang 1974 durch die Entwicklung des Mülheimer Verfahrens (Abb. 24). Dabei wird das Wasser der Ruhr über Langsamsandfilter von Schwebstoffen befreit, und ein guter Teil des organischen Materials wird bei dieser Passage aus dort lebenden Mikroorganismen oxidiert. Das so schon ganz wesentlich gereinigte Wasser wird einer Ozonung unterzogen. Dabei werden noch evtl. vorhandene unerwünschte Spurenstoffe (siehe unten) oxidiert und auch das restliche – nicht mehr bioverfügbare organische Material – wird durch die Ozonung soweit anoxidiert, dass es wieder bioverfügbar wird. Auf Aktivkohlefiltern, die auch von Mikroorganismen besiedelt sind, wird das organische Material weiter vermindert. Das so gewonnene Trinkwasser wird heute durch UV-Licht desinfiziert. Eine Chlorungsanlage steht für Notfälle bereit, wird aber im normalen Betrieb nicht mehr eingesetzt.

Mikroverunreinigungen

Abwasser enthält stets eine große Zahl von problematischen Mikroverunreinigungen, z. B. Pharmazeutika, und Stoffe mit endokriner Wirkung, die den Hormonhaushalt aquatischer Lebewesen auch in geringen Konzentrationen merklich stören können. In den Kläranlagen vermag die biologische Stufe zwar eine Vielzahl dieser Verbindungen zumindest teilweise abzubauen, jedoch ist eine größere Zahl derartiger Verbindungen biologisch nicht abbaubar oder sie werden allzu unvollständig eliminiert. Somit gelangen diese Verunreinigungen auch in Flüsse und in das Grundwasser und dadurch auch in die Rohwässer, die für die Trinkwasseraufbreitung genutzt werden. Eine Behandlung des Abwassers mit Ozon wird derzeit erprobt.

Das Problem hierbei ist ganz offensichtlich: Der organischen Matrix des Abwassers, etwa 10 mg/l bezogen auf den Kohlenstoffanteil, stehen Mikroverunreinigungen im µg/l bis ng/l Konzentrationsbereich gegenüber. Somit werden bei einer typischen Ozondosis von etwa 10 mg/l nur die Mikroverunreinigungen, die eine hohe Reaktivität gegenüber Ozon haben, praktisch vollständig abgebaut. Die weniger reaktiven Substanzen werden nur vermindert. Um Voraussagen über den Abbaugrad einer Mikroverbindung und die resultierenden Produkte machen zu können, muss man wissen, welche Moleküleigenschaften für die Ozonreaktivität verantwortlich sind und welche Reaktionen das Ozon in wässriger Lösung einzugehen vermag.

Reaktionen von Ozon in wässriger Lösung

Das Ozon ist eine stark elektrophile Verbindung. Daraus folgt, dass Substituenten in Nachbarschaft zum reaktiven Zentrum die Geschwindigkeitskonstante der Reaktion dramatisch beeinflussen können. So reagiert Ozon mit dem Phenolat-Ion nahezu diffusionskontrolliert, während das Nitrobenzol 10 Zehnerpotenzen langsamer reagiert. Ozonreaktionen können im Wesentlichen durch vier Reaktionstypen beschrieben werden [1]:

Abb. 23 *Sauberes Wasser ist das A & O für unsere Gesundheit.*

DICKE LUFT – SAUBERES WASSER

- Sauerstoffatom-Transfer (häufig unter Bildung eines kurzlebigen Trioxids);
- Elektronentransfer;
- elektrozyklische Addition (bei Olefinen);
- H-Abstraktion (bei aliphatischen Verbindungen).

Typische O-Transfer-Reaktionen sind die Reaktionen mit Sulfiden (Reaktionen (1) und (2)), Aminen oder Übergangsmetallionen, die eine 2-Elektronen-Oxidation eingehen können (Reaktionen (3) und (4)):

$$R_2S + O_3 \rightarrow R_2S^+OOO^- \rightarrow R_2SO + O_2 \qquad (1, 2)$$
$$Mn^{2+} + O_3 + H_2O \rightarrow [MnOOO]^{2+} + H_2O \rightarrow$$
$$MnO_2 + 2\,H^+ \qquad (3, 4)$$

Die Bildung von Braunstein (MnO_2) war schon Schönbein bekannt, und er hat sie als Geheimtinte beschrieben. Wenn man Papier mit einer verdünnten farblosen $MnSO_4$ Lösung beschreibt und das feuchte Papier Ozon aussetzt, so kommt die Schrift zum Vorschein.

Quantenmechanische Rechnungen haben gezeigt, dass Addukte mit dem Ozon auch eine Rolle bei der Reaktion von Ozon mit Aromaten spielen (z. B. Reaktion (5)). Dieses instabile Primärprodukt zeigt eine Reihe von Reaktionen, auf die unten teilweise noch eingegangen wird.

Reine Elektronentransferreaktionen, wie z. B. Reaktion (6), sind selten. Meist ist dem Elektronentransfer die Bildung eines Adduktes vorgelagert (wie z. B. in der Reaktion zwischen Ozon und dem Trimethylamin (Reaktionen (7, 8)):

$$ClO_2^- + O_3 \rightarrow ClO_2^\bullet + O_3^{\bullet-} \qquad (6)$$
$$(CH_3)_3N + O_3 \rightarrow (CH_3)_3N^+OOO^- \rightarrow (CH_3)_3N^{\bullet+} + O_3^{\bullet-} \quad (7,8)$$

Olefine reagieren mit Ozon in einer 1,3-Zykloaddition zu einem Ozonid (Reaktion (9)) (Abb. 25). Im Gegensatz zu den Aromaten bildet sich hierbei ein kurzlebiges Addukt nicht aus. Das liegt möglicherweise daran, dass in den Aromaten die positive Ladung durch eine Verteilung auf mehrere Zentren verteilt und somit stabilisiert ist (Mesomerie). Aber auch in den Aromaten wird der Ringschluss zum Ozonid stets beobachtet.

Das Ozonid zerfällt in Wasser anders als in der Gasphase oder in organischen Lösungsmitteln, da das in Reaktion (10) gebildete Zwitterion rasch mit Wasser reagiert (Reaktion (11)). Die Eigenschaften der Substituenten (Elektronen-Donor (D) bzw. Elektronen-Akzeptor (A)) bestimmen nicht nur die Geschwindigkeitskonstante, sondern auch den Zerfallsweg. So wird z. B. das Zwitterion durch Elektronen-Donoren stabilisiert.

Gesättigte Verbindungen (ohne N oder S) reagieren nur langsam mit Ozon. Hier wird als dominante Reaktion eine H-Abstraktion (Reaktion (13)) angenommen:

$$RH + O_3 \rightarrow R^\bullet + HO_3^\bullet \qquad (13)$$

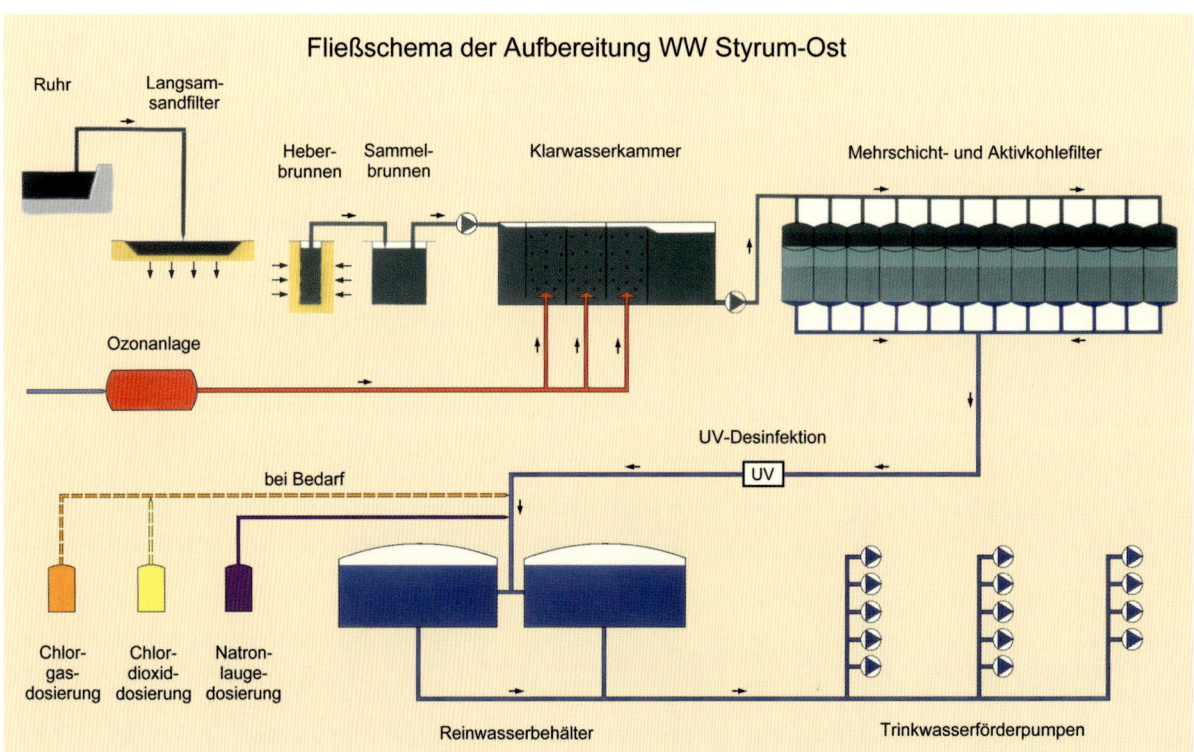

Abb. 24 Fließschema einer Trinkwasseraufbereitungsanlage nach dem ‚Mülheimer Verfahren'.

DICKE LUFT – SAUBERES WASSER

Abb. 25 *Mechanismus der Reaktion von Ozon mit Olefinen in wässriger Lösung. Die Substituenten A und D sind Elektronen-Akzeptoren bzw. -Donoren.*

In einigen der oben beschriebenen Reaktionen wird das Radikalanion $O_3^{\bullet-}$ gebildet. $O_3^{\bullet-}$ entsteht auch in der Reaktion von Ozon mit organischem Material im Abwasser in etwa 13 %iger Ausbeute [2]. Über diverse Gleichgewichte entstehen aus $O_3^{\bullet-}$ die überaus reaktiven $^\bullet OH$-Radikale ($O_3^{\bullet-} + H_2O \rightarrow {}^\bullet OH + O_2 + OH^-$) [3]. Diese können auch Mikroverunreinigungen, die nicht mit Ozon reagieren, abbauen und erhöhen so die Effizienz der Ozonbehandlung des Abwassers [4].

Wiedernutzung von Abwasser

Besonders in ariden Gebieten reichen die natürlichen Wasserressourcen oft nicht mehr aus, um den steigenden Wasserbedarf für Trinkwasser, Prozesswasser und vor allem die Bewässerung landwirtschaftlich genutzter Flächen zu decken. Man hat manchenorts daher begonnen, kommunales Abwasser als Wasserressource zu nutzen und aufzubereiten. Das so aufbereitete Wasser wird für die künstliche Grundwasseranreicherung verwendet, zum Teil direkt bis zu Trinkwasserqualität gereinigt, wie großtechnische Anlagen in Windhoek, Namibia, oder Singapur demonstrieren.

Abb. 26 *Abwasseraufbereitungsanlage*

Ozon spielt in diesen Anlagen zur Hygienisierung und weitergehenden Eliminierung von Spurenstoffen eine wichtige Rolle.

Literatur

[1] von Sonntag, C., von Gunten, U. *The Chemistry of Ozone in Water and Wastewater Treatment: From Basic Principles to Applications*; International Water Association Publishing, London, in Vorbereitung.

[2] Nöthe, T., Fahlenkamp, H., von Sonntag, C. (2009) Ozonation of wastewater: rate of ozone consumption and hydroxyl radical yield. *Environ. Sci. Technol.*, 43, 5590–5595.

[3] Merényi, G., Lind, J., Naumov, S., von Sonntag, C. (2010) The reaction of ozone with hydrogen peroxide (peroxone process). A revision of current mechanistic concept based on thermokinetic and quantum-mechanical considerations. *Environ. Sci. Technol.*, 44, 3505–3507.

[4] Pocostales, J. P., Sein, M.M., Knolle, W., von Sonntag, C., Schmidt, T.C. (2010) Degradation of ozone-refractory organic phosphates in wastewater by ozone and ozone/hydrogen peroxide (peroxone): the role of ozone consumption by dissolved organic matter. *Environ. Sci. Technol.*, 44, 8248–8253.

Feinstaub – Klein, fein und gemein

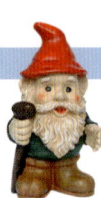

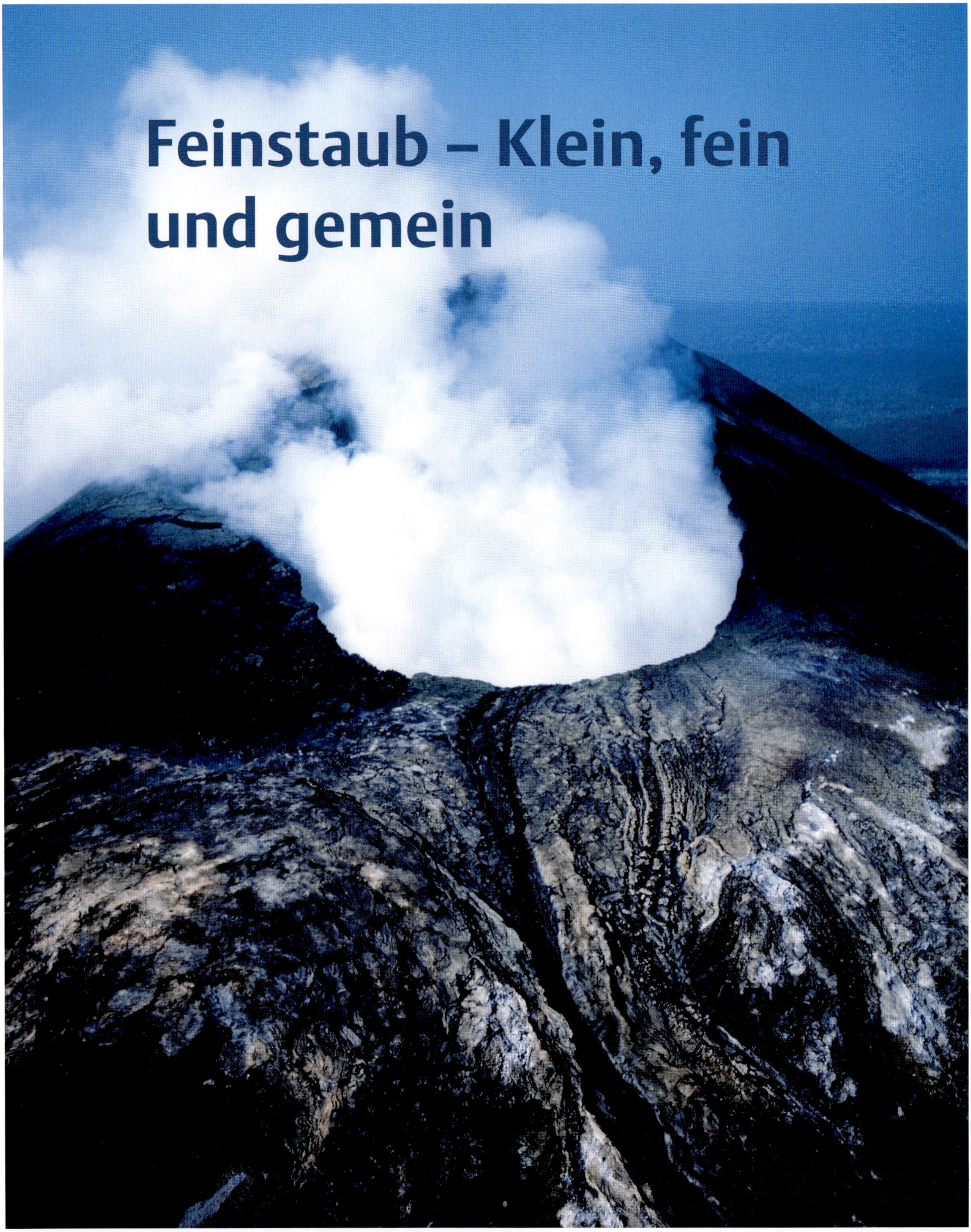

Chemie über den Wolken. Reinhard Zellner · Copyright © 2011 WILEY-VCH Verlag GmbH & Co. KGaA, Weinheim · ISBN: 978-3-527-32651-8

FEINSTAUB

Staub ist überall – Auch in der Luft

PETER BRUCKMANN, THOMAS A. J. KUHLBUSCH, ASTRID JOHN, ULRICH QUASS UND
MARKUS KASPER

Wie klein ist Feinstaub?

Die Luft enthält neben den Gasen auch sog. Schwebstoffe, also feste oder flüssige Partikel, die nicht den Wolken oder dem Nebel zuzurechnen sind, und die die Luftqualität und damit die menschliche Gesundheit beeinflussen können. Zur Beurteilung der Luftqualität ist die Menge des Gesamtschwebstaubs (TSP = *Total Suspended Particulates*) geeignet. Seit Ende der 1990er ist diese durch die sog. Feinstaubkonzentration ersetzt worden. Etwa 80–90 % des Gesamtstaubs besteht aus Feinstaub.

Schwebstoffe sind je nach Herkunft unterschiedlich groß. Als „Feinstaub" wird meist die Größenfraktion PM10 (PM = *Particulate Matter*), teilweise auch die Fraktion PM2.5, verstanden. Sie wird auch „alveolare" Größenfraktion genannt, da sie beim Einatmen in die feinen Alveolen und Lungenbläschen vordringen kann. Analog werden noch weitere Größenfraktionen als PM1.0 oder gar PM0.1, und letzteres auch als Ultra-Feinstäube (UFP), bezeichnet.

Feinstaub ist ein komplexes Gemisch aus unterschiedlichen chemischen Inhaltsstoffen sowie unterschiedlichen Partikelgrößen und -formen, dessen Zusammensetzung u.a. mit dem Standort bzw. der Art der Quellen, der Jahreszeit und den meteorologischen Bedingungen variiert. Hinsichtlich der Wirkung auf die menschliche Gesundheit sind sowohl die Partikelgrößenverteilung als auch die chemische Zusammensetzung von erheblicher Bedeutung.

Vorkommen und Konzentration

Die Konzentrationen von Feinstäuben in der Umgebungsluft in Deutschland werden derzeit an über 400 Stationen der Länder und des Bundes gemessen. Da diese Messungen in erster Linie auf die Überwachung der von der Europäischen Union festgelegten Grenzwerte [1] ausgerichtet sind, werden vor allem die Massenkonzentrationen der Feinstaubfraktionen PM10 und PM2.5 gemessen (vgl. Kasten). Noch feinere Partikel (z. B. PM1.0 oder ultrafeine Partikel mit aerodynamischen Durchmessern von 0,1 μm oder kleiner) werden in erster Linie im Rahmen von Forschungsvorhaben erfasst.

Da Partikel aus zahlreichen anthropogenen und natürlichen Quellen emittiert werden und zudem über weite Entfernungen transportiert werden können, liegt auch in ländlichen Räumen weitab von Quellen eine Grundbelastung vor.

Etwas höhere Konzentrationen werden in städtischen Wohngebieten gemessen, während Orte in unmittelbarer Quellnähe – wie im Nahbereich des Verkehrs oder im Umfeld bestimmter Industrieanlagen – noch höher belastet sind (Belastungsschwerpunkte). In eng bebauten Straßenschluchten wird zudem der Luftaustausch stark herabgesetzt. Es hat sich deshalb bewährt, die Luftbelastung anhand von Messdaten mit unterschiedlicher Stationsumgebung (ländlich, urbane Wohngebiete/städtischer Hintergrund, verkehrsnah, industriell geprägt) zu charakterisieren.

Die höheren lokalen Feinstaubemissionen in städtischen Gebieten und insbesondere in verkehrsreichen Straßen zeigen sich deutlich in den Tagesgängen. Abb. 1 zeigt beispielhaft die aus PM10-Stundenwerten des Jahres 2007 gemittelten Tagesgänge an den Stationen Köln-Clevischer Ring (hohes Verkehrsaufkommen), Köln-Chorweiler (städtischer Hintergrund) und Rothaargebirge (ländlicher Hintergrund). Die Konzentrationskurven für den städtischen Hintergrund und insbesondere für die Verkehrsstation sind gegenüber dem ländlichen Hintergrund zu höheren Werten verschoben. Zudem weist der Tagesgang an der verkehrsbezogenen Station ausgeprägte Maxima in den Morgen- und Abendstunden auf, die im städtischen Hintergrund in abgeschwächter Form auftreten. Die PM10-Maxima entstehen durch das Zusammenspiel erhöhter lokaler Verkehrsemissionen durch den morgendlichen und abendlichen Berufsverkehr und der Stabilisierung der Mischungsschicht in den Morgen- und Abendstunden. Dies führt u. a. dazu, dass die abendlichen Maxima an der Verkehrsstation (gegen 18.00 Uhr) und im urbanen Hintergrund (gegen 21.00 Uhr) zeitlich verschoben sind. An der Verkehrsstation überwiegt der Einfluss frischer Partikelemissionen im Feierabendverkehr, im urbanen Hintergrund der verringerte Luftaustausch in den späteren Abendstunden.

Typische Konzentrationsbereiche der Feinstaubfraktionen PM10 und PM2.5 in Deutschland enthält Tabelle 1.

Aus den Daten der Tabelle 1 ergibt sich zwar – wie zu erwarten – die Konzentrationsabstufung ländlich < städtischer Hintergrund < verkehrsbezogen, jedoch zeigen die verschiedenen Stationsumgebungen eine erhebliche Streubreite und die Konzentrationsbereiche überlappen sich teil-

> **PARTIKELDURCHMESSER**
>
> PM10: Partikel mit aerodynamischen Durchmessern von 10 μm oder kleiner. Dringen in den Atemtrakt unterhalb des Kehlkopfes vor. 60–70 Massenprozent der Partikelfraktion PM10 bestehen aus feineren Partikeln mit Durchmessern kleiner gleich 2,5 μm.
>
> PM2.5: Partikel mit aerodynamischen Durchmessern von 2,5 μm oder kleiner. Dringen beim Einatmen in feine Alveolen vor.

FEINSTAUB

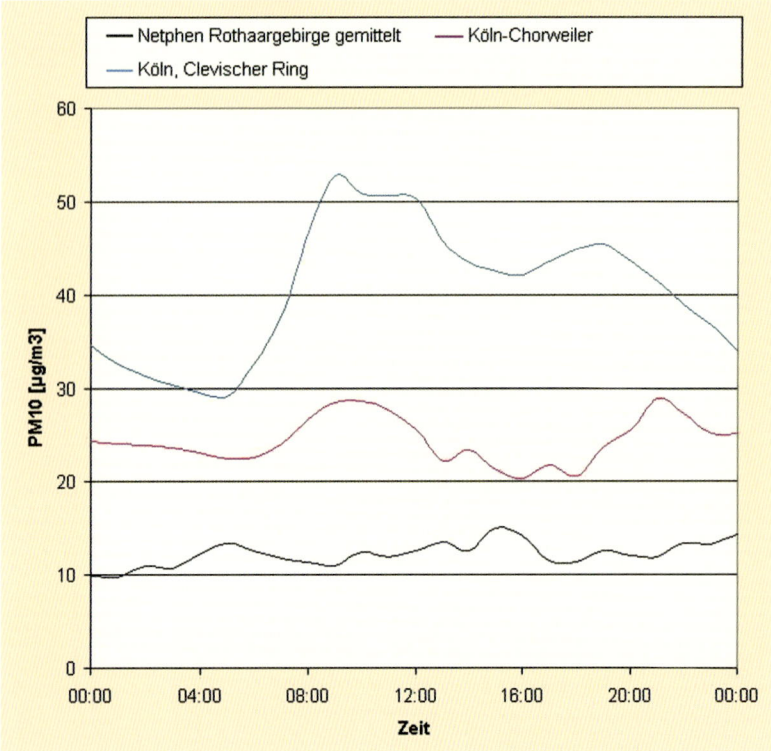

Abb. 1 *Tagesgänge der PM10-Konzentrationen an drei Messstationen im Raum Köln auf Basis von Stundenmittelwerten über das Jahr 2007 gemittelt*

Abb. 2 *Steinbrüche als Quellen von Feinstaub*

weise. Dies gilt insbesondere auch für Stationen im Nahbereich der Industrie, deren Streubereich sich mit dem städtischen Hintergrund stark überlappt. Die erheblichen Bandbreiten sind nicht durch messtechnische Unsicherheiten bedingt, sondern zeigen, wie deutlich vor allem in Emittentennähe das unmittelbare Stationsumfeld die Messwerte beeinflusst. Dort treten erhebliche Konzentrationsgradienten auf engem Raum auf. Beispielsweise liegen die PM10-Konzentrationen in Straßenschluchten mit hohem Verkehrsaufkommen ca. 30 bis 40 % höher als ca. 50 m entfernt hinter der begrenzenden Häuserzeile [2]. Straßengeometrie, Verkehrsstärke und Flottenzusammensetzung (z. B. hoher Anteil an Bussen ohne Partikelfilter) sind wichtige Parameter für die Partikelbelastung.

Bei industriellen Quellen sind die Art der Industrie (z. B. Kraftwerk mit hohem Kamin ohne erheblichen Zusatzbeitrag im Nahbereich vs. Hüttenwerk oder Steinbruch mit erheblichen diffusen Staubemissionen) sowie der Abstand zur Quelle wichtige Stellgrößen. Nur im Nahbereich (wenige Hundert Meter Distanz) von Quellen mit erheblichen diffusen Staubemissionen treten PM10-Belastungen auf, die an diejenigen verkehrsbezogener Messstellen heranreichen. Im Umfeld anderer Industrieanlagen entsprechen die Werte vielfach dem städtischen Hintergrund.

Die höheren Hintergrundbelastungen bestehen im Umfeld großer Ballungsräume wie dem Ruhrgebiet, im westli-

TAB. 1 | **TYPISCHE KONZENTRATIONSBEREICHE DER STAUBFRAKTIONEN PM10 UND PM2.5 IN DEUTSCHLAND (QUELLE: INTERNET-DARSTELLUNGEN DER BUNDESLÄNDER [3])**

Stations-umgebung	PM10 Jahresmittel ($\mu g/m^3$)	PM2.5 Jahresmittel ($\mu g/m^3$)	PM10, Zahl der Tagesmittel > 50 $\mu g/m^3$	Maximaler Tageswert ($\mu g/m^3$)
ländlich	10–15	5–10	0–15	50–80
städtischer Hintergrund	20–25 (Rhein-Ruhr: bis 30)	10–18	10–30	60–130
verkehrsbezogen (Straßenschluchten)	25–45	15–25	20–100	80–130
im Nahbereich der Industrie	20–37		10–65	60–130

FEINSTAUB

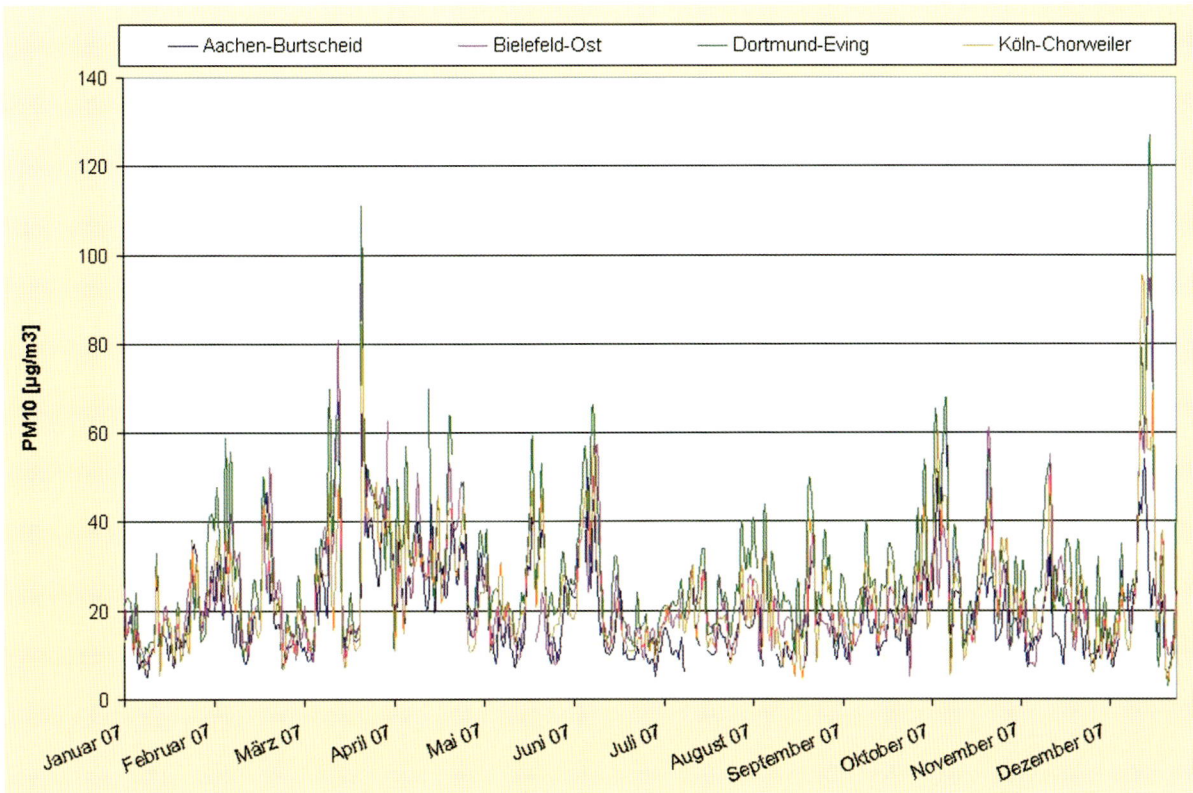

Abb. 3 *Jahresgänge der PM10-Konzentrationen an vier Messstationen in Nordrhein-Westfalen im Jahr 2007 auf Basis von Tagesmittelwerten*

chen Teil Deutschlands sowie in der Nähe der Ostgrenze Deutschlands, die durch Ferntransporte aus dem dicht besiedelten Raum Benelux einerseits und aus Osteuropa andererseits stärker belastet sind. Überschreitungen der Grenzwerte für PM10 – das Tagesmittel ist der wesentlich strengere Maßstab – treten jedoch nicht an städtischen oder ländlichen Hintergrundstationen auf, sondern ausschließlich dort, wo zusätzlich lokale Staubquellen aus Verkehr und/oder Industrie dazu kommen. An einzelnen Belastungsschwerpunkten wurden noch erhebliche Grenzwertüberschreitungen gemessen und die zulässige Zahl an Tagen mit einem Mittel über 50 µg/m³ lag bis zum doppelten, in einem Fall sogar dreifach über dem Grenzwert von 35 erlaubten Tagen. Überschreitungen des ab 2015 geltenden Grenzwertes für PM2.5 wurden dagegen in den vergangenen Jahren nicht festgestellt.

Außer durch natürliche und anthropogene Emissionen werden Feinstaubkonzentrationen auch wesentlich durch die Meteorologie beeinflusst. Dies lässt sich deutlich an den Jahresgängen der Feinstaubkonzentrationen ablesen. Beispielsweise zeigt Abb. 3 den Verlauf der PM10-Tagesmittelwerte (in µg/m³) an vier Messstationen im städtischen Hintergrund aus Nordrhein-Westfalen für das Jahr 2007. Die betrachteten Städte (Aachen bis Bielefeld) liegen maximal etwa 250 km voneinander entfernt. Auffällig ist zunächst die gute räumliche Korrelation der Tage mit hohen PM10-Konzentrationen, die überwiegend an den gleichen Tagen in allen Städten auftreten und sich zu Episoden erhöhter Partikelbelastung zusammenfassen lassen, die teilweise mehrere Tage andauern. Meteorologische Parameter fördern oder erschweren auch über größere Entfernungen den Luftaustausch, z. B. infolge geringer oder hoher Windgeschwindigkeiten. Der Abb. 3 kann man ferner entnehmen, dass Episoden erhöhter Partikelbelastungen bevorzugt im Frühjahr, Herbst und Winter auftreten. Im Sommer sorgt die turbulente Durchmischung der bodennahen Luftschichten in der Regel für ausreichenden Luftaustausch.

Systematische Feinstaubmessungen werden in Deutschland erst seit Ende des vorigen Jahrhunderts durchgeführt, so dass gesicherte Trendaussagen erst für einen Zeitraum von gut 10 Jahren möglich sind (siehe Abb. 4). Davor erfolgten ausschließlich Messungen des luftgetragenen Gesamtstaubs, TSP. Der in Abb. 4 enthaltene Verlauf der gleitenden PM10-Jahresmittel an fünf Messstationen im Westen Deutschlands über 11 Jahre zeigt eine Abnahme der PM10-Belastung um ca. 20 %. Da an allen Stationen über den gesamten Zeitraum mit dem gleichen gravimetrischen Verfahren nach EN 12341 [4] gemessen worden ist, sind Verzerrungen des Trends durch unterschiedliche Messtechnik auszuschließen. Die PM10-Konzentrationen gehen sowohl an verkehrsnahen Messorten als auch großräumig im ländlichen Hintergrund zurück. Darin zeigt sich u. a. ein Erfolg der in Deutschland und anderen europäischen Staaten ergriffenen Maßnahmen zur Senkung der Feinstaubbelastung.

FEINSTAUB

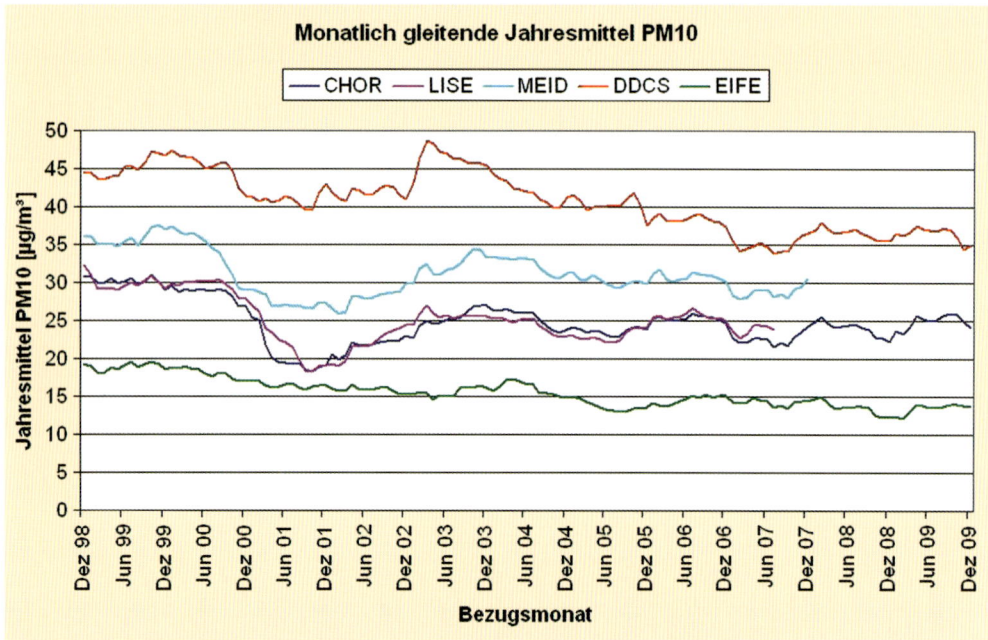

Abb. 4 *Monatlich gleitende Jahresmittel der Partikelfraktion PM10 an den Messstationen Düsseldorf, Corneliusstraße (DDCS, Verkehrsstation), Köln-Chorweiler (CHOR), Essen-Bredeney (LISE) und Duisburg-Meiderich (MEID) (städtischer Hintergrund) sowie Eifel (EIFE), ländlicher Hintergrund*

Ferntransport

Während Partikel mit Korngrößen kleiner 0,1 µm zu größeren Partikeln koagulieren und grobe Partikel größer 10 µm aufgrund ihres Gewichts rasch aus der Atmosphäre auf Oberflächen sedimentieren, liegt die Lebensdauer von Partikeln zwischen 0,1 und 2,5 µm in der Atmosphäre bei einigen Tagen [5]. Feinstaub kann somit über Entfernungen von mehreren tausend Kilometern transportiert werden, vor allem, wenn auf der Zugbahn kein Niederschlag fällt und somit die wichtigste Senke dieser Partikel, die nasse Deposition, ausgeschaltet ist. Besondere meteorologische Bedingungen wie der Transport zwischen zwei Inversionsschichten oder unterhalb einer Inversion in einer kanalisierten Luftströmung können dazu führen, dass die transportierte Partikelwolke sich nur langsam verdünnt, so dass Konzentrationen von über 100 µg/m³ im Tagesmittel durch Ferntransport hervorgerufen werden können. In den letzten Jahren wurden vier typische Episoden mit ausgeprägtem Ferntransport von Partikeln nach Deutschland aus unterschiedlichen Herkunftsgebieten in der Literatur beschrieben (siehe Tabelle 2).

Neben dem wissenschaftlichen Interesse am Verständnis der Transportprozesse von Partikeln sind diese Untersuchungen auch von unmittelbarer politischer Bedeutung. Die EU-Richtlinie 2008/50/EG [1] gestattet es den Mitgliedstaaten, unter bestimmten Bedingungen den Beitrag natürlicher Staubquellen beim Vergleich mit den Grenzwerten herauszurechnen. Der Mitgliedstaat muss jedoch den Nachweis führen, welche Feinstaubbelastungen auf natürliche Quellen zurückgeführt werden können. Dazu zählt der Transport natürlicher Partikel aus Trockenregionen (z. B. Saharastaub), Seesalz, Vulkanausbrüche oder Waldbrände natürlichen Ursprungs. Nicht berücksichtigt werden derzeit z. B. die Resuspension von Partikeln von Ackerflächen innerhalb der Europäischen Union, die als anthropogen bedingt betrachtet werden, sowie primäre und sekundäre Partikel biologischen Ursprungs. Diese stammen zwar vielfach aus natürlichen Quellen, der Nachweis ist jedoch nur mit sehr aufwändigen Methoden zu führen.

Größenklassen und chemische Zusammensetzung

Eine typische Größenverteilung atmosphärischer Partikel ist in Abb. 7 gezeigt. Diese lässt drei verschiedene Größenklassen erkennen. Die Klasse mit einem Partikeldurchmesser um 0,01 µm (= 10 Nanometer) wird als Nukleationsklasse (*nucleation mode*) bezeichnet. Diese entsteht hauptsächlich durch Umwandlungsprozesse von Gasen mit anschließender Kondensation. Die entstehenden Partikel koagulieren zwar miteinander; die hauptsächliche Reaktion der Nukleationsklasse ist jedoch die Koagulation mit der nächsten Größenklasse, der Akkumulationsklasse (*accumulation mode*) mit einem Durchmesser von ca. 0,2 µm. Die Partikel der Akkumulationsklasse weisen eine verhält-

TAB. 2 | **EPISODEN MIT AUSGEPRÄGTEM FERNTRANSPORT VON FEINSTAUB NACH DEUTSCHLAND**

Dauer der Episode	Herkunftsgebiet	Maximum der Feinstaubbelastung (Stundenmittel)	Literatur
23.–25.03.2007	Sandstürme Ukraine	200 µg/m³ (Niederlande) bis 700 µg/m³ (Tschechische Republik)	[6, 7]
28.–30.05.2008	Sahara	250 µg/m³ (Alpenraum) bis 100 µg/m³ (Rothaargebirge)	[8]
23.–28.01.2010	Ostmähren, Südpolen	250 µg/m³ (Cottbus) bis 140 µg/m³ (Nordfrankreich)	[9]
14.–22.04.2010	Vulkanausbruch Eyjafjallajökull, Island	Zusatzbeitrag von 5 µg/m³ (Westdeutschland) bis 25 µg/m³ (Schwarzwald), Tagesmittel	[10]

FEINSTAUB

TRANSPORTPROZESS AM BEISPIEL VON SAHARASAND

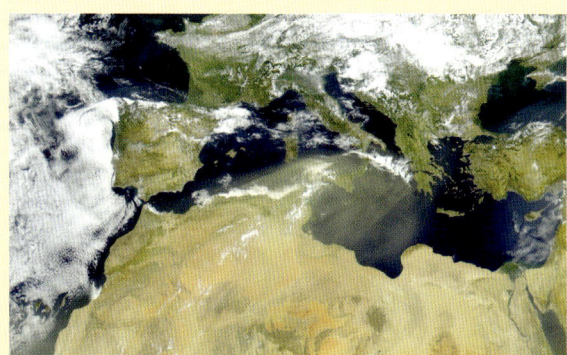

Abb. 5 *Saharastaub über Süditalien und Westgriechenland*

Die Sahara-Sandsturm-Episode vom 28.–30.5.2008: Auf Satellitenaufnahmen konnte an diesen Tagen der Transport großer Staubmengen von der östlichen Sahara über das Mittelmeer bis nach Norditalien und Südfrankreich beobachtet werden. Im weiteren Verlauf wurde die Staubwolke über die Alpen bis nach Nordwestdeutschland transportiert [8]. Entlang der Zugbahn führte dies mehrfach zu hohen PM10-Maxima mit Stundenmitteln bis zu 250 µg/m³ in Österreich [8]. Beispielhaft zeigt Abb. 6 den Verlauf der PM10-Konzentrationen von Südfrankreich über die Alpen bis nach Nordwestdeutschland.

Die Maxima von Toulon in Südfrankreich bis zum Rothaargebirge in Nordwestdeutschland waren entsprechend der Transportgeschwindigkeit zeitlich versetzt. Jedoch machten sich im Alpenraum komplexe Transportprozesse bemerkbar. Zunächst erfolgte der Transport über die Alpen bevorzugt in höheren Luftschichten, so dass z. B. in der Schweiz nur hoch gelegene Messstationen (z. B. am Rigi), nicht jedoch Stationen im Tiefland, betroffen waren. In größeren Alpentälern wie dem Inntal und nördlich der Alpen (z. B. Station Andechs in Oberbayern) sorgte Fön-Einwirkung jedoch am 28.05. und 29.05.2008 zeitweilig für einen Transport von Saharastaub zum Boden. Am 30.05.2008 wurden schließlich an der ländlich gelegenen Station Rothaargebirge in Nordwestdeutschland immer noch PM10-Maxima über 100 µg/m³ festgestellt.

Parallel durchgeführte Messungen der PM10- und PM2.5-Partikelfraktion zeigten, dass der Transport überwiegend grobe Stäube umfasste. Durch chemische Analyse der Partikel konnte auch gezeigt werden, dass die in Nordwestdeutschland gesammelten Partikel neben dem erwarteten Erdkrustenmaterial überraschend hohe Gehalte an Ammoniumnitrat und Ammoniumsulfat aufwiesen. Im Verlauf des Transports über dicht besiedelte Gebiete Deutschlands mit erheblichen Emissionen gasförmiger Vorläuferstoffe war es auf der Oberfläche der Saharastaubpartikel zur Bildung sekundärer Partikel gekommen. Dies erklärt neben der bevorzugten Sedimentation gröberer Staubpartikel während des langen Transportweges das Auftreten erhöhter PM2.5-Konzentrationen in Nordwestdeutschland parallel zu der durchziehenden Wolke aus Saharastaub.

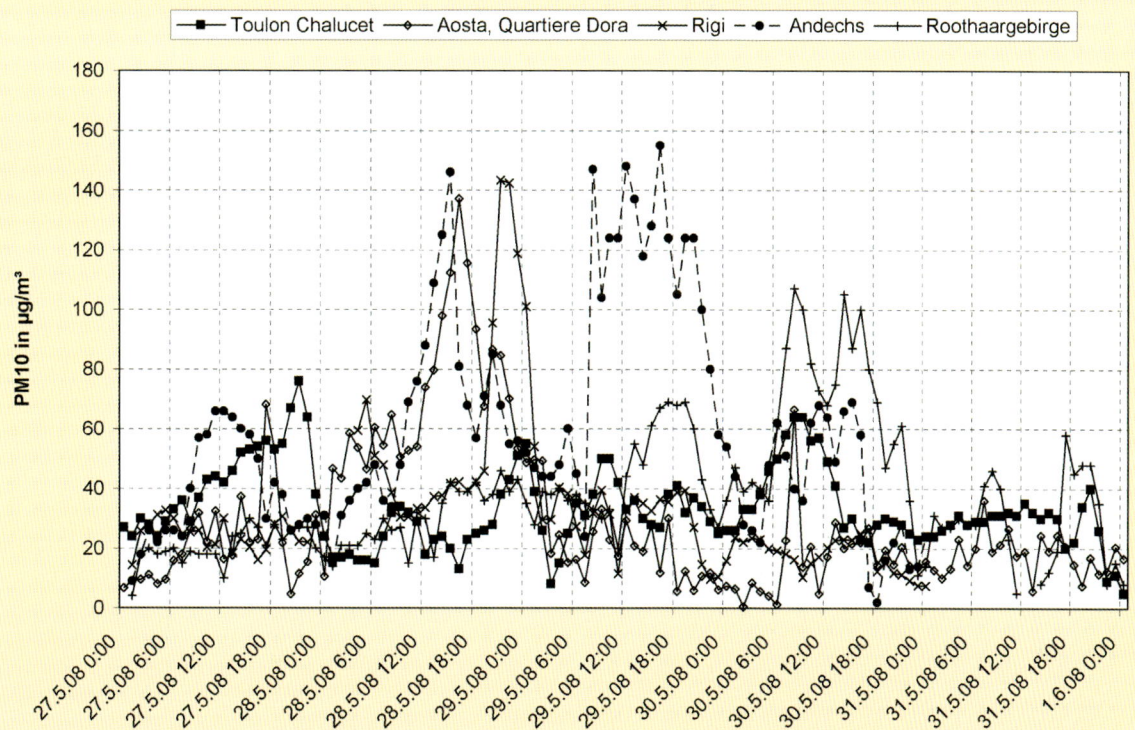

Abb. 6 *PM10-Konzentrationsverläufe (Stundenmittel) ausgewählter europäischer Messstationen entlang der Zugbahn von Saharastaub im Zeitraum 27.5.–1.6.2008 [8]*

FEINSTAUB

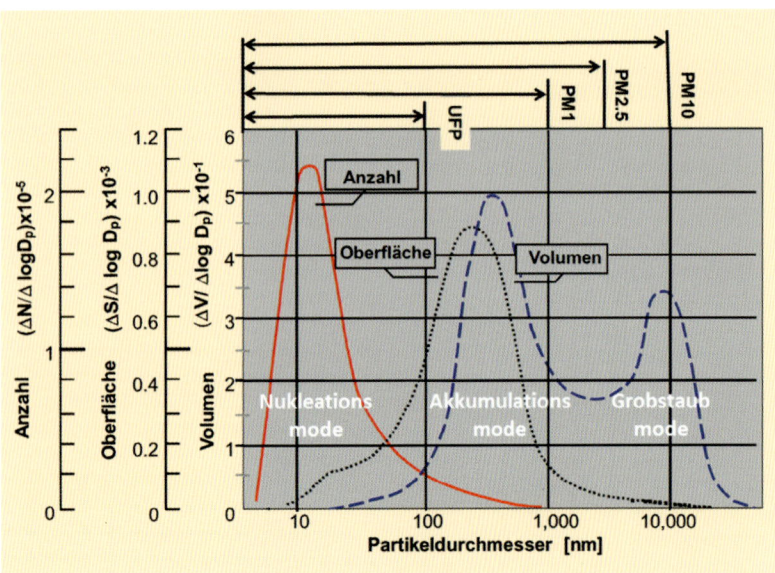

Abb. 7 *Partikelgrößenverteilung eines atmosphärischen Aerosols, unterschieden nach Anzahlverteilung, spezifischer Oberfläche und Volumen (nach [11, 12])*

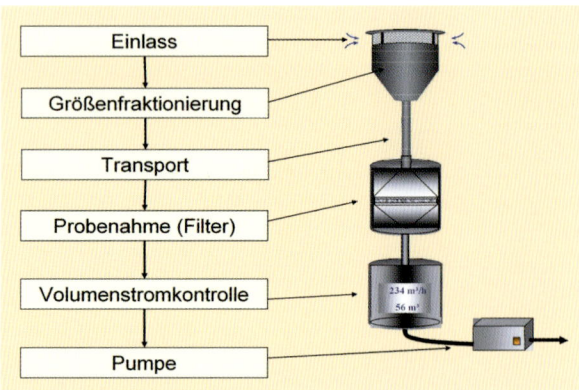

Abb. 8 *Prinzipieller Aufbau eines Filter-Probenahmesystems für PM10 oder andere PM-Größenfraktionen*

nismäßig große Oberfläche auf, die die Koagulation begünstigt. Partikel der Nukleationsklasse haben wegen der schnellen Diffusion nur eine relativ kurze Verweilzeit in der Atmosphäre und werden meist nur in der Nähe ihrer Quellen beobachtet.

Die Partikel der Akkumulationsklasse wachsen während ihrer atmosphärischen Verweilzeit auch durch Kondensation von Dämpfen auf ihren Oberflächen weiter an, bis sie so groß geworden sind, dass eine trockene oder nasse Deposition erfolgt. Durch diesen Prozess wird die Partikelgröße der Akkumulationsklasse auf etwa einen Mikrometer im Durchmesser beschränkt („Feinschwebstaub"). Sie kann somit von der nächst größeren Klasse, der Grobstaubklasse (*coarse mode*) mit Durchmessern von 5 µm unterschieden werden. Partikel der letzten Klasse gelangen hauptsächlich durch mechanische Prozesse in die Atmosphäre. Natürliche Quellen sind beispielsweise die Aufwirbelung von Erdkrustenmaterial, Seesalz und Pflanzenteilchen; anthropogene Beiträge stammen beispielsweise von Haldenabwehungen oder von Reifen- und Bremsbelagabrieb im Straßenverkehr. Aufgrund der Herkunft, Entstehungsprozess und relativ kurzen Verweilzeit in der Atmosphäre sind die Zusammensetzung und Konzentration des Grobstaubes stärker orts- und zeitabhängig als bei den kleineren Partikeln.

Größenfraktionierung

Die Bestimmung der verschiedenen PM-Partikelfraktionen erfolgt standardmäßig über die Probenahme auf einem Filter. Als Vorabscheider für die nicht interessierende gröbere Größenklasse dienen dabei sog. Impaktoren. Abbildung 8 zeigt exemplarisch die Probenahme mittels eines solchen filtrierenden Verfahrens, wie es in den europäischen Regelwerken EN 12341 [13] (PM10) und EN 14907 [14] (PM2.5) beschrieben ist.

Der Probeneinlass dient dabei als Vorabscheider. Das Prinzip der Impaktion, die in den meisten Vorabscheidern eingesetzt wird, ist in Abb. 9 dargestellt. Das Aerosol wird dabei in einer Düse beschleunigt, wobei sowohl das Gas als auch die kleineren Partikel den Stromlinien folgen und deshalb an einer darunter liegenden Prallplatte vorbei gelenkt werden. Größere Partikel dagegen können der Umlenkung nicht folgen und werden durch Impaktion auf der Prallplatte abgeschieden. Neben solchen Impaktoren werden auch Zyklone und virtuelle Impaktoren verwendet [15], deren Trennprinzip ebenfalls auf der Trägheit der Partikel beruht.

Die eigentliche Probenahme erfolgt dann auf einem Filtermedium, dessen Beschaffenheit und Material entsprechend der Messaufgabe ausgewählt wird.

Werden mehrere Impaktorstufen mit jeweils kleinerem cut-off hintereinandergeschaltet, so erhält man einen Kaskadenimpaktor. Er ermöglicht die getrennte Sammlung der Partikelfraktionen nach Größenklassen, beispielsweise im Größenbereich PM10/PM2.5/PM1 oder auch hinunter bis zu 10 nm. Dabei können die Partikel in bis zu 10 Fraktionen aufgeteilt werden.

Im Rahmen der gesetzlich vorgeschriebenen Messungen werden für die Proben der Filtriersammler die Massenkonzentrationen der jeweiligen PM-Klasse durch Gravimetrie, d. h. durch Wägung der Filter vor und nach der Pro-

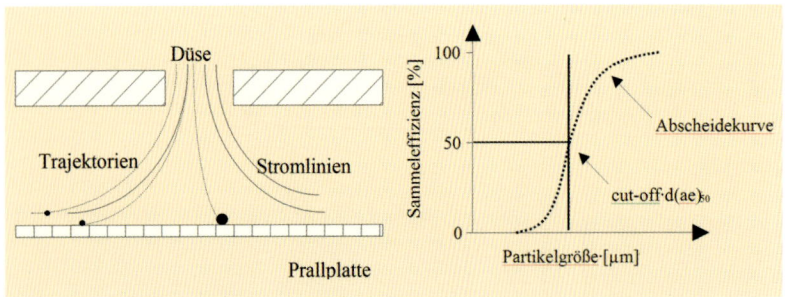

Abb. 9 *Prinzip der Impaktion für den größenselektiven Einlass (links) und entsprechende Abscheidekurve (rechts)*

benahme, ermittelt. Zusammen mit dem Luftdurchsatz durch den Probenfilter kann dann die Massenkonzentration in Mikrogramm pro Kubikmeter (µg/m^3) bestimmt werden. Im Anschluss kann dann eine weiterführende chemische oder morphologische Analytik erfolgen. Diese sammelnden Partikelmessverfahren, die üblicherweise für eine Probenahme über 24 Stunden eingesetzt werden, gelten als Standard- bzw. Referenzverfahren zur Bestimmung der PMx-Massenkonzentration. Sie liefern allerdings immer nur 24-Stunden-Mittelwerte.

Darüber hinaus existieren aber weitere Methoden zur Größenmessung von Partikeln, die eine hohe zeitliche Auflösung bis hinunter zu einer Sekunde haben [15] und damit auch momentane Zustände zu messen erlauben. Solche sog. In-situ-Verfahren basieren beispielsweise auf der Mobilität geladener Partikel im elektrischen Feld oder der Wechselwirkung der Partikel mit dem umgebenden Gas oder mit Licht. Die Anwendung solcher Verfahren führt allerdings nicht zu einheitlichen Größenmessungen, sondern zu jeweils spezifischen Durchmessern, die der Messgröße äquivalent sind. Die am häufigsten verwendeten Größen sind

- der durch Impaktion bestimmte aerodynamische Durchmesser;
- der durch Diffusion bestimmte Beweglichkeits-Durchmesser;
- der durch das Streuverhalten von Licht bestimmte optische Durchmesser.

Da viele Eigenschaften der Partikel stark mit ihrer Größe variieren, sind die meisten Messverfahren auf einen bestimmten Größenbereich beschränkt. Zur Charakterisierung des gesamten interessierenden Größenbereiches müssen daher häufig verschiedene Verfahren miteinander kombiniert werden.

Wichtige Verfahren zur Größenbestimmung bei größeren Partikeln sind die APS (*Aerosol Particle Sizer*)-Methode, bei der per Einzelpartikelanalyse die Massenträgheit in einem beschleunigten Gasstrom bestimmt wird, oder die Messung mit optischen Partikelzählern. Letztere bestimmen aus der Streulichtintensität von Einzelpartikeln deren optischen Durchmesser, der aber auch noch von seinem Brechungsindex abhängt und damit stets materialabhängig ist. Die bei kleinen Partikeln steil abfallende Streulichtintensität setzt der Messmethode eine untere praktische Grenze bei etwa 200 nm. Mit neuester Lasertechnologie sind aber auch kleinere Partikelgrößen bis hinunter zu ca. 75 nm detektierbar.

Sollen Partikel mit Größen unterhalb 200 nm optisch gezählt werden, müssen sie durch Aufkondensation flüchtiger Substanzen vor der Streulichtmessung künstlich vergrößert werden. Dieses Messprinzip ist im Kondensationskernzähler (*Condensation Particle Counter*, CPC) umgesetzt. Es ermöglicht die Zählung von Einzelpartikeln bis hinunter zu wenigen Nanometern. Durch das Aufkondensieren wird das Verfahren unabhängig von den optischen Eigenschaften der

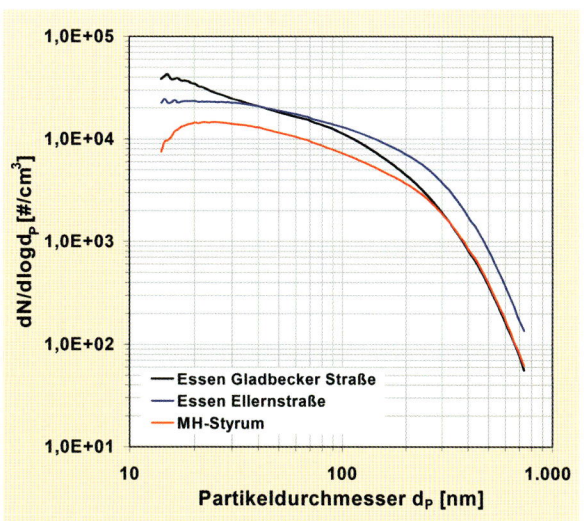

Abb. 10 *Partikelanzahlgrößenverteilung an drei verschiedenen Standorttypen im Ruhrgebiet (Verkehr: Essen, Gladbecker Straße; Verkehrshintergrund: Essen, Ellernstraße, städtischer Hintergrund: Mülheim-Styrum) im Zeitraum März–April 2009* [16]

Ausgangspartikel, allerdings gehen aber auch Informationen zur ursprünglichen Partikelgröße und -form verloren.

Diesem Problem kann beispielsweise durch eine vorgeschaltete Größenklassierung begegnet werden. Üblicherweise werden dabei elektrisch geladene Partikel in einem SMPS (*Scanning Mobility Particle Sizer*) anhand ihres Beweglichkeitsdurchmessers in Größenklassen aufgeteilt und anschließend mit einem CPC oder Elektrometer detektiert. Durch Variation der elektrischen Feldstärke kann eine gesamte Partikelgrößenverteilung von wenigen nm bis zu mehreren 100 nm untersucht werden. Ein Beispiel einer solchen Partikelgrößenverteilung für drei unterschiedliche Messstandorte im Ruhrgebiet (Essen, Mülheim) ist in Abb. 10 gezeigt.

Chemische Analytik

Im Gegensatz zu den oben genannten In-situ-Verfahren zur Partikelgrößen- bzw. Massenbestimmung, bei denen die Partikel in der Regel nicht mehr für eine weiterführende Untersuchung zur Verfügung stehen, kann der auf Filtern gesammelte Feinstaub auch für eine chemische Analyse seiner Inhaltsstoffe verwendet werden.

Die Standardverfahren der chemischen Analytik beruhen auf einer wässrigen Extraktion der Probe für ionische Bestandteile wie Nitrat, Sulfat, Chlorid und Ammonium oder einem Säureaufschluss für schwerlösliche metallische Inhaltsstoffe. Die hergestellten Lösungen können dann mit den unterschiedlichen Verfahren der instrumentellen Analytik quantitativ untersucht werden, wie z. B. Ionenchromatografie (IC), optische Emissionsspektrometrie mit induktiv gekoppeltem Plasma (ICP-OES), Massenspektrometrie mit induktiv gekoppeltem Plasma (ICP-MS) oder Atomabsorptionsspektrometrie (AAS). Es gibt auch Methoden,

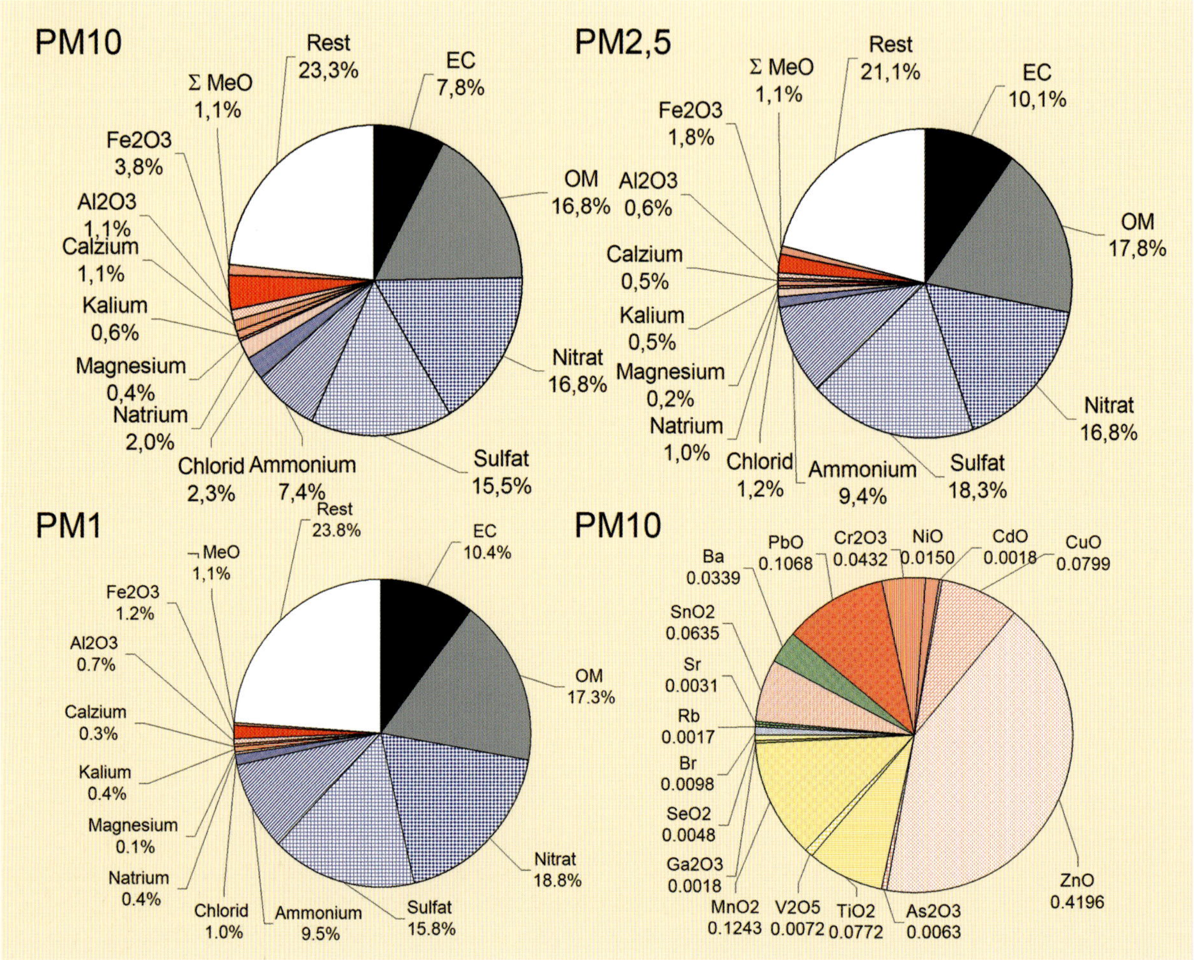

FEINSTAUB

Abb. 11 Exemplarische chemische Zusammensetzung von PM10, PM2.5 und PM1 für eine städtische Hintergrundstation sowie der Metalle in % an PM10 [17]

bei denen die Probe ohne Aufschluss direkt vermessen werden kann. Dies ist beispielsweise mit der Totalreflexions-Röntgen-Fluoreszenzanalyse (TXRF) möglich, eine mit Röntgenstrahlung arbeitende Methode, die aber eine Probenahme auf speziellen Trägern voraussetzt.

Neben den ionischen und metallischen Inhaltsstoffen sind kohlenstoffhaltige Partikel die dritte Gruppe der Hauptbestandteile von Feinstäuben. Diese lässt sich in elementaren Kohlenstoff (EC, Ruß) und organischen Kohlenstoff (OM) unterteilen, die meist mit thermochemischen Verfahren direkt von der Filterprobe aus analysiert werden. Messergebnisse der Inhaltsstoffe der PM10-, PM2.5- und PM1-Fraktion aus einer einjährigen (2002–2003) Messung an einer städtischen Hintergrundstation in Duisburg sind in Abb. 11 gezeigt [17]. Zu erkennen sind die kohlenstoffhaltigen Fraktionen EC und OM (schwarz und grau), die ionischen Bestandteile Nitrat, Sulfat, Ammonium und Chlorid (blau-weiß), metallische Inhaltsstoffe einschließlich Alkali- und Erdkalkimetallen (rot-weiß) sowie der nicht identifizierte Rest (weiß). Die Abbildung rechts unten zeigt darüber hinaus die Verteilung der metallischen Inhaltsstoffe der Fraktion PM10 im Detail. Mit 0,4 % Massenanteil an der PM10-Konzentration entfällt an dieser Station auf das Zinkoxid mehr als die Hälfte der metallischen Komponenten.

Grundsätzlich sehen die chemischen Zusammensetzungen der drei PM-Fraktionen sehr ähnlich aus. Eine genauere Betrachtung der Korngrößenverteilung der einzelnen Inhaltsstoffe zeigt aber deutliche Unterschiede (siehe Abb. 12). Für Substanzen, die hauptsächlich aus mechanischen Prozessen wie der Aufwirbelung von Böden freigesetzt werden (z. B. Magnesium, Calcium, Eisen), liegt der größte Massenanteil im sog. Coarse Mode, d. h. der Fraktion 2,5–10 µm Partikeldurchmesser, wohingegen Inhaltsstoffe, die eher über Verbrennungsprozesse freigesetzt werden (z. B. elementarer Kohlenstoff) den größten Teil der Masse in den kleineren Partikelfraktionen aufweisen.

Mit einem Massenanteil von etwa einem Viertel stellen die kohlenstoffhaltigen Substanzen eine wichtige, aber chemisch sehr heterogene Gruppe dar. Der Anteil des gesamten Kohlenstoffs (TC = EC + OM) an der Partikelmasse nimmt allerdings vom städtischen zum ländlichen Bereich hin signifikant ab, wobei der Rückgang im Wesentlichen auf den Rückgang des EC zurückzuführen ist. Der Anteil des OM an der Partikelmasse ist im ländlichen Raum häufig hö-

FEINSTAUB

her als in urbanen Gebieten. Gleichzeitig mit dem relativen Anstieg des OM an der Partikelmasse steigt auch der Anteil wasserlöslicher organischer Substanzen des Aerosols. Dies ist u. a. auf eine fortschreitende Oxidation der Partikel im Verlauf des atmosphärischen Transportes zurückzuführen.

Eine detaillierte Analyse der organischen Komponenten des Aerosols kann nach verschiedenen Gesichtspunkten erfolgen. So können Summenparameter wie der wasserlösliche (WSOC) oder der gesamte extrahierbare organische Kohlenstoff bestimmt werden. Funktionelle Gruppen können durch NMR- oder IR-Spektroskopie erfasst werden. Die Trennung und Quantifizierung organischer Bestandteile erfolgt meist mit Gas- und Flüssigchromatographie. Aufgrund der hohen Komplexität von Aerosolproben hat sich allerdings die Massenspektrometrie als das am häufigsten angewendete Verfahren durchgesetzt.

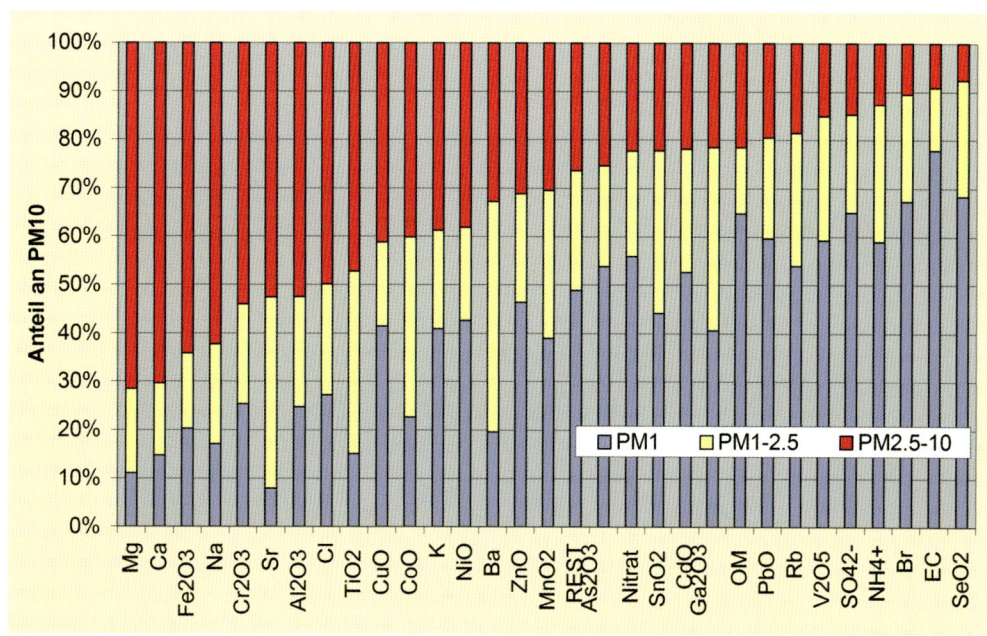

Abb. 12 *Verteilung der Inhaltsstoffe auf verschiedene Partikelgrößenfraktionen an einer städtischen Hintergrundstation [17]*

Obwohl bereits einige Tausend unterschiedliche organische Komponenten in atmosphärischen Aerosolpartikeln nachgewiesen wurden, ist lediglich ein kleiner Anteil von ca. 20 % des OM bisher sicher identifiziert [18]. In einer Langzeitmessung organischer Verbindungen in Augsburg werden seit 2002 zahlreiche organische Bestandteile auf Tagesbasis quantifiziert [19, 20]. Die Konzentrationsmittelwerte der erfassten Verbindungen erstrecken sich über mehr als vier Größenordnungen (< 10 pg/m^3 bis > 100 ng/m^3) und weisen ausgeprägte Jahresgänge auf. Für viele Substanzen werden die höchsten Konzentrationen in den Wintermonaten gefunden. Dieses Verhalten ist einerseits von den meteorologischen Bedingungen geprägt, andererseits auch von der jahreszeitlich variierenden Quellstärke abhängig. Viele der im Winter erhöhten organischen Partikelbestandteile stammen überwiegend aus Verbrennungsprozessen, insbesondere aus der Gebäudeheizung mit festen Brennstoffen. Im Sommer werden demgegenüber höhere Konzentrationen von Substanzen biogenen Ursprungs gefunden. Teilt man die organische Masse in Untergruppen auf, so kann man eine kohlenwasserstoff-ähnliche Fraktion (*Hydrocarbon-like Organic Aerosol*, HOA) und eine oxidierte organische Fraktion (*Oxygenated Organic Aerosol*, OOA) unterscheiden. Diese Fraktionen unterscheiden sich auch in der Größenverteilung, wobei HOA eher in der kleinen Nukleationsklasse zu finden und mit verkehrsbezogenen Emissionen assoziiert ist, während OOA eher im größeren Akkumulationsmode auftritt und häufig ein Maß für sekundäres oder gealtertes Aerosol ist [22].

Während die meisten Inhaltsstoffanalysen offline durchgeführt werden, d. h. die chemische Untersuchung im Labor erfolgt nach der Partikelprobenahme, existieren auch einige Verfahren zur Online-Analyse bestimmter Komponenten. Ein Beispiel für eine Analyse mit hoher zeitlicher Auflösung bis in den Sekundenbereich ist die Aerosol-Massenspektrometrie (AMS), in der submikrone Partikel zunächst nach Größenklassen sortiert werden, bevor sie verdampft und ionisiert werden. Anschließend erfolgt der Nachweis der verdampften Spezies mit einem Quadrupol- oder Flugzeit-Massenspektrometer.

Chemische Analytik von Aerosolproben wird heutzutage nicht nur im Rahmen der deutschen oder europäischen Luftreinhaltungsmaßnahmen vorgenommen, sondern auch an vielen Stationen weltweit im Rahmen globaler Beobachtungsprogramme zur atmosphärischen Veränderung. Ein Vergleich der chemischen Zusammensetzung der PM1-Fraktion des atmosphärischen Aerosols, bezogen auf die Komponenten Nitrat, Sulfat, Ammonium und organischer Kohlenstoff, für eine Vielzahl von Standorten weltweit ist in Abb. 13 gezeigt. In dieser Abbildung sind deutliche Konzentrationsunterschiede an den verschiedenen Standorten zu erkennen. Erkennbar ist aber auch, dass die chemische Zusammensetzung im submikronen Bereich von der organischen Masse dominiert ist.

Quellen von Feinstäuben
Prozesse der Feinstaubbildung

Die beobachtete Größenverteilung des Feinstaubs und seine chemische Zusammensetzung werden durch die Natur der Emissionsquellen bzw. durch die Bildungsprozesse für die unterschiedlichen Feinstaubfraktionen bestimmt. Tabelle 3 zeigt im Überblick, welche Prozesse zur Feinstaubbildung beitragen und in welchem Partikelgrößenbereich sich diese Prozesse besonders bemerkbar machen. Folgen-

FEINSTAUB

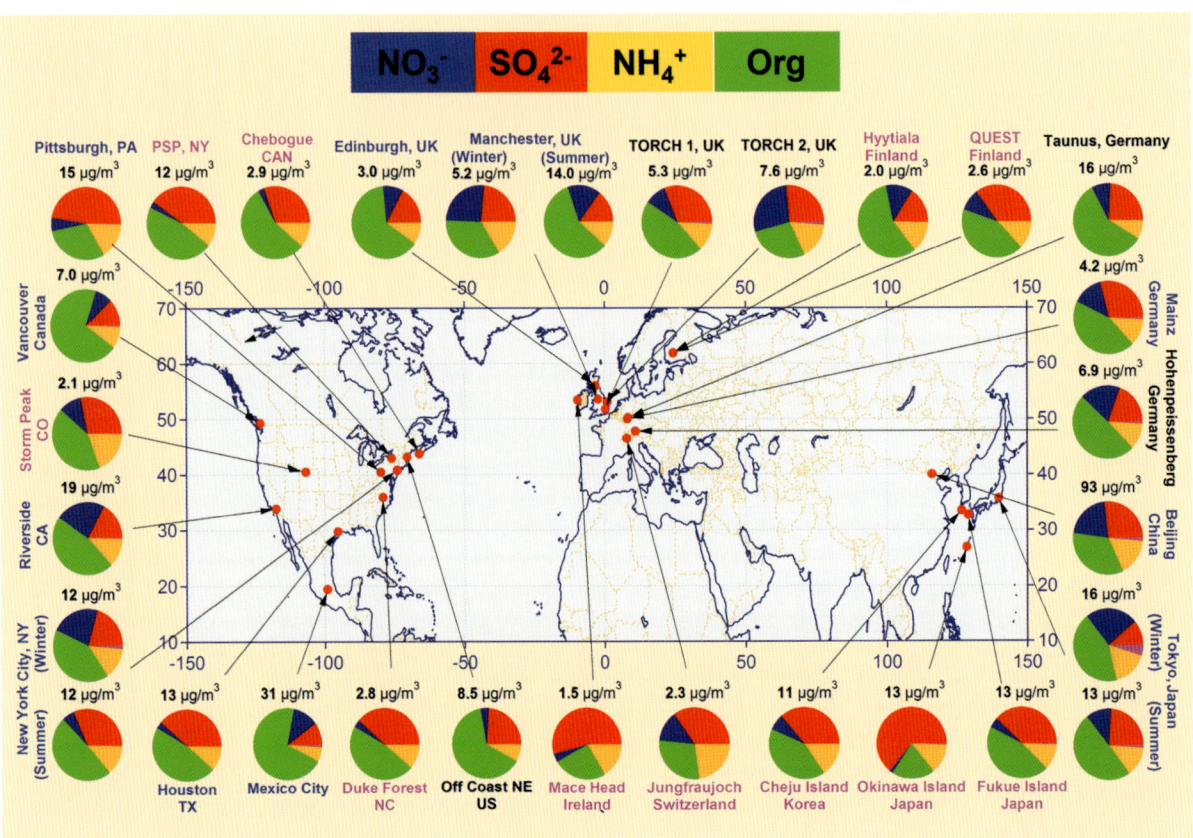

Abb. 13 Chemische Zusammensetzung von PM1 an verschiedenen Stationen weltweit bestimmt mittels Aerosol-Massenspektrometrie [21]

de Unterscheidungskriterien hinsichtlich der Quellen lassen sich demnach identifizieren:
- natürliche vs. anthropogene Prozesse;
- primäre vs. sekundäre Partikelemission;
- gefasste vs. nicht-gefasste (diffuse) Quellen;
- biologische vs. nicht-biologische Partikel.

Generell können verschiedene Emissionsprozesse unterschieden werden. Emissionsquellen wie die Aufwirbelung von Mineralstoffen am Boden oder die Emission von Rußpartikeln, bei denen Partikel direkt emittiert werden, werden als primäre Quellen bezeichnet. Sekundäre Emissionen dagegen sind solche, bei denen erst in der Luft Partikel aus Gas- oder Flüssigphasenprozessen gebildet werden. Hierzu gehört z. B. die Bildung von Ammoniumnitrat aus NH_3 und HNO_3. Während die mechanisch erzeugten Partikel eher im Partikelgrößenbereich > 1 µm liegen, haben die Sekundärpartikel Durchmesser im submikronen Bereich. Eine weitere wichtige Klassierung der Quellen ist die Unterscheidung natürlicher und anthropogener Quellen. Während letztere durch Maßnahmen beeinflusst werden können, sind natürliche Quellen, z. B. Seesalzemission oder Einträge von Wüstensand, nicht zu beeinflussen. Diesem Umstand wird in der aktuellen EU-Luftqualitätsrichtlinie [1] Rechnung getragen, die eine Berücksichtigung der natürlichen Quellen bei der Bewertung von Grenzwertüberschreitungen gestattet.

Methoden zur Quellenidentifizierung

Vor dem gesetzlichen Hintergrund und zum Schutz der Bevölkerung ist es wichtig, die Quellen der Feinstäube zu kennen und deren Beiträge zu einer bestimmten Belastungssituation quantifizieren zu können. Dazu gibt es eine Reihe von Methoden, die sich in zwei Hauptgruppen unterteilen lassen:
- Vorwärtsgerichtete Methoden, die auf der Basis bekannter Emissionsdaten eine Prognose der zu erwartenden Immissionsbelastung vornehmen („Dispersionsmodellierung");
- Rückwärtsgerichtete Methoden, die auf der Basis gemessener Konzentrationen und meteorologischer Informationen Rückschlüsse auf die Verursacher der Belastung erlauben („Rezeptormodellierung").

In die erste Gruppe der Dispersionsmodelle fällt die z. B. die im Rahmen von Genehmigungsverfahren für Industrieanlagen nach der TA Luft vorgeschriebene Ausbreitungsrechnung. Hiermit kann in der Regel die durch die Emissionsquelle verursachte Zusatzbelastung mit recht guter Genauigkeit abgeschätzt werden. Um die tatsächlich messbare Gesamtbelastung zu erhalten, müsste man allerdings die Emissionen sämtlicher in der näheren und weiteren Umgebung des betrachteten Gebietes vorhandenen Emissionsquellen berücksichtigen. Dies ist mit Ausbreitungsrechnungen nicht leistbar. Allerdings wird dies möglich mit sog.

FEINSTAUB

TAB. 3 | **NATÜRLICHE UND ANTHROPOGENE PARTIKELQUELLEN SOWIE DEREN GLOBALE EMISSIONEN (BASIEREND AUF WARNECK, 1999 [23] UND HAINSCH, 2003 [24])**

		Quelle	Partikelfraktion (überwiegend)	Haupt-Inhaltsstoffe	globale Emissionsrate Mt/a
Partikel aus natürlichen Quellen	Primär	Sea Spray	> 1 µm	Natrium, Chlorid, Magnesium, Calcium, Sulfat	300-1300
		Bodenerosion	> 1 µm	Silizium, Aluminium, Calcium, Eisen, Titan	100-500
		Vulkanismus	> 1 µm	Silizium, Aluminium, Calcium, Eisen, Titan	5-30
		Biomasseverbrennung	< 1 µm	elementarer Kohlenstoff (Ruß), organisches Material, Nitrate	5-150
		Biogene Quellen	> 1 µm	organisches Material (Zellbestandteile, DNS)	30-80
		SUMME			*440-2060*
	Sekundär	SO_2/H_2S/DMS-Oxidation	< 1 µm	Sulfate	40-370
		Nitrat/Ammoniak-Oxidation	< 1 µm	Nitrate	60-200
		VOC-Oxidation	< 1 µm	organisches Material (OM)	75-200
		SUMME			*175-770*
	Summe der globalen Emissionsraten aus natürlichen Quellen				*615-2830*
Partikel aus anthropogenen Quellen	Primär	Industrieprozesse	> 1 µm	mineralische Komponenten und Schwermetalle	
		Kraft- und Fernheizwerke	< 1 µm	elementarer Kohlenstoff (Ruß), organisches Material, Nitrate	
		Straßenverkehr, Abgas	< 1 µm	elementarer Kohlenstoff (Ruß), organisches Material, Nitrate	130
		Straßenverkehr, Abriebe	> 1 µm	mineralische Komponenten und Schwermetalle	
		Haushalte	< 1 µm	elementarer Kohlenstoff (Ruß), organisches Material, Nitrate	
		Schüttgutumschlag	> 1 µm	mineralische Komponenten und Schwermetalle	
		Biomasseverbrennung	< 1 µm	elementarer Kohlenstoff (Ruß), organisches Material, Nitrate	60-80
		SUMME			*190-210*
	Sekundär	SO_2/H_2S/DMS-Oxidation	< 1 µm	Sulfate	110-220
		Nitrat/Ammoniak-Oxidation	< 1 µm	Nitrate	20-40
		VOC-Oxidation	< 1 µm	organisches Material (OM)	10-90
		SUMME			*140-350*
	Summe der globalen Emissionsraten aus anthropogenen Quellen				*330-560*
Summe global emittierter/produzierter Aerosolpartikel					**945-3390**

Chemie-Transport-Modellen, von denen eine Reihe in Europa entwickelt wurden (z. B. EURAD, LOTOS-EUROS, CHIMERE). Diese Modelle werden in der Regel geschachtelt, d. h. mit steigender räumlicher Auflösung, je näher die Quellen zum Betrachtungsgebiet liegen, aufgebaut („Nestung"). Um beispielsweise Schadstoffkonzentrationen im Rhein-Ruhr-Gebiet zu modellieren, werden zunächst auf gesamteuropäischer Ebene Emissionsdaten mit einer Auflösung von 125 × 125 km² eingespeist und mittels der im Modell implementierten Meteorologie- und Chemiemodule in entsprechende Immissionskonzentrationen umgerechnet. Die so erhaltenen Konzentrationen dienen nun als Hintergrundbelastung für das nächste kleinere Modellgebiet, bei der Emissionen und Immissionen im Raster von z. B. 25 × 25 km² ermittelt werden. Analog schreitet die Nestung fort bis auf 5 × 5 km² Auflösung für NRW [25]. Im Hinblick auf die Zuordnung der Schadstoffbelastung zu bestimmten Quellen gestatten diese Modelle, die Emissionen dieser Quellen oder auch bestimmter Areale „abzuschalten" und den dadurch erzeugten Rückgang der Partikelbelastung zu ermitteln.

Die Rezeptormodellierung geht davon aus, dass die in der Umgebungsluft anzutreffende Ko-Variation für die verschiedenen Schadstoffe, insbesondere der Partikelinhaltsstoffe im Feinstaub, die summarische Wirkung der verschiedenen beteiligten Quellen und Quellprozesse widerspiegelt. Aus einer hinreichend großen Stichprobe (i. d. R. eine einjährige Zeitreihe von Staub- und Inhaltsstoffkonzentrationen) und genügend Informationen über die Partikelzusammensetzung lassen sich durch eine sog. „multivariate" statistische Analyse die jeweiligen Quellen isolieren und ihre Anteile quantifizieren. Von der Vielzahl an möglichen Verfahrensweisen hebt sich im Zusammenhang mit der Feinstaub-Quellenidentifizierung die Faktor- bzw. Hauptkomponentenanalyse heraus (engl. *Principal Component Analysis*, PCA), die in den letzten Jahren zur Positiv-Matrix-Faktorisierung (PMF) weiterentwickelt wurde. Ziel dieser mathematischen Optimierungsverfahren ist es, die Vielfalt der chemischen Inhaltsstoffe in wenige Gruppen („Faktoren") zusammenzufassen. Eine typische Faktorisierung des urbanen Aerosols zeigt Abb. 14.

Aus den ermittelten Faktorbeiträgen lassen sich weitere interessante Informationen über die maßgebenden Quellprozesse ableiten, wenn beispielsweise ausgewählte Untergruppen der gemessenen Zeitreihe separat betrachtet werden. Dies ist in Abb. 15 am Beispiel der Faktor-Zusammensetzung der PM10-Partikelfraktion in Duisburg für Tage mit Grenzwertüberschreitung und Tage mit niedriger Belastung illustriert. Mit Anstieg der PM10-Massenkonzentration steigt hier deutlich der Anteil an sekundär gebildetem

FEINSTAUB

Aerosol an, während aus den Niederlanden stammende seesalzhaltige Luftmassen an Bedeutung verlieren. Auch der Anteil des Mischfaktors „Verbrennung/Aufwirbelung" steigt mit Zunahme der PM10-Konzentration an, da hohe Feinstaubbelastungen häufiger auch an trockenen Wintertagen mit reduzierter atmosphärischer Durchmischung auftreten.

Da die reinen Rezeptormodelle keine Vorabinformationen über die am Messort wirksamen Quellen benötigen, sind sie auch in der Lage, den Einfluss bisher nicht bekannter oder nur schwer quantifizierbarer Quellen greifbar zu machen. Diesem Vorteil steht der Nachteil gegenüber, dass oft nur Mischprozesse identifiziert werden, die nicht ohne weiteres einer bestimmten lokalisierbaren Emission zugeordnet werden können.

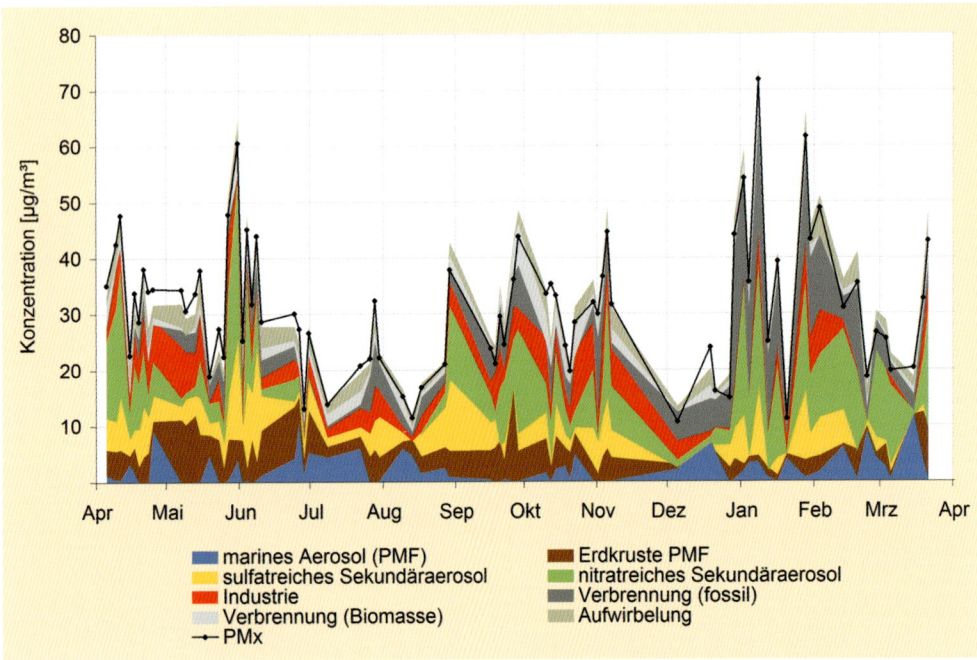

Abb. 14 *Zeitverlauf der mittels Positiv-Matrix-Faktorisierung ermittelten Quellprozesse im urbanen Hintergrund-Aerosol [26]*

In Anbetracht der Ziele, zumindest einige der lokal bedeutsamen Quellen identifizieren und entsprechende Minderungsmaßnahmen ergreifen zu können, werden auch Emissionsbetrachtungen mit der Rezeptormodellierung kombiniert. Der wichtigste Ansatz hierzu ist die sog. „Chemische Massenbilanz" (CMB), die bekannte chemische Emissionsprofile (z. B. von Kraftwerken, Industrieanlagen, Abgasemissionen) mit den am Rezeptor gemessenen Inhaltsstoffen in Beziehung setzt. Dieses in den USA standardmäßig verwendete Modell hat in Deutschland kaum Anwendung gefunden, wurde aber in Österreich im Rahmen der AQUELLA-Projekte [27] eingesetzt. In Deutschland sehr häufig verwendet wurde hingegen die Lenschow-Methode [28], die die regionalen Differenzen der PM-Konzentration und -Zusammensetzung mit Daten von Emissionskatastern verknüpft. Die Methode geht davon aus, dass sich die Spitzenbelastung, z. B. an einer urbanen Verkehrsstation, additiv aus einer regionalen Hintergrundbelastung, Zusatzbeiträgen aus dem ländlichen und städtischen Hintergrund sowie der lokalen Belastung zusammensetzt (siehe Abb. 16).

Gleichzeitige Messungen der PM-Konzentrationen und -Inhaltsstoffe an Messorten, die für diese Bereiche jeweils repräsentativ sind, geben somit Aufschluss über die jeweiligen inkrementellen Zunahmen. In einem zweiten Schritt werden die Daten der Emissionskataster den Quellregionen entsprechend zugeordnet. Für den regio-

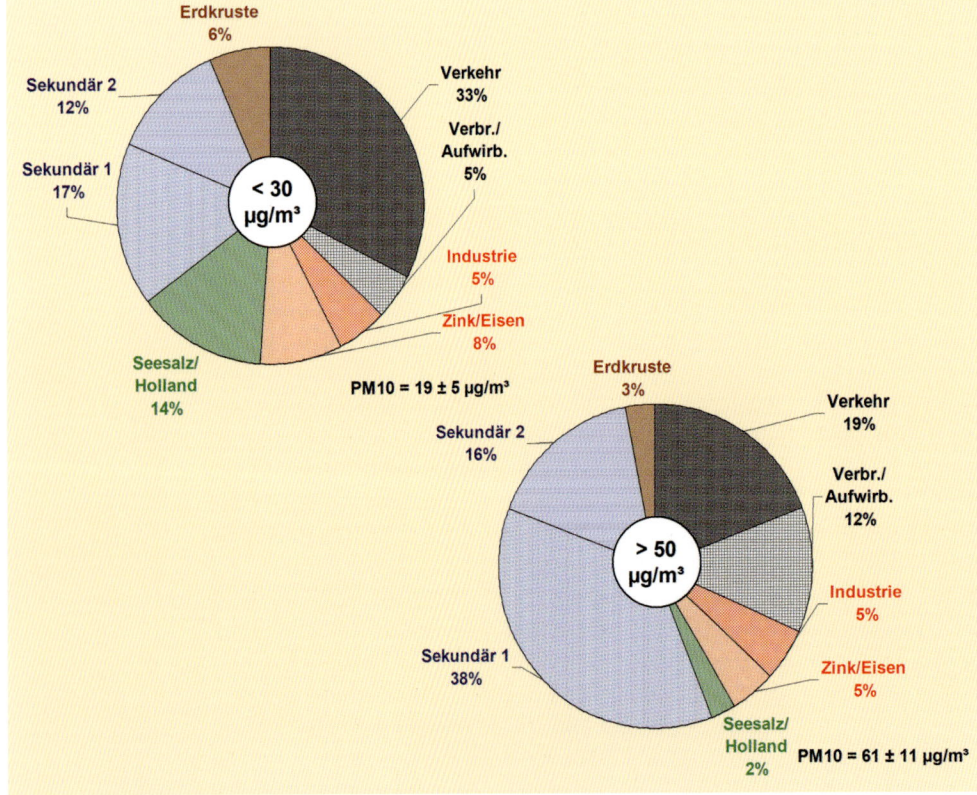

Abb. 15 *Vergleich der Faktorbeiträge zu PM10 in Duisburg für Tage mit geringer (links) und mit hoher (rechts) Belastung [17]*

FEINSTAUB

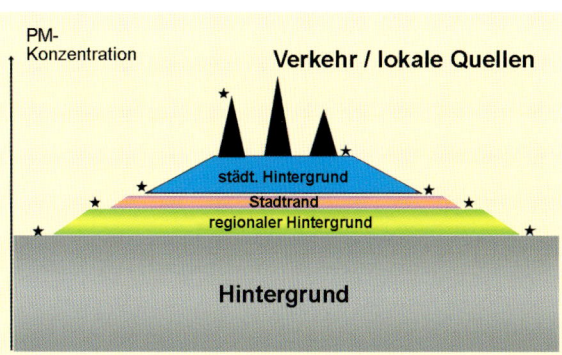

Abb. 16 *Lenschow-Ansatz zur Aufteilung lokaler Feinstaubkonzentrationen nach Herkunftsgebieten (nach [28])*

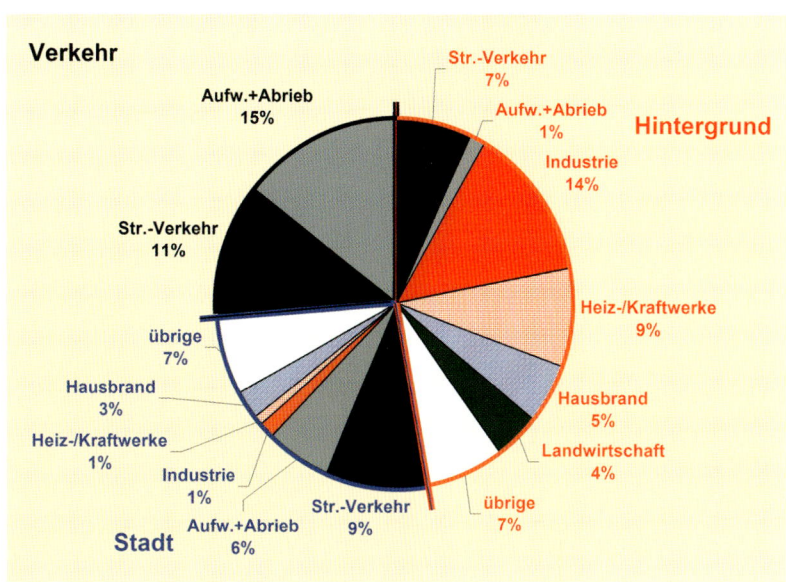

Abb. 17 *Lenschow-Auswertung für Berlin [29]*

nalen Hintergrund nutzt man beispielsweise das für ganz Deutschland geltende Kataster des Umweltbundesamtes, für den ländlichen Hintergrund entsprechende Daten der Bundesländer und für die Stadt ggf. verfügbare kommunale Zusatzinformationen. Im Ergebnis erhält man so eine Aufteilung der in den Quellregionen vorhandenen Belastung auf die in den Emissionskatastern erfassten Quellkategorien, wie in Abb. 17 für eine Verkehrsstation in Berlin [29] gezeigt wird. Es ist gut zu erkennen, dass der regionenspezifische Beitrag für den Straßenverkehr mit dem Abstand zur Quelle (Straße) deutlich abnimmt. Über alle Regionen trägt der Verkehr mit insgesamt 49 % fast die Hälfte der an der genannten Verkehrsstation gemessenen PM10-Immissionsbelastung bei. Dabei entfallen 28 % auf Auspuffemissionen und 21 % auf die „diffusen" Emissionen aus Aufwirbelung und Abrieb. Andere wichtige Massenbeiträge, z. B. aus industriellen Prozessen, Energieerzeugung und Hausbrand, kommen hauptsächlich aus dem Hintergrund.

Der Lenschow-Ansatz hat durch diesen Bezug auf unmittelbar behördlich erfasste Emissionsdaten den Vorteil, dass entsprechende Minderungsmaßnahmen gezielt vorgenommen werden können. Nicht in den Katastern enthaltene Quellprozesse können dabei allerdings übersehen werden.

Das Abfangen von Partikeln

Der Begriff Feinstaub steht für eine große Zahl verschiedener Wirkstoffe und ist ungefähr so präzise wie das Wort „Zoo", wenn wir wissen wollen, ob uns ein bestimmtes Tier gefährlich werden kann. Der aus gesundheitlicher Sicht bedenklichste Teil des Feinstaubes besteht aus unlöslichen Partikeln kleiner als etwa 0,5 Mikrometer, also aus Nanopartikeln. Wir befinden uns an der Schwelle zur Nano-Welt mit ihren eigenen physikalischen Gesetzen, in der unsere Alltagserfahrung mit wirbelndem Hausstaub und flüchtenden Wollmäusen nicht weiterhilft. Nanopartikel sind Gebilde im Grenzbereich zwischen Festkörper und Molekül und bestehen sozusagen nur aus aufgewickelter Oberfläche. In chemischen Reaktionen sind nanostrukturierte Materialien erheblich aktiver als kompakte Festkörper gleicher Menge. Eisen-Nanopartikel etwa entzünden sich spontan, wenn sie mit Luft in Berührung kommen, und wandeln sich in kürzester Zeit zu Eisenoxid-Nanopartikeln um. Aufgrund ihrer geringen Größe sind Nanopartikel zudem unsichtbar.

In der Wechselwirkung mit Festkörpern erweisen sich Nanopartikel als außergewöhnlich klebrig, weil die der Oberfläche folgende Van-der-Waals-Kraft alle anderen Kräfte – etwa Scherkräfte vorbeiströmender Gase – bei weitem überwiegt [15, 30]. Es ist daher physikalisch unmöglich, Partikel von weniger als zirka einem Mikrometer Durchmesser auf mechanischem Weg in die Schwebe zu bringen. Umgekehrt bedeutet das: Aufgewirbelter Staub kann fein, aber niemals nano-fein sein. Als Prozesse für die Erzeugung von Nanopartikeln kommen deshalb nur die Kondensation von Gasen zu Tröpfchen sowie chemische Reaktionen in Frage. Kondensation finden wir etwa bei der Wolkenbildung oder bei der Entstehung von Metall-Nanorauch in Gießereien und beim Schweißen; die wichtigste chemische Reaktion ist die Verfeuerung kohlenstoffhaltiger Brennstoffe wie Holz, Kohle oder Öl.

Die Beispiele deuten darauf hin, dass luftgetragene Nanopartikel fast ausschließlich durch technische Prozesse in die Umwelt gelangen. Von vereinzelten Waldbränden oder Vulkanausbrüchen abgesehen, sind Nanopartikel auf evolutionsbiologischer Zeitskala ein sehr junger Schadstoff, gegen den unser Körper folglich keine Abwehrmechanismen entwickeln konnte.

Als Schwebeteilchen warten Nanopartikel mit weiteren Überraschungen auf. Infolge ihrer geringen Größe und Masse werden sie zum Spielball der mit ihnen kollidierenden Gasmoleküle und sind so selbst einer Brownschen Bewegung unterworfen [15, 30]. Die daraus resultierende Drift ist umso ausgeprägter, je kleiner das Partikel ist. Bei einem Teilchen von 0,5 Mikrometer Durchmesser halten sich Diffusionsbewegung und Sedimentation mit je rund 10 µm/s die Waage. Für ein typisches Dieselruß-Teilchen von

FEINSTAUB

Abb. 18 *Wie schützen wir uns und unsere Umwelt vor Feinstaub und Nanopartikeln?*

0,1 Mikrometer Durchmesser aber ist die Diffusionsbewegung mit 37 µm/s bereits etwa 40 mal schneller als die Sedimentation; bei 0,03 Mikrometer beträgt der Faktor sogar über 500.

Die Diffusionsbewegung führt dazu, dass Nanopartikel gelegentlich miteinander kollidieren. Da sie sehr klebrig sind, bleiben sie aneinander haften und bilden ein einziges, größeres Partikel. Dieser Vorgang wird als Agglomeration bezeichnet und kann in jedem System von Gas getragenen Nanopartikeln beobachtet werden. Anders als Gase sind daher Nano-Aerosole keine stabilen thermodynamischen Systeme. Besonders effizient schreitet die Agglomeration in Gemischen aus großen und kleinen Partikeln voran. In industriellen Zeiten „rauchender Schlote" sammelten die großen, sichtbaren Partikel durch dieses sog. *Scavenging* viele Nanopartikel ein, bevor sie nach kurzer Zeit zu Boden sanken. In der scheinbar sauberen, post-industriellen Luft hingegen fehlt dieser Reinigungsmechanismus, und die unsichtbaren Nanopartikel bleiben über Wochen und Monate in Schwebe.

Die Dominanz der Diffusionsbewegung ist ein wesentlicher Faktor bei der Auslegung von Filtern für Nanopartikel wie etwa bei Rußfiltern für Dieselmotoren [31]. Der für große Staubkörner erfolgreiche Ansatz, sie gezielt und mit hoher Geschwindigkeit durch eine Art Sieb zu leiten, versagt bei Nanopartikeln kläglich, weil diese einfach zusammen mit dem Gas um die Strukturen des Filtermaterials herum strömen, ohne gefiltert zu werden. Gibt man den Nanopartikeln hingegen genügend Zeit, so treffen sie aufgrund ihrer Diffusionsbewegung irgendwann von selbst auf die Oberfläche des Filtermaterials und bleiben wegen ihrer Klebrigkeit sofort daran haften. Dieselrußfilter bestehen daher aus einer porösen Schicht (Keramik oder Metallschaum), in der das Abgas stark abgebremst wird. Die Poren solcher Filter haben typischerweise einen Durchmesser von 10 Mikrometern (also das 100fache des Partikeldurchmessers) und sind etwa 1 mm lang. Von der Mitte der Pore bis zu ihrem Rand bewegt sich das Partikel durch Diffusion (37 µm/s) in gut 0,1 Sekunden. Um alle Partikel zu filtern, darf das Abgas also nicht schneller als mit etwa 1 cm/s durch das Filtermaterial strömen. Da die Abgasgeschwindigkeit im Auspuff meist deutlich mehr als 10 m/s beträgt, ist die Herstellung eines Dieselrußfilters eine technische Herausforderung. Abscheidegrade von 99 % und besser zeigen aber, dass sie gemeistert werden kann [31].

Anders als Gasmoleküle sind Partikel Individuen. Jede Messung beruht daher zwangsläufig auf statistischen Annahmen und ist mit entsprechenden Unschärfen behaftet. Eine der einfachsten Methoden ist die Belegung von Filtern, die von Umgebungsluft durchströmt werden. Besonders ausgeformte Messköpfe sorgen dafür, dass nur kleinere Partikel auf den Filter gelangen. Durch eine Wägung wird bestimmt, welche Masse an Partikeln sich auf dem Filter abgelagert hat. In der Einfachheit dieser Methode liegt aber auch ihre Tücke: PM10 unterscheidet nicht nach der Zusammensetzung der Partikel, und so ist die überwiegend aus Seesalz bestehende Messprobe von der Insel Sylt genauso schwer wie die von Dieselruß dominierte Probe aus dem Talkessel von Stuttgart. Beide Standorte haben gemäß Messung eine gleich schlechte Luftqualität, obwohl einem jeder Arzt bestätigen wird, wie viel gesünder die Nordseeluft ist.

Darüber hinaus schließt PM10 im Größenbereich von 1 bis 10 Mikrometer Partikel mit ein, die durch Winderosion, also einen natürlichen, nicht vom Menschen kontrollierbaren Prozess in die Atmosphäre gebracht werden. In der Umweltzone Berlin wurden die besonders gesundheitsschädlichen Rußpartikel aus Verkehr und Industrie wirkungsvoll vermindert, was sich aber in den durch Ferntransport dominierten PM10-Werten nicht zeigt. Die Umweltzone wäre trotz faktischer Wirksamkeit beinahe auf dem Papier gescheitert, hätte man die Filterproben nicht nachträglich auf ihren Rußgehalt untersucht – und über diesen analytischen Umweg das wichtige Projekt gerettet.

Literatur

[1] Richtlinie 2008/50/EG des Europäischen Parlaments und des Rates über Luftqualität und saubere Luft für Europa vom 21.05.2008, ABl. der EU Nr. L152/1.

[2] Weber S., Lischke, T., Weber, K., Fischer, C., van Haren, G. (2008) Meteorologische Einflüsse auf Partikelkonzentrationsunterschiede zwischen einer Straßenschlucht und einem angrenzenden Hinterhof – Messung und Modellierung in: VDI-Berichte Nr. 2040, 237–240, Düsseldorf.

[3] Internet-Angebote der Messnetze der Länder, zentral zugänglich über www.env-it.de/umweltbundesamt/Luftdaten.

[4] DIN EN 12341: Air quality – Determination of the PM10 fraction of suspended particulate matter – Reference method and field procedure to demonstrate reference equivalence of measurement methods. Berlin, Beuth, 1998.

[5] Feichter, J., Schurath, U., Zellner, R. (2007) Luftchemie und Klima. *Chemie in unserer Zeit* 41, 138–149.

[6] Birmili, W., Schepanski, A., Ansmann, A., Spindler, G., Tegen, I., Wehner, B., Nowak, A., Reimer, E., Mattis, I., Müller, K., Brügge-

[6] mann, E., Gnauk, T., Herrmann, H., Wiedensohler, A., Althaus, D., Schladitz, A., Tuch, T., Löschau, G. (2007) An episode of extremely high PM concentration over Central Europe caused by dust emitted over the Southern Ukraine. *Atmos. Chem. Phys. Discuss.* 7, 12231–12288.

[7] Bruckmann, P., Niemann, K., Wurzler, S., Engel, I., Hoogerbruggen, R., Garus, G., Olschewski, A. (2008) High PM10 levels covering large parts of Europe caused by long range transport. *Gefahrstoffe – Reinhalt. Luft* 68, 189–195.

[8] Bruckmann, P., Birmili, W., Straub, W., Pitz, M., Gladtke, D., Pfeffer, U., Hebbinghaus, H., Wurzler, S., Olschewski, A. (2008) An outbreak of Saharan dust causing high PM10 levels north of the alps. *Gefahrstoffe – Reinhalt. Luft* 68, 490–498.

[9] Bruckmann, P., Friesel, J., Wurzler, S., Straub, W., Romberg, U., Wilhelm, S., Pfeffer, U.: Hohe Feinstaubbelastungen von Polen bis Nordfrankreich im Januar 2010. *Immissionsschutz* 15: 56–63, 2010.

[10] Wurzler, S., Gladtke, D., Hebbinghaus, H., Kuhlbusch, T., Bruckmann, P., Pfeffer, U., Friesel, J., Geiger, J., Straub, W., Garus, G., Risthaus, P., Elbern, H., Friese, E., Nieradzik, L., Gilge, S., Favez, O., Chiappini, L., Lumpp, R. (2010) Ground based observations in Germany and Nothern France during the first eruption series of the Eyjafjallajökull volcano. Posterbeitrag International Aerosol Conference 2010, Helsinki, 08/29-09/03.

[11] Whitby, K.T. (1978) The physical characteristics of sulphur aerosols. *Atmos. Env.* 12, 135–159.

[12] John, W. (1993) The characteristics of environmental and laboratory-generated aerosols, in: *Aerosol Measurement*, K. Willeke und P.A. Baron (Eds.), van Nostrand Rheinhold, New York, 54–72.

[13] DIN EN 12341, Luftbeschaffenheit – Ermittlung der PM10-Fraktion von Schwebstaub – Referenzmethode und Feldprüfverfahren zum Nachweis der Gleichwertigkeit von Messverfahren und Referenzmessmethode, in: VDI/DIN-Handbuch Reinhaltung der Luft, Band 5 – Analysen- und Messverfahren, Beuth Verlag GmbH, Berlin, März 1999.

[14] DIN EN 14907, Luftbeschaffenheit – Gravimetrisches Standardmessverfahren für die Bestimmung der PM2,5-Massenfraktion des Schwebstaubs; Deutsche Fassung EN 14907:2005, in: VDI/DIN-Handbuch Reinhaltung der Luft, Band 5 – Analysen- und Messverfahren, Beuth Verlag GmbH, Berlin, März 1999.

[15] Hinds, W.C. (1999) *Aerosol Technology: Properties, Behavior, and Measurement of airborne Particles,* 2nd ed., New York, Wiley-Interscience.

[16] Kuhlbusch, T.A.J., C. Nickel, H. Kaminski, S. Weber, Ultrafine particle measurements in Mülheim-Styrum for the LANUV, Essen, Germany, unpublished data.

[17] Quass, U., T. Kuhlbusch, M. Koch (2004) Identifizierung von Quellgruppen für Feinstaub, Bericht an das LANUV NRW, Deutschland, IUTA-Report LP15/2004, download: www.lanuv.nrw.de/luft/berichte/feinstaub_2004_abschl.pdf , pp. 12.

[18] Zimmermann, R., J. Schnelle-Kreis, Th. Streibel, G. Lammel, Th. Hoffmann Organische Verbindungen in Feinstäuben, in: Statuspapier des Arbeitsausschuss „Feinstäube" von ProcessNet, KRdL und GDCh

[19] Schnelle-Kreis, J. et al. (2007) Semi volatile organic compounds in ambient PM2.5. Seasonal trends and daily resolved source contributions. *Environmental Science & Technology* 41 (11) p. 3821–3828.

[20] Schnelle-Kreis, J. et al. (2009) Daily measurement of organic compounds in ambient particulate matter in Augsburg, Germany: new aspects on aerosol sources and aerosol related health effects. *Biomarkers* 14, p. 39–44.

[21] Zhang, Q., J.L. Jimenez, M.R. Canagaratna, J.D. Allan, H. Coe, I. Ulbrich, M.R. Alfarra, A. Takami, A.M. Middlebrook, Y.L. Sun, K. Dzepina, E. Dunlea, K. Docherty, P.F. DeCarlo, D. Salcedo, T. Onasch, J.T. Jayne, T. Miyoshi, A. Shimono, S. Hatekeyama, N. Takegawa, Y. Kondo, J. Schneider, F. Drewnick, S. Borrmann, S. Weimer, K. Demerjian, P. Williams, K. Bower, R. Bahreini, L. Cottrell, R.J. Griffin, J. Rautiainen, J.Y. Sun, Y.M. Zhang, D.R. Worsnop (2007) Ubiquity and dominance of oxygenated species in organic aerosols in anthropogenically –Influenced northern hemisphere midlatitudes. *Geophys. Res. Lett.* 34, L13801, doi:10.1029/2007GL029979.

[22] F. Drewnick, J.T. Jayne, M. Canagaratna, D.R. Worsnop, K.L. Demerjian (2004) Measurement of Ambient Aerosol Composition during the PMTACS-NY 2001 using an Aerosol Mass Spectrometer. Part II: Chemically Speciated Mass Distributions, *Aerosol Science & Technology* 38(S1), 104–117.

[23] Warneck, P. (1999) *Chemistry of the natural atmosphere*, Academic Press, San Diego.

[24] Hainsch, A. (2003) Ursachenanalyse der PM10-Immission in urbanen Gebieten am Beispiel der Stadt Berlin, Dissertation, Technische Universität Berlin.

[25] http://www.lanuv.nrw.de/luft/ausbreitung/eurad.htm

[26] Beuck, H. (2010) Quellenanalyse von Feinstaub im ländlichen und städtischen Hintergrund Nordrhein-Westfalens, Diplomarbeit, Institut für Landschaftsökologie, Fachbereich Geowissenschaften, Westfälische Wilhelms Universität Münster.

[27] http://www.feinstaubfrei.at/htm/abschlusskongress_r_puxbaum.pdf

[28] Lenschow, P., H.-J. Abraham, K. Kutzner, M. Lutz, J.D. Preuß, W. Reichenbächer (2001) Some ideas about the sources of PM10. *Atmos. Env.* 35/1001, pp 23–33.

[29] John, A., T. Kuhlbusch (2004) Ursachenanalyse von Feinstaub (PM10)-Immissionen in Berlin auf der Basis von Messungen der Staubinhaltsstoffe am Stadtrand, in der Innenstadt und in einer Straßenschlucht. IUTA-Bericht LP 09/2004.

[30] Fuchs, N.A.(1989) *The Mechanics of Aerosols*, Dover Publications, New York.

[31] Mayer, A. (Hrsg.) (2008) *Particle Filter Retrofit for all Diesel Engines*, Expert-Verlag.

FEINSTAUB

Bloß keinen Staub aufwirbeln

THOMAS EIKMANN

Abb. 19 *Tornados wirbeln definitiv viel Staub auf.*

Die Problematik der Belastung der Bevölkerung durch Feinstaub (PM) und die damit verbundenen gesundheitlichen Risiken sind seit Jahren bekannt und inzwischen wissenschaftlich sehr gut untersucht und bewertet worden. Der internationale Wissensstand liegt in einer Vielzahl von Publikationen und Übersichtsarbeiten gut dokumentiert vor und wird laufend fortgeschrieben. Eine Vielzahl epidemiologischer Studien weist auf einen Zusammenhang (Assoziation) von chronischer Belastung zu Feinstaub (und anderen Luftschadstoffen) sowie (Gesamt-) Mortalität (Sterblichkeit) und kardiovaskulärer und respiratorischer Morbidität (Erkrankungshäufigkeit) hin. Am deutlichsten ausgeprägt sind die Auswirkungen bei Menschen mit chronischen Erkrankungen der Atemwege/Lunge und des Herzens (Tabelle 4).

Im Unterschied zu früher wird heutzutage bei Risikoabschätzungen von Feinstäuben auf die Gesundheit der Bevölkerung im Allgemeinen PM2.5 und nicht (mehr) PM10 zugrunde gelegt. Dies ist auf die anzunehmende größere Gesundheitsgefährdung durch PM2.5 im Vergleich zu PM10 zurückzuführen, da PM2.5 tiefer in Atemwege und Lunge sowie leichter in den Organismus gelangen kann. Darüber hinaus wird PM2.5 im Vergleich zu PM10 überwiegend aus anthropogenen Quellen freigesetzt und ist dadurch bei emissionsmindernden Maßnahmen prinzipiell besser handhabbar [3]. Auch den ultrafeinen Stäuben bzw. ultrafeinen Partikeln (Durchmesser < 100 nm, UFP) wird zunehmend größere Beachtung geschenkt, da diese in Zell- und Tierexperimenten eine größere Wirksamkeit aufweisen als größere Stäube und somit ebenfalls einen Einfluss auf die menschliche Gesundheit zu haben scheinen [4, 5]. Letztendlich ist davon auszugehen, dass die Expositionsparameter für Feinstaub (PM10 bzw. PM2.5) immer als Surrogat für die gesamte (Außenluft-) Schadstoffbelastung der Bevölkerung anzusehen sind.

Epidemiologische Studien

Bei der epidemiologischen Bewertung der Gesundheitsrisiken durch PM2.5 stehen die mit der Exposition verbundenen Langzeit-Effekte immer im Vordergrund. Inzwischen liegen auch Risikoabschätzungen in Hinsicht auf eine Kurzzeit-Belastung mit PM2.5 vor [6]. Epidemiologische Untersuchungen zeigen einen klaren statistischen Zusammenhang zwischen der Belastung zu PM und der Gesamtmortalität, der kardiopulmonalen Sterblichkeit und Lungenkrebsmortalität sowie der Kindersterblichkeit. Die sich daraus ergebende Verkürzung der Lebenserwartung in der Bevölkerung kann die Größenordnung eines Jahres erreichen [7]. Auswirkungen von PM auf die Morbidität wurden für Atemwegssymptome und Lungenwachstum (respiratorische Morbidität) sowie das kardiopulmonale und Immunsystem gefunden.

Bei den Kurzzeit-Effekten haben zahlreiche Studien signifikante Assoziationen zwischen PM-Exposition sowie Mortalität und Morbidität gezeigt. Am ausgeprägtesten waren dabei die Zusammenhänge bei kardiovaskulären und respi-

TAB. 4 | **RELEVANTE KURZZEIT- UND LANGZEIT-EFFEKTE VON PM [1, 2]**

Luftschadstoff	Kurzzeit-Effekte	Langzeit-Effekte
Feinstaub (PM)	Inflammatorische Lungeneffekte	Anstieg der Symptome im unteren Atemtrakt
	Respiratorische Symptome	Reduktion der Lungenfunktion bei Kindern
	Adverse Effekte des kardiovaskulären Systems	Anstieg von COPD (chronic obstructive pulmonary disease)
	Anstieg des Medikamentenverbrauchs	Reduktion der Lungenfunktion bei Erwachsenen
	Anstieg der Krankenhauseinweisungen	Verringerung der Lebenserwartung, überwiegend für die kardiopulmonalen Mortalität und wahrscheinlich Lungenkrebs
	Anstieg der Mortalität	

FEINSTAUB

ratorischen Erkrankungen. Weitere dokumentierte Zusammenhänge sind neben den höheren Mortalitätsrisiken vermehrte Krankenhausaufnahmen und Arztbesuche sowie Veränderungen von Entzündungs- und Funktionsparametern an Tagen mit hohen Partikelkonzentrationen. Auch aus Deutschland liegt eine Reihe von Untersuchungen in dieser Hinsicht vor: So konnte ein Zusammenhang zwischen PM und einigen EKG-Parametern sowie dem Aufenthalt im Straßenverkehr und der Rate von Herzinfarkten nachgewiesen werden [8, 9].

Toxikologische Erkenntnisse

Als ein wesentlicher toxikologischer Wirkmechanismus von inhalierten Partikeln wird die Auslösung von entzündlichen Vorgängen in den Atemwegen betrachtet. Toxikologische Untersuchungen sowie direkte Befunde beim Menschen zeigen aber auch Auswirkungen der durch die Partikelbelastung der Lunge hervorgerufenen Effekte auf das Herz-Kreislauf-System. Dabei ist die gesundheitsschädigende Wirkung von Rußpartikeln aus Verbrennungsprozessen (z.B. Abgase von Dieselmotoren) als relevanter einzustufen als die Wirkung von beispielsweise Bodenpartikeln. Aber auch hier ist wieder zu differenzieren: So enthalten Partikel aus alten Schwerlastmotoren bis zu 50 % organische Anteile, während moderne Pkw-Dieselmotoren nur wenige Prozent dieser Substanzen aufweisen [10, 11].

Empfindliche Bevölkerungsgruppen

Als empfindliche (*susceptible*) Subpopulation werden Individuen definiert, die möglicherweise nachteilige Gesundheitseffekte bei der Exposition gegenüber Luftschadstoffen schon bei niedrigeren Konzentrationen zeigen, die bei der Normalbevölkerung üblicherweise noch zu keinem höheren Auftreten von Effekten führen. Die Empfindlichkeit kann sich aber auch im Auftreten von ausgeprägteren oder häufigeren Effekten bei gleicher Exposition zu Luftschadstoffen zeigen.

In Zusammenhang mit einer PM-Belastung konnte bei älteren Erwachsenen (> 65 Jahre) ein Anstieg der kardiovaskulären Gesundheitseffekte nachgewiesen sowie ein Anstieg der Gesamtmortalität in Zusammenhang mit der PM-Exposition angenommen werden. Es gibt weiterhin Hinweise auf eine Assoziation mit respiratorischen Gesundheitseffekten bei Kindern. Zusammenhänge mit Geschlecht und Rasse/Ethnizität konnten bisher mit wenigen Ausnahmen nicht abgeleitet werden. Allein bei zwei Untersuchungen in Kalifornien wurden Hinweise auf eine höhere Empfindlichkeit von Personen hispanischer Herkunft gefunden. Anhaltspunkte hinsichtlich des Einflusses von PM in der Schwangerschaft konnten bisher lediglich in Hinsicht einer späteren höheren Empfindlichkeit bezüglich der Entwicklung von Allergien im Tierversuch nachgewiesen werden. Bei den genetischen Faktoren gibt es Hinweise, dass Personen mit genetischen Polymorphismen bei der Regulierung von antioxidativen Reaktionen zu einer größeren Empfindlichkeit gegenüber einer PM-Exposition neigen. Allerdings gibt es bei den genetischen Polymorphismen auch Anzeichen für einen protektiven Effekt bei den betroffenen Personen [6].

Eine große Anzahl der vorliegenden Studien beschäftigt sich mit der Bedeutung von bereits vorhandenen Erkrankungen und der Exposition gegenüber PM. In epidemiologischen, klinischen und toxikologischen Untersuchungen konnten Hinweise auf einen Anstieg von kardiovaskulären Effekten bei Personen mit einer bereits bestehenden kardiovaskulären Erkrankung gefunden werden. Die Intensität der Effekte war dabei vom Schweregrad der schon existierenden Krankheit abhängig. Bei bereits vorliegenden respiratorischen Erkrankungen hingen die auftretenden Differenzen zu den nicht-vorerkrankten Personen ebenfalls von der respiratorischen Kondition der Vorerkrankten ab. Die Effekte waren bei Asthmatikern deutlich stärker ausgeprägt im Vergleich zu Patienten mit COPD. Ein Anstieg der Mortalität konnte insbesondere bei Personen mit vorliegender Pneumonie oder einer anderen respiratorischen Erkrankung nachgewiesen werden. Diese epidemiologischen und klinischen Befunde konnten in einer Anzahl von toxikologischen Studien bestätigt werden, wobei die experimentellen Ergebnisse in der Regel stärker ausgeprägt waren [6].

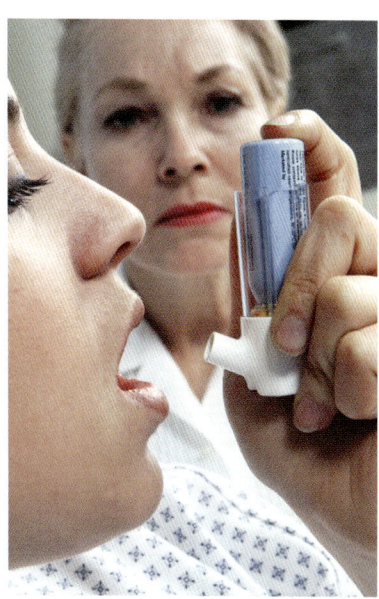

Abb. 20 *Feinstaub und Smog fördern Asthmaerkrankungen.*

Einflüsse des Straßenverkehrs

Unabhängig von den verschiedenen Risikoabschätzungen liegen inzwischen eine Vielzahl von Studien über den Einfluss des Straßenverkehrs und der damit verbundenen Exposition gegenüber PM und NO_2 sowie anderen Luftschadstoffen auf die Morbidität und Mortalität von Anliegern vor [12]. In der Regel werden die in den epidemiologischen Studien nachgewiesenen Assoziationen auf vorhandene oder spezifisch gemessene Immissionskonzentrationen von PM10 und PM2.5 sowie NO_2 als charakteristische verkehrsbedingte Luftschadstoffe bezogen. Andere Luftschadstoffbelastungen werden dabei in der Regel nicht berücksichtigt bzw. die nachgewiesenen Effekte werden ausschließlich auf die gemessenen Substanzen bezogen.

Eine Reihe von neueren Untersuchungen [13, 14] bestätigen noch einmal in Übereinstimmung mit älteren Studien die enge Assoziation von Luftverunreinigung, der Nähe zum Verkehr und Herz-Kreislauf-Erkrankungen. Bei genauer Expositionsklassifikation gegenüber PM2.5 konnte in den verschiedenen Studien ein enger Zusammenhang zum Auftreten von (systemischer) Arteriosklerose und tödlich verlaufenden Herzinfarkten nachgewiesen werden. Bei der Untersuchung aus Nordrhein-Westfalen [13] wurde die Wohnsitz-bezogene Verkehrsbelastung durch die Entfer-

FEINSTAUB

Abb. 21 *Nicht nur Luftschadstoffe, sondern auch Fluglärm beeinträchtigen unsere Gesundheit.*

nung zu Hauptverkehrsstraßen und Autobahnen festgelegt, während die PM2.5-Exposition auf der Basis von regional vorhandenen Messdaten modelliert wurde.

Andere Untersuchungen mit ähnlichen Fragestellungen zeigten darüber hinaus Assoziationen mit starker Verkehrsbelastung und Lungenfunktionseinschränkungen [15], Mittelohrentzündungen bei Kindern sowie vermindertem Geburtsgewicht bei Neugeborenen [16]. Allerdings muss bei allen dargestellten Studien darauf hingewiesen werden, dass das Wohnen an stark befahrenen Straßen immer im Zusammenhang mit Parametern des sozioökonomischen Status (z. B. Arbeitsplatzbelastung, Rauchverhalten, Ernährungsgewohnheiten und Lebensstil) zu sehen ist. So konnten immer wieder Assoziationen zwischen sozioökonomischen Status und gesundheitlichen Effekten nachgewiesen werden [17].

Die durch den Straßenverkehr und vor allem durch den Schwerlastverkehr gleichermaßen verursachte Lärm-Belastung (und Infraschall-Belastung) wird nur in wenigen Studien insbesondere im Zusammenhang mit der gleichzeitig bestehenden Exposition gegenüber Luftschadstoffen berücksichtigt. Da Lärm (und Infraschall) auch bei umweltüblichen Schallpegeln als physiologische Stressoren mit Auswirkungen auf das Herz-Kreislauf-System zu bewerten sind, ist hier zu fragen, in welchem Ausmaß synergistische Effekte bei der gleichzeitigen Belastung durch PM und NO_2 nachzuweisen sind. Während beim Fluglärm deutliche Hinweise auf ein Bluthochdruck-Risiko existieren, sind Assoziationen zum Straßenverkehr nur gering ausgeprägt. Bezüglich eines erhöhten Risikos für das Auftreten eines Herzinfarkts gibt es eine Reihe von Studien, die konsistent ein moderat erhöhtes Herzinfarkt-Risiko aufzeigen [14, 18–20].

Auswirkung von emissionsmindernden Maßnahmen

Insbesondere im Zusammenhang mit der Diskussion um die Einrichtung von Umweltzonen, aber auch bei der Einführung anderer emissionsmindernder Maßnahmen wird immer wieder gefordert, die quantitative Effektivität derartiger Tätigkeiten zu belegen. Da für die in Deutschland etablierten Umweltzonen aufgrund des kurzen Zeitraums noch keine epidemiologischen Daten vorliegen können, die hierzu eine Aussage ermöglichen würden, muss man in Hinsicht auf diese Fragestellung auf andere Untersuchungen zurückgreifen. Hierzu sind am ehesten Studien geeignet, bei denen für einen begrenzten Zeitraum die Verkehrsbelastung stark reduziert wurde [12]. Als bekannteste Untersuchungen mit vorübergehenden Verkehrsbeschränkungen sind die Studien bei der Olympiade 1996 in Atlanta und bei den Asienspielen 2002 in Korea zu benennen.

Es gibt nur wenige Studien, in denen eine Reduktion von PM im Zusammenhang mit der potentiellen Verbesserung des gesundheitlichen Risikos der betroffenen Bevölkerung untersucht wurde. Im Allgemeinen konnte bei die-

FEINSTAUB

sen Untersuchungen aber nicht nur eine spezifische Reduktion von PM angenommen werden, sondern auch eine Verminderung anderer Luftschadstoffe wie beispielsweise NO_2, O_3 und SO_2. Die nachgewiesenen positiven Effekte auf die menschliche Gesundheit können daher nur auf eine Abnahme der Luftschadstoff-Exposition insgesamt zurückgeführt werden.

Auch in den 1990er Jahren in Ostdeutschland durchgeführte Studien belegen, dass der deutliche Rückgang der Luftschadstoff-Konzentrationen zu einer ausgeprägten Abnahme der Prävalenz von Bronchitis, Mittelohrentzündungen, häufigen Erkältungen und fieberhaften Infekten führten [9, 21, 22].

Aktuelle Untersuchungen in Zusammenhang mit der Einführung von Umweltzonen in Deutschland [23] zeigen eine Abnahme der relativen Feinstaubbelastung, die insbesondere an verkehrsnahen Standorten deutlich ist und im Bereich der prognostizierten Veränderungen liegt. Die Reduktion von PM10 ist zwar klein, nach Ansicht der Autoren ist aber davon auszugehen, dass sie vor allem die gesundheitsrelevanten Komponenten des Feinstaubs betrifft, die aus der Verbrennung in Kfz-Motoren stammen. Da Umweltzonen in Deutschland noch nicht lange existieren, war es bisher auch noch nicht machbar, mögliche positive gesundheitliche Auswirkungen durch entsprechende epidemiologische Studien zu untersuchen.

Literatur

[1] WHO, (2004a) Health Aspects of Air Pollution, Results from the WHO Project „Systematic Review of Health Aspects of Air Pollution in Europe". WHO Regional Office for Europe, Copenhagen.

[2] WHO, (2004b) Meta-analysis of time-series studies of Particulate Matter (PM) und Ozone (O3). Report of a WHO task group. WHO Regional Office for Europe, Copenhagen.

[3] Matthijsen, J., H.M. ten Brink (2007) PM 2.5 in the Netherlands. Consequences of the European air quality standards. MNP Report 500099001/2007, Netherlands Environmental Assessment Agency (MNP), www.mnp.nl or reports@mnp.nl.

[4] Valavanidis, A., K. Fiotakis, T. Vlachogianni (2008) Airborne particulate matter and human health: toxicological assessment and importance of size and composition of particles for oxidative damage and carcinogenic mechanisms. *J Environ Sci Health C Environ Carcinog Ecotoxicol Rev* 26(4), 339–362.

[5] Schmid, O., W. Möller, M. Semmler-Behnke, G.A. Ferron, E. Karg, J. Lipka, H. Schulz, W.G. Kreyling, T. Stoeger (2009) Dosimetry and toxicology of inhaled ultrafine particles. *Biomarkers* 14, 67–73.

[6] ISA-EPA: Integrated Science Assessment for Particulate Matter (First External Review Draft). ISA: EPA/600/R-08/139, Annexes ISA: EPA/600/R-08/139A, December 2008.

[7] Wichmann, H.-E. (2005) Wissensstand zu Partikelbelastungen und deren gesundheitlichen Auswirkungen. In: Fachberichte LUA NRW 7/2005: Feinstaubkohortenstudie Frauen in NRW. Landesumweltamt NRW, Essen.

[8] Schulz, H., V. Harder, A. Ibald-Mulli, A. Khandoga, W. Koenig, F. Krombach, R. Radykewicz, A. Stampfl, B. Thorand, A. Peters (2005) Cardiovascular effects of fine and ultrafine particles. *J Aerosol Med* 18, 1–22.

[9] Wichmann, H.-E. (2005) Feinstaub: Lufthygienisches Problem Nr. 1 – eine aktuelle Übersicht. *Umweltmed Forsch Prax*, 10, 157–162.

[10] Zellner, R., T.A. Kuhlbusch, V. Diegmann, H. Hermann, M. Kasper, K.-G. Schmidt, W. Dott, J. Bruch (2009) Feinstäube und Umweltzonen. *Chemie Ingenieur Technik - CIT*.

[11] Eikmann, Th. and C. Herr (2009) Ist die Einführung von Umweltzonen tatsächlich eine sinnvolle Maßnahme zum Schutz der Gesundheit der Bevölkerung? *Umweltmed Forsch Prax*, 14, 125–126.

[12] Wichmann, H.-E. (2008) Schützen Umweltzonen unsere Gesundheit oder sind sie unwirksam? *Umweltmed Forsch Prax*, 13, 7–10.

[13] Hoffmann, B., S. Moebus, K. Kröger, A. Stang, S. Möhlenkamp, N. Dragano, A. Schmermund, M. Memmesheimer, R. Erbel, K.-H. Jöckel (2009) Residential exposure to urban air pollution, Ankle-Brachial Index, and peripheral arterial disease. *Epidemiology*, 20, 280–288.

[14] Rosenlund, M., N. Berglind, G. Pershagen, J. Hallqvist, T. Jonson, T. Bellander (2006) Long-term exposure to urban air pollution and myocardial infarction. *Epidemiology*, 17, 383–390.

[15] McCreanor, J., P. Cullinan, M.J. Nieuwenhuijsen, J. Stewart-Evans, E. Malliarou, L. Jarup, R. Harrington, M. Svartengren, I.K. Han, P. Ohman-Strickland, K.F. Chung, J. Zhang (2007) Respiratory effects of exposure to diesel traffic in persons with asthma. *N Engl J Med.*, 357, 2348–2358.

[16] Slama, R., V. Morgenstern, J. Cyrys, A. Zutavern, O. Herbarth, H.-E. Wichmann, J. Heinrich, LISA Study Group (2007) Traffic-related atmospheric pollutants levels during pregnancy and offspring's term birth weight: a study relying on a land-use regression exposure model. *Environ Health Perspect*, 115, 1283–1292.

[17] Schikowski, T., D. Sugiri, V. Reimann, B. Pesch, U. Ranft, U. Krämer (2008) Contribution of smoking and air pollution exposure in urban areas to social differences in respiratory health. *BMC Public Health*, 27, 179.

[18] Babisch, W., B. Beule, M. Schust, N. Kersten, H. Ising (2005) Traffic noise and risk of myocard infarction. *Epidemiology*, 16, 33–40.

[19] Willich, S.N., K. Wegscheider, M. Stallmann, T. Keil (2006) Noise burden and the risk of myocardial infarction. *Eur Heart J*, 27, 276–282.

[20] Miller, K.A., D.S. Siscovick, L. Sheppard, K. Shepherd, J.H. Sullivan, G.L. Anderson, J.D. Kaufman (2007) Long-term exposure to air pollution and incidence of cardiovascular events in women. *N Engl J Med.*, 365, 447–458.

[21] Heinrich, J., B. Hölscher, H.E. Wichmann (2000) Decline of ambient air pollution and respiratory symptoms in children. *Am J Respir Crit Care Med.*, 161, 1930–1936.

[22] Heinrich, J., B. Hölscher, C. Frye, I. Meyer, M. Pitz, J. Cyrys, M. Wjst, L. Neas, H.E. Wichmann (2002) Improved Air Quality in Reunified Germany and Decreases in respiratory Symptoms. *Epidemiology*, 13, 394–401.

[23] Cyrys, J., A. Peters, H.E. Wichmann (2009) Umweltzone München – Eine erste Bilanz. *Umweltmed Forsch Prax*, 14, 127–132.

FEINSTAUB

Nanopartikel – Zwerge mit riesigen Eigenschaften

GÜNTER SCHMID

Eigenschaftsänderungen durch Verkleinern

Nanotechnologie ist die Umsetzung praxisrelevanter Ergebnisse aus den Nanowissenschaften in die Anwendung. Sie ist derzeit in aller Munde weil absehbar ist, dass diese Technologie unser tägliches Leben in erheblichem Umfang beeinflussen wird, wenn nicht sogar schon beeinflusst. Die Silbe „Nano" leitet sich vom griechischen Wort *nannos* (= Zwerg) ab. Mittlerweile hat man aus diesem unscharfen Begriff eine streng definierte Maßeinheit gemacht: „Nano" steht für den milliardsten Teil (10^{-9}) einer Dimension, also z. B. Nanometer (nm) oder Nanogramm (ng), eine Größe, die das menschliche Auge niemals erfassen kann. Selbst modernste Elektronenmikroskope können nur mit Mühe Teilchen dieser Größenordnung abbilden. Den Unterschied zwischen einem Meter und einem Nanometer macht ein Vergleich eindrucksvoll klar: Der Durchmesser unserer Erde beträgt 12 756 km, der Durchmesser eines Ein-€-Cent-Stückes 1,5 cm. Das entspricht ungefähr dem Verhältnis von 1 m zu 1 nm! Abbildung 22 verdeutlicht diesen Vergleich.

Warum sind solche Materialzwerge so interessant? Das liegt daran, dass chemisch einheitliche feste Stoffe, wie z. B. Metalle, beim Verkleinern bis in den Nanometerbereich spontan ihre Eigenschaften ändern können und sich dann wie ein „neues" Material verhalten, was man in der Nanotechnologie ausnutzt [1, 2]. Ein eindrucksvolles Beispiel hierfür ist die spontane Farbänderung von Gold. Die allseits geschätzte Farbe dieses Edelmetalls wird beim Unterschreiten der 100 nm-Grenze plötzlich blau, bei weiterer Verkleinerung violett, purpurfarben und schließlich hellrot. Man kann sogar über die Farbe die Teilchengröße bestimmen. Abbildung 23 zeigt diesen Effekt anhand eines Goldbechers und einer roten Vase, in deren Glas sich etwa 50 nm

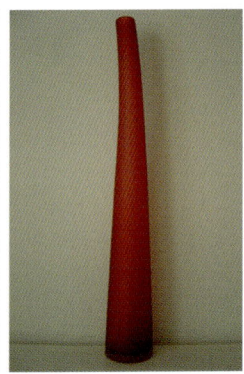

Abb. 23 *Farbänderung durch Verkleinerung: links ein Goldbecher mit seiner typischen Goldfarbe, rechts eine Glasvase, deren Purpurfarbe durch ca. 50 nm große Goldpartikel zustande kommt.*

große Gold-Nanopartikel befinden. Dieses als Rubinglas bezeichnete Material ist seit dem Altertum bekannt, da es leicht herstellbar ist, ohne dass man allerdings früher die Ursachen für dieses Phänomen verstanden hätte. Heute verstehen wir dieses Phänomen durch die Teilchengröße und den – verglichen mit dem kompakten Metall – veränderten Eigenschaften der Elektronen.

Neben der Farbe gibt es viele andere interessante Eigenschaftsänderungen durch Verkleinerung. So werden generell Schmelzpunkte erniedrigt, bei Metallen können plötzlich neue magnetische Eigenschaften auftreten oder – vielleicht am wichtigsten – Metalle verlieren ihre metallischen Eigenschaften und werden zu einer Art Halbleiter. Dies erfolgt allerdings erst bei sehr kleinen Partikeln; im Falle des Goldes und anderer Edelmetalle muss man dazu Teilchen von weniger als 2 nm Durchmesser herstellen [3].

Was wird bei derartiger Verkleinerung aus Halbleitern, den Bausteinen (Transistoren) aller heutigen Computer? Sie werden zu Nichtleitern und damit für die Computertechnologie unbrauchbar. Hier besteht allerdings eine Chance für die metallischen Nanopartikel. Da sie sich bei der Winzigkeit von 1–2 nm wie Halbleiter – also als elektronische Schalter – verhalten, könnten sie in Zukunft die Halbleiter-Transistoren ablösen. Könnte man in heutigen Computern die 50–100 nm großen Halbleiter-Transistoren durch 1–2 nm kleine Metallpartikel ersetzen, würden sich die Rechnerleistungen um wenigstens den Faktor 1000 erhöhen. Bis dahin ist es allerdings noch ein weiter Weg, weil die Herstellung und Verarbeitung derart kleiner Partikel extrem schwierig ist. Im Gegensatz zur Mikrotechnologie liegt die Bedeutung der Nanotechnologie also nicht nur im „Kleinermachen" an sich, sondern vielmehr in der Erzeugung neuer Eigenschaften bekannter Materialien.

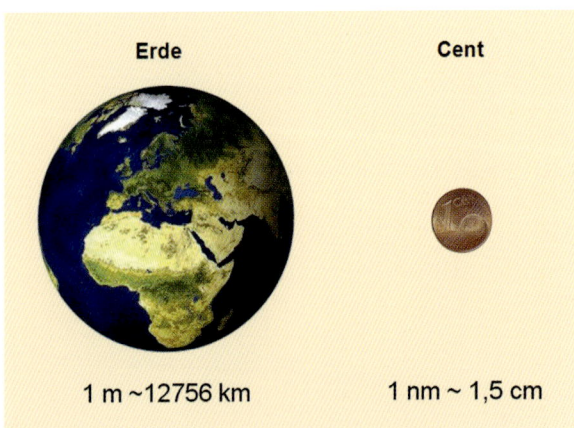

Abb. 22 *Vergleich von Erde und €-Cent: Die Durchmesser verhalten sich ungefähr wie ein Meter zu ein Nanometer.*

FEINSTAUB

Fullerene und CNTs

Eine ganz besondere Art von Nanoteilchen stellen die sog. Fullerene und die Kohlenstoffnanoröhren (CNTs = *Carbon Nanotubes*) dar [4]. Was es damit auf sich hat, geht aus Abb. 24 hervor.

Beide Teilchenarten bestehen ausschließlich aus dem Element Kohlenstoff. Kohlenstoff existiert in zwei strukturell unterschiedlichen Modifikationen: als Diamant und als Graphit. Graphit ist uns allen aus Bleistiften bekannt. Diese Kohlenstoffform besteht aus übereinanderliegenden Schichten aus Kohlenstoff-Sechsringen, die gegeneinander leicht verschiebbar sind und die weiche Form dieses Kohlenstoffs ausmachen. Im Gegensatz dazu ist der Diamant das härteste aller Elemente.

Mit besonderen experimentellen Tricks kann man einzelne Schichten von einer Graphitoberfläche ablösen. Diese atomar dünnen Filme werden Graphen genannt und sind ein typisches, zweidimensionales Nanoprodukt, das wegen seiner besonderen physikalischen Eigenschaften derzeit weltweit intensiv erforscht wird. Eine einzelne Graphitschicht kann man sich wie einen unendlich kleinen Maschendrahtzaun vorstellen, von dem bekannt ist, dass er sich gerne aufrollt. Genau das tut auch Graphen. Wie der Maschendrahtzaun kann sich auch ein Graphenfilm verschieden „aufwickeln" und verschiedene Nanoröhren (CNTs) mit unterschiedlichen physikalischen Eigenschaften bilden. Diese CNTs können einwandig oder mehrwandig sein, je nach Größe des zugrunde liegenden Graphenfilms. CNTs weisen, je nach Bauart, metallische oder Halbleiter-Eigenschaften auf und sind deshalb von großem Interesse als Leiterbahnen in mikro- und nanoelektronischen Bauelementen.

Fullerene sind „Nano-Fußbälle", die wie ein Fußball aus Fünf- und Sechsringen aufgebaut sind und wie dieser 60 Ecken – hier Kohlenstoffatome – aufweisen. Die verschiedenen CNT-Strukturen und eine detaillierte Fulleren-Struk-

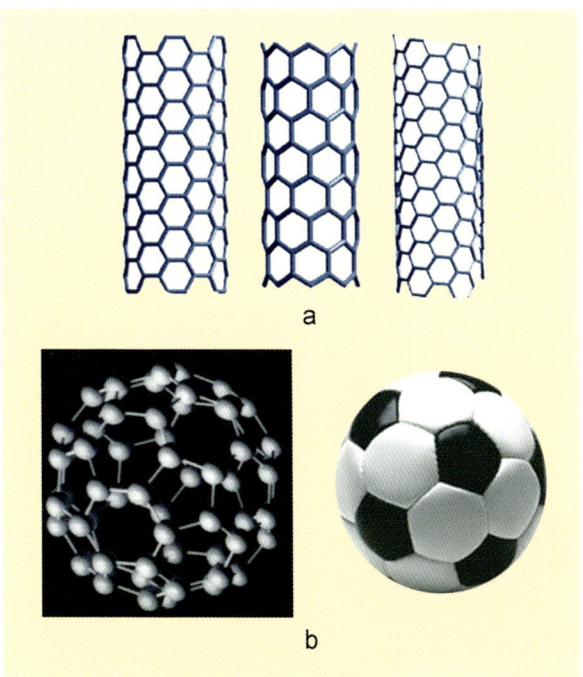

Abb. 25 *(a) Verschiedene Formen von Kohlenstoffnanoröhren. (b) Fulleren-Modell und Fußball. Beide sind gleichermaßen aus Fünf- und Sechsringen aufgebaut.*

tur samt Fußball sind in Abb. 25 dargestellt. Der Name Fulleren (gelegentlich auch Bucky-Balls genannt) hat sich in Anlehnung an den Namen des Architekten Buckminster Fuller, der 1967 zur Expo in Kanada eine Kuppel nach gleichem Bauprinzip konstruiert hat, eingebürgert.

LEDs

Nanowissenschaften und Nanotechnologie beschäftigen sich aber nicht nur mit kleinen Teilchen, sondern auch mit zweidimensionalen dünnen Filmen und Oberflächen. Die sich rasant verbreitenden LED-Leuchten (LED = *Light Emitting Diodes*) sind hierfür ein aktuelles Beispiel. Sie bestehen im Prinzip aus zwei sich berührenden Oberflächen dünner Schichten (Dioden), die beim Anlegen einer vergleichsweise geringen Spannung Licht aussenden. Die Farbe des Lichtes hängt von der chemischen Zusammensetzung der verwendeten Materialien, meist unterschiedliche Halbleiterverbindungen, ab und kann deshalb eingestellt werden. Elektronen fließen aus der Stromquelle in die N-Typ-Schicht (N für negativ). In der anderen Schicht (P-Typ) bilden sich positive Ladungen. Positive und negative Ladungen treffen sich an der Grenzschicht und die dabei frei werdende Energie wird in Form von Licht ausgestrahlt (siehe Abb. 26).

Nicht nur neue, viel hellere Verkehrsampeln werden nach und nach mit LEDs bestückt, sondern auch immer mehr Kraftfahrzeuge sind mit LED-Leuchten ausgestattet. In den alten Verkehrsampeln wird weißes Licht erzeugt und die rote, gelbe bzw. grüne Farbe durch entsprechende Glasfilter erzeugt; der Rest des Lichts geht als Wärme verloren.

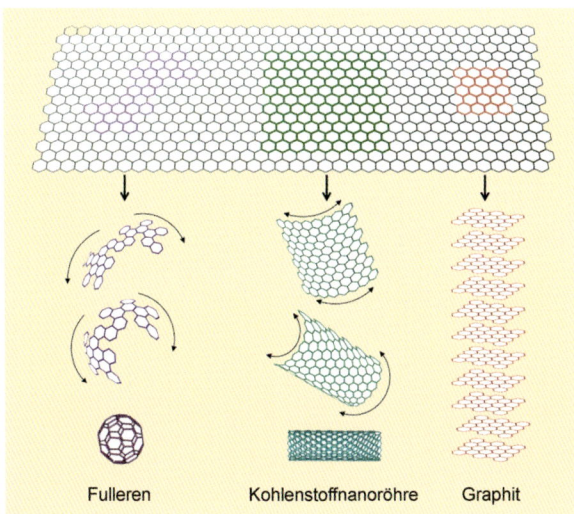

Abb. 24 *Formale Darstellung der Bildung von Fullerenen, Kohlenstoffnanoröhren und Graphit aus einem Graphenfilm*

FEINSTAUB

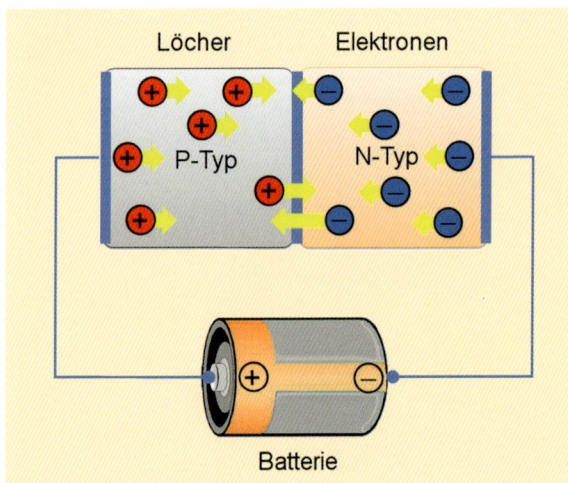

Abb. 26 *Prinzip einer LED. Eine N-Typ- und eine P-Typ-Schicht neutralisieren beim Anlegen einer Spannung die entgegengesetzten Ladungen. Die frei werdende Energie wird in Form von Licht abgestrahlt.*

LEDs erzeugen nur die benötigte Farbe und sind deshalb energiesparend. Man kann davon ausgehen, dass in Zukunft auch der Wohn- und Bürobereich nicht mehr mit herkömmlichen Glühbirnen oder Leuchtstoffröhren – auch nicht mit den Quecksilber enthaltenden Energiesparlampen – sondern mit LED-Leuchtkörpern bestückt sein werden.

Nano in Biologie und Medizin

Eine besondere Art von „Nanotechnologie" spielt sich in der Biologie ab. Rein naturwissenschaftlich betrachtet besteht Leben aus der Wechselwirkung zwischen komplexen Biomolekülen. Diese erkennen sich an ihren Formen und der chemischen Natur ihrer Oberflächen, tauschen so im weitesten Sinn „Informationen" aus. Chemisch gesehen besteht dieses Erkennen in der spezifischen Wechselwirkung von entscheidenden Molekülbausteinen. Ein schönes Beispiel für dieses Geschehen ist der Aufbau der Desoxyribonukleinsäure (DNS oder DNA (A für *acid*)). Vier vergleichsweise einfache Moleküle (Aminosäuren), nämlich Adenin (A), Thymin (T), Guanin (G) und Cytosin (C), sind in milliardenfacher Anzahl und in scheinbar beliebiger Reihenfolge an einem meterlangen „Rückgrat" gebunden. Das Besondere an einem solchen DNA-Einzelstrang ist nun, dass er sich durch Reaktion mit „passenden" Molekülbausteinen identisch verdoppelt. Wiederum aus chemischen Gründen verbindet sich A aber nur mit T und C nur mit G über sog. Wasserstoffbrückenbindungen. In der so gebildeten Doppelstrang-DNA (Gen) sind sämtliche Erbinformationen eines Lebewesens gespeichert, also letztlich durch die Abfolge von A, T, G und C. Im Zellkern liegen diese langen Moleküle als Knäuel vor, so dass sie wenig Platz beanspruchen.

Dieser eindrucksvolle biologische Vorgang ist in Abb. 27a vereinfacht dargestellt [3]. Rechts ist die Art der chemischen Wechselwirkung zwischen den Basen A, T, G und C gezeigt, links das Zustandekommen der Helix-förmigen Doppelstrang-DNA über die nur angedeuteten, das „Rückgrat" aufbauenden Zuckermoleküle (D), die ihrerseits über Phosphatgruppen (P) verknüpft sind. Abbildung 27b zeigt zwei kurze Abschnitte einer Doppelstrang-DNA.

In dem „Reaktor" Zelle erkennen sich aber auch viele andere komplexe Biomoleküle, z. B. Proteine, gegenseitig und treten in Wechselwirkung, um die das Leben ausma-

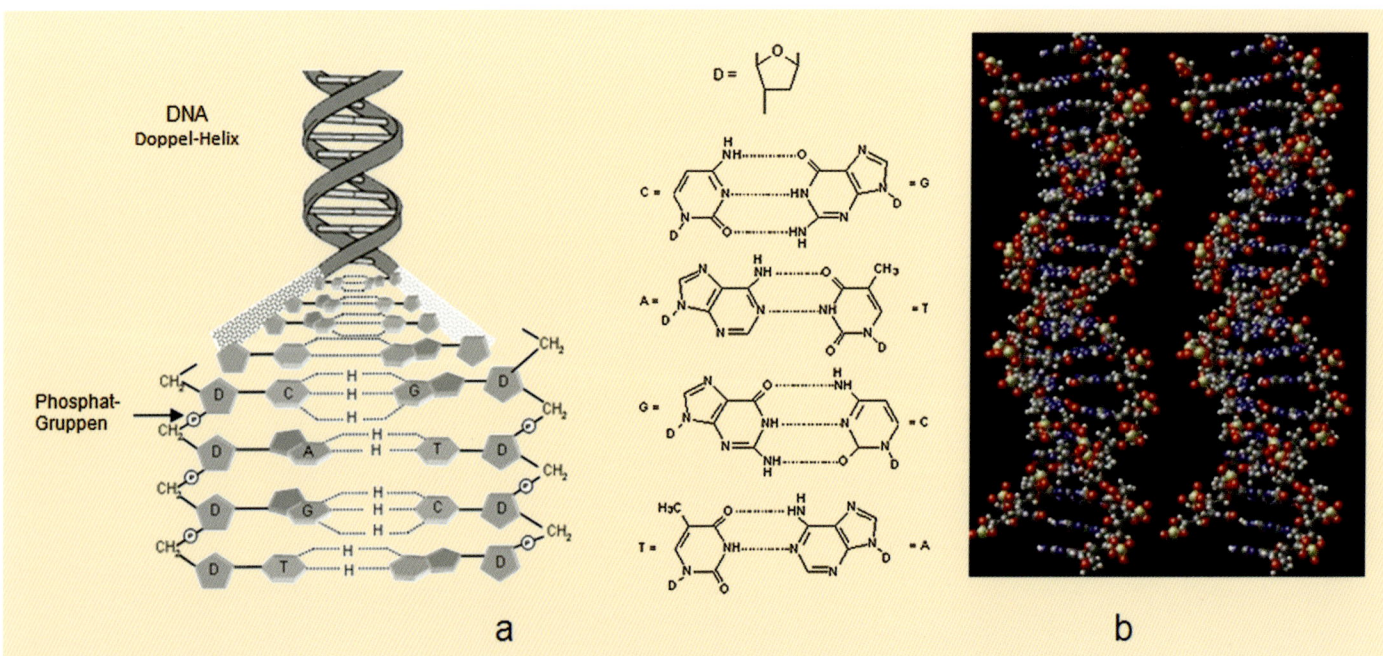

Abb. 27 *(a) Formale Darstellung der Bildung einer DNA-Doppelhelix (links) sowie die Wechselwirkungen zwischen G und C bzw. A und T über Wasserstoffbrückenbindungen (rechts). (b) Modell eines Ausschnitts einer DNA-Doppelhelix.*

FEINSTAUB

wurden entdeckt. Es gibt Nanopartikel, die unter bestimmten Bedingungen leuchten (fluoreszieren) und Krebszellen in einem frühen Stadium sichtbar werden lassen (Diagnose). Ebenso können bestimmte Nanopartikel Biomoleküle an ihrer normalen „Arbeit" hindern und damit toxisch wirken. Dies ist eine Besorgnis, die mit der Verbreitung von Nanopartikeln in Produkten des Alltags und deren nicht gewollte körperliche Aufnahme über die Lunge oder die Haut verknüpft ist. Andererseits kann genau diese Toxizität als therapeutische Maßnahme zur Zerstörung von Krebszellen genutzt werden.

Noch sind diese Entwicklungen überwiegend im Forschungsstadium. Die bisherigen Erkenntnisse sind aber so viel versprechend, dass man sich eine zukünftige Medizin ohne Nanotechnologie kaum mehr vorstellen kann. Als Beispiel für eine solche Bio-Nanopartikel-Wechselwirkung ist in Abb. 28 die Kombination von DNA mit 1,4 nm kleinen Goldpartikeln gezeigt. Die äußerst feste Anbindung dieser Goldteilchen in den sog. großen Furchen der DNA führt dazu, dass die betroffenen DNA-Abschnitte nicht mehr „arbeiten" und die entsprechenden Zellen absterben. Dies kann gut oder schlecht sein kann, je nachdem, ob kranke oder gesunde Zellen betroffen sind.

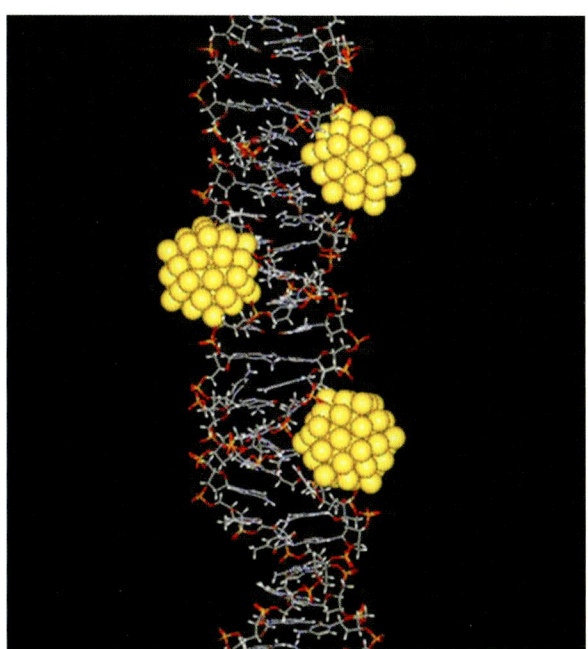

Abb. 28 *Goldnanopartikel (1,4 nm) in den großen Furchen einer DNA-Doppelhelix, die dadurch funktionsunfähig wird.*

chenden Vorgänge aufrechtzuerhalten. Da viele dieser Vorgänge auf der Nanometer-Skala stattfinden, ist zu vermuten, dass Wechselwirkungen auch mit künstlichen Nanosystemen möglich sind. In der Tat gibt es Erkenntnisse, dass z. B. synthetische Nanopartikel mit Biomolekülen in Kontakt treten und am Ort des Geschehens eine Wirkung entfalten können. Aus diesem Grund ist die Nanowissenschaft mittlerweile tief in die medizinische Forschung vorgedrungen. Sowohl diagnostische als auch therapeutische Effekte

Literatur

[1] G. Schmid et al. (2006) Wissenschaftsethik und Technikfolgenbeurteilung, Band 27, *Nanotechnology. Assessment and Perspectives*, Springer.
[2] Schmid, G. (2008) in G. Schmid (Ed.) *Nanotechnology*, Vol. 1 Principles and Fundamentals, "The Nature of Nanotechnology", Wiley-VCH.
[3] Schmid, G. (2008) *Chemical Society Reviews*, 37, 1909.
[4] Geim, A. K., Novoselov, K. S. (2007) *Nature Materials*, 6, 183.

ELIXIER WASSER

Wasser – Das umtriebige Elixier

ELIXIER WASSER

Von Wolken, Nebel und Niederschlag

DETLEV MÖLLER, JOHANN FEICHTER UND HARTMUT HERRMANN

Der Kreislauf des Wassers
Vorkommen und Formen des Wassers

Wasser ist die häufigste chemische Verbindung in unserem Klimasystem. Es ist die einzige Substanz, welche zugleich in allen drei Aggregatzuständen (Wasser, Dampf und Eis) in der natürlichen Umwelt existiert. Von Wasserstoff und Helium abgesehen ist das Wasser vermutlich auch die häufigste Verbindung im Weltall. Wasser ist einmal eine „reine" chemische Verbindung (H_2O). Zum anderen ist Wasser der Hauptstoff der Gewässer, also Flüsse, Seen, Ozeane, und anderen atmosphärischen Formen, wie Wolken, Nebel und Niederschlag. Diese „Wässer" sind immer verdünnte Lösungen und im stofflichen Austausch mit ihrer Umgebung, z. B. mit Boden, Gestein, Pflanzen und Organismen sowie Gasen und Stäuben der Luft. Die einzigartigen chemischen und physikalischen Eigenschaften des Wassers machen es zu einem „Schlüsselfaktor" in unserem Klimasystem:

- als Lösungsmittel (für lebenswichtige Verbindungen aber auch Schadstoffe);
- als chemisches Reagenz (für die Photosynthese in Pflanzen und photochemische Reaktionen in der Atmosphäre);
- als Reaktionsmedium (Flüssigphasenchemie);
- als Transportmedium (z. B. ozeanische Zirkulation, in Flüssen, mit Wolken sowie in Organismen);
- als Energieträger (latente Wärme durch Verdampfung und Kondensation, potentielle Energie, die als „Wasserkraft" genutzt wird);
- als geologische Kraft (Verwitterung, Eiserosion und Vulkaneruptionen).

Natürliches Wasser ist eine wässrige Lösung von Gasen, Ionen und Molekülen, enthält aber auch ungelöste, suspendierte und/oder kolloidale Stoffe unterschiedlicher Größe und Zusammensetzung sowie lebendes und totes biologisches Material. Wasser existiert in verschiedenen Formen auf der Erde:

- als flüssiges Wasser (natürliche Wässer): in Flüssen, Seen, Feuchtgebieten, Ozeanen und als Grundwasser;
- als Feuchtigkeit (Bodenwasser): adsorbiert an Bodenpartikeln;
- als flüssiges tropfenförmiges Wasser: in Wolken, Nebel, Regen und als Tau an Oberflächen;
- als gefrorenes partikelförmiges Wasser (Eispartikel): Schnee und Hagel;
- als gefrorenes Wasser (Eis) : Schneedecke, Gletscher, Eisberge;
- als gasförmiges Wasser (Wasserdampf): eine gasförmige Komponente zwischen vielen anderen in der Luft;
- als Hydrate: chemisch gebunden als Molekül an Mineralien;
- als Clathrat-Hydrate: kristalline wasserbasierte Feststoffe; physikalisch Eis mit Einbindungen anderer Gase (z. B. CH_4, NH_3 oder CO_2) unter extremen Bedingungen wie z. B. am Ozeanboden.

Wasser und *Hydrosphäre* sind praktisch Synonyme, jedoch mit einem kleinen Unterschied: Die Hydrosphäre umfasst alle Wässer auf der Erde mit Ausnahme der atmosphärischen (Tropfen und Dampf). In der Atmosphäre befindliches partikelförmiges Wasser (flüssig und gefroren) wird als *Hydrometeore* bezeichnet.

Wasser im Kreislauf

Der Kreislauf des Wassers ist phänomenologisch einfach zu beschreiben. Die Ozeane (das „Weltmeer") beinhalten 96 % des globalen Wassers. Von ihnen verdampft jährlich die gewaltige Menge von 425×10^{12} m^3 a^{-1} (das entspricht dem 20fachen Volumen der Ostsee). Jedoch nur etwa 90 % regnen wieder über den Ozeanen ab; die restlichen 40×10^{12} m^3 werden - überwiegend als Dampf - zu den Kontinenten transportiert. Dort regnen weltweit jährlich 111×10^{12} m^3 ab, während „nur" 71×10^{12} m^3 vom Land verdampfen. Es regnet also mehr Wasser über den Kontinenten ab als von den Ozeanen herantransportiert wird, weil das niedergeschlagene Wasser auch mehrfach wieder von der Landoberfläche verdampft. Die Differenz von 40×10^{12} m^3 Wasser wird durch Flüsse wieder zu den Ozeanen transportiert und damit der Kreislauf geschlossen (siehe Abb. 1) [1].

Die global zirkulierende Menge an Wasser ist etwa 2 500 Mal so groß wie die Kohlenstoffmenge im Kohlenstoffkreislauf, dem mit Abstand größten Spurengaskreislauf. Umso faszinierender ist es, wenn bereits kleine durch den Menschen verursachte „Störungen" der chemischen Zusammensetzung der Luft oder der Änderung der Landnutzung Auswirkungen auf den Kreislauf haben können, was z. B. in der Wolkenhäufigkeit oder der Niederschlagsbildung zum Ausdruck kommt.

Der globale Wasserkreislauf ist durch unterschiedliche lokale und spezifische Wasserkreisläufe geprägt. Dazu gehören die Wolkenprozessierung (d.h. Bildung von Wolken durch heterogene Nukleation und Wolkenauflösung durch Verdampfen), der Pflanzenkreislauf (d. h. Assimilation und Evaporation) und der kommunale Wasserkreislauf (d.h. Trinkwasseraufbereitung und Abwasserbehandlung) sowie der bereits genannte Kreislauf von Abregnen und Verdampfen.

Wasserdampf

Atmosphäre heißt wörtlich genommen „Dampfsphäre" - im antiken Griechisch bedeutet ατμισ (*atmis*) Wasserdampf. Der Wasserdampfgehalt der Atmosphäre schwankt

ELIXIER WASSER

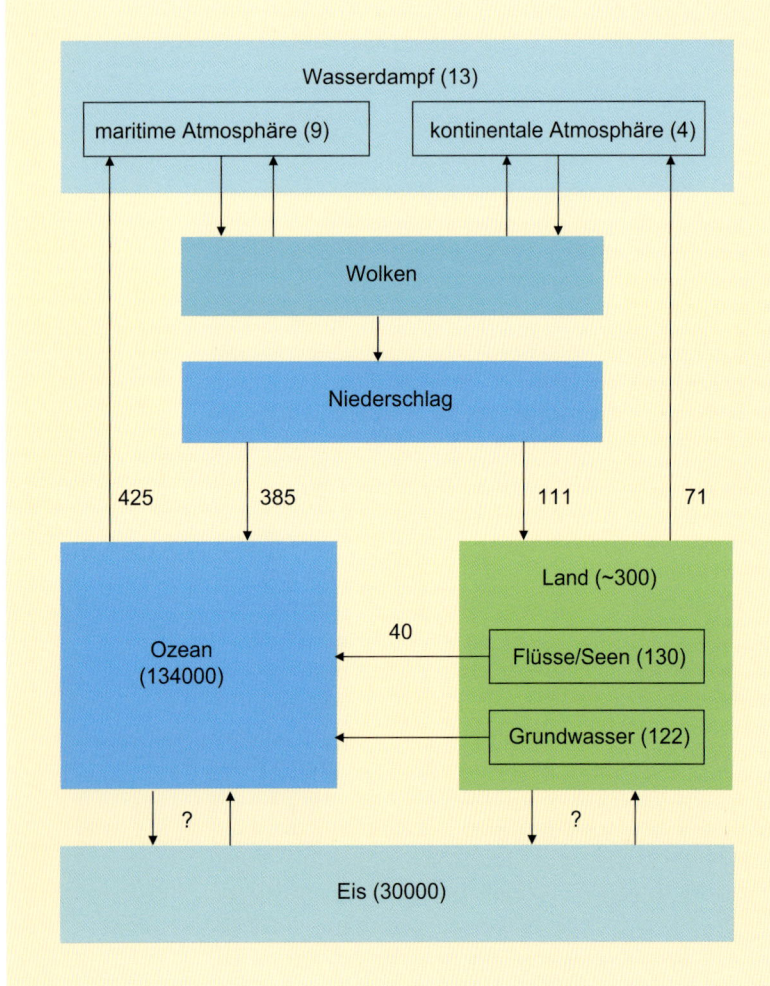

Abb. 1 *Schema des globalen Wasserkreislaufes; Flüsse in 10^{12} m³ a⁻¹ und Reservoire in 10^{12} m³*

Die Dichte von Wasserdampf ist geringer als die aller anderen Gase in der Luft. Somit hat feuchte Luft bei gleicher Temperatur eine geringere Dichte als trockene Luft. Umgekehrt benötigt trockene Luft bei gleichem Druck eine etwas höhere Temperatur – als *virtuelle* Temperatur bezeichnet – als feuchte Luft, um dieselbe Dichte zu erreichen.

Der Wasserdampf ist ein Ergebnis der Verdunstung von Wasser von der Erdoberfläche. Kondensiertes flüssiges Wasser ist somit auch ein kondensiertes Gas. Verdampfen (oder Verdunsten) bedeutet, dass zu jeder Zeit eine bestimmte Anzahl an H_2O-Molekülen aus einer Wasseroberfläche in die umgebende Luft übergehen. Wegen der Luftbewegung kommt es allerdings nicht zu einem Gleichgewicht, d. h. zu einem Rücktransfer derselben Zahl von H_2O-Molekülen an die Wasseroberfläche (Kondensation). Jeder hat schon beobachtet, dass bei starkem Wind eine vom Regen nasse Fläche schneller abtrocknet als bei Windstille. Haben wir hingegen feuchtes warmes Wetter, kann das Trocknen einer feuchten Oberfläche sehr lange dauern. Dabei kann durchaus ein intensiver Stoffaustausch stattfinden, aber Verdampfen und Kondensation halten sich in etwa die Waage.

Wolken, Nebel und Dunst

Wolken stellen den Zwischenzustand zwischen Wasserdampf (also von der Erdoberfläche verdampftes Wasser) und Niederschlag (beispielsweise als Regen oder Schnee) dar. Nebel ist nichts weiter als eine Wolke im Kontakt mit dem Boden. Wolken haben vielfältige Funktionen im Klimasystem:

- sie regulieren den Wärmehaushalt und das Strahlungsbudget;
- sie bilden ein wichtiges Medium für chemische Prozesse;
- sie transportieren gelöste Spurenstoffe über weite Entfernungen;
- sie entfernen Spurenstoffe schließlich auch durch Niederschläge aus der Atmosphäre.

Im Mittel sind 60 % der Erdoberfläche von Wolken bedeckt. Die Bildung von Wolken (und Nebel) erfordert zwei Bedingungen, erstens die Anwesenheit geeigneter Kondensationskeime (CCN = *Cloud Condensation Nuclei*) und zweitens eine leichte Übersättigung.

Wolken-Kondensationskeime sind Staub- oder Aerosolpartikel, die eigentlich immer in der Atmosphäre vorhanden sind. Diese haben teilweise direkte Quellen wie die Seesalzpartikel, Saharastäube oder Vulkanaschen. Allerdings existieren auch viele indirekte oder sekundäre Quellen, bei denen Partikel in chemischen Reaktionen aus Vorläufergasen, wie z. B. salzbildende anorganische Stoffe (SO_2, NH_3 und HNO_3) oder aber auch organische Moleküle, gebildet werden.

Die zweite Bedingung, nämlich das Übersteigen von 100 % R.F., ist hingegen schwieriger zu erreichen. Die Luft tendiert grundsätzlich nicht dazu, sich spontan abzukühlen. Temperaturminderung eines Luftpaketes ist jedoch die

von weniger als 0,5 Vol-% (in trockener kalter Luft) bis zu etwa 3–4 Vol-% (in feuchter tropischer Luft). Als Konsequenz ist in tropischer Luft auch der Sauerstoffgehalt geringer (20,3 %), da sich die bekannte Luftzusammensetzung auf eine trockene Atmosphäre bezieht. „Trocken" und „feucht" sind relative Begriffe. Bei einer gegebenen Temperatur kann die Luft nur eine maximale Menge an Dampf aufnehmen (100 % relative Luftfeuchtigkeit, auch als R.F. abgekürzt), entsprechend der Gleichgewichtsbedingungen zwischen der flüssigen und dampfförmigen Phase. Allerdings gelten in der Atmosphäre zumeist keine Gleichgewichtsbedingungen. Unter „normalen" Bedingungen von 20 °C und 60 % R.F. enthält die Luft etwa 1 % Wasserdampf oder – als Masse ausgedrückt – etwa 13 g m⁻³. In einer Wolke beträgt die R.F. 100 %, der Flüssigwassergehalt im Mittel aber gerade nur 0,3 g m⁻³, d. h. mehr als 99 % des atmosphärischen Wassers verbleiben als Dampf in der Gasphase. Der gesamte Wassergehalt der Atmosphäre beträgt nur etwa 7 % der in allen Flüssen und Seen sich befindenden Wassermenge [2].

ELIXIER WASSER

Abb. 2 *Wolkenhimmel*

ße. Wichtig ist auch die Oberflächeneigenschaft hinsichtlich der Affinität zum Wasser, die sog. Hygroskopizität. All diese Eigenschaften werden durch Luftverschmutzung beeinflusst und tragen deshalb auch zur Klimaänderung bei. Allerdings sind sie im realen atmosphärischen System schwierig zu erfassen, weshalb auch unsere Kenntnis über die Bedeutung des Aerosols im Klimasystem immer noch unbefriedigend ist.

Wegen der gelösten Stoffe gefriert ein Wassertropfen nicht gleich bei Minusgraden; erst bei –39 °C setzt ein spontanes Gefrieren ein. Tatsächlich aber Gefrieren „unterkühlte" Wassertropfen bei Kontakt mit Oberflächen (z. B. auf Bergen an Bäumen oder Bauten) und insbesondere mit sog. Eiskernen, die als „Kristallisationskeim" wirken. Im Winter – und in größeren Höhen auch im Sommer – bestehen Wolken daher aus Eispartikeln und Tropfen zugleich. In sehr großen Höhen (Schleierwolken – Cirren) hingegen ausschließlich aus Eis.

Dunst ist ein Zwischenzustand zwischen CCN und Wolkentropfen. Es handelt sich um feuchte kleine Partikel (zumeist kleiner 100 µm), die das Sonnenlicht stark streuen und die Atmosphäre weißlich-opal, also undurchsichtig erscheinen lassen – ein Gräuel für Fotografen und Bergsteiger mit Wunsch nach Fernblick

Niederschlag

Kaum ein anderes meteorologisches oder klimatologisches Element ist bedeutender für den Menschen als der Niederschlag. Er ist verknüpft mit der Wolkenbildung, aber nur ein kleiner Teil einer Wolke entwickelt tatsächlich Niederschlag. Jeder weiß, wie groß Schneekristalle werden können; aber auch Regentropfen sind recht groß (im Millimeterbereich). Wolkentropfen hingegen sind um mehr als 1000 Mal kleiner. Wie nun wachsen die Wolkentropfen (oder Eiskristalle) zu sog. Niederschlagselementen an?

Wir kennen die verschiedenen Prozess im Prinzip: Diffusion, Koagulation und Kollision (siehe Abb. 3). Sie unterteilen sich wiederum in weitere Prozesse in Abhängigkeit davon, ob Tropfen und/oder Eispartikel vorhanden sind und welche Größe die Teilchen besitzen.

Auch haben Temperatur und Luftbewegung einen großen Einfluss. Wegen der Vielzahl der Einzelprozesse und unserer ungenügenden Kenntnis ist es schwierig, eine reale Wolke in einem Modell zu beschreiben. Auch ist es aufwändig, experimentell eine regnende Wolke zu untersuchen. Es ist mehr die fehlende Prozesskenntnis als der Mangel an Messdaten, dass unsere Aussagefähigkeiten begrenzt sind. Mit der globalen Erwärmung werden aber vermutlich gerade die Niederschläge beeinflusst.

Tau und Reif

Beim Tau handelt es sich um eine Kondensation von Wasserdampf an der Erdoberfläche (Pflanzen, Bauten, aber nicht Sandboden) und nicht um Niederschlag. Die Oberfläche wirkt dabei als Adsorber; sie muss nur gekühlt werden, um unterhalb des sog. Taupunktes zu gelangen. Der

einzige Möglichkeit, eine Übersättigung und somit Kondensation zu erreichen, wenn eine hinreichend hohe relative Feuchtigkeit bereits vorhanden ist. Sehr trockene Luft, wie z. B. über Wüsten, hat wenig Chancen zur Übersättigung und damit zur Wolkenbildung. Das Aufsteigen von Luft führt stets zur Abkühlung aufgrund adiabatischer Expansion, weil die Erdoberfläche erwärmt wird von direkter Sonnenstrahlung und die sog. terrestrische Strahlung zu einem abnehmenden Temperaturgradienten in der Luft führt. Es gibt verschiedene Wege zum Aufsteigen von Luft:

- Warme Luft steigt vom Boden nach oben bis die Temperatur mit der sie umgebenden Luft ausgeglichen ist, was als Konvektion bezeichnet wird;
- Luft kann aufsteigen, wenn sie auf eine Barriere trifft (z. B. Berghänge);
- Warme Luft, die über eine raue Fläche strömt, wird turbulent und tauscht sich mit kühlerer Luft aus höherer Schicht aus.

Die verschiedenen Bedingungen des Aufsteigens der Luft haben unterschiedliche räumliche Skalen und – was noch wichtiger ist – verschiedene Auftriebsraten. Die damit entstehenden Wolken (und Nebel) zeigen daher auch unterschiedliche Strukturen und Formen.

Bemerkenswerterweise spielt die chemische Zusammensetzung von kleinen Aerosolpartikeln, die als CCN wirken, keine Rolle, sondern lediglich deren Anzahl und Grö-

ELIXIER WASSER

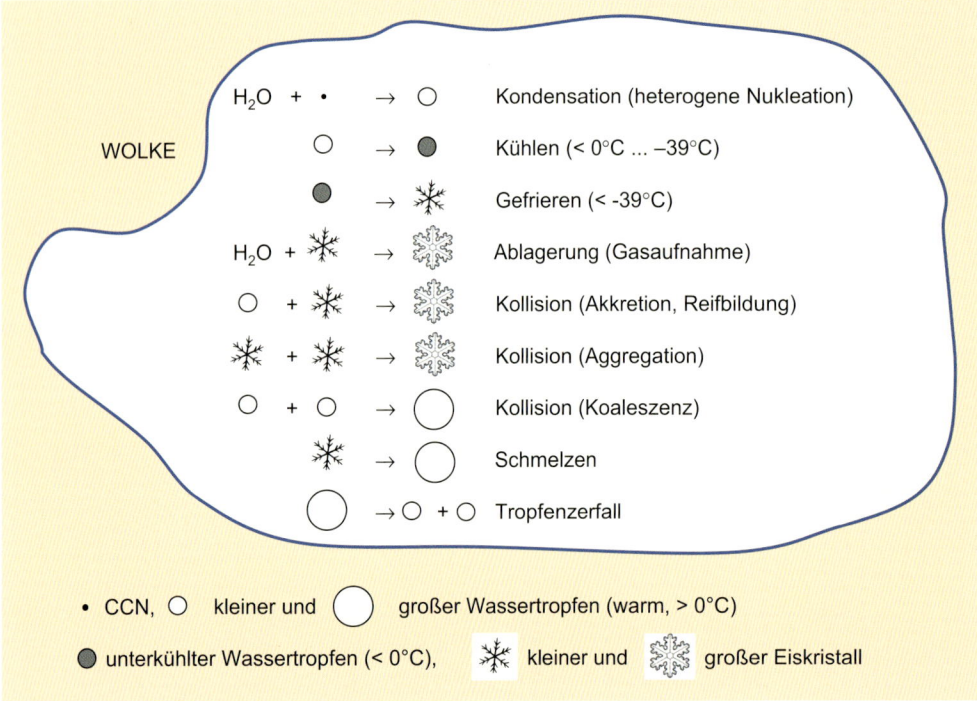

Abb. 3 *Schema der physikalischen Prozesse in einer Wolke*

Taupunkt ist diejenige Temperatur bei der der Wasserdampf-Partialdruck der Luft dem Sättigungsdampfdruck entspricht. Die Abkühlung geschieht immer durch Abstrahlung der am Tage von der Sonne aufgenommenen Wärme durch die Erdoberfläche. Dies passiert nur in klaren Nächten, da anderenfalls die bodennahe Luftschicht zu warm bleibt, um unter den Taupunkt zu sinken. Tau hat in der Natur eine große Bedeutung, denn er kann unter bestimmten Bedingungen die einzige Wasserquelle für Tiere und Pflanzen – z. B. in Wüsten – sein. Tauwasser besteht immer aus kleinen Tropfen, die zusammenwachsen und abfließen können, aber niemals aus einem Wasserfilm.

Bei Minusgraden kondensiert der Wasserdampf direkt in den festen Zustand (Eis), und es bildet sich Reif. Diese sehr schön anzusehende Erscheinung ist nicht häufig, da in kalter Luft nur wenig Wasserdampf vorhanden ist. Von Reif muss Raureif – oder Raufrost – unterschieden werden. Hierbei stoßen unterkühlte Wolken- oder Nebeltropfen auf Gegenstände und gefrieren zu Eis.

Boden-, Grund- und Flusswasser: Chemische Verwitterung

Wenn der Niederschlag die Erdoberfläche erreicht, hat er eine bestimmte chemische Zusammensetzung, die von den atmosphärischen Prozessen bestimmt ist. Diese Zusammensetzung mithilfe von Modellen vorauszusagen, ist extrem schwierig, wenn nicht unmöglich. Auf der anderen Seite kann man aber einfach Niederschlag sammeln und chemisch analysieren; was seit dem frühen 19. Jahrhundert getan wird.

Niederschlag kann sich in kleinen Rinnsalen sammeln und schließlich Flüsse bilden. Ein großer Teil aber geht in den Boden (Infiltration), bildet Bodenfeuchtigkeit und Grundwasser. Letzteres ist auch die Quelle von Flusswasser und vor allem Trinkwasser. Der Gehalt an Säuren im Niederschlag, vor allem Kohlen- und Schwefelsäure, ist die Ursache für die Verwitterung von Böden und Steinen. Dies ist ein sehr langsamer Auflösungsprozess mit enormer Bedeutung für die Natur. Infolge von Verwitterung wird Material in einem globalen „anorganischen" Kreislauf zum Ozean bewegt, gelangt von dort nach Sedimentation in das Magma und wird über die Vulkane wieder zurück in die Atmosphäre gebracht. Über Jahrmilliarden ändert sich somit das Antlitz der Erde. Ohne Verwitterung könnte es aber auch keine fruchtbaren Böden geben. Zuviel Verwitterung (saurer Regen) zerstört aber Böden durch Erosion.

Nicht alle Flüsse fließen zum Meer zurück; manche enden in Wüstenbecken oder inneren Seen und bilden einzigartige Landschaften. Aus chemischer Sicht stellt das Weltmeer das globale Speicherbecken für alle Stoffe dar. So nimmt es etwa die Hälfte der vom Menschen verursachten CO_2-Emission auf. Aber das gebildete Hydrogenkarbonat führt zur ozeanischen Versäuerung mit weitgehenden ökologischen Konsequenzen. Man muss unbedingt die CO_2-Verschmutzung der Ozeane als von gleicher Bedeutung sehen wie die Zunahme des atmosphärischen CO_2.

Wasser und Klima
Wasser als Klimaregulator

Wasser ist nicht nur Lebenselixier. Es reguliert auch das Klima der Erde und trägt dazu bei, Bedingungen zu schaffen, die Leben, wie wir es kennen, ermöglichen. In der Atmosphäre ist Wasserdampf das wichtigste Treibhausgas überhaupt und schützt unseren Planeten vor starken Temperaturausschlägen und zu niederen Temperaturen. In der Form

Abb. 4 *Spinnennetz mit Morgentau*

von flüssigem Wasser bildet es Wolken, welche Sonnenstrahlung reflektieren und daher abkühlend wirken, während es in fester Form als Eiskristalle in hohen Wolken erwärmend wirkt. Am Erdboden wirkt Wasser als Eis und Schnee abkühlend, da es Sonnenstrahlung zurück in den Weltraum reflektiert. Die Ozeane hingegen absorbieren einen großen Teil des einfallenden Sonnenlichts und tragen daher zur Erwärmung von Erde und Atmosphäre bei.

Der Wasserkreislauf beeinflusst nicht nur das Klima, sondern er ist auch Änderungen unterworfen, wenn sich das Klima ändert. Erwärmt sich das Klima, weil wir z. B. durch die Nutzung fossiler Energieträger große Mengen an CO_2 in die Atmosphäre entlassen, so ändert sich auch der Wasserkreislauf. Über zahlreiche Rückkopplungen modifiziert das Wasser in seinen drei Phasenzuständen wiederum diese Klimaänderung. Auch wenn wir unseren Planeten „Erde" nennen, so ist es doch eher ein Wasserplanet, auf dem wir leben. 70 % sind von Ozeanen bedeckt, 10 % der Landmasse liegt unter Eis, und im Winter befindet sich fast die Hälfte der nordhemisphärischen Landmasse unter einer Schneedecke.

Wasserdampf – Ein Treibhausgas

Wasserdampf trägt nur 0,25 % zur Gesamtmasse der Atmosphäre bei. Würde man den ganzen in der Atmosphäre befindlichen Wasserdampf kondensieren und auf der Erdoberfläche ablagern, wäre die Wassersäule nur 25 mm hoch. Regional variieren die Wasserdampfkonzentrationen jedoch um einige Größenordnungen. Hohe Konzentrationen findet man nahe den Quellen d. h. dort, wo große Mengen an Wasser verdunsten, also in Bodennähe und über den warmen Meeren. Dort können die Wasserdampfkonzentrationen bis auf 4 % ansteigen. Außerdem kann nach dem Gesetz von Clausius-Clapeyron warme Luft mehr Feuchte als kalte Luft aufnehmen. Die Wasserdampfkonzentration nimmt daher gegen die Pole hin und in größeren Höhen rasch ab. So beträgt die Wasserdampfkonzentration in der unteren Stratosphäre nur mehr ca. 10^{-4} %. Erwärmt sich aber die Atmosphäre, so nimmt auch der Wasserdampfgehalt zu. Beobachtungen zeigen, dass eine Erwärmung der bodennahen Temperaturen um ein Grad zu einer Zunahme des Wasserdampfgehalts um ca. 5 % führt [3].

Wasserdampf ist ein Treibhausgas und beeinflusst daher die langwelligen Strahlungsflüsse der Erde, indem er Strahlung absorbiert, in geringem Maße die einfallende Sonnenstrahlung, in größerem Maße die vom Erdboden abgestrahlte Wärmestrahlung (= langwellige Strahlung). Nach dem Gesetz von Stefan-Boltzmann strahlt jeder Körper proportional zur vierten Potenz seiner Temperatur die aufgenommene Energie wieder ab. Die Strahlungsemission ist

$$Q = \varepsilon \sigma T^4$$

wobei ε die Emissivität ist, σ die Stefan-Boltzmann-Konstante und T die absolute Temperatur. Die Emissivität des Erdbodens, des Ozeans und von dicken Wolken ist eins, die der Atmosphäre liegt zwischen 0,4 bis 0,8, die von dünnen Cirrus-Wolken bei 0,2. Der Wasserdampf in der Atmosphäre strahlt nun entsprechend seiner Temperatur die aufgenommene Energie je zur Hälfte zum Erdboden hin und in den Weltraum ab. Wären keine Wolken und kein Treibhausgas in der Atmosphäre, würde die Energie direkt in den Weltraum abgestrahlt und die bodennahen Temperaturen wären erheblich niedriger. In einer Atmosphäre ohne Treibhausgase betrüge die bodennahe Temperatur –18 °C statt der tatsächlichen +15 °C. Zum natürlichen Treibhauseffekt – d. h. ohne vom Menschen freigesetzte Treibhausgase – von 33 K trägt der Wasserdampf mehr als 60 % bei, CO_2 nur etwas mehr als 20 %. Wasserdampf ist also das weitaus wichtigste Treibhausgas und umhüllt die Erde wie ein wärmender Schutzschirm.

Wasserdampf dämpft außerdem Temperaturextreme. So sind in den feuchten Tropen die Unterschiede zwischen den nächtlichen Temperaturminima und den Temperaturmaxima während des Tages am geringsten, in den trockenen Wüstengebieten aber am höchsten. Wasser speichert auch die für die Verdunstung aufgewendete Energie (latente Wärme) und transportiert sie vom Erdboden in die Atmosphäre. Kondensiert Wasserdampf in der Atmosphäre wieder und bildet Wolken, wird die latente Wärme wieder frei, erwärmt die umgebende Atmosphäre und beeinflusst damit erheblich die vertikale Temperaturverteilung. Diese Freisetzung latenter Wärme leistet den wichtigsten Beitrag zur Erwärmung der Atmosphäre.

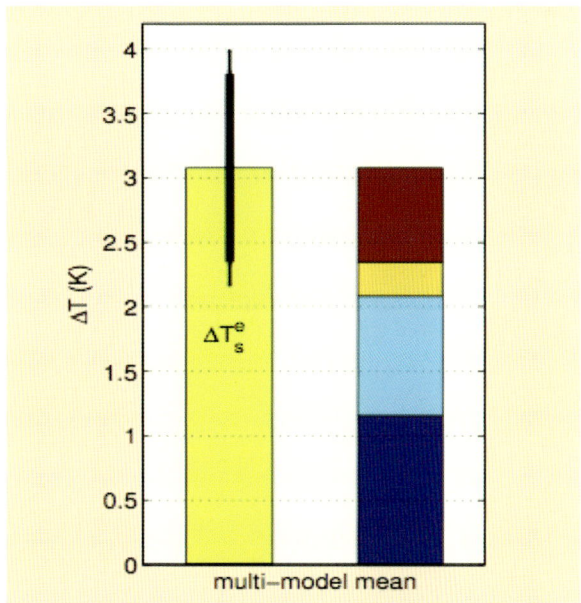

Abb. 5 *Modellierte bodennahe Erwärmung durch eine Verdopplung des Kohlendioxidgehalts der Atmosphäre (gelbe Säule, links) mit Standardabweichung. Die rechte Säule splittet die Erwärmung auf in die einzelnen Beiträge. Die dunkelblaue Säule stellt die Erwärmung durch den reinen Strahlungseffekt von CO_2 dar (Planck-Response), die hellblaue Säule die Erwärmung durch Zunahme der Wasserdampfkonzentration, die gelbe Säule die Erwärmung durch den Rückgang von Meereis und kontinentaler Schneebedeckung und die braune Säule Rückkopplungen mit den Wolken dar [4].*

Wie ändert sich nun der Wasserkreislauf, wenn sich das Klima ändert? Nehmen die Temperaturen zu, steigt der Wasserdampfgehalt. Ein solcher Anstieg wurde in den letzten Jahrzehnten tatsächlich beobachtet, während die relative Feuchte (R.F.) sich kaum geändert hat. Da Wasserdampf ein Treibhausgas ist, geht mit dem Anstieg der Wasserdampfkonzentrationen eine zusätzliche Erwärmung einher. Diese Wasserdampf-Rückkopplung verstärkt den Treibhauseffekt von Kohlendioxid. In Abb. 5 sind die verschiedenen Rückkopplungsmechanismen zwischen Klima und Wasserkreislauf dargestellt. Man erkennt, dass der reine Treibhauseffekt, also die Erwärmung durch die Zunahme von Treibhausgasen, nur ein Drittel zur Gesamterwärmung beiträgt, Rückkopplungsprozesse mit dem Wasserkreislauf aber zwei Drittel. Den größten Beitrag zu dieser zusätzlichen Erwärmung leistet der Anstieg der Wasserdampfkonzentrationen (hellblaue Säule in Abb. 5).

Schnee/Eis-Albedo

Schnee oder Eis reflektieren mehr als 30 %, frischer Schnee mehr als 80 % der einfallenden Sonnenstrahlung, während die Wasserfläche eines Ozeans weniger als 10 % reflektiert. Wir bezeichnen die Fähigkeit Sonnenstrahlung zu reflektieren als Albedo (= Weißheit). Die Albedo gibt die Rückstreufähigkeit einer Fläche an und ist als das Verhältnis von reflektierter zu einfallender Sonnenstrahlung definiert. Die Albedo über den Kontinenten liegt in Abhängigkeit von der Bodenbeschaffenheit zwischen 5 % und 20 %, die Albedo von ruhigem Meerwasser zwischen 3 % und 4 %.

Da die Albedo von Eis, Land und Wasser so unterschiedlich ist und die Menge der aufgenommenen Energie das Klima der Erde kontrolliert, macht es einen enormen Unterschied in der Energiebilanz, ob die Erde von Flüssigwasser oder von Eis oder Schnee bedeckt ist. Steigen die Temperaturen, schwindet das Meereis und die Schneedecke taut früher ab. Das verstärkt die Erwärmung. Wir nennen diese positive, verstärkende Rückkopplung den Schnee/Eis-Albedo-Feedback. Sie ist der Grund dafür, dass hohe Breiten sowie alpine Regionen sich rascher erwärmen als die Tropen. Diese Rückkopplung spielt auch eine wichtige Rolle bei der Abfolge von Eis- und Warmzeiten. Die Ursache für den Wechsel zwischen Perioden, in denen die Erde fast eisfrei ist und solchen an denen die Eisbedeckung bis in mittlere Breiten reicht, sind Schwankungen der Erdumlaufbahn um die Sonne. Diese Schwankungen führen zu leichten Änderungen in der Verteilung der solaren Energieflüsse. Die Änderungen sind aber so gering, dass sie nicht ausreichen, die Abfolge von Eis- und Warmzeiten zu erklären. Erst die Verstärkung dieser schwachen Anregung durch den Schnee/Eis-Albedo-Feedback lässt unseren Planeten sich im Rhythmus von ca. 110 000 Jahren erwärmen und wieder abkühlen.

Abbildung 7 zeigt die mit Eis bedeckte Fläche der Meere in der Nordhemisphäre. Wir sehen kräftige jahreszeitliche Variationen mit einem Maximum im März und einem Minimum im September. Über die Jahre zeigt sich eine Ab-

Abb. 6 *Frischer Schnee reflektiert die Sonneneinstrahlung viel stärker als Wasser.*

nahme der Eisbedeckung, die besonders im September ausgeprägt ist. Bleibt dieser Trend bestehen, könnte die Arktis in wenigen Jahrzehnten im Sommer eisfrei sein. Die Schneebedeckung auf den Kontinenten der Nordhemisphäre ist ebenfalls zurückgegangen, etwa 10 % in den Jahren von 1972 bis 1992.

Wolken – Der Thermostat

65 % der Erdoberfläche sind im Mittel mit Wolken bedeckt. Während eine ruhige Meeresfläche eine Albedo von 3–4 % aufweist, streut Wasser in kleinen Tröpfchen sehr stark und zerteilt Sonnenstrahlung sehr effizient. Wolken haben eine Albedo zwischen 40 % und 80 %. Im Spektralbereich der von der Erde abgegebenen thermischen Strahlung absorbieren Wolken ebenfalls und wirken damit wie ein Treibhausgas (siehe Abb. 8). Wir wissen, dass nächtliche Wolkenbedeckung die Abkühlung reduziert, während in klaren Nächten die Temperaturen tiefer fallen. Dicke Wasserwolken streuen Sonnenstrahlung besonders effektiv und wirken damit abkühlend. Im langjährigen globalen Mittel beträgt dieser Energieverlust ca. −48 W/m². Hohe Eiswolken hingegen sind für Sonnenstrahlung durchlässiger, wirken daher mehr im thermischen Bereich und üben einen erwärmen-

ELIXIER WASSER

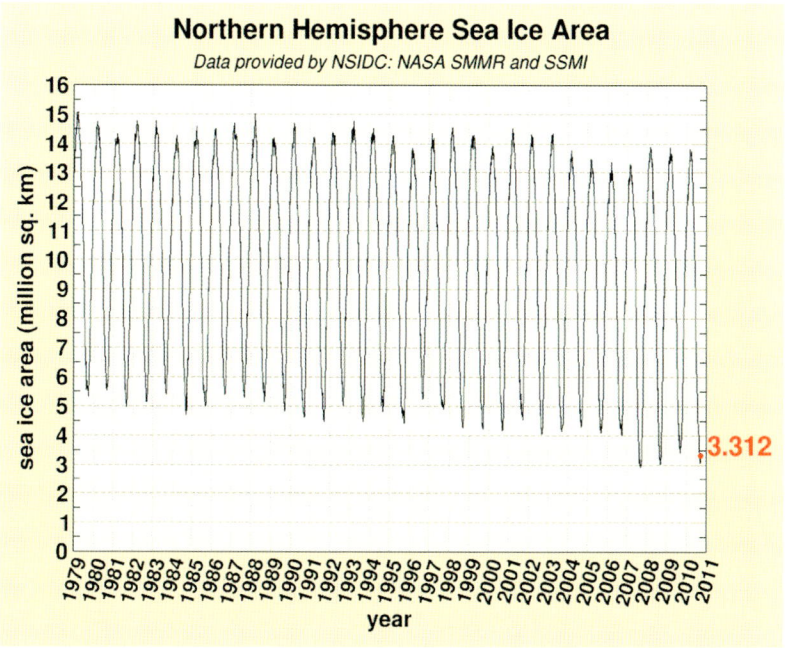

Abb. 7 *Mittlere monatliche Meereisbedeckung der Arktis in Millionen km² der Jahre 1979 bis 2010 [5]*

den Effekt von ca. +31 W/m² aus. Tagsüber und im Sommer kühlen Wolken überwiegen, nachts und im Winter wärmen sie. Netto kühlen Wolken das System Erde-Atmosphäre um ca. –17 W/m². Damit gehören Wolken zu den wichtigsten Mitspielern in unserem Klimasystem. Eine geringe Zunahme von 5 % der Bedeckung mit Wasserwolken zum Beispiel würde den gesamten vom Menschen verursachten Treibhauseffekt kompensieren.

Wie ändern sich Verteilung und Eigenschaften von Wolken, wenn sich das Klima ändert? Wenn Wasserwolken in niederen Höhen in einem wärmeren Klima optisch dicker werden oder der Bedeckungsgrad zunimmt, wird die Erwärmung gedämpft. Nimmt die Bedeckung mit hohen, optisch dünnen Cirrus-Wolken ab, dämpft das die Erwärmung ebenfalls. Tiefe Wolken über den Ozeanen, wo der Unterschied der Albedo zwischen bewölkten und unbewölkten Gebieten besonders groß ist, zeigen mit Zunahme der Erwärmung eine Zunahme der Bewölkung, aber mit geringe-

rer optischer Dicke. Wie groß der Netto-Effekt ist, lässt sich nicht mit Sicherheit sagen. Numerische Klimamodelle geben keine klare Antwort, sondern simulieren sowohl negative als auch positive Rückkopplungen durch Wolkenprozesse.

Bei zunehmenden Temperaturen nimmt der Wasserdampfgehalt der Atmosphäre zu und die Erwärmung wird verstärkt. Ebenso verstärkt der Schnee/Eis-Albedo-Feedback den Erwärmungstrend. Die beiden Effekte würden auch eine Abkühlung der Erde verstärken. Warum läuft unser Klima dann nicht in Richtung Eiskugel oder kochender Ozean? Aus Beobachtungen wissen wir, dass z. B. die Meeresoberflächen-Temperatur niemals 32 °C übersteigt. Die Frage ist: warum? Dazu gibt es verschiedene Hypothesen, die sehr wahrscheinlich alle eine gewisse Gültigkeit haben. So würde im wärmeren Klima die Verdunstung zunehmen und die Verdunstungskälte würde verhindern, dass die Meeresoberflächen-Temperaturen unbeschränkt zunehmen. Eine andere Hypothese – die sog. Wolken-Thermostat-Hypothese – besagt, dass sich über Gebieten der Ozeane mit hohen Wassertemperaturen verbreitet Gewitterwolken bilden. Der Amboss – eine faserige Eiswolke (Cirrus-Wolke) –, die sich an der Obergrenze dieser Wolken bildet, reicht bis in große Höhen. Je wärmer die Wassertemperaturen desto mehr solcher Wolken entstehen und desto dicker werden die Ambosswolken. Bei dicken Cirrus-Wolken aber überwiegt die Reflektion der Sonnenstrahlung – also der abkühlende Effekt – die Absorption von thermischer Strahlung, den erwärmenden Effekt. Dicke Cirrus-Wolken üben also eine negative (= abschwächende) Rückkopplung aus und dämpfen die Erwärmung.

Chemie im Wolkenwasser
Die Atmosphäre – Ein chemisches Mehrphasensystem

Die Luft der Atmosphäre ist nicht nur ein homogenes Gasgemisch, sondern eine disperse Phase, die als ein Multiphasen- und Multikomponentensystem behandelt werden sollte [6]. In der Abb. 9 sind die Grundzüge des Mehrphasensystems „Troposphäre" dargestellt.

Das in Abb. 9 gezeigte komplexe System stellt die Matrix für eine Vielzahl chemischer Umwandlungen dar. Chemische Reaktionen können zwischen Gasmolekülen homogen in der Gasphase oder – wenn die Moleküle in flüssigem Wasser gelöst sind – in den Tropfen von Wolken, Regen und Nebel und in wässrigen, gequollenen Aerosolpartikeln ablaufen. Darüber hinaus können chemische Reaktionen auch heterogen verlaufen, wenn die Reaktions-

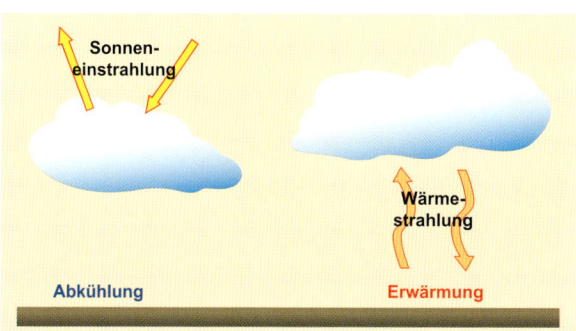

Abb. 8 *Schematische Darstellung der Wolkeneffekte auf die Bodentemperaturen*

ELIXIER WASSER

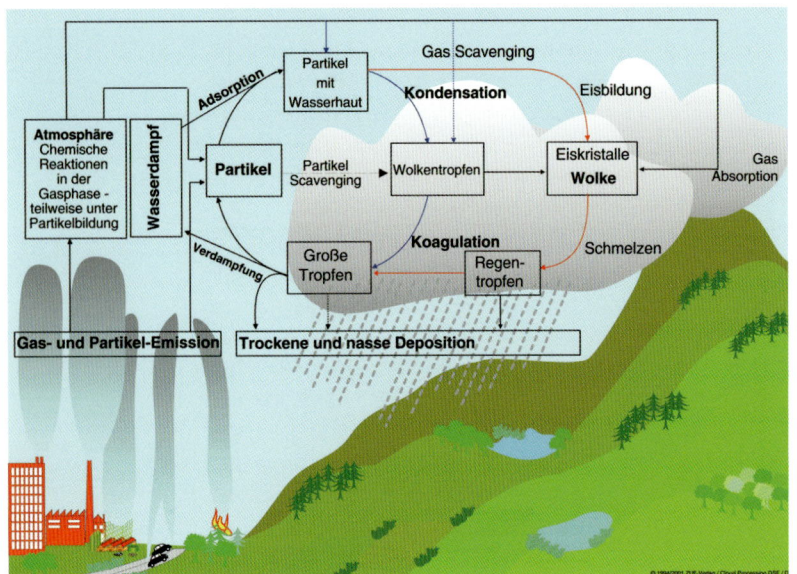

Abb. 9 *Das troposphärische Mehrphasensystem (nach [6])*

tionen (1) und (2) können dann Oxidantien wie Wasserstoffperoxid oder Ozon die Oxidation zur Schwefelsäure bzw. zum Sulphat in der Flüssigphase weiterführen:

$$HSO_3^- + H_2O_2 \longrightarrow HSO_4^- + H_2O \quad (5)$$
bzw. $$HSO_3^- + O_3 \longrightarrow HSO_4^- + O_2 \quad (6)$$

Stickoxidchemie

Ein Großteil der in die Atmosphäre emittierten Stickoxide ($NO_x = NO + NO_2$), von denen NO bei allen Hochtemperaturverbrennungsprozessen entsteht, endet nach komplexen Umsetzungen in der starken und extrem gut wasserlöslichen Mineralsäure HNO_3, die damit durch wässrige Partikel aufgenommen wird. In der Flüssigphase können weiter Umsetzungen stattfinden. So kann Nitrat der – allerdings langsamen – Photolyse unterliegen und zur Bildung von OH-Radikalen oder Ozon führen, die wiederum mannigfaltige Umsetzungen in flüssiger Phase auslösen:

$$HNO_{3(g)} \rightleftharpoons HNO_{3(aq)} \rightleftharpoons H^+ + NO_3^- \quad (7)$$
und $$NO_3^- + h\nu\ (\lambda \geq 290\ nm) + H^+ \longrightarrow OH + NO_2 \quad (8a)$$
$$NO_3^- + h\nu\ (\lambda \geq 290\ nm) + O_2 \longrightarrow O_3 + NO_2^- \quad (8b)$$

Über verschiedene Prozesse [7] entsteht in der Troposphäre die salpetrige Säure HNO_2 (oder HONO), die in der Gasphase einer effektiven Photolyse unterliegt und OH-Radikale freisetzt:

$$HNO_2 + h\nu \longrightarrow OH + NO \quad (9)$$

Die Chemie von HONO ist gegenwärtig Gegenstand intensiver Untersuchungen [8]. Es zeigt sich, dass die HONO-Photolyse in urbanen Gebieten signifikant zur OH-Bildung beitragen kann und in den Morgenstunden einen höheren Beitrag liefert als die O_3-Photolyse.

Chemie organischer Verbindungen

Zu Beginn des Interesses an flüssigphasenchemischen Untersuchungen wurde zunächst das anorganische System charakterisiert. In den 1980er Jahren wendete man sich dann der Untersuchung einfacher organischer Verbindungen zu und erst in neuerer Zeit werden Laboruntersuchungen auch auf organische Verbindungen ausgedehnt. Die organische Chemie in der troposphärischen Flüssigphase kann also derzeit längst nicht so weitgehend wie die entsprechende Chemie in der Gasphase beschrieben werden. Die Oxidation einer einzelnen organischen Verbindung kann allerdings in vielen, miteinander verbundenen Reaktionsschritten erfolgen.

Umwandlungsprozesse flüchtiger organischer Spurenstoffe laufen im troposphärischen Mehrphasensystem häufig so ab, dass die ersten Oxidationsschritte nach der Emission zunächst in der Gasphase stattfinden. Dabei werden die primären Substanzen oft funktionalisiert, d. h. es werden Alkohol-, Aldehyd-, Keto- und Säuregruppen in die organischen

partner sich in unterschiedlichen Phasen befinden, etwa wenn ein Gasmolekül mit einem an der Oberfläche eines Partikels adsorbierten Molekül reagiert.

Chemie des troposphärischen Mehrphasensystems

Die troposphärische Mehrphasenchemie wird seit etwa 30 Jahren intensiv erforscht. Allerdings stellt das Verständnis der zugrunde liegenden Mechanismen auch heute noch eine der großen Herausforderungen auf dem Gebiet der Atmosphärenforschung dar.

Schwefelchemie

Der Ausgangspunkt des Interesses an der Schwefelchemie war die Feststellung in den 1950er Jahren, dass Schwefeldioxid zum gesundheitsgefährdenden Wintersmog führt. Zu Beginn der 1970er Jahre wurde auch erkannt, dass es maßgeblich für die Versauerung der Niederschläge verantwortlich ist. Für die Oxidation von atmosphärischem SO_2, das bei der Verbrennung fossiler Energieträger freigesetzt wird, ergibt sich die folgende Reaktionsfolge:

$$SO_2 + OH \longrightarrow HOSO_2 \quad (1)$$
gefolgt von $$HOSO_2 + O_2 \longrightarrow HO_2 + SO_3 \quad (2)$$
$$SO_3 + H_2O \rightleftharpoons \rightarrow H_2SO_4, \quad (3)$$

wobei letztere Reaktion zur Partikelbildung führen kann (homogene Nukleation). Bei Anwesenheit wässriger Partikel geht das SO_2 nicht unerheblich in die wässrige Lösung über

$$SO_{2(g)} \rightleftharpoons SO_{2(aq)} \rightleftharpoons H^+ + HSO_3^- \quad (4)$$

und trägt bereits so zur Versauerung der troposphärischen Flüssigphase bei. Im Wettbewerb mit den Gasphasenreak-

ELIXIER WASSER

Moleküle eingebaut. Die resultierenden polaren Produkte weisen geringere Dampfdrucke und bessere Wasserlöslichkeiten gegenüber den Ausgangsstoffen auf und können so in die Tröpfchen von Wolken, Regen und Nebel sowie auch in wässrige Aerosolpartikel übergehen. In diesen wässrigen Partikeln schließen sich dann weitere komplexe Umsetzungen an.

Die Wirkungen der troposphärischen Flüssigphasenchemie im Gesamtsystem „Troposphäre" können folgendermaßen zusammengefasst werden:

- Veränderung von Spurenstoff- und Oxidantien-Budgets der Gasphase durch Phasentransfer und ggf. chemische Umsetzungen in der Flüssigphase;
- Ermöglichung heterogener Reaktionen an der Phasengrenze (beispielsweise Photokatalyse) und einzigartiger Flüssigphasenreaktionen, die im Vergleich zur „reinen" Gasphase erhebliche qualitative und quantitative Änderungen bedeuten (erhöhter Umsatz und mehr bzw. andere Produkte);
- Produktion anorganischer und organischer Partikelmasse, Vergrößerung von Aerosolpartikeln, veränderte Strahlungswirkung der Partikel;
- Veränderung der mikrophysikalischen Eigenschaften von Partikeln (durch wolkenzyklische Prozesse) durch Veränderungen der Zusammensetzung: andere Benetzungseigenschaften, andere CCN-Aktivität, andere Oberflächenspannung von Wolkentropfen;
- Versauerung der Flüssigphase und des Niederschlags durch H_2SO_4, HNO_3 und weitere anorganische und organische Säuren.

In Bezug auf die weitere Formulierung und Quantifizierung der Konversionsmechanismen organischer Verbindungen in atmosphärischen Partikeln besteht weiterhin großer Forschungsbedarf.

Wolkenchemische Untersuchungen – Wolkenexperimente des Lagrange-Typs

Zur experimentellen Erforschung der Wechselwirkung von Chemie und Wolke kann man entweder versuchen, die natürlichen Verhältnisse im Labor zu simulieren oder Experimente im Feld durchführen. Generell beruhen die Feldexperimente alle auf der Voraussetzung, dass in einer Luftmasse, die mit einer bestimmten Strömungsgeschwindigkeit transportiert wird, nach einiger Zeit Veränderungen beobachtet werden können, die Informationen über das Auftreten von Phasentransfer- und -umwandlungsprozessen sowie deren Geschwindigkeiten enthalten. Unter Laborbedingungen werden derartige Beobachtungen in einem Strömungsrohr durchgeführt, an dessen Anfang zwei Reaktionspartner zusammengebracht werden und in dessen weiterem Verlauf Inspektionspunkte vorgesehen sind, an denen nach verschiedenen Transportdistanzen der Verlust der Reaktanden und die Bildung der Reaktionsprodukte gemessen wird. Prinzipiell kann diese experimentelle Vorgehensweise auch bei Feldexperimenten angewendet werden, indem man Luftmassen beobachtet, die ein Gebirge anströmen. Während des konvektiven Hebungsprozesses dehnt sich die Luft adiabatisch aus und erfährt dadurch eine Abkühlung, die bei Unterschreitung des Taupunktes zur Bildung einer Wolke über dem Gebirgskamm führt. Zieht die Luftmasse weiter, strömt sie ins jenseitige Tal hinab, wobei sie sich wieder erwärmt, sodass die Wolkentropfen wieder verdampfen. Derartige sog. „Wolkendurchgangsexperimente" wurden in den vergangenen Jahren unter internationaler Beteiligung in England am Great Dun Fell und in Deutschland am Taunus im Gebiet des Kleinen Feldbergs durchgeführt. Die jüngsten derartigen Experimente fanden in den Jahren 2001 und 2002 im Thüringer Wald im Gebiet der Schmücke statt (Projekt FEBUKO) und gerade derzeit wird ein neues dieser Experimente durchgeführt (HCCT-2010).

Die Übertragbarkeit des dem Chemiker geläufigen Prinzips des Strömungsreaktors auf Feldexperimente, die der näheren Erforschung des chemischen Geschehens bei der Wolkenbildung dienen sollen, ist nur dann gegeben, wenn vor und nach der Tropfenbildung eine identische, oder zumindest vergleichbare, Luftmasse vorliegt. Da dies in der freien Natur überprüft werden muss, wurde bereits im Rahmen der Feldexperimente am Kleinen Feldberg eine Messstrategie mit markierten Luftmassen entwickelt [9], die später auch an der Schmücke angewendet wurde.

In der Abb. 10 ist das Prinzip der Experimente auf der Schmücke gezeigt.

Innerhalb des FEBUKO und des HCCT-2010-Projekts wird ein komplexer Datensatz aus (i) der chemischen Zusammensetzung der Gasphase, (ii) der Wolkentröpfchen,

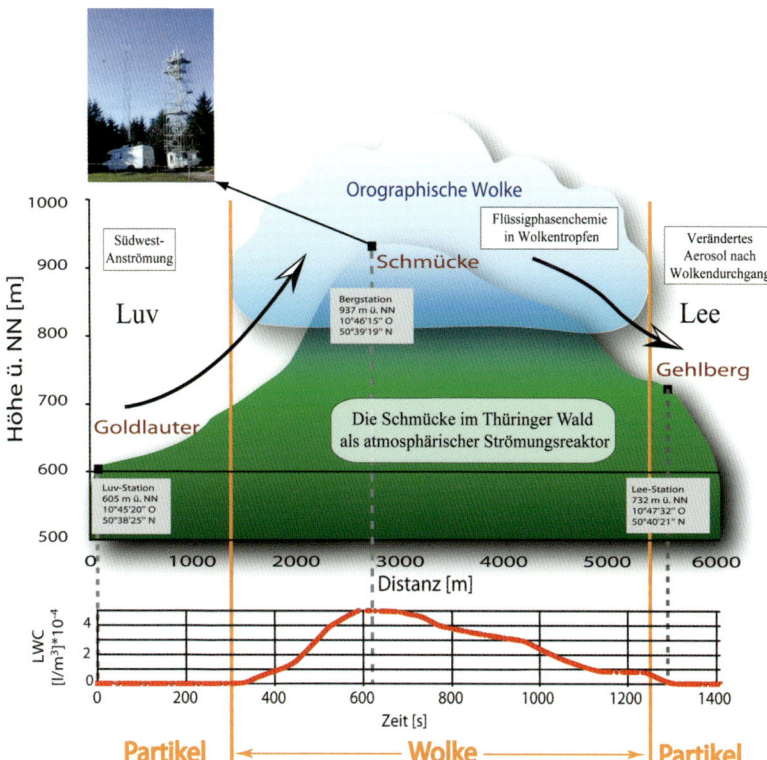

Abb. 10 *Schema der Schmücke-Experimente in den Projekten FEBUKO und HCCT-2010. Kleines Bild: Der Messturm auf der Schmücke.*

ELIXIER WASSER

(iii) der größenaufgelöst gesammelten Aerosolpartikel, (iv) meteorologischen und (v) Daten zur Aerosol- und Wolkenphysik aus Feldmessungen erhalten, um die Effekte der Wolkenprozesse auf Änderungen in der chemischen Zusammensetzung der Partikel während der Wolkenpassage zu untersuchen. Beim HCCT-2010-Experiment spielen zeitaufgelöste Messverfahren zur Partikelcharakterisierung ein große Rolle; daneben wird die HO_x-Gasphasenchemie durch direkte Messungen von OH und HO_2 beschrieben. Die komplexen Datensätze derartiger Feldexperimente sind wichtig für die Entwicklung aktueller chemischer Multiphasenmodelle. Modellsimulationen werden zur Interpretation der Messungen verwendet und erlauben ein besseres Verständnis der Wolkeneffekte auf die physikalisch-chemischen Eigenschaften des atmosphärischen Aerosols. Insgesamt kann festgestellt werden, dass die bisherigen Kurzzeitexperimente zur Wolkenchemie zu einer Vielzahl experimenteller Befunde geführt haben, die in einschlägigen Sonderbänden [10–13] zusammengefasst sind.

Laborexperimente zur Untersuchung von Radikalreaktionen in flüssiger Phase

Flüssigphasenreaktionen zwischen stabilen Spezies werden nach wie vor mit klassischen Methoden im „Bulk"-Reaktor oder mittels „Stopped-Flow"-Apparaturen untersucht. Zur Untersuchung von kurzlebigen Spezies wurden in der jüngeren Vergangenheit eine Vielzahl technologisch fortgeschrittene, z. B. lasergestützte, experimentelle Anordnungen entwickelt, die für den empfindlichen und zeitaufgelösten Nachweis freier Radikale wie OH, NO_3, SO_4^-, Cl_2^- und Br_2^- sowie organischer Peroxylradikale (RO2) in der wässrigen Phase angewendet werden können. In vielen derzeit angewendeten Experimenten werden Radikale durch Excimerlaser-Photolyse geeigneter Vorläufer bei den Wellenlängen λ = 193, 248, 308 oder 351 nm erzeugt. In Abb. 11 ist eine schematische Darstellung eines Laserphotolyse-Breitband-Diodenarray-Absorptionsexperiments gezeigt.

In anderen Experimenten werden statt Lampenkombination und schnellem Diodenarraydetektor Festwellenlängen-Laser und schnelle Photodioden zum Radikalnachweis verwendet, wodurch optische Weglängen von bis zu 200 cm erreicht werden. Kernstück der Anordnung ist eine Küvette (V = 28 ml), die von der Messlösung kontinuierlich durchströmt wird. Durch Entwicklung einer kompakten Mehrfach-Reflektionsanordnung wird eine im Spektralbereich $210 \leq \lambda \leq 760$ nm nutzbare optische Weglänge von 32 cm erreicht. Mit dem verwendeten Excimerlaser mit Pulsenergien von 400 mJ werden typische Radikalkonzentrationen im Bereich 10^{-7}–10^{-6} mol l^{-1} erreicht. Detaillierte Darstellungen zu den hier erwähnten Experimenten können der Literatur wie [13–15] entnommen werden.

Mit Hilfe der hier beschriebenen und weiterer experimenteller Techniken können H-Abstraktionsreaktionen, Elektronentransferreaktionen und Reaktionen mit Aromaten untersucht werden, die in der wässrigen Phase der Atmosphäre ablaufen. Derartige in Laborexperimenten ermittelte Daten werden dann in komplexe Mehrphasenmodelle implementiert und diese auf atmosphärenchemische Fragestellungen angewendet.

Multiphasenmodellierung und Ausblick

Bei der Formulierung eines komplexen Multiphasen-Modellsystems müssen u. a. die mikrophysikalischen Prozesse, wie z. B. die Aktivierung von Partikeln zu Wolkentropfen, Kondensation/Evaporation, Koagulation/Tropfenzerfall und der kollisionsinduzierte Partikeleinfang durch Tropfen, berücksichtigt werden. Für die Behandlung der chemischen Aerosol- und Tropfenzusammensetzung werden derzeit im Allgemeinen zwei Strategien verfolgt: (1) In einer vereinfachten Version wird von der Hypothese der internen Mischung ausgegangen. Bei dieser Methode wird angenommen, dass Partikel der gleichen Größe die gleiche chemische Zusammensetzung haben, wobei sich aber die Zusammensetzung über dem Partikelspektrum ändern kann. (2) In einer komplexeren Version werden 2D-Verteilungen der Partikelzusammensetzung verwendet. Dabei wird jedem Partikelwassergehalt (äquivalenten Wasserradius) ein Spektrum von äquivalenten Trockenradien der Partikelinhaltsstoffe zugeordnet.

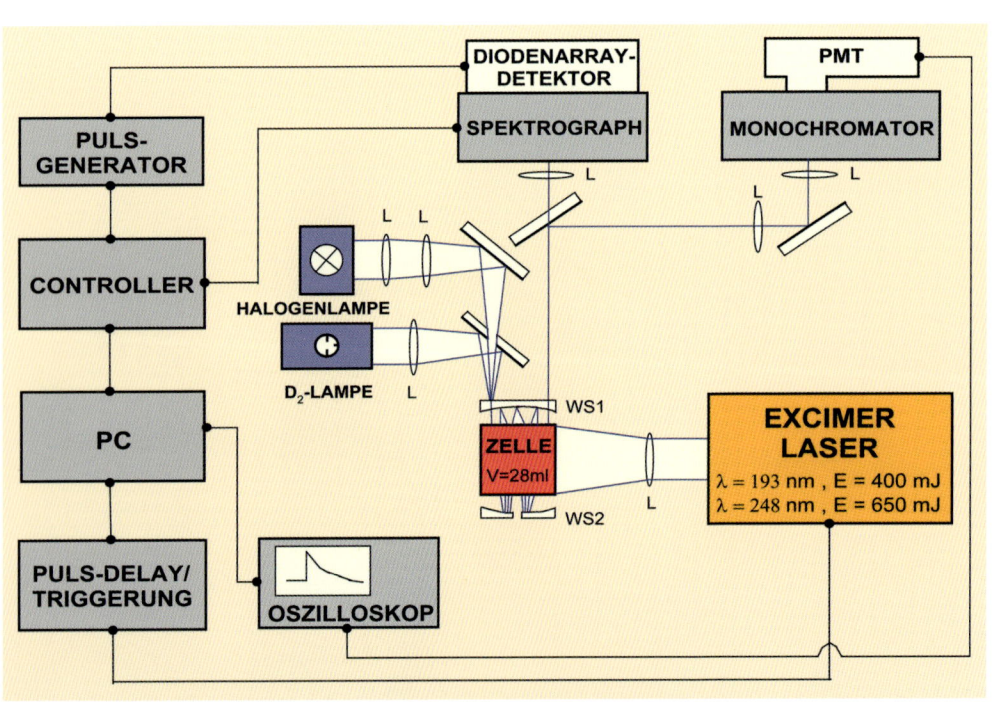

Abb. 11 *Lasergestützte Apparatur zur Untersuchung von Radikalreaktionen in wässriger Lösung*

ELIXIER WASSER

Bei der Beschreibung der komplexen Flüssigphasenprozesse müssen zum einen Aufnahmeprozesse berücksichtigt werden, die den direkten Phasentransfer von Spurengasen aus der Gasphase in Wolkentropfen beschreiben. Zum anderen muss auch eine Vielzahl von Flüssigphasenreaktionen betrachtet werden, von denen hier einige der wichtigsten besprochen wurden. Modellstudien zeigen, dass bei Berücksichtigung der Flüssigphase die Chemie in der Gasphase wesentlich beeinflusst werden kann. Dieser Einfluss ist nicht nur auf den direkten Transport von anorganischen und organischen Verbindungen in die Tropfen zurückzuführen, sondern auch auf die Aufnahme reaktiver radikalischer und nicht-radikalischer Oxidantien (wie z. B. OH, HO_2, NO_3, H_2O_2 und O_3), die dann nicht mehr als Reaktionspartner in der Gasphase zur Verfügung stehen. Die chemische Zusammensetzung der Wolkentropfen wird maßgeblich durch den Massentransfer zwischen Gas- und Flüssigphase beeinflusst. Wie Untersuchungen belegen, hängt die Gasaufnahme stark von der Auflösung des Tropfenspektrums ab. Außerdem müssen die Phasenübergänge als zeitabhängige Prozesse beschrieben werden.

Gegenwärtig liegen die größten Herausforderungen in der besseren Beschreibung organisch-chemischer Reaktionen und in der Reduktion des Umfangs chemischer Mechanismen, ohne deren Richtigkeit und Anwendbarkeit einzubüßen oder zu stark einzuschränken. Nur mit kompakten, aber dennoch weitgehend richtigen Mechanismusmodulen wird es gelingen, die komplexe Chemie des troposphärischen Mehrphasensystems richtig dazustellen und deren komplexe Wirkungen in höherskaligen Modellen richtig abzubilden.

Literatur

[1] Möller, D. (2010) *Chemistry of the climate system*, De Gruyter Verlag, Berlin (ISBN 078-3-11-019791-4), 720 S.
[2] Trenberth, K. E., L. Smith, T. Qian, A. Dai and J. Fasullo (2007) Estimates of the global water budget and its annual cycle using observational and model data. *Journal of Hydrometeorology* **8**, 758–776.
[3] IPCC, (Intergovernmental Panel for Climate Change): *Climate Change 2007: The Physical Science Basis. Contribution of Working Group I to the Fourth Assessment Report of the Intergovernmental Panel on Climate Change* [Solomon, S., D. Qin, M. Manning, Z. Chen, M. Marquis, K.B. Averyt, M. Tignor and H.L. Miller (eds.)]. Cambridge University Press, Cambridge, United Kingdom.
[4] Dufresne, J.L. and S. Bony (2008) An assessment of the primary sources of spread of global warming estimates from coupled atmosphere-ocean models. *J. Climate*, 21, 5135–5144.
[5] Groisman, P.Y., T.R. Karl, and R.W. Knight (1994) Changes of snow cover, temperature and radiative heat balance over the Northern Hemisphere. *J. Climate*, 7, 1633–1656.
[6] *Chemistry of multiphase atmospheric systems*, (Hrsg.: W. Jaeschke), Springer Verlag, Heidelberg, 1986.
[7] Möller, D. (2003) *Luft*, De Gruyter Verlag, Berlin, New York (ISBN 3-11-016431-0), 750 S.
[8] K. Stemmler, M. Ammann, C. Donders, J. Kleffmann and C. George (2006) *Nature*, 440 (7081), 195–198.
[9] W. Jaeschke, N. Beltz, L. Schütz (2001) Measuring strategies of the SFB field experiments CLEOPATRA, FELDEX and NORDEX, in *Dynamics and chemistry of hydrometeors* (Hrsg.: R. Jaenicke), Wiley-VCH, 210–237.
[10] K. N. Bower et al. (1999) *Atmos. Res.*, 50, 151–371.
[11] S. Fuzzi (Hrsg.) (1994) *J. Atmos. Chem.*, 19, 1–253.
[12] S. Fuzzi (Hrsg.) (1997) *Atmos. Environ.*, 31, 2391–2684.
[13] H. Herrmann (Hrsg.) (2005) *Atmos. Environ.*, 39, 4167–4417.
[14] R. Zellner and H. Herrmann (1995) *Advances in Spectroscopy*, Wiley, London, S. 381–451.
[15] H. Herrmann, M. Exner, H.-W. Jacobi, G. Raabe, A. Reese und R. Zellner (1995) *Faraday Discuss.*, 100, 129–153.
[16] H. Herrmann, (2003) *Chem. Rev.*, 103, 4691–4716.

ELIXIER WASSER

Wasser und Leben

Hans-Curt Flemming

Alles ist dem Wasser entsprungen!
Alles wird durch das Wasser erhalten!
Johann Wolfgang von Goethe

Für viele Chemiker erscheint Wasser als eine einfache, wenig aufregende Verbindung, an der es eigentlich nichts mehr zu forschen oder zu optimieren gibt. Im zweiten Punkt haben sie Recht: es gibt wirklich nichts mehr am Wassermolekül zu optimieren. Gerade weil es so perfekt ist und seine ganz speziellen Anomalien aufweist, ist es zur Grundlage allen Lebens geworden. Im ersten Punkt aber haben sie überhaupt nicht Recht: es gibt noch viel zu forschen an diesem simplen Molekül – Morris und Lois (siehe [1]) nannten es „die seltsamste Verbindung des Universums". Seine Wechselwirkungen mit sich selbst und mit allem, womit es in Verbindung kommt, sind oft sehr komplex, und seine Qualität – also das, was es mit sich trägt – bestimmt die Qualität des Lebens. Es umhüllt und beeinflusst alle Biomoleküle und ist an der Aufrechterhaltung ihrer Struktur und Funktion beteiligt. Es ist der Rohstoff für die Photosynthese, in der das Sauerstoff-Atom zu molekularem Sauerstoff oxidiert wird. Alle aeroben Lebewesen brauchen ihn, um ihn zu reduzieren und damit die Elektronen wieder loszuwerden, die sie bei der Oxidation von Nährstoffen genutzt haben. Sämtliche Lebensprozesse spielen sich in wässriger Lösung ab, auch die anaeroben.

Wasser ist untrennbar mit dem Leben verbunden – allerdings lebt es nicht selbst. Nur das Leben kann neues Leben hervorbringen, das kann kein Wassertropfen alleine. Aber jede lebende Zelle ist auf das Wasser angewiesen, denn es verdünnt und formt biologische Moleküle so, dass sie sich bewegen und miteinander reagieren können. So gesehen, *ist* Wasser kein Leben, aber nur Wasser ermöglicht das Leben. Und dieses Leben ist inzwischen so gut wie unzerstörbar geworden, denn in ihm haben sich Mikroorganismen entwickelt, die zur ältesten, häufigsten und erfolgreichsten Lebensform auf der Erde geworden sind [2]. Wenn die Rede davon ist, dass das Leben gefährdet sei, geht es immer nur um das menschliche Leben; das der Mikroorganismen ist durch keine menschliche Aktivität mehr zu beseitigen. Das menschliche Leben hingegen mag in der Tat gefährdet sein, besonders durch Überschwemmungen (die häufigste Form von Naturkatastrophen), Dürre und Verunreinigungen aller Art. Alles hängt davon ab, wie der Mensch mit dem Wasser umgeht [3]. Besonders wichtig ist hier die Bereitstellung von sauberem Wasser. In den Millenniumszielen wird gefordert, dass bis 2015 die Anzahl der Menschen, die keinen Zugang zu Wasser in hinreichender Qualität und Menge haben, zu halbieren. Jetzt schon ist abzusehen, dass es nicht erreicht wird. Wasser ist ein Politikum. Wenn es ein Menschenrecht auf Wasser gibt, dann könnte es dazu führen, dass Staaten ihren Wasserbedarf auch mit Gewalt von anderen Ländern decken dürfen. Das ist einer der Gründe, warum ein Land wie Kanada sich der Einführung dieses Rechtes widersetzt hat – es will vermeiden, dass der starke Nachbar möglicherweise sein Menschenrecht im wasserreichen Kanada wahrnimmt. Wasser wird als der wichtigste Rohstoff der Zukunft angesehen.

Darüber hinaus scheint es, als ob im Menschen eine sehr starke Verbindung zum Wasser gewissermaßen geistig verdrahtet ist: wir fühlen uns vom Wasser angezogen, wir nutzen es sozusagen als spirituelles Trägermaterial [4]. Praktisch in allen Religionen und Kulturen hat es starke symbolische Bedeutung, häufig als reinigendes „Element". Auch ästhetische Empfindungen werden durch das Wasser geweckt. Das spiegelt sich in der Kunst wieder: Bildende Kunst, Poesie, Musik haben das Thema in vielfacher Weise aufgenommen. Gerade das Wechselspiel mit dem Licht ist ein ganz alltäglicher Reiz (Abb. 12).

Wo kommt das Wasser her?

Wasser ist die häufigste Verbindung im Universum. Es ist sehr früh entstanden. Wasserstoff ist das Hauptelement, das mit dem Urknall gebildet wurde. Gewaltige Gaswolken bildeten sich, implodierten zu Supernovä und erbrüteten unter anderen Elementen auch den Sauerstoff. Unvorstellbare Mengen an Wasserstoff und Sauerstoff verbanden sich zu Wasser, das sich seither im Universum ausgebreitet hat [5]. Der bekannte Astrophysiker Harald Lesch drückte es so aus: „Das Universum ist alt, kalt und feucht". Man geht davon aus, dass die Erde bereits in der Akkretionsphase, also in dem Zeitraum, in dem sie sich aus Bruchstücken der Supernova bildete, Wasser mitbekam [1]. Es gibt immer noch

Abb. 12 *Licht auf dem Wasser eines Baches in Südfrankreich*

ELIXIER WASSER

"juveniles Wasser", das so tief ins Erdinnere geraten war, dass es Jahrmilliarden brauchte, um an die Oberfläche zu kommen [6]. Später kam es zu weiterem Wasserimport durch Asteroiden, die viel Eis enthielten und auf die Erde prallten. Die Quelle unseres Wassers besteht also aus der Mitgift der Akkretion und dem, was *dirty snowballs* auf die Erde brachten.

Allerdings muss sich ein Planet, auf dem das Wasser in flüssiger Form vorliegen soll, genau im richtigen Abstand zur Sonne befinden, sonst verdunstet das Wasser oder es erstarrt zu Eiswüsten. Der „richtige Abstand" wird auch „habitable Zone" genannt [5], in der das Wasser fest, flüssig und gasförmig vorkommen kann. Wasser ist sozusagen ein Geburtsgeschenk aller Himmelskörper, und es kann auch wieder verschwinden. Ein Beispiel dafür ist der Mars, auf dem inzwischen sehr deutliche Hinweise dafür gefunden wurden, dass er einmal Wasser enthielt. Es ist ihm abhanden gekommen. Warum hat die Erde aber noch ihr Wasser? Dafür gibt es mehrere Gründe. Zu ihnen gehört das Magnetfeld der Erde, das die stark ionisierende Strahlung der Sonne abschirmt, sowie der Mond, dessen Anziehungskraft die Umdrehung der Erde verlangsamt und stabilisiert.

Die Eigenschaften des Wassers

Wasser verhält sich in vieler Hinsicht anders als „normale" Flüssigkeiten [7]. So einfach seine chemische Zusammensetzung ist, so bedeutend sind die Konsequenzen – durch seine Anordnung wirkt es als Dipol (siehe Abb. 13).

Eine der wichtigsten Konsequenzen der Anordnung der Atome im Wassermolekül ist die Fähigkeit zur Bildung von Wasserstoffbrückenbindungen. Die negativ geladenen Seiten des einen Moleküls und die positiv geladenen eines anderen ziehen sich an. Diese Bindung gibt es in ähnlicher Ausprägung bei kaum einem anderen Stoff. Sie führt dazu, dass Wasser über einen längeren Temperaturbereich hinweg flüssig bleibt als zum Beispiel Schwefelwasserstoff, dessen Zentralatom direkt unter dem Sauerstoff im Periodensystem steht. Das erklärt die ungewöhnlich hohen Schmelz- und Siedepunkte des Wassers. Es bildet solche Brücken auch mit Biomolekülen aus. Damit ermöglicht es so z. B. die Aktivität von Enzymen. Die Lebensdauer einer Wasserstoffbrückenbindung liegt bei einem Milliardstel einer Sekunde. Sie ist nur im statistischen Durchschnitt mehr oder weniger stabil, die Bindungen fluktuieren. Dadurch bleibt das Wasser über einen größeren Temperaturbereich hinweg flüssig.

Eine weitere interessante Anomalie des Wassers bezieht sich auf die Dichte. Sie müsste mit abnehmender Temperatur ebenfalls abnehmen, ist aber bei 4 °C höher als bei 0 °C. Deshalb schwimmt Eis, deshalb frieren Teiche von oben her zu und lassen den Fischen flüssiges Wasser in der Tiefe. Die Wasserstoffbrücken sorgen unterhalb von 4 °C für mehr Distanz. Beim Gefrierprozess erstarrt das ganze Gebilde zu einem relativ großmaschigen Gitter [5]. Dieses Gitter lässt noch Platz für andere Moleküle, z. B. für Methan. Es lagert sich ein und kommt in Mengen auf der Erde vor, die alle anderen fossilen Brennstoffe um ein Mehrfaches übertreffen. Allerdings liegt es zum Teil unter Kontinentalschichten; wenn es entnommen wird, könnte es zu Abrutschungen geologischen Ausmaßes kommen, bei dem Küstenregionen im Wasser versinken und gigantische Tsunamis entstehen. Die Instabilität der Methanhydrate und ihre Position sind daher Faktoren, die ihrer wirtschaftlichen Ausbeutung im Weg stehen – ganz abgesehen davon, dass ihre Nutzung den CO_2-Ausstoß weiter erhöhen würde.

Es gibt noch eine ganze Reihe weiterer Anomalien des Wassers, zu denen auch die Oberflächenspannung des Wassers zählt. Sie ist so groß, dass manche Lebewesen wie Wasserläufer sich darauf fortbewegen können. Sie ist Ursache für die Kapillarkräfte, die eine große Rolle im Wassertransport spielen und Bäumen die Nutzung von Grundwasser ermöglichen, selbst wenn ihre Wurzeln nicht in die sog. gesättigte Zone – wo das Grundwasser flüssig vorliegt – hineinreichen.

Die Wasser-Anomalien sind ziemlich vollständig von Martin Chaplin dokumentiert, der wohl die größte Sammlung über Wasser und seine Eigenschaften zusammengetragen hat und diese Sammlung dauernd aktualisiert [9].

Das Wasser auf der Erde

Die Erde ist zu zwei Dritteln von Wasser bedeckt. Der weitaus überwiegende Anteil ist Salzwasser in den Ozeanen. Und der größte Teil des verbleibenden Süßwassers liegt gefroren in den Eiskappen der Pole vor. Nur ein verschwindend kleiner Anteil ist flüssig und verfügbar. Abbildung 14 zeigt die Mengenverhältnisse.

Das Wasser verdunstet von den Oberflächen, kondensiert sich in der Atmosphäre und kommt als Niederschlag zurück. Damit wirkt es wie eine globale Waschanlage. Alle wasserlöslichen Stoffe werden mitgenommen und ins Meer oder in den Untergrund verfrachtet. Ein Teil des Wassers verdunstet ständig in den Weltraum, obwohl die Atmosphäre wie eine Kühlfalle funktioniert und fast alles kondensiert, was dort ankommt. Jährlich verschwinden ungefähr 200 km³. Das ist mehr als viermal so viel wie im Bodensee enthalten sind (48 km³). Gleichzeitig wird angenommen, dass ebenfalls jährlich ca. 500 km³ juveniles Was-

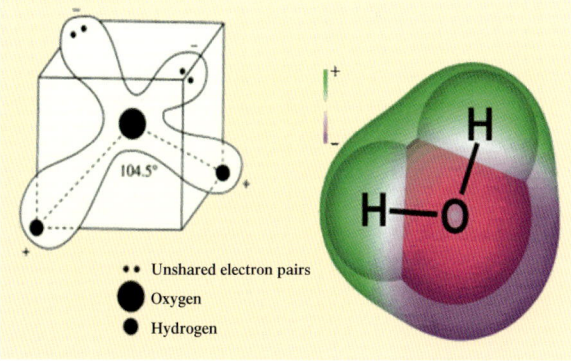

Abb. 13 *Wassermolekül (nach [8])*

ELIXIER WASSER

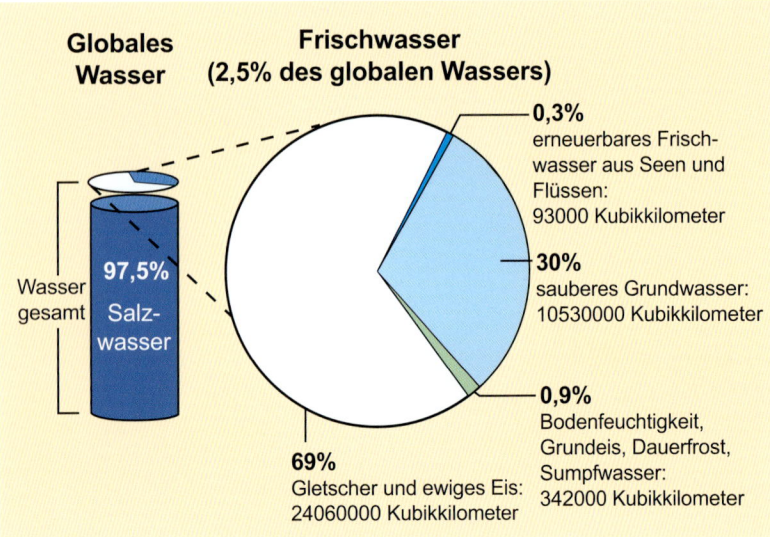

Abb. 14 *Mengenverhältnisse des Wassers auf der Erde*

ser aus dem Erdinneren nachkommen. Das meiste landet allerdings in den Ozeanen. Ein Teil des Wassers verschwindet auch wieder in der Tiefe der Erde, wenn sich aufgrund der Plattentektonik die Schollen der Erdkruste übereinander schieben und wasserhaltige Sedimente mitnehmen.

Wasser kommt auf der Erde, grob eingeteilt, in vier Arten vor [6]:

- Regenwasser, das zwar kein destilliertes Wasser, aber doch sehr arm an gelösten Stoffen ist;
- Oberflächenwasser, dessen chemische Zusammensetzung vom Untergrund des Einzugsgebietes, von der Niederschlagsmenge und dem Zu- und Abfluss bestimmt wird. Im Flusswasser sind die Inhaltsstoffe etwa 20 Mal höher als im Regenwasser. Etwa 30 % der heutigen Salzfracht wird nicht auf Verwitterung, sondern auf menschliche Aktivität zurückgeführt;
- Grundwasser, das von den geologischen Bedingungen des Grundwasser-Leiters geprägt wird, in dem es vorkommt. Der Mineralstoffgehalt kann recht hoch sein, und häufig ist Grundwasser mit Kohlendioxid übersättigt. Durch die Abgeschlossenheit im Grundwasser-Leiter ist Grundwasser relativ gut vor chemischen und mikrobiellen Verunreinigungen geschützt. Immer dort, wo es angebohrt wird – sei es zur Gewinnung, zur Wärmespeicherung oder wenn tief reichende Bauwerke wie z. B. Fundamente für Windkraftanlagen geschaffen werden – muss mit einem höheren Verschmutzungsrisiko gerechnet werden;
- Meerwasser, das eine bemerkenswerte Uniformität in seiner Zusammensetzung aufweist. Für 95 % aller Ozeane liegt die Salinität, also der Gesamtgehalt gelöster Inhaltsstoffe, im Bereich von 35 Promille.

Leben im Wasser

Die Menschen haben sich durchweg in ihrer Geschichte darüber Gedanken gemacht, wie das Leben entstanden ist. Bis in die Neuzeit hatten die Erklärungen alle eines gemeinsam: es entstand auf übernatürliche Weise. Alle Mythologien und Religionen haben sich dieser Erklärungsmethode bedient. Es war auch so offensichtlich: Leben quillt sichtbar nahezu aus jeder Ecke. Dies wurde sogar experimentell untersucht. So hat der holländische Gelehrte J.B. van Helmert herausgefunden, dass Mäuse entstehen, wenn man einen Topf mit Getreide zusammen mit alten Kleidern aufstellt. Nach wenigen Wochen der Inkubation waren die Mäuse da – ein überwältigender Beweis und das Rezept für die Erzeugung von Mäusen. Zu dieser Zeit war es allerdings noch nicht üblich, auch Kontrollen durchzuführen. Das Konzept der „Spontanzeugung" von Leben war allgemeines Gedankengut. Erst Louis Pasteur machte dem ein Ende. Seine Hypothese war: Leben entsteht nur aus Leben. Er konnte nachweisen, dass die Bakterien in seiner Nährbrühe nur dann auftraten und wuchsen, wenn diese Brühe Kontakt mit der Außenwelt hatte. Im Vergleich dazu blieb die sterile und versiegelte Kontrolle unbewachsen. Damit hatte er die Frage nach der Herkunft des Lebens so weit aufgerissen, dass sie bis heute noch nicht beantwortet werden konnte.

In allen gängigen Hypothesen jedoch spielt sich die Entstehung des Lebens in Wasser ab. Die wissenschaftliche Herangehensweise ist daran zu erkennen, dass sie ohne „Wunder" auskommen muss. Die Versuchung, die zentrale und immer noch brennende Frage der Entstehung des Lebens durch übernatürliche Vorgänge zu erklären, ist unwiderstehlich. Ein Beispiel dafür sind die Theorien des *intelligent design*, die einen „Designer" postulieren, der alles in Gang setzte. So eine Theorie ist natürlich wissenschaftlich nutzlos, denn sie kann nicht überprüft werden. Die Größe der Anhängerschaft jedoch zeigt, wie verlockend sie ist. Dabei sind es immer die offenen Fragen, von denen die wissenschaftliche Erkenntnis vorangetrieben wird, und nicht unüberprüfbare Antworten.

Wissenschaftlicher Stand der Dinge ist die Erforschung der chemischen Evolution als Ursprung des Lebens [10]. Hier geht man davon aus, dass Leben sozusagen unausweichlich entsteht, wenn die chemisch-physikalischen Bedingungen dafür vorhanden sind. Grundbedingung für das uns bekannte Leben ist immer die Verfügbarkeit von flüssigem Wasser. In einem bahnbrechenden Experiment zeigten Miller und Urey Ende der 50er Jahre, dass mit Wasser und einem Gemisch aus Gasen (Wasserstoff, Methan, Ammoniak und Wasser) bei Zuführung von Energie organische Moleküle entstehen. Darüber, wie es nach diesem Schritt weiter geht, gibt es noch große Unklarheit, aber auch viel höchst interessante Forschung (siehe [1]). Wenn präbiotische Vorläufermoleküle entstanden sind, dann stellt sich nämlich die Frage, wie sie zu Makromolekülen werden konnten [11]. Die Bedingungen bei der Entstehung der Monomere sind zu drastisch für die Bildung stabiler Polymere. Man nimmt an, dass hier Oberflächen eine entscheidende Rolle spielen, weil die Moleküle hier eine längere Verweilzeit zueinander haben und auch die Energie des Materials der Oberfläche genutzt werden kann. Dies ist die Grundlage der Hypothesen von Günter Wächtershäuser, bei denen Pyrit eine zentrale Rolle spielt. Er postuliert, dass das Eisensulfid des Pyrits hierzu die notwendige Energie geliefert habe. Mit den wachsenden und wieder zerfallenden Pyritkristallen konnten diese Systeme sich vermehren. Die verschiedenen Populationen seien unterschiedlichen Umweltbedingungen (Selektionsbedingungen) ausgesetzt gewesen. Wann und wie aus der präbiotischen Chemie die Biologie wird, ist noch ganz offen. Tatsache ist jedenfalls, dass die Frage der Entstehung der Lebensformen, die wir kennen, immer noch offen ist, aber dass ganz klar ist: das Wasser ist Träger des Lebens.

Wasser zum Leben

Natürlich ist die nächstliegende Verwendung von Wasser das Trinken. Aber der weitaus größte Teil des Wassers auf der Erde wird für andere Zwecke verwendet. In Deutschland werden ca. 30 % als Kühlwasser für Kraftwerke genutzt, 12 % zur Bewässerung in der Landwirtschaft, und nur ca. 7 % für die öffentliche Wasserversorgung. In anderen Ländern ist das Verhältnis erheblich anders – weltweit ist die Nutzung von Wasser zur Bewässerung völlig dominant und mit zunehmender Bevölkerungszahl nimmt auch die Bedeutung der Bewässerung zu [12]. Die Lebensmittel zur Ernährung der Bevölkerung erfordern immer intensivere landwirtschaftliche Methoden.

Die Verfahren zur Bewässerung sind technisch und in ihrer Wirkung extrem unterschiedlich. Heute werden immer öfter uralte Methoden wiederentdeckt, mit denen frühere Völker mit begrenzten Wasservorräten umgingen. Im Alten Testament der Bibel ist die sagenhaft reiche Königin von Saba erwähnt. Ihr Volk hatte im heutigen Jemen ein exzellentes Bewässerungssystem entwickelt, mit dem nicht nur Lebensmittel, sondern vor allem auch der Baum angebaut wurde, von dem der sehr begehrte Weihrauch gewonnen wurde. Im Zweistromland, dem heutigen Irak, entstand eines der Weltwunder: die hängenden Gärten der Semiramis, ein Kunstwerk der Bewässerung. Auch im präkolumbianischen Amerika wurde die Bewässerung zu einer Kunst entwickelt. Aus verschiedenen Gründen ist diese Kunst weitgehend verloren gegangen, und heutige Wasserwirtschaftler sind sehr an ihrer neuerlichen Nutzung interessiert. Die gegenwärtig am meisten verbreitete Methode, nämlich die Sprinkler-Bewässerung, hat trotz technischer Vorteile auch elementare Nachteile. Dazu gehört vor allem der hohe Verdunstungsverlust, der je nach Witterung zwischen 40 und 60 % liegen kann. Die Nutzung fossilen Grundwassers, also von Wasser, das sich nicht mehr erneuert, zur Bewässerung der Wüste mit Sprinklern gehört zu den ineffektivsten und am wenigsten nachhaltigen Anwendungen – so geschehen in Libyen (Abb. 16).

Große Probleme bei der Bewässerung bereitet auch die Tatsache, dass die im Wasser enthaltenen Salze bei der Verdunstung zurückbleiben. Zudem werden durch Kapillarkräfte auch noch Salze aus den tieferen Schichten nach oben

Abb. 15 *Die naheliegende Verwendung von Wasser ist das Trinken.*

gesogen, so dass auf die Dauer eine Versalzung des Bodens eintritt. Ein weiteres großes Problem ist der technische Zustand vieler Bewässerungssysteme. Lecks werden hier viel weniger verfolgt als bei der Trinkwasser-Verteilung, mit der Folge, dass ein beträchtlicher Teil des Wassers schon auf dem Weg verschwindet. Es wurden jedoch auch Verfahren entwickelt, mit denen der Wasserbedarf entschieden verringert wird (z. B. [13]). Dazu gehört die Tropf-Bewässerung mit Schläuchen, die nur an den Stellen, an denen die jeweilige Pflanze steht, Wasser abgibt. Hier ist eine Nutzung von bis zu 99 % möglich. Abbildung 17 zeigt ein Beispiel. Es gibt sehr viele technisch ausgereifte und elegante Lösungen für die Anwendung der Tropf-Bewässerung.

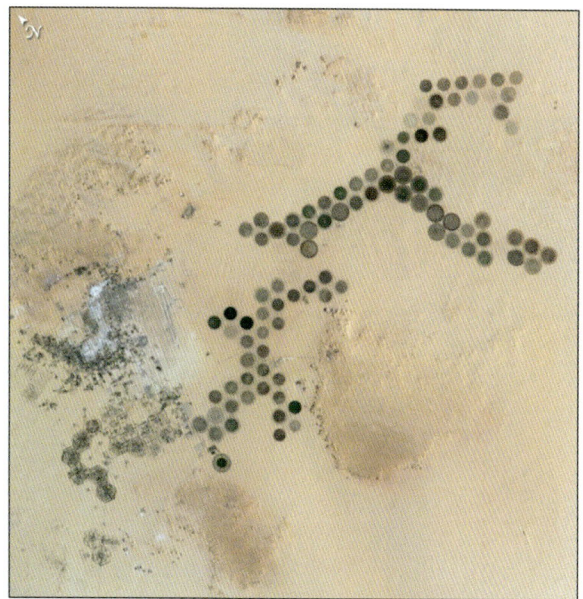

Abb. 16 *Sprinkler-Bewässerung durch fossiles Grundwasser in Libyen*

ELIXIER WASSER

Abb. 17 *Erdbeerfeld mit Tropfbewässerung*

TAB. 1 | **VIRTUELLES WASSER EINIGER PRODUKTE (DURCHSCHNITT NACH VERSCHIEDENEN AUTOREN)**

Produkt	Liter virtuelles Wasser pro kg (ca.)
Kartoffeln	130
Weizen	1 400
Reis	2 500
Sojabohnen	2 500
Eier	3 500
Hühnerfleisch	3 800
Käse	5 300
Schweinefleisch	5 500
Rindfleisch	16 700

Wenn es um Wasser-Probleme in der Welt und in den kommenden Jahrzehnten geht, dann spielt das Dargebot an Bewässerungswasser eine ebenso große Rolle wie die Versorgung von Menschen mit Trinkwasser ausreichender Qualität und Menge [14]. Bei Fragen der Bewässerung kommt es am ehesten zu Konflikten [15]. Es sind besonders die grenzüberschreitenden Flüsse, die hier in den Brennpunkt kommen. Der gesamte Nahe Osten gehört dazu – Euphrat und Tigris fließen aus der Türkei nach Syrien und den Irak. Durch die Errichtung eines Staudammsystems, das der Türkei den großflächigen Anbau von Baumwolle und die Erzeugung von Energie ermöglicht, hat sich die Wassermenge stromabwärts drastisch vermindert. Zudem ist dieses Wasser mit Pestiziden und Düngemitteln verunreinigt. Auch zwischen Israel und Palästina ist die Wasserfrage immer wieder höchst brisant. Noch brisanter kann sie am Nil werden, wo Ägypten als hochgerüstetes Land verhindert, dass die stromaufwärts liegenden Länder mehr Nilwasser für sich selbst nutzen. Die von diesen Ländern ins Leben gerufene Nil-Basin-Initiative bemüht sich hier bisher relativ erfolgreich um einen Interessenausgleich. Ebenso brisant ist der Konflikt zwischen Indien und Pakistan, wo riesige Flüsse wie der Indus und seine Nebenflüsse beide Länder durchfließen. Bemerkenswert ist allerdings, dass diese Länder es fertig gebracht haben, einen Wasservertrag zu schließen, obwohl bislang noch kein Friedensvertrag existiert. Dennoch wird die Konkurrenz um das Wasser zunehmen. Sie hat sich sogar schon in die Sprache eingegraben: das aus dem lateinischen stammende Wort „Rivale" kennzeichnet eigentlich nur Menschen, die am gleichen Ufer leben. Es ist zu einer Metapher für Konkurrenz geworden.

In diesem Zusammenhang ist das Konzept des „virtuellen Wassers" von Bedeutung. Als virtuelles Wasser bzw. latentes Wasser wird jenes Wasser bezeichnet, das zur Erzeugung eines Produkts aufgewendet wird [16]. Um eine Tomate zu erzeugen, müssen 14 Liter Wasser zur Verfügung stehen – virtuell kann man dieses Wasser der Tomate zuordnen. In Tabelle 1 sind einige Werte des virtuellen Wassers zusammengestellt.

Zieht man die Bilanz des virtuellen Wassers, verbraucht jeder Deutsche pro Tag rund 4 000 Liter Wasser. Deutlich wird, wie wasserintensiv der Fleischkonsum ist. Das liegt nicht daran, dass Tiere so viel Wasser trinken, sondern daran, dass zu ihrer Ernährung so viel Futter nötig ist. In der Regel kommt es von bewässerten Flächen. Wenn die Weltbevölkerung nicht nur wächst, sondern auch zunehmend mehr Fleisch verzehrt, dann ist ganz klar abzusehen, dass hier ein zentrales Problem auf uns zukommt. Der englische Geograph John Anthony Allan entwickelte das Konzept des virtuellen Wassers um 1995 und bekam dafür 2008 den hoch angesehenen Stockholm Water Prize.

Wasser zum Trinken

„Trinkwasser ist das wichtigste Lebensmittel und kann durch nichts ersetzt werden. Als Trinkwasser gilt Wasser, das für den menschlichen Verzehr sowie für den menschlichen Gebrauch bestimmt ist. Es umfasst neben dem Trinkwasser im engeren Sinn insbesondere das Wasser, das für die Zubereitung von Speisen und Getränken sowie zum Reinigen von Gegenständen, die mit Lebensmitteln in Kontakt kommen, dient, und Wasser, das zur Körperpflege und zum Wäschewaschen benutzt wird".

So heißt es in schönstem Amtsdeutsch in der DIN 2000. Trinkwasser muss besonders geschützt werden und wird engmaschig überwacht [6].

Eine der wichtigsten Ressourcen für Trinkwasser ist Grundwasser. Es ist normaler Weise von sehr guter Qualität, weil es während der Bodenpassage gereinigt wird. Dies ist auf den Filtrationseffekt zurückzuführen, wenn das Wasser durch den Porenraum des Untergrunds und des Grundwasser-Leiters sickert; er wird Aquifer genannt. Zum einen werden Inhaltsstoffe an die Oberflächen des Aquifers adsorbiert, zum anderen sitzen Mikroorganismen als Biofilme auf diesen Oberflächen und nutzen alle biologisch abbaubaren Stoffe für ihr Wachstum. Dadurch hat der Aquifer

ELIXIER WASSER

auch eine Wirkung als Biofilter. Um diese Wirkungen zu sichern, werden Schutzgebiete ausgewiesen, innerhalb derer viele menschliche Aktivitäten drastisch eingeschränkt werden. Dadurch soll verhindert werden, dass Düngemittel, Pestizide, Öl, Benzin oder Schwermetalle in das Grundwasser eingetragen werden. Pathogene Mikroorganismen werden ebenfalls während der Bodenpassage weitgehend eliminiert. Die quantitativen Qualitätsanforderungen, die an Trinkwasser zu stellen sind, werden allgemein verbindlich festgelegt. Die Auswahl der Parameter und die Grenzwertfestsetzung sind einer laufenden Entwicklung unterworfen. Hier spielen neben naturwissenschaftlichen und technischen Kriterien auch politische Beweggründe eine wichtige und manchmal kritisch zu bewertende Rolle [6].

Um Trinkwasser bereitzustellen, wurde bis noch vor 150 Jahren in der Regel einfach Flusswasser entnommen. Die meisten großen Städte begannen und wuchsen entlang von Flüssen. Indem jedoch dieses Wasser immer stärker verschmutzt und von Krankheitserregern kontaminiert war, wurden immer weiter gehende Techniken der Aufbereitung entwickelt. Die Art der Wasserbehandlung richtet sich nach den jeweiligen Verunreinigung und den örtlichen Gegebenheiten. Aus den unterschiedlichen Rohwasserqualitäten und ihren Schwankungen sowie dem Spektrum der möglichen Aufbereitungsschritte resultiert die kombinatorische Vielfalt der Wasserwerke für eine bedarfsgerechte Versorgung [6]. Das „Mülheimer Verfahren", entwickelt an der Ruhr, kommt inzwischen weltweit zur Anwendung, um belastete Oberflächenwässer aufzubereiten.

Die Filtration spielt bei der Trinkwasseraufbereitung eine ganz wichtige Rolle [17]. Es gibt eine Reihe verschiedener Filtrationssysteme. Das eine ist der Langsamsandfilter, in dem das natürliche Prinzip der Wasser-Reinigung beim Durchsickern von Sand genutzt wird. Diese Technik ist bereits in der Antike verwendet worden und heute noch Standard in vielen Wasserwerken. Dabei entsteht eine Schmutzdecke, in der ein intensiver biologischer Abbau von Wasserinhaltsstoffen stattfindet. Eine andere Technik nutzt die Trennwirkung von Membranen. Inzwischen wird die Membrantechnik besonders zur Entsalzung von Meerwasser eingesetzt. Allerdings ist diese Technik nicht billig – sowohl der Energiebedarf, um das Wasser durch die Membran zu pressen, als auch die Membranen selbst tragen zum Preis bei. Nicht zu vernachlässigen ist auch der Aufwand, der zur Reinigung dieser Membranen erforderlich ist. Derzeit ist aber zu beobachten, dass die Kosten für diese zukunftsweisende Technik ständig sinken. Eine „Low-technology"-Form der Filtration stellen Maschenfilter dar, die aus gebrauchten Saris in Indien genutzt wurden. Durch den Gebrauch verdicken sich die Gewebefasern und es entsteht ein relativ feiner Filter. Der Porendurchmesser ist immer noch deutlich über der Dimension von Bakterien, aber dadurch, dass die Bakterien im Wasser überwiegend an größere Partikel angeheftet sind, entnimmt man sie zusammen mit den Partikeln. Die Nutzung dieser Filter hat in indischen Dörfern zu einem starken Rückgang der Cholera geführt.

Abb. 18 *Das Aquädukt bei Segovia, Spanien, gilt als Meisterwerk römischer Ingenieurskunst (um 100 n. Chr.).*

Zur Sicherung der Qualität von Trinkwasser gehört meist auch die Desinfektion, um Krankheitserreger zu vernichten. Dieser Schritt hat in der Geschichte der Aufbereitung große Fortschritte gebracht, denn Infektionen durch das Trinkwasser gehören zu den am meisten gefürchteten Risiken. Das bekannteste Desinfektionsmittel ist Chlor. Es hat sehr gute Dienste geleistet, aber durch sein Reaktionsfähigkeit wirkt es nicht nur auf Mikroorganismen, sondern auch auf andere Wasserinhaltsstoffe und führt zur Bildung von unerwünschten, z. T. kanzerogenen Nebenprodukten – ganz abgesehen von einem Geschmack, der als sehr unangenehm empfunden wird. Bereits in den 70er Jahren wurde in München erstmals in Deutschland auf die Chlorung verzichtet. Inzwischen gibt es viele Wasserwerke in Europa, die diesen Schritt getan haben. In den USA hingegen vertraut man immer noch ganz stark auf die Chlorung; dort verbinden viele Menschen den entsprechenden Geschmack mit Sicherheit gegenüber Krankheitserregern und machen sich Sorgen, wenn das Wasser nicht nach Chlor schmeckt. Zwei andere Verfahren der Desinfektion sind heute Stand der Technik: Die Verwendung von Ozon und die Anwendung von UV-Strahlung. Beide Verfahren haben sich bewährt und werden häufig eingesetzt.

„Gott gab uns das Wasser, aber nicht die Wasserleitungen" heißt ein Sprichwort in Afrika. Es trifft weltweit zu. Und es ist bemerkenswert, dass es gelingt, Trinkwasser über hunderte von Kilometern in exzellenter Qualität zu verteilen. Ein Beispiel ist die Fernwasserleitung vom Bodensee nach Stuttgart. Große Aufmerksamkeit gilt hier natürlich der Verwendung geeigneter Werkstoffe, wobei besonders darauf geachtet wird, dass sie das Wachstum von Mikroorganismen nicht unterstützen. Dies kann nämlich bei sol-

ELIXIER WASSER

chen Materialien geschehen, die kleinmolekulare Weichmacher oder andere Zusatzstoffe enthalten. Sie dringen langsam an die Oberfläche und bieten für die Mikroorganismen im Wasser eine willkommene Nährstoffquelle. Während man dieses Problem in öffentlichen Verteilungsnetzen recht gut im Griff hat, beginnt oft nach dem Eintritt des Wassers in die Hausinstallation eine Grauzone [2]. Hier ist die Verwendung geeigneter Materialien weit weniger reguliert und überwacht, so dass ein Wasser, das in einwandfreier Qualität angeliefert wird, auf den letzten Metern bis zum Wasserhahn diese Qualität verliert.

Wohin geht das Wasser?

Wasser ist buchstäblich ein Durchlaufposten – es bleibt nicht bei uns, sondern wir müssen es nach der Nutzung wieder loswerden. Über Jahrtausende war es immer das Gleiche: es landete in den Flüssen. Solange die Menschen noch nicht so riesige Ansammlungen gebildet haben wie in den letzten 300 Jahren, war das auch kein großes Problem. Die Selbstreinigungskraft der Flüsse wurde einigermaßen mit den Abwässern fertig. Das änderte sich aber schlagartig mit der Industrialisierung. Sie brachte die Menschen massenhaft zusammen.

Ein Beispiel ist London, wo die arme Landbevölkerung in die Stadt strömte und sich dort vollkommen ungeregelt ansiedelte, und zwar meist am Fluss. Von dort nahm man das Wasser, das mit dem Abwasser vermischt war. Von einer geordneten Entsorgung konnte keine Rede sein. Fäkalien, Abfälle, Urin und Kadaver landeten auf der Straße und wurden schließlich in den Fluss gespült. Für die Mikroorganismen im Fluss war das willkommene Nahrung. Sie vermehrten sich, die aeroben Vertreter verbrauchten den Sauerstoff und die anaeroben Vertreter machten sich über den Rest her. Dabei entstanden Gase wie Schwefelwasserstoff und leichtflüchtige Fettsäuren, die für den bestialischen Gestank verantwortlich waren, aber auch Methan und Wasserstoff. Diese Gase quollen in schleimigen Blasen aus dem Fluss und waren so feuergefährlich, dass es ein offizielles und scharf bewehrtes Verbot gab, offene Feuer am Fluss zu entzünden – zu viele Brände waren entstanden. Die desolate Situation wurde verschlimmert durch die vielen Infektionskrankheiten, von denen die arbeitende Bevölkerung dahingerafft wurde. Ähnliche Zustände lassen sich heute noch in einigen afrikanischen und asiatischen Großstädten besichtigen. Es dauerte einige Zeit, bis der Zusammenhang dieser Situation mit dem Trinkwasser sowie dem Abwasser, allgemeines Gedankengut, und damit Grundlage für Gegenmaßnahmen wurde. So entstanden die ersten großen Kläranlagen in der ersten Hälfte des 19. Jahrhunderts. In seinem Buch *The Great Stink of London* beschreibt Stephen Halliday [18] die Situation und die ersten ingenieurtechnischen Gegenmaßnahmen. Grundsatz wurde es, Trink- und Abwasser so strikt wie möglich voneinander zu trennen und damit den „fäkal-oralen Infektionskreis" zu durchbrechen. Ohne eine geordnete Abwasser-Entsorgung und –Behandlung war dies nicht möglich.

Die Technik der Abwasser-Reinigung hat sich in den folgenden Jahrzehnten stark verbessert. Sie wird angewandt auf „durch Gebrauch verändertes abfließendes Wasser und jedes in die Kanalisation gelangende Wasser" (DIN 4045) und umfasst damit auch abfließendes Regenwasser – und zwar zu Recht, denn dieses trägt ja große Mengen an Verunreinigungen, die sich z. B. auf Dach- und Straßenflächen angesammelt haben. Um aber zu beurteilen, wie belastet ein Abwasser ist und welchen Wirkungsgrad seine Behandlung erbringt, mussten Parameter definiert werden [6]. Es gibt sog. Summenparameter, die eine grobe Charakterisierung erlauben. Dazu gehört der Bedarf an Sauerstoff, um alle organischen Verbindungen im Wasser zu oxidieren („chemischer Sauerstoffbedarf", CSB) und die Sauerstoff-Zehrung, die durch den aeroben Abbau der Abwasserinhaltsstoffe entsteht („biologischer Sauerstoffbedarf", BSB). Beide Parameter erlauben jedoch nicht, zu bestimmen, welches die jeweiligen Verbindungen sind, die hinter den Werten stehen. Der Gesamtkohlenstoffgehalt (*Total Organic Carbon*, TOC) ist ein weiterer Summenparameter, der die CSB-Bestimmung ergänzt. Die Leitfähigkeit gibt einen Hinweis über den Salzgehalt des Abwassers, und die Menge der absetzbaren Stoffe spiegelt den Feststoffanteil wieder. Eine weitergehende Spezifizierung geschieht über die Analyse des Gesamtgehalts an Fetten, Proteinen und Kohlenhydraten sowie über die Analytik der Schwermetalle. All dies ist seit längerem Stand der Technik.

Was immer wieder zu Aufsehen führt, ist der Nachweis von Spurenstoffen. Durch die Verfeinerung der Analytik ist es möglich, immer geringere Konzentrationen eines Stoffes im Wasser nachzuweisen. Inzwischen findet man polychlorierte Biphenyle (PCB), polycyclische aromatische Kohlenwasserstoffe – beide aus industrieller Anwendung und aus Verbrennungsprozessen – im Abwasser. Darüber hinaus lassen sich auch Pharmaka und Kosmetika bereits in winzigen Konzentrationen im Wasser nachweisen, ebenso wie Kokain und Viagra. Die öffentliche Reaktion auf Meldungen ihres Auftretens bezieht sich fast immer darauf, dass befürchtet wird, dass diese Stoffe ins Trinkwasser gelangen könnten. Dies ist jedoch bislang nur in sehr seltenen Ausnahmefällen geschehen. Normaler Weise sind die heute gängigen Aufbereitungsverfahren in der Lage, die Stoffe zu eliminieren – wenn sie nicht schon beim Eintreffen im Wasserwerk bis unter die Nachweisgrenze verdünnt wurden.

Quantitativ besteht die Hauptleistung der Kläranlage darin, organische Stoffe sowie Stickstoff- und Phosphor-Verbindungen aus dem Abwasser zu entfernen. Damit wird verhindert, dass sie in die Gewässer gelangen und als Dünger für das Wachstum von Bakterien und Algen dienen. Gerade Stickstoff und Phosphor sind die limitierenden Faktoren für das Algenwachstum. Um es wirksam einzuschränken, soll die Konzentration dieser Stoffe möglichst niedrig gehalten werden [6]. Die Mindestanforderungen für die Einleitung von kommunalen Abwässern in Gewässer sind nach Kläranlagengröße gestaffelt, die in sog. „Einwohnergleichwerten" (EGW) ausgedrückt wird. Dies reflektiert, dass nicht

ELIXIER WASSER

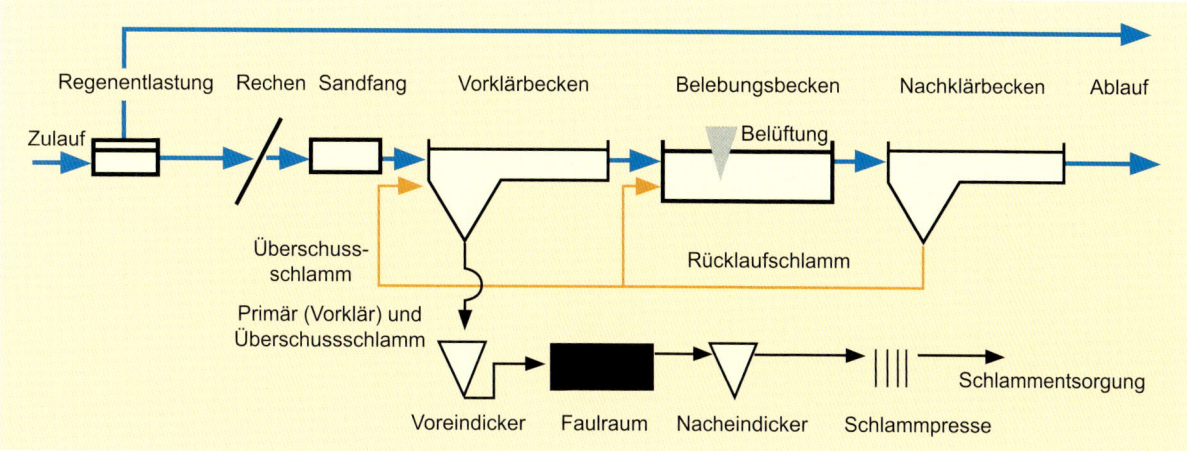

Abb. 19 *Schematischer Aufbau einer Kläranlage*

nur die Konzentration, sondern auch die Gesamtfracht eines Stoffes zu berücksichtigen sind. Während eine kleine Kläranlage (unter 1000 EGW) nur einen CSB von 150 mg/L einhalten muss, ist für eine große Kläranlage (über 100 000 EGW) ein Wert von 75 mg/L einzuhalten. Die technische Umsetzung der Abwasser-Reinigung ist in zahlreichen Büchern festgehalten und weltweit bewährt – wo sie angewendet wird. Noch gibt es aber gerade in Asien, Afrika und Lateinamerika große Gebiete mit Millionen von Menschen, die nicht an eine Kläranlage angeschlossen sind.

Diese Situation hat vielfältige Auswirkungen. Neben einem wesentlich häufigeren Auftreten von Infektionskrankheiten sind auch soziale Probleme zu verzeichnen. In Afrika gibt es Gegenden, wo die Menschen ihr Geschäft in Plastiktüten verrichten, die sie dann wegwerfen – das wird „*flying toilets*" genannt. Man kann sich vorstellen, wie das Ergebnis aussieht, und nur hoffen, dass man nicht von einem der Geschosse getroffen wird. Für Mädchen ist die Situation besonders unangenehm, denn sie möchten sich bei der Verrichtung nicht dem Spott der Jungen aussetzen, der auch noch oft durch die sozialen Verhaltensweisen gebilligt wird. Dabei ist klar, wie eine Lösung aussehen könnte – ihr stehen jedoch nur allzu oft politische und kulturelle Hindernisse entgegen, während die finanziellen Hindernisse leicht zu überwinden wären.

Der prinzipielle Aufbau einer Kläranlage ist in Abb. 19 dargestellt. Das Abwasser kommt in die Anlage, im Sandfang sedimentieren mineralische Bestandteile. Im Belebungsbecken werden leicht abbaubare Stoffe unter Luftzufuhr umgesetzt. Im Nachklärbecken setzt sich der Klärschlamm ab, während der Überstand dann abgeleitet wird.

Je nachdem, wie gut die Reinigungsleistung und wie hoch das Reinigungsziel ist, kann es dann entweder ins Gewässer entlassen werden oder es wird weiter behandelt, zum Beispiel im sog. Tropfkörper. Hier rieselt das vorbehandelte Abwasser über poröses Gestein, auf dem Mikroorganismen sitzen und restliche abbaubare Stoffe verbrauchen. Der Klärschlamm geht in den Anaerob-Reaktor, in dem die Faulungsprozesse unter Luftabschluss stattfinden.

Wenn er nicht mit Schadstoffen belastet ist, eignet er sich als Dünger. Ansonsten wird er mit großen Filterpressen getrocknet und verbrannt.

Mythos Wasser

Die Rolle des Wassers ist so fundamental für das Leben, dass es in den Mythen aller Völker der Erde verankert ist. Und alle sind sich einig: am Anfang war das Chaos. Einhellig berichten Bibel und Koran, Veden und Upanishaden, mexikanische Codices und griechische Sagen, germanische Schöpfungsgeschichten und babylonische Keilschrift-Tafeln davon [4, 19]: Der Mythos beschreibt die Geschichte, wie aus dem Chaos etwas Geordnetes wurde. Grundansatz war: Das Urwasser, die Chaosflut, muss geschieden werden, der Flutdrache getötet und geteilt werden, damit Himmel und Erde entstehen können. So schieden sich auch die himmlischen und irdischen Gewässer voneinander und Land konnte dazwischen auftauchen, das den Menschen Lebensgrundlage bot.

Interessant ist bei den Mythen, dass alles, was existiert, schon von vornherein existiert – es muss nur dem Chaos entrissen werden. Die ganze Lehre von der Entstehung der Welt, die Kosmogonie, ist nur eine Umschöpfungslehre, in der die Dinge umgestaltet werden, eine Metamorphose. Es ist jeweils ein unter großen Kämpfen ablaufender Verwandlungsprozess. Eine vollkommen unkontrollierte, chaotische Welt wird in eine Welt der Ordnung und Fruchtbarkeit gewandelt: unsere Erde, die des Menschen, mit Sonne und Sternen, Tag- und Nachtwechsel, Tieren, Pflanzen, Gewässern. Während es sich für uns um eine Urzeugungsfrage handelt – wie kann aus Nichts ein Sein, aus lebloser Materie Leben entstehen? – ist für die animistische Weltanschauung keine derartige Entwicklung, keine Kausalität vorgesehen. Alles ist beseelt, von vornherein, alles ist bereits lebendig, alles ist proteistisch-veränderlich und jedes Wesen besteht in sich aus den verschiedensten Elementen. Sie sind aus dem Wasser hervorgegangen, das Leben ist ihm entsprossen. Sie könnten auch aus Feuer, Luft, Erde, aus Tieren, Pflanzen und Steinen entstehen, aber von den drei an-

deren alten Elementen hat doch das Wasser in der mythologischen Weltanschauung seinen Vorrang – es gilt als das zeugende, schöpferisch-fruchtbare Element. Es ist ganz und gar wirklich Leben, Lebenskraft, Lebensträger durch und durch, das Element des Lebensprinzips.

Literatur

[1] Lynden-Bell, R., Morris, S.C., Barrow, J.D., Finney, J.L., Harper, C.L. (eds) (2010) *Water and life. The unique properties of H_2O*, CRC Press, Boca Raton, New York.

[2] Flemming, H.-C., Wingender, J. (2010) Biofilme – das Gesellschaftsleben der Mikroorganismen, in: *Wasser – Nutzung im Kreislauf: Hygiene, Analyse und Bewertung*, 9. Aufl., (Nießner, R. (Hrsg.), Höll, K.), De Gruyter, Berlin, New York, pp. 660–677.

[3] Blackbourn, D. (2008) *Die Eroberung der Natur*, Pantheon, 2. Aufl., München.

[4] Flemming, H.-C. (2000) Wasser, das mystische Element, in: *Wasserkalender*, (R. Wagner (Hrsg.)), 28–44.

[5] Lanz, K., Müller, L., Rentsch, C., Schwarzenbach, R. (2006) *Wem gehört das Wasser?* Lars Müller Publ. Baden, Schweiz.

[6] Frimmel, F. (Hrsg.) (1999) *Wasser und Gewässer. Ein Handbuch*, Spektrum Akad. Verlag, Heidelberg, Berlin.

[7] Ruth, M. et al. (2010) in: *Water and Life. The unique properties of H_2O*. CRC Press, Boca Raton.

[8] Stumm, W. and J. J. Morgan (1996) *Aquatic Chemistry*, Wiley.

[9] Chaplin, M. http://www.lsbu.ac.uk/water/chaplin.html

[10] Rauchfuß, H. (2005) *Chemische Evolution und der Ursprung des Lebens*, Springer, Heidelberg, New York.

[11] Gargaud, M., Barbier, B., Martin, H., Reisse, J. (eds) (2006) *Lectures in Astrobiology I and II*, Springer, Heidelberg, New York.

[12] Pearce, F. (2007) *Wenn die Flüsse versiegen*, Kunstmann Verlag, München 2007

[13] Barrow, C.J. (1999) *Alternative irrigation*, Earthscan Publ., London.

[14] UNESCO: Water for People, Water for Life. Berhahn Books, Oxford, 2003 Juuti, P.S., Katko, T.S., Vuorinen, H.S. (eds.): Environmental History of Water. IWA Publishing, London, 2007

[15] Hopp, V. (2004) *Wasser Krise?*, Wiley-VCH, Weinheim.

[16] Hoekstra, A.Y., Chapagain, A.K. (eds.) (2006) *Water Footprints of Nations. Water Use by People as a Function of Their Consumption Pattern*. Springer, Dordrecht NL 2006

[17] Gimbel, R., Graham, N., Collins, M.R. (eds.) (2005) *Recent progress in slow sand and alternative biofiltration processes*, IWA publishing, London.

[18] Halliday, S. (1999) *The great stink of London*, Strout.

[19] Schelwald-van der Kley, L., Reijerkerk, L. (2009) *Water – a way of life*, CRC Press, Boca Raton.

ELIXIER WASSER

Abb. 20 *Die Anomalie des Wassers macht Schlittschuhlaufen erst möglich. Während sich Flüssigkeiten unter Einwirkung von Druck normalerweise verfestigen, ist dies bei Wasser gerade umgekehrt. Durch den Druck der Schlittschuhkufe verflüssigt sich das Eis darunter. Es bildet sich ein dünner Flüssigkeitsfilm, auf dem die Kufe gleiten kann.*

KLIMAFAKTOR EIS

Gletscher und Meereis – Wie lange noch?

KLIMAFAKTOR EIS

Weiße Eisflächen: Unser Klima braucht sie

LARS KALESCHKE

Die verschiedenen festen Formen des Wassers sind beinahe zu Synonymen geworden für die Landschaft der Polarregionen. Aber dieses Bild könnte sich schon bald ändern: Das Eis der Erde schwindet als Folge der globalen Klimaerwärmung immer weiter dahin. Schon in wenigen Jahrzehnten könnte der Arktische Ozean und damit auch der Nordpol im Sommer komplett eisfrei sein [1]. Die Konsequenzen, die diese Veränderungen haben werden, sind vielfältig, insbesondere weil die Eismassen der Erde eine entscheidende Rolle im globalen Klimasystem spielen und in enger Wechselwirkung mit der Atmosphäre, dem Land und dem Ozean stehen.

Die Vorhersage der zukünftigen Entwicklung der globalen Eismassen ist äußerst schwierig; die eine oder andere Überraschung wird daher kaum zu vermeiden sein. Die Veränderungen der Eismassen sind allerdings häufig nur ein Symptom für viel weitreichendere Veränderungen im gesamten Klimasystem. Ein mögliches „Kippen" einzelner Klimakomponenten ist nicht auszuschließen und der globale Klimawandel hat möglicherweise eine Vielzahl von Geschwindigkeiten [2]. Bei allen spielen sowohl die Polargebiete als auch die Eisflächen in niedrigeren Breiten eine zentrale Rolle.

Die Polargebiete sind ein Frühwarnsystem für globale Klimaänderungen. Eisflächen und -volumen werden daher auch als essentielle Klimavariablen bezeichnet. Es wird unterschieden zwischen Schnee, Gletschern bzw. Landeis, Schelf- und Meereis, welche zusammen die sog. Kryosphäre bilden (Abb. 1). Die Komponenten der Kryosphäre nehmen sehr unterschiedliche Flächen und Volumen ein und wirken auf verschiedenen Zeitskalen. Die Zeitskala ergibt sich insbesondere aus dem Eisvolumen, welches über die latente Schmelzwärme von 334 Joule pro Gramm einem entsprechenden Energieäquivalent entspricht. Wird ein konstanter Wärmefluss angenommen, so kann für ein gegebenes Eisvolumen die Zeit des vollständigen Abschmelzens berechnet werden.

Dem vom Land gestützten Eisvolumen kann eine äquivalente Meeresspiegeländerung zugeordnet werden. Für die kurzwellige Strahlungsbilanz spielt die Flächenbedeckung eine herausragende Rolle. Schon eine relativ dünne Schneedecke kann das Reflexionsvermögen, die sog. Albedo, stark erhöhen. Die Albedo kann Werte zwischen 0 („dunkel") und 1 („hell") annehmen. Sie beträgt für frisch gefallenen Schnee 0,8–0,9 und ist damit sehr hoch im Vergleich zu anderen Flächen, wie z. B. dem eisfreien Ozean (0,05–0,3) oder einer grünen Wiese (0,25). Die Gesamtalbedo der Erde, die sog. planetare Albedo, beträgt etwa 0,3. Die Sonne liefert der Erde im Durchschnitt eine Strahlungsleistung von 342 W/m². Eine Änderung der planetaren Albedo um nur 1 % bewirkt daher eine Veränderung der Energieaufnahme von 3,4 W/m². Dies ist die gleiche Größenordnung der Strahlungsbilanzänderung wie durch anthropogene Treibhausgase [1]. Der Oberflächenanteil von Schnee- und Eisflächen beeinflusst maßgeblich die planetare Albedo und ist daher von elementarer Bedeutung für das Erdklima.

Der Schnee nimmt mit im Mittel rund 45 Mio. km² die insgesamt größte Fläche, aber mit 2 500 km² das kleinste Volumen ein. Das Volumen des Landeises beträgt rund 28,8 Mio. km² und ist das größte Süßwasser-Reservoir der Erde. Das Abschmelzen dieses Eisvolumens käme einem Meeresspiegelanstieg von etwa 67 Metern gleich. Während des Maximums der letzten Eiszeit vor etwa 20 000 Jahren lag der Meeresspiegel mehr als 100 Meter unter dem derzeitigen Stand und das Eisvolumen war entsprechend größer. Die Fläche des Landeises ist mit 14,8 Mio. km² relativ klein im Vergleich zu der Meereisfläche von 23 Mio. km². Das Schelfeis bildet den Übergang vom Land- zum Meereis. Es schwimmt wie das Meereis auf dem Ozean. Abfließende Gletscher speisen das Schelfeis. An Schelfeiskanten brechen regelmäßig immer wieder Eisberge ab. Der Ursprung der Eisberge ist somit das Süßwasser, welches meist in Form von Schnee auf dem Landeis niederschlägt. Das Meereis entsteht hingegen aus dem Ozeanwasser und ist somit salzhaltig, was die physikalischen und chemischen Eigenschaften grundlegend beeinflusst.

Schnee

Schnee entsteht aus der Kristallisation von Wasserdampf in der Atmosphäre. Schneekristalle wachsen an unterkühlten Tröpfchen, die sich um einen Kristallisationskern herum gebildet haben. Die Form der Kristalle hängt ab von Temperatur und Luftfeuchte. Durch Schneefall kann innerhalb von wenigen Stunden bis Tagen die Landoberfläche ihre thermische und optische Charakteristik grundlegend än-

Abb. 1 *Satellitenbild der kryosphärischen Komponenten in der Arktis:* Meereis auf dem Ozean, Schnee und Landeis auf den Kontinenten. *Die der Abbildung zugrundeliegenden Daten stammen von den Sensoren* Special Sensor Microwave Imager (SSM/I) *und* Moderate Resolution Imaging Spectroradiometer (MODIS). *Die dargestellte Verteilung entspricht einem typischen März, dem Monat mit der maximalen Eisfläche, in der Nordhemisphäre.*

KLIMAFAKTOR EIS

Abb. 2 *Aus unterkühlten Wassertröpfchen entstehen Schneekristalle.*

dern. Schnee zeichnet sich aus durch seine hohe Albedo und durch eine geringe thermische Leitfähigkeit, die durch den großen Anteil von Lufteinschlüssen zustande kommt.

Seit den 1980er Jahren ist die mittlere Schneebedeckung in der Nordhemisphäre im Frühjahr um etwa 5 % zurückgegangen [1]. Mit der Schneeabnahme ist ein Anstieg der Lufttemperatur in den mittleren Breiten verbunden [1]. Doch es ist schwierig, Ursache und Wirkung zu unterscheiden, denn Lufttemperatur und Schneebedeckung stehen in einer engen Wechselbeziehung, die im Extremfall zu einem Kippen des Klimasystems führen kann (siehe unten). Übersteht Schnee die sommerlichen Schmelzperioden, kann daraus nach einiger Zeit ein Gletscher entstehen.

Gletscher und Eisschilde

Gletscher und Eisschilde werden zusammen auch als Landeis bezeichnet. Ein Gletscher ist per Definition in Bewegung, er fließt unter dem Einfluss des eigenen Gewichts und der Bodenneigung. Gletscher wachsen nur unter gewissen Bedingungen, wie z. B. einer geeigneten Höhenlage und bei entsprechender Niederschlagsrate, in einem topographisch begrenzten Einzugsgebiet. Gletscher können mit einer Geschwindigkeit von bis zu 30 m pro Tag fließen. Die Fließgeschwindigkeit hängt von vielen Parametern ab, insbesondere von der Eistemperatur, welche die mechanische Festigkeit bestimmt.

Im Gegensatz zu den Gletschern bewegen sich die Eisschilde kaum. Die großen Eisschilde, die Grönland und die Antarktis bedecken, sind die „langsamen Riesen" im Klimasystem. Die Zeitskala für die großen Eisschilde liegt im Bereich von tausenden bis zehntausenden Jahren, also den Zeitintervallen zwischen Warm- und Kaltzeiten. Massenänderungen können jedoch auch auf kürzeren Zeitskalen stattfinden. Die Messung der Massenbilanz der großen Eisschilde ist erst durch neue Satellitensensoren möglich geworden. Mittels der Satelliten GRACE (*Gravity Recovery and Climate Experiment*, Start 2002) und GOCE (*Gravity Field and Steady-state Ocean Circulation Explorer*, Start 2009) kann das Gravitationsfeld der Erde genau vermessen werden. Aus Gravitationsänderungen lassen sich Massenänderungen ableiten. Eine Abnahme des Landeisvolumens um 375 Gigatonnen entspricht dabei einem Meeresspiegelanstieg von 1 mm. Es ist festgestellt worden, dass Grönland und die Westantarktis signifikant an Masse verlieren. Die genaue Größe des Massenverlusts ist jedoch noch unsicher und Gegenstand der wissenschaftlichen Diskussion. Verschiedene Effekte, wie z. B. die postglaziale Landhebung, haben Einfluss auf das Ergebnis.

Die Eisschilde Grönlands und der Antarktis dienen als Archive des Klimas der Erdgeschichte. Aus Eisbohrungen in der Antarktis lässt sich der Temperaturverlauf über einen Zeitraum von mehreren Eiszeitzyklen ableiten. Aber nicht nur in den Polarregionen lässt sich die Klimageschichte entschlüsseln, auch in den Tropen gibt es auf den höchsten Bergen Eis, welches uns etwas über die Vergangenheit erzählen kann. Aus den Eisbohrkernen des Kilimandscharos konnten Hinweise auf langanhaltende Dürreperioden auf dem afrikanischen Kontinent vor etwa 8 300, 5 200 und 4 000 Jahren abgeleitet werden. Das Eis auf dem Kilimandscharo zieht sich schnell zurück. Es ist vermutlich nur noch eine Frage von wenigen Jahren, bis das tropische Klimaarchiv dahingeschmolzen ist.

Schelfeis und Eisberge

Als Schelfeis bezeichnet man den schwimmenden Ausleger eines Eisschilds bzw. Gletschers. An der Schelfeiskante, die viele Meter über den Meeresspiegel herausragen kann, brechen immer wieder Eisberge ab, ein Vorgang der als „Kalben" bezeichnet wird. Landseitig beginnt das Schelfeis an der sog. Aufsetzlinie. Die größten Schelfeise befinden sich in der Antarktis.

Das Ross- und das Ronne-Filchner-Schelfeis sind mit einer Fläche von etwa 500 bzw. 450 Tausend km² die beiden weltweit größten Schelfeise. An der Aufsetzlinie sind sie bis zu 1 500 m dick und verjüngen sich zur Abbruchkante auf etwa 200 m. Das Schelfeis und der Meeresgrund bilden einen Hohlraum (Kaverne), in dem der Ozean zur Zirkulation angeregt werden kann. Der Gefrierpunkt von Meerwasser ist abhängig von Salzgehalt und Tiefe bzw. Druck. Mit zunehmender Tiefe nimmt der Gefrierpunkt in der Schelfeiskaverne um bis zu 1,5 K im Vergleich zur Oberfläche ab, was zum Schmelzen des Schelfeises an der Aufsetzlinie führt. Durch das Schmelzen gewinnt das Wasser an Auftrieb, da sich der Salzgehalt verringert. Auf dem Weg in die Höhe wird durch abnehmenden Druck der Gefrierpunkt erreicht, und es bilden sich Eiskristalle, die sich von unten am Schelfeis ablagern können. Allerlei Schwebstoffe, vor allem biologischen Ursprungs, können auf diese Weise in

KLIMAFAKTOR EIS

der Wassersäule von den aufsteigenden Eiskristallen eingefangen werden. Dieser Prozess ist verantwortlich für die Entstehung von grünen Eisbergen. Die grüne Färbung weist auf den marinen Ursprung des Eises hin.

Meereis

Das Meereis ist eine wichtige, wenn nicht sogar die wichtigste Komponente des Klimasystems, die die Wechselwirkung zwischen Ozean und Atmosphäre in vielerlei Hinsicht beeinflusst. Zwischen Ozean und Atmosphäre werden Wärme, Feuchte und Impuls ausgetauscht. Eine geschlossene Meereisdecke wirkt thermisch isolierend und sorgt so für eine kalte polare Atmosphäre. Im Winter und Frühjahr beträgt die Temperatur der unteren Luftschichten über dem Meereis um die −30 °C. Der Wind versetzt das Meereis in Bewegung, so dass Rinnen und offene Wasserflächen, sog. Polynyen, entstehen. Dort ist die kalte Atmosphäre in Kontakt mit dem relativ warmen Meerwasser, welches die Gefriertemperatur von etwa −1,9 °C hat. Durch die große Temperaturdifferenz ergibt sich in diesen Gebieten ein großer Wärmefluss, der bis zu mehrere 100 W/m^2 betragen kann. Dem Ozean wird Wärme entzogen, was zu einem Phasenübergang und Eisbildung führt. Bei der Eisbildung wird das Meersalz nicht in das Kristallgitter eingebaut, sondern wird zum überwiegenden Teil in den Ozean abgegeben. Etwa ein Drittel des Salzes verbleibt als konzentrierte Salzlake in Form von Poren und Kanälen im Eis, was dem Meereis seine charakteristischen Materialeigenschaften verleiht.

Abb. 3 *Eisberge in der Polarregion*

Abb. 4 *Junges Meereis, sog. Nilas, von wenigen Zentimetern Dicke. An der Oberfläche befinden sich flüssige Salzlake und salzhaltige Eisblumen, sog. Frost Flowers.*

Polynyen, die sich überwiegend küstennah in Schelfgebieten bilden, werden auch als Eis- oder Salzfabriken bezeichnet. In der Jahressumme können sie bis zu 5–10 m Eis pro m^2 produzieren. Entsprechend erhöht sich dabei die Salzkonzentration im Ozean und dessen Dichte. Die Dichteschichtung ist wiederum von entscheidender Bedeutung für die Ozeanzirkulation. Die stabil geschichtete sog. Arktische Halokline verhindert, dass relativ warmes Atlantisches Wasser aufströmen kann, was zum Schmelzen des Meereises führen würde.

Das Meereis spielt somit eine besonders aktive Rolle im Klimasystem als Schnittstelle zwischen Ozean und Atmosphäre im komplexen Wechselspiel von Energie-, Impuls- und Materieflüssen. Gleichzeitig ist das Meereis ein Indikator, welcher empfindlich auf Änderungen des Klimazustands reagiert. Daher ist die Messung der Meereisbedeckung eine Möglichkeit den Klimazustand zu bestimmen und Klimaänderungen zu detektieren.

Änderungen der Meereisbedeckung

Die Meereisfläche lässt sich seit Anfang der 1970er Jahre mittels satellitengetragener Mikrowellenradiometer unabhängig von Wolkenbedeckung und der langen Polarnacht täglich global vermessen. Das Radiometer empfängt die natürliche thermische Strahlung, welche von der Emissivität der Oberfläche abhängt und die sich für Eis und Wasser unterscheidet. Informationen über die Eisbedeckung aus der

KLIMAFAKTOR EIS

Vor-Satellitenzeit können aus flugzeug- und schiffsgestützten Beobachtungen sowie aus Sediment- und Eisbohrkernen gewonnen werden. Eine wichtige Informationsquelle sind die Logbücher der Walfänger, welche ihrer Tätigkeit oft in der biologisch produktiven Eisrandzone nachgegangen sind.

Um Klimaänderungen aufzuspüren, ist die im Jahresgang minimale Meereisfläche in der Arktis ein besonders geeigneter Parameter. Das Minimum, welches im September auftritt, ist ein Maß für die Fläche des Meereises, welches die Schmelzperiode überstanden hat. Es wird zwischen zwei Maßsystemen unterschieden, der Meereisfläche und der Meereisausdehnung. Während die Ausdehnung (*extent*) die Fläche innerhalb der Eiskante angibt, werden bei der Fläche (*area*) eisfreie Gebiete innerhalb der Eiskante mit berücksichtigt. Die Meereisfläche ist somit stets geringer als die Ausdehnung. Die Lage der Eiskante kann durch Beobachtungen vom Schiff aus festgestellt werden, die exakte Flächenbestimmung wurde erst mittels Satellitenmessungen möglich.

Messungen der Meereisdicke sind deutlich schwieriger als die der Fläche. Mittels Satellitenaltimetrie ist eine Dickenbestimmung erst seit wenigen Jahren flächendeckend möglich. Ein Altimeter sendet einen Radar- oder Laser-Impuls aus und misst die Laufzeit des an der Erdoberfläche zurückreflektierten Signals. Aus der Laufzeit errechnet sich mit der Lichtgeschwindigkeit die Distanz des Satelliten zur Erdoberfläche. Das Meereis ragt eine gewisse Höhe aus dem Ozean heraus. Diese Höhe wird als „Freibord" bezeichnet. Aus der Messung des Freibords lässt sich mit Annahmen über die Eisdichte und die Schneeauflage die Meereisdicke abschätzen.

Die Messungen und Beobachtungen zeigen einen starken Rückgang der arktischen Meereisfläche (siehe Abb. 5). Insbesondere schwindet das mehrjährige Eis, was sich in einer Reduzierung der Septemberfläche um rund 40 % seit Beginn der Satellitenaufzeichnungen bemerkbar macht [3]. Seit dem Anfang des 19. Jahrhunderts hat sich die Fläche im September mehr als halbiert. Die mittlere Meereisdicke zum Ende der arktischen Schmelzsaison ist über einen Zeitraum von 40 Jahren um 1,6 m auf etwa einen Meter zurückgegangen. In der Antarktis wird über den Zeitraum der Satellitenmessungen eine geringe Zunahme der Meereisfläche beobachtet. So beträgt im August 2010 die Zunahme der antarktischen Meereisausdehnung 0,6 % pro Dekade [4]. Die Unsicherheit dieses Trends beträgt aber ebenso ±0,6 % und damit ist der Trend nicht sehr aussagekräftig.

Die Zunahme der Meereisfläche in der Antarktis wird oft als Argument angeführt, um eine durch den Menschen verursachte globale Erwärmung in Frage zu stellen. Doch so einfach ist es leider nicht. Die Erwärmung geht mit einer Intensivierung des hydrologischen Kreislaufs einher, was zu einer Stabilisierung der ozeanischen Dichteschichtung und zu verminderten vertikalen Wärmetransporten führt. Paradoxerweise könnte so die Erwärmung zunächst zu einer Zunahme der Meereisfläche im südlichen Ozean führen. Zudem steht die großräumige atmosphärische Zirkulation unter dem Einfluss des Ozonlochs in der Stratosphäre. Die Abnahme der Ozonschicht über dem Südpol führt vermutlich zu einer Verstärkung der oberflächennahen Winde. Das Resultat könnte eine stärkere Eisproduktion durch die kalte Luft vom antarktischen Kontinent sein. Doch eindeutige Antworten auf viele

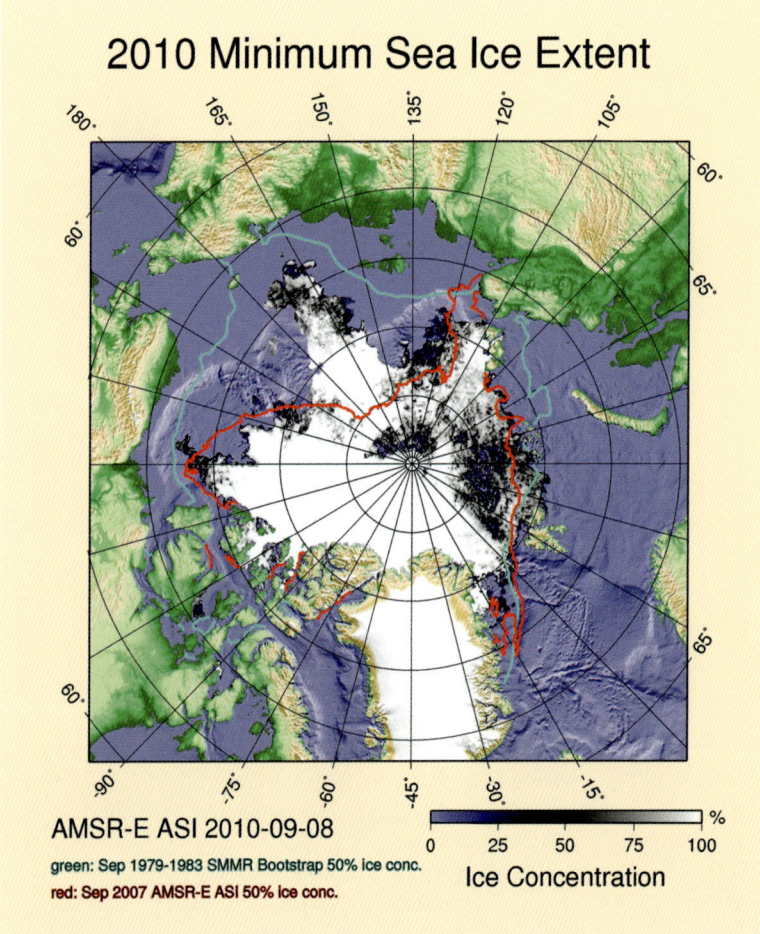

Abb. 5 *Meereis-Minimum in der Arktis am 8. September 2010. Das Meereis nimmt 2010 im Vergleich zum bisherigen Rekordjahr 2007 (rote Isolinie) eine etwas größere Fläche ein. In der Nähe des Nordpols und im europäischen Sektor ist der Eisbedeckungsgrad (Eiskonzentration) deutlich reduziert, was auf eine ungewöhnlich dünne Eisdecke hindeutet. Die grüne Isolinie beschreibt den Zustand Anfang der 1980er Jahre.*

KLIMAFAKTOR EIS

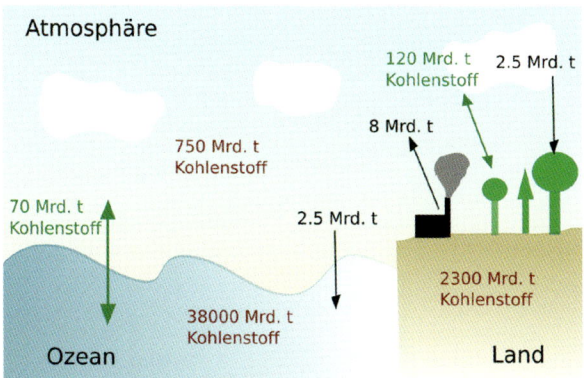

Abb. 6 *Globales Kohlenstoffbudget (in Tonnen C). Die roten Zahlen geben die in der jeweiligen Klimakomponente im Mittel enthaltene Menge an Kohlenstoff an, die grünen Zahlen die natürlichen Flüsse pro Jahr zwischen den einzelnen Komponenten und die schwarzen Zahlen die entsprechend vom Menschen verursachten Flüsse.*

Fragen über das spezielle Klima der Antarktis können noch nicht gegeben werden, da es aufgrund der unwirtlichen Bedingungen nur relativ wenige Messdaten von diesem Kontinent gibt.

Der Austausch von CO_2 in den Polarregionen

Aufgrund einer Änderung der Ozeanzirkulation ist vermutlich auch zum Ende der Eiszeit Ozeanwasser in Kontakt mit der Atmosphäre gekommen, das vorher in den Tiefen der Ozeane gelegen hatte. In diesem kalten Tiefenwasser sind große Mengen Kohlendioxid gelöst. Wenn Änderungen in der Ozeanzirkulation zu einem großräumigen Aufsteigen dieses Wassers führen, so erwärmt sich das Wasser langsam. In diesem wärmeren Wasser kann nicht mehr so viel Kohlendioxid gelöst bleiben, das CO_2 geht in die Gasphase über und steigt in die Atmosphäre auf. Hier verstärkt es den Treibhauseffekt und führt zu einer weiteren Erwärmung (vgl. Abb. 6). Dieser Prozess, der auch als „Löslichkeitspumpe" oder „physikalische Pumpe" bezeichnet wird, ist ein weiteres Beispiel für einen wichtigen Rückkopplungsmechanismus, der ähnlich wie die Eis-Albedo-Rückkopplung anfänglich nur sehr leichte Klimaänderungen deutlich verstärken kann. Desweiteren wirkt die ebenso wichtige „biologische Pumpe", als welche die Aufnahme von Kohlenstoff durch Planktonwachstum bezeichnet wird.

Für das Gleichgewicht im CO_2-Austausch zwischen Ozean und Atmosphäre spielen die Polargebiete eine entscheidende Rolle: Ausschließlich in diesen Gebieten kann Ozeanwasser durch Kontakt mit der kalten Atmosphäre so stark abgekühlt werden, dass es schwer genug wird, um bis auf den Ozeanboden abzusinken. Etwa die Hälfte des vom Menschen emittierten CO_2 wird zurzeit noch von den Ozeanen aufgenommen. Die absinkenden Wassermassen transportieren einen Teil des gelösten Gases in die Tiefen der Ozeane, wo es einerseits keine unmittelbare Treibhauswirkung mehr entfalten kann, andererseits aber zur Versauerung der Ozeane beiträgt. Sollte sich die Absinkbewegung des Meerwassers in den Polargebieten abschwächen, würde künftig auch weniger Kohlendioxid aus der Atmosphäre in die Ozeane abgegeben werden können.

Das Meereis spielt im globalen Kohlenstoffkreislauf eine aktivere Rolle als bislang angenommen. Bisher wurde das Meereis oft als ein undurchlässiger Deckel angesehen, welcher den CO_2-Austausch zwischen Ozean und Atmosphäre unterbindet. Doch sowohl bei der Bildung von Meereis als auch beim Schmelzen finden Prozesse statt, die auf eine größere Bedeutung des Meereises für den Kohlenstoffkreislauf hindeuten, als bisher vermutet wurde [5].

Eis hat eine geringere Dichte als Wasser. Beim Gefrieren des Meerwassers entsteht ein Druck, der die im Eis eingeschlossene flüssige Salzlake an die kalte Oberfläche befördert. Mit sinkender Temperatur steigt der Salzgehalt der flüssigen Phase weiter an. Bei etwa −2 °C beginnt Kalziumcarbonat in Form des Minerals Ikait auszufallen, und es wird CO_2 in die Atmosphäre abgegeben. Umgekehrt wird beim Schmelzen vom Meereis CO_2 aus der Atmosphäre aufgenommen. Die Eisdrift führt zu einer regionalen Kohlenstoff-Umverteilung und zu einer signifikanten zusätzlichen CO_2-Aufnahme beim Schmelzen im Nordatlantik [5].

Polare Atmosphärenchemie

Ein Großteil der bisher beschriebenen Vorgänge, wie z. B. der Anstieg des Meeresspiegels oder das Abschmelzen der polaren Eismassen, kommt durch *physikalische* Veränderungen im Klimasystem zustande. Darüber hinaus hat der Klimawandel jedoch auch erheblichen Einfluss auf *chemische* Wechselwirkungen, deren Konsequenzen von ähnlich weit reichender Bedeutung sein können [6]. Dies wird im Folgenden am Beispiel der sog. Brom-Explosion und deren Auswirkungen auf Ozon-, Quecksilber- und Schwefelhaushalt dargestellt.

Im Jahre 1985 wurde über der Antarktis das Ozonloch entdeckt, welches durch vom Menschen emittierte Fluorchlorkohlenwasserstoffe (FCKW) in der Stratosphäre verursacht wird. Kurz nach dieser Entdeckung wurden aber auch in Arktis und Antarktis in der bodennahen Luft erhebliche Verluste von Ozon festgestellt. Die Ursache für diese troposphärischen „Ozonlöcher" war lange Zeit rätselhaft und ist bis heute nicht vollständig geklärt. Messungen in der atmosphärischen Grenzschicht zeigten, dass nach der langen Polarnacht über dem Meereis durch reaktive Halogenverbindungen Ozon abgebaut wird. Die Quelle der Halogene, insbesondere des Broms, ist das Meersalz, welches auf dem jungen Meereis im Kontakt mit der Atmosphäre ist. In einem photochemischen autokatalytischen Prozess, der als Brom-Explosion bezeichnet wird, gelangt das Brom aus der konzentrierten Salzlake in die Gasphase. Die hochreaktiven Bromradikale haben einen wesentlichen Einfluss auf die troposphärische Spurengas-Zusammensetzung [6].

Gasförmiges Quecksilber ist im elementaren Grundzustand wenig reaktiv und wird über tausende Kilometer durch die Atmosphäre transportiert. In den Polargebieten

KLIMAFAKTOR EIS

wird Quecksilber durch Brom in einen angeregten, reaktiven Zustand gebracht. Auf diese Weise wird Quecksilber an Teilchen gebunden und durch Niederschlag aus der Atmosphäre ausgewaschen. Die Polarregionen sind so über den natürlichen Effekt der Brom-Explosion eine globale Senke für toxisches Quecksilber geworden, welches überwiegend aus der Kohlekraftwerken und der Industrieproduktion in mittleren Breiten stammt [6].

Dimethylsulfid (DMS) ist eine durch das Phytoplankton im Ozean emittierte Schwefelverbindung. Bei der Oxidation von DMS entstehen Schwefelsäuretröpfchen, welche als Kondensationskerne Einfluss auf die Wolkenbildung und somit auf das Klima haben. Während normalerweise DMS durch Hydroxylradikale (OH) oxidiert wird, findet in den Polargebieten eine wesentlich schnellere Oxidation durch Halogenradikale statt.

Die Erwärmung in der Arktis sorgt dafür, dass sich die Charakteristik der Meereisdecke verwandelt. Es ist allerdings unklar, wie und wie stark sich die zukünftige Erwärmung auf die polare Halogenchemie, den Quecksilbertransport, den Schwefelhaushalt, die Wolkenbildung, und auf weitere atmosphärische Spurenstoffe auswirken wird [6].

Literatur

[1] Zwischenstaatlicher Ausschuss für Klimaänderungen (Intergovernmental Panel on Climate Change, IPCC), *Klimaänderungen 2007: Wissenschaftliche Grundlagen*, http://www.ipcc.ch/pdf/reports-nonUN-translations/deutch/IPCC2007-WG1.pdf.

[2] Lenton, T.M., H. Held, E. Kriegler, J.W. Hall, W. Lucht, S. Rahmstorf, H.J. Schellnhuber, *Tipping elements in the Earth's climate system*, PNAS, February 12, 2008, Vol. 105 No. 6 1786–1793, http://www.pnas.org/content/105/6/1786.full (Open Access).

[3] National Snow and Ice Data Center, *Sea Ice Index*, http://nsidc.org/data/seaice_index/.

[4] Kwok, R., and D.A. Rothrock (2009) Decline in Arctic sea ice thickness from submarine and ICESat records: 1958–2008. *Geophys. Res. Lett.*, 36, L15501, doi:10.1029/2009GL039035. http://rkwok.jpl.nasa.gov/publications/Kwok.2009.GRL.pdf.

[5] Delille, B. (2010) Sea-ice CO2 dynamics and related air-sea CO2 fluxes. *SOLAS News*, 11, http://www.solas-int.org/news/newsletter/files/Issue11.pdf.

[6] Simpson, W.R., R. von Glasow, K. Riedel, P. Anderson, P. Ariya, J. Bottenheim, J. Burrows, L.J. Carpenter, U. Friess, M.E. Goodsite, D. Heard, M. Hutterli, H.W. Jacobi, L. Kaleschke, B. Neff, J. Plane, U. Platt, A. Richter, H. Roscoe, R. Sander, P. Shepson, J. Sodeau, A. Steffen, T. Wagner, E. Wolff (2007) Halogens and their role in polar boundary-layer ozone depletion. *Atm. Chem. Phy.*, 7(16), 4375–4418, http://www.atmos-chem-phys.net/7/4375/2007/acp-7-4375-2007.html (Open Access).

KLIMAFAKTOR EIS

Kippt das Klima?

DIRK NOTZ

Der Überblick über den CO_2-Kreislauf und über mögliche selbstverstärkende Rückkopplungsmechanismen macht deutlich, wie komplex das globale Klimasystem aufgebaut ist. Es ist daher nicht verwunderlich, dass sich die Prognose der zukünftigen Klimaentwicklung äußerst schwierig gestaltet. Eine Hauptschwierigkeit stammt dabei aus dem Vorhandensein sog. Kippelemente im Klimasystem, deren „Kippen" zu schnellen, unumkehrbaren Veränderungen des Klimas führen kann.

Für ein besseres prinzipielles Verständnis zur Funktionsweise dieser Kippelemente ist ein Blick auf die Polargebiete der Erde hilfreich. Deren Bedeutung für die globale Klimamaschinerie wurde schon frühzeitig von Wissenschaftlern erkannt, sodass seit Mitte des 19. Jahrhunderts immer wieder wissenschaftliche Expeditionen in die Polargebiete aufbrachen, um durch Messungen vor Ort ein besseres Verständnis für diese Regionen zu erlangen. Unter anderem wurde dabei entdeckt, dass es früher einmal lange Epochen gegeben haben muss, in denen die Polarregionen eindeutig wärmer waren, als sie es heutzutage sind. Zur Erklärung für diese Beobachtungen wurden mehrere Theorien vorgebracht. Unter anderem erhielt die Royal Society in London am 3. November 1924 einen Text vorgelegt, in dem ein gewisser C. E. P. Brooks eine mögliche Erklärung lieferte. In jenem Text veranschaulichte Brooks, dass gemäß seinen Berechnungen nur zwei verschiedene Arten von Klima auf der Erde möglich sind: ein Klimazustand, in welchem es gar kein Eis auf der Erde gibt, und einen Klimazustand, in dem es relativ viel Eis auf der Erde gibt. Ein Klimazustand, in dem nur geringe Teile der Erde von Eis bedeckt sind, wäre seiner Theorie nach nicht möglich.

Die Erklärung, die Brooks für seine Theorie gibt, ist relativ einfach und beruht in erster Linie auf der Selbstkühlung von eisbedeckten Flächen. Wie oben beschrieben, reflektiert Eis den größten Teil des einfallenden Sonnenlichts zurück ins Weltall und funktioniert daher wie ein gigantischer Sonnenlichtspiegel. Hierdurch können sich eisbedeckte Flächen sehr effektiv selbst kühlen. Wenn eine solche eisbedeckte Fläche z. B. aufgrund einer vorübergehenden Klimaerwärmung etwas kleiner wird, so kann diese nicht mehr ganz so viel Sonnenlicht reflektieren. Hierdurch wird die Selbstkühlung schwächer und das verbleibende Eis erwärmt sich stärker. Aufgrund dieser sog. Eis-Albedo-Rückkopplung ist es prinzipiell möglich, dass sich ein einmal begonnenes Abschmelzen von größeren Eisflächen nicht mehr stoppen lässt. Eine anfänglich nur kleine Veränderung des Klimas, wie z. B. eine vom Menschen verursachte Erwärmung, setzt einen sich selbstverstärkenden Prozess in Gang, der auch dann nicht zum Stoppen kommt, wenn die anfängliche Erwärmung wieder rückgängig gemacht wird. Wissenschaftler sprechen in diesem Fall von einem „Kipppunkt des Klimasystems", von einem Punkt also, bei dem eine kleine Änderung in den äußeren Bedingungen zu großen, sich selbstverstärkenden Veränderungen führt.

Abb. 7 *Kippt das Klima?*

Veranschaulichen lässt sich dies mit einem senkrecht stehenden Buch, bei dem ebenfalls ein relativ leichtes Antippen ausreicht, um es umkippen zu lassen. Ursache hierfür ist die Tatsache, dass das leichte Antippen des Buches den Schwerpunkt des Buches so verschiebt, dass es anfängt zu fallen. Beim Fallen verschiebt sich der Schwerpunkt weiter, das Fallen beschleunigt sich und wird letztlich völlig unabhängig vom anfänglichen leichten Antippen.

Teile des Klimasystems, die möglicherweise solche Kipppunkte besitzen, werden als „Kippelemente" bezeichnet. Das Vorhandensein solcher Kippelemente macht zum einen die Prognose der zukünftigen Klimaentwicklung schwierig, zum anderen sind es aber gerade diese Kippelemente, die zu wirklich einschneidenden Folgen der derzeitigen Klimaerwärmung führen könnten. Es gilt heute als nahezu sicher, dass solche Kippelemente im Klimasystem existieren und dass sie bei vergangenen Klimaschwankungen eine gravierende Rolle gespielt haben müssen. Der Grund für diese Annahme liegt in einer Vielzahl von Beobachtungsdaten, die darauf hinweisen, dass sich viele Änderungen des Erdklimas sehr rasch zugetragen haben müssen, wohingegen es keine Hinweise darauf gibt, dass sich der externe Antrieb des Klimasystems (also z. B. die Sonneneinstrahlung) zum gleichen Zeitpunkt ähnlich schnell geändert hat.

Ein Beispiel für solche raschen Änderungen sind die in den letzten knapp eine Million Jahren immer wieder regelmäßig auftretenden Übergänge von Eiszeiten zu Zwischeneiszeiten (auch „Warmzeiten" genannt). Während sich das Klima von einer Warmzeit zu einer Eiszeit hin relativ lang-

KLIMAFAKTOR EIS

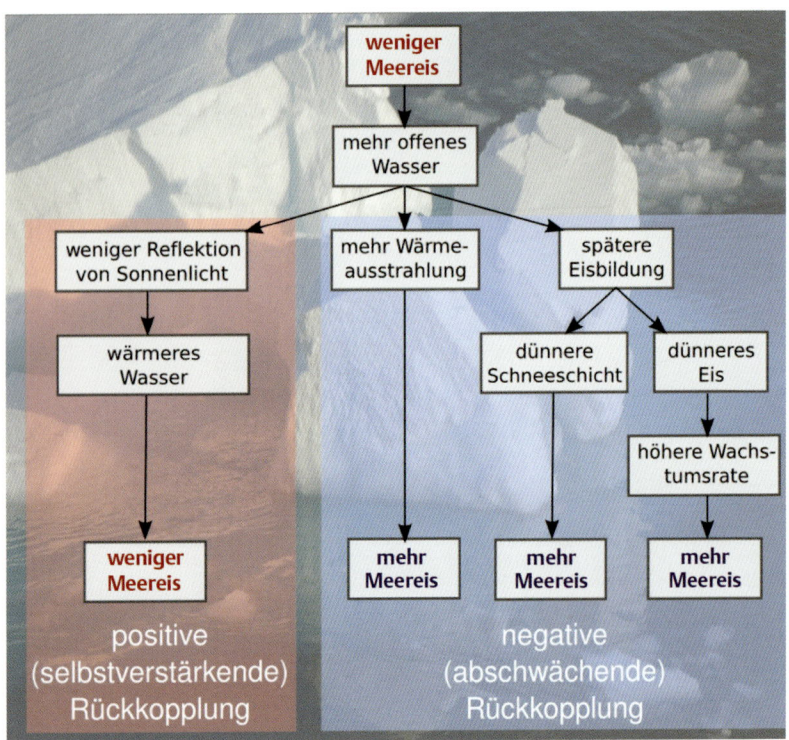

Abb. 8 *Schematische Übersicht über verschiedene Rückkopplungen nach einem Rückgang von Meereis. Links: Die sog. Eis-Albedo-Rückkopplung, die zu einer Verstärkung eines einmal begonnenen Eisrückgangs und damit zu einem möglichen „Kippen" führen kann. Rechts: Mögliche Prozesse, die ein solches Kippen verhindern könnten.*

sam abkühlt, geschieht der Wechsel von einer Eiszeit zurück zu einer Warmzeit relativ schnell – die Messdaten deuten daraufhin, dass irgendein Teil des Klimasystems in einen Zustand gekippt ist, der zu einer solchen schnellen Erwärmung führte.

Ist der Verlust von Meereis unaufhaltsam?

Eines der wichtigsten aktuellen Forschungsfelder in Bezug auf ein mögliches Kippen einzelner Klimaelemente ist die Frage, ob das 1924 von Brooks geschilderte Szenario eines sich selbstverstärkenden Abschmelzens der globalen Eismassen realistisch ist. Es steht außer Frage, dass die beschriebene Eis-Albedo-Wechselwirkung – isoliert betrachtet – zu einem sich selbstverstärkenden Abschmelzen des arktischen Meereises führen könnte. Allerdings deuten neuere Arbeiten daraufhin, dass eine Reihe von Faktoren eine solche Selbstverstärkung verhindern können. Zu den wichtigsten dieser Faktoren zählen die durch Eisrückgang verursachte starke Erhöhung der Wärmeabstrahlung, die Abhängigkeit der Wachstumsgeschwindigkeit von Meereis von seiner Dicke, sowie der Einfluss von Schnee (siehe Abb. 8).

Um die Rolle dieser Faktoren für die mögliche Stabilisierung des arktischen Meereises zu verstehen, ist ein kurzer Überblick über die Wachstums- und Schmelzprozesse von Meereis notwendig. Meereis wächst, sobald die Temperatur des Ozeanwassers unter den Gefrierpunkt gefallen ist. Das Absinken der Ozeantemperatur geschieht dabei zum einen dadurch, dass der Ozean durch Luftverwirbelungen Wärme an die im Winter viel kältere Atmosphäre abgibt, zum anderen wird Wärme auch in Form von Wärmestrahlung abgegeben. Da die Oberfläche von offenem Wasser normalerweise viel wärmer ist als die Oberfläche von Eis, kann der offene Ozean viel effizienter Wärme in die Atmosphäre abstrahlen als ein eisbedeckter Ozean. Sobald sich in einem bestimmten Sommer z. B. aufgrund ungewöhnlich warmen Wetters das Meereis in der Arktis stark zurückgezogen hat, kann also der freiwerdende Ozean im darauffolgenden Winter die im Sommer absorbierte Solarstrahlung äußerst effektiv wieder an die Atmosphäre abgeben. Die Atmosphäre strahlt diese Wärme zu einem großen Teil direkt ins Weltall ab, das polare Klimasystem versucht sozusagen, sich selbst zu kühlen. Hierdurch sinken die Ozeantemperaturen ab, und schon relativ bald kann sich in großen Bereichen wieder eine dünne Eisdecke bilden.

Sobald sich eine solche dünne Eisschicht gebildet hat, kann weiteres Eiswachstum nur dann stattfinden, wenn Wärme von der Grenzfläche zwischen Eis und Ozean abgeführt und an die kalte Atmosphäre abgegeben werden kann. Der Wärmetransport von der Eis-Ozean-Grenzfläche zur Atmosphäre geschieht durch Wärmeleitung durchs Eis und ist umgekehrt proportional zur Eisdicke: Dünnes Eis kann Wärme viel effizienter vom Ozean zur Atmosphäre leiten als dickes Eis. Die effiziente Wärmeleitung bei dünnem Eis führt dazu, dass dieses Eis viel schneller wachsen kann als dickes Eis, was wiederum zu einer gewissen Normalisierung der Eisverteilung beiträgt.

Auch eine Abnahme der Schneedicke auf Meereis trägt zu dessen Stabilisierung bei. Schnee ist ein sehr gutes Isolationsmaterial, was nicht zuletzt erklärt, warum es in einem Iglu deutlich wärmer ist als außerhalb. In der Arktis verlangsamt jener Schnee, der auf Meereis liegt, den Abtransport der Wärme vom Ozean in die Atmosphäre. Meereis wächst daher umso schneller, je dünner die Schneedecke auf dem Eis ist. Da eine solche dünnere Schneedecke typisch für Eis ist, das sich erst im Laufe des Winters neu auf offenem Wasser bildet, kann dieses neue Eis teilweise sogar dicker werden, als Eis, das den Sommer überstanden hat.

Diese Faktoren wirken der anfangs geschildertem Eis-Albedo-Wechselwirkung entgegen und führen dazu, dass die Selbstverstärkung eines einmal begonnen Schmelzens von Meereis in der Realität vermutlich zumindest in Bezug auf den Verlust des sommerlichen Meereises keine große Rolle spielt – das Meereis folgt mit seiner Ausdehnung direkt den vorherrschenden klimatischen Bedingungen. Dies bedeutet im Umkehrschluss, dass es möglicherweise noch nicht zu spät ist, um den Rückgang des arktischen Meereises zu stoppen – allerdings wird die Zeit langsam knapp. Klimamodelle gehen übereinstimmend davon aus, dass bei der derzeit wahrscheinlichsten Entwicklung der zukünftigen Emission von Treibhausgasen das Meereis in der Arktis langsam aber sicher immer weiter zurückgehen wird, bis der Arktische Ozean im Sommer nahezu komplett eisfrei ist.

KLIMAFAKTOR EIS

Dies wird vermutlich dazu führen, dass in der Arktis sowohl der Schiffsverkehr als auch die Ausbeutung von Öl- und Gasreserven, die auf dem Meeresboden der Arktis vermutet werden, stark zunehmen werden.

Die globale Ozeanzirkulation

Ein weiteres Klimaelement, dessen mögliches „Kippen" im Rahmen einer Klimaerwärmung weitreichende Folgen hätte, ist die globale Ozeanzirkulation. Normalerweise gilt der Ozean als eines jener Klimasysteme, die sich nur sehr langsam verändern. Zum Beispiel wird es noch mehrere hundert Jahre dauern, bis das Wasser in den Tiefen der Ozeane sich mit der zurzeit stattfindenden Klimaerwärmung im Gleichgewicht befindet. Wissenschaftler sagen daher auch, dass der Ozean ein sehr langes Gedächtnis hat; das Wasser in den Tiefen der Ozeane „weiß" immer noch, welches Klima vor hunderten von Jahren herrschte. Studien der letzten Jahre deuten allerdings daraufhin, dass nicht alle Prozesse im Ozean tatsächlich so langsam ablaufen. Ein Beispiel ist das Strömungssystem des Nordatlantiks, dessen bekannteste Komponente der Golfstrom ist. Die Länder Mittel- und Nordeuropas profitieren heute davon, dass im Atlantik mit dem nördlichen Ausläufer des Golfstroms, dem sog. Nordatlantikstrom, große Mengen Wärme vom Äquator in unsere Breiten transportiert werden. Dieser Wärmetransport trägt dazu bei, dass es in vielen Teilen Westeuropas deutlich wärmer ist als zum Beispiel auf dem gleichen Breitengrad an der Westküste Nordamerikas.

Der eigentliche Golfstrom, der auf südlichere Breiten beschränkt ist, wird vor allem von den in der Nähe des Äquators vorherrschenden Winden angetrieben. Da diese Winde in erster Linie durch ein Kräftegleichgewicht zwischen der Erdrotation und dem Temperaturunterschied zwischen niedrigen und hohen Breiten entstehen, sind diese Winde und damit auch der Golfstrom weitestgehend unbeeinflusst vom Klimawandel. Der Nordatlantikstrom – der nördliche Ausläufer des Golfstroms – hingegen wird vor allem durch das Absinken von Wassermassen vor der Ostküste Grönlands angetrieben: Hier hat sich das Ozeanwasser durch seinen Kontakt mit der kalten Atmosphäre so stark abgekühlt, dass es schwerer wird als das darunter liegende Wasser und wie in einem gigantischen Fahrstuhl in die Tiefe fällt, um sich anschließend in der Nähe des Ozeanbodens zurück in Richtung Süden zu bewegen. Durch diese Absinkbewegung wird an der Oberfläche Wasser aus Richtung Süden „nachgesaugt", was die heutige Stärke des Nordatlantikstroms erklärt.

Falls durch ein zunehmendes Schmelzen grönländischer Gletscher oder durch einen verstärkten Export von Meereis aus der Arktis erhebliche Mengen Süßwassers in die Absinkregion östlich Grönlands gelangen sollten, würde die Mischung mit dem Wasser des Nordatlantikstroms möglicherweise so leicht werden, dass sie weniger effektiv absinken kann. Hierdurch würde die „Pumpe", die heute den Nordatlantikstrom antreibt, geschwächt werden. Zum Ende der letzten Eiszeit ist möglicherweise gerade das Ge-

Abb. 9 *Aus Schneeblöcken gebildetes Iglu – ein guter Schutz vor klirrender Kälte*

genteil passiert. Aufgrund einer langsamen Erwärmung der Erde und damit einhergehenden Änderungen in den Windfeldern und in der Verteilung von Süßwasser in den Ozeanen könnte die globale Ozeanzirkulation in einer Art und Weise beeinflusst worden sein, die zu einem größeren Transport von Wärme in die hohen Breiten und damit dort zu einer schnellen, starken Erwärmung geführt haben könnte.

In Bezug auf die aktuelle Entwicklung ist zurzeit noch unklar, ob der Nordatlantikstrom in den vergangenen Jahrzehnten durch den Eintrag von Süßwasser bereits schwächer geworden ist. Ausschlaggebend für diese Unsicherheit sind die sehr starken natürlichen Schwankungen dieser gewaltigen Meeresströmung. Für das 21. Jahrhundert sagen Klimamodelle allerdings übereinstimmend voraus, dass die vom Nordatlantikstrom transportierte Wasser- und Wärmemenge abnehmen wird. Obwohl eine solche Abschwächung – isoliert betrachtet – zu einer Abkühlung Europas führen würde, ist die gleichzeitig stattfindende globale Er-

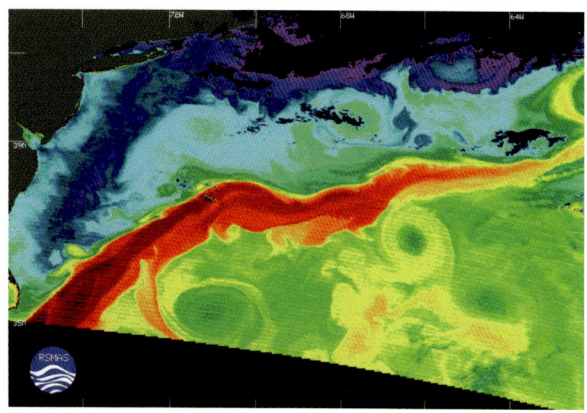

Abb. 10 *Temperaturverteilung im Nordatlantik gemessen mit dem Moderate-resolution Imaging Spectroradiometer (MODIS). Das rote Band entspricht dem Golfstrom.*

KLIMAFAKTOR EIS

Abb. 11 *Gletschereis, das vom grönländischen Jakobshavn-Gletscher ins Meer abgebrochen ist. Dieser Gletscher gilt als einer der schnellsten der Welt und schiebt sich pro Tag zwischen 15 und 35 Meter ins Meer.*

wärmung aller Voraussicht nach stärker, so dass auch im Einflussbereich des Nordatlantikstroms mit steigenden Temperaturen zu rechnen ist.

Anstieg des Meeresspiegels

Ein weiterer Themenkomplex, der sehr eng mit einem möglichen „Kippen" einzelner Elemente im polaren Klimasystem zusammenhängt, ist der zu erwartende Anstieg des globalen Meeresspiegels. Ein solcher Anstieg kommt durch zwei verschiedene Effekte zustande. Zum einen führt die Erwärmung des Ozeans zu thermischer Ausdehnung des Wassers und damit zu einem steigenden Meeresspiegel. Zum anderen gelangt durch das Schmelzen von Gletschereis sowie von grönländischem und antarktischem Inlandeis zusätzliches Wasser in den Ozean, wodurch der Meeresspiegel ebenfalls ansteigt.

Während des ersten Jahrzehnts satellitengestützter Messungen des Meeresspiegels von 1993 bis 2003 wurde ein globaler Meeresspiegelanstieg von etwa 2,3 mm pro Jahr gemessen. Dieser Anstieg kommt zustande durch die thermische Ausdehnung des Meerwassers (etwa 1,1 mm pro Jahr), das Abschmelzen von Gletschern (etwa 0,8 mm pro Jahr) und dem Abschmelzen von Eis in Grönland und der Antarktis (zusammen etwa 0,4 mm pro Jahr). Während der Meeresspiegelanstieg in den Jahrzehnten vor 1993 deutlich langsamer ablief, hat er sich seit 2003 weiter beschleunigt, sodass sich insgesamt für den Zeitraum 1993 bis 2008 ein mittlerer Anstieg von etwa 3,8 mm pro Jahr ergibt. Klimamodelle gehen übereinstimmend davon aus, dass sich dieser Anstieg fortsetzen wird, wobei allerdings die Abschätzung des gesamten Meeresspiegelanstiegs bis 2100 mit großen Unsicherheiten behaftet ist. Während im 2007 erschienenen Report des Weltklimareports von einem Anstieg zwischen 18 cm und 59 cm die Rede ist, gehen neuere Studien von einem möglicherweise doppelt so hohen Anstieg aus, sodass ein Meeresspiegelanstieg von mehr als einem Meter im Laufe der nächsten Jahrzehnte möglich wäre. Da mehr als 160 Millionen Menschen weniger als einen Meter über dem Meeresspiegel wohnen, dürfte ein solcher Anstieg mit erheblichen sozialen Umwälzungen und Wanderungsbewegungen verbunden sein.

Diese Unsicherheit bei der Abschätzung des zu erwartenden Meeresspiegelanstiegs rührt insbesondere aus Unsicherheiten in Bezug auf die zukünftige Entwicklung der gigantischen Eismassen in Grönland und der Antarktis, die eine entscheidende Rolle für die zukünftige Entwicklung des Meeresspiegels spielen: Ein vollständiges Abschmelzen des grönländischen Inlandeises würde zu einem Meeresspiegelanstieg von über 7 m führen. In der Antarktis ist sogar soviel Eis vorhanden, dass dessen vollständiges Abschmelzen zu einem Meeresspiegelanstieg von fast 60 m führen würde. Im Vergleich hierzu würde das Abschmelzen sämtlicher Gebirgsgletscher den Meeresspiegel „nur" um etwa 20-30 cm ansteigen lassen.

Während wir oben gesehen haben, dass sich das Abschmelzen des arktischen Meereises während der Sommermonate vermutlich nicht selbst verstärkt, gibt es eine Reihe von Indizien, die darauf hinweisen, dass sich zumindest das Abschmelzen von einigen Teilen der antarktischen Inlandeises immer weiter beschleunigen könnte, selbst wenn die globale Klimaerwärmung gestoppt würde. Besonderes Augenmerk liegt dabei auf dem Westantarktischen Eisschild, jenem Teil der Antarktis also, der sich in Richtung Südamerika erstreckt. Es gibt Hinweise darauf, dass sich dieser Eisschild vor etwa 400 000 Jahren als Folge einer kürzeren Klimaerwärmung deutlich verkleinert hatte. Für die Zukunft deuten Modellstudien übereinstimmend darauf hin, dass der vom Menschen gemachte Klimawandel ein unaufhaltsames Abschmelzen dieses Teils der antarktischen Eismasse zur Folge haben könnte. Die Tatsache, dass sich das Abschmelzen des Westantarktischen Eisschildes selbst verstärkt, hängt dabei mit der Topographie des Meeresbodens im Bereich dieser Eismasse zusammen. Das Eis ist dort so schwer, dass es das Land, auf welchem es ruht, weit unter den Meeresspiegel gedrückt hat, so dass der feste Boden vom Ozean zum Innern der Antarktis hin immer weiter abfällt. Aufgrund dieser Konstellation beschleunigt sich ein einmal begonnenes Abschmelzen des Eises immer weiter, insbesondere wenn es durch eine Erwärmung des Ozeans hervorgerufen worden ist. Im Gegensatz hierzu scheint es im Moment unwahrscheinlich, dass sich das Abschmelzen des grönländischen oder des ostantarktischen Eises in großem Maße selbst beschleunigen kann. In Grönland ist hierfür insbesondere die geringe Breite der Fjordsysteme ausschlaggebend, durch die das Eis vom Land ins Meer fließen kann. Grund zur Entwarnung ist dies allerdings nicht. Aufgrund des Rückgangs von Meereis wird sich die Arktis in den nächsten Jahrzehnten weiterhin deutlich schneller erwärmen als der Rest des Planeten, sodass das Eis in Grönland auch in Zukunft weiter und weiter abschmelzen wird.

KLIMAFAKTOR EIS

Die globalen Folgen eines solchen Meeresspiegelanstiegs sind kaum realistisch abzuschätzen. Allerdings haben schon heute einige niedrig gelegene Inselstaaten im Pazifik erheblich mit den Auswirkungen des steigenden Meeresspiegels zu kämpfen. Während diese Probleme zurzeit in erster Linie in der zunehmenden Versalzung des dortigen Grundwassers liegen, steht in den kommenden Jahrzehnten die Existenz ganzer Inselnationen auf dem Spiel, die einfach vom Pazifik überspült werden könnten.

Einordnung der jüngsten Veränderungen

Das Klima der Erde hat sich seit der Entstehung der Erde vor fast fünf Milliarden Jahren immer wieder gewandelt. So gab es in der langen Erdgeschichte Zeitspannen, in denen die Erde für viele Millionen Jahre komplett von Eis und Schnee überzogen war (sog. „Schneeball-Erde"). Dann wieder gab es Zeiten, in denen es für Millionen von Jahren überhaupt kein Eis auf der Erde gab. Zum Beispiel lebten die Dinosaurier in einer solchen Warmzeit ohne Eis und Schnee. Könnte da nicht auch die zurzeit ablaufende Klimaerwärmung einfach nur ein weiteres Indiz für solche weit reichenden natürlichen Klimaschwankungen sein? Die Antwort auf diese Frage lautet mit sehr, sehr hoher Wahrscheinlichkeit „Nein".

Der Grund dafür, dass sich die Wissenschaft bei dieser Antwort relativ sicher sind, ist recht einfach: Es gibt keine andere plausible Erklärung für die beobachtete Erwärmung, für den Rückgang des Meereises, für das Ansteigen des Meeresspiegels. Durch Isotopenanalyse lässt sich zweifelsfrei nachweisen, dass der Anstieg des Kohlendioxidgehalts der Atmosphäre in den letzten Jahrzehnten durch die Verbrennung fossiler Brennstoffe verursacht wurde. Ebenso zweifelsfrei lässt sich nachweisen, dass ein Anstieg der atmosphärischen CO_2-Konzentration zu einer globalen Erwärmung führt. Globale Klimamodelle sind inzwischen recht gut in der Lage, die im 20. Jahrhundert beobachtete Erwärmung nachzubilden, allerdings nur, wenn jene Modelle auch die vom Menschen verursachte Veränderung der Treibhausgaskonzentration in der Atmosphäre berücksichtigen. Werden in den Modellen ausschließlich natürliche Faktoren, wie z. B. Vulkanausbrüche und Schwankungen der Sonnenaktivität, zugrunde gelegt, so werden zwar die Temperaturschwankungen in den ersten Jahrzehnten des 20. Jahrhunderts gut nachgebildet, nicht aber der starke Temperaturanstieg seit den 1970er Jahren. Es gilt daher als nahezu sicher, dass dieser Temperaturanstieg vom Menschen gemacht ist. Und als ebenso sicher gilt, dass sich dieser Temperaturanstieg auch in den nächsten Jahrzehnten fortsetzen wird, falls nicht die Emissionen von Treibhausgasen rigoros zurückgehen und schließlich komplett eingestellt werden.

Sollte es nicht gelingen, den Ausstoß von Treibhausgasen in den nächsten Jahren zu begrenzen, könnte dies das Ende des relativ stabilen Klimas bedeuten, das es uns Menschen in den letzten 10 000 Jahren ermöglicht hat, unsere heutigen Hochkulturen zu entwickeln. Die Konsequenzen des globalen Klimawandels könnten in einem solchen Fall weit über das Abschmelzen von Eismassen und einen Anstieg des globalen Meeresspiegels hinaus reichen. Da die Polargebiete als Frühwarnsystem unseres Klimasystems gelten, erscheint es als dringend geboten, die dort ablaufenden Veränderungen in Zukunft noch besser verstehen zu wollen. Wie dieses Kapitel gezeigt hat, ist dies ohne eine weit reichende Kenntnis von Physik und Chemie kaum möglich.

Weiterführende Literatur

St. Rahmstorf, H.-J. Schellnhuber (2006) *Der Klimawandel*, C.H. Beck, München.

A. Fuchs (Hrsg.) (2010) *Blickpunkt Klimawandel*. Delius-Klasing Verlag, Bielefeld.

The Copenhagen Diagnosis: Updating the world on the Latest Climate Science. The University of New South Wales Climate Change Research Centre (CCRC), Sydney, Australia, 60 pp., 2009, (http://www.copenhagendiagnosis.org/).

Klimawandel. Aus Politik und Zeitgeschichte 47/2007. Bundeszentrale für politische Bildung, http://www.bpb.de/publikationen/8SWB5P,0,Klimawandel.html.

Global Outlook for Snow and Ice, Hrsg. United Nations Environment Programme, http://www.unep.org/geo/geo_ice/.

Der Arktis-Klima-Report (2005), Convent Verlag, Englisch: *Impacts of a Warming Arctic*, http://amap.no/acia/.

IPCC 2007 Reports, http://www.ipcc.ch/.

M. Latif (2009) Klimawandel und Klimadynamik, UTB, Stuttgart.

OH-Radikale – Waschmittel der Atmosphäre

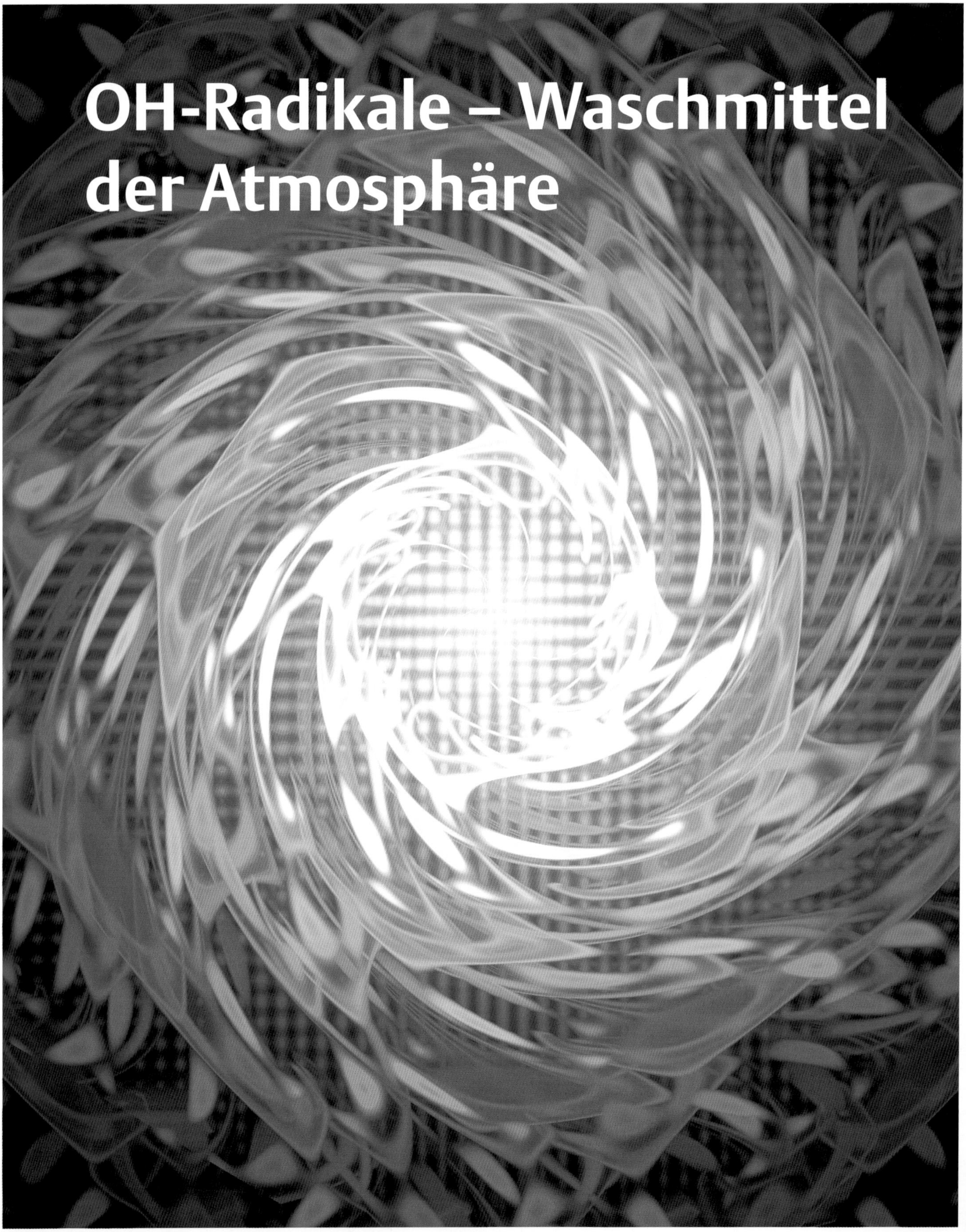

Die Kraft der Selbstreinigung

ANDREAS WAHNER, ANDREAS HOFZUMAHAUS UND GEERT MOORTGAT

Spurengase und Selbstreinigung

Neben seinen Hauptbestandteilen enthält die Atmosphäre auch eine Vielzahl von Spurengasen. Obwohl ihre Konzentrationen z. T. verschwindend gering erscheinen, tragen auch sie in vielfältiger Weise zu den Lebensbedingungen auf der Erde bei. Einige Gase beeinflussen die Übertragung optischer Strahlung durch die Atmosphäre und damit in direkter Weise die Energiebalance an der Erdoberfläche. Sie nehmen dadurch auch Einfluss auf Wetter und Klima. Spurengase und Aerosole beeinflussen mit ihren physikalischen Eigenschaften die Wolken- und Niederschlagsbildung. Darüber hinaus bestimmen Spurengase wesentlich die chemischen Eigenschaften der Atmosphäre und damit den Verlauf, die Geschwindigkeit und Produkte chemischer Umwandlungsprozesse in der Luft. Spurengase reagieren mit der belebten und unbelebten Umwelt. In belasteten Gebieten mit erhöhten Konzentrationen toxischer (z. B. Ozon, Formaldehyd, Feinstaub, Ruß) und korrosiver Spurenstoffe (z. B. Schwefeldioxid) führt dies z. B. zu gesundheitlichen und materiellen Schäden. Eine besondere Rolle spielen die freien Radikale wie das Hydroxylradikal (OH), das Hydroperoxylradikal (HO_2) und das Nitratradikal (NO_3).

Die meisten Spurengase gelangen durch natürliche und durch vom Menschen verursachte (anthropogene) Aktivitäten in die Atmosphäre. Die beobachteten Spurengaskonzentrationen resultieren aus einem Gleichgewicht zwischen Eintrag (Emission) in die Atmosphäre und dem Abbau durch chemische Prozesse (siehe Abb. 1).

Bis auf wenige Ausnahmen (z. B. Ammoniak und Schwefeldioxid) haben die meisten emittierten Gase keine hinreichende Wasserlöslichkeit, um durch Regen ausgewaschen zu werden. Je nach chemischer Reaktivität der einzelnen Substanzen werden sie in der Atmosphäre mehr oder weniger schnell oxidiert und dabei in saure, wasserlösliche Produkte umgewandelt. Kohlenstoffhaltige Verbindungen werden so zu CO_2 abgebaut, Stickstoffverbindungen zu Salpetersäure oxidiert und Schwefelverbindungen zu Schwefelsäure umgewandelt. Die wasserlöslichen Produkte können durch Regen aus der Atmosphäre ausgewaschen werden oder werden trocken am Boden deponiert. Insgesamt ist die Reaktionsgeschwindigkeit der atmosphärischen Oxidation wesentlich dafür ausschlaggebend, wie schnell ein emittiertes Spurengas die Atmosphäre wieder verlässt. Die Oxidationsfähigkeit der Atmosphäre begründet daher ihre Selbstreinigungsfähigkeit.

Die durch atmosphärische Oxidation kontrollierte Lebensdauer entscheidet nicht nur darüber, in welchem Umfang sich Spuren- und Schadgase in der Atmosphäre anreichern können, sondern auch darüber, wie weit sie sich nach ihrer Freisetzung durch Luftströmungen ausbreiten können (Tabelle 1). Kurzlebige Verbindungen, wie z. B. von Pflanzen emittiertes Isopren und Terpene, können sich nur begrenzt regional (< 100 km) ausbreiten, bis sie vollständig abgebaut sind. Kohlenmonoxid (CO) mit einer mittleren chemischen Lebensdauer von 1,5 Monaten hat dagegen genügend Zeit, sich hemisphärisch auf der Erde zu verteilen. Das bedeutet z. B. konkret, dass in Europa emittiertes CO bis nach Asien und Nordamerika gelangt und umgekehrt Europa aus den anderen nordhemisphärischen Kontinenten Kohlenmonoxid importiert. Längerlebige Gase wie Methan (Lebensdauer 8,6 Jahre) verteilen sich dagegen über beide Hemisphären und können bis in die Stratosphäre eindringen.

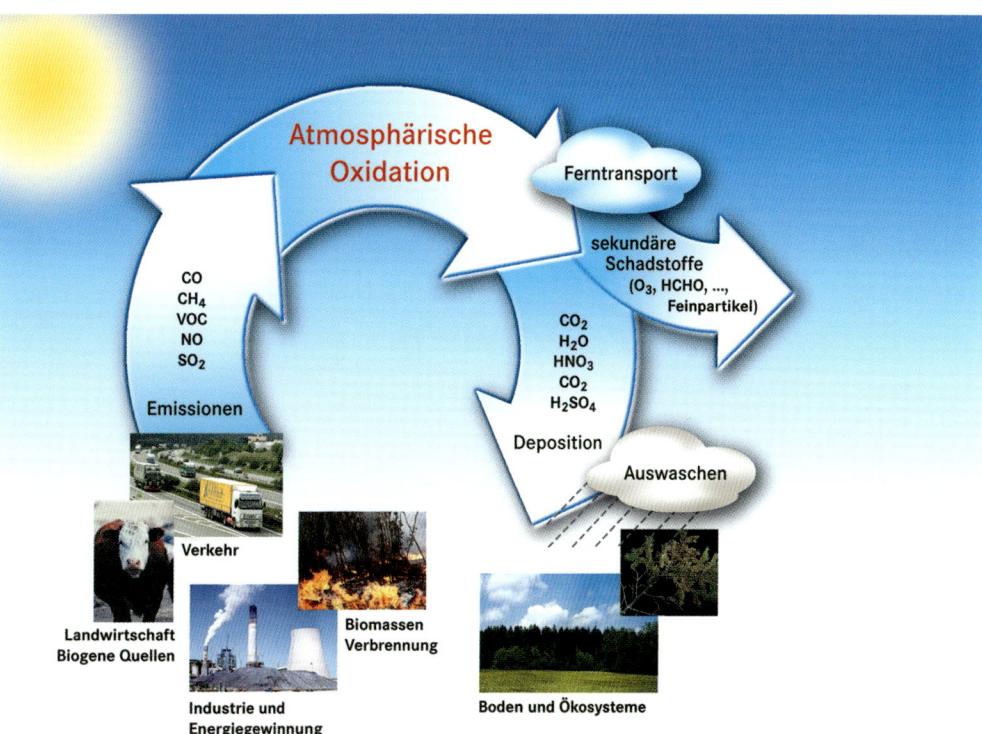

Abb. 1 *Spurenstoffkreislauf in der Atmosphäre. Zahlreiche kohlenstoff-, stickstoff-, und schwefelhaltige Spurengase gelangen durch Emission in die Atmosphäre. Sie werden dort durch atmosphärische Oxidation in wasserlösliche Säuren umgewandelt, welche durch Regen ausgewaschen werden oder trocken am Boden deponieren. Als Nebenprodukte können sekundäre Luftschadstoffe (z. B. Ozon) entstehen.*

SELBSTREINIGUNGSKRAFT

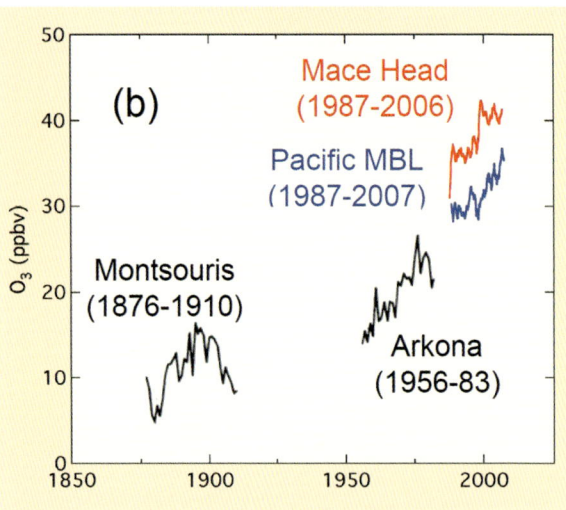

Abb. 2 Anstieg der mittleren jährlichen Ozonkonzentration an Messstationen der nördlichen Hemisphäre (Mace Head, Nordküste Irlands; Pazifische Westküste, USA; Arkona, Nordkap Deutschlands; Montsouris bei Paris, Frankreich) [10]

Die Bedeutung des oxidativen Spurengasabbaus für die Lebensbedingungen auf der Erde lässt sich am Beispiel des CO-Abbaus veranschaulichen. Die gesamte Atmosphäre enthält ca. 12,5 Tmol CO (1 Tera-Mol = 10^{12} mol), welche innerhalb der CO-Lebensdauer von 1,5 Monaten umgesetzt werden. Diesem gewaltigen Stoffumsatz steht eine gleich große jährliche Emissionsrate von ca. 100 Tmol CO gegenüber. Gäbe es keinen natürlichen CO-Abbau, würde sich der CO-Gehalt der Atmosphäre fortlaufend mit der genannten Emissionsrate erhöhen und bereits nach ca. 40 Jahren die Konzentration von 30 ppm überschreiten, der laut Gesetz ein Arbeitnehmer an seinem Arbeitsplatz (sog. MAK-Wert) höchstens acht Stunden pro Arbeitstag ausgesetzt sein darf.

Die positive Eigenschaft der Atmosphäre, auf natürliche Weise Spuren- und Schadstoffe abbauen zu können, hat auch eine Kehrseite. Der Oxidationsprozess verläuft in vielen Fällen nicht in einer einfachen Reaktion zu den Endprodukten, sondern durchläuft zahlreiche Reaktionsschritte. Dabei können neue Zwischenprodukte entstehen, die im Fall erhöhter Konzentration ihrerseits Schadstoffe sein können. Bekannte Beispiele sind Ozon, Formaldehyd (HCHO) oder organische Partikel, welche allesamt durch die Oxidation von Kohlenwasserstoffen entstehen können. Spitzenkonzentrationen dieser sog. sekundären Schadstoffe finden sich naturgemäß unter Bedingungen, bei denen hohe Konzentrationen primärer (d. h. emittierter) Schadstoffe effektiv abgebaut werden, was z. B. in Sommersmog-Episoden der Fall ist.

Insgesamt verhält sich die Troposphäre wie ein großer chemischer Reaktor, der enorme Mengen Spurengase und Aerosole verarbeitet. Die sich einstellenden Konzentrationsniveaus, deren räumliche Verteilung und zeitliche Entwicklung werden durch das Zusammenspiel mehrerer grundlegender Prozesse gesteuert: durch anthropogene und natürliche Emissionen, durch atmosphärischen Transport, chemischen Abbau und Transformation in der Atmosphäre sowie durch Deposition der Produkte am Boden, in Gewässern und Ökosystemen.

Aufgrund eines wachsenden Bedarfs an Energie, Nahrungsmitteln und Gütern verändern die Menschen zunehmend ihren Lebensraum. Damit verbunden sind wachsende anthropogene Schadstoff-Emissionen, welche die stoffliche Zusammensetzung der Atmosphäre zunehmend verändern. Dass dieser Wandel ein globales Ausmaß erreicht hat, ist durch zahlreiche Beobachtungen in der Atmosphäre belegt [7, 9]. Globale Spurengasänderungen betreffen unter anderem die Treibhausgase. Chemische Analysen an Luftbläschen, die in der Vergangenheit im Gletschereis der Antarktis und Grönlands eingeschlossen wurden, sowie direkte Atmosphärenbeobachtungen der letzten Jahrzehnte belegen zum Beispiel, dass sich die Konzentration des atmosphärischen Methans in den letzten zweihundert Jahren annähernd verdreifacht hat. Dieses Wachstum ist zu einem großen Teil mit der gestiegenen Nahrungsmittelproduktion (Reis und Fleisch) korreliert. Mitte der 80er Jahre hat die Entdeckung des antarktischen Ozonlochs dramatisch bewiesen, dass industriell produzierte Fluorchlorkohlenwasserstoffe nach ihrer Freisetzung stratosphärisches Ozon effektiv zerstören können.

Abbildung 2 zeigt beispielhaft, dass auch troposphärisches Ozon vom globalen Wandel betroffen ist. Anders als in der Stratosphäre findet man in der bodennahen Atmosphäre einen Anstieg der gemessenen Ozonkonzentration. Die Änderung der mittleren Jahreswerte beträgt über die letzten 100 Jahre ca. einen Faktor 2 und ist auf der verstärkten, chemischen Ozonbildung aus emittierten Kohlenwasserstoffen und Stickoxiden zu erklären. Besonders stark sind weltweit die in Anzahl und Größe zunehmenden Millionenstädte von anthropogenen Emissionen betroffen. Außer durch hohe, gesundheitsschädliche Schadstoffbelastungen ist die Lebensqualität dort zusätzlich in hohem Maße durch reduzierte Sichtweiten eingeschränkt (Abb. 3).

Die oxidierende Wirkung der Atmosphäre erscheint zunächst nicht überraschend, da molekularer Sauerstoff mit ungefähr 21 % Anteil in hohem Überschuss gegenüber oxidierbaren Spurengasen im ppm-, ppb-, und ppt-Bereich vorliegt. Tatsächlich ist O_2 jedoch viel zu reaktionsträge, um bei den in der Troposphäre und Stratosphäre vorherrschenden Temperaturen zu chemisch bedeutenden Umsätzen zu führen. Die Aktivierung der atmosphärischen Oxidation erfolgt durch die UV-Strahlung der Sonne. Diese erreicht die Troposphäre aber nur bei Wellenlängen größer als 300 nm; Strahlung mit kürzeren Wellenlängen wird von der stratosphärischen Ozonschicht vollständig absorbiert. Durch photochemische Prozesse bilden sich reaktive Verbindungen, welche als Oxidationsmittel wirken. Vor allem das Hydroxylradikal (OH), aber auch Ozon, das Nitratradikal (NO_3), und in geringerem Ausmaß Chlor- und Bromatome (Cl, Br) sowie atomarer Sauerstoff ($O(^3P)$) sind wirksame Oxidati-

Abb. 3 *Verminderte Sichtweite durch Feinstaubbelastung in der Millionenstadt Guangzhou im Süden Chinas an einem wolkenfreien Sommertag in 2006. Der Feinstaub stammt einerseits aus Partikel-Emissionen (u. a. Verkehr), zum anderen aus der photochemischen Oxidation emittierter Spurengase (Kohlenwasserstoffe und Stickoxide). Die gleichfalls stark erhöhten Ozonkonzentrationen (> 100 ppb) sind für das menschliche Auge nicht sichtbar.*

onsmittel. In der flüssigen Phase, wie z. B. in Wolkentröpfchen, ist Wasserstoffperoxid (H_2O_2) ein weiteres Oxidationsmittel. Alle diese Moleküle und Radikale werden innerhalb der Troposphäre unter Beteiligung von Luftsauerstoff erzeugt. Die Rate der jeweiligen Entstehungsprozesse begrenzt ihre Konzentration und folglich auch die oxidierenden Eigenschaften der Troposphäre.

Die troposphärische Chemie von OH und O_3

Die troposphärische Chemie von OH-Radikalen und Ozon ist sehr eng miteinander verbunden [1, 8]. Tatsächlich basiert die Primärproduktion von OH-Radikalen auf der Photolyse von O_3. Bei Wellenlängen von 300 nm bis 320 nm, d. h. im Wesentlichen durch den UV-B-Anteil der Sonnenstrahlung, werden durch direkte Photolyse elektronisch angeregte Sauerstoffatome im energiereichen Quantenzustand $O(^1D)$ gebildet:

$$O_3 + h\nu \rightarrow O(^1D) + O_2 \quad (1)$$

Die weitaus meisten der entstehenden $O(^1D)$ Atome werden durch Stöße mit Luftmolekülen zu energiearmen Sauerstoffatomen im Quanten-Grundzustand $O(^3P)$ deaktiviert:

$$O(^1D) + N_2 \rightarrow O(^3P) + N_2 \quad (2)$$
$$O(^1D) + O_2 \rightarrow O(^3P) + O_2 \quad (3)$$

Nur ein kleiner Teil der angeregten Sauerstoffatome reagiert mit Wasserdampfmolekülen und bildet das sehr reaktive OH-Radikal:

$$O(^1D) + H_2O \rightarrow OH + OH \quad (4)$$

H_2O ist in der Troposphäre überall vorhanden; in der bodennahen Luft in mittleren Breiten beträgt das H_2O-Mischungsverhältnis ungefähr 1 %. Da die Geschwindigkeitskonstante der Reaktion (4) etwa zehnmal größer ist als die der Reaktionen (2) und (3), werden ungefähr 10 % der ursprünglich vorhandenen $O(^1D)$-Atome in OH-Radikale umgewandelt.

Die teilweise Umwandlung von O_3 zu OH über die Reaktionen (1) und (4) bildet gleichzeitig die Hauptsenke des troposphärischen Ozons. Während das durch (2) und (3) entstandene $O(^3P)$-Atom durch Rekombination mit O_2 wieder zu O_3 führt

$$O(^3P) + O_2 + M \rightarrow O_3 + M \quad (5)$$

bleibt der über Reaktion (4) verbrauchte Anteil des $O(^1D)$-Atoms dauerhaft verloren.

Dasselbe gilt selbstverständlich auch für das direkt durch Photolyse von O_3 bei Wellenlängen größer als 320 nm gebildete $O(^3P)$:

$$O_3 + h\nu \rightarrow O(^3P) + O_2 \quad (6)$$

Die Bildung von $O(^3P)$ in den Reaktionen (2), (3), (6) und anderen, wie z. B. die Photolyse von NO_2 (siehe unten), wird durch die Rekombinationsreaktion (5) ausgeglichen und führt am Tage zu einer stationären Konzentration von einigen 10^3 $O(^3P)$-Atomen pro cm^3. Aufgrund der verhältnismäßig niedrigen Reaktivität von $O(^3P)$ ist diese Konzentration zu klein, um für die Oxidation der Spurengasen in der Troposphäre von großer Bedeutung zu sein. Die schnelle Reaktion der $O(^3P)$ Atome mit Sauerstoff (Reaktion (5)), einem Hauptbestandteil der Luft, begrenzt ihre mögliche Bedeutung.

Hydroxylradikale andererseits reagieren nicht mit den Hauptbestandteilen der Luft, jedoch sehr leicht mit den meisten atmosphärischen Spurengasen (z. B. CO, Kohlenwasserstoffe, Stickoxide usw.). OH-Radikale haben die Fähigkeit, Kettenreaktionen in einer sauerstoffhaltigen Atmosphäre einzuleiten. Reagieren OH-Radikale mit Spurengasmolekülen, werden sie zwar zunächst verbraucht, jedoch in den meisten Fällen durch nachfolgende Reaktionen zurückgebildet, sodass die Spurengasoxidation mittels OH quasi-katalytisch abläuft. Auf diese Weise werden verhältnismäßig hohe Konzentrationen des hochreaktiven OH-Radikals – bis zu einigen 10^7 Molekülen pro cm^3 – in der sonnenbeschienenen Troposphäre aufrecht erhalten. Diese bemerkenswerte Eigenschaft erklärt auch, warum die OH-Radikale andere Spurengase, deren Konzentrationen wesentlich größer sind, abbauen können. Die hohe Reaktivität, die allgegenwärtige Bildung aus Ozon und Wasserdampf in der sonnenbeschienenen Atmosphäre und die Fähigkeit, verbrauchtes OH effizient zu regenerieren, machen das Hydroxylradikal zum wichtigsten Oxidationsmittel in der Troposphäre. Salopp formuliert wird es deshalb auch als

SELBSTREINIGUNGSKRAFT

„Waschmittel" der Atmosphäre bezeichnet. Es wäre vermutlich unmöglich, in einer Atmosphäre ohne OH-Radikale ein für das Leben geeignetes chemisches und physikalisches Klima zu bewahren.

OH-Reaktionen mit Spurengasen

Eines der einfachsten Beispiele für eine Reaktion zwischen OH und einem Spurengas ist die Oxidation von Kohlenmonoxid. Die Reaktion von CO mit OH bildet sofort das stabile Endprodukt CO_2:

$$CO + OH \rightarrow CO_2 + H \qquad (7)$$

Dabei wird auch ein Wasserstoffatom gebildet, das sehr reaktiv ist. Das H-Atom lagert sich schnell an den Sauerstoff an, um ein Hydroperoxyradikal (HO_2) zu bilden:

$$H + O_2 + M \rightarrow HO_2 + M \qquad (8)$$

Die Bindung eines H-Atoms an O_2 schwächt die Bindung zwischen den Sauerstoffatomen; HO_2 ist daher viel reaktiver als O_2. Insbesondere reagiert HO_2 schnell mit Stickstoffmonoxid (NO)

$$NO + HO_2 \rightarrow NO_2 + OH \qquad (9)$$

In Reaktion (9) wird nicht nur NO zu NO_2 oxidiert, sondern darüber hinaus ein OH-Radikal aus dem HO_2 regeneriert. In der planetarischen Grenzschicht über den industrialisierten Kontinenten ist die Konzentration von NO größer als 0,1 ppb. Damit ist Reaktion (9) die bei weitem größte Senke für HO_2. Gleichzeitig wandelt Reaktion (9) das reaktionsträgere HO_2 in das sehr viel reaktivere OH-Radikal zurück.

Die Regeneration von OH ist von erheblicher Bedeutung für die Atmosphäre, da sie die Konzentration der OH-Radikale und damit deren Oxidationsfähigkeit aufrecht erhält. Die Regeneration von OH findet sich bei nahezu allen Reaktionen von OH mit atmosphärischen Spurengasen wieder und begründet seine Bedeutung als wichtigstes, atmosphärisches Oxidationsmittel.

Das in Reaktion (9) gebildete Stickstoffdioxidmolekül (NO_2) wird durch UV-Strahlung der Sonne bei Wellenlängen von 300 nm bis 420 nm photolysiert und trägt damit zur troposphärischen Photochemie bei:

$$NO_2 + h\nu \rightarrow NO + O(^3P) \qquad (10)$$

In der sonnenbeschienen Atmosphäre beträgt die Lebensdauer von NO_2 gegenüber Photolyse nur einige Minuten. Das resultierende $O(^3P)$ Atom kombiniert sofort mit O_2, um Ozon (Reaktion (5)) zu bilden. Dieser durch NO moderierte Prozess, bestehend aus den Reaktionen (9), (10) und (5), überführt ein Sauerstoffatom von einem Peroxyradikal (HO_2) zu O_3 und stellt den wesentlichen Ozonbildungsmechanismus in der Troposphäre dar.

Die Bildung von HO_2 beim Abbau eines Spurengases führt in Gegenwart von NO also stets zur Produktion eines Ozonmoleküls. Kombiniert mit den Reaktionen (10) und (5), ergeben die OH-Reaktionen (7) bis (9) die Nettoreaktion

$$CO + 2 O_2 + h\nu \rightarrow CO_2 + O_3 \qquad (11)$$

Diese Gesamtreaktion verbraucht weder OH noch HO_2, NO und NO_2; folglich kann der Zyklus der Reaktionen (7) bis (10) und (5) wiederholt ablaufen, bevor er durch Abbruchreaktionen unterbrochen wird.

Die Oxidation größerer Moleküle, wie Kohlenwasserstoffe, führt zu anderen Peroxyradikalen, RO_2 (R = organischer Rest), die ebenfalls NO in NO_2 umwandeln und zur Bildung von O_3 beitragen. In dieser Hinsicht spielt Methan eine wichtige Rolle für die Atmosphärenchemie. Die Reaktion von OH mit CH_4 führt zu CH_3O_2 (Methylperoxy)-Radikalen, die mit NO weiter zu NO_2 und CH_3O (Methoxy)-Radikalen reagieren. CH_3O-Radikale reagieren schnell mit molekularem Sauerstoff zur Bildung von Formaldehyd (HCHO) und HO_2-Radikalen über die Reaktionen (12) bis (14):

$$OH + CH_4 + O_2 \rightarrow CH_3O_2 + H_2O \qquad (12)$$
$$CH_3O_2 + NO \rightarrow CH_3O + NO_2 \qquad (13)$$
$$CH_3O + O_2 \rightarrow HCHO + HO_2 \qquad (14)$$

Das verhältnismäßig langlebige Produkt Formaldehyd wird hauptsächlich in der Atmosphäre photolysiert und ist eine wichtige zusätzliche Quelle von HO_2 über die Reaktionen (15), (16) und (8):

$$HCHO + h\nu \rightarrow H + HCO \qquad (15a)$$
$$\rightarrow H_2 + CO \qquad (15b)$$
$$HCO + O_2 \rightarrow HO_2 + CO \qquad (16)$$
$$H + O_2 + M \rightarrow HO_2 + M \qquad (8)$$

HCHO ist ein Zwischenprodukt in der Photooxidation vieler in die Atmosphäre emittierter Kohlenwasserstoffe.

Die OH-Radikale lösen nicht nur Reaktionen aus, welche Ozon bilden, sondern auch zerstören. Dies hängt entscheidend von der verfügbaren Konzentration der Stickoxide $NO_x = (NO + NO_2)$ ab. In Konkurrenz zu Reaktion (9) reagiert HO_2 nämlich bei kleiner NO_x-Konzentration ebenfalls mit Ozon, wiederum unter Regeneration von OH-Radikalen:

$$HO_2 + O_3 \rightarrow OH + 2 O_2 \qquad (17)$$

Daher verschwindet sogar ohne NO die HO_x-Rezyklierung nicht völlig. Aber in diesem Fall führt die Reaktionskette (7), (8), (17) insgesamt zu einer Zerstörung von Ozon:

$$CO + O_3 \rightarrow CO_2 + O_2 \qquad (18)$$

SELBSTREINIGUNGSKRAFT

Bei höheren NO_x-Konzentrationen dagegen reagieren OH-Radikale mit NO_2 zu Salpetersäure (HNO_3)

$$OH + NO_2 + M \rightarrow HNO_3 + M \qquad (22)$$

Reaktion (22) ist die dominierende HO_x-Verlustreaktion in der „verschmutzten" Atmosphäre. Gleichzeitig stellt Reaktion (22) die Hauptverlustreaktion für NO_x dar und veranschaulicht die Tendenz der atmosphärischen Oxidation, säurehaltige Endprodukte zu produzieren.

Abbildung 5 zeigt schematisch die Ketten- und Kettenabbruchreaktionen der HO_x-Radikale für eine Spurenstoffzusammensetzung in ländlichen Regionen.

Stickoxide beeinflussen die OH-Konzentration auf zwei verschiedene Weisen. In Form von NO beschleunigen sie die Rezyklierung von HO_2 zu OH (Reaktion (9)) und erhöhen folglich die OH-Konzentration; in Form von NO_2 wird die Verlustrate von OH über Reaktion (22) erhöht, was zur einer Verringerung der OH-Lebensdauer und damit zu einer Abnahme der OH-Konzentration führt. Die gegenläufigen Ef-

Abb. 4 *Reaktionskaskaden bei Kettenreaktionen ähneln dem Prinzip des Domino-Effekts.*

Zusammen mit der Reaktion

$$OH + O_3 \rightarrow HO_2 + O_2 \qquad (19)$$

bildet Reaktion (18) den zweiten wichtigen Verlustmechanismus troposphärischen Ozons, der wiederum eng mit der HO_x-Chemie verbunden ist. Wenn das Konzentrationsverhältnis [NO] : [O_3] etwa den Wert 1 : 4000 übersteigt, wird in der unteren Troposphäre Ozon gebildet. Bei sehr geringen NO-Konzentrationen, die vor allem über den Ozeanen weit entfernt von anthropogenen Emissionsquellen auftreten, findet dagegen eine Ozonzerstörung statt.

Der HO_x-Verlust

Um einen Nettoverlust von HO_x zu generieren und die Reaktionsketten zu beenden, müssen HO_x-Radikale miteinander oder mit anderen Radikalen reagieren. So führt die Rekombination zweier HO_2-Radikale, wie Reaktion (21), zur Bildung von Wasserstoffperoxid, H_2O_2:

$$OH + HO_2 \rightarrow H_2O + O_2 \qquad (20)$$

$$HO_2 + HO_2 \rightarrow H_2O_2 + O_2 \qquad (21)$$

Reaktionen dieser Art finden allerdings nur bei niedrigen NO_x-Konzentrationen statt. Sie sind für HO_x-Verlust in sauberer Luft verantwortlich.

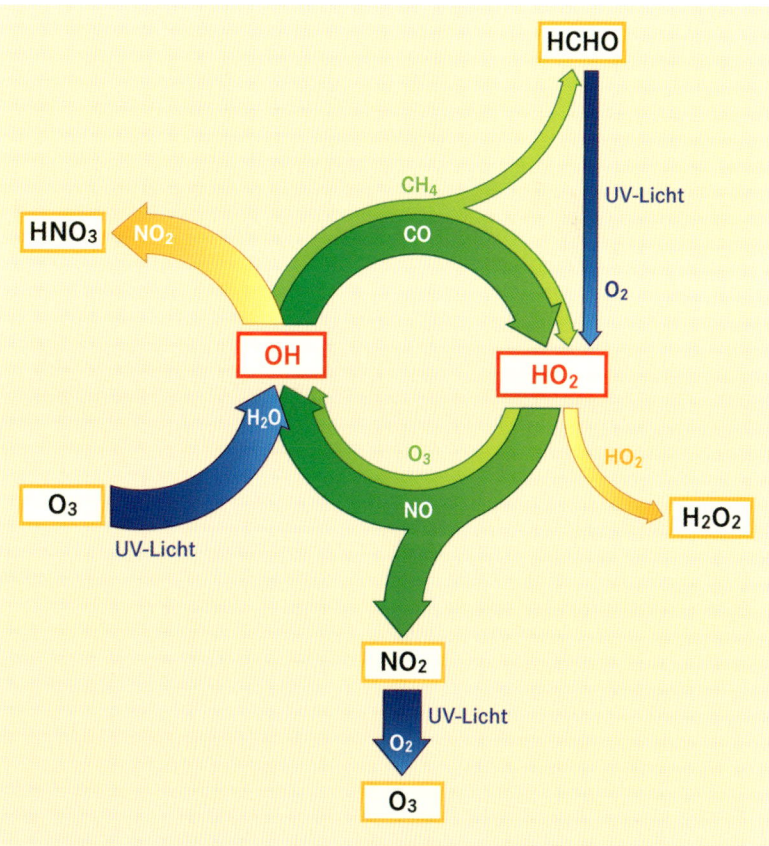

Abb. 5 *Atmosphärischer OH-Radikal-Kreislauf: Der Kreislauf zeigt stark vereinfachend die wesentlichen chemischen Prozesse, die dem Spurengasabbau in der Troposphäre zugrunde liegen. OH- und HO_2-Radikale werden hauptsächlich durch UV-Photolyse von Ozon und Formaldehyd gebildet. Im Kreislauf werden sie in Sekunden ineinander umgewandelt. Mit jedem Zyklus wird ein CO- oder Kohlenwasserstoff-Molekül oxidiert und je nach Stickoxidbelastung ein Ozonmolekül erzeugt oder zerstört. Die Bildung von Salpetersäure (HNO_3) und Wasserstoffperoxid (H_2O_2) sind die bedeutendsten Radikalverluste, welche OH bzw. HO_2 aus dem Kreislauf permanent entfernen.*

167

SELBSTREINIGUNGSKRAFT

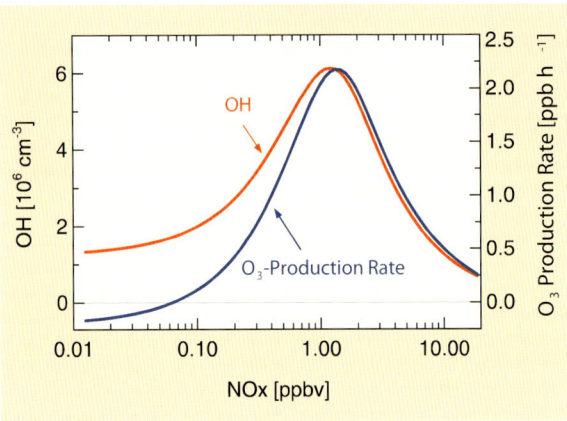

Abb. 6 *Abhängigkeit der OH-Konzentration und der Ozon-Nettoproduktion von NO_x, berechnet mit einem luftchemischen Modell für ländliche Bedingungen (analog zu [2]).*

Zu den wesentlichen, ozonproduzierenden Prozessen gehört die Oxidation von CO und Kohlenwasserstoffen (hier CH_4) unter Beteiligung von OH und NO (CO: Reaktionen (7) bis (10), und (5); CH_4: Reaktionen (12) bis (14), gefolgt von (9) bis (10) und (5)). O_3-Zerstörung erfolgt dagegen über die Reaktionen (1) kombiniert mit (4), sowie über (17) mit (19) ohne Beteiligung von NO. Bei mittleren bis hohen NO_x-Konzentrationen (1–10 ppb) dominieren die von OH-Reaktionen angetriebenen ozonbildenden Prozesse. Daher zeigt in diesem Bereich die Ozon-Nettobildungsrate einen ähnlichen Verlauf wie die OH-Konzentration als Funktion von NO_x. Bei niedrigem NO_x (unterhalb ca. 0,07 ppb) weichen beide Kurvenverläufe jedoch erheblich voneinander ab, weil dort die ozonzerstörenden Reaktionen über die ozonbildenden Prozesse dominieren und zu einer negativen Ozon-Nettobildungsrate führen.

fekte dieser zwei Prozesse führen zu einer in hohem Maße nichtlinearen Abhängigkeit der OH-Konzentration von NO_x (siehe Abb. 6). Die Position des OH-Maximums in Bezug auf NO_x hängt in gewissem Umfang von der Zusammensetzung der reagierenden Spurengase ab. Außer in stark belasteten Regionen befindet sich das Regime der troposphärischen Chemie im NO_x-Bereich, welcher der linken Flanke der OH-Kurve in Abb. 6 entspricht, d. h. eine Zunahme der globalen NO_x-Konzentrationen führt im Allgemeinen zu einer Zunahme der globalen OH-Konzentration.

Abbildung 6 zeigt auch, welchen Einfluss die Stickoxide auf chemische Ozonänderungen in der Troposphäre ausüben. Zusätzlich zur OH-Konzentration ist auch die Ozon-Nettobildungsrate, d. h. die Differenz zwischen chemischer Ozon-Produktion und Ozon-Zerstörung, in Abhängigkeit von NO_x dargestellt. Ein positives Vorzeichen bedeutet, dass die ozonbildenden Prozesse überwiegen, ein negatives Vorzeichen zeigt an, dass mehr Ozon zerstört als neu gebildet wird.

Der globale Spurengasabbau

Der Verlust eines gegebenen Spurengases in der Troposphäre kann zusätzlich zur Oxidation durch OH-Radikale auch durch Reaktionen mit O_3, NO_3 und anderen Radikalen, durch direkte Photolyse, Deposition an der Erdoberfläche und Transport in die Stratosphäre erfolgen. Die globale troposphärische Verlustrate errechnet sich aus der Summe der einzelnen Verlustraten, die über das Volumen der Troposphäre integriert und über ein Jahr berechnet werden. Die globale troposphärische Lebensdauer eines Spurengases (Tabelle 1) ergibt sich schließlich aus der troposphärischen Gesamtmenge der Verbindung, geteilt durch seine globale troposphärische Verlustrate.

Tabelle 2 listet die Spurengase in geänderter Reihenfolge nach der Größe der globalen Verlustrate auf und gibt die wichtigsten Verlustprozesse an. Bei der atmosphärischen Oxidation dominiert in den meisten Fällen die Reaktion mit OH. Ungesättigte Kohlenwasserstoffe, welche Kohlenstoff-Doppelbindungen enthalten (z. B. Isopren, Terpene), werden auch zu einem bedeutenden Teil durch O_3 und NO_3 abgebaut. Des Weiteren können Stickoxide zu einem erheblichen Anteil durch Reaktion mit O_3 zu Stickstoffpentoxid (N_2O_5) reagieren, welches mit gasförmigem und flüssigem Wasser zu Salpetersäure umgesetzt wird. Halogenatome spielen nach aktuellem Stand des Wissens eine untergeordnete Rolle. So wird z. B. die Konzentration von Cl-Atomen in der Nordhemisphäre kleiner als 1000 cm^{-3}, in der südlichen Hemisphäre auf weniger als 2000 cm^{-3} abgeschätzt. Dies ist drei Größenordnungen kleiner als die mittlere globale OH-Konzentration. Dieser Unterschied ist so groß, dass er im Falle von Kohlenwasserstoffen nicht durch die prinzipiell höhere Reaktivität der Cl-Atome ausgeglichen werden kann.

Bei Tabelle 2 ist zu beachten, dass sie ein globales Bild zeichnet. Auf lokaler Skala kann die Gewichtung der Verlustprozesse, abhängig von der vorherrschenden Luftzusammensetzung und den Randbedingungen (UV-Einstrahlung, Temperatur, Feuchte) im Einzelnen deutlich von den angegebenen Werten abweichen.

TAB. 1   **DURCH OXIDATION KONTROLLIERTE, ATMOSPHÄRISCHE LEBENSDAUER WICHTIGER TROPOSPHÄRISCHER SPURENGASE SOWIE IHRE VERBREITUNG DURCH LUFTSTRÖMUNGEN UND WIND INNERHALB DER LEBENSDAUER**

Spurengas	Atmosphärische Lebensdauer	Ferntransport innerhalb der Lebensdauer
Isopren	Stunden	< 100 km
Terpene	Stunden	< 100 km
NO_x	0,3–5 Tage	einige hundert km
$(CH_3)_2S$	Tage	einige hundert km
SO_2	Tage	einige hundert km
CO	1,5 Monate	Erdhalbkugel
C_2H_6	2 Monate	Erdhalbkugel
H_2	2,3 Jahre	gesamte Erdkugel
CH_4	8 Jahre	gesamte Erdkugel + Stratosphäre
$CFCl_3$	60 Jahre	gesamte Erdkugel + Stratosphäre
N_2O	120 Jahre	gesamte Erdkugel + Stratosphäre

SELBSTREINIGUNGSKRAFT

TAB. 2 | GLOBALER UMSATZ DER WICHTIGSTEN TROPOSPHÄRISCHEN SPURENGASE (ANALOG ZU [2])

Spurengas	Globale Verlustrate (Tmol/Jahr)	Prozentualer Abbau durch troposphärische Oxidationsmittel (%)				
		OH[a]	O_3[b]	NO_3[c]	Andere	Prozesse
CO	100	85	–	–	15	Deposition
H_2	36	40	–	–	60	Deposition
CH_4	33	90	–	–	10	Deposition; Stratosphäre
Isopren	8	80	7	13	–	
SO_2	5	30	–	–	70	Reaktion in Wolkentropfen
NO_x	3	50	40	–	10	Deposition
Terpene	1	20	25	55	–	
C_2H_6	0,7	80	–	–	20	Reaktion mit Cl [d]
N_2O	0,6	–	–	–	100	Stratosphäre
$(CH_3)_2S$	0,5	70 [e]	–	30 [e]	–	
$CFCl_3$	0,002	–	–	–	100	Stratosphäre

a) mittlere globale OH-Konzentration 1×10^6 cm^{-3}
b) mittlere globale O_3-Konzentration 30 ppbv
c) mittlere globale NO_3-Konzentration 1 pptv
d) obere Grenze bei mittlerer globaler Cl-Konzentration 1×10^3 cm^{-3}
e) 3D-Modell nach I. Isaksen (private Mitteilung); unter Berücksichtigung der antikorrelierten Emissionsverteilung der Ozeanemission von $(CH_3)_2S$ und kontinentaler Emission von NO_2

Das chemische Reaktionssystem, das bisher beschrieben wurde, bestimmt die globale Verteilung von OH, O_3 und NO_3 und deren Variation mit Breitengrad, Längengrad, Tageszeit und Jahreszeit. Abbildung 7 zeigt die mittlere zonale Verteilung von OH, O_3 und NO_3 in den Monaten Januar und Juli. Diese dargestellten Verteilungen basieren auf dreidimensionalen Modellrechnungen, da es bisher nicht genügend Messungen dieser Moleküle gibt, um die Verteilungen aus Messungen zu rekonstruieren. Dennoch gibt es z. B. für O_3 genügend Hinweise aus direkten Beobachtungen, die gute Übereinstimmung mit den Modellergebnissen zeigen. Die globale, gemittelte OH-Konzentration aus Modellrechnungen mit einem Jahresmittelwert um 10^6 OH-Radikale pro cm^3 lässt sich auch vom globalen Budget von Methylchloroform, CH_3CCl_3, basierend auf Messungen, ableiten ([3]).

Die Konzentration von OH-Radikalen zeigt eine ausgeprägte breitenabhängige Variation in allen Höhen der Troposphäre mit einem breiten Maximum in den Tropen, dort wo die maximale solare Strahlung vorliegt. Die OH-Konzentration variiert auch mit der Höhe und zeigt ein breites Maximum bei ungefähr 4 km Höhe. OH, wie O_3 und NO_3, zeigen höheren Konzentrationen in der nördlichen Hemisphäre, dort wo die meisten Emissionen, seien es natürliche oder anthropogene, stattfinden.

Das photochemische Reaktionssystem der Troposphäre zeigt, dass die Zunahme der anthropogenen Emissionen

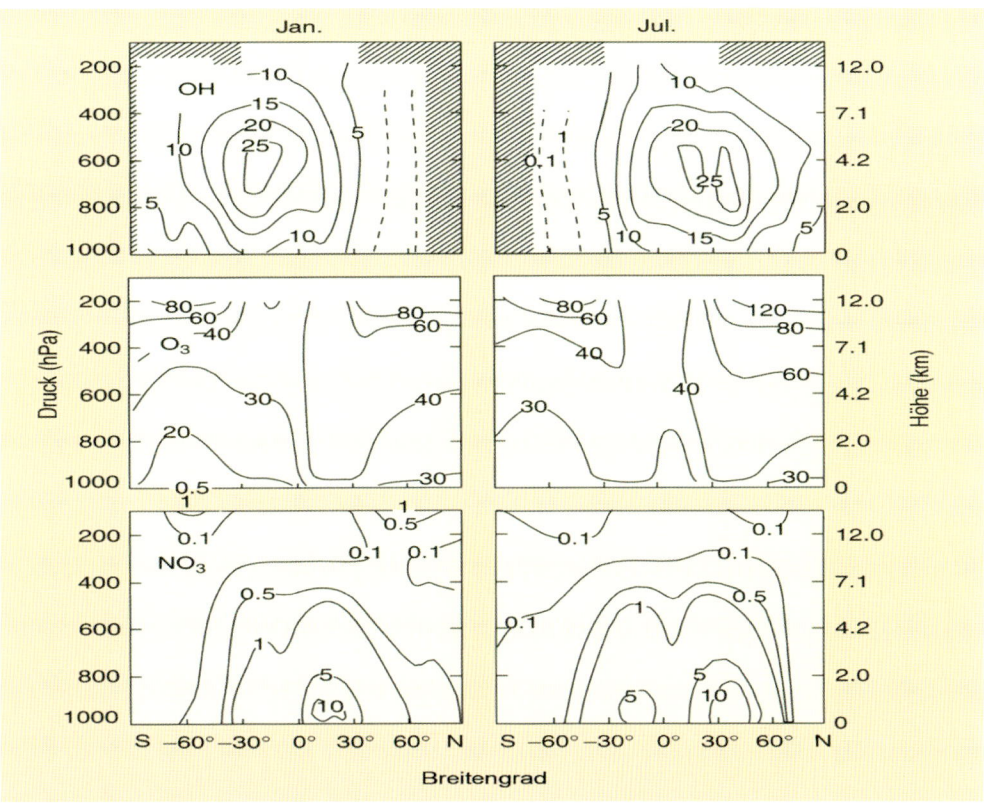

Abb. 7 Mittlere zonale Verteilung von OH, O_3 und NO_3 im Januar und Juli, berechnet mit einem 3D chemischen Transportmodel. OH-Verteilung (oberes Bild, Konturlinien in 10^5 OH cm^{-3}) analog zu [4]. O_3-Verteilung (mittleres Bild, Konturlinien in ppb) analog zu [5]. NO_3-Verteilung (unteres Bild, Konturlinien in ppt).

SELBSTREINIGUNGSKRAFT

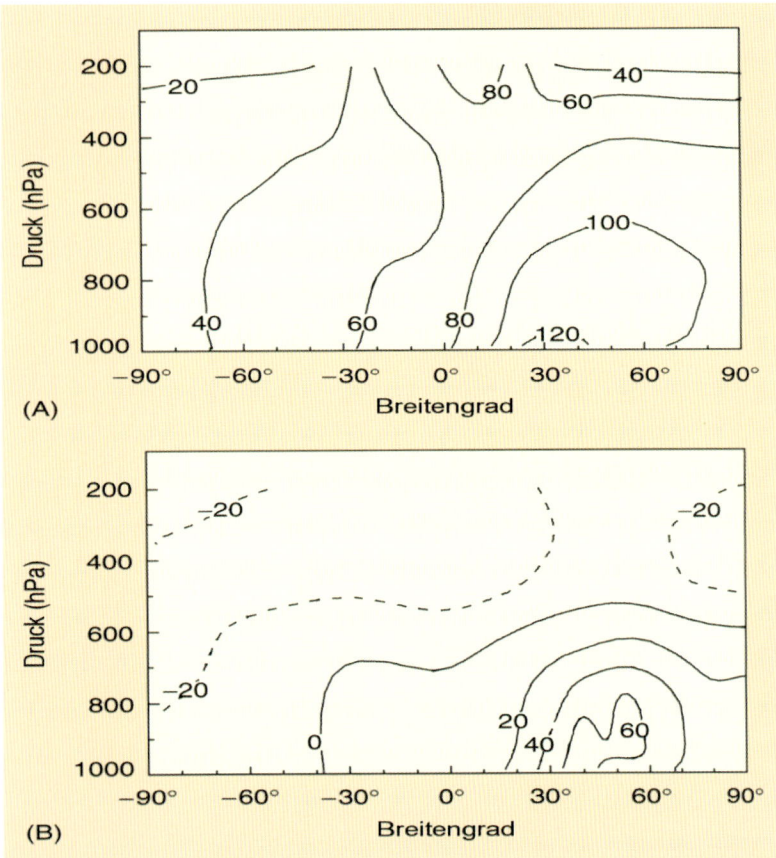

Abb. 8 *Relative Veränderung der zonal und jährlich gemittelten Verteilung von (A) O_3 und (B) OH von vorindustrieller Zeit bis heute (Konturlinien in %) (analog zu [6]).*

von NO_x, CO und CH_4, die die Industrialisierung und die Bevölkerungszunahme im letzten Jahrhundert begleitet haben, einen signifikanten Einfluss auf die Konzentration der troposphärischen Oxidationsmittel hatte. Dies belegen z. B. atmosphärische Messungen von Ozon, die eine Zunahme in der Größenordnung eines Faktors 2 zeigen.

Abbildung 8 zeigt die Ergebnisse von Modellrechnungen zur Veränderung der zonalen und jährlich gemittelten Verteilung von O_3 und OH von vorindustriellen Zeiten im Vergleich zu heute. Für die O_3-Konzentration berechnet das Modell eine Zunahme von 63 % (+50 % in der südlichen Hemisphäre, +80 % in der nördlichen). Die vom Modell berechnete OH-Konzentrationszunahme findet nur in der unteren Troposphäre in den Tropen und den nördlichen mittleren Breiten statt, ansonsten wird eine Abnahme der OH-Konzentration berechnet. Allerdings muss für die Verteilung und den Trend besonders beachtet werden, dass das Ergebnis empfindlich von der angenommenen räumlichen und zeitlichen Verteilung der NO_x-Emissionen abhängt.

Der Unterschied zwischen den Veränderungen der OH- und O_3-Konzentration ist nicht unerwartet. Die zunehmenden Emissionen von CO und NO_x verstärken beide die Ozonbildung, mehr CO führt zur verstärkten Bildung von HO_2, welches dann bei höheren NO-Konzentrationen mehr Ozon bilden kann. Für die OH-Konzentration wirken höhere CO- und NO_x-Emissionen gegenseitig abschwächend; höheres NO_x bewirkt höhere OH-Konzentrationen, höhere CO-Emissionen bewirken niedrigere OH-Konzentrationen. Solange in der Zukunft die NO_x-, CO- und CH_4-Emissionen ansteigen, was aufgrund des globalen Wirtschaftswachstums absehbar ist, wird es weitere Veränderungen der globalen Verteilung von OH und O_3 geben mit Auswirkungen auf die lokale Luftqualität und das Klima.

Literatur

[1] Ehhalt, D.H. (1999) Chapter 2: Gas phase chemistry of the troposphere in: *Global Aspects of Atmospheric Chemistry, Topics in Physical Chemistry*, Vol. 6, (R. Zellner (Guest Ed.), H. Baumgärtel, W. Grünbein, F. Hensel (eds)), 21–109, Steinkopff, Darmstadt.

[2] Ehhalt, D.H. (1999) Photooxidation of trace gases in the troposphere. *Phys. Chem. Chem. Phys.*, 1, 5401–5408.

[3] Prinn, G.R., R.F. Weiss, B.R. Miller, J. Huang, F.N. Alyea, D.M. Cunnold, P.J. Fraser, D.E. Hartley, and P.J. Simmonds (1995) Atmospheric trends and lifetime of CH_3CCl_3 and the global OH concentrations. *Science*, 269, 187–192.

[4] Spivakovsky, C.M., J.A. Logan, Y.J. Montzka et al. (2000) Three-dimensional climatological distribution of tropospheric OH: update and evaluation. *J. Geophys. Res.*, 105, 8931–8980.

[5] Wang, Y., D.J. Jacob, and J.A. Logan (1998) Global simulation of tropospheric O_3-NO_x-hydrocarbon chemistry. *J. Geophys. Res.*, 103, 10757–10767.

[6] Wang, Y., and D.J. Jacob (1998) Anthropogenic forcing on tropospheric ozone and OH since preindustrial times. *J. Geophys. Res.*, 103, 31123–31135.

[7] Brasseur, G.P., R.G. Prinn, and A.A.P. Pszenny (eds) (2003) Atmospheric Chemistry in a Changing World. An Integration and Synthesis of a Decade of Tropospheric Chemistry Research. International Geosphere-Biosphere Programme (IGBP) Book Series. Springer-Verlag, Berlin, 2003.

[8] Ehhalt, D.H., and A. Wahner (2003) Oxidizing Capacity in: *Tropospheric Chemistry and Composition*. Elsevier Science, 2415–2424.

[9] Intergovernmental Panel on Climate Change (IPCC), Climate Change 2007 – The Physical Science Basis, Contribution of Working Group I to the Fourth Assessment Report of the IPCC, Cambridge University Press, 2007.

[10] Parrish, D. D., Millet, D. B., and Goldstein, A. H. (2009) *Atmos. Chem. Phys.*, 9, 1303–1323.

 | SELBSTREINIGUNGSKRAFT

Abb. 9 *Die UV-Strahlung der Sonne löst photochemische Reaktionen in der Atmosphäre aus, bei denen sich reaktive Verbindungen bilden, u.a. OH-Radikale, Ozon, atomarer Sauerstoff und Halogenatome. Aufgrund ihrer starken Oxidationswirkung reagieren sie mit Spurenstoffen in der Atmosphäre und führen so zu deren Abbau. Vor allem OH-Radikalen kommt beim Abbau von Luftverunreinigungen eine wichtige Rolle zu, weshalb diese auch als „Waschmittel der Atmosphäre" bezeichnet werden.*

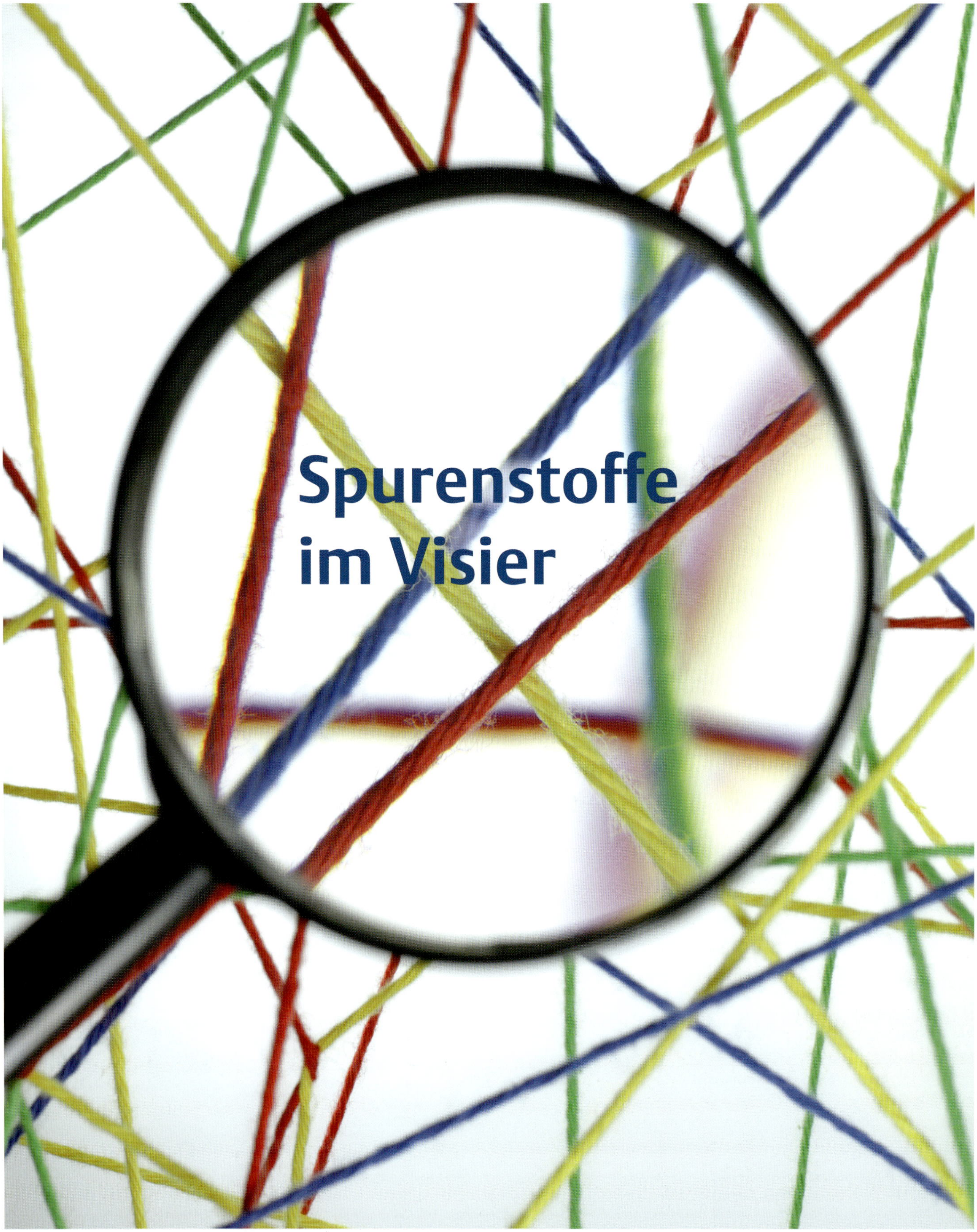

Spurenstoffe im Visier

Chemie über den Wolken. Reinhard Zellner · Copyright © 2011 WILEY-VCH Verlag GmbH & Co. KGaA, Weinheim · ISBN: 978-3-527-32651-8

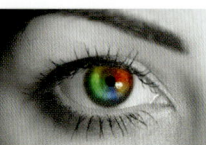

SPURENSTOFFSONDIERUNG

Von nah und fern erforscht

Ulrich Platt und John Burrows

Die Atmosphäre unserer Erde setzt sich zu 99,9999 % ihres Volumens aus nur zehn verschiedenen Gasen zusammen. In der Reihenfolge ihrer Häufigkeit sind dies N_2, O_2, Edelgase, CO_2, Methan sowie variable Anteile von Wasserdampf. Der verbleibende Millionstel Teil der Atmosphäre entfällt auf eine große Zahl von Spezies, etwa molekularer Wasserstoff, Treibhausgase wie N_2O, CCl_2F_2, und SF_6 sowie die als Luftverschmutzer bekannten Gase wie Kohlenmonoxid, Ozon, Stickoxide und Kohlenwasserstoffe. Insgesamt vermutet man im Mischungsverhältnis-Bereich von 10^{-15} (= 0,001 ppt) bis 10^{-9} (= 1 ppb) etwa 10^3–10^5 verschiedene Molekülarten, deren genauere Anteile regional und zeitlich natürlich stark schwanken können.

Ihre Häufigkeit tatsächlich untersuchen zu wollen, erscheint zunächst als ein rein akademisches Vorhaben. Allerdings gibt es zahlreiche sehr seltene Spurengase (Mischungsverhältnis < 10^{-11}), wie z. B. die freien Radikale OH, HO_2, NO_3 und Cl, die den Abbau weitaus häufiger vorkommender Spurengase – wie CH_4, VOCs oder CO – katalysieren und damit nicht nur die Selbstreinigung der Atmosphäre bewirken, sondern auch – wie z. B. über die Lebensdauer des Methans – den Treibhauseffekt begrenzen.

Dass auch extrem seltene Spezies am unteren Ende der Häufigkeitsskala große Wirkungen haben können, illustrieren die radioaktiven Edelgase ^{222}Rn und ^{85}Kr mit Mischungsverhältnissen von etwa 10^{-18} bis 10^{-19}. Insbesondere Rn kann bereits in diesen Mengen nachteilige Auswirkungen auf die menschliche Gesundheit haben.

Damit ist klar, dass Messungen des atmosphärischen Spurenstoffgehaltes aus einer Reihe von Gründen wichtig sind:
- um den Zustand der Atmosphäre und mögliche Veränderungen über lange Zeiten zu überwachen – wie z. B. die stratosphärische Ozonschicht oder sonstige Atmosphärenbereiche im Rahmen der *Network for Detection of Atmospheric Composition Change* (NDACC)- oder *Global Atmospheric Watch* (GAW)-Programme;
- zur Untersuchung regionaler Phänomene (Smog, Ozonloch etc.);
- zu Forschungszwecken.

Die interessierenden Spezies kommen in der Regel nur in äußerst geringen Mengen vor. Daher ist es offensichtlich, dass Messverfahren für atmosphärische Spurenstoffe höchste Empfindlichkeit aufweisen müssen. Noch wichtiger aber ist eine geringe Querempfindlichkeit, also die Fähigkeit eines Messverfahrens eine ganz bestimmte Spezies (etwa NO_2) in Gegenwart anderer Substanzen in 10^3 bis 10^6 fachem Überschuss korrekt zu erfassen. Weitere Charakteristika guter Messverfahren sind die räumliche Erfassung (In-situ-Verfahren, Fernerkundungsverfahren), die Fähigkeit zur Echtzeitmessung und einfache Kalibrierbarkeit. Naturgemäß ist heute eine große Zahl von verschiedenen Messprinzipien für atmosphärische Spurengase im Gebrauch, die sich grob einteilen lassen nach:

- Universellen Verfahren, die sich für viele verschiedene Spezies eignen. In der Atmosphärenforschung sind dies die optische Spektroskopie, die Massenspektroskopie und die Gaschromatographie – jeweils in zahlreichen Varianten;
- Speziellen Verfahren, die ein oder mehrere Spezies (oder eine Familie von Spezies wie etwa NO_x) erfassen. Hier sind naturgemäß eine sehr große Zahl von Verfahren im Einsatz wie etwa Chemolumineszenz, elektrochemische Methoden oder chemische Verstärker (z. B. der *Peroxy Radical Chemical Amplifier* (PERCA)).

Spurenstoff – Messungen von nah oder fern

Ein weiteres Unterscheidungsmerkmal von Messprinzipien ist, entweder an dem Ort zu messen, an dem sie stehen (in-situ), oder die Bestimmung von Atmosphärenparameter aus der Entfernung (Fernerkundung) vorzunehmen. Beide Arten von Methoden haben ihre Berechtigung: In-situ-Messungen kommen dem Ideal einer Messung an einem Punkt im Raum nahe, andererseits unterliegen sie auch lokalen Einflüssen. Dagegen erlauben Fernerkundungs-Messungen Beobachtungen über große Distanzen, etwa von einem Satelliten auf einer Erdumlaufbahn aus. Sie mitteln darüber hinaus in der Regel die Spurengaskonzentrationen über ein großes Luftvolumen, so dass lokale Effekte in der Nähe des Instrumentes nur eine relativ geringe Rolle spielen.

Abb. 1 *Forschungssatellit mit der Mission, die Verteilung von Kohlenstoffdioxid in der Erdatmosphäre zu beobachten.*

SPURENSTOFFSONDIERUNG

Methoden der In-situ-Messungen

Heute sind eine Vielzahl an unterschiedlichen Instrumenten zur In-situ-Messung der atmosphärischen Zusammensetzung, der Strahlung und der atmosphärischen Dynamik im Gebrauch:

- Optischen Methoden wie die Absorptionsspektroskopie (gekoppelt mit Vielfachreflexions-Optik oder optischem Resonator), Laser-induzierte Resonanzfluoreszenz (LIF), Laser-basierte Photoakustik (LPAS), Spektralradiometer, Pyrgeometer oder Vorwärtsstreuexperiment (FSSP), Diodenlaserspektroskopie, Quantum-Cascade-Laser-Absorptionsspektroskopie;
- Massenspektrometrie, wobei für Gase die chemische Ionisations-Massenspektroskopie (CIMS) oder eine ihrer Spielarten, wie die Protonen-Transfer-Reaktions-Massenspektrometrie (PTR-MS), eingesetzt werden. Seltene Isotope werden mit Beschleuniger-Massenspektrometrie (AMS) gemessen;
- Gaschromatographie mit und ohne Massenspektrometerkopplung, Denuder gekoppelt mit Hochdruckgaschromatographie (HPLC), Filteranalytik mit Flüssigkeitsgaschromatographie;
- Chemische Verstärker, wie der Peroxy Radical Chemical Amplifier (PERCA);
- Chemilumineszenz;
- Elektrochemische Methoden;
- Proportionalzählrohre;
- Impaktoren.

Methoden der Fernerkundung

In der Fernerkundung werden grundsätzlich zwei verschiedene physikalische Prinzipien angewandt: Absorption eines externen Signals und thermische Emission aus der Atmosphäre. In der Absorptionsspektroskopie besteht das primäre Messsignal aus der Abschwächung der Intensität I_0 einer Strahlungsquelle durch den zu messenden Spurenstoff. Quantitativ wird der Zusammenhang zwischen Spurenstoff-Konzentration und gemessenen Lichtintensitäten durch das Lambert-Beer'sche Gesetz beschrieben:

$$I(\lambda) = I_0(\lambda) \exp(-S\,\sigma(\lambda)) \qquad (1)$$

In Gl. (1) bedeuten $I_0(\lambda)$ bzw. $I(\lambda)$ die (wellenlängenabhängigen) Intensitäten vor bzw. nach Durchlaufen einer Messstrecke, in der sich der Spurenstoff mit der Säulendichte S befindet, $\sigma(\lambda)$ bezeichnet den (wellenlängenabhängigen) Absorptionsquerschnitt des Spurenstoffs, die Säulendichte (S) ist das Integral der Konzentration über die Messstrecke (Länge L) mit der Spurenstoffkonzentration c(l):

$$S = \int_0^L c(l)\,dl = \bar{c}\cdot L \qquad (2)$$

Die Säulendichte kann auch als Produkt der über die Messstrecke gemittelten Konzentration $\bar{c}$ mit der Länge L der Messstrecke geschrieben werden. Mit diesen Größen lässt sich die mittlere Spurenstoffkonzentration als Funktion der zu messenden Intensitäten I_0, I (bzw. der Optischen Dichte D) ausdrücken:

$$\bar{c} = \frac{\log\left(\frac{I_0(\lambda)}{I(\lambda)}\right)}{\sigma(\lambda)\cdot L} = \frac{D}{\sigma(\lambda)\cdot L} \qquad (3)$$

Absorptionsspektroskopische Messungen werden in vielen Varianten angewandt, die sich in einer Reihe von Merkmalen unterscheiden: Art der Lichtquelle (natürlich oder künstlich), Anordnung des Lichtweges (direkter Weg zwischen Lichtquelle und Empfänger bzw. Empfang von gestreutem Licht), Art der Messung (mittlere Spurenstoffkonzentration oder Länge des Lichtweges L, etwa in Wolken). Eine Reihe der Varianten ist in Abb. 2 schematisch dargestellt.

In der Emissionsspektroskopie wird die thermische Emission elektromagnetischer Strahlung durch atmosphärische Spurenstoffe ausgenutzt, um deren Säulendichte bzw. Konzentration zu bestimmen. Da thermische Emission in nutzbarer Intensität bei allen atmosphärischen Temperaturen nur bei Wellenlängen oberhalb von 3–4 μm stattfindet, ist Emissionsspektroskopie nur im IR- und Mikrowellenbereich möglich. Damit sind aber Messungen ohne fremde Strahlungsquellen (wie z. B. die Sonne) am Tag und in der Nacht möglich. Nachteil der Emissionsspektroskopie ist die Notwendigkeit der Eichung der Strahlungsmessungen mit Schwarzkörpern. Das Signal $I(\lambda)$, das der Sensor empfängt, wird durch die Strahlungstransfergleichung beschrieben. Für die Intensität I als Funktion der Wellenlänge λ gilt

$$I(\lambda) = I_0 \exp(-D_0) + \int_0^L \sigma(l)S(t,\lambda)\exp(-D_l)\,dl$$

mit I_0 der Intensität der Strahlung, die von außen in die Atmosphäre eintritt und entsprechend der optischen Dichte (Opazität) der gesamten Atmosphäre D_0 abgeschwächt wird, l ist die Distanz vom Sensor mit der maximalen Distanz L am Rande der Atmosphäre. Das Integral beschreibt den Strahlungsbeitrag aus der Atmosphäre, $\sigma(l)$ ist der Absorptionskoeffizient an der Stelle l, der eine Funktion der Zusammensetzung, der Temperatur und des Druckes ist, und S ist die Quellfunktion, die für thermische Strahlung durch die Planck-Funktion beschrieben wird und von der Wellenlänge und der Temperatur abhängt. Das Produkt aus Absorption und Quellfunktion an der Stelle l wird mit der Opazität D_l abgeschwächt. Für die Opazitäten gilt:

$$D_0(\lambda) = \int_0^L c(l)\sigma(l,\lambda)\,dl \quad \text{und} \quad D_l(\lambda) = \int_9^l c(l')\sigma(l',\lambda)\,dl'$$

Für einen Sensor am Boden ist I_0 die kosmische Hintergrundstrahlung (also eine äußerst geringe Intensität), für ein Sensor in einem Flugzeug oder Satelliten, der in Richtung Erde beobachtet, ist I_0 die thermische Eigenstrahlung der Erdoberfläche. Messungen sind natürlich bei beliebigen Winkeln zum Nadir möglich. Moleküle, die nur in sehr geringen Konzentrationen vorkommen, können mittels Horizontabtastung (engl. *limb sounding*) von einer Plattform

SPURENSTOFFSONDIERUNG

oberhalb der interessierenden Atmosphärenschichten gemessen werden. Diese Beobachtungsgeometrie ermöglicht sehr lange Wege in der Atmosphäre.

Durch eine geeignete Wahl der Beobachtungswellenlänge kann erreicht werden, dass im Wesentlichen nur ein Signal von einem bestimmten Molekül in der Atmosphäre erhalten wird. Wenn die atmosphärische Temperatur- und Druckverteilung mit ausreichender Genauigkeit bekannt ist, kann aus der Messung der Strahlungsintensität I auf die vertikale Verteilung des betreffenden Moleküls geschlossen werden. Falls die Verteilung dieses Moleküls bekannt ist, kann mithilfe dieser Messung natürlich auch das Temperaturprofil bestimmt werden.

Je nach benutztem Wellenlängenbereich muss der Effekt der Streuung an Teilchen in der Atmosphäre unterschiedlich behandelt werden. Für infrarote und Sub-mm-Wellen muss ein Streualgorithmus unter Berücksichtigung der Teilchengrößenverteilung und Teilchenform verwendet werden. Entsprechende Algorithmen sind verfügbar, sind aber sehr rechenintensiv. Für den langwelligen Teil des Mikrowellenspektrums ($\lambda > 1$ cm) beschränkt sich der Effekt von Teilchen auf deren dielektrischen Verluste im Material. Von Vorteil ist, dass man bei geeigneter Wahl der Wellenlänge durch Messung der Strahlung auf die Teilchengrößen und deren Form schließen kann.

Bei Aufnahme oder Abgabe eines Lichtquants (Photons) aus dem Strahlungsfeld der Atmosphäre gehen die Moleküle in einen um die Energie des Quants energetisch höheren bzw. tieferen Zustand über. Nach den Regeln der Quantenmechanik sind nur be-

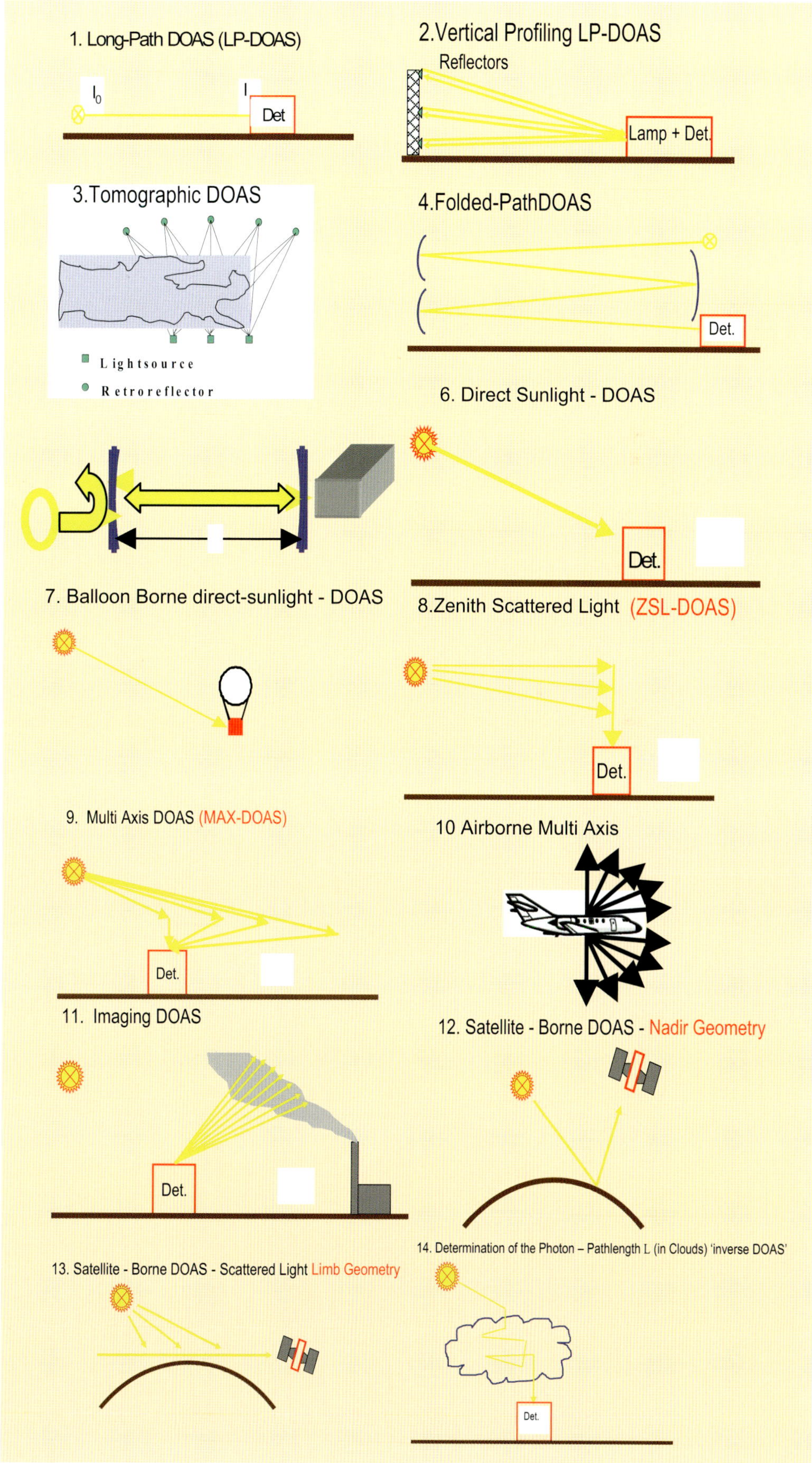

Abb. 2 *Das Prinzip der Absorptionsspektroskopie wird in vielen Varianten angewandt, die sich durch die Art der Lichtquelle (natürlich oder künstlich), der Anordnung des Lichtweges (direkter Weg zwischen Lichtquelle und Empfänger, Vielfachreflexion bzw. Empfang von gestreutem Licht) sowie der Art der Messung (mittlere Spurenstoffkonzentration oder Länge des Lichtweges) unterscheiden.* [1]

SPURENSTOFFSONDIERUNG

stimmte Zustände mit diskreten Energiewerten zulässig. Bei Emission oder Absorption eines Photons wird an der entsprechenden Position eine Emissions- bzw. Absorptionslinie im Spektrum beobachtet. Das für das Molekül charakteristische Spektrum wird durch die Gesamtheit der möglichen Zustände, dem (temperaturabhängigen) Anteil der Moleküle in den Ausgangszuständen und durch quantenmechanische Regeln („Auswahlregeln") bestimmt. Letztere legen fest, welche Übergänge möglich sind und an das Strahlungsfeld koppeln. Grundsätzlich kann man drei Arten der Anregung eines Moleküls unterscheiden: Die elektronische Anregung ändert die Konfiguration der äußeren Elektronen des Moleküls, die Vibrationsanregung ändert die Schwingungen der Atome des Moleküls relativ zueinander und schließlich kann auch die Rotationsgeschwindigkeit des Moleküls durch Strahlungseinwirkung geändert werden.

Die Spektralbereiche
Der ultraviolette und sichtbare Spektralbereich

Im ultravioletten und sichtbaren Spektralbereich kann Absorption von Strahlung nur stattfinden, wenn elektronische Molekülübergänge angeregt werden können. Da gleichzeitig noch Vibrations- und Rotationsanregung auftreten, sind die Molekülspektren in diesem Bereich sehr komplex. In der Tat bestehen sie in vielen Bereichen aus hunderten von einander überlappenden Linien. Man spricht dann von „Bandenspektren". Im UV- und sichtbaren Spektralbereich gibt es keine thermische Emission. Als Lichtquellen dienen daher Himmelskörper (Sonne, Mond, Fixsterne) oder künstliche Strahler.

Der infrarote Spektralbereich

Im Bereich der infraroten Strahlung werden Schwingungs- und Rotationsübergänge angeregt. Es resultieren sog. Schwingungs-Rotationsbanden, die umso komplexer ausfallen, je größer die Anzahl der Atome im Molekül ist. Die Hauptbestandteile der Atmosphäre, N_2 und O_2, sind nicht infrarot-aktiv. Andernfalls wäre die Atmosphäre im gesamten infraroten Spektralbereich vollkommen undurchsichtig. Viele Spurengase aber, wie H_2O, O_3, CO_2, CH_4, HNO_3, oder N_2O, sind strahlungsaktiv (vgl. Abb. 3). Die atmosphärischen Gaskomponenten, die sowohl strahlungsaktiv sind als auch in ausreichend hoher Konzentration vorkommen, bestimmen, in welchen Fensterbereichen die Atmosphäre transparent bleibt. Neben den o. g. Spurengasen gibt es noch eine größere Zahl (ca. 30) von anderen Spurengasen, die ebenfalls Absorptionssignaturen im IR aufweisen und deshalb mit der IR-Spektroskopie gemessen werden können.

Der Mikrowellen- und Sub-Millimeterwellen-Bereich

Bei der Messung mit Mikrowellenradiometern werden Emissionslinien atmosphärischer Spurengase, die von thermisch angeregten Rotationsübergängen der betreffenden Moleküle herrühren, spektral so weit aufgelöst, dass anhand der Druckverbreiterung der Linien vertikale Konzentrationsprofile dieser Gase gewonnen werden können. Bei letzterem macht man sich zunutze, dass aufgrund des mit der Höhe exponentiell abnehmenden Drucks die Strahlungsbeiträge aus unterschiedlichen Höhen in der Atmosphäre eine stark unterschiedliche Druckverbreiterung aufweisen. So resultiert die Emission von Strahlung einer Substanz im unteren Teil der Atmosphäre in einer sehr breiten Linie, während die Emission eines Gases im oberen Teil der Atmosphäre zu einer sehr schmalen Spektrallinie mit scharfer Spitze führt (siehe Abb. 4). Unterhalb von 10 km Höhe wird die Linie allerdings so breit, dass sie sich nicht mehr vom unterliegenden Kontinuum abhebt. Das Verfahren ist deshalb auf die Messung von Spurengasen in der Stratosphäre und in der Mesosphäre begrenzt. Da Mikrowellenstrahlung Wolken nahezu ungehindert durchdringt, sind Messungen der Konstituenten mit starken Emissionslinien wie Ozon auch bei teilweise bedecktem Himmel möglich.

Messgeometrien der Fernerkundung

Das Prinzip der Absorptionsspektroskopie wird in vielen Varianten angewandt, die sich im Wesentlichen durch folgende Merkmale unterscheiden:

- Wellenlänge der sondierenden Strahlung (UV, sichtbar, IR, Mikrowellen);
- Art der Lichtquelle (natürlich oder künstlich);
- Anordnung des Lichtweges (direkter Weg zwischen Lichtquelle und Empfänger bzw. Empfang von gestreutem Licht);
- Art der Messung (mittlere Spurenstoffkonzentration, Konzentrationsverteilungen oder Länge des Lichtweges);
- Bauart des Empfangssystems und Auswertemethode (Spektrometer oder Interferometer, DOAS-Auswertung (s. u.)).

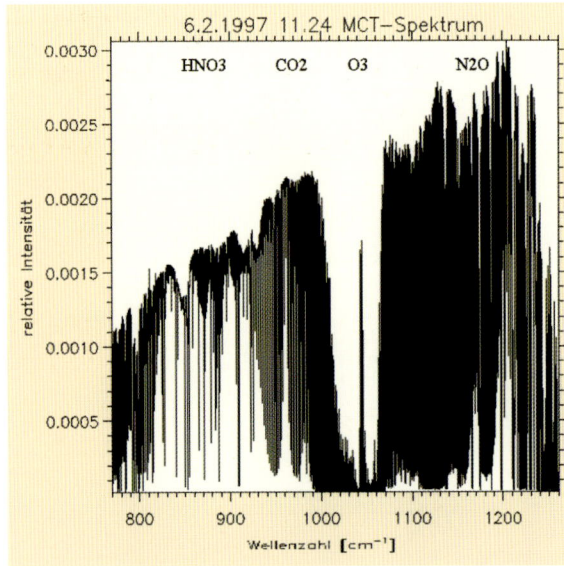

Abb. 3 *In Kiruna (Schweden) gemessenes Absorptionsspektrum im thermischen Infrarotbereich. Die Banden einiger starke Absorber sind markiert [1].*

SPURENSTOFFSONDIERUNG

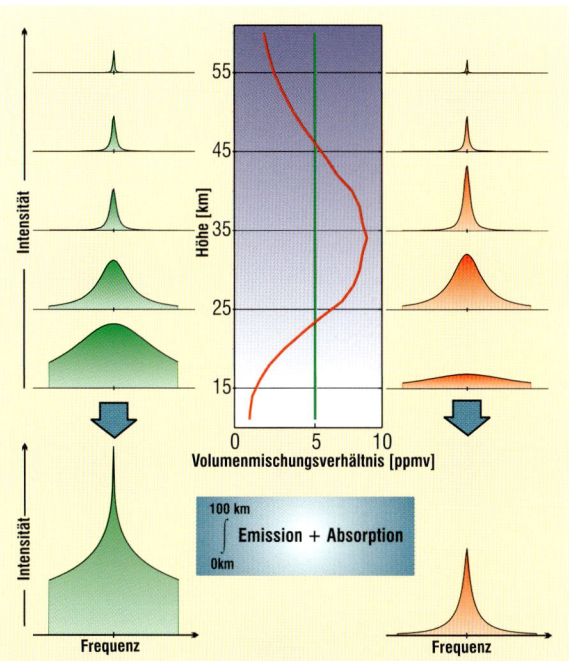

Abb. 4 *Zur Entstehung einer Emissionslinie aus Beiträgen verschiedener Höhen. Ein höhenunabhängiges Mischungsverhältnis (grün) ergibt eine andere Linienform als ein Mischungsverhältnis (rot), das in der Stratosphäre maximale Werte annimmt [1].*

Absorptionsspektrometrie mit Direktlicht

Die Spektroskopie von direktem Licht natürlicher, extraterrestrischer Lichtquellen hat eine lange Tradition. Messungen dieser Art erlauben die Bestimmung der Gesamt-Säulendichte atmosphärischer Spezies (z. B. von Ozon). Der Aufbau der Geräte ist relativ einfach, allerdings ist direkte Sicht zu den Himmelskörpern notwendig, die nur zu bestimmten Tageszeiten gegeben ist bzw. durch Bewölkung blockiert werden kann. Ein weiterer Nachteil ist der eingeschränkte Spektralbereich: Zum Beispiel absorbiert die stratosphärische Ozonschicht im Wesentlichen alle UV-Anteile unterhalb ca. 300 nm. Messungen mit Mond- bzw. Sternlicht, die allerdings erhöhte Anforderungen an die Empfindlichkeit des Messsystems stellen, erlauben auch nächtliche Messungen.

Alternativ können daher künstliche Lichtquellen verwendet werden; man spricht dann von „aktiver" Absorptionsspektroskopie. Die „klassische" Messanordnung eines aktiven Absorptionsspektrometers besteht aus einer Strahlungsquelle (d.h. einem Scheinwerfer), die einen kollimierten Strahl durch die Atmosphäre zu einem Spektrographen schickt, der mit einer passenden Empfangsoptik ausgerüstet ist. Als Lichtquellen sind in allen Spektralbereichen thermische Emitter im Gebrauch (Glühlampen und Bogenlampen im UV-VIS, Globare im IR). Neuerdings gewinnen auch Lumineszenzdioden (LEDs) an Bedeutung, die den Bereich vom UV bis in das mittlere IR abdecken. Alternativ kann die optische Messstrecke auch einfach gefaltet werden. Ein Reflektor schickt die Strahlung zurück zur Lichtquelle, in deren Nähe der Empfänger angebracht ist. Damit sind alle aktiven Bauelemente an einem Ende des Lichtweges zusammengefasst. Vielfach-Reflexions-Optiken (z. B. White System) oder optische Resonatoren dienen zur vielfachen (ca. 100- bis 10 000fachen) Faltung des Lichtweges, um die Messstrecke auf relativ kleinem Raum unterzubringen. Die Vorteile der aktiven Absorptionsspektroskopie sind die einfache Bestimmung des Lichtweges und der relativ große nutzbare Spektralbereich. Zur Aufzeichnung der Spektren dienen im sichtbaren und ultravioletten Spektralbereich in aller Regel Gitterspektrometer; die Analyse erfolgt mittels der Differentiellen Optischen Absorptionsspektroskopie (DOAS, siehe unten). Im infraroten Spektralbereich dominieren Interferometer; die Spektren werden durch Fourier-Transformation aus den Interferogrammen gewonnen.

UV/VIS-Absorptionsspektroskopie mit Streulicht

Die Spektroskopie von gestreutem Sonnenlicht ist eine etablierte Messmethode, mit der viele atmosphärische Spurenstoffe mit hoher Genauigkeit und Empfindlichkeit bestimmt werden können [2]. Auf ihrem Weg durch die Erdatmosphäre wird elektromagnetische Strahlung durch Spurengase absorbiert, die dem Sonnenspektrum charakteristische Absorptionsbanden aufprägen. In der Regel wird die Differentielle Optische Absorptionsspektroskopie (DOAS) zur Analyse der Spektren angewandt [2] (siehe Abb. 5). Dabei wird das für jedes Molekül spezifische Absorptionsmuster (vergleichbar einem Fingerabdruck) genutzt, um Rückschlüsse auf dessen Vorkommen zu ziehen. Hierbei ermöglicht die spektrale Analyse des Streulichts die absolute Bestimmung der Menge von verschiedenen atmosphärischen Spurgasen wie Ozon, NO_2, zahlreiche Halogenoxide, Formaldehyd, Wasserdampf und viele andere Spurengase, indem man ihre einzelnen – unter Umständen auch überlagerten – spektralen Fingerabdrücke im Spektrum nachweist. Ein Beispiel für eine DOAS-Datenanalyse ist in Abb. 6 gezeigt.

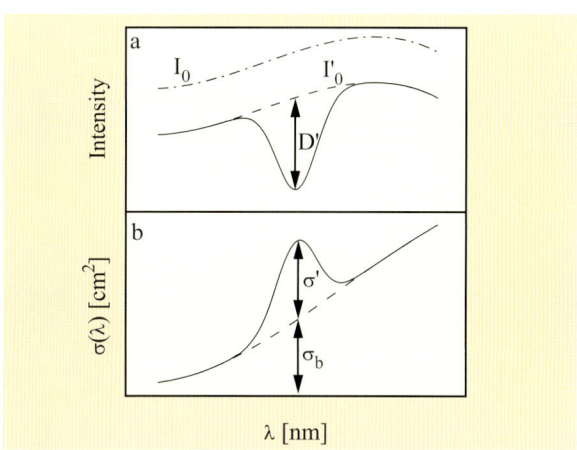

Abb. 5 *Das Prinzip der Differentiellen Optischen Absorptionsspektroskopie (DOAS) [1]*

SPURENSTOFFSONDIERUNG

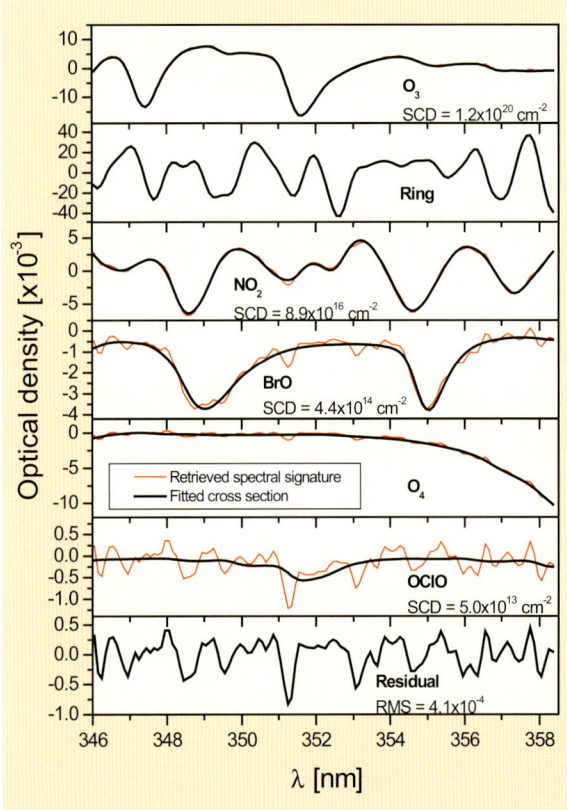

Abb. 6 *Beispiel für die DOAS-Datenanalyse. Die skalierten Absorptionsquerschnitte („Fingerabdrücke") der unterschiedlichen Spurengase sind in schwarz, die gemessene spektrale Signatur in rot dargestellt [3].*

Horizontsondierung

Die Methode der Horizontsondierung wird heute häufig für die Erfassung von Spurenstoffen eingesetzt, weil damit auch Spurengase mit geringer Konzentration mit vergleichsweise guter vertikaler Auflösung gemessen werden können. Die Blickrichtung des Messgeräts verläuft in diesem Fall tangential durch die Atmosphäre und erreicht im Tagentenpunkt den minimalen Abstand h_t zur Erdoberfläche, sodass nur Schichten oberhalb h_t zum Messsignal beitragen. Durch die Geometrie wird die Schicht direkt oberhalb h_t stark gewichtet, wodurch die gute vertikale Auflösung bedingt ist. Entsprechende Sensoren arbeiten im gesamten Wellenlängenbereich von Mikrowellen bis in den UV-Bereich.

Light Detection and Ranging (LIDAR)-Instrumente

Die Bezeichnung *Light Detection and Ranging* (etwa: Licht-Nachweis und Entfernungsmessung) wurde in Analogie zum bekannten RADAR (*Radiowave Detection and Ranging*)-Verfahren geprägt [4]. Das Messprinzip (siehe Abb. 7) beruht auf der Aussendung von kurzen, gebündelten Lichtpulsen – üblicherweise eines gepulsten Lasers – in die Atmosphäre. Aus der Analyse des zeitlichen Verlaufes der rückgestreuten Intensität kann auf die räumliche Verteilung von streuenden und absorbierenden Luftbeimen-

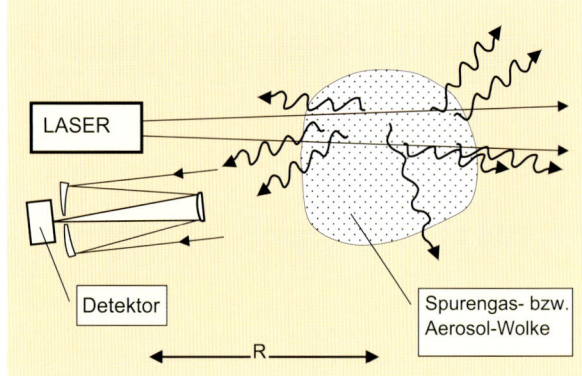

Abb. 7 *Schema einer Light Detection and Ranging (LIDAR)-Messung [1]*

gungen geschlossen werden. Systeme, die mit nur einer Wellenlänge arbeiten, werden zur Bestimmung der Aerosolverteilung vom Boden oder von Flugzeugen aus eingesetzt. Die Bestimmung der Verteilung von Spurengasen ist ebenfalls möglich, wenn zwei oder mehrere verschiedene Wellenlängen verwendet werden. Bei dem *Differential Absorption LIDAR* (DIAL) werden die Wellenlängen des Paares so gewählt, dass eine Laserlinie vom Spurenstoff stark absorbiert wird, die andere schwach. Aus dem zeitlichen Verlauf der Differenz der Echo-Signale wird dann die Spurenstoffverteilung entlang des Laserstrahls berechnet.

Bodengebundene Fernerkundung

Man würde denken, dass vom Boden aus vor allem In-situ-Verfahren eingesetzt würden; aber der Einsatz bodengebundener, spektroskopischer Verfahren ist in vielerlei Hinsicht attraktiv. Einerseits können – wie mit In-situ-Verfahren auch – Messungen der Spurenstoffkonzentration in Bodennähe durchgeführt werden. Hier haben spektroskopische Verfahren Vorteile aufgrund ihrer inhärenten Eichung und der Möglichkeit, „berührungslose" Messungen durchzuführen. Andererseits erlaubt gerade der Aspekt der Fernerkundung die Sondierung höherer Atmosphärenschichten mit in der Regel geringem Aufwand vom Boden aus. Über die Bestimmung der Gesamt-Säulendichte hinaus können mit modernen Verfahren durch Ausnutzung verschiedener physikalischer Prinzipien (Druckverbreiterung von Absorptionslinien, Streuung in der Atmosphäre, Laufzeit der Strahlung) heute Vertikalverteilungen von Spurengasen in recht hoher Auflösung bestimmt werden (s. Abb. 3.9).

Multi-axis differentielle Absorptionsspektroskopie (MAX-DOAS)

Die Multi-axis (MAX)-DOAS-Methode ist eine neue Variante der DOAS-Technik, die in den letzten Jahren wachsende Anwendungsmöglichkeiten gefunden hat. MAX-DOAS-Instrumente sind mit einer Optik ausgestattet, mit der man unter beliebigen Elevationswinkeln (Winkel zwischen Horizont und Blickrichtung) zum Himmel sehen kann. Dies kann mit einem beweglichen Teleskop, das nacheinander Licht ver-

SPURENSTOFFSONDIERUNG

schiedener Richtungen sammelt, oder mit einer Vielzahl von Teleskopen geschehen, die gleichzeitig Strahlung aus verschiedenen Einfallsrichtungen zum Spektrometer führen. Da der Lichtweg durch die untere Atmosphäre sehr lang wird, wenn man nahe am Horizont Beobachtungen durchführt, sind MAX-DOAS-Geräte sehr empfindlich für Spurengase in der unteren Troposphäre. Durch sequentielle Messungen mit unterschiedlichen Elevationswinkeln kann man mithilfe des MAX-DOAS-Gerätes auf vertikale Spurengasverteilungen und mithilfe eines Kunstgriffs auch auf Aerosolverteilungen schließen.

Bei Messungen von Streulicht ist der Weg, den das Licht durch die Atmosphäre genommen hat, a priori nicht bekannt und kann durch Aerosolpartikel, wie z. B. Wolken, sowohl erheblich verlängert als auch verkürzt worden sein. Dadurch erscheint auf den ersten Blick eine verlässliche Aussage über die Konzentration eines Spurengases nicht möglich. Allerdings kann mithilfe von Strahlungstransport-Rechnungen der wahrscheinlichste Weg durch die Atmosphäre berechnet und aufgrund der MAX-DOAS-Geometrie die vertikale Spurengasverteilung abgeschätzt werden. Dadurch werden dann eindeutige Konzentrationsmessungen möglich. Darüber hinaus erhält man auch Angaben über die Höhe der Mischungsschicht [3, 5].

Bodengebundene Spektroskopie mit direktem Sonnenlicht

Die bodengebundenen Spektrometer nutzen meist die heiße Sonne als breitbandige Hintergrundquelle im ultravioletten, sichtbaren oder infraroten Spektralbereich. Die in den atmosphärischen Fenstern empfangene Strahlung wird mit hoher Auflösung analysiert. Anhand der Stärke der charakteristischen Absorptionsbanden lässt sich die atmosphärische Konzentration zahlreicher (etwa 40) verschiedener Spezies erfassen. Letztendlich beruht die Messung der Gase auf einem Vergleich mit Labormessungen der Absorptionswirkung bei bekannter Gaskonzentration, die in Datenbanken wie HITRAN zusammengestellt sind. Die bodengebundene Messung liefert somit primär Gesamtsäulen der Spurengase; außerdem können aus Details der beobachteten Spektralverteilung (Druckverbreiterung von Spektrallinien und Abhängigkeit der Bandenform von der Temperatur) gewisse Rückschlüsse auf das Konzentrationsprofil als Funktion der Höhe gezogen werden.

Daneben gibt es wenige bodengebundene Infrarot-Spektrometer, die die von der Atmosphäre emittierte Strahlung messen. In diesem Fall wird der erfassbare Höhenbereich durch die nach oben abnehmende Temperatur auf die untersten 3 bis 4 km beschränkt. Global gibt es etwa 15 Stationen, die mit hochauflösenden Infrarot-Spektrometern ausgerüstet sind und die Atmosphäre kontinuierlich beobachten. Sie sind Bestandteil des NDACC-Netzes (*Network for the Detection of Atmospheric Composition Change*: http://www.ndacc.org/). Die längsten Messreihen reichen zurück bis in die Mitte der 70er Jahre. Die lange Überdeckung ermöglicht Trendbestimmungen (etwa von Chlor-verbindungen im Zusammenhang mit Untersuchungen des Ozonlochs oder klimarelevanter Gase wie Methan) und die Validierung weltraumgestützter Experimente, die meist nur einige Jahre aktiv sind.

Mikrowellen – Fernerkundung vom Boden aus

Bodengebundene Messungen werden typischerweise im Frequenzbereich von ca. 20 bis 300 GHz durchgeführt. Oberhalb dieses Frequenzbereichs wird die Absorption der interessierenden Strahlung aus der Stratosphäre durch den troposphärischen Wasserdampf zu stark, um am Boden noch eine ausreichende Signalstärke zu messen. Unterhalb von 20 GHz finden sich kaum noch Spektrallinien in geeigneter Stärke. Hauptsächlich werden vom Boden aus Wasserdampf und Ozon gemessen, daneben aber auch Konstituenten mit schwächeren Signaturen wie N_2O, HNO_3 oder ClO. Für die Auswertung der gemessenen Spektren wird der Strahlungstransport in der Atmosphäre unter Vorgabe von vertikalen Druck-, Temperatur- und Spurengasprofilen modelliert.

Flugzeuggestützte Fernerkundungsmessungen
Airborne Multi-axis-DOAS (AMAX-DOAS) im UV-sichtbaren Spektralbereich

Analog zu der bodengebundenen Multi-axis (MAX)-DOAS-Methode sind auch flugzeuggestützte Messungen möglich. AMAX-DOAS-Instrumente sind häufig mit einer Vielzahl von Teleskopen ausgerüstet, die gleichzeitig Strahlung aus verschiedenen Einfallsrichtungen zum Spektrometer führen. Damit wird gegenüber sequentiell arbeitenden MAX-DOAS-Geräten, die überwiegend vom Boden aus eingesetzt werden, eine kürzere Messzeit erreicht, die sich in einer besseren räumlichen Auflösung niederschlägt. AMAX-DOAS-Instrumente sind sehr empfindlich für die Spurengase, die sich in der Nähe des Flugzeuges befinden. Das Beispiel in Abb. 8 zeigt AMAX-DOAS-Messungen der vertikalen NO_2-Verteilung entlang der Flugstrecke von Basel (Schweiz) nach Tozeur (Tunesien) am 19. Februar 2003 [6–8].

Flugzeuggestützte IR-Fernerkundung

Infrarot-Spektrometer werden vielfach in Flugzeugen eingesetzt, da durch diesen Träger die Nutzung sehr flexibel ist. Spurengasmessungen können damit weltweit und großräumig flächendeckend durchgeführt werden. Allerdings ergibt sich aus der hohen Geschwindigkeit der Flugzeuge eine Beschränkung bei der spektralen Auflösung, wodurch die Anzahl der erfassbaren Spurengase und die vertikale Auflösung oberhalb des Flugzeugs reduziert werden. Weltweit sind einige Infrarot-Spektrometer auf Flugzeugen im Einsatz; gemessen wird sowohl die durch die Atmosphäre geschwächte als auch die emittierte Strahlung. Die qualitativ hochwertigen Ergebnisse werden auch zur Validierung von Satellitenmessungen herangezogen. Beispielhaft sei das MIPAS (Michelson-Interferometer für passive atmosphärische Sondierung)-STR-Experiment genannt, bei dem es sich um ein gekühltes Fourier-Spektrometer auf der hoch flie-

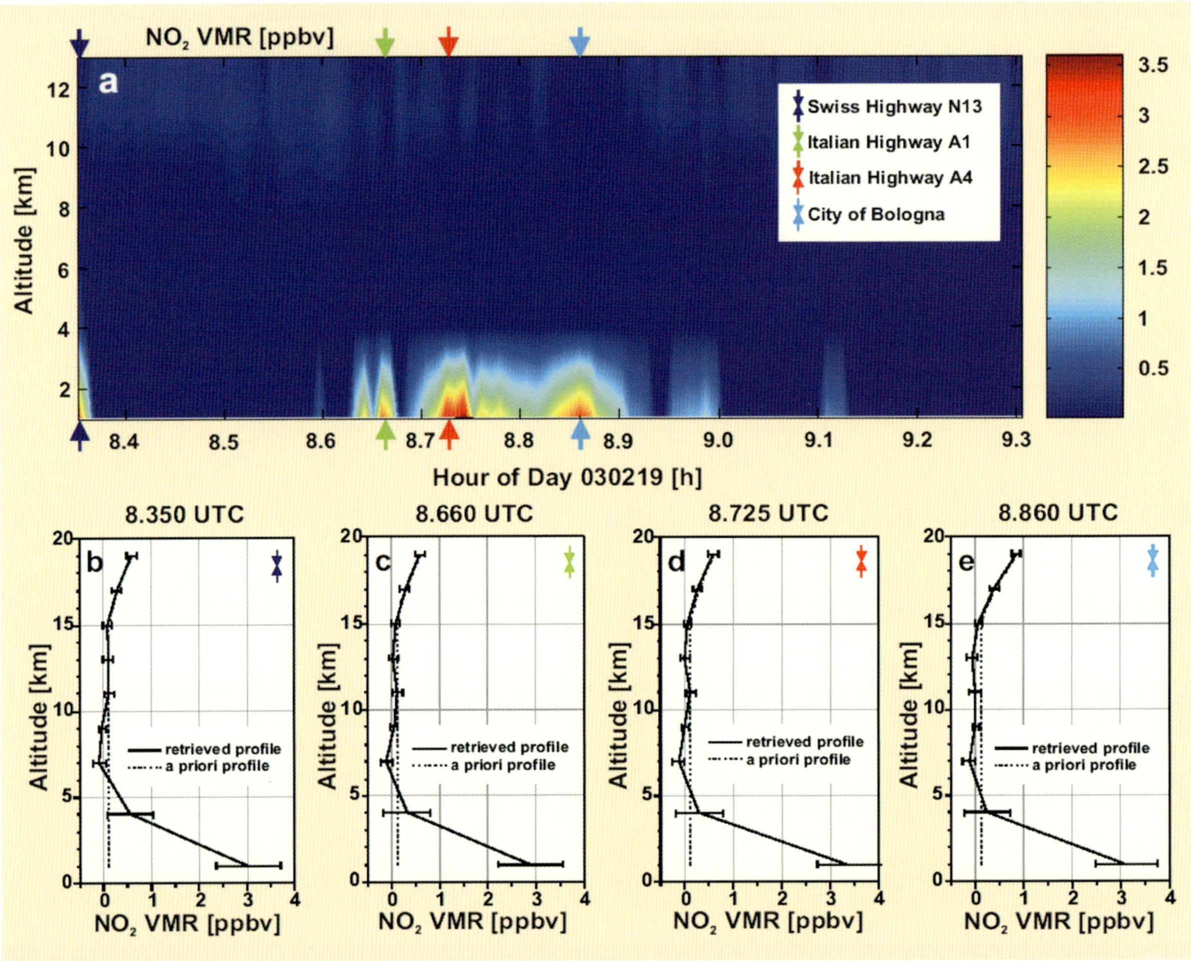

SPURENSTOFFSONDIERUNG

Abb. 8 *AMAX-DOAS-Messungen der räumlichen NO_2-Verteilung entlang einer Flugstrecke von Basel (Schweiz) nach Tozeur (Tunesien) am 19. Februar 2003 [7].*

genden GEOPHYSICA handelt [9]. MIPAS-STR wurde bereits mehrfach auf Messkampagnen in tropischen, mittleren und hohen geographischen Breiten mit unterschiedlichen Zielen eingesetzt, wobei die Temperatur und die Spurengase O_3, H_2O, HNO_3, $ClONO_2$, FCKW-11 und FCKW-12 in einem Höhenbereich von der oberen Tropopause bis etwa 20 km gemessen wurden. Erst kürzlich wurde nachgewiesen, dass MIPAS-STR auch in der Lage ist, PAN-Profile mit Volumenmischverhältnissen von etwa 0,1 ppbv im Höhenbereich von 8 bis 19 km in den Tropen zu messen [10]. PAN spielt u. a. eine Rolle beim Photosmog und entsteht bei Biomassenbränden.

Flugzeuggestützte Mikrowellen-Fernerkundung

Für den Einsatz auf Flugzeugen können verschiedene Beobachtungsgeometrien verwendet werden. Eine Blickrichtung nach oben zur Erforschung der über dem Flugzeug liegenden Atmosphärenschichten erlaubt die Bestimmung der vertikalen Verteilung eines Spurenstoffs oberhalb der Flughöhe. Eine Blickrichtung nach unten dient meist der Untersuchungen der Troposphäre. Hier erlauben die relativ langen Wellenlängen (cm bis einige mm) eine Beobachtung auch in Gegenwart von Wassertröpfchen in Wolken oder Niederschlag, die je nach Art, Größe und Dichte als mehr oder weniger durchsichtige Schicht erscheinen. Für spezielle Anwendungen wird die Horizontsondierung eingesetzt.

Das in Bremen entwickelte Mikrowellenradiometer ASUR *(Airborne Submillimeter Radiometer)* eignet sich für die Untersuchung des stratosphärischen Ozonabbaus durch Chlor besonders gut, da es nicht nur eine genaue Messung des Ozonprofils erlaubt, sondern es können auch die Schlüsselsubstanzen ClO (Chlormonoxid) und HCl (Salzsäure) für die Untersuchung der Chemie des Ozonabbaus mit sehr guter Genauigkeit bestimmt werden. Ein Resultat des *Polar Aura Validation Experiments* (PAVE), einer von der NASA unterstützten großen Kampagne über Nordamerika Ende Januar bis Anfang Februar 2005 zeigt die Abb. 9. Daten von ASUR an Bord der DC-8 dienten zur Darstellung der Breitenabhängigkeit von stratosphärischem Ozon, HCl und ClO in Form von zweidimensionalen, vertikalen Schnitten durch die Atmosphäre. Eine Ausdünnung der Ozonschicht in 20 bis 25 km Höhe parallel zu einer Zunahme von ClO und einer entsprechenden Abnahme von HCl in hohen Breiten innerhalb des Polarwirbels ist klar erkennbar. Das

SPURENSTOFFSONDIERUNG

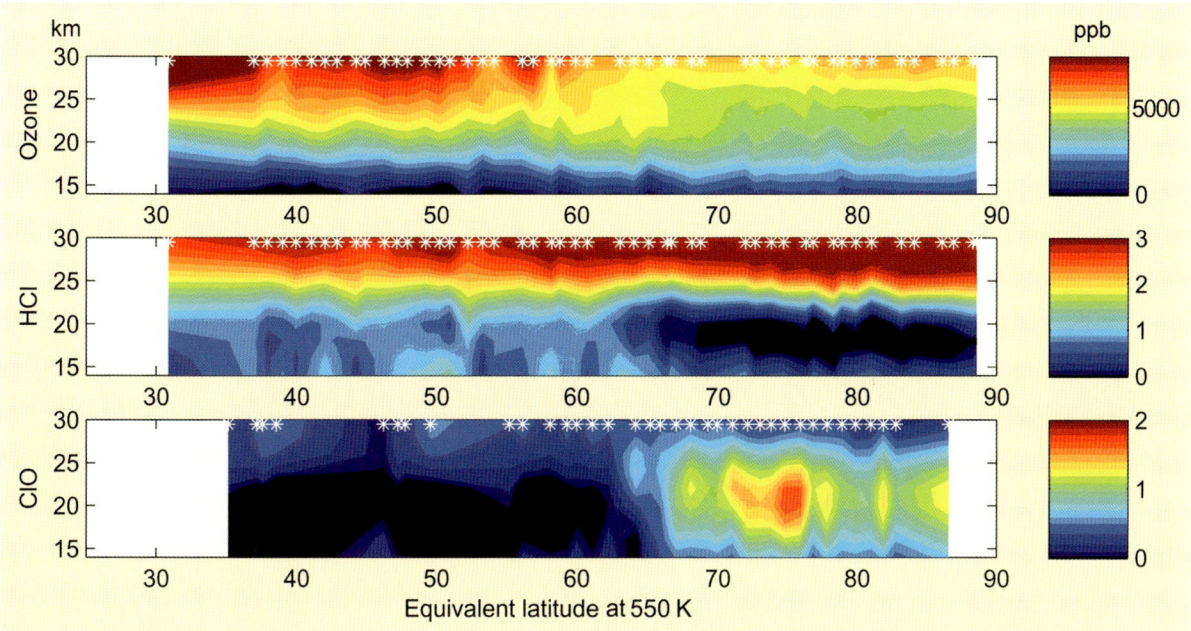

Abb. 9 *Messungen von Ozon und den Schlüsselsubstanzen HCl und ClO (Chlormonoxid) mit Hilfe des ASUR während der PAVE-Kampagne über dem nordamerikanischen Kontinent und der Arktis. Die Vertikalkoordinate ist die Höhe in km über dem Erdboden, horizontal sind Breitengrade (Equivalent latitude; bei einer potentiellen Temperatur von 550 K) aufgetragen, die konzentrisch zum Mittelpunkt des arktischen Wirbels liegen. Die Farbskalen stellen die Menge eines Stoffes in Einheiten von 10^{-9} Volumenanteilen (ppb) dar. Die Sterne am oberen Rand jedes Bildes sind die Stellen, an denen die einzelnen Profile gemessen wurden [1].*

bedeutet, dass Chlor, welches zuerst in der für Ozon unschädlichen Form HCl gespeichert ist, freigesetzt wird und Ozon abbaut.

Ballongestützte Fernerkundung

Die oben beschriebenen Verfahren lassen sich auch auf Höhenforschungsballonen einsetzen. Ein besonderer Vorteil dieser Technik besteht in dem Potential einer guten Höhen- und Zeitauflösung bei einer gleichzeitig hohen Messgenauigkeit. So erreichen große Höhenforschungsballone bei einer Tragkraft von bis zu zwei Tonnen heute Gipfelhöhen von bis zu 43 km bei einer Messdauer von einigen Stunden bis zu einigen Wochen. Dabei sind u. a. sehr lange atmosphärische Lichtwege von bis zu 1200 km möglich, die den hochgenauen Nachweis von atmosphärischen Spurenstoffen mit sehr kleinen Konzentrationen von ca. 10^4-10^6 Moleküle cm^{-3} ermöglichen, wie z. B. der ozonschädlichen Radikale OH, BrO, ClO, IO, NO und NO_2. Ballongestützte atmosphärische Fernerkundung nutzt heute sowohl Verfahren der Absorptionsspektroskopie (für ultraviolettes, sichtbares und nahes infrarotes Licht) wie auch der Emissionsspektroskopie. Lichtquellen für die Absorptionsspektroskopie sind neben Sonne und dem Mond auch Fixsternen. So illustriert Abb. 11 die ballongestützte Messung des Bromoxidradikals (BrO) mit Hilfe der Sonnenokkultations-Spektroskopie im UV (330–360 nm). Der Vergleich der gemessenen und modellierten BrO-Absorption liefert wichtige Aussagen über die Chemie und das Budget stratosphärischen Broms [11].

Abb. 10 *Start einer Ozonsonde vom Dach der Neumayer-Station III*

SPURENSTOFFSONDIERUNG

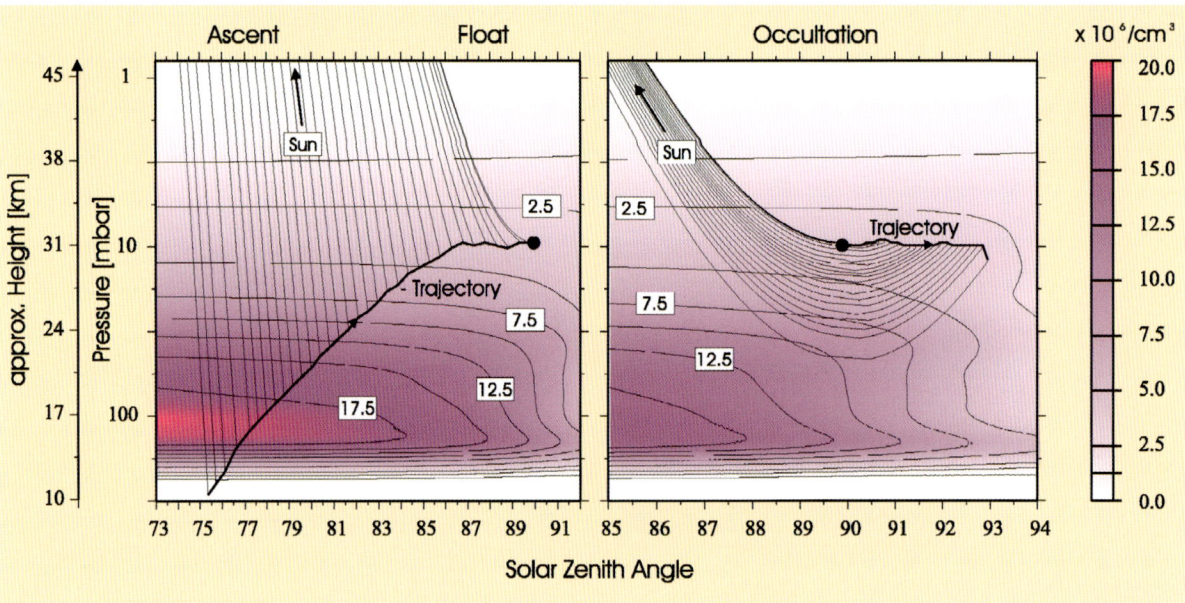

Abb. 11 *Modelliertes Feld der stratosphärischen Bromoxidkonzentration als Funktion des Sonnenzenitwinkels und der Höhe bzw. des atmosphärischen Drucks (pink hinterlegt). Darüber gezeichnet sind zum einen die Flugtrajektorie des Messinstrumentes (dicke schwarze Linie) sowie der Lichtstrahl für jede zehnte Beobachtung des Sonnenlichtes. Die Strahlen für die Sonnenokkulationsmessungen (dünne schwarze Linien) sind hier gekrümmt eingezeichnet, um die unterdrückte, aber notwendige Berücksichtigung der Erdkrümmung bei der x-Achse zu kompensieren [11].*

Literatur

[1] Burrows, J.P., Fischer, K., Künzi, K.F., Pfeilsticker, K., Platt, U., Richter, A., Riese, M., Stiller, G., Wagner, T. (2007) Atmosphärische Spurenstoffe und ihre Sondierung, *Chemie in unserer Zeit*, Themenheft „Chemie der Atmosphäre", 170–191. DOI: 10.1002/ciuz.200700426

[2] Platt, U. and J. Stutz (2008) *Differential Optical Absorption Spectroscopy: Principles and Applications*, Springer Verlag, Heidelberg, ISBN 978-3540211938, 597 pp.

[3] Sinreich, R., Frieß, U., Wagner, T. and Platt, U. (2005) Multi axis differential optical absorption spectroscopy (MAXDOAS) of gas and aerosol distributions. *Faraday Discuss.*, 130, 153-164, DOI: 10.1039/B419274P

[4] Svanberg, S. (1992) Atomic and Molecular Spectroscopy, 2nd Edition, *Springer Series on Atoms and Plasmas*, Springer Berlin, Heidelberg.

[5] Wagner, T., Dix, B., v. Friedeburg, C., Frieß, U., Sanghavi, S., Sinreich, R., and Platt, U. (2004) MAX-DOAS O4 measurements: A new technique to derive information on atmospheric aerosols – Principles and Information content. *J. Geophys. Res.*, 109, D22205, doi: 10.1029/2004JD004904.

[6] Bruns, M., Buehler, S.A., Burrows, J.P., Heue, K.-P., Platt, U., Pundt, I., Richter, A., Rozanov, A., Wagner, T., Wang, P. (2004) Retrieval of Profile Information from Airborne Multi Axis UV/visible Skylight Absorption Measurements. *Appl. Optics*, 43, No. 22, 4415–4426.

[7] Wang, P., Richter, A., Bruns, M., Rozanov, V.V, Burrows, J.P., Heue, K.-P., Wagner, T., Pundt, I., and Platt, U. (2005) Measurements of tropospheric NO_2 with an airborne multi-axis DOAS instrument. *Atmos. Chem. Phys.*, 5, 337–343.

[8] Heue, K.-P., Bruns, M., Burrows, J.P., Friedeburg, v.C., Lee, W.-D., Platt, U., Pundt, I., Richter, A., Wagner, T., Wang, P. (2005) Validation of scientific NO_2-SCIAMACHY data using the AMAXDOAS instrument. *Atmos. Chem. Phys.*, 5, 1039–1051.

[9] Piesch, C., Gulde, T., Sartorius, C. et al. (1996) Design of a MIPAS instrument for high altitude aircraft, Proceedings Intern. Airborne Remote Sensing Conference, ERIM, Ann Arbor, MI, Vol. II, p. 199–208.

[10] Liu, G.Y., C.E. Blom, M. Höpfner, T. Gulde and C. Piesch, Vertical Profile of peroxyacetylnitrate (PAN) from MIPAS-STR measurements over Brazil in February 2005, ACPD, submitted October 2006.

[11] Harder, H., C. Camy-Peyret, F. Ferlemann, R. Fitzenberger, T. Hawat, H. Osterkamp, D. Perner, U. Platt, M. Schneider, P. Vradelis, and K. Pfeilsticker (1998) Stratospheric BrO Profiles Measured at Different Latitudes and Seasons: Atmospheric Observations. *Geophys. Res. Lett.*, 25, 3843–3846.

SPURENSTOFFSONDIERUNG

Aus der Perspektive von Satelliten

JOHN BURROWS UND ULRICH PLATT

Die Zusammensetzung der Hauptkomponenten der Erdatmosphäre ist nicht durch ein photochemisches Gleichgewicht, wie bei den Nachbarplaneten Mars und Venus, kontrolliert und bestimmt. Im Gegensatz dazu herrscht in der Erdatmosphäre ein bio-geo-chemisch stationärer Zustand, der durch biologische, chemische und physikalische Prozesse sowie deren Wechselwirkungen kontrolliert wird. Das System aus Sonne, Atmosphäre und Erdoberfläche bestimmt die Bedingungen der Umwelt und dadurch die lebenswichtigen Ökosystemdienste. Seit der industriellen Revolution zeigt die Weltbevölkerung und deren Lebensstandard ein ungefähr exponentielles Wachstum. Diese rasante Entwicklung wurde durch die Energiegewinnung aus fossilen Brennstoffen ermöglicht und führte u. a. zu starken Änderungen in Boden- und Flächennutzung. Gleichzeitig ist die Umweltverschmutzung nicht mehr nur lokal von Bedeutung, sondern ist heute ein globales Phänomen.

Um unser Verständnis des globalen Erdsystems zu erweitern und die Genauigkeit von Vorhersagen zu verbessern, sind globale Messungen von Schlüsselkomponenten unabdingbar. Die Erschaffung des Konzepts des *Global Earth Observing System of Systems* (GEOSS) zeigt, dass die Regierungen der Welt die Notwendigkeit eines globalen Beobachtungssystems, das Daten für politische und gesellschaftliche Entscheidungsträger liefert, erkannt haben.

Global Earth Observing System of Systems – GEOSS

GEOSS ist eine Initiative der *Ad-hoc Intergovernmental Group on Earth Observations* (ad-hoc GEO) mit dem Ziel, bei der Erdbeobachtung enger miteinander zu kooperieren. Sie wurde 2005 in Brüssel von mehr als 40 Staaten beschlossen. In diesem Zusammenhang ist die Fernerkundung der Erdatmosphäre vom Satelliten aus von zentraler Bedeutung und bietet eine völlig neue Informationsqualität. Neben dem fundamentalen Perspektivenwechsel, durch den man den eigenen Lebensraum erstmals von außen ‚beobachten' kann, bietet die Satellitenfernerkundung gegenüber herkömmlichen Methoden auch viele praktische Vorteile. Der wesentliche Aspekt ist die Verfügbarkeit von Information über räumliche Verteilungen auf globaler Skala. Anhand der gewonnenen ‚Weltkarten' verschiedener Spurenstoffe lassen sich z. B. deren Emissionsquellen und atmosphärische Transformationsprozesse identifizieren und untersuchen. Bildfolgen über verschiedene Zeiträume liefern zudem Information über globale Transportprozesse. Die unabhängige Kontrolle aus dem All könnte in Zukunft eine wichtige Rolle für die Überwachung internationaler Vereinbarungen (z. B. für das Kyoto-Protokoll) spielen. Eine besondere Herausforderung, aber auch Quelle neuartiger Erkenntnis, stellt zudem der Vergleich von Satellitendaten mit Modellergebnissen dar. Hierdurch eröffnet sich die Möglichkeit, unser aktuelles Wissen über das System Erde einem umfassenden globalen Test zu unterziehen.

Neben diesen Vorteilen unterliegen satellitengebundene Fernerkundungsmethoden auch prinzipiellen Einschränkungen. So stellen sie wegen ihrer Ferne zum beobachteten Objekt die extremste Form der atmosphärischen Fernerkundung dar. Konkret bedeutet dies, dass die beobachteten Volumina typischer Weise sehr groß sind (Dimensionen bis zu mehreren hundert Kilometern) und die gemessenen Spektren nur Mittelwerte für Gebiete, innerhalb derer die beobachteten Spurenstoffe auch starke Variationen aufweisen können, generieren. Eine limitierte räumliche Auflösung sollte indessen nicht nur als Nachteil gesehen werden. So sind durch die integrative Natur von Satellitenbeobachtungen die Messergebnisse oft repräsentativer für den Zustand der Atmosphäre als lokale In-situ-Messungen.

Eine weitere Einschränkung besteht in der niedrigen Abtastrate. Diese ist charakteristisch für Satelliten auf polaren Umlaufbahnen mit dem Ziel einer globalen Überdeckung. Trotz der insgesamt sehr großen Zahl von Einzelmessungen wird der gleiche Ort nur mit großen zeitlichen Abständen (z. B. nur einmal pro Tag) oder auch nur für bestimmte Bedingungen (z. B. nur tagsüber) beobachtet. Darüber hinaus sind Satellitenbeobachtungen auch durch ihre relativ geringe Messempfindlichkeit eingeschränkt. Diese ist speziell durch die begrenzte Transparenz der Atmosphäre in vielen Spektralbereichen limitiert.

Ähnlich wie für astronomische Beobachtungen vom Erdboden aus müssen auch für Satellitenmessungen die sog. spektralen Fenster, speziell im UV- / sichtbaren und Mikrowellenbereich, genutzt werden. Im Extremfall macht dichte Bewölkung die Beobachtung bodennaher Spurenstoffe weitgehend unmöglich.

Historischer und methodischer Überblick

Das Weltraumzeitalter begann mit dem Start des Sputnik 1 der Sowjetunion, des ersten künstlichen Erdsatelliten auf einer Umlaufbahn, am 4. Oktober 1957. Bereits kurz danach, am 31. Januar 1958, startete Explorer 1 als erster amerikanischer Satellit, der die Magnetosphäre untersuchte und zur Entdeckung des Van-Allen-Gürtels führte. Die National Aeronautics and Space Administration (NASA) wurde im Juli 1958 gegründet und untersuchte innerhalb der wissenschaftlichen Aktivitäten des Internationalen Geophysikalischen Jahrs, IGY, mit Vanguard II erstmals erfolgreich das Rückstreuverhalten der Erde. Mit dem Start das Satelliten Alouette-1 im Jahre 1962, der die Ionosphäre untersuchte,

SPURENSTOFFSONDIERUNG

Abb. 12 *Start des ersten amerikanischen Satelliten – Explorer 1*

wurde Kanada das dritte Land, das einen Satellit erfolgreich startete. In der Frühzeit der bemannten Raumfahrt wurden zunächst einfach passive Fernerkundungs-Nutzlasten von Astronauten betrieben. Die resultierende Sammlung von Fotografien und spektroskopischen Messungen der Erde und ihrer Atmosphäre stellen Pionierleistungen dar. Zusätzlich ermöglichten diese Messungen die Konzeption von Weltraummissionen, die systematisch das Erdsystem erkunden sollten, wie z. B. die Nimbus-Serien und die „Mission to Planet Earth" der NASA.

Die europäischen Weltraumaktivitäten begannen mit der Gründung der European Space Research Organization (ESRO) und der European Launcher Development Organization (ELDO) in der 60er Jahren. Durch die Zusammenführung von ESRO und ELDO entstand die heutige European Space Agency (ESA). Nach Entwicklung und erfolgreichem Start des Meteosat-1-Satelliten wird Planung, Organisation und Betrieb der europäischen meteorologischen Satelliten von der 1986 gegründeten Agentur „EUMETSAT" übernommen. In Europa spielten nationale Raumfahrtagenturen auch eine sehr wichtige Rolle in der Entwicklung der Erdfernerkundung. 1998 rief die Europäische Union das *Global Monitoring of Environment and Security Program* (GMES) ins Leben. GMES ist inzwischen der europäische Beitrag zu GEOSS.

Zu Beginn der satellitengestützten Spurenstoff-Fernerkundung stand die stratosphärische Ozonschicht im Vordergrund des Interesses. Mit dem *Backscattered Ultraviolet Spectrometer* auf Nimbus 4 hat die globale Bestimmung von Ozon in der Atmosphäre begonnen. Bereits 1978 gelang mit den SBUV- (*Solar Backscattered Ultraviolet*) und TOMS- (*Total Ozone Mapping Spectrometer*) Geräten auf dem Nimbus 7 – Satellit der NASA – ein wichtiger Durchbruch zur Erstellung einer kontinuierlichen globalen Ozon-Messreihe. Eine Serie von SBUV- und TOMS-Nachfolgegeräten setzen diese Messungen bis heute fort. Alle diese Geräte messen das von der Erde reflektierte Sonnenlicht in ausgewählten Spektralbereichen im UV, die entweder innerhalb oder außerhalb von Ozonabsorptionsbanden liegen.

Auch weitere Satellitenmessungen dieser Periode hatten die Untersuchung der chemischen Zusammensetzung der Stratosphäre zum Ziel. Speziell für die Erkundung der Stratosphäre eignen sich die sog. Limb- und Okkultations-Messgeometrien (vergleichbar den Ballonmessungen). Kennzeichnend für diese Messgeometrien ist, dass die Wege der Strahlung durch die Atmosphäre sehr lang sind, was zu einer sehr hohen Empfindlichkeit führt. Eine hohe horizontale Auflösung wird in der sog. Nadir-Messgeometrie erreicht. Dabei wird die senkrecht von unten kommende Strahlung detektiert. Solche Instrumente wurden in den spektralen Fenstern im UV- und sichtbaren Spektralbereich sowie im Mikrowellenbereich schon sehr früh für die Erkundung von Bodeneigenschaften eingesetzt. Durch Messungen im roten und nahen IR-Spektralbereich kann z. B. die Aktivität der Vegetation auf den Kontinenten und im Meer bestimmt werden. Im Mikrowellenbereich können aus der gemessenen Strahlungsintensität Rückschlüsse auf die Emissivität der Erdoberfläche und daraus auf die stoffliche Zusammensetzung gezogen werden. Zusätzlich können aus der Extinktion der vom Boden emittierten Strahlung auf dem Weg durch die Atmosphäre auch die Stärke von Regen und der Gehalt an Wasserdampf bestimmt werden. Ein besonderer Vorteil dieser Methode ist, dass Wolken für Mikrowellenstrahlung nahezu durchsichtig sind.

Ein wesentliches Merkmal der frühen Satelliteninstrumente war, dass die spektrale Information nur in wenigen, getrennten Spektralintervallen, sog. ‚Kanälen', gewonnen wurde. Hierbei wurden wichtige Spektralbereiche grob abgetastet, aber keine zusammenhängenden Spektren gemessen. Zudem waren die gewählten Spektralintervalle oft recht breit und interferierende Beiträge konnten nur schlecht oder überhaupt nicht getrennt werden.

Einen wesentlichen Fortschritt in der Satelliteninstrumentierung brachte daher der Bau von Instrumenten zur Messung von kontinuierlichen Spektren. Erste Versuche wurden schon in den 1970er Jahren mit den SBUV-Instrumenten im UV-Spektralbereich und in den 1980er Jahren mit dem ATMOS-Instrument (seit 1985 fünfmal auf dem Space-Shuttle eingesetzt) im IR-Spektralbereich gemacht. Trotz ihrer großen Erfolge waren die Grenzen der TOMS- und SBUV-Geräte schon Anfang der 80er Jahre bekannt. Gleichzeitig wurde die Notwendigkeit globaler Messung von Schlüsselspurenstoffen in der Troposphäre offenkundig. Diese Erkenntnis motivierte Mitte der 80er Jahre die Entwicklung des SCIAMACHY- (*Scanning Imaging Absorption SpectroMeter for Atmospheric CHartographY*) Instrumentes [1, 2]. Das Hauptziel der SCIAMACHY-Spektrometer ist

SPURENSTOFFSONDIERUNG

die Bestimmung der Konzentration und der räumlichen Verteilung einer Reihe von Spurenstoffen (Gase, Aerosole und Wolken), die im solaren Spektralbereich zwischen 214 und 2380 nm Strahlung absorbieren oder emittieren. SCIAMACHY war als nationaler deutscher Beitrag für den Satelliten ENVISAT, der sog. polaren Plattform der ESA, – einer sonnensynchronen, polaren Umlaufbahn – vorgeschlagen.

Die spektrale Auflösung des SCIAMACHY-Spektrometers ermöglicht die Bestimmung der schmal- und breitbandigen Absorptionen von Spurengasen. Zusätzlich liefert SCIAMACHY Emissionen von Atomen und Molekülen, die im solaren Spektralbereich liegen, und auch Information über die Streuung der solaren Strahlung an der Erdoberfläche sowie an Aerosolen und Wolken. Aus diesen SCIAMACHY-Datenprodukten können die Menge und Verteilung von Spurengasen sowie Aerosol- und Wolkenparameter berechnet werden [3].

Zukünftige Instrumente sollen auch in geostationären Positionen betrieben werden. Dadurch ließe sich zum einen die räumliche Auflösung, insbesondere aber die zeitliche Abtastrate, erheblich verbessern. Dies würde vor allem die Untersuchung räumlich und zeitlich stark variierender Spurenstoffverteilungen, wie z. B. lokale und regionale Luftverschmutzung, deutlich verbessern. Eine aktuelle Weiterentwicklung der Satellitenfernerkundung ist die Verwendung von aktiven Systemen. Während diese im Mikrowellenbereich als Radar-Instrumente schon lange erfolgreich angewandt werden, ist mit CALIOP auf CALIPSO im Jahr 2006 das erste aktive Langzeit-Instrument im sichtbaren Spektralbereich in Betrieb genommen worden. Mithilfe der LIDAR-Methode werden damit erstmals Höhenprofile von Wolken und Aerosolen mit einer Höhenauflösung von < 100 m aus dem All aufgenommen.

Änderungen der Ozonschicht

Das Ozon in der Stratosphäre wird durch eine Reihe katalytischer Zyklen abgebaut. Hierbei sind die Kreisläufe, die durch die Reaktionen von HO_X (H, OH und HO_2) und NO_X (NO + NO_2) entstehen, von besonderer Bedeutung in der oberen Stratosphäre und Mesosphäre. Insgesamt führen die Bildung und der Abbau des O_3 zu einem Maximum in der Konzentration von O_3 zwischen 15 und 35 km. Da Ozon eine starke Absorption im ultravioletten Spektralbereich aufweist, wird dieser Höhenbereich erwärmt und dadurch die Stratosphäre, die durch eine Temperaturinversion bestimmt wird, dynamisch stabilisiert.

Der mögliche katalytische Abbau von O_3 durch anthropogene Aktivitäten (z. B. durch hoch fliegende Überschallflugzeuge, die sog. SSTs (Super Sonic Transport) wie CONCORDE) wurde erst Ende der 60er Jahre erkannt [4]. Seit 1974 ist der stratosphärische Abbau der langlebigen Fluorchlorkohlenwasserstoff-Verbindungen FCKWs [5] sowie die resultierende Freisetzung von Chlor und Abbau von Ozon in niedrigen und mittleren Breitengraden bekannt. Noch Anfang der 80er Jahre sagte kein Modell einen dramatischen Ozonabbau im Frühjahr über der Antarktis vorher. Als Konsequenz war die Entdeckung des Ozonlochs eine völlig unerwartete Überraschung [6]. Die Gründe für die falschen Vorhersagen lagen in der Vernachlässigung von heterogenen Prozessen, die auf polaren stratosphärischen Wolken stattfinden und die Freisetzung von labilen Chlor- sowie Bromverbindungen bewirken. Nach einigen Jahren intensiver Forschung konnten die wichtigsten der bisher ignorierten Reaktionen identifiziert werden. Basierend auf der "Vienna Convention for the Protection of the Ozone Layer" wurde nachfolgend (1987) das Montreal-Abkommen unterzeichnet und die industrielle Produktion von Stoffen, die zum Abbau der stratosphärischen Ozonschicht führen, weltweit verboten.

Die stratosphärische Ozonschicht ist eine wichtige Schutzschicht für die Biosphäre. Die Entstehung einer ausreichenden Menge von Ozon war eine der entscheidenden Voraussetzungen für die Evolution des Lebens auf der Erde. Eine aktuelle Forschungsfrage ist deshalb auch die Reaktion der Ozonschicht auf Änderungen der Menge der atmosphärischen Spurenstoffe bzw. von Transportprozessen, die ein Ergebnis des Montrealer Abkommens bzw. der Zunahme der Treibhausgase sind. Die erwartete Änderung der Temperaturstruktur der Stratosphäre durch Klimaänderung z. B. führt zur Änderungen der Geschwindigkeit chemischer Reaktionen. Langfristig ist eine sog. *Super-recovery* der Ozonschicht vorhergesagt.

Um unser Verständnis des Ozons und der oberen Atmosphäre zu überprüfen und die Wirksamkeit der internationalen Abkommen abzuschätzen (z. B. Montreal-Protokoll, Kyoto-Protokoll und Nachfolgevereinbarungen) sind langfristige Beobachtungen notwendig. Ein wichtiger Beitrag zur langfristigen globalen Überwachung der Ozonschicht wird durch die globalen Messungen von Satelliten aus geliefert.

Abbildung 13 zeigt die Ozon-Gesamtsäulendichte im Oktober über der Antarktis aus Messungen mit GOME, SCIAMACHY und GOME-2 zwischen 1995 und 2009. Die Bilder zeigen ein stabiles Ozonloch über dem Südpol, das jedes Jahr etwa die gleiche Ausdehnung erreicht, mit der Ausnahme Oktober 2002. In diesem Jahr wurde erstmals eine "plötzliche Erwärmung" des polaren stratosphärischen Wirbels in der Südhemisphäre beobachtet. Die Gründe für die üblicherweise große Stabilität des Ozonlochs in der Südhemisphäre liegen in den stabilen Bedingungen, insbesondere den niedrigen Temperaturen des polaren Wirbels, während des antarktischen Frühlings.

Zum Vergleich mit Abb. 13 sind in der Abb. 14 die Zeitreihen der O_3-Gesamtsäule über der Arktis im März im Zeitraum 1996 bis 2010 dargestellt. Im Gegensatz zur Antarktis im Süden findet in der Arktis im Norden ein wesentlicher chemischer Abbau von Ozon nur in Jahren mit kalten und langlebigen polaren Wirbeln, wie z. B. 1996, 1997 und 2000, statt. Eine signifikante Bildung von polaren stratosphärischen Wolken – und damit Ozonabbau – wird nur beobachtet, wenn ein ausreichend großer Teil des Wirbels Temperaturen unterhalb des Schwellwertes von 196 K erreicht.

SPURENSTOFFSONDIERUNG

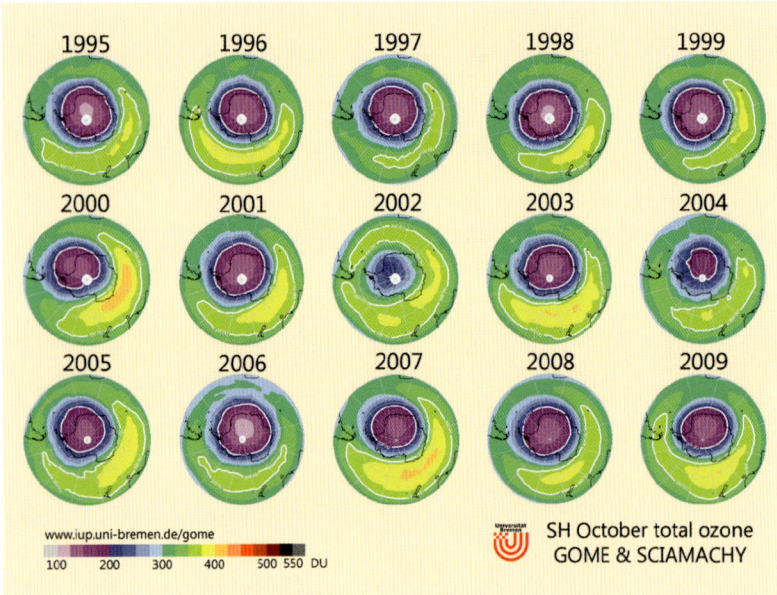

Abb. 13 *Ozonloch über der Antarktis im jeweiligen Oktober der Jahre 1995 bis 2005*

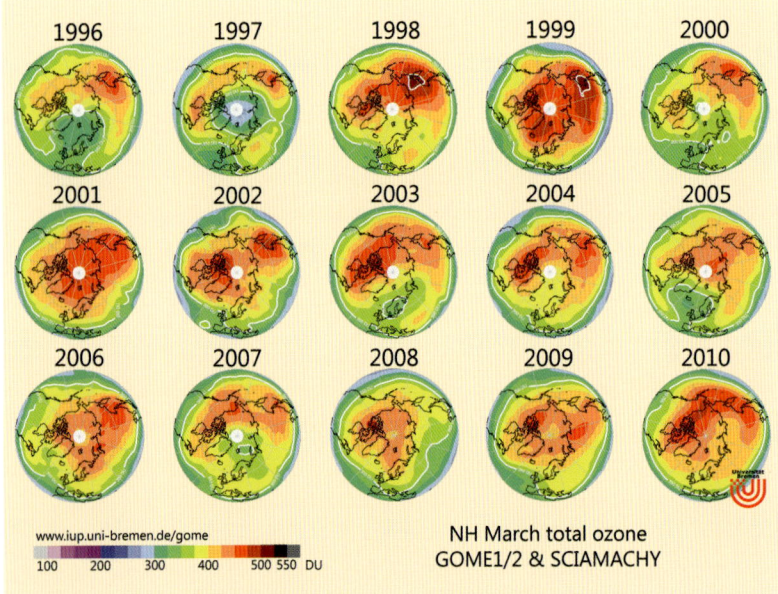

Abb. 14 *Ozon-Abbau über der Arktis: Gesamtsäule des Ozons in der Nordhemisphäre im Zeitraum März 1996 bis 2010*

Wie sich die O_3-Gesamtsäule zukünftig weiter entwickeln wird und ob sie sich so verhält, wie es die Vorhersagen erwarten lassen, hängt von der Vollständigkeit unserer Modellvorstellungen über die physikalischen und chemischen Prozesse sowie von ihren zum Teil komplizierten und nicht-linearen Rückkopplungen ab. Trotz wesentlicher Verbesserungen unseres Verständnisses über die Chemie und Physik der Atmosphäre in den vergangenen vier Dekaden sind künftige Überraschungen dennoch nicht auszuschließen.

Troposphärische Chemie und Umweltverschmutzung

Die Erdoberfläche ist eine natürliche und anthropogene Quelle für eine ganze Reihe chemischer Verbindungen wie z. B. flüchtige organische Verbindungen (VOCs), Kohlenmonoxid (CO), Stickoxide NO_X (= NO + NO_2) und kurzlebige Substanzen (reaktive Halogenverbindungen). Ozon wird durch eine Reihe katalytischer Zyklen gebildet und abgebaut. Durch Deposition an der Erdoberfläche und den Transport in die Stratosphäre werden längerlebige Substanzen aus der Troposphäre wieder entfernt.

Wie oben beschrieben, waren die ersten Fernerkundungsmessungen die Beobachtungen von troposphärischem Ozon aus den Messungen mit TOMS- und SBUV-Instrumenten. TOMS-Daten enthalten auch Informationen über SO_2 aus Vulkanausbrüchen, die SO_2 in die freie Troposphäre bringen. Allerdings ist das Signal-zu-Rausch-Verhältnis dieser Messungen nicht gut genug, um SO_2 aus natürlichen Quellen oder aus der Verbrennung schwefelhaltiger fossiler Brennstoffe in der bodennahen Grenzschicht zu erfassen.

Stickstoffdioxid

Besser ist die Situation beim NO_2. Als ein Maß für die vorhandene NO_X-Konzentration kann die Gesamtsäule von NO_2 vom Weltraum aus gemessen werden (siehe Abb. 15). Unter der Gesamtsäule (oder genauer: der Gesamtsäulendichte (Einheiten: Moleküle/cm²)) versteht man die Gesamtzahl von Molekülen in einer Luftsäule mit Einheitsfläche über dem Boden. Wie aus der Abbildung zu erkennen ist, sind die Ballungsräume in der Nordhemisphäre und die Gebiete der Biomasseverbrennung die Hauptquellregionen von NO_2. Zusätzlich sind erhöhte NO_2-Säulendichten auch über Autobahnen in Nordamerika, über großen Metropolen und im Bereich von Schifffahrtsrouten deutlich zu erkennen. In Abb. 16 sind gesondert die gemittelten troposphärischen NO_2-Säulen über solchen Schifffahrtsrouten im Atlantik, Mittelmeer, Roten Meer, Persischen Golf, Indischen Ozean, Südchinesischen Meer und Pazifik gezeigt.

Eine weitere interessante Beobachtung, die mithilfe der Messung von Zeitreihen von Säulendichten gemacht werden kann, ist der Wochengang von Spurenstoffen. So zeigt Abb. 17 den Wochengang der NO_2-Säulendichte im Osten der USA, in Europa, im Mittleren Osten, und im östlichen China. Deutlich zu erkennen ist die erheblich geringere NO_2-Belastung (und damit geringere Emission) in den USA und Europa am Wochenende. Im Mittleren Osten werden die niedrigsten Werte am Freitag, dem Ruhetag der islamischen Gesellschaften, beobachtet. In China dagegen ist kein signifikanter Wochengang zu sehen, was vermutlich einerseits auf die relativ geringe Beachtung der Wochenendruhe in China zurückzuführen ist, und andererseits den immer noch großen Anteil der ohne Unterbrechung arbeitenden Schwerindustrie im Vergleich zum Individualverkehr widerspiegelt.

SPURENSTOFFSONDIERUNG

Asien, insbesondere China, hatte während der letzten Jahrzehnte eine stark wachsende Wirtschaft, angetrieben von einer Energieerzeugung durch Verbrennung fossiler Brennstoffe. Jahresgang und Zunahme von NO_2 über Ost-China sind in Abb. 18 dargestellt. Die Maßnahmen zur Verbesserung der Luftqualität während der 29. Olympischen Spiele im August 2008 sowie die Weltwirtschaftskrise in 2008 und 2009 haben in jüngster Zeit zu einer Reduktion der NO_X-Emissionen geführt, was sich in verringerten NO_2-Säulendichten niederschlägt. Seit 2010 steigt die NO_2-Menge über Ost-China dagegen wieder an, vermutlich als ein Ergebnis einer konjunkturellen Erholung.

Schwefeldioxid

Schwefeldioxid wird in der Atmosphäre durch Vulkanausbrüche freigesetzt. Eine weitere natürliche Quelle von SO_2, die allerdings auf die Biosphäre zurückzuführen ist, ist die Oxidation von kurzlebigen Schwefelverbindung wie Dimethylsulfid (CH_3SCH_3), Carbonylsulfid (COS) und Kohlenstoffdisulfid (CS_2), die vom Phytoplankton emittiert werden. Die wichtigste anthropogene Quelle von SO_2 ist die Verbrennung schwefelhaltiger Kohle – insbesondere Braunkohle – und Öl. SO_2 ist in der Troposphäre sehr kurzlebig und wird durch Reaktionen in der Gasphase und an Oberflächen zu Schwefelsäure umgewandelt. Aufgrund ihres geringen Dampfdrucks nukliert Schwefelsäure und bildet Kondensationskeime für Aerosole. Abbildung 19 zeigt die globale, über das Jahr 2007 gemittelte, Gesamtsäule von SO_2 aus SCIAMACHY-Daten.

Vulkane, die entweder regelmäßig aktiv sind (z. B. Nyamuragira in Afrika oder Popocateptl in Mexiko) oder in diesem Jahr größere Ausbrüche hatten, sind klar zu erkennen. Ebenso sind die Abluftfahnen von Regionen mit Kraftwerken, Verbrennungsanlagen oder Metallhütten ohne Gaswäscher-Technologie (z. B. in Osteuropa, Südamerika, Südafrika, Ohio Valley in den USA usw.) zu sehen. Die westlichen EU-Länder, in denen nach der intensiven Debatte über die Ursache des sauren Regens in den 80er Jahren Gaswäsche-Verfahren in Kraftwerke eingesetzt werden, zeigen nur geringe SO_2-Säulendichten. In dieser Abbildung sind die Gebiete erhöhter SO_2-Emissionen in China die vielleicht prominenteste Besonderheit.

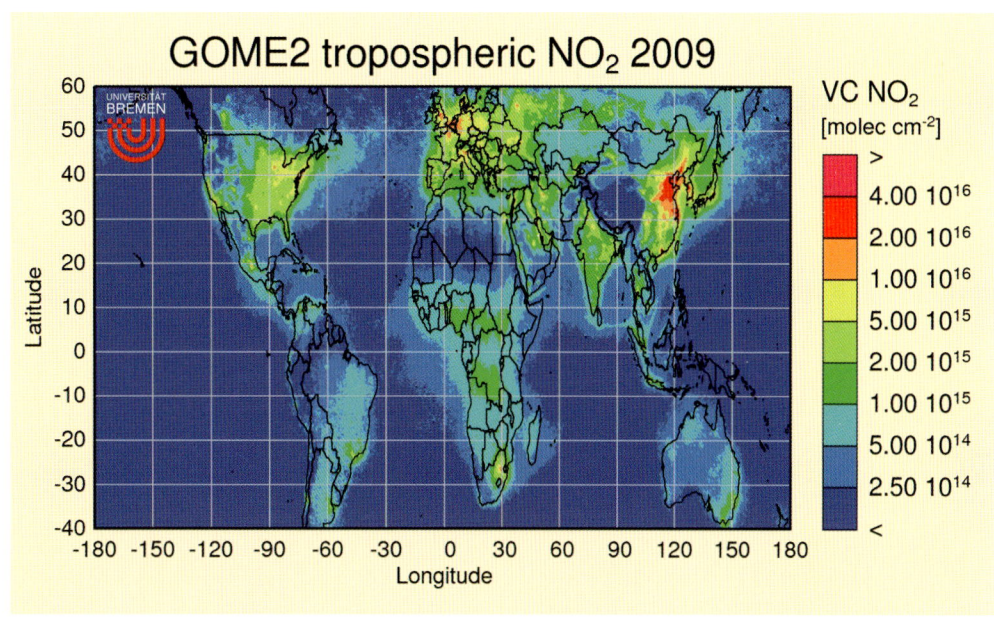

Abb. 15 *Globale troposphärische Säule von NO_2 im Jahre 2009 aus GOME-2-Daten*

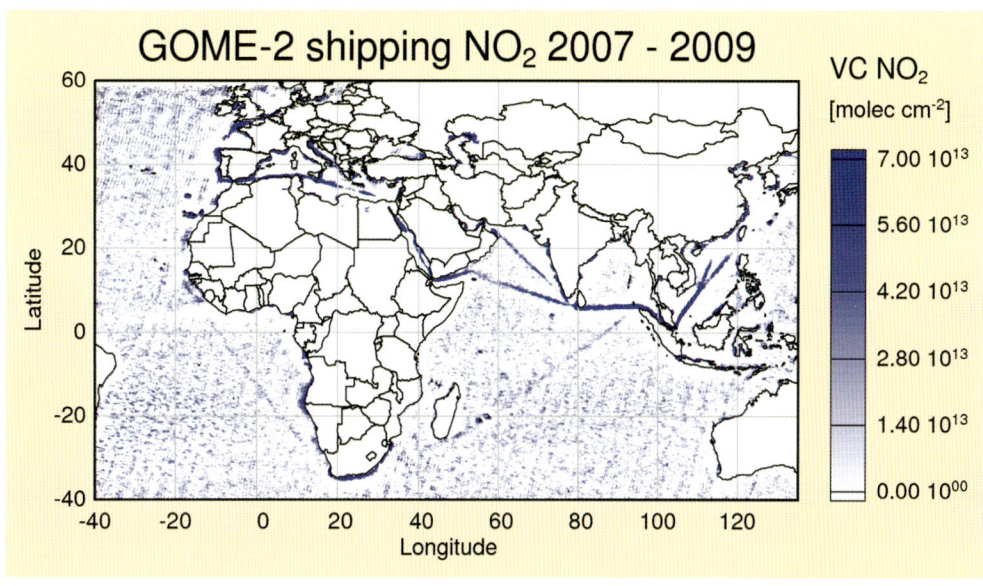

Abb. 16 *Die NO_2-Säulendichte als Indikator für die großen Schifffahrtsrouten der Welt (aus GOME-2-Daten)*

Aldehyde

Im langwelligen ultravioletten und sichtbaren Spektralbereich gibt es keine strukturierten Absorptionen von VOCs. Daher sind VOCs auch nicht im rückgestreuten Sonnenlicht messbar. Dagegen bieten sich die sauerstoffhaltigen Aldehyde, Formaldehyd (HCHO) und Glyoxal (CHOCHO), die bei der Oxidation von VOCs gebildet werden, als Indikator für VOCs an (siehe z. B. [8]). Glyoxal und HCHO werden bei der atmosphärischen Oxidation von vielen Kohlenwasserstoffverbindungen mit zwei oder mehr Kohlenstoffatomen gebildet; aber nur HCHO entsteht bei der Oxidation von Methan. Da das Muster der Kohlenwasserstoff-Kompo-

SPURENSTOFFSONDIERUNG

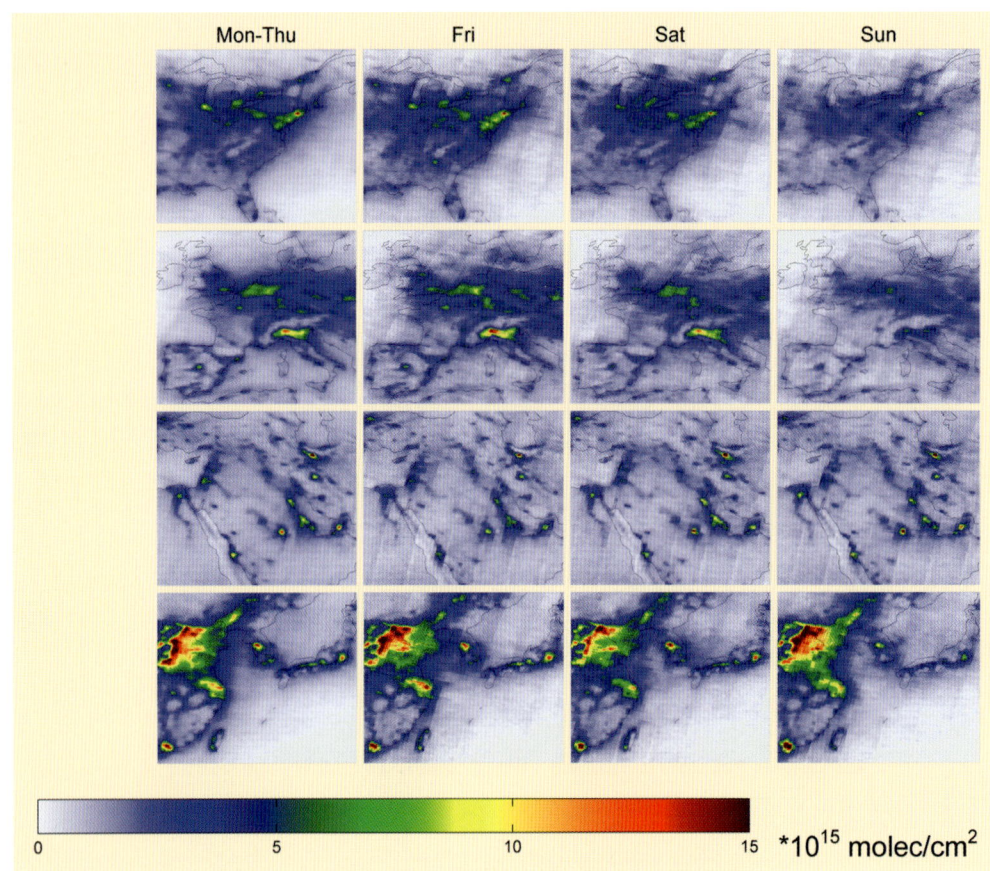

Abb. 17 *Wochengang der NO$_2$-Säulendichte im Osten der USA (oberste Reihe), in Europa (2. Reihe), im Mittleren Osten (3. Reihe), und im östlichen China (unterste Reihe) [7].*

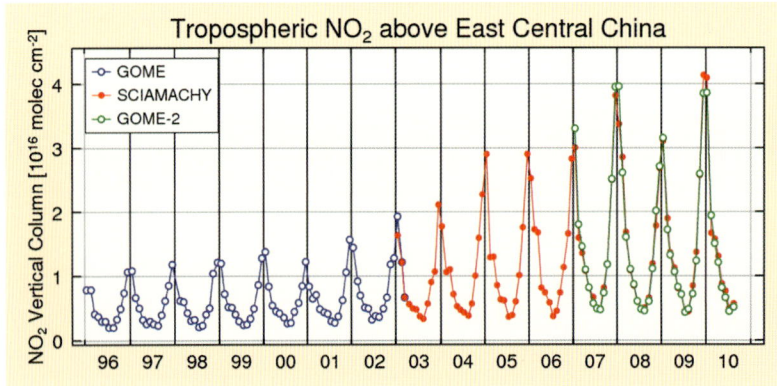

Abb. 18 *Zeitliche Zunahme der NO$_2$-Säule über Ost-Zentral-China seit 1996 (aus GOME-1-, SCIAMACHY- und GOME-2-Daten)* (A. Richter, Universität Bremen)

GOME-, SCIAMACHY und GOME-2 dargestellt.

Über Land sind hohe Säulendichten korreliert mit Gebieten hoher biogener Emissionen und Biomassenverbrennung, die unterschiedliche Jahresgänge und unterschiedliche räumliche Verteilungen besitzen. Die relativen Verteilungen von HCHO und CHOCHO über den Ozeanen sind unterschiedlich. Höhere Werte von CHOCHO werden über Gebieten mit starken Phytoplankton-Aktivitäten beobachtet. Der erwartete HCHO-Hintergrund, der durch die CH$_4$-Oxidation erzeugt wird, liegt im Bereich von $(2-40) \times 10^{14}$ Moleküle cm^{-2} und hängt unter anderem vom Sonnen-Zenitwinkel ab, der die Intensität der photochemischen Oxidation der Kohlenwasserstoffverbindungen beeinflusst.

Die maximalen Werte der CHOCHO-Säulendichte über dem Ozean liegen in den Tropen bei ca. 5×10^{14} Molekülen cm^{-2}. Allerdings ist es noch nicht klar, ob die starke räumliche Variation von CHOCHO in den Tropen über dem Ozean von einer relativ kleinen Änderung der HCHO-Säulen begleitet wird. In Vergleich dazu ist die Erhöhung der CHOCHO-Säulen über dem Ozean in biologisch aktiven Gebieten groß. Dies ist ein Indiz dafür, dass eine bisher unbekannte biogeochemische Kopplung zwischen der Biosphäre im Ozean und der planetaren Grenzschicht besteht.

Halogenverbindungen

Die Rolle von Halogenverbindungen beim katalytischen Abbau der stratosphärischen Ozonschicht ist derzeit recht gut bekannt. Weniger gut verstanden dagegen ist die Natur und Stärke der natürlichen Quellen (Ozeane und terrestrische Biosphäre), aus denen solche Verbindungen emittiert werden. Darüber hinaus wurde die Bedeutung der Halogenchemie in der Troposphäre bis vor etwa 20 Jahren als wahrscheinlich vernachlässigbar betrachtet. Erst nach der Beobachtung von unerwartet niedrigen Ozonmischungsverhältnissen in der polaren planetaren Grenzschicht im Frühjahr, die mit erhöhten Konzentrationen an Brom im Aerosol korreliert waren, wurde die Aufmerksamkeit der Forscher geweckt. Im Rahmen der Untersuchung von photochemischen Oxidationsmechanismen wurden erhebliche Abweichungen vom sog. Leighton-Photostationaritäts-Zustand (LPSZ) beobachtet. Der LPSZ beschreibt das Verhältnis zwischen NO und NO$_2$ für eine vorgegebene Ozonkonzentration und Strahlungsintensität. Er wird von Peroxyra-

nenten aus anthropogenen Quellen sich von denen aus biogenen Quellen unterscheidet und auch die Oxidation in der Biomasseverbrennung anders verläuft als sonst in der Troposphäre, kann das Verhältnis zwischen der HCHO- und CHOCHO-Säulendichte als Indikator für die unterschiedlichen Kohlenwasserstoff-Quellen dienen [9].

In Abb. 20 und Abb. 21 sind die mittleren globalen Verteilungen von HCHO und CHOCHO aus den Daten von

dikalen beeinflusst; eine Abweichung ist deshalb ein Indiz für das Vorkommen solcher Radikale in ungewöhnlich hoher Konzentration.

Bromatome werden in der Atmosphäre durch die Photolyse photo-labiler Bromverbindungen, wie z. B. Brom (Br_2), Bromchlorid (BrCl), Bromnitrat ($BrONO_2$) und Hypobromige Säure (HOBr), erzeugt. Durch die Reaktion von Bromatomen mit O_3 entsteht dann rasch das Brommonoxid (BrO)-Radikal. Im Frühjahr z. B. wird eine Erhöhung der BrO-Säule von ca. 50–100 % im stratosphärischen Polarwirbel erwartet. Die Entdeckung großflächiger Wolken von erhöhten BrO-Säulen über Arktis und Antarktis im Frühjahr, sowohl innerhalb als auch außerhalb des polaren stratosphärischen Wirbels, war dennoch unerwartet. Dieses Phänomen ist in Abb. 22 gezeigt, in der gemittelte BrO-Säulendichten für die Monate März, April und Mai in der Nordhemisphäre und die Monate September, Oktober, November in der Südhemisphäre dargestellt sind. Die Ursache dieses Phänomens ist im Wesentlichen die Zündung einer „Brom-Explosion". Dieser Vorgang beruht auf der autokatalytischen Freisetzung von Brom aus den Oberflächen von Aerosolteilchen, Schnee oder Eis.

BrO ist (in geringen Mengen) auch in der globalen Troposphäre vorhanden. Es entsteht dort durch die Oxidation bromhaltiger Verbindungen, die entweder biogen oder anthropogen sowie durch abiotische Oxidation von Bromid freigesetzt werden. Neuerlich wurde die Freisetzung von BrO in Vulkanfahnen auch vom Weltraum aus beobachtet.

Im Meerwasser ist der Gehalt von Bromid etwa 600 Mal kleiner als der von Chlorid; der Gehalt an Jodid ist sogar 15 000 Mal kleiner als der von Bromid. Dennoch produziert die ozeanische Biosphäre signifikante Mengen von Jodverbindungen. Freigesetzte organische Jodverbindungen wie CH_3I, CH_2I_2 und molekulares Jod (I_2) sind photolyse-instabil und bilden I-Atome, die – analog zu Cl- und Br-Atomen – mit O_3 zu Jodmonoxid (IO) reagieren. Dieses Jodmonoxid ist an der Bildung von atmosphärischen Kondensationskeimen und an dem katalytischen Abbau von O_3 in der Troposphäre beteiligt. Im Jahre 2007 wurden die ersten globalen Messungen der Säulendichte von IO veröffentlicht [11] (siehe Abb. 23).

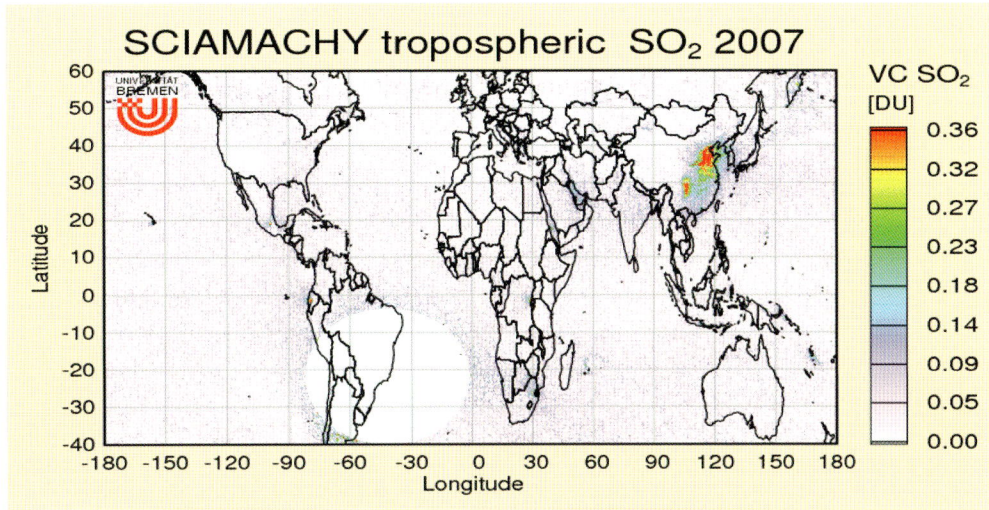

Abb. 19 *Gemittelte globale Verteilung der SO_2-Säulendichte – gewonnen aus SCIAMACHY-Daten – für das Jahr 2007. Das ausgeblendete Gebiet in Südamerika ist die sog. Südatlantik-Anomalie, ein Gebiet erhöhten Instrument-Rauschens.*

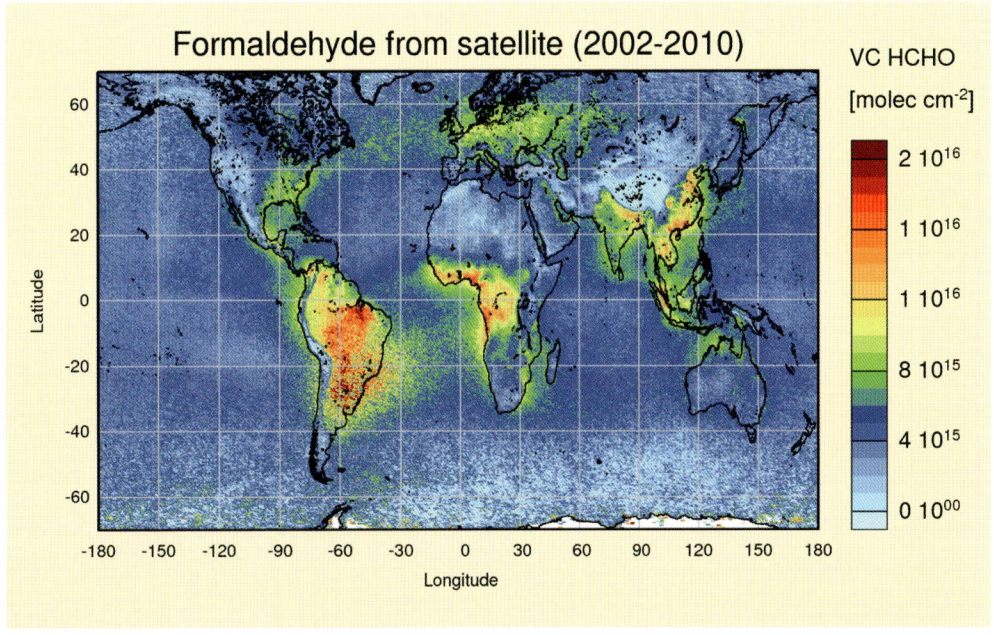

Abb. 20 *Gemittelte Gesamtsäulendichten für Formaldehyde für HCHO gewonnen aus GOME-, SCIAMACHY- und GOME-2-Daten in den Jahren 2002 bis 2010*

Abbildung 23 zeigt ein Maximum von IO über einem Teil der Antarktis, was auch von Bodenmessungen bestätigt wird. Die Entdeckung von erhöhten IO-Säulendichten in den Tropen und anderen Gebieten mit hoher Phytoplankton-Aktivität, wo sich auch gleichzeitig erhöhte CHOCHO-Säulendichten finden und O_3 oft erniedrigt ist, ist noch nicht vollständig verstanden. Es scheint jedoch, dass die Reaktionen jodhaltiger Verbindungen, die von der Biosphäre gebildet werden, im ozeanischen biogeochemischen Kreislauf eine bedeutende Rolle spielen könnten.

SPURENSTOFFSONDIERUNG

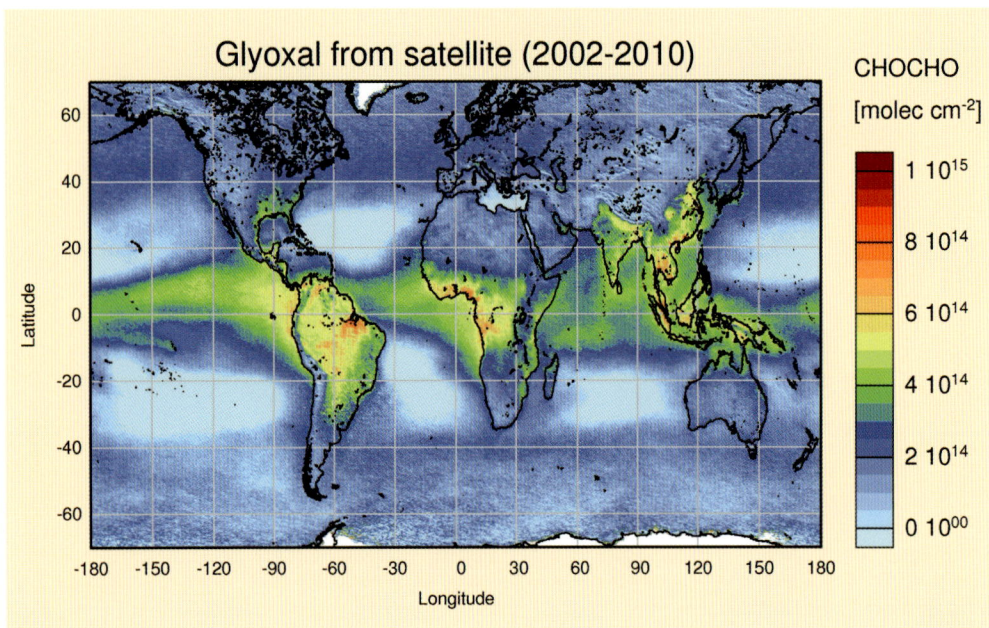

Abb. 21 *Gemittelte Gesamtsäulendichten für Glyoxal (CHOCHO) gewonnen aus GOME-, SCIAMACHY- und GOME-2-Daten in den Jahren 2002 bis 2010*

Methan und Kohlendioxid

Die Bestimmung der gesamten atmosphärischen Säulen-integrierten Mischungsverhältnisse von Methan (x_{CH4}) und Kohlendioxid (x_{CO2}) – bezogen auf trockene Luft – wurde erst durch das SCIAMACHY-Instrument ermöglicht. Die Datenprodukte (x_{CH4} und x_{CO2}) werden dabei aus der gleichzeitigen Messung der Säulen von CH_4, CO_2 und O_2 gewonnen [12, 13]. Mittlere globale x_{CH4}-Werte sind in Abb. 24 dargestellt. Da die meiste Quellen von CH_4 in der Nordhemisphäre liegen, ist der Nord-Süd-Gradient eindeutig zu erkennen. Die topographische Reduzierung der CH_4-Säule, die durch den Abbau von CH_4 in der Stratosphäre verursacht wird, ist über dem Tibetischen Plateau und über den Anden leicht zu erkennen. Fahnen erhöhten x_{CH4} aus Asian fließen über den Pazifischen Ozean und Fahnen aus Amerika fließen nach Europa. Reisfelder und natürliche Feuchtgebiete sind zu erkennen und machen sich auch durch ihren Jahresgang bemerkbar. Die saisonalen Änderungen und eine globale Zunahme von x_{CH4} nach 2007 sind deutlich zu erkennen.

Eine entsprechende Auftragung für Kohlendioxid (x_{CO2}) über Land ist in Abb. 25 gezeigt. Da das Mischungsverhältnis von CO_2 in der Stratosphäre aufgrund der mehrere Jahre betragenden Transportzeit etwas geringer ist als in Tro-

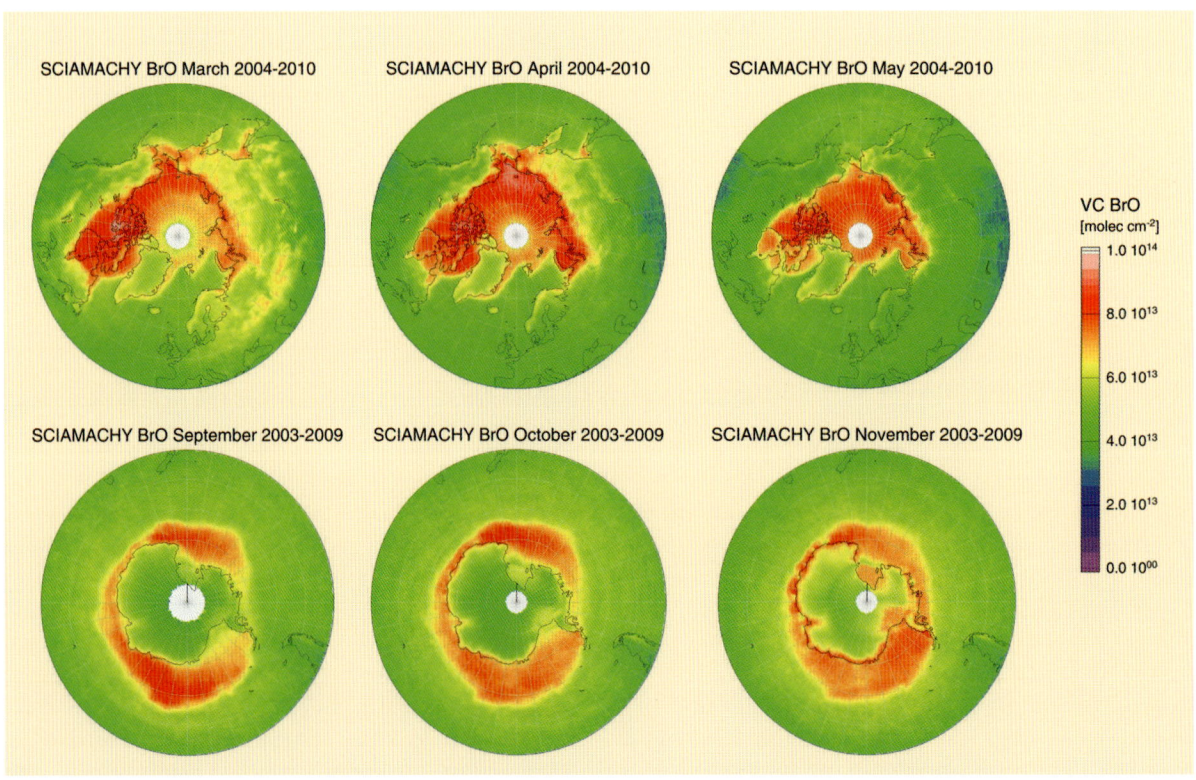

Abb. 22 *Gemittelte BrO-Gesamtsäulen über der Arktis (obere Reihe) und Antarktis (untere Reihe) im jeweiligen Frühjahr der Jahre 1996 bis 2010*

SPURENSTOFFSONDIERUNG

posphäre, erkennt man auch eine kleine topographische Reduzierung des x_{CO_2} über dem Tibetischen Plateau, den Anden und den Rocky Mountains. In der Zeitreihe sind regionale und globale Änderungen zu erkennen. Die Zeitreihe zeigt die erwartete „Sägezahn-Kurve" mit einem CO$_2$-Maximum in Frühjahr und einem Minimum aufgrund der Kohlenstoff-Aufnahme der Biosphäre im Herbst [14].

Fazit

Im Laufe der letzte 50 Jahren ist deutlich geworden, dass anthropogene Aktivitäten – hauptsächlich die Verbrennung fossiler Brennstoffe und Biomasse sowie die Änderung der Landflächennutzung – die Lebensbedingung in unserer Umwelt, die Ökosysteme und die Landwirtschaft nicht nur lokal, sondern auch global beeinflussen. Infolge der Industrialisierung hat ein neues geologische Zeitalter, das „Anthropozen", begonnen. Nationale und internationale Umweltgesetzgebung, die auf eine nachhaltige Entwicklung abzielt, kann nur sinnvoll entwickelt werden, wenn ein ausreichendes Verständnis der Physik und Chemie der Atmosphäre sowie der Biologie an der Erdoberfläche und deren Wechselwirkungen vorhanden ist. Die Bestimmung der Menge und Verteilung von Spurenstoffen in der Atmosphäre ermöglicht eine Überprüfung unseres Verständnisses des Erde-Atmosphäre-Systems und somit der Angemessenheit der Umweltgesetzgebung. Zudem sind diese Messungen wichtig, um der Verpflichtung zur Berichterstattung nachzukommen, wie es z. B. im Montrealer Protokoll oder dem Kyoto-Abkommen formuliert ist.

Die Herausforderungen bestehen in der Notwendigkeit, geringste Mengen kurzlebiger, reaktiven Stoffe oder kleine Änderungen langlebiger Stoffe sowie deren globale, dreidimensionale Verteilungen zu bestimmen. Damit wiederum können die Wechselwirkungen in der Atmosphäre, die natürlichen und anthropogen Flüsse von Substanzen an der Erdoberfläche sowie die Dynamik von atmosphärischen Transportprozessen untersucht werden. Die moderne Spektroskopie, die von den neuesten Entwicklungen der Sender- und Empfänger/Detektoren-Technologie profitiert, liefert wichtige neue Möglichkeiten für In-situ-Messungen und Fernerkundung.

Die Fernerkundung vom Boden, Flugzeugen und Ballons aus war die Basis für wichtige Pionierarbeiten wie z. B. die Entdeckung der Stratosphäre oder das Ozonloch. Die Anwendung von Fernerkundungsinstrumenten vom Weltraum aus hat in den letzten 30 Jahren die globale Bestimmung der Verteilung von Schlüsselsubstanzen erst ermöglicht und weckt die Hoffnung, dass Strategien, das Erdsys-

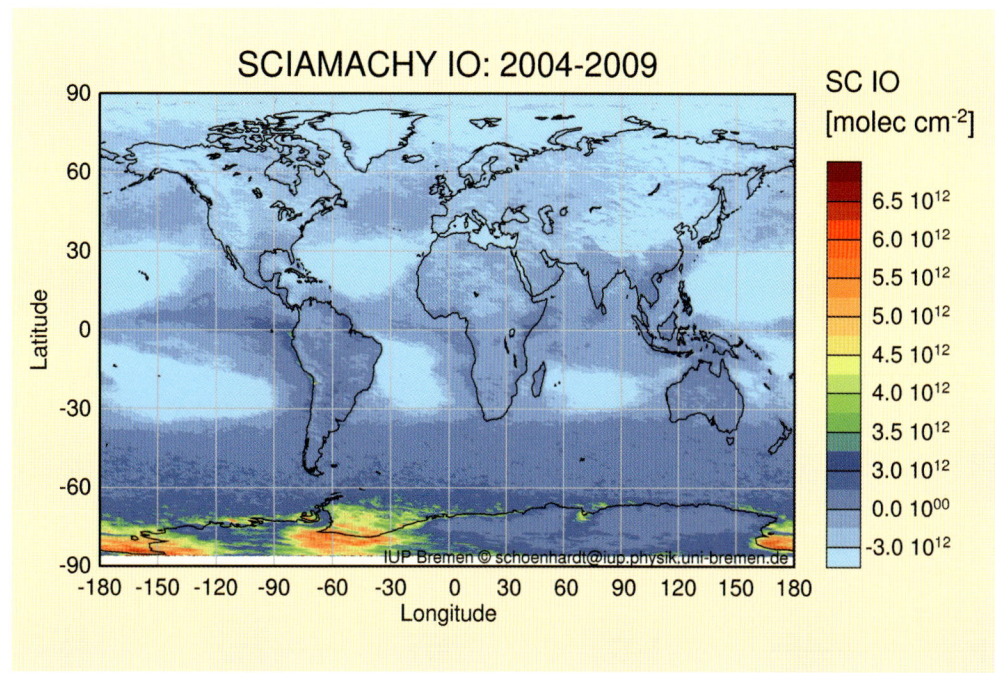

Abb. 23 *Globale Verteilung der gemittelten „schrägen" Säulendichte des IO-Radikals*

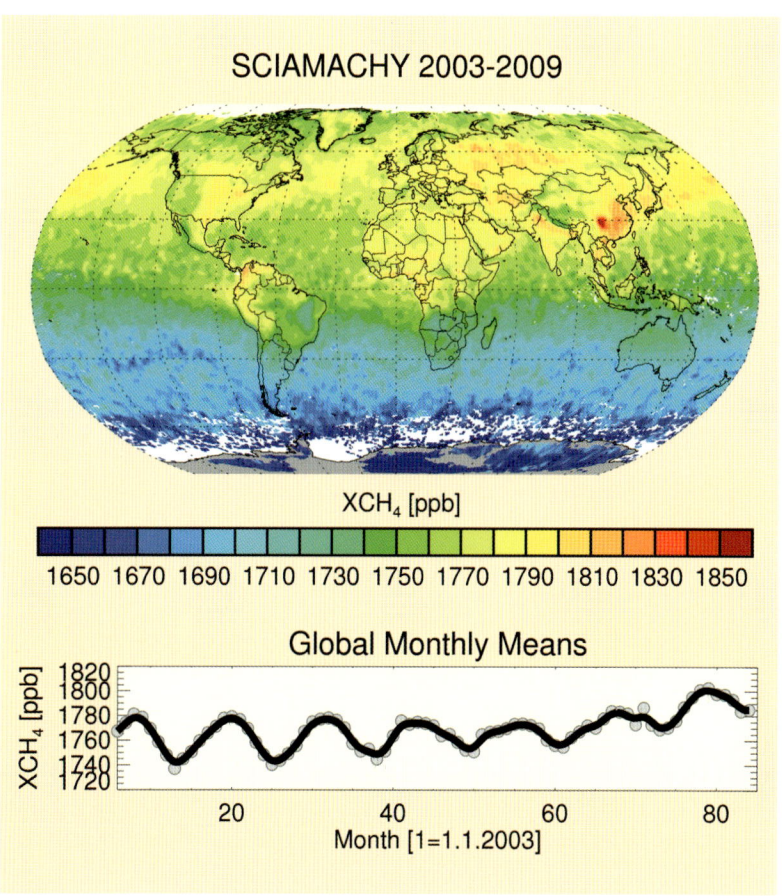

Abb. 24 *Globale Verteilung des gemittelten Säulen-Mischungsverhältnisses (x_{CH4}) des Methans in den Jahren 2003 bis 2009 sowie globale Änderung von x_{CH4} als Funktion der Zeit seit 2003*

SPURENSTOFFSONDIERUNG

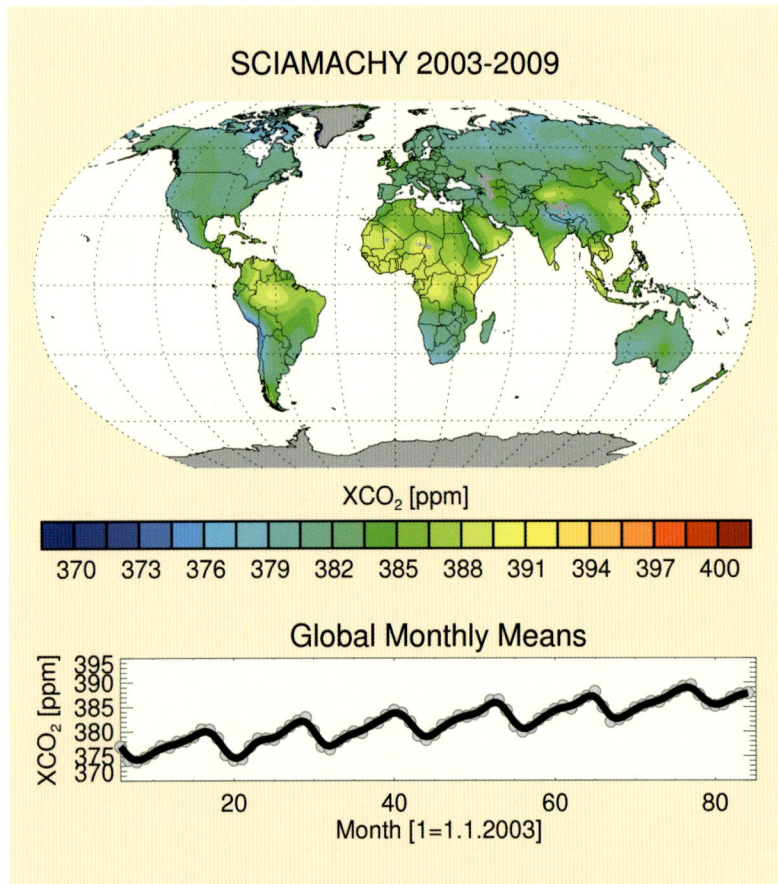

Abb. 25 *Globale Verteilung des gemittelten Säulen-Mischungsverhältnisses von CO_2 (x_{CO2}) – gewonnen aus SCIAMACHY-Daten – in den Jahren 2003 bis 2009 sowie globale Änderungen von x_{CO2} als Funktion der Zeit seit 2003*

tem erfolgreich in eine akzeptables ökologisches Gleichgewicht zu bringen, erfolgreich sein können. Um dieses Ziel zu erreichen, muss langfristig ein leistungsfähiges globales Beobachtungssystem aufgebaut werden. Gleichzeitig müssen die Methoden der Modellierung verbessert werden, um die Daten über unserer Umwelt zu analysieren.

Literatur

[1] Burrows, J.P., Chance, K.V., Crutzen, P.J., Fishman, J., Fredericks, J.E., Geary, J.C., Johnson, T.J., Harris, G.W., Isaksen, I.S.A., Kelder, H., Moortgat, G.K., Muller, C., Perner, D., Platt, U., Pommereau, J.-P., Rodhe, H., Roeckner, E., Schneider, W., Simon, P., Sundqvist, H., Vercheval, J. (1991) SCIAMACHY Phase A Study – Scientific Requirements Specification.

[2] Bovensmann, H., J. P. Burrows, M. Buchwitz, J. Frerick, S. Noël, V.V. Rozanov, K.V. Chance, A.P.H. Goede (1999) SCIAMACHY – Mission Objectives and Measurement Modes. *Atmospheric Sciences*, 56, 127-150.

[3] Burrows, J.P., Weber, M., Buchwitz, M., Rozanov, V., Ladstatter-Weissenmayer, A., Richter, A., DeBeek, R., Hoogen, R., Bramstedt, K., Eichmann, K.-U., and Eisinger, M. (1999) The global ozone monitoring experiment (GOME): Mission concept and first scientific results, *JOURNAL OF THE ATMOSPHERIC SCIENCES*, Vol. 56, 2, 151–175.

[4] Crutzen, P.J. (1969) Determination of parameters appearing in the „dry" and the „wet" photochemical theories for ozone in the stratosphere. *Tellus*, 21, 368-388.

[5] Lovelock, J.E., Maggs, R.J. and Wade, R.J. (1973) Halogenated hydrocarbons in and over the Atlantic. *Nature*, 241, No. 5386, 194-196.

[6] Farman, J.C., B.G. Gardiner, J.D. Shanklin (1985) *Nature*, 315, 207-210.

[7] Monks, P.S., and Beirle, S. (2010) Satellite observations of tropospheric composition. In: *The Remote Sensing of Tropospheric Composition from Space* (Burrows, J.P., Platt, U., Borrell, P. (eds)), ISBN: 978-3-642-14790-6, Springer.

[8] Wittrock, F., Richter, A., Oetjen, H., Burrows, J.P., Kanakidou, M., Myriokefalitakis, S., Volkamer, R., Beirle, S., Platt, U., and Wagner, T. (2006) Simultaneous global observations of glyoxal and formaldehyde from space. *Geophys. Research Letters*, 33, L16804, doi:10.1029/2006GL02.

[9] Vrekoussis, M., Wittrock, F., Richter, A., Burrows, J.P. (2007) GOME-2 observations of oxygenated VOCs: What can we learn from the ratio glyoxal to formaldehyde on a global scale? *Atmospheric Chemistry and Physics Discussions*, Vol. 10, 19031–19069, 2010712959-12999, and *Atmospheric Chemistry and Physics*, accepted, 2010.

[10] Richter, A., M. Eisinger, F. Wittrock and J.P. Burrows (1998) BrO Observed from GOME in the Northern Hemisphere in 1997. *Geophys. Research Letters*, Vol. 25, 14, 2683–2686.

[11] Schönhardt, A, Richter, A., Wittrock, F., Kirk, H., and Burrows, J.P. (2007/2008) Observations of iodine monoxide (IO) columns from satellite. *Atmospheric Chemistry and Physics Discussions*, Vol. 7, 12959–12999 and *Atmospheric Chemistry and Physics*, 8, 637–653.

[12] Buchwitz, M., de Beek, R., Noël, S., Burrows, J.P., Bovensmann, H., Bremer, H., Bergamaschi, P., Korner, S., Heimann, M. (2005) Carbon monoxide, methane and carbon dioxide columns retrieved from SCIAMACHY by WFM-DOAS: year 2003 initial data set. *Atmospheric Chemistry and Physics*, Vol. 5, 3313–3329, acp-5-3313_buchwitz_year2003.pdf.

[13] Schneising, O., Buchwitz, M., Burrows, J.P., Bovensmann, H., Bergamaschi, P., and Peters, W. (2009) Three years of greenhouse gas column-averaged dry air mole fractions retrieved from satellite – Part 2: Methane. *Atmospheric Chemistry and Physics*, 9, 443–465.

[14] Schneising, O., Buchwitz, M., Reuter, M., Heymann, J., Bovensmann, H., and Burrows J.P. (2010) Long-term analysis of carbon dioxide and methane column-averaged mole fractions retrieved from SCIAMACHY. *Atmospheric Chemistry and Physics Discussions*, submitted.

SPURENSTOFFSONDIERUNG

Abb. 26 *Sonnenuntergang von der Internationalen Raumstation (ISS) aus aufgenommen.*
Sonnenlicht wird von den in der Atmosphäre vorkommen Teilchen gestreut. Gegen Abend muss das Licht einen immer längeren Weg durch die Atmosphäre nehmen und trifft daher auf mehr ablenkende Partikel als tagsüber bei hohem Sonnenstand. Da kürzerwelliges, blaues Licht stärker gestreut wird als längerwelliges, rotes Licht, kommen in den erdnahen Schichten vor allem die Rotlichtanteile des Lichts an. Blaues Licht wird dagegen quasi „herausgefiltert".

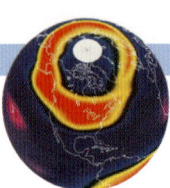

FCKW und die Ozonschicht – Eine folgenreiche Erkenntnis

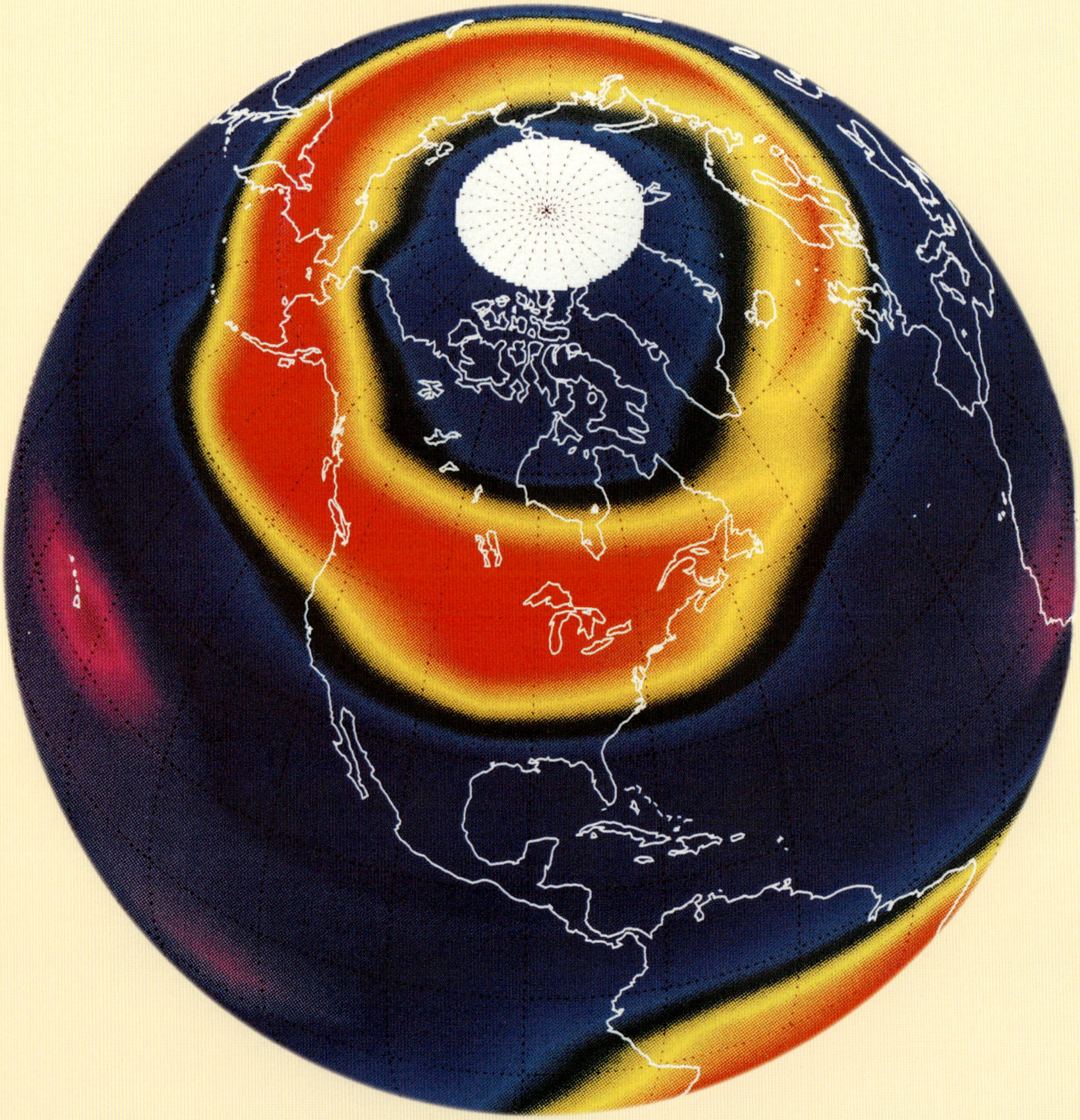

Chemie über den Wolken. Reinhard Zellner · Copyright © 2011 WILEY-VCH Verlag GmbH & Co. KGaA, Weinheim · ISBN: 978-3-527-32651-8

FCKWS UND OZONLOCH

Was passiert mit dem Ozon über den Wolken?

MARTIN DAMERIS, MARKUS REX UND CHRISTIANE VOIGT

Beobachtete Ozonänderungen und das Ozonloch

Ozon in der Stratosphäre (etwa 12–50 km Höhe) filtert einen großen Teil der von der Sonne ausgestrahlten UV-Strahlung und schützt somit das Leben auf der Erde. Besonders wichtig ist die nahezu vollständige Absorption der energiereichen solaren UV-B-Strahlung im Wellenlängenbereich zwischen 280 und 320 nm. So ist z. B. bekannt, dass erhöhte UV-B-Strahlung beim Menschen Hautkrebs hervorrufen und das Immunsystem schwächen kann; bei Pflanzen wird die Photosyntheseleistung beeinträchtigt. Auch das aquatische Leben in den oberen oberflächennahen Schichten von Gewässern ist von der Intensität der UV-B-Strahlung direkt betroffen. Besonders sensibel reagiert das Phytoplankton.

Seit mehr als 25 Jahren wird eine Besorgnis erregende Zerstörung der Ozonschicht beobachtet [1, 2]. Ihre extremste Ausdünnung hat diese Schicht in der südpolaren Stratosphäre in Form des sog. Ozonlochs erfahren (siehe Abb. 1). Während ein polares Ozonloch völlig unerwartet war und die Wissenschaft überrascht hat, konnte seine Ursache bald nach der Entdeckung dennoch schlüssig erklärt werden: Es handelt sich um eine Kombination besonderer meteorologischer Bedingungen und einer durch industriell gefertigte (anthropogene) Fluorchlorkohlenwasserstoffe (FCKW) und Halone veränderten Chemie [3–6].

In den Folgejahren wurde festgestellt, dass sich die Ozonschicht nicht nur über der Antarktis vermindert, sondern auch in vielen anderen Gebieten rückläufig ist, wenn auch nicht in so dramatischen Ausmaßen wie in der Südpolarregion. Dies führte dazu, dass die Produktion und der Gebrauch Ozon zerstörender Substanzen im Protokoll von Montreal, das 1987 beschlossen und am 1. Januar 1989 in Kraft trat, reglementiert wurde. In einer Reihe von Nachfolgevereinbarungen (z. B. London, 1990; Kopenhagen, 1992; Wien, 1995; Montreal, 1997; Peking, 1999) verpflichteten sich die Unterzeichnerstaaten zur Reduzierung und schließlich zur nahezu vollständigen Abschaffung der Produktion und des Gebrauchs von chlor- und bromhaltigen Chemikalien.

Chemische und dynamische Einflüsse

Die Mächtigkeit oder Dicke der Ozonschicht an einem bestimmten Ort wird aber nicht nur durch chemische Prozesse in der Stratosphäre bestimmt. Physikalische und dynamische Prozesse spielen eine ebenso wichtige Rolle (z. B. [7]). Ozon ist eines der wichtigsten strahlungsaktiven Gase in der Atmosphäre. Es absorbiert gleichermaßen die kurzwellige Strahlung der Sonne als auch die langwellige Wärmestrahlung der Erde und beeinflusst dadurch erheblich die vertikale Temperaturverteilung der Atmosphäre. Ferner

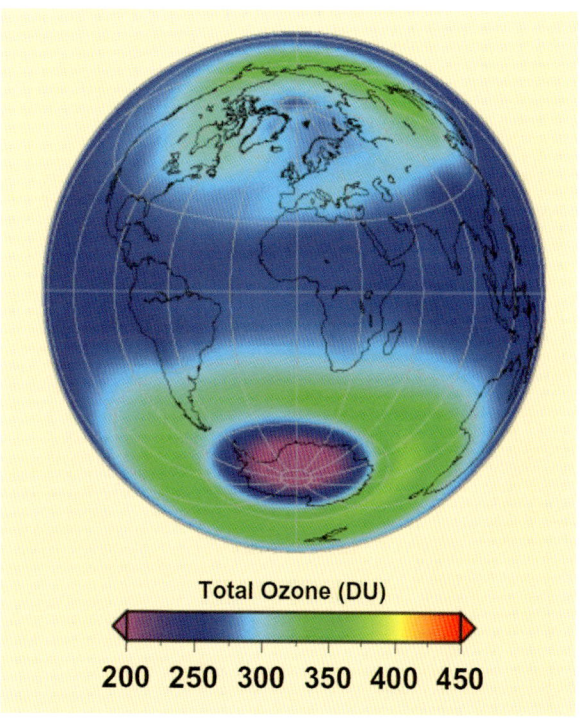

Abb. 1 *Die mittlere Ozonverteilung in der Erdatmosphäre während der Monate von September bis November. Das Ozonloch über der Antarktis wird seit Mitte der 1980er Jahre beobachtet. Der violette Bereich kennzeichnet die Region besonders niedriger Ozonwerte. Um die Gesamtmenge von Ozon in der Atmosphäre über einem bestimmten Ort anzugeben, nutzt man die sog. Dobson-Einheit (Dobson Unit, DU; benannt nach Gordon Dobson (1889–1976), der das erste Instrument zur Messung des atmosphärischen Ozons konstruierte). Dobson-Einheiten sind Säulendichten, also ein Maß für die Ozongesamtmenge in der Luftsäule über einem bestimmten Ort: Dabei entspricht eine 0,01 mm dicke Ozonschicht unter Normalbedingungen (1000 hPa, 273 K) einer Dobson-Einheit (1 DU). Eine Ozonschichtdicke von 300 DU entspricht demnach an der Erdoberfläche einer reinen Ozonsäule von 3 mm.*

wird Ozon als atmosphärisches Spurengas mittels der stratosphärischen Windsysteme über große Distanzen transportiert. Ozon kann in diesen Höhen selbst in geographische Breiten transportiert werden, in denen es photochemisch kaum entstanden wäre. So wird z. B. das in den tropischen und mittleren Breiten photochemisch gebildete Ozon aufgrund der großräumigen Zirkulation in der Stratosphäre besonders effektiv in Richtung der Polarregionen transportiert (siehe Abb. 2).

Physikalische, chemische und dynamische und Prozesse greifen in der Atmosphäre zum Teil auf sehr komplexe Weise ineinander. Das Verständnis dieser Prozesse und deren Wechselwirkungen ist wichtig, um einerseits kurzzeiti-

FCKWS UND OZONLOCH

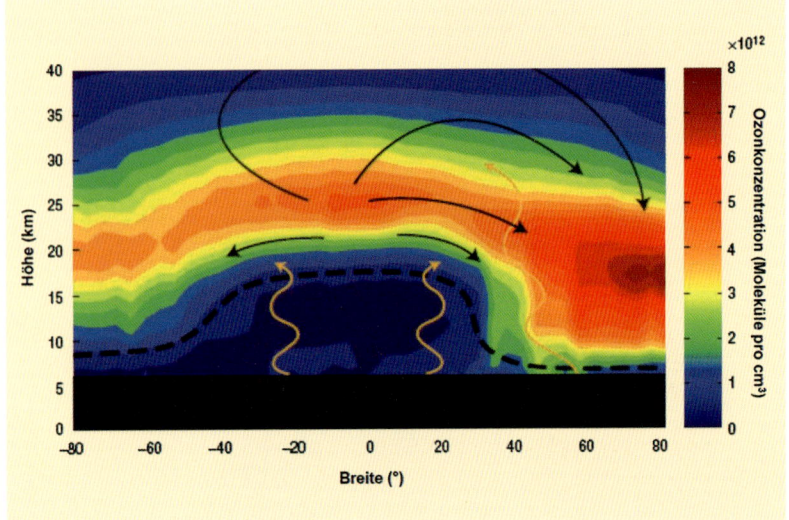

Abb. 2 Meridional- oder Nord-Süd-Zirkulation in der Stratosphäre mit Darstellung der zonal gemittelten vertikalen Ozonverteilung im März 2004 (Messungen vom *Optical Spectrograph and InfraRed Imager System* (OSIRIS) auf dem Odin-Satelliten [8]). Die schwarzen Pfeile bezeichnen die stratosphärische Meridionalzirkulation, die Luftmassen aus tropischen Regionen in höhere Breiten und in die untere Stratosphäre transportiert. Während der Wintermonate ist die Zirkulation verstärkt. Demzufolge werden im Frühling (rechter Teil der Abbildung) höhere Ozonkonzentrationen gemessen. Die Meridionalzirkulation wird durch atmosphärische Wellen, angedeutet durch orangefarbene Pfeile, angetrieben. Die gestrichelte schwarze Linie kennzeichnet den Verlauf der Tropopause [9].

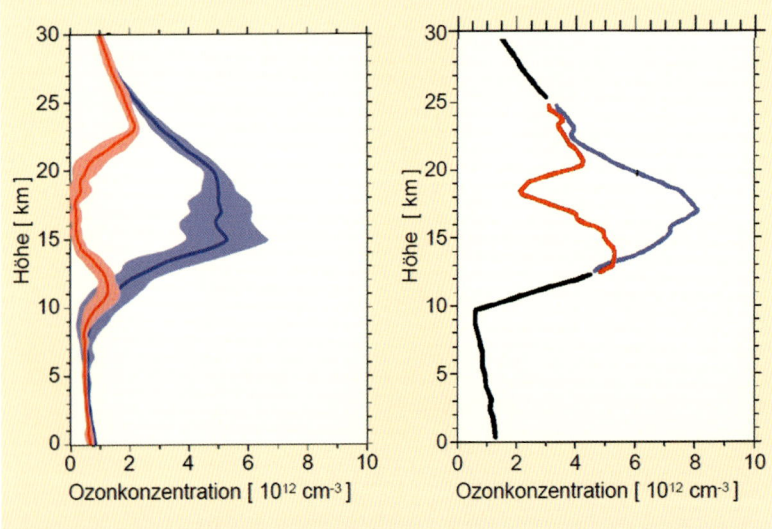

Abb. 3 Links: Ozonabbau im Bereich des Ozonlochs über der Antarktis. Dargestellt ist die vertikale Verteilung der Ozonkonzentration unter noch ungestörten Bedingungen in der Mitte des Winters (blaue Kurve, basierend auf Ozonsondenaufstiegen von der deutschen Antarktis-Forschungsstation Neumayer im Juni und Juli 2006) und unter Ozonlochbedingungen im antarktischen Frühjahr (rote Kurve, Ozonsondenaufstiege von Neumayer im Oktober 2006). Rechts: Ozonabbau über der Arktis. Die blaue Kurve stellt das Ozonprofil dar, welches Ende März 2000 vorgelegen hätte, wenn es keinen chemischen Ozonabbau im Winter gegeben hätte. Die rote Kurve zeigt das tatsächlich Ende März 2010 in der Arktis gemessene Ozonprofil. Die Differenz illustriert den Effekt des anthropogenen chemischen Ozonabbaus. Der im Jahr 1999/2000 gemessene Ozonabbau stellt den bislang größten Abbau in der Arktis dar.

ge Fluktuationen der Ozonschichtdicke zu verstehen, andererseits aber auch langzeitliche Veränderungen (Trends) zu erklären. Dieses Wissen ist eine notwendige Voraussetzung für belastbare Abschätzungen der zukünftigen Entwicklung der Ozonschicht. Veränderungen atmosphärischer Abläufe aufgrund des Klimawandels spielen hierbei eine nicht zu vernachlässigende Rolle.

Beobachtete Veränderungen: Global und polar

Die Verteilung des Ozons in der Atmosphäre lässt sich mittels spektroskopischer oder chemischer Verfahren von Höhenforschungsballonen oder von Forschungsflugzeugen aus gut messen, wobei die begrenzte Flughöhe von Flugzeugen deren Einsatz auf die untersten Teile der Ozonschicht begrenzt. Die Ozonverteilung kann auch durch Fernerkundungsverfahren von festen Bodenstationen oder in globaler Abdeckung von Satelliten bestimmt werden. An einigen wenigen Stellen weltweit erfassen Bodenstationen die Ozonschicht bereits seit den 1930er Jahren. Durch den Einsatz von Satelliten ist sie seit Ende der 1970er Jahre auch global gut dokumentiert.

Die Daten zeigen generell eine Ausdünnung der Ozonschicht in den letzten drei Jahrzehnten. Dieser Ozonschwund muss jedoch differenziert betrachtet werden, da die Entwicklung der Ozonschicht in den Tropen, den mittleren Breiten und den Polargebieten sehr unterschiedlich verläuft.

In den Tropen hat sich die Ozonschichtdicke seit Beginn der globalen Beobachtungen nicht signifikant verändert. In mittleren Breiten dagegen hat die Ozonschicht zwischen 1980 und Ende der 1990er Jahre um etwa 5 % abgenommen. Sie hat sich seitdem aber wieder leicht erholt [10].

Die Dicke der Ozonschicht wird von einer Reihe anthropogener (z. B. FCKW-Emissionen) und natürlicher Vorgänge (z. B. die Sonnenaktivität, große Vulkanausbrüche) bestimmt. Aufgrund der zeitlichen Entwicklung der Ozonschicht allein ist es nicht möglich, diese Einflüsse zu quantifizieren. Allerdings konnte mit Hilfe von Modellen und der genaueren Analyse aller Einflussfaktoren gezeigt werden, dass chemische Prozesse für den Ozonrückgang in den 1980er und 1990er Jahren verantwortlich waren und derzeit auch immer noch sind. Zusätzlich haben große Vulkanausbrüche in den Jahren 1982 und 1991 (siehe unten) die Ozonabnahme in diesem Zeitraum vorübergehend zusätzlich verstärkt, so dass die beobachtete leichte Zunahme der Ozonschichtdicke in den mittleren Breiten im ersten Jahrzehnt des neuen Jahrtausends unter anderem durch den verschwindenden Vulkaneffekt bedingt ist [10, 11].

Der deutlichste Ozonschwund findet in den Polargebieten statt. So kommt es in der Antarktis seit etwa Mitte der 1980er Jahre in jedem Frühjahr zu einer nahezu vollständigen Zerstörung des Ozons. Diese Zerstörung findet genau in dem Höhenbereich statt, in dem die Ozonschicht normalerweise am dichtesten ist (siehe Abb. 3). Dieser Effekt geht vollständig auf chemische Prozesse zurück (siehe unten) und stellt eines der stärksten anthropogenen Signale im globalen Umweltsystem dar.

FCKWS UND OZONLOCH

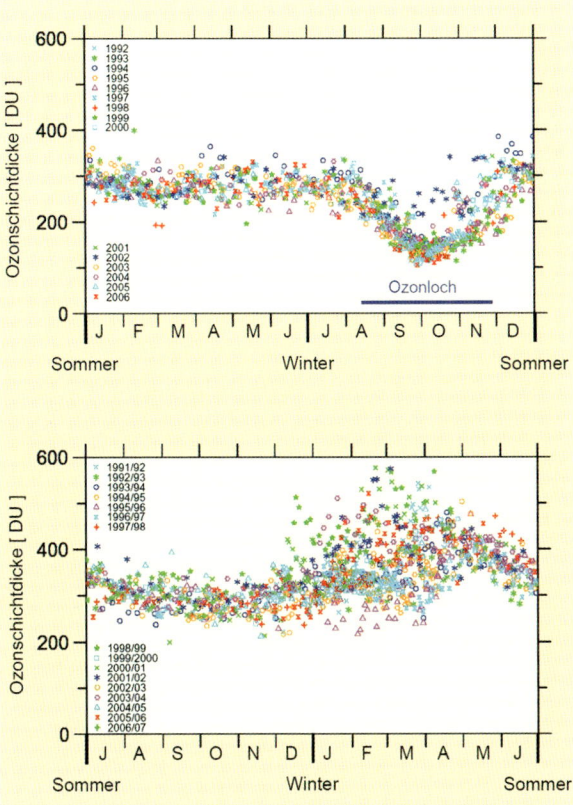

Abb. 4 Oben: Jahreszeitliche Variation der Ozonschichtdicke über der Antarktis, bestimmt durch Ozonsondenmessungen von der Neumayer-Station (70° S) in den Jahren 1997–2006. Die Ozonlochperiode ist markiert. Unten: Jahreszeitliche Variation der Ozonschichtdicke über der Arktis, bestimmt durch Ozonsondenmessungen von der deutsch-französischen Arktis-Forschungsstation AWIPEV auf Spitzbergen (79° N) in den Jahren 1992–2007.

Der Bereich dieser dramatischen Ozonzerstörung, das sog. Ozonloch, ist geographisch in der Regel auf die Antarktis begrenzt (Abb. 1). Ausläufer des Ozonlochs erstrecken sich nur selten bis zur Südspitze Südamerikas; andere Kontinente sind von dem Ozonloch nicht unmittelbar betroffen. Im Verlaufe des antarktischen Sommers erholt sich die Ozonschicht jeweils wieder. Das Ozonloch als saisonales Phänomen bildet sich allerdings im nächsten Frühjahr erneut (Abb. 4).

In der Arktis stellt sich die Situation etwas anders da. Hier ist die Ozonschicht aus natürlichen dynamischen Gründen in den Winter- und Frühlingsmonaten extrem variabel (Abb. 3, rechts). In der Regel findet man in der südpolaren Winterstratosphäre in jedem Jahr die gleichen, sehr kalten Bedingungen, wohingegen sich in der nördlichen Stratosphäre kalte und warme Winter in unregelmäßiger Weise abwechseln. Die mittlere Temperatur in der unteren arktischen Stratosphäre (etwa 20 km) liegt dadurch in den Wintermonaten um 10–15 °C höher als in der unteren antarktischen Stratosphäre. Dies ist die Ursache für einen geringeren Ozonabbau in der nordpolaren Stratosphäre.

Vor dem Hintergrund dieser sehr hohen natürlichen Variabilität ist es schwierig, einen eventuellen anthropogen verursachten chemischen Ozonabbau in der Nordhemisphäre zu erkennen. Im Mittel nimmt die Ozonschichtdicke während des arktischen Winters und Frühjahrs sogar zu, so dass gegen Ende des Frühjahrs das jährliche Maximum erreicht wird, welches allerdings von Jahr zu Jahr sehr unterschiedlich ausgeprägt ist und in einigen Jahren sogar ganz ausbleibt wie z. B. 1996. Inzwischen ist bekannt, dass die anthropogen bedingten chemischen Ozonverluste etwa die Hälfte dieser Variabilität verursachen [12]. Dies konnte mittels sog. Lagrange'scher Messungen nachgewiesen werden, bei denen die Transporte von Luftmassen mit berücksichtigt werden und die es erlauben, die anthropogen bedingten chemischen Ozonabbauraten direkt zu messen.

Die Grundidee dieses Messprinzips ist in Abb. 5 dargestellt. Einzelne Luftmassen werden während ihrer Bewegung im arktischen Polarwirbel von einem Netzwerk von etwa 35 Messstationen durch exakt koordinierte Aufstiege von Höhenforschungsballonen mit Ozonsensoren mehrfach vermessen. Bis zu 1000 solcher koordinierter Ballonstarts sind notwendig, um den zeitlichen Ablauf des anthropogenen Ozonabbaus in einem arktischen Winter höhenaufgelöst zu bestimmen.

Aufgrund der unterschiedlichen meteorologischen Bedingungen findet man in arktischen Wintern dabei ein sehr variables Ausmaß des Ozonabbaus. Während in einigen Jahren kaum Ozon verloren geht, wird in anderen Jahren in den am schlimmsten betroffenen Höhenschichten bis zu 70 %

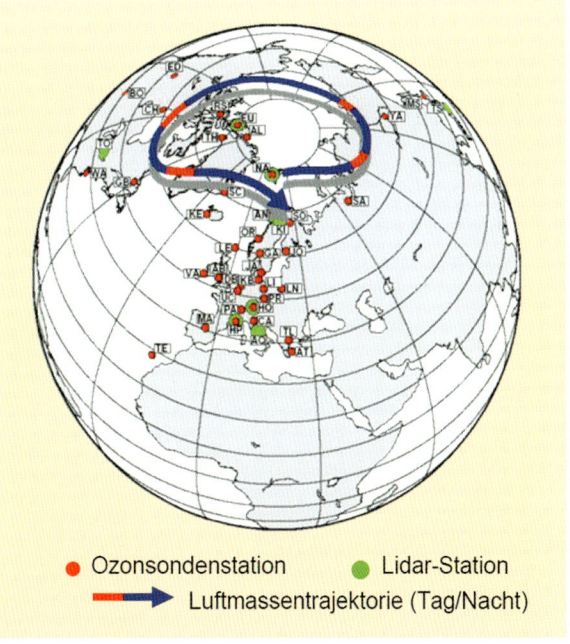

Abb. 5 Schematische Darstellung des Lagrange'schen Messprinzips zur Bestimmung der chemischen Ozonabbauraten in der Stratosphäre. Messungen des dargestellten Stationsnetzwerks (rote Punkte) werden so koordiniert, dass bestimmte Luftmassen während ihrer Bewegung über die Arktis (rot/blaue Linie) mehrfach vermessen werden.

FCKWS UND OZONLOCH

des Ozons zerstört [13] (siehe Abb. 3, rechts); darüber und darunter liegende Schichten sind weniger betroffen. Bezogen auf die Gesamtdicke der Ozonschicht entspricht dieser lokale Ozonabbau etwa einem Verlust von 30 %. Da jedoch permanent frisches Ozon in die Arktis eingetragen wird, hat auch der deutlichste arktische Ozonverlust bislang lediglich zu geringen Abnahmen der Ozonschichtdicke während des Winters / Frühjahrs geführt.

Photochemie des Ozons und die Besonderheiten in den Polarregionen
Ozonbildung und katalytische Abbauzyklen

Ozon wird in der Atmosphäre ständig gebildet und abgebaut. Im stationären Fall und unter Vernachlässigung von Transportprozessen gleicht die Ozonproduktion den Ozonverlust aus und das Ozonbudget ändert sich nicht. Ozon entsteht in der Stratosphäre durch photolytische Spaltung von molekularem Sauerstoff durch solare Strahlung im UV-Bereich. Die erzeugten Sauerstoffatome verbinden sich schnell in Anwesenheit eines dritten Stoßpartners mit molekularem Sauerstoff und bilden Ozon:

$$O_2 + h\nu\,(\lambda < 240\text{ nm}) \rightarrow O + O \quad (1)$$
$$2\,(O + O_2 + M) \rightarrow 2\,(O_3 + M) \quad (2)$$
$$\text{Netto: } 3\,O_2 \rightarrow 2\,O_3 \quad (3)$$

Der größte Anteil des atmosphärischen Ozons entsteht in der tropischen Stratosphäre, da hier die UV-Einstrahlung besonders groß ist. Im stationären Fall wird die Produktion von Ozon durch den Ozonabbau ausgeglichen. Sidney Chapman schlug schon im Jahre 1930 hierfür folgende Reaktionen vor:

$$O_3 + h\nu\,(\lambda < 1140\text{ nm}) \rightarrow O + O_2 \quad (4)$$
$$O + O_3 \rightarrow 2\,O_2 \quad (5)$$
$$\text{Netto: } 2\,O_3 + h\nu \rightarrow 3\,O_2 \quad (6)$$

Erst etwa 40 Jahre später stellte man fest, dass Radikale den Ozonkreislauf entscheidend beeinflussen und in katalytischen Reaktionskreisläufen Ozon zerstören, bei denen die Radikale nicht verbraucht werden.

$$X + O_3 \rightarrow XO + O_2 \quad (7)$$
$$O_3 + h\nu \rightarrow O + O_2 \quad (4)$$
$$O + XO \rightarrow X + O_2 \quad (8)$$
$$\text{Netto: } 2\,O_3 + h\nu \rightarrow 3\,O_2 \quad (9)$$

Hierbei sind X und XO die Radikale, die Ozon in molekularen Sauerstoff umwandeln.

Der spätere Nobelpreisträger Paul Crutzen schlug bereits 1970 Stickoxide (NO und NO_2) als Katalysator vor [14], die aus bodennahen Emissionen von N_2O sowie den Abgasen von hoch fliegenden Überschallflugzeugen entstammen. Einen weiteren – natürlichen – Katalysator stellen die Radikale HO und HO_2 dar, welche aus Wasserdampf gebildet werden.

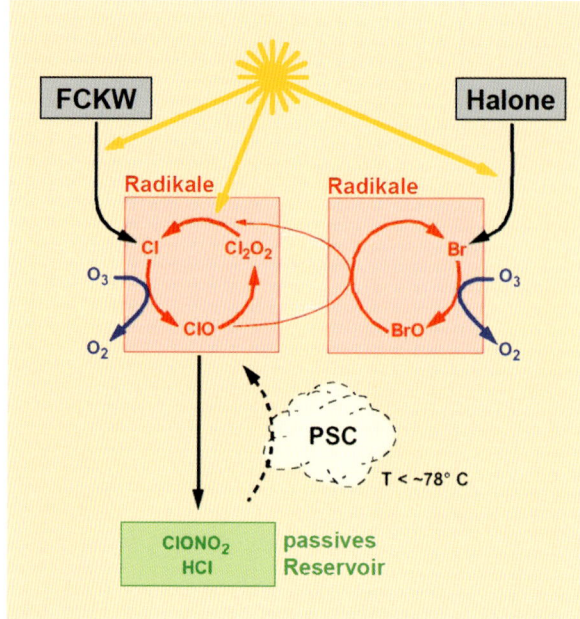

Abb. 6 *Schema der Ozonchemie in der polaren Stratosphäre im Frühjahr. Diese Chemie unterscheidet sich von der in der globalen Stratosphäre durch die chemische Aktivierung von Reservoirverbindungen an den Oberflächen von polaren Stratosphärenwolken (PSCs).*

Ein dritter Ozon-Abbauzyklus involviert Halogen-haltige Radikale (Cl und ClO) wie in Abb. 6 dargestellt. Die späteren Nobelpreisträger Mario Molina und F. Sherwood Rowland brachten einen solchen Abbauzyklus mit der Emission von FCKW in Verbindung [15]. FCKW wurden von Menschen emittiert und gelangten als chemisch stabile Moleküle innerhalb von wenigen Jahren aus der Troposphäre in die untere Stratosphäre. In Höhen oberhalb von 20 km kann die energiereiche solare Strahlung FCKW wie z. B. FCKW-11 ($CFCl_3$) und FCKW-12 (CF_2Cl_2) photolytisch spalten und dabei Chloratome (Cl) freisetzen, welche in einem katalytischen Kreislauf unter Beteiligung von ClO-Radikalen Ozon abbauen.

Neben den anthropogenen Emissionen gelangen chlorhaltige Verbindungen bei Vulkanausbrüchen sowie infolge biogener Produktion in den Ozeanen in die Atmosphäre, und sie entstehen bei Biomasseverbrennung in den Tropen. Durch diese natürlichen Quellen allein gelangen etwa 0,6 ppb (oder 10^{-9} Moleküle pro Luftmolekül) Chlor in die Stratosphäre. Aufgrund der langen Lebensdauer der FCKW (ca. 60 Jahre (FCKW-11), ca. 120 Jahre (FCKW-12)) übersteigt der anthropogene Chloranteil in der Stratosphäre selbst noch im Jahr 2010 den natürlichen Anteil um einen Faktor 3–5, und dies trotz des Montrealer Protokolls und seiner Nachfolgevereinbarungen zur Reglementierung von anthropogenen FCKW-Emissionen.

Beim Ozonabbau durch chlorhaltige Verbindungen in der polaren winterlichen Stratosphäre spielt das Chloroxid-Dimer (Cl_2O_2) eine wichtige Rolle [16], da es die Rückbildung der aktiven Chloratome verstärkt (siehe Abb. 6):

FCKWS UND OZONLOCH

ClO + ClO + M	→ Cl$_2$O$_2$ + M	(10)
Cl$_2$O$_2$ + hν (λ < 400 nm)	→ ClOO + Cl	(11)
ClOO	→ Cl + O$_2$	(12)
2 (Cl + O$_3$)	→ 2 (ClO + O$_2$)	(13)
Netto: 2 O$_3$ + hν	→ 3 O$_2$	(9)

Ebenso wird aus Halonen wie CF$_2$ClBr (Halon-1211) und CF$_3$Br (Halon-1301) photolytisch reaktives Brom (Br) freigesetzt, welches ebenfalls zum Ozonabbau beiträgt. Obwohl die stratosphärische Brom-Konzentration um zwei bis drei Größenordnungen unter dem Gehalt an Chlorverbindungen liegt, ist aufgrund seiner Reaktivität der Bromkreislauf nicht zu vernachlässigen. Der Ozonabbau läuft in diesem Fall über die Reaktion von ClO mit BrO ab, die aktives Chlor und Brom freisetzt.

ClO + BrO	→ Cl + Br + O$_2$	(14)
Br + O$_3$	→ BrO + O$_2$	(15)
Cl + O$_3$	→ ClO + O$_2$	(16)
Netto: 2 O$_3$ + hν	→ 3 O$_2$	(9)

Der katalytische Ozonabbau wird beendet durch Reaktionen der Radikale mit Molekülen, die zu stabilen Reservoirverbindungen führen, die das Ozon nicht zerstören, wie z. B.

OH + NO$_2$ + M	→ HNO$_3$ + M	(17)
ClO + NO$_2$ + M	→ ClONO$_2$ + M	(18)

Polare Stratosphärenwolken

Nach der Entdeckung des antarktischen Ozonlochs im Jahre 1985 wurden schnell Halogenverbindungen als Ursache in Betracht gezogen. Wenn genügend ClO und BrO in der Stratosphäre vorhanden ist, können die oben genannten Zyklen effektiv Ozon zerstören. Gasphasenreaktionen allein jedoch können die nötigen Konzentrationen an reaktiven Halogenverbindungen nicht produzieren, die zu einem massiven Ozonabbau über den Polen führen.

Ein Durchbruch in der Erklärung der polaren Ozonchemie gelang Crutzen und Arnold [3] sowie Solomon u. a. [4] mit dem Vorschlag, dass polare Stratosphärenwolken (PSCs, *Polar Stratospheric Clouds*; siehe Abb. 7) die Ozonchemie in der polaren Stratosphäre beeinflussen. Diese seltenen und nur in den Polargebieten auftretenden Wolken in der Stratosphäre spielen eine entscheidende Rolle im Ozonverlustprozess.

Im Winter bildet sich über den Polarregionen in der Stratosphäre ein Windwirbel, der polare Luftmassen von den Luftmassen in mittleren Breiten trennt. In diesem Wirbel kann sich die Luft stark abkühlen, so dass sehr tiefe Temperaturen unterhalb von –80 °C erreicht werden können. In der Südhemisphäre beobachtet man diese starke Abkühlung in jedem Jahr, in der Nordhemisphäre aufgrund der natürlichen Jahr-zu-Jahr-Variabilität jedoch nur selten. Bei diesen sehr niedrigen Temperaturen entstehen trotz des geringen Wasserdampfgehaltes in der Stratosphäre von einigen ppmv

Abb. 7 *Fotografie von polaren Stratosphärenwolken, auch Perlmuttwolken genannt (engl. Polar Stratospheric Clouds, PSCs). Man beobachtet diese Wolken aufgrund ihres Auftretens in Höhen zwischen 15 und 25 km besonders gut kurz nach bzw. vor Sonnenaufgang, wenn die PSCs von unten beleuchtet werden.*

(10^{-6} Moleküle pro Luftmolekül) polare Stratosphärenwolken. PSCs entstehen in 15 bis 25 km Höhe und können im Winter in den Polarregionen als schillernde Wolken beobachtet werden. Sie sind lange bekannt und werden von den Meteorologen „Perlmutterwolken" genannt.

Nach diesem Vorschlag rückte die Frage nach der Zusammensetzung von PSCs sofort in das Interesse der Wissenschaft. Basierend auf Labormessungen [17] und thermodynamischen Überlegungen [18] wurden salpetersäurehaltige Kristalle (z. B. NAT, *Nitric Acid Trihydrate*; HNO$_3 \cdot$ 3H$_2$O) oder flüssige, unterkühlte Lösungströpfchen bestehend aus Salpetersäure, Schwefelsäure und Wasser als mögliche PSC-Komponenten vorgeschlagen [19]. Trotzdem dauerte es mehr als 15 Jahre bis die chemische Zusammensetzung von PSCs in der Stratosphäre mit einem ballongestützten Massenspektrometer [20, 21] und vom Flugzeug aus [22] gemessen und die Vermutungen direkt bestätigt werden konnten. Interessanterweise wurde kürzlich auch die Existenz von NAT nicht nur in der polaren Stratosphäre, sondern auch in einem Gürtel an der tropischen Tropopause nachgewiesen [23].

In der reinen Gasphase ist die Freisetzung von reaktiven Chlorverbindungen aus den Reservoirverbindungen HCl und ClONO$_2$ ein sehr langsamer Vorgang. PSCs allerdings beschleunigen diesen Prozess, in dem sie Oberflächen für heterogene Reaktionen zur Verfügung stellen. In einem ersten Schritt wird HCl effektiv in PSCs aufgenommen. In einem weiteren Schritt reagiert gasförmiges Chlornitrat ClONO$_2$ mit der im Wolkenpartikel enthaltenen HCl und setzt molekulares Chlor frei:

ClONO$_2$ + HCl(p)	→ Cl$_2$ + HNO$_3$(p)	(19)

Alternativ kann das Chlornitrat auch mit dem Eis der Partikel reagieren und hydrolysieren, in welchem Fall HOCl anstelle von Cl$_2$ gebildet wird:

FCKWS UND OZONLOCH

$$ClONO_2 + H_2O(p) \rightarrow HOCl + HNO_3(p) \quad (20)$$

Hierbei steht (p) für partikular, d. h. im Partikel enthalten. HNO_3 bleibt im Partikel gebunden. Die Konzentration von Stickoxidverbindungen in der Gasphase ist somit verringert. Gasförmiges Cl_2 oder $HOCl$ wird – im Gegensatz zu HCl oder $ClONO_2$ – schnell photolytisch gespalten und bildet Chlorradikale, die das Ozon abbauen.

Neben der Aktivierung von Halogenen verlängert die Aufnahme von Salpetersäure in die PSCs die Wirkung der Chlorradikale. Stickoxide passivieren normalerweise die aktiven Chlor- und Bromverbindungen gemäß Reaktion (18). Der stratosphärische Gehalt an Stickoxidverbindungen in der Gasphase wird aber durch die Aufnahme von Salpetersäure in die PSCs verringert, so dass die Passivierung der aktiven Chlorradikale verlangsamt wird. Die Salpetersäurehydrat-Partikel in PSCs können dabei einige 10 Mikrometer groß werden [22] und sedimentieren, wodurch Salpetersäure aus der Stratosphäre entfernt und der Ozonabbau länger aufrechterhalten wird.

Die gemessenen Ozonverluste in der Nordhemisphäre für die Monate Januar bis März in den Jahren 1992–2008 sind in Abb. 8 gegen das über den Winter gemittelte Volumen dargestellt, in dem die Temperaturen ausreichend tief für die Bildung von PSCs waren. V_{PSC} ist eine diagnostische Größe, abhängig von der vorherrschenden Temperatur, mit der die thermodynamischen Bedingungen für die Bildung von PSCs beschrieben werden. Aus dieser Abbildung wird deutlich, dass dieses Volumen der Schlüsselparameter für die Variabilität des arktischen Ozonabbaus ist. V_{PSC} lässt sich direkt aus der Temperaturverteilung in der Stratosphäre ableiten. Der gezeigte Zusammenhang gibt demnach die Klima- oder Temperatursensitivität des arktischen Ozonverlusts für die derzeitige FCKW-Belastung der Atmosphäre an. Es können etwa 15 DU (Dobson-Units) an zusätzlichem Ozonverlust pro Grad Celsius Abkühlung der arktischen Stratosphäre auftreten [24, 25].

Temperaturmessungen mit Wetterballonen zeigen, dass die stratosphärischen Winter in der Arktis über die letzten vier Jahrzehnte erheblich kälter geworden sind und sich daher die Extremwerte von V_{PSC} in diesem Zeitraum verdreifacht haben [25]. Während eine Abkühlung der Stratosphäre als Folge erhöhter Treibhausgaskonzentrationen erwartet wurde, ist das Ausmaß dieser Abkühlung im Wesentlichen noch unverstanden. Sicherlich hat aber die Änderung der klimatischen Bedingungen in der arktischen Stratosphäre zu den erheblichen Ozonverlusten in der Arktis seit Mitte der 1990er Jahre beigetragen.

Die Erholung der Ozonschicht

Als Folge der internationalen Vereinbarungen zum Schutz der stratosphärischen Ozonschicht durch das Montrealer Protokoll und seine Nachfolgevereinbarungen konnte der in der zweiten Hälfte des letzten Jahrhunderts beobachtete deutliche Konzentrationsanstieg der FCKW gestoppt werden. Bereits seit Mitte der 1990er Jahre beobachtet man einen Rückgang des FCKW-Gehalts der Troposphäre [26]. Konsequenterweise lässt sich nun seit einigen Jahren auch ein Rückgang des Chlorgehaltes der Stratosphäre feststellen (z. B. [27]). Aufgrund der langen Lebenszeiten der FCKW in der Atmosphäre wird es jedoch noch bis etwa Mitte dieses Jahrhunderts dauern, bis der Chlorgehalt der Stratosphäre wieder auf Werte zurückgeht, die in den 1960er Jahren vorherrschten (siehe Kapitel 9 in [28]). Aus diesem Grund wird erwartet, dass sich der in den letzten drei Jahrzehnten beobachtete starke chemische Ozonabbau in absehbarer Zeit reduzieren und sich auch das Ozonloch über der Antarktis wieder schließen wird.

Die Geschwindigkeit der Erholung der Ozonschicht und ihre weitere, zukünftige Entwicklung sind jedoch nicht nur von dem Chlorgehalt, sondern auch von einer Reihe anderer Faktoren abhängig, was eine präzise Vorhersage erschwert. Steigende atmosphärische Konzentrationen von strahlungsaktiven Gasen (u. a. Kohlendioxid, Methan und Lachgas) führen nicht nur dazu, dass sich die Temperaturen in der Troposphäre verändern (Erwärmung der bodennahen Schichten; siehe auch [29]), sondern auch in der Stratosphäre. Aufgrund der Strahlungseigenschaften dieser Gase (hier in allererster Linie CO_2) kühlt sich die Stratosphäre bei steigenden Konzentrationen ab [30] (siehe Abb. 9). Die Rückbildung der Ozonschicht geschieht also unter deutlich anderen atmosphärischen Rahmenbedingungen als die Prozesse der Ozonzerstörung in den vergangenen Jahrzehnten. Bedingt durch den Klimawandel ist es also sehr unwahrscheinlich, dass sich die Ozonschicht exakt wieder hin zu einem Zustand entwickeln wird, der den Zeiten vor den erhöhten Konzentrationen Ozon-zerstörender Substanzen entspricht.

Wie bereits erwähnt, bestimmen neben chemischen Prozessen auch dynamische und physikalische Prozesse die Struktur der Ozonschicht. Weil all diese Prozesse auf recht

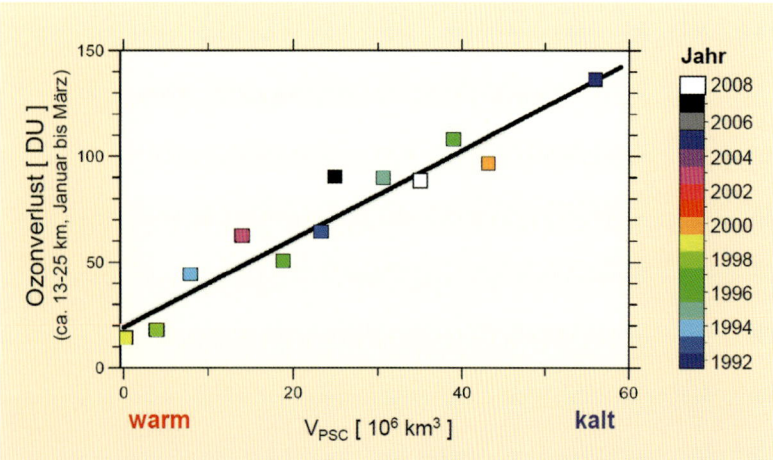

Abb. 8 *Ozonverlust (in Dobson-Units, DU) im Zeitraum Januar bis März in Abhängigkeit von dem Parameter V_{PSC} für arktische Winter von 1992 bis 2008. V_{PSC} stellt das gemittelte Luftmassenvolumen dar, in dem es kalt genug für die Bildung von PSCs ist. Zu erkennen ist, dass die Ozonverluste in warmen Jahren deutlich geringer ausfallen als in kalten Jahren.*

FCKWS UND OZONLOCH

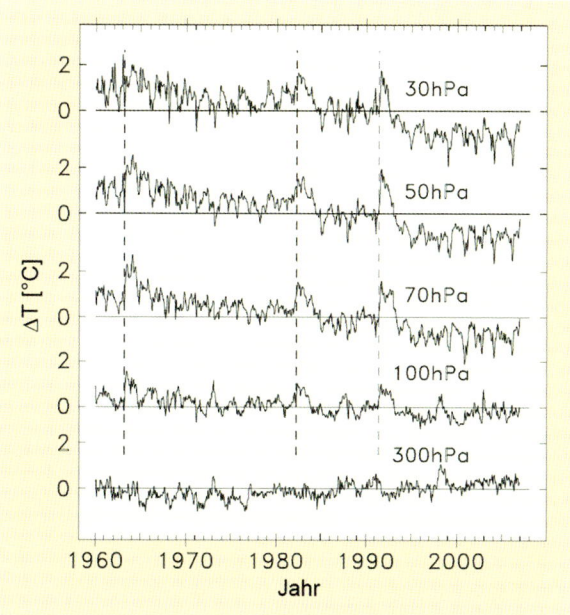

Abb. 9 *Zeitliche Entwicklung der Temperaturen (bezogen auf das Langzeitmittel) auf verschiedenen Druckniveaus in der Atmosphäre seit 1960. Dabei entsprechen 300 hPa einer Höhe von etwa 9 km (obere Troposphäre), 100 hPa etwa 16 km, 70 hPa etwa 18 km (untere Stratosphäre), 50 hPa etwa 21 km und 30 hPa etwa 24 km (mittlere Stratosphäre). Die senkrechten gestrichelten Linien markieren Zeitpunkte großer Vulkanausbrüche (Agung (März 1963), El Chichon (April 1982) und Pinatubo (Juni 1991)), die zu kurzzeitigen Erhöhungen der stratosphärischen Temperatur (100–30 hPa) geführt haben (nach [30]).*

komplexe Art und Weise miteinander im Wechsel wirken, ist die Vorhersage der zukünftigen Entwicklung der stratosphärischen Ozonschicht nach wie vor eine wissenschaftliche Herausforderung. Bis jetzt weichen die verfügbaren Abschätzungen von numerischen Atmosphärenmodellen zum Teil noch deutlich von einander ab. Auf der Grundlage des derzeitigen Verständnisses der Atmosphäre sowie zu erwartender Veränderungen durch den Klimawandel können aber hinsichtlich der weiteren Entwicklung der stratosphärischen Ozonschicht trotzdem einige belastbare Aussagen getroffen werden.

In den kommenden Jahrzehnten werden sich aufgrund der weiter ansteigenden Treibhausgaskonzentrationen die Atmosphärentemperaturen global weiter verändern. Für die Stratosphäre wird erwartet, dass sich der in Abb. 9 gezeigte Trend weiter fortsetzt. Genauere Angaben über den weiteren Trend sind aber schwierig, da die zukünftigen Treibhausgasemissionen unsicher sind. In Anbetracht der Tatsache, dass sich bei einem Klimawandel auch die Dynamik der Stratosphäre verändern wird, kann es je nach Jahreszeit und Ort durchaus auch zu dynamisch bedingten Erwärmungen der Stratosphäre kommen, so dass sich die Stratosphäre lokal erwärmt und nicht abkühlt. Dies gilt in besonderem Maße für die nordpolare Stratosphäre in den Winter- und Frühlingsmonaten. Deshalb ist es sowohl für die Interpretation beobachteter Veränderungen der Ozonschicht als auch für prognostische Studien erforderlich, die Kopplung von chemischen, physikalischen und dynamischen Prozessen möglichst genau zu berücksichtigen.

Es ist offensichtlich, dass Abschätzungen der zukünftigen Entwicklung der stratosphärischen Ozonkonzentration nicht trivial sind. Die engen Verbindungen der Änderung der chemischen Zusammensetzung der Atmosphäre einerseits und des Klimas andererseits spielen dabei eine sehr wichtige Rolle. Aufgrund der oben erläuterten chemischen Abläufe in der Stratosphäre wird eine weitere Abkühlung der polaren Stratosphäre zu einer Verzögerung der chemischen Erholung der Ozonschicht in polaren Breiten und damit auch zu einem verzögerten Schließen des Ozonlochs führen. Auf der anderen Seite könnte sich in niederen und mittleren Breiten die Erholung der Ozonschicht beschleunigen.

Veränderungen des Klimas und der Ozonschicht können mittels Klima- und gekoppelten Klima-Chemie-Modellen (engl. *Chemistry Climate Models*, CCMs) nachvollzogen werden. Dabei handelt es sich um numerische Rechenmodelle, mit deren Hilfe physikalische, dynamische und chemische Prozesse sowie deren Wechselwirkungen untereinander simuliert werden (siehe [27]). Bei solchen numerischen Studien ist es unerlässlich, dass neben natürlichen Vorgängen und deren Variabilität auch menschliche Eingriffe berücksichtigt werden, die für die atmosphärischen Vorgänge relevant sind. Besonders zu erwähnen sind hierbei die Variabilität der Sonnenaktivität und der Ausbruch großer Vulkane einerseits, aber andererseits auch die durch industrielle Prozesse veränderte chemische Zusammensetzung der Atmosphäre.

Die Ergebnisse einer Reihe von CCMs zeigen in konsistenter Weise, dass sich die Ozonschicht zurückbilden wird [28, 31]. Dies ist als unmittelbarer Erfolg des Montrealer Protokolls zu werten. Details der numerischen Simulationen mit CCMs belegen aber auch, dass sich die Erholung der Ozonschicht regional sehr unterschiedlich vollziehen wird (siehe Abb. 10).

Wie erwartet ergibt sich, dass bei weiter steigenden Treibhausgaskonzentrationen die Stratosphäre – wie auch in der Vergangenheit – weiter abkühlen wird. Dies führt außerhalb der Polarregionen zu einer schnelleren Erholung der Ozonschicht. Hier wird vor allem in der mittleren und oberen Stratosphäre Ozon bei niedrigeren Temperaturen langsamer abgebaut; insgesamt entsteht also mehr Ozon. In der polaren unteren Stratosphäre kommt es hingegen in den Frühlingsmonaten zu einer Verzögerung bei der Erholung der Ozonschicht. Dort führen niedrigere Temperaturen zu einer stärkeren Bildung von PSCs. Diese Ergebnisse bestätigen, dass die Erholung der Ozonschicht regional unterschiedlich verlaufen wird und keine simple Umkehrung des Abbaus in früheren Jahren bedeutet.

Eine nahezu vollständige Erholung der Ozonschicht auch unter Einschluss der Polarregionen wird etwa zur Mitte dieses Jahrhunderts erwartet, über der Antarktis eher et-

FCKWS UND OZONLOCH

EINFLUSS DES OZONLOCHS AUF DAS ANTARKTISCHE KLIMA

Über die letzten 30 Jahre hat sich die Temperatur an der Erdoberfläche global fast überall nachweisbar erhöht. Die große Ausnahme stellt der zentrale antarktische Kontinent dar. Abbildung A1 zeigt die Temperaturänderung in dieser Zeit an der Erdoberfläche der Südpolarregion mit einer Abkühlung im Bereich der zentralen Antarktis bei gleichzeitiger deutlicher Erwärmung im Bereich der Antarktischen Halbinsel. Dieses Muster der Temperaturänderungen ist das Ergebnis einer verstärkten zonalen Luftströmung um die Antarktis herum (siehe Pfeile in Abb. A1; aus Thompson und Solomon, 2002). Die verstärkte zonale Strömung reduziert den Luftmassenaustausch zwischen der Antarktis und mittleren Breiten und daher auch die damit einhergehenden meridionalen Wärmetransporte, welche eine wesentliche Wärmequelle für die Antarktis darstellen. Dies hat die durch erhöhte Treibhausgaskonzentrationen bedingte Erwärmung mehr als kompensiert, so dass es insgesamt zu der beobachteten Abkühlung kommt. Gleichzeitig führt die Verstärkung der zonalen Strömung zu verstärkten Wärmetransporten hin zur Antarktischen Halbinsel, welche „quer" in der Strömung liegt. Die Stärke der zonalen Strömung ist Teil eines zwischen der Stratosphäre und der Troposphäre gekoppelten Variabilitätsmusters, welches als *Southern Annular Mode* (SAM) bezeichnet wird. Durch gut verstandene physikalische und dynamische Prozesse sowie deren Kopplung hat das Ozonloch (Beispiel in Abb. A2) im Bereich der Stratosphäre zumindest im Spätwinter bis Frühsommer zu einer deutlichen Verstärkung des SAM geführt. Zunehmend überzeugende Hinweise aus Rechnungen mit Atmosphärenmodellen weisen darauf hin, dass diese vom Ozonloch verursachte Verstärkung des stratosphärischen SAM durch die ausgeprägte Stratosphären-Troposphären-Kopplung bis in die Troposphäre propagiert und zumindest teilweise die beobachtete Verstärkung des troposphärischen SAM steuert (Shindell u. a., 2004; Marshall u. a., 2006; Turner u. a., 2009). Sollte sich diese Hypothese als richtig herausstellen, wäre durch die erwartete Erholung des Ozonlochs gegen Mitte dieses Jahrhunderts mit einer Umkehr des Abkühlungstrends in der Antarktis zu rechnen. Da in diesem Zeitraum dann die durch dynamische Prozesse bedingte Erwärmung durch den Rückgang des Ozonlochs mit der weiter zunehmenden Erwärmung durch steigende Treibhausgaskonzentrationen einhergeht, ist ein besonders ausgeprägter Erwärmungstrend in der Antarktis bis Ende des Jahrhunderts durchaus möglich. Konsequenzen für die Massenbilanz der antarktischen Eisschilde können einen wesentlichen Beitrag für globale Meeresspiegeländerungen darstellen. Die derzeitigen IPCC-Klimamodelle beinhalten diesen Rückkopplungseffekt zwischen Ozonloch und Klimaänderungen an der Erdoberfläche nicht.

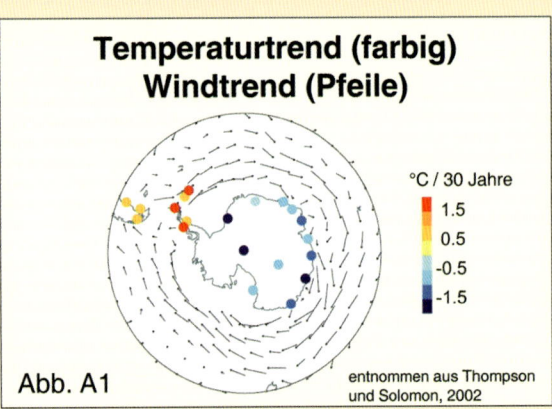

Abb. A1 — entnommen aus Thompson und Solomon, 2002

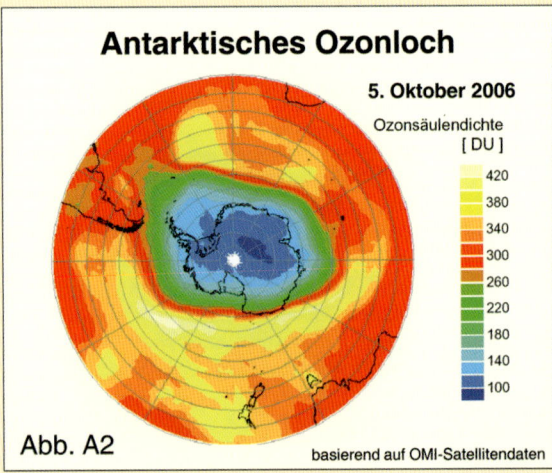

Abb. A2 — basierend auf OMI-Satellitendaten

was später. Aufgrund des Klimawandels scheint es sogar möglich, dass ab Mitte dieses Jahrhunderts die Ozonschichtdicke in einigen Regionen sogar über die in früheren Jahren gemessene Dicke hinaus zunimmt (siehe Abb. 10: Ergebnisse für die nördliche Hemisphäre). Die Resultate von numerischen Simulationen mit verschiedenen CCMs sind hierzu in ihrer Aussage eindeutig, wenn auch der Zeitpunkt dieser „Über-Erholung" der Ozonschicht von den Atmosphärenmodellen unterschiedlich vorhergesagt wird.

Die Abschätzungen zur zukünftigen Entwicklung der Ozonschicht sind aber nach wie vor noch mit einer Reihe weiterer Unsicherheiten behaftet, die vor allem im Zusammenhang mit den Konzentrationsänderungen der Treibhausgase CH_4 und N_2O stehen [32]. Der Grund dafür ist, dass beide Substanzen in der Stratosphäre reaktiv sind und damit indirekt in die Ozonchemie eingreifen können. Mit ansteigender Methankonzentration wird die stratosphärische Wasserdampfkonzentration zunehmen (Methanoxidation: $CH_4 + 2\,O_2 \rightarrow CO_2 + 2\,H_2O$), was die Ozonmenge in der Stratosphäre verringern würde. Auf der anderen Seite würden höhere Methankonzentrationen reaktives Chlor in der Atmosphäre binden. Ein weiterer Anstieg der atmosphärischen Konzentrationen von Lachgas würde die Menge der stratosphärischen Stickoxide (NO_x) erhöhen, was ebenfalls den Ozongehalt in der mittleren und oberen Stratosphäre verringern würde (siehe auch [33]).

Resümee und Ausblick

Es ist offensichtlich, dass jede Deutung der Variabilität bzw. des Trends der stratosphärischen Ozonschicht sehr komplex ist und deshalb Abschätzungen zur zukünftigen Entwicklung mit großen Unsicherheiten verknüpft sind. Ei-

FCKWS UND OZONLOCH

nerseits wird die stratosphärische Ozonkonzentration durch natürliche Einflüsse wie die Sonneneinstrahlung oder große Vulkanausbrüche verändert. Darüber hinaus beeinflusst die innere Variabilität der Stratosphärenzirkulation die thermische Struktur der Stratosphäre und den Luftmassentransport. Die chemische Produktion und der chemische Abbau von Ozon werden durch Photochemie und homogene Gasphasenreaktionen sowie heterogene Reaktionen auf der Oberfläche von Partikeln wie die PSCs bestimmt. Dabei muss beachtet werden, dass die chemische Zerstörung von Ozon in Gegenwart von PSCs (bzw. auch vulkanischen Aerosolen) nicht linear verläuft, sondern unterhalb der kritischen Bildungstemperatur der PSCs stark ansteigt.

Andererseits werden das Verständnis atmosphärischer Abläufe und die Zusammenhänge zwischen den verschiedenen Prozessen dadurch erschwert, dass sich die atmosphärischen Bedingungen aufgrund erhöhter Treibhausgaskonzentrationen langfristig verändern. Der Klimawandel beeinflusst die Nettoproduktion von Ozon, d. h. die Summe aus Ozonzerstörung und -produktion, sowohl auf direkte als auch auf indirekte Art und Weise und bestimmt deshalb die Rate der stratosphärischen Ozonrückbildung. Diese wird in verschiedenen Höhen und geographischen Breiten verschieden sein.

Die Abkühlung der Stratosphäre durch erhöhte Treibhausgaskonzentrationen hat in der oberen und der unteren Stratosphäre je nach geographischer Region entgegengesetzte Effekte. Einerseits werden die Ozonabbauraten durch Gasphasenchemie reduziert, andererseits die Ozonabbauraten durch heterogene Reaktionen auf PSC-Teilchen erhöht. Dies hat eine beschleunigte Wiederherstellung der Ozonmengen in der mittleren und oberen Stratosphäre zur Folge bzw. eine verlangsamte Rückbildung von Ozon im Bereich der polaren unteren Stratosphäre. Darüber hinaus haben Änderungen der stratosphärischen Zirkulation das Potential, die Entwicklung der Ozonschicht im 21. Jahrhundert zu modifizieren (siehe auch [34]).

Anhand dieser Zusammenhänge wird deutlich, dass es bei der Bewertung von Veränderungen in der Erdatmosphäre nicht ausreicht, Vorgänge singulär zu betrachten. Veränderungen des Klimas und der chemischen Zusammensetzung der Atmosphäre sind eng miteinander verknüpft. Dynamische, physikalische und chemische Prozesse in der Atmosphäre beeinflussen sich gegenseitig, zum Teil auf sehr komplexe Weise. Überraschende Entwicklungen können daher auch in Zukunft nicht ausgeschlossen werden. Aufgrund der vielen Einflussfaktoren sowie der komplexen Wechselwirkungen stellt eine verlässliche Vorhersage zukünftiger Entwicklungen des Erdklimas und der stratosphärischen Ozonschicht für die Wissenschaft nach wie vor eine große Herausforderung dar.

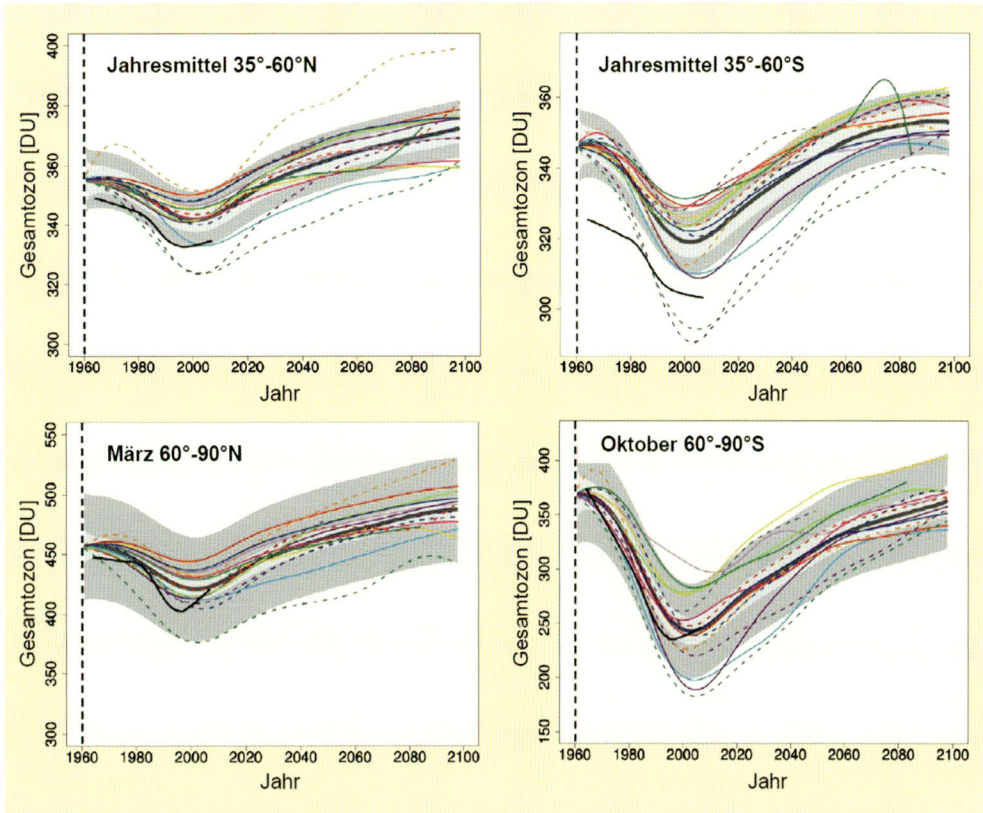

Abb. 10 *Zukünftige Entwicklung der Ozonschicht auf der Grundlage von numerischen Simulationen mit CCMs (bunte Linien) für verschiedene Regionen. Für die mittleren Breiten zwischen 35°–60° (oben) sind jeweils Jahresmittelwerte dargestellt, für die Polargebiete zwischen 60°–90° (unten) die jeweiligen Frühlingsmonate März bzw. Oktober. Das graue Band zeigt den Bereich der Unsicherheiten. Die schwarzen Linien von 1964 bis 2009 repräsentieren gemessene Daten (nach [31]).*

Literatur

[1] Chubachi, S., A special ozone observation at Syowa station, Antarctica from February 1982 to January 1983 (1985) Proceedings des Quadrennial Ozon Symposiums in Halkidiki, Griechenland, 3. – 7. September 1984, Atmospheric Ozone (eds. C.S. Zerefos and A.M. Ghazi), 285–289.

[2] Farman, J.C., B.G. Gardiner and J.D. Shanklin (1985) Large losses of total ozone in Antarctica reveal seasonal ClOx/NOx interaction. *Nature*, 315, 207–210.

[3] Crutzen, P.J. and F. Arnold (1986) Nitric-acid cloud formation in the cold Antarctic stratosphere – a major cause for the springtime ozone hole. *Nature*, 324, 651–655.

[4] Solomon, S., R.R. Garcia, F.S. Rowland and D.J. Wuebbles (1986) On the depletion of Antarctic ozone. *Nature*, 321, 755–758.

[5] Solomon, S. (1999) Stratospheric ozone depletion: A review of concepts and history. *Rev. Geophys.*, 37, 275–316.

[6] Dameris, M., T. Peter, U. Schmidt, R. Zellner (2007) Das Ozonloch und seine Ursachen. *Chem. Unserer Zeit*, 41, 152–168, doi:10.1002/ciuz.200700418.

[7] Shepherd, T.G. (2008) Dynamics, stratospheric ozone, and climate change. *Atmosphere-Ocean*, 46(1), 117–138, doi:10.3137/ao.460106.

[8] von Savigny, C., C.S. Haley, C.E. Sioris, I.C. McDade, E.J. Llewellyn, D. Degenstein, W.F.J. Evans, R.L. Gattinger, E. Griffioen, E. Kyrölä, N.D. Lloyd, J.C. McConnell, C.A. McLinden, G. Megie, D.P. Murtagh, B. Solheim, K. Strong (2003) Stratospheric ozone profiles retrieved from limb scattered sunlight radiance spectra measured by the OSIRIS instrument on the Odin satellite. *Geophys. Res. Lett.*, 30, 1755.

[9] Shaw, T.A., T.G. Shepherd (2008) Raising the roof. *Nat. Geosci.*, 1, 12–13, doi:10.1038/ngeo.2007.53.

[10] Harris, N.R.P., E. Kyrö, J. Staehelin, D. Brunner, S.-B. Andersen, S. Godin-Beekmann, S. Dhomse, P. Hadjinicolaou, G. Hansen, I. Isaksen, A. Jrrar, A. Karpetchko, R. Kivi, B. Knudsen, P. Krizan, J. Lastovicka, J. Maeder, Y. Orsolini, J. A. Pyle, M. Rex, K. Vanicek, M. Weber, I. Wohltmann, P. Zanis and C. Zerefos (2008) Ozone trends at northern mid- and high latitudes – A European perspective. *Ann. Geophys.*, 26, 1207–1220.

[11] Wohltmann, I., R. Lehmann, M. Rex, D. Brunner and J.A. Mäder (2007) A process-oriented regression model for column ozone. *J. Geophys. Res.*, 112, D12304, doi:10.1029/2006JD007573.

[12] Tegtmeier, S., M. Rex, I. Wohltmann and K. Krüger (2008) Relative importance of dynamical and chemical contributions to Arctic wintertime ozone. *Geophys. Res. Lett.*, 35, L17801, doi:10.1029/2008GL034250.

[13] Rex, M., R.J. Salawitch, N.R.P. Harris, G.O. Braathen, A. Schulz, H. Deckelmann, M. Chipperfield, B.M. Sinnhuber, E. Reimer, R. Alfier, R. Bevilacqua, K. Hoppel, M. Fromm, J. Lumpe, H. Küllmann, A. Kleinböhl, H. Bremer, M. von König, K. Künzi, D. Toohey, H. Vömel, E. Richard, K. Aikin, H. Jost, J.B. Greenblatt, M. Loewenstein, J.R. Podolske, C.R. Webster, G.J. Flesch, D.C. Scott, R.L. Herman, J.W. Elkins, E.A. Ray, F.L. Moore, D.F. Hurst, P. Romashkin, G.C. Toon, B. Sen, J.J. Margitan, P. Wennberg, R. Neuber, M. Allart, R.B. Bojkov, H. Claude, J. Davies, W. Davies, H. de Backer, H. Dier, V. Dorokhov, H. Fast, Y. Kondo, E. Kyrö, Z. Litynska, I.S. Mikkelsen, M.J. Molyneux, E. Moran, G. Murphy, T. Nagai, H. Nakane, C. Parrondo, F. Ravegnani, P. Skrivankova, P. Viatte, V. Yushkov, P. von der Gathen (2002) Chemical depletion of Arctic ozone in winter 1999/2000. *J. Geophys. Res.*, 107(D20), 8276, doi:10.1029/2001JD000533.

[14] Crutzen, P.J. (1970) The influence of nitrogen oxides on atmospheric ozone content. *Quart. J. Roy. Meteorol. Soc.*, 96, 320–325.

[15] Molina, M.J. and F.S. Rowland (1974) Stratospheric sink for chlorofluoromethanes: Chlorine atom catalyzed destruction of ozone. *Nature*, 249, 810–812.

[16] Molina, L.T. and M.J. Molina (1987) Production of Cl_2O_2 from the self reaction of the ClO radical. *J. Phys. Chem.*, 91, 433–436.

[17] Hanson, D. and K. Mauersberger (1988) Laboratory studies of the nitric acid trihydrate: Implications for the south polar stratosphere. *Geophys. Res. Lett.*, 15(8), 855–858.

[18] Carslaw, K.S., B. Luo, and T. Peter (1995) *Geophys. Res. Lett.*, 22, 14, doi:10.1029/95GL01668.

[19] Peter, T. (1996) Formation mechanisms of polar stratospheric clouds, in *Nucleation and Atmospheric Aerosols* (M. Kulmala and P.E. Wagner (eds)), Elsevier, Oxford, UK, 280–291.

[20] Schreiner J., C. Voigt, A. Kohlmann, F. Arnold, K. Mauersberger, N. Larsen, (1999) Chemical analysis of polar stratospheric cloud particles. *Science*, 283, 968–970.

[21] Voigt, C., J. Schreiner, A. Kohlmann, P. Zink, K. Mauersberger, N. Larsen, T. Deshler, C. Kröger, J. Rosen, A. Adriani, F. Cairo, G. Di Donfrancesco, M. Viterbini, J. Ovarlez, H. Ovarlez, C. David, A. Dörnbrack (2000) Nitric Acid Trihydrate (NAT) in Polar Stratospheric Clouds. *Science*, 290, 1756–1758.

[22] Fahey, D.W., R.S. Gao, K.S. Carslaw, J. Kettleborough, P.J. Popp, M.J. Northway, J.C. Holecek, S.C. Ciciora, R.J. McLaughlin, T.L. Thompson, R.H. Winkler, D.G. Baumgardner, B. Gandrud, P.O. Wennberg, S. Dhaniyala, K. McKinney, Th. Peter, R.J. Salawitch, T.P. Bui, J.W. Elkins, C.R. Webster, E.L. Atlas, H. Jost, J.C. Wilson, R.L. Herman, A. Kleinböhl, M. von König (2001) The detection of large HNO_3 containing particles in the winter Arctic stratosphere. *Science*, 291, 1026–1031.

[23] Voigt, C., H. Schlager, A. Roiger, A. Stenke, M. de Reus, S. Borrmann, E. Jensen, C. Schiller, P. Konopka, N. Stinikov (2008) Detection of NOy containing particles in the tropopause region – evidence for a tropical nitric acid trihydrate (NAT) belt. *Atmos. Chem. Phys.*, 8, 7421–7430.

[24] Rex, M., R.J. Salawitch, P. von der Gathen, N.R.P. Harris, M. Chipperfield, B. Naujokat (2004) Arctic ozone loss and climate change. *Geophys. Res. Lett.*, 31, L04116, doi:10.1029/2003GL018844.

[25] Rex, M., R.J. Salawitch, H. Deckelmann, P. von der Gathen, N.R.P. Harris, M.P. Chipperfield, B. Naujokat, E. Reimer, M. Allaart, S.B. Andersen, R. Bevilacqua, G.O. Braathen, H. Claude, J. Davies, H. De Backer, H. Dier, V. Dorokov, H. Fast, M. Gerding, K. Hoppel, B. Johnson, E. Kyrö, Z. Litynska, D. Moore, T. Nagai, M.C. Parrondo, D. Risley, P. Skrivankova, R. Stübi, C. Trepte, P. Viatte, C. Zerefos (2006) Arctic winter 2005: Implications for stratospheric ozone loss and climate change. *Geophys. Res. Lett.*, 33, L23808, doi:10.1029/2006GL026731.

[26] Montzka, S.A., J.H. Butler, J.W. Elkins, T.M. Thompson, A.D. Clarke and L.T. Lock (1999) Present and future trend in the atmospheric burden of ozone depleting halogens. *Nature*, 398, 690–694.

[27] WMO (World Meteorological Organisation), Scientific Assessment of Ozone Depletion: 2006, Global Ozone Research and Monitoring Project – Report No. 50, 572 pp, Genf, Schweiz.

[28] SPARC CCMVal, SPARC Report on the Evaluation of Chemistry-Climate Models, V. Eyring, T.G. Shepherd, D.W. Waugh (Eds.), SPARC Report No. 5, WCRP-132, WMO/TD-No. 1526, 2010.

[29] IPCC (Intergovernmental Panel on Climate Change), Contribution of Working Group I to the Fourth Assessment Report of the Intergovernmental Panel on Climate Change, Solomon, S., D. Qin, M. Manning, Z. Chen, M. Marquis, K.B. Averyt, M. Tignor and H.L. Miller (Eds.), Cambridge University Press, Cambridge, United Kingdom und New York, NY, USA, 2007.

[30] Randel, W.J., K.P. Shine, J. Austin, J. Barnett, C. Claud, N.P. Gillett, P. Keckhut, U. Langematz, R. Lin, C. Long, C. Mears, A. Miller, J. Nash, D.J. Seidel, D.W.J. Thompson, F. Wu and S. Yoden (2009) An update of observed stratospheric temperature trends. *J. Geophys. Res.*, 114, D02107, doi:10.1029/2008JD01042.

[31] Austin, J., J. Scinocca, D. Plummer, L. Oman, D. Waugh, H. Akiyoshi, S. Bekki, P. Braesicke, N. Butchart, M. Chipperfield, D. Cugnet, M. Dameris, S. Dhomse, V. Eyring, S. Frith, R.R. Garcia, H. Garny, A. Gettelman, S.C. Hardiman, D. Kinnison, J.F. Lamarque, E. Mancini, M. Marchand, M. Michou, O. Morgenstern, T. Nakamura, S. Pawson, G. Pitari, J. Pyle, E. Rozanov, T.G. Shepherd, K. Shibata, H. Teyssèdre, R.J. Wilson, Y.Yamashita (2010) The decline and recovery of total column ozone using a multi-model time series analysis. *J. Geophys. Res.*, 115, doi: 10.1029/2010JD013857.

[32] Ravishankara, A.R., J.S. Daniel, R.W. Portmann (2009) Nitrous oxide (N_2O): The dominant ozone-depleting substance emitted in the 21st century. *Science*, 326, 123–125.

[33] Dameris, M. (2010) Abbau der Ozonschicht im 21. Jahrhundert. *Angew. Chem.*, 122, 499–501, doi: 10.1002/ange.200906334.

[34] Dameris, M. (2010) Klimawandel und die Chemie der Atmosphäre – wie wird sich die stratosphärische Ozonschicht entwickeln? *Angew. Chem.*, 122, doi: 10.1002/ange.201001643.

FCKWS UND OZONLOCH

Original und Ersatz – FCKW und ihre Nachfolger

GÜNTER SIEGEMUND UND JÜRGEN RUSSOW

Unter der Kurzbezeichnung FCKW werden Fluorchlorkohlenwasserstoffe als Derivate von Methan und Ethan verstanden, die der Chemiker Swarts erstmals 1892 durch Reaktion von Fluorwasserstoff mit Tetrachlorkohlenstoff, Chloroform oder Perchlorethen synthetisierte. Die Verbindungen der FCKW-Familie differieren voneinander in physikalischen Eigenschaften, wie etwa in den Siedepunkten, die von –82 °C bis +47,5 °C variieren (Abb. 11).

Je nach den Reaktionsbedingungen entstehen auch teilchlorierte HFCKW (Hydrofluorchlorkohlenwasserstoffe) und chlorfreie HFKW (Hydrofluorkohlenwasserstoffe) [1–3].

FCKW – Die Sicherheitskältemittel

Jahrtausende haben Menschen den Phasenübergang vom festen zum flüssigen Zustand von Eis genutzt, um Produkte zu kühlen. Dieses natürliche Kältemittel hat den Nachteil, dass es nur saisonal auf zugefrorenen Seen oder regional in Gletschergebieten verfügbar ist und eine begrenzte Kühlwirkung hat. Der Mangel an Kältemitteln, die prinzipiell zu jeder Zeit, an jedem Ort und in der gewünschten Menge bereit stehen, ist im Zuge der Industrialisierung und Ausweitung des gewerblichen Handels immer gravierender geworden.

Physikalisch-chemische Untersuchungen haben zu einer Kältetechnik unabhängig vom Eis geführt. Es wurde erkannt, dass beim Phasenübergang flüssig-gasförmig chemische Verbindungen der Umgebung Wärme entziehen und eine Kühlwirkung entfalten und dass andererseits Wärme an die Umgebung abstrahlt, wenn der Phasenübergang umgekehrt wird (gasförmig-flüssig). Werden nun beide Vorgänge hintereinander im Kreis geschaltet, dann entsteht ein kontinuierlicher Transport von Wärme vom Verdampfer zum Verflüssiger mithilfe eines leicht zu verflüssigenden Gases als Wärmeträger (Abb. 12).

In der Verdampferschlange wird das flüssige Gas bei niedrigem Druck verdampft und nimmt Wärme aus der Umgebung auf. Das Gas wird dann durch einen Kompressor angesaugt und unter Druck verflüssigt; dabei wird Wärme an die umgebende Luft oder Kühlwasser abgegeben. Das verflüssigte Gas wird über ein Regelventil wieder in den Verdampfer zurückgeführt und der Kreislauf beginnt von neuem.

Ein solcher Kreislauf ist das Herzstück der Kompressionskältemaschine. Als Kältemittel wurden zunächst chemische Substanzen wie Schwefeldioxid, Propan, Butan, Chlormethan und, vor allem Ammoniak herangezogen. Vom technischen Standpunkt her erwiesen sie sich als geeignet. Allerdings war ihre Verwendung in Kompressionskältemaschinen aus sicherheitstechnischen Gründen – sie sind brennbar und/oder giftig – auf industrielle Anlagen in separaten, hermetisch abgeschlossenen und explosionsgeschützten Gebäuden beschränkt.

Den großen Durchbruch erlebte die Kältetechnik, als 1929 Chemiker der Firma DuPont erstmals einen thermo-

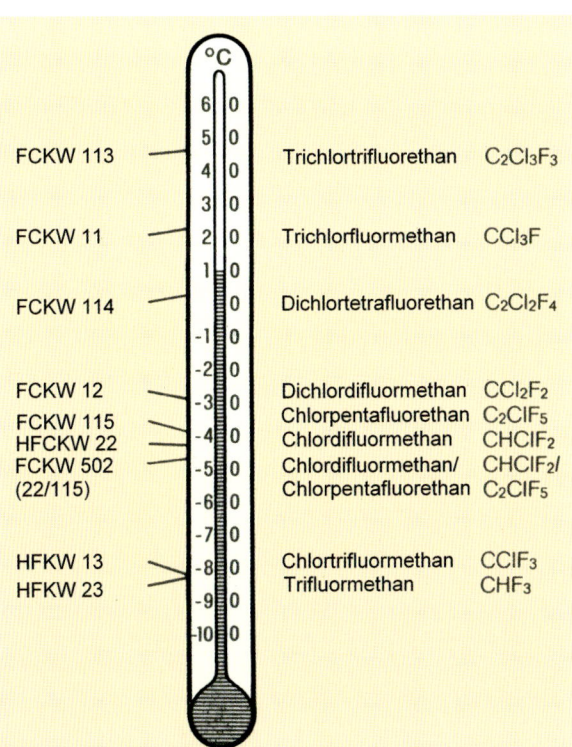

Abb. 11 *Die Siedepunkte verschiedener FCKW, HFKW und HFCKW*

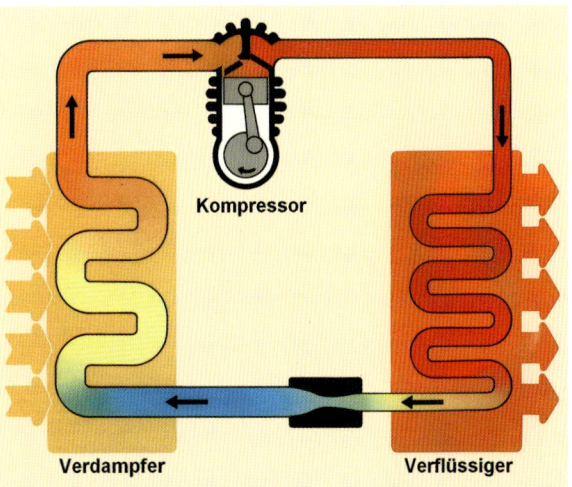

Abb. 12 *Thermodynamischer Kreislauf zum Transport externer Wärme*

205

FCKWS UND OZONLOCH

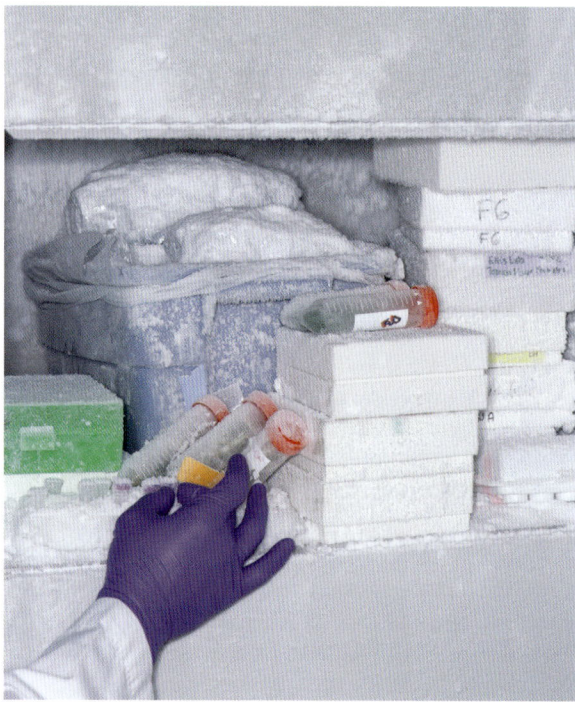

Abb. 13 *Gewerbliche Kälteanlage für tiefe Temperaturen*

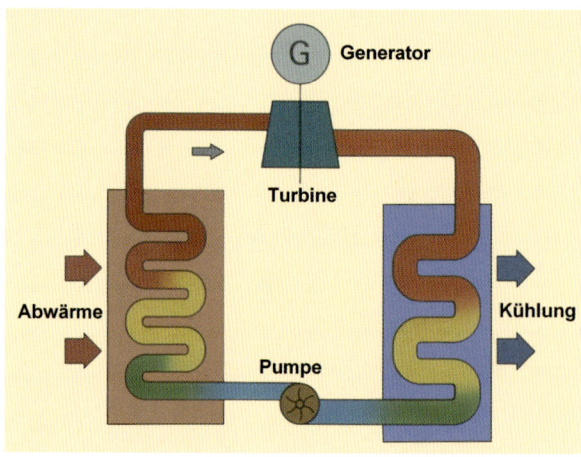

Abb. 14 *Abwärmenutzung in einer FCKW-Turbine*

dynamischen FCKW-Kreislauf in Kompressionskältemaschinen etablierten. FCKW sind weder giftig noch explosiv, sind geruch- und geschmacklos und haben geeignete physikalische und thermodynamische Eigenschaften. Darüber hinaus sind sie chemisch und thermisch stabil, nicht korrosiv und mischbar mit Kältemaschinenölen. Damit erfüllen FCKWs in besonderem Maße die Kriterien an ein „Sicherheitskältemittel".

Der Einsatz der verschiedenen Typen der FCKW-Familie als Kältemittel richtete sich nach ihren thermodynamischen Eigenschaften. Den größten Anwendungsbereich hat FCKW-12 (CF_2Cl_2) gefunden. Es war das Kältemittel für den mittleren Temperaturbereich in Haushaltskühlschränken und -truhen, in gewerblichen Kälteanlagen, in der Lebensmittelindustrie, im Lebensmittelhandel (z. B. Supermarkt) und im Gaststättengewerbe. Ein weiteres Einsatzgebiet war die Klimatisierung, insbesondere für Automobil- und Raumklimageräte bis hin zu Großklimaanlagen in Einkaufszentren, Bürohäusern und Hotels. FCKW-12 spielte auch eine bedeutende Rolle bei der Verwendung in Wärmepumpen. Auf der Verdampferseite wurde Wärmeenergie der Luft, dem Erdreich oder dem Grundwasser entzogen, auf die Verflüssigungsseite „hochgepumpt" und dort an einen Wasserkreislauf abgegeben, der dann der Raumbeheizung – vornehmlich Fußbodenheizung – oder der Warmwasseraufbereitung diente.

FCKW leisteten auch einen Beitrag für die Umwandlung von Abwärme aus industriellen Produktionsprozessen in nutzbare Energie (Abb. 14). Im Verdampferbereich des thermodynamischen FCKW-Kreislaufs wird die Abwärme aufgenommen und in einer Turbine zum Teil in mechanische Energie umgewandelt. Über einen angeschlossenen Generator kann somit aus Abfallwärme Strom erzeugt werden (z. B. in Brauereien).

In der Kälte-, Klima- und Energietechnik konnte mit dem thermodynamischen FCKW-Kreislauf und mit speziellen FCKW-Typen für den Tieftemperatur-, Normaltemperatur- und Hochtemperaturbereich praktisch jede gestellte Aufgabe gelöst werden.

FCKW – Inerte Treibmittel für Spraydosen

FCKW-12 wurde zwar schon 1932 in den USA als Treibmittel für Spraydosen vorgeschlagen, jedoch wurde zunächst brennbares Propan und Butan vorgezogen. Erst nach einigen verheerenden Explosionen in Füllanlagen für die Dosen setzten sich ab 1953 FCKW durch. Ohne ihre Unbrennbarkeit, physiologische Unbedenklichkeit, Geruchlosigkeit und chemische Inertheit gegenüber dem Sprühgut und dem Dosenmaterial hätte die Sprühdose niemals die hohe Akzeptanz bei dem Verbraucher erzielen können, zumal sich bei Verwendung von FCKW-11/12- sowie FCKW-12/114-Gemischen bei Raumtemperatur Drucke einstellen, die leichte, handliche Aluminiumdosen als druckfeste Behälter ermöglichen.

In der Spraydose (Abb. 15) liegt FCKW in einem homogenen Gemisch mit dem Sprühgut als Lösung, Emulsion oder Suspension vor, über dem sich im verbleibenden Gasraum ein FCKW-Dampfdruck einstellt. Beim Druck auf den Kopf des selbsttätig schließenden Ventils treibt das dampfförmige FCKW das Gemisch aus FCKW und Sprühgut durch das Steigrohr zum Ventil hinaus. FCKW verdampft schlagartig bei Atmosphärendruck, das Sprühgut wird gleichmäßig in feine Partikel zerstäubt. Der Vorteil des verflüssigten gegenüber einem komprimierten Gas ist, dass der Druck durch den flüssigen FCKW-Anteil bis zum letzten Tropfen des Sprühgutes aufrechterhalten bleibt.

Die Mehrzahl der auf dem Markt befindlichen Spraydosen hatte die Aufgabe, die Produkte so zu versprühen, dass dadurch Oberflächen benetzt werden; das gelang mit FCKW-Konzentrationen von 10 bis 75 %. Typische Vertre-

FCKWS UND OZONLOCH

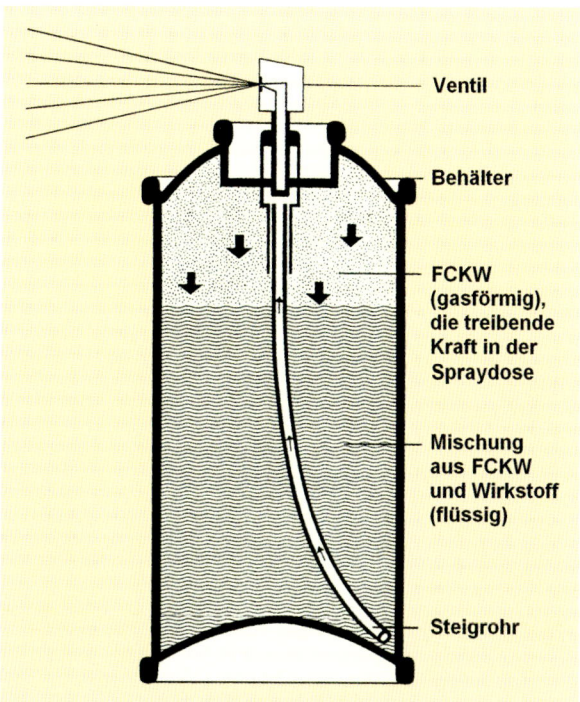

Abb. 15 *Schematischer Aufbau einer Spraydose*

ter dieser Gruppe waren Haarsprays, Körpersprays, Parfumsprays, Lack- und Farbsprays, Schmiermittelsprays, aber auch Pflastersprays. Mit FCKW-Gehalten von 6 bis 15 % wurde nach Austritt aus dem Ventil der Spraydose kein Sprühstrahl beobachtet, sondern es formten sich gebrauchfertige Schäume wie Rasier-, Haarwaschmittel-, Sonnenschutz- und Reinigungsschäume (für Teppiche und Polstermöbel).

FCKW – Für Kunststoffschäume mit Isoliereffekt

Die niedrigen Siedepunkte von FCKW-11 ($CFCl_3$) und FCKW-113 ($CFCl_2\text{-}CF_2Cl$) wurden für das Erzeugen einer Porenstruktur in Kunststoffen ausgenutzt. Bei Duroplasten wie Polyurethan wurde während der Polymerreaktion FCKW-11 als Flüssigkeit eingebracht, das durch die Reaktionswärme verdampfte und dabei die erhärtende Masse zu einem Schaum auftrieb. Bei thermoplastischen Polymeren wie Polystyrol, Polyethylen, Polypropylen und PVC wurde Granulat in einem Extruder aufgeschmolzen. FCKW wurde unter Druck zugeführt und mit der Schmelze vermischt. Beim Austritt aus der Düse des Extruders erfolgte das Aufschäumen durch expandierendes FCKW (Abb. 16).

Eine herausragende Bedeutung hatten Polyurethan-Hartschäume erlangt, deren geschlossene Poren mit FCKW-Dampf gefüllt waren. Da der FCKW-Dampf die extrem niedrige Wärmeleitzahl von 0,008 Kcal/m h K (Luft besitzt 0,025 Kcal/m h K) hat, wurde dieser Kunststoffschaum zu einem unübertroffenen Wärmeisoliermaterial. Er wurde in großem Stil für die Wärmedämmung in Kühlschränken und im Bauwesen z. B. bei der Fassadendämmung und bei der Isolierung von Fernwärmerohren eingesetzt.

Polyurethan-Weichschäume dagegen haben in der Mehrzahl offene Poren; als Treibmittel wird hauptsächlich CO_2 eingesetzt. Ein Zusatz von FCKW begünstigte allerdings die Bildung besonders weicher Schaumkunststoffe. Anwendung finden Weichschäume für Polsterzwecke in der Möbel- und Matratzenindustrie.

FCKW – Lösemittel mit niedriger Oberflächenspannung

Lange Jahre wurden Perchlorethen, Trichlorethen oder Schwerbenzin als Lösemittel in der chemischen Textilreinigung eingesetzt, die jedoch entweder giftig und aggressiv oder brennbar sind. Mit dem Ersatz durch FCKW-11 oder FCKW-113, die nicht brennbar, geruchlos und physiologisch unbedenklich waren, standen fortan vergleichsweise milde Lösemittel für die Textilreinigung zur Verfügung. Sie lösen Schmutz, Öl- und Fettverunreinigungen aus den Textilien, ohne das Gewebe anzugreifen oder Farbtöne zu verändern. Die niedrigen Siedepunkte von FCKW-11 und FCKW-113 erforderten zwar das Arbeiten in speziellen, geschlossenen Anlagen, hatten aber den Vorteil, dass diese Lösemittel nach dem Ende des Reinigungsvorganges bei sehr niedriger Temperatur aus dem Textil entfernt werden konnten.

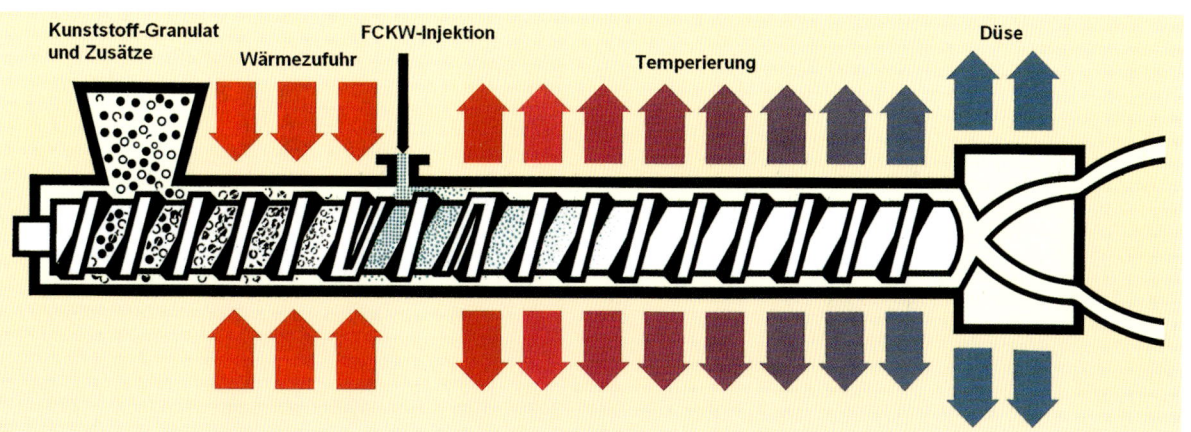

Abb. 16 *Extruder zum Schäumen von Kunststoffschmelzen mit FCKW*

FCKWS UND OZONLOCH

FCKW-113 wurde auch für die technische Reinigung ein wertvolles, vielseitig einsetzbares Lösemittel. Fast alle Metalle, Kunststoffe, Lacke und Isolationsmaterialien waren problemlos zu reinigen, ohne die Oberflächen anzugreifen und ohne Rückstände zu hinterlassen. Aufgrund seiner sehr niedrigen Oberflächenspannung drang FCKW-113 selbst in feinste Bohrungen, Hohlräume, Vertiefungen oder Ausbuchtungen ein. Davon profitierte die Präzisionsreinigung von gedruckten Schaltungen und von fertig montierten Bauteilen aus Elektronik, Elektrotechnik, Optik und Feinmechanik. FCKW-113 war das Reinigungsmittel nach Maß in Industriebereichen von der Schmuckherstellung über den Relaisbau, die medizinisch-technische Gerätefabrikation, die Foto- und Filmbranche, die Leiterplattenfertigung bis zum Auto- und Flugzeugbau.

Die FCKW-Familie – Ein bedeutender Wirtschaftsfaktor

Ausgehend von dem originären Einsatz als Arbeitsmittel für Kühlung und Klimatisierung haben sich die FCKW wegen ihres ungewöhnlichen Eigenschaftsprofils im Laufe der Jahre in weiteren Arbeitsbereichen mit vielfältigen Anwendungen bewährt. Die Marktnachfrage und die Fantasie der Anwendungstechniker haben nach 1960 einen steilen Anstieg der Produktion z. B. von FCKW-11 und FCKW-12 ausgelöst (Abb. 17).

1987 lag der Weltverbrauch an FCKW (ohne den Ostblock) bei etwa einer Million Tonnen. Auf Anwendungen in der Kälte- und Klimatechnik entfielen 27 %. Später hinzugekommene Einsatzgebiete haben sich überproportional entwickelt wie die Aerosol- und Spraytechnik mit 21 %, die Hart- und Weichschaumfertigung mit 21 bzw. 7 % sowie das Lösemittel- und Reinigungsgebiet mit 18 %, so dass sich der FCKW-Verbrauch praktisch gleichmäßig auf vier Haupteinsatzbereiche verteilte (Abb. 18).

Der große Erfolg von FCKW ist zweifelsfrei auf ihre gefahrlose Verwendung in der unmittelbaren Umgebung des Menschen und auf ihre vorteilhaften anwendungstechnischen Eigenschaften zurückzuführen.

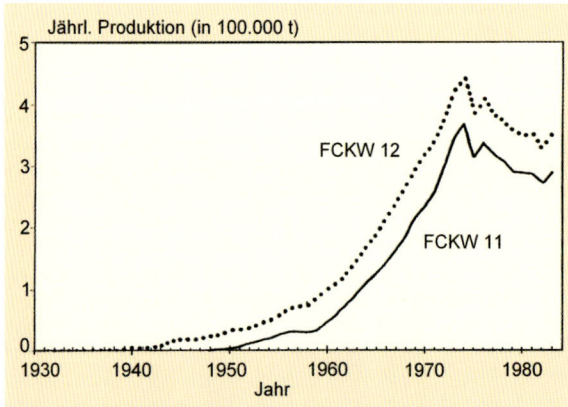

Abb. 17 *Entwicklung der weltweiten Produktion von FCKW-11 ($CFCl_3$) und FCKW-12 (CF_2Cl_2)*

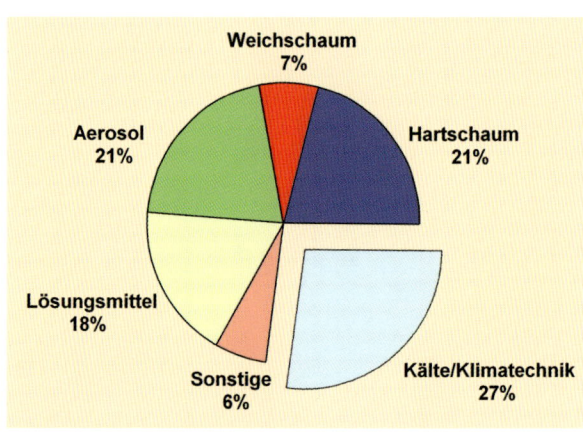

Abb. 18 *Anteiliger FCKW-Weltverbrauch im Jahre 1987 in verschiedenen Anwendungsbereichen*

FCKW – Ausstiegsszenario und Ersatzstoffe

Die Erkenntnis, dass FCKW bei allen Vorzügen einen gravierenden Nachteil haben können, wurde völlig überraschend bekannt. 44 Jahre nach dem ersten technischen Einsatz von FCKW postulierten 1974 die Chemiker F. S. Rowland und M. Molina, dass FCKW die Ozonschicht der Erde schädigen könnten. Aber erst 1985 wurde mit der Entdeckung des Ozonlochs über dem Südpol erkannt, dass dies tatsächlich der Fall war [4]. Bereits 1987 wurde dann von 43 Staaten in Montreal beschlossen, die Produktion und den Einsatz von FCKW stufenweise zu verringern.

Ein Blick auf das Ozonabbaupotential (*Ozone Depletion Potential*, ODP) und auf das Treibhauspotential (*Greenhouse Warming Potential*, GWP) zeigt, dass alle FCKW aufgrund ihrer Beständigkeit und Langlebigkeit starke ozonschädigende und klimarelevante Effekte zeigen. Wesentlich günstigere Eigenschaften in dieser Hinsicht haben die wasserstoffhaltigen FCKW bzw. FKW, die als HFCKW bzw. HFKW bezeichnet werden. Die relativen ODP- und GWP-Werte (jeweils bezogen auf FCKW-11 mit dem Wert 1) z. B. für das teilchlorierte HFCKW-22 (CHF_2Cl) liegen bei 0,055 bzw. 0,37. Chlorfreie HFKW, wie z. B. das heute noch in der mobilen Kältetechnik angewandte HFKW-134a (CF_3-CH_2F) haben definitionsgemäß einen ODP-Wert von Null (Abb. 19).

Als Zwischenlösung bis zur Entwicklung von HFKW wurde HFCKW-22 genutzt, das schon lange als Produkt bekannt war und praktisch alle Anwendungen von FCKW-12 im Wesentlichen abdecken konnte. Es sei erwähnt, dass HFCKW-22 auch heute noch eine bedeutende Rolle als Ausgangsprodukt für die Herstellung von Polytetrafluorethylen (z. B. Teflon™) spielt.

Trotz aller technischen Schwierigkeiten standen bereits 1990 für rund 70 % aller FCKW-Anwendungen andere Technologien oder Ersatzstoffe zur Verfügung. So haben Propan und Butan nach und nach die FCKW als Treibmittel aus Spraydosen verdrängt, außer bei den pharmazeutischen Anwendungen. Für die restlichen 30 % der Anwendungen mussten neue Produkte entwickelt werden. Das betraf vor

FCKWS UND OZONLOCH

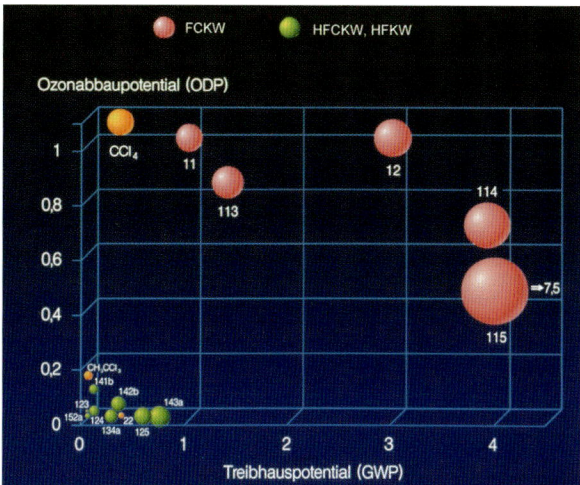

Abb. 19 *Ozonabbaupotential (ODP-Wert) und Treibhauseffekt (GWP-Wert) ausgewählter FCKW, HFCKW und HFKW bezogen auf FCKW-11*

allem die Kältemittel sowie die Treibmittel für Kunststoffschäume.

HFKW-134a (CF_3-CH_2F, 1.1.1.2-Tetrafluorethan; Siedepunkt: –26,2 °C) wurde als die chlorfreie Alternative für FCKW-12 in kurzer Zeit zu einem technischen Produkt entwickelt. Als Kältemittel ersetzt es hervorragend die FCKW in der Normal-Kühlung, in der Klimatechnik und in den Wärmepumpen. So sind derzeit 90 % der Auto-Klimaanlagen mit HFKW-134a befüllt. Durch Mischen von HFKW-134a mit anderen HFKW können weitere Aufgaben der Kältetechnik gelöst werden. R 407c z. B., ein Gemisch aus R 134a / R 32 / R 125 substituiert HFCKW-22 in gewerblichen Kälteanlagen, Großklimaanlagen und Wärmepumpen; R 404a (R 125, R 143a, R 134a) in Tiefkühlanlagen und Supermarkt-Kälteanlagen und R 410 (R 125, R 32) als Hochdruckkältemittel mit hoher Kälteleistung. Zur Erläuterung sei erwähnt, dass das Kürzel HFKW neuerdings bei Kälte- und Klimaanwendungen durch den Buchstaben R (R = *refrigerant*) ersetzt wird [1].

Als zweites Substitut für FCKW-12 wurde HFKW-227 (CF_3-CHF-CF_3, 2-H-Perfluorpropan, Siedepunkt: –15,6 °C) entwickelt. Als R 227 findet es Anwendung in Hochtemperatur-Wärmepumpen und in Klimaanlagen für Betriebe mit höheren Temperaturen. Ebenso wie HFKW-134a ist es auch in Pharmaqualität unerlässlich als Treibmittel für medizinische Dosieraerosole. Des Weiteren ersetzt HFKW-227 Trifluorbrommethan (CF_3Br) als hochwertiges, schnell wirkendes Feuerlöschmittel, das in Flugzeugen, Server-Räumen, Bibliotheken etc. ohne Schädigung von Equipment und Menschen dem Kohlendioxid weit überlegen ist.

HFKW haben in vielen Anwendungsbereichen die chlorhaltigen und Ozonschicht-schädigenden FCKW erfolgreich ersetzt. Dennoch sind auch die HFKW keine Allheilmittel. Wegen ihres verbleibenden Beitrags zum Treibhauseffekt werden erhebliche Anstrengungen unternommen, auch diese durch Kohlenwasserstoffe, Ammoniak, Kohlendioxid oder Wasser zu substituieren und dafür neue Technologien zu entwickeln.

Literatur

[1] G. Siegemund (2006) Fluorchemie im Hoechst Konzern in (A. Haas) *Geschichte der Fluorchemie in Deutschland*, Verlag Dr. Dieter Winkler, Bochum, 122–128.

[2] G. Siegemund, W. Schwertfeger (1988) Fluorine Compounds, Organic in *Ullmann's Encyclopedia of Industrial Chemistry*, Vol. A11, VCH Verlagsgesellschaft mbH, Weinheim, 354–359.

[3] O. Scherer (1970) Technische organische Fluorverbindungen in *Fortschritte der chemischen Forschung*, Bd. 14, Springer Verlag, Berlin, Heidelberg, New York, 133–153.

[4] J.C. Farman, B.G. Gardiner, J.D. Shanklin (1985) *Nature*, 315, 207–210.

SCHADSTOFFE UND UMWELTSCHUTZ

POPs, REACH und unsere Umwelt

SCHADSTOFFE UND UMWELTSCHUTZ

Was und wo sind POPs?

GERHARD LAMMEL, WOLF-ULRICH PALM UND CORNELIUS ZETZSCH

Definition und Bedeutung von POPs

In der Umwelt schwer abbaubare, gleichzeitig bioakkumulative und toxische organische Stoffe werden als persistente organische Schadstoffe bezeichnet (POPs, *Persistent Organic Pollutants*). Im engeren Sinne bezeichnet 'POP' einen durch die POP-Konvention der Vereinten Nationen (Stockholmer Übereinkommen, www.pops.int) geregelten Stoff bzw. eine Stoffgruppe.

Persistente (d.h. langlebige) organische Schadstoffe sind nach dem Stockholmer Übereinkommen demnach organische Chemikalien mit folgenden Eigenschaften [1]:

- POPs widerstehen dem Abbau durch natürliche mikrobiologische und chemische Prozesse (z. B. Abbau durch das Sonnenlicht);
- Es handelt sich bei POPs oft um halogenierte Stoffe;
- Die geringe Wasserlöslichkeit und damit verbundene hohe Fettlöslichkeit der POPs führt zu einer Anreicherung im Fettgewebe;
- POPs sind mittelflüchtige (sog. semivolatile) Verbindungen, d.h. sie verdampfen über einen langen Zeitraum. Damit verbunden ist ein möglicher Ferntransport über das Kompartiment Atmosphäre und eine weltweite Ausbreitung;
- Die akute oder chronische toxische Wirkung von POPs kann mit einer Vielzahl von Gesundheitsschäden bis hin zu Krankheit und Tod in Verbindung gebracht werden.

Die Persistenz, d. h. die Langlebigkeit, von POPs wird im Stockholmer Übereinkommen über konkrete Grenzwerte definiert. So muss nachgewiesen werden, dass die Halbwertszeit der Chemikalie mehr als zwei Monate (im Wasser) oder mehr als sechs Monate (im Boden oder in Sedimenten) beträgt. Als weiteres Kriterium gilt, dass die Chemikalie das Potential zum weiträumigen Transport in der Umwelt über die Luft, durch das Wasser oder über wandernde Arten in ein aufnehmendes Kompartiment weitab von den Quellen ihrer Freisetzung aufweist. Bei einer Chemikalie, die im Wesentlichen durch die Luft transportiert wird, soll deren atmosphärische Halbwertszeit mehr als zwei Tage betragen.

Aufgrund dieser Kriterien wurden im Stockholmer Übereinkommen

- die Pestizide Aldrin, Chlordan, DDT, Dieldrin, Endrin, Heptachlor, Hexachlorbenzol, Mirex und Toxaphen;
- die polychlorierten Biphenyle, Dibenzodioxine und -furane (als Industriechemikalien und Verbrennungsbegleitstoffe)

aufgenommen (siehe Tabelle 1). Dabei handelt es sich nicht nur um Einzelsubstanzen, sondern zum Teil um komplexe Gemische. So stellen die Stoffgemische Chlordan, polychlorierte Biphenyle, polychlorierte Dibenzodioxine, polychlorierte Dibenzofurane und Octabromdiphenylether insgesamt etwa 1000 Einzelstoffe und Isomere dar. Toxaphen setzt sich theoretisch sogar aus 32 768 Einzelsubstanzen mit 16 128 Enantiomeren-Paaren zusammen, die aus der Chlorierung von Bornan mit 1-18 Chloratomen entstanden sind.

Die Stoffvielfalt in solchen Gemischen ist problematisch, weil sie die Nachweisgrenzen in der Umweltanalytik beschränkt und den Aufwand für physikalisch-chemische und toxikologische Prüfungen enorm erhöht. Andererseits kann das Häufigkeitsmuster Hinweise auf den Hersteller geben oder auch ein Schlüssel zum Verständnis des Verteilungs- und Abbauverhaltens des Stoffgemischs sein, wenn es sich in der Umwelt örtlich und zeitlich verändert.

Die ursprüngliche Liste dieser 12 Verbindungen bzw. Verbindungsgruppen wurde in den letzten sechs Jahren nach Ratifizierung des Stockholmer Übereinkommens intensiv diskutiert. Nach eingehender Diskussion im „POPs Review Committee" sind weitere Verbindungen in das Übereinkommen aufgenommen worden. Konkret handelt es sich dabei um die Einzelsubstanzen Hexabrombiphenyl, um drei Isomere des Hexachlorcyclohexans α-HCH, β-HCH und γ-HCH (Lindan), Pentachlorbenzol und Perfluoroctansulfon-

---

DAS STOCKHOLMER ÜBEREINKOMMEN

Das Stockholmer Übereinkommen über persistente organische Schadstoffe („POP-Konvention") wurde am 22. 5. 2001 in Stockholm beschlossen und trat mit der Ratifizierung des 50. Staates am 17. 5. 2004 in Kraft. Deutschland ratifizierte das Übereinkommen am 25. 4. 2002. Im Artikel 1 des Übereinkommens wird das generelle Ziel definiert: „Unter Berücksichtigung des Vorsorgeprinzips nach Grundsatz 15 der Erklärung von Rio über Umwelt und Entwicklung ist es Ziel dieses Übereinkommens, die menschliche Gesundheit und die Umwelt vor persistenten organischen Schadstoffen zu schützen".

Das Übereinkommen nennt bereits im Text von 2001 12 konkrete Verbindungen, das sog. Dreckige Dutzend (dirty dozen), die die Kriterien eines POPs erfüllen. Allerdings ist das Stockholmer Übereinkommen eine offene Konvention. Im Artikel 8 heißt es: „Eine Vertragspartei kann dem Sekretariat einen Vorschlag zur Aufnahme einer Chemikalie unterbreiten. Bei der Erarbeitung eines Vorschlags kann eine Vertragspartei von anderen Vertragsparteien und/oder dem Sekretariat unterstützt werden."

SCHADSTOFFE UND UMWELTSCHUTZ

säure (PFOS) sowie Gemische der pentabromierten und octabromierten Diphenylether (siehe Tabelle 1).

Weitere Stoffe werden zurzeit diskutiert. Dazu gehört der decabromierte Diphenylether, weil ein allmählicher Abbau zu octa- und pentabromierten Diphenylethern zu erwarten ist, Dicofol wegen seines Spurengehaltes an DDT sowie Endosulfan, Hexabromcyclododekan, Hexachlorbutadien, Methoxychlor, Octachlorstyrol, Penta-

TAB. 1 | POPS IM STOCKHOLMER ÜBEREINKOMMEN (FÜR CHLORDAN IST NUR DAS TRANS-ISOMER GEZEIGT UND FÜR ENDOSULFAN NUR DAS β-ISOMER)

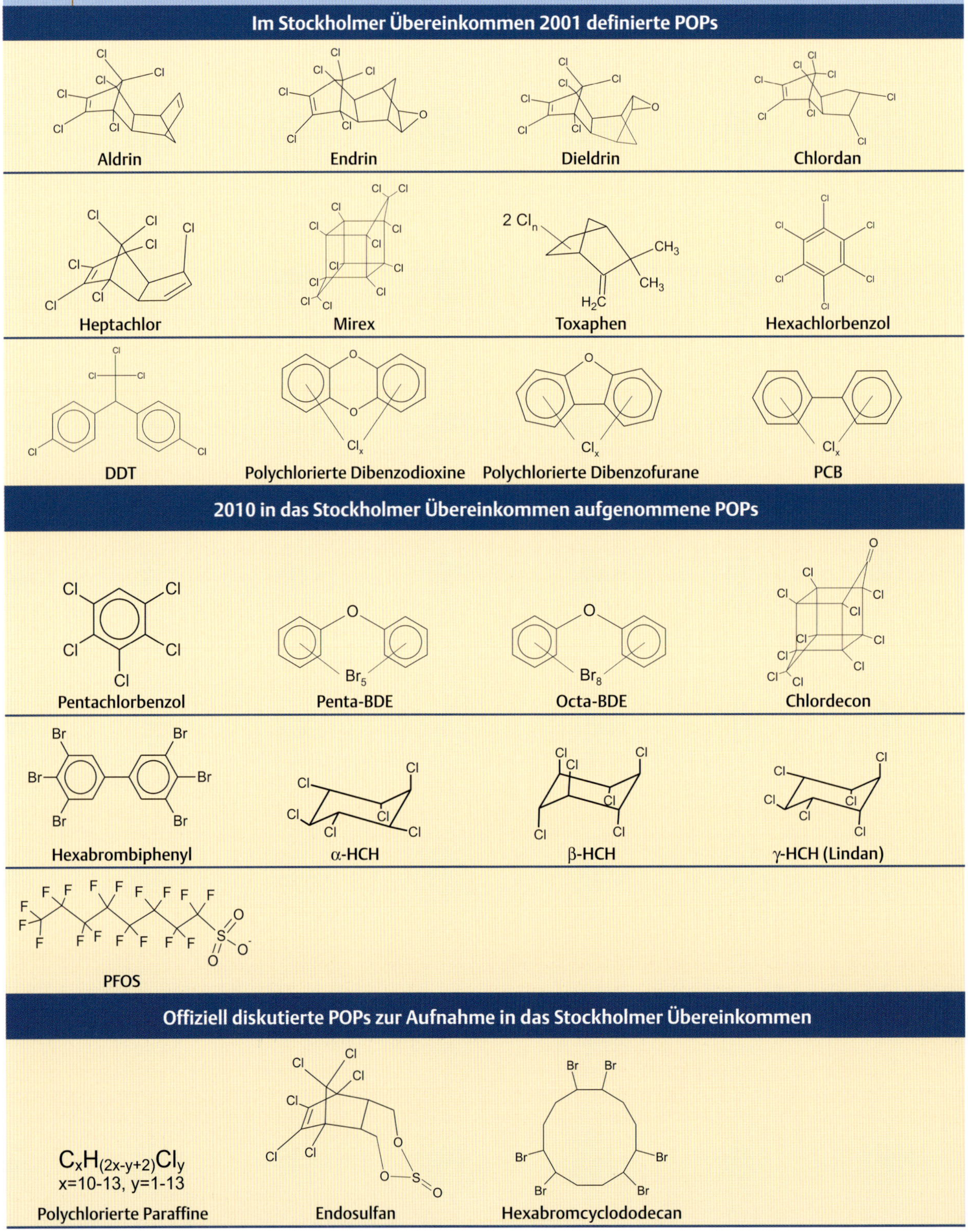

Im Stockholmer Übereinkommen 2001 definierte POPs

Aldrin	Endrin	Dieldrin	Chlordan
Heptachlor	Mirex	Toxaphen	Hexachlorbenzol
DDT	Polychlorierte Dibenzodioxine	Polychlorierte Dibenzofurane	PCB

2010 in das Stockholmer Übereinkommen aufgenommene POPs

Pentachlorbenzol	Penta-BDE	Octa-BDE	Chlordecon
Hexabrombiphenyl	α-HCH	β-HCH	γ-HCH (Lindan)
PFOS			

Offiziell diskutierte POPs zur Aufnahme in das Stockholmer Übereinkommen

| Polychlorierte Paraffine $C_xH_{(2x-y+2)}Cl_y$, x=10-13, y=1-13 | Endosulfan | Hexabromcyclododecan |

chlorphenol, polychlorierte Naphthalene und Tetrachlorbenzol.

Neben den im Stockholmer Übereinkommen genannten POPs werden polyzyklische aromatische Kohlenwasserstoffe (PAK) als unvermeidliche Begleitstoffe von Verbrennungen aller Art einschließlich der motorischen Verbrennung und der Waldbrände sowie einige weitere Stoffe von dem POP-(Århus-) Protokoll der Genfer Luftreinhaltekonvention abgedeckt. Dieses weitere wichtige Instrument internationaler Chemikalienpolitik steht unter der Ägide der UN-Wirtschaftskommission für Europa (UN-ECE) und ist seit 2003 in Kraft.

Charakteristische Stoffeigenschaften und die Verteilung von POPs

In Wasser, Boden und Luft werden zumeist nur sehr geringe Mengen von POPs vorgefunden. Typische Konzentrationen von einzelnen Stoffen in der Luft weit ab von Emissionsquellen liegen im unteren pg m^{-3}-Bereich, in Wasser im unteren ng L^{-1}-Bereich. Diese Konzentrationen wirken aber lange, und es ist die Bioakkumulation, die sogar zu akut toxischen Konzentrationen in denjenigen Organismen führen kann, die in den Nahrungsketten weiter oben stehen.

Da die allermeisten POPs nicht nur in einem, sondern in mehreren Umweltmedien zu finden sind – sog. Multikompartimentstoffe –, ist ihr Umweltverhalten komplexer als dasjenige herkömmlicher Luft- oder Wasserschadstoffe. Da sie zumindest etwas flüchtig sind (sog. Mittelflüchtigkeit), d. h. Sättigungsdampfdrücke zwischen 10^{-11} und 10^{-7} bar bei Raumtemperatur haben, können sie in der Atmosphäre durch Ferntransport verfrachtet werden. Im Rahmen dieser Verfrachtung kommt es zu Depositions- und Emissionszyklen und einer damit verbundenen Aufnahme in Böden, Gewässern oder, bevorzugt, in den Fettgeweben von Pflanzen, Tieren und Menschen. Hierfür ist die sog. Lipophilie der POPs verantwortlich. Als Modellmatrix für die Fettlöslichkeit haben sich die Toxikologen aufgrund der einfachen Handhabbarkeit auf n-Octanol geeinigt, weil es zu viele mögliche Arten von Fetten und Ölen gibt. Das wesentliche Kriterium für die mit der Fettlöslichkeit verbundene Bioakkumulation ist daher der Verteilungskoeffizient K_{OW}

$$K_{OW} = \frac{\text{Konzentration in der Octanolphase}}{\text{Konzentration in der Wasserphase}},$$

also der Quotient der Konzentrationen in Octanol und Wasser, der sich entsprechend dem Nernst'schen Verteilungsgesetz im Gleichgewicht einstellt. K_{OW} ist für POPs hoch, wobei Werte im Bereich von $K_{OW} = 10^4\text{--}10^{10}$ typisch sind. Analog wie der K_{OW} wird die Verteilung zwischen der Gasphase und der wässrigen Phase, K_{AW}, als eine weitere wichtige Verteilungsgröße organischer Verbindungen und damit auch der POPs in den Umweltkompartimenten definiert.

$$K_{AW} = \frac{\text{Konzentration in der Gasphase}}{\text{Konzentration in der Wasserphase}}$$

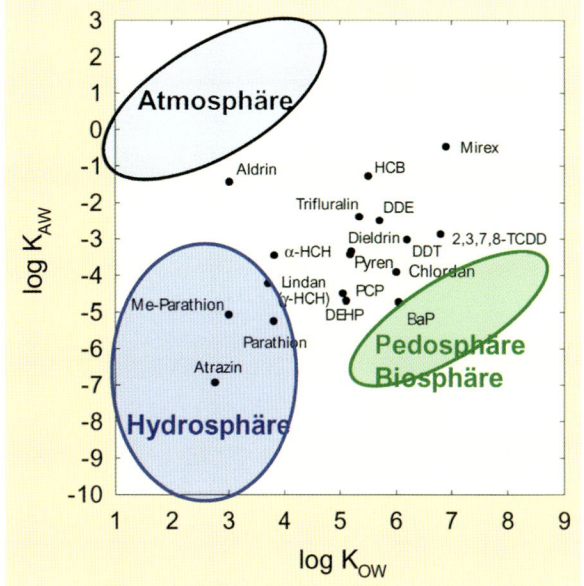

Abb. 1 *Gemäß thermodynamischen Überlegungen zu erwartendes Verteilungsverhalten wichtiger Umweltchemikalien als Funktion der Verteilungskoeffizienten zwischen Luft und Wasser, K_{AW}, und zwischen Octanol und Wasser, K_{OW}, vornehmlich in Atmosphäre, Hydrosphäre, Pedo-/Biosphäre oder aber verteilt zwischen den Kompartimenten (Multikompartimentstoffe) (nach [2]). Viele Problemstoffe liegen im Bereich von $\log K_{OA} = 8\text{--}10$.*

Das Verteilungsverhältnis des Stoffes zwischen der Gasphase und der Wasserphase liegt für POPs im Bereich $K_{AW} = 10^{-4}\text{--}10^1$. Beide Verteilungskoeffizienten K_{OW} und K_{AW} werden häufig in der Kombination als K_{OA} diskutiert mit Werten der POPs im Bereich von $K_{OA} = 10^3\text{--}10^{14}$.

$$K_{OA} = \frac{\text{Konzentration in der Octanolphase}}{\text{Konzentration in der Luftphase}}$$

Wichtige Umweltchemikalien sind in Abb. 1 entsprechend ihren Verteilungskoeffizienten K_{AW} und K_{OW} aufgetragen. Mit dieser Auftragung wird die Verteilung zwischen Atmo-, Hydro- und Pedo-/Biosphäre im thermodynamischen Gleichgewicht vorausgesagt. Der größte Teil der Multikompartimentstoffe wird danach in den Böden und in der Hydrosphäre erwartet, während in der Gasphase der Atmosphäre nur ein geringer Massenanteil zirkuliert. Aufgrund der großen chemischen Vielfalt der POPs gibt es jedoch kein POP-typisches Umweltverhalten.

POPs sind häufig wenig wasserlöslich, was sich auf die Auswaschbarkeit und damit auf die Verweildauer in der Atmosphäre sowie auf die Flüchtigkeit von Wasseroberflächen u. a. auswirkt. Einige POPs, wie z. B. die Perfluoroctansulfonsäure bzw. die entsprechenden Perfluoroctansulfonate (PFOS), sind sogar amphiphil, d. h. an einem Molekülende wasser- und an einem anderen fettlöslich, weswegen sie sich bevorzugt an Oberflächen anreichern. Die Stoffverteilung von POPs hat damit zwei Dimensionen, eine räumliche, geographische (einschließlich von Vertikal-

SCHADSTOFFE UND UMWELTSCHUTZ

Abb. 2 *Boden, Gewässer und Atmosphäre sind Multiphasensysteme.*

verteilungen) und eine zwischen den Umweltkompartimenten (und Phasen).

Alle Umweltkompartimente sind Multiphasensysteme. In den Böden ist die Stoffverteilung das Ergebnis der Sorptionsprozesse an anorganische und organische Partikel, der Löslichkeit in Bodenwasser und der Verflüchtigung in die Luft aus den Bodenporen. Die Pflanzen und die gesamte Biosphäre stellen zumeist lipophile Phasen dar. Im Ozean existieren organische Phasen in Form von Phytoplankton nahe der Oberfläche und kolloidalen und sedimentierenden Partikeln auch in tieferen Schichten. In Feuchtgebieten, Seen und Flüssen leben Amphibien, Fische und Insekten nahe an der Oberfläche. In der Atmosphäre ist mit Wolken eine Flüssigphase gegeben, aber auch die allgegenwärtigen Aerosolpartikel enthalten flüssiges Wasser neben einer mehr oder minder festen organischen, lipophilen Phase.

Mittelflüchtige Stoffe werden zu einem großen Teil partikelgetragen transportiert. Dies beeinflusst stark ihre Verweildauer in der Atmosphäre. Auswaschung durch Regen oder Schnee aus der Gasphase ist wenig effektiv, da die Stoffe kaum wasserlöslich sind. Dagegen werden Partikel rascher ausgewaschen oder trocken deponiert, typischerweise nach 3–10 Tagen. Weil die Partikel nicht nur eine Oberfläche zur Kondensation bereitstellen, sondern auch spezifische Wechselwirkungen mit organischen Molekülen entsprechend ihrer chemischen Beschaffenheit eingehen, ist die Gas-Partikel-Phasenverteilung keineswegs einfach vorhersagbar. Nach einem vereinfachenden Modell, das noch keine spezifischen Wechselwirkungen der Stoffe mit der Oberfläche berücksichtigt, ist der partikelgebundene Anteil in Abb. 3 in Abhängigkeit vom Dampfdruck der Stoffe bei T = 20 °C dargestellt. Dieser Abbildung liegt das Modell von Junge zugrunde, in dem aus der Theorie der Adsorptionsisothermen ein Zusammenhang zwischen dem adsorbierten Anteil und dem Dampfdruck der Verbindung abgeleitet wird. Verfeinerungen des Modells von Junge wurden inzwischen im Hinblick darauf vorgenommen, dass bei unpolaren Feststoffen der etwas höhere Dampfdruck der unterkühlten Schmelze – der in Abb. 3 zugrunde gelegt wurde – besser mit dem Adsorptions-/Desorptionsverhalten korreliert als der Dampfdruck des Feststoffs. Ferner sind neben der Van-der-Waals-Wechselwirkung auch Wasserstoffbrückenbindungen sowie kationische und anionische Wechselwirkungen zu berücksichtigen [3]. Schließlich können Aerosolpartikel die Stoffe auch in die wässrige oder eine organische Phase aufnehmen. Generell besitzt die Temperatur einen herausragenden Einfluss auf den partikelgebundenen Anteil, wobei geringere Temperaturen den partikelgebundenen Anteil erhöhen.

Bei Kenntnis des Eintragspfades von Chemikalien kann ihre Verteilung über die Kompartimente mit sog. Multikompartiment-Modellen nachvollzogen und ggf. vorhergesagt werden. Diese Modelle enthalten neben den Kompartimenten selbst und den Verteilungskoeffizienten einzelner Stoffe insbesondere die Massenaustauschprozesse zwischen den Kompartimenten. Diese Prozesse verzögern die Gleichgewichtseinstellung zum Teil erheblich, so dass unter veränderlichen Emissionen, was praktisch für alle Chemikalien zutrifft, das Gleichgewicht nie erreicht wird. Ferner bewirken sie, dass selbst bei konstanten Emissionen eine stark vom Eintragspfad abhängige Verteilung zu erwarten ist. Wie gedrosselte Ventile verhindern die Austauschprozesse die

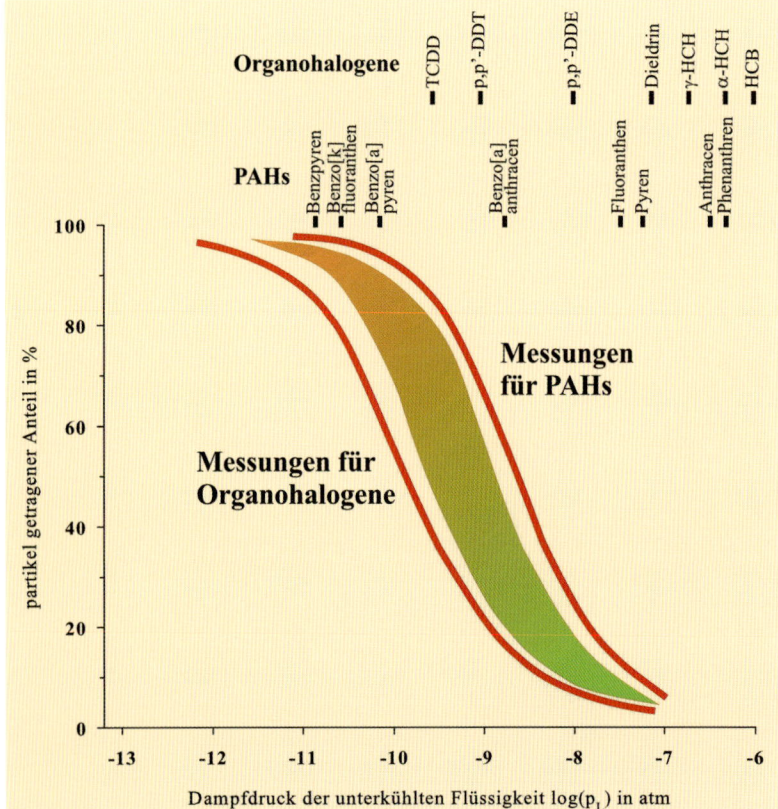

Abb. 3 *Partikelgebundener Anteil von persistenten organischen Stoffen als Funktion des Sättigungsdampfdrucks über der unterkühlten Schmelze gemäß einem einfachen Modell (Junge-Pankow-Modell [4, 5]). Der farbige Bereich beschreibt die Modellergebnisse für städtische und ländliche Aerosole, die beiden roten Kurven stellen Ergebnisse spezieller Messkampagnen für PAHs und Organohalogene dar. Weiterhin angegeben sind die entsprechenden Dampfdrücke einiger typischer PAHs und Organohalogene.*

SCHADSTOFFE UND UMWELTSCHUTZ

Gleichgewichtseinstellung zwischen den Kompartimenten und erzwingen ein davon abweichendes Fließgleichgewicht als stationären Zustand.

Auch bezüglich der räumlichen (geographischen) Verteilung ist trotz langer Verweildauern keine homogene Gleichverteilung zu erwarten, weil Quellen und Senken örtlich unterschiedlich effektiv sind. Selbst in der schnell durchmischten Atmosphäre beträgt die charakteristische Zeit für die Verteilung längs eines Breitengrades mehrere Wochen, innerhalb einer Hemisphäre wenige Monate und für den Austausch zwischen den Hemisphären 1–2 Jahre. Der Austausch zwischen Atmosphäre und Ozean ist rasch. Dies betrifft jedoch nur die ozeanische Deckschicht, während für den Transfer in die Tiefsee Zeiten von mehreren 100 (Atlantik) bis 1000 Jahren (Pazifik) anzusetzen sind. Zum Transport in die Tiefsee kann die Sedimentation partikelgebundener POPs wesentlich beitragen.

Persistenz

Synthetische Chemikalien unterliegen den gleichen Abbauwegen wie natürliche Stoffe. Jedoch ist der Abbau von teil- oder vollständig halogenierten, insbesondere fluorierten und chlorierten, Stoffen langsamer. Einige Beispiele sind in der Tabelle 2 zusammengestellt. Dies gilt für die Reaktion mit Radikalen in der Atmosphäre und – in noch stärkerem Ausmaß – für den mikrobiologischen Abbau in Hydro- und Pedosphäre. Als Persistenzkriterium der POPs gilt ihre Halbwertszeit in den verschiedenen Kompartimenten (siehe oben); in der Atmosphäre länger als zwei Tage, in Wasser länger als zwei Monate und in Böden oder Sedimenten länger als sechs Monate.

Die Grenzwerte der verwendeten Halbwertszeiten in den einzelnen Kompartimenten sind unterschiedlich, da auf diese Art den unterschiedlich schnellen Transportmechanismen in den Kompartimenten Rechnung getragen wird. Das Kriterium der geringen Halbwertszeit von nur zwei Tagen in der Gasphase wurde in dem Stockholmer Übereinkommen deshalb gesetzt, da in diesem Kompartiment ein sehr schneller Transport erfolgt. Geschwindigkeitskonstanten erster Ordnung für typische Umweltbedingungen einiger POPs in den Kompartimenten Boden, Wasser und Luft und die entsprechenden Halbwertszeiten im Kompartiment Luft sind in der Tabelle 3 zusammengestellt.

Offensichtlich sind die in der Tabelle 3 aufgelisteten mittleren Halbwertszeiten im Boden sehr hoch (die Halbwertszeiten liegen zwischen zwei Monaten für α-HCH und mehr als 10 Jahren für Mirex) und im Wasser moderat hoch (die Halbwertszeiten liegen zwischen vier Tagen für Heptachlor und mehr als fünf Jahren für Endrin). Dagegen sind die mittleren Halbwertszeiten in der Gasphase für viele POPs wesentlich geringer. Die Interpretation der Halbwertszeiten der POPs für die Gasphase ist jedoch aus mehreren Gründen wesentlich schwieriger als die Daten der Tabelle 3 scheinbar belegen.

- Die Radikalchemie wird einerseits durch die direkte Photolyse und andererseits zumeist mit einer Abstraktion eines H-Atoms oder durch Additionsreaktionen an

TAB. 2 | ÜBERBLICK ÜBER IN DER UMWELT SCHWER ABBAUBARE STOFFE: STOFFKLASSEN UND DEREN VERWENDUNG

Stoffklassen	Beispiel	Verwendungen
Perfluorierte Alkane, Sulfon- und Carbonsäuren	C_6F_{14}, n-$C_8F_{17}SO_3H$	Oberflächenbehandlung, Flammschutzmittel
Chlorierte Paraffine (kurzkettig, mittelkettig und langkettig, (Chlorgehalt zwischen 10 und 72 Gewichtsprozent)	$C_xH_{2x+2-y}Cl_y$, C_{10}–C_{13} und C_{14}–C_{17}, >C_{17} flüssig und >C_{17} fest	PVC-Weichmacher, Kühlschmierstoffe, Flammschutzmittel
Polychlorierte Methane, Ethane, Propane, Butadiene, Cycloalkane, Cyclodiene	DDT, DDE, Aldrin, Dieldrin, Endosulfan	Lösemittel, Pestizide
Halogenierte Triazine	Atrazin	Pestizide
Polychlorierte und Benzole, Toluole, Aniline, Phenole, Chlornitrobenzole, Naphthaline, Biphenyle	Hexachlorbenzol, PCB 138, Chlortoluron	Pestizide, Hydraulik- und Transformatorenöle, Verbrennungsbegleitstoffe
Polychlorierte Dibenzodioxine und -furane	2,3,7,8-TCDD, 2,3,7,8-TCDF	Verbrennungsbegleitstoffe
Polybromierte Diphenylether	PentaBDE, OctaBDE, DecaBDE	Flammschutzmittel
Polyhalogenierte Cycloalkane	Hexachlorcyclohexan (Lindan), Hexabromcyclododekan	Pestizide, Flammschutzmittel
Chlorierte und fluorierte Essigsäuren	CCl_3COOH, CF_3COOH	Pestizide (Land- und Forstwirtschaft), Biozide
Moleküle mit elektronenziehenden Substituenten (Halogene, Pseudohalogene wie Cyano und Nitrogruppen)	Chlorpyrifos, Fenitrothion, Methoxychlor, Metolachlor, Chlorthalonil, Trifluralin	Medikamente, Pestizide
Nitrierte polyzyklische Aromaten	Nitropyren, Nitrofluoranthen, Nitrobenzanthron	Verbrennungsbegleitstoffe
Hydrolysestabile Ester	Phthalate	Weichmacher

SCHADSTOFFE UND UMWELTSCHUTZ

GESCHWINDIGKEITSKONSTANTEN UND HALBWERTSZEIT

Viele Abbauprozesse in der Umwelt können über eine Reaktion erster Ordnung beschrieben werden. Für diesen Prozess ist die Geschwindigkeit einer Reaktion nur von der Konzentration einer einzelnen Substanz abhängig und der Konzentration dieser Verbindung direkt proportional. Die Proportionalitätskonstante wird als Geschwindigkeitskonstante, k, bezeichnet und besitzt die Einheit einer reziproken Zeit. Der Kehrwert von k wird als Lebensdauer, τ, bezeichnet ($\tau = 1/k$) und die Halbwertszeit ist, $t_{1/2} = \ln 2 / k = 0{,}693\,\tau$. Die Reaktion einer in geringer Konzentration vorliegenden Verbindung nach Absorption des Sonnenlichtes („direkte Photolyse"), k_{hv}, ist ein typisches Beispiel einer Reaktion erster Ordnung. Reagiert eine Substanz dagegen mit einer zweiten Komponente (z. B. in der wässrigen Phase oder in der Gasphase mit dem OH-Radikal), so liegt eine Reaktion zweiter Ordnung vor und die kinetische Beschreibung könnte kompliziert aussehen. Glücklicherweise lassen sich solche Kinetiken in umweltrelevanten Reaktionen auf eine Reaktion erster Ordnung reduzieren („pseudo erster Ordnung"), da entweder eine der Komponenten in sehr großem Überschuss vorliegt (z. B. in der Reaktion einer Verbindung in Wasser = Hydrolyse) oder die reaktive Komponente über einen gewissen Zeitraum als konstant angesehen werden kann. Im Fall einer Reaktion zweiter Ordnung muss demnach außer der Geschwindigkeitskonstante auch die Konzentration der reaktiven Spezies bekannt sein. In der Atmosphäre tragen außer der Photolyse auch Ozon und Nitratradikale zum Abbau bei, d. h. $t_{1/2} = \ln 2 / (k_{OH}[OH] + k_{O3}[O_3] + k_{NO3}[NO_3] + k_{hv})$. Als konservativ niedrige Jahresmittelwerte der reaktiven Spezies (Moleküle cm^3) werden empfohlen: $[OH] = 5 \times 10^5$, $[O_3] = 7 \times 10^{11}$ und $[NO_3] = 5 \times 10^7$ Moleküle/cm^3. Die aus Experimenten bisher verfügbaren Photolyse- und Geschwindigkeitskonstanten wurden von Klöpffer und Wagner [6] in einer eingehenden und sehr gut verständlichen Handlungsempfehlung für die Persistenzabschätzung in der Atmosphäre zusammengefasst.

ungesättigte Bindungen durch das Hydroxylradikal eingeleitet, ganz ähnlich der Chemie von flüchtigen Kohlenwasserstoffen. Die als POPs definierten Verbindungen sind jedoch wenig flüchtige Verbindungen mit relativ komplizierten Strukturen. Viele Geschwindigkeitskonstanten sind aus diesem Grund nur ungenau messbar bzw. stehen schlicht aufgrund des geringen Dampfdrucks nicht zu Verfügung. Aus diesem Grunde werden für die POPs Geschwindigkeitskonstanten aus dem sehr umfangreichen Datensatz einfacher organischer Verbindungen unter Nutzung von Inkrementen erhalten. Tatsächlich sind solche Schätzungen ermutigend, ein vergleichender Datensatz ist in der Abb. 4 dargestellt. Dennoch ist die Gültigkeit der Schätzmethoden für viele Verbindungen eingeschränkt bzw. sogar nicht bekannt und deshalb mindestens ungenau.

- Wenn POPs partikelgetragen transportiert werden, verläuft die Reaktion mit Radikalen langsamer oder könnte sogar durch den Einfluss der Matrix ganz unterbleiben. Für einige POPs ist der aerosolgetragene Anteil gering. Diese POPs sollten sich bevorzugt in der Gasphase aufhalten; eine Modifikation durch den partikelgetragenen Anteil ist vernachlässigbar. Dagegen könnten jedoch in einigen Fällen Geschwindigkeitskonstanten um mindestens einen Faktor 10 verringert werden, wenn der partikelgetragene Anteil als unreaktiv angesehen wird. Für die Verweildauer von POPs in der Atmosphäre ergeben sich so Werte zwischen Tagen und Monaten. Für viele Stoffe liegen wegen messtechnischer Schwierigkeiten jedoch noch keine gesicherten Reaktionsgeschwindigkeitskonstanten vor.

Abbauprodukte der POPs

Anders als bei herkömmlichen Luftschadstoffen treten Umwandlungsprodukte von POPs in der Atmosphäre auf, die nicht dort, sondern in Wasser oder Böden, gebildet worden sind. Möglicherweise entstehen sie in der Gasphase und werden von Aerosolpartikeln eingefangen bzw. direkt in der Partikelphase sowie in Wolken und Nebel gebildet. Diese Produkte sind häufig nicht minder persistent, bioakku-

TAB. 3 GESCHWINDIGKEITSKONSTANTEN EINIGER POPS IM BODEN (k_S), WASSER (k_W) UND LUFT (k_A) [7] UND DIE ENTSPRECHENDEN HALBWERTSZEITEN (IN TAGEN) FÜR DAS KOMPARTIMENT LUFT. FÜR DIE GASPHASE WURDEN GESCHÄTZTE DATEN VERWENDET UND DER EINFLUSS EINES EVENTUELL ADSORBIERTEN ANTEILS DER VERBINDUNGEN AUF DEM AEROSOL WURDE NICHT BERÜCKSICHTIGT. MIREX IST NICHT REAKTIV, UND ES WURDE DER VERLUST IN DIE STRATOSPHÄRE ALS VERLUST IN DER GASPHASE BERÜCKSICHTIGT.

Substanz	k_S (Boden)	k_W (Wasser) Jahr^{-1}	k_A (Luft)	$t_{1/2}$ (Luft) Tage
Aldrin	1,63	2,27	2 120	0,12
Chlordan	0,35	0,31	369	0,69
DDT	0,18	1,31	109	2,3
DDE	0,16	9,18	109	2,3
Dieldrin	0,41	0,58	476	0,53
Endrin	0,76	0,09	4 190	0,06
HCB	0,18	0,18	0,51	495
Heptachlor	1,21	60,6	1 940	0,13
α-HCH	4,23	4,32	88,9	2,8
γ-HCH	1,21	11,5	97,1	2,6
Mirex	0,04	1,69	0,01	45 600
PCB-8	0,36	1,10	27,9	9,1
PCB-101	0,11	0,11	3,28	77
PCB-194	0,11	0,11	0,36	710
2,3,7,8-TCDD	0,21	2,63	165	1,5

SCHADSTOFFE UND UMWELTSCHUTZ

mulativ und toxisch als die Ausgangsstoffe. Beispiele hierfür sind DDE und DDD, die vor allem in Böden durch Dechlorierung von DDT gebildet werden sowie Heptachlor und Heptachlorepoxid, die aus einzelnen Komponenten von Chlordan (einer Mischung von 120 Einzelstoffen) entstehen.

Man könnte meinen, dass Toxizität Reaktivität voraussetzt. Dann sollten vollkommen inerte Stoffe, also solche extremer Persistenz, kaum toxisch oder ökotoxisch wirken können. Dennoch wirken z. B. CCl_4 und Mirex, die mit OH-Radikalen nicht reagieren, toxisch, weil sie im Organismus durch Enzyme metabolisiert und abgebaut werden. Bei den Pestiziden sind die besonders persistenten Verbindungen zwar längst verboten, und der Nachweis der Abbaubarkeit solcher Stoffe in der Umwelt ist heute eine Voraussetzung zur Zulassung. Dennoch beweisen Beobachtungen fernab der Ausbringungsregionen, dass auch die zugelassenen Pestizide, wie z. B. Atrazin, Endosulfan und Diazinon, eine hohe Persistenz aufweisen können. Eine Analyse eines Eisbohrkernes des Austfonna-Gletschers in Nord-Spitzbergen bei 80° N [8] zurück bis 1955 zeigte, dass die Pestizide Chlorpyrifos, Terbufos, Diazinon, Fenitrothion, Methoxychlor und Metolachlor besonders stark in den beiden letzten Jahrzehnten eingetragen wurden.

Perfluorierte Verbindungen werden zur Oberflächenbehandlung, Brandbekämpfung und anderen Zwecken seit mehreren Jahrzehnten hergestellt. Allein an Perfluorcarbonsäuren gelangten bisher 3000–7000 t in die Umwelt. Bromierte Flammschutzmittel werden in Textilien, Kunst- und Baustoffen verarbeitet. Im Jahr 2001 betrug der weltweite Verbrauch an Hexabromcyclododekan (HBCD) ca. 17 000 t und an polybromierten Diphenylethern (PBDE) ca. 67 000 t. Diese Stoffe werden in allen Umweltkompartimenten und insbesondere auch in fernen Regionen wie der Arktis gefunden.

Ferntransport von Multikompartimentverbindungen – Der Grashüpfer-Effekt

Weil sie mittelflüchtig sind und nach Ablagerung an Pflanze, Boden und Wasser nicht rasch abgebaut werden, können POPs durch Volatilisierung erneut in die Atmosphäre gelangen und so mehrere Emissions-Transport-Depositions-Zyklen durchlaufen [2]. Die Transport- und Verteilungsmuster sind damit potentiell anders als bei herkömmlichen Luftschadstoffen, deren Transport nach Ablagerung aus der Atmosphäre endet. Böden und Gewässer bilden temporäre Speicher, aus denen die Stoffe vor ihrem chemischen Abbau auch wieder entweichen können.

So wurde z. B. für den Insektizidbestandteil α-HCH, einem unerwünschten Nebenprodukt der Lindan-Synthese, gefunden, dass sich nach Jahrzehnten des Eintrags aus der Atmosphäre in die Nordsee und den Atlantik der Ozean-Atmosphäre-Austausch umgekehrt hatte, also Teile der Meere zu Netto-Emissionsregionen geworden waren. Sogar aus den kalten Wassermassen in hohen Breiten gast α-HCH aus, nachdem es dort jahrzehntelang angereichert wurde, ge-

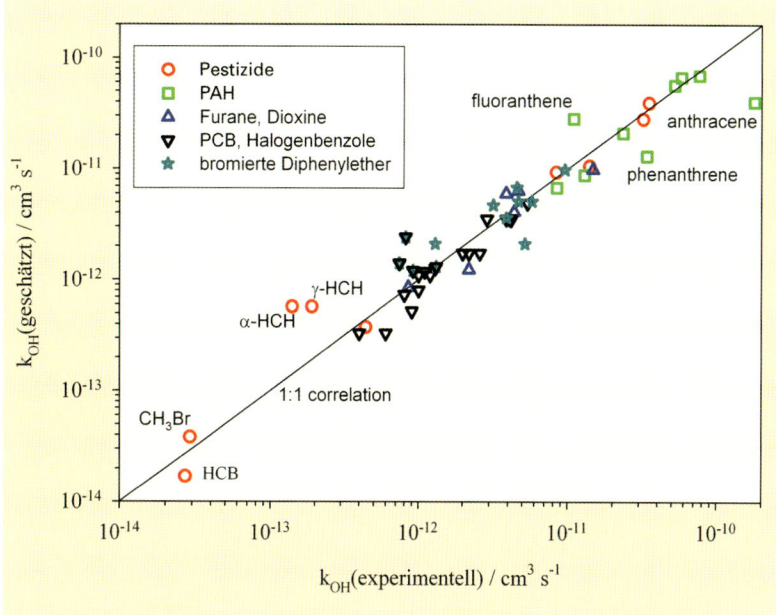

Abb. 4 *Korrelation der bisher für die Gasphase experimentell (k_{OH}(experimentell)) ermittelten Geschwindigkeitskonstanten des OH-Radikals für Pestizide, PCB, chlorierte Dioxine, bromierte Diphenylether und PAH mit den entsprechend abgeschätzten (k_{OH} (geschätzt)) Geschwindigkeitskonstanten.*

Abb. 5 *Eiskernbohrung in Grönland*

SCHADSTOFFE UND UMWELTSCHUTZ

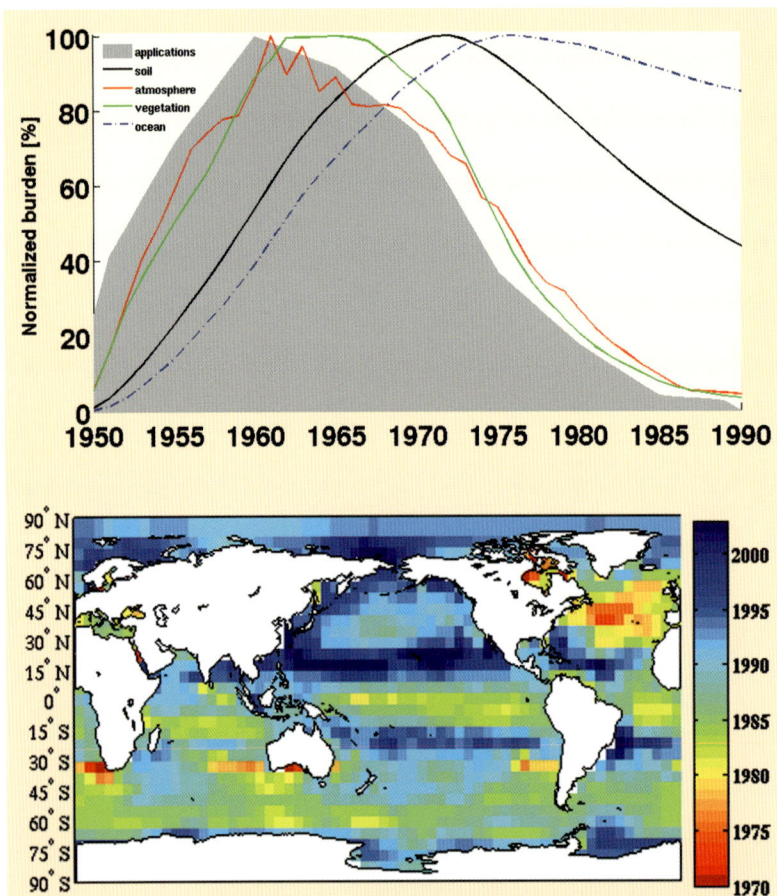

Abb. 6 *Globaler Verbleib von DDT. Oben: Historischer Verlauf von Emissionen und Inventaren in den verschiedenen Umweltkompartimenten. Unten: Globale Verteilung der Jahre, in denen eine Umkehr des Ozean-Atmosphäre-Austausches erfolgt ist [10].*

speist von Niederschlägen und Meeresströmungen [9]. Ähnliches wird für DDT aufgrund von Modellrechnungen erwartet. Während große Teile des globalen Ozeans noch bis vor wenigen Jahren DDT absorbierten, haben Teile des tropischen Indischen und Pazifischen Ozeans seit den 1980er Jahren und Teile des Nord-Atlantiks bereits seit den 1970er Jahren den Schadstoff an die Atmosphäre zurückgegeben (siehe Abb. 6).

Messungen von von α-HCH und γ-HCH in der Nordsee und von drei HCH-Isomeren in verschiedenen Ozeanen sind in Abb. 7 gezeigt [11, 12]. In der Nordsee weisen die Werte von α-HCH durch ihre gleichmäßige Verteilung auf einen Eintrag durch Ferntransport aus der Atmosphäre hin, während für γ-HCH offenbar die Einträge aus den Flüssen dominieren. Der Eintrag der HCHs ist im Zeitraum 2005 bis 2001 auf < 20 % zurückgegangen und nimmt derzeit weiterhin ab. Die globale Verteilung weist erheblich niedrigere Werte auf der Südhalbkugel auf. Sowohl auf der Südhalbkugel als auch der Nordhalbkugel ist ein Anstieg von den Tropen zu höheren Breitengraden zu beobachten.

Modellexperimente lassen darauf schließen, dass der größere Teil von luftgetragenen POPs zumindest interkontinental verfrachtet wird. Dass weite Strecken durch mehrere, jeweils kürzere Wege überwunden werden können, wird als Grashüpfer-Effekt bezeichnet.

Eine wichtige Hypothese der Umweltchemie ist, dass die beobachtete Anreicherung von vielen persistenten und bioakkumulativen Schadstoffen in den Polargebieten, fernab der Anwendungsgebiete, eine Konsequenz des Grashüpfer-Effekts in Verbindung mit einer stärkeren Kondensation in kalten Gebieten ist (siehe Abb. 8). Damit wird verständlich, warum die Verteilungen verschiedener Stoffe in der Umwelt so unterschiedlich sind, obwohl ihre geographischen Nutzungsmuster bezüglich der Bevölkerungs- oder Wirtschaftsverteilung häufig recht ähnlich sind.

Die weniger flüchtige Verbindung würde dadurch während des Transportes zu den kalten Regionen in den Böden und Oberflächengewässern gegenüber den flüchtigeren angereichert und zugleich in der Atmosphäre entsprechend abgereichert. Dies ist die sog. globale Fraktionierung, die tatsächlich für PCB-Kongenere entlang eines Süd-Nord-Gradienten von England über Norwegen bis nach Spitzbergen nachgewiesen werden konnte. Der Anteil der niedrig chlorierten Verbindungen nimmt polwärts in der Vegetation (nach Analysen von Flechten) zu und in der Luft ab [13].

Die Bedeutung des Grashüpfer-Effekts (*multi-hop*) auf das Ferntransport-Potential von organischen Stoffen, DDT und Hexachlorcyclohexan (HCH), im Gegensatz zu einmaligem Transport (*single-hop*), wurde durch Unterscheidung der beiden Transportmodi im Modellexperiment untersucht [15]. Die Simulation illustriert, dass der Grashüpfer-Effekt die Verteilung über die verschiedenen Umweltmedien verändert und die Persistenz von DDT und HCH erhöht. Wenn Lindan auf Landoberflächen deponiert wird, ist es flüchtiger, wird aber wegen seiner höheren Wasserlöslichkeit durch Niederschlag auch rascher aus der Atmosphäre entfernt als DDT.

Die Modellergebnisse zeigen, dass sowohl der Grashüpfer-Effekt als auch die Verteilung nach der Erstemission für den Ferntransport bedeutsam sind. Der Grashüpfer-Effekt bewirkt eine Anreicherung in den Polargebieten. Darüber hinaus sagt das Modellexperiment eine Anreicherung von γ-HCH, nicht aber von DDT, in der Arktis und Antarktis sogar ohne den Grashüpfer-Effekt voraus, allein aufgrund des Transports in der Atmosphäre. Innerhalb der atmosphärischen Grenzschicht und nahe der Ausbringungsregionen überwiegt der Grashüpfer-Transportmodus. Die Wahrscheinlichkeit, in der freien Troposphäre und noch höheren Luftschichten bereits reemittierte γ-HCH-Moleküle anzutreffen, ist höher als für DDT-Moleküle.

Ferntransport – Potential und Persistenz

Die Verweildauer in der Umwelt und die Verfügbarkeit für Transporte mit Wind und Wasser sind für unterschiedliche Stoffe aufgrund verschiedener Eigenschaften wie Reaktivität, Wasserlöslichkeit, Dampfdruck u. a. selbstverständlich verschieden. Ferntransport-Potential und Persistenz eines Stoffes sind aber keine Stoffeigenschaften, sondern das Er-

SCHADSTOFFE UND UMWELTSCHUTZ

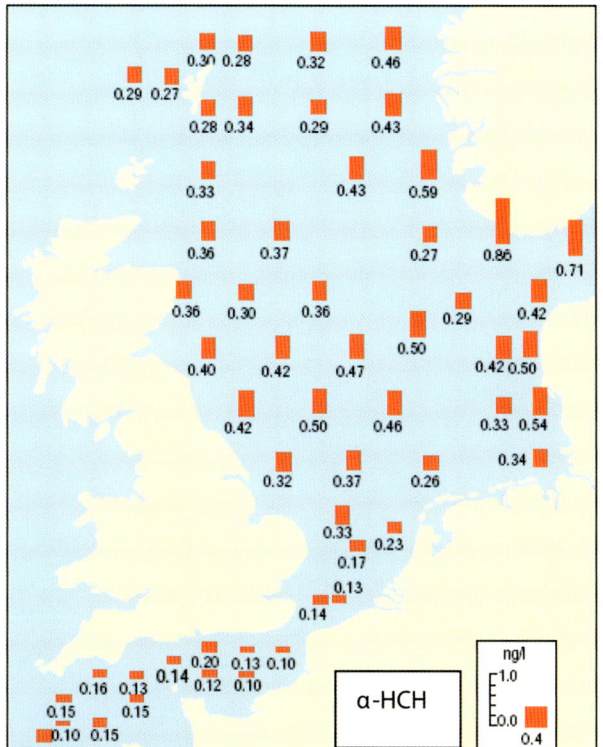

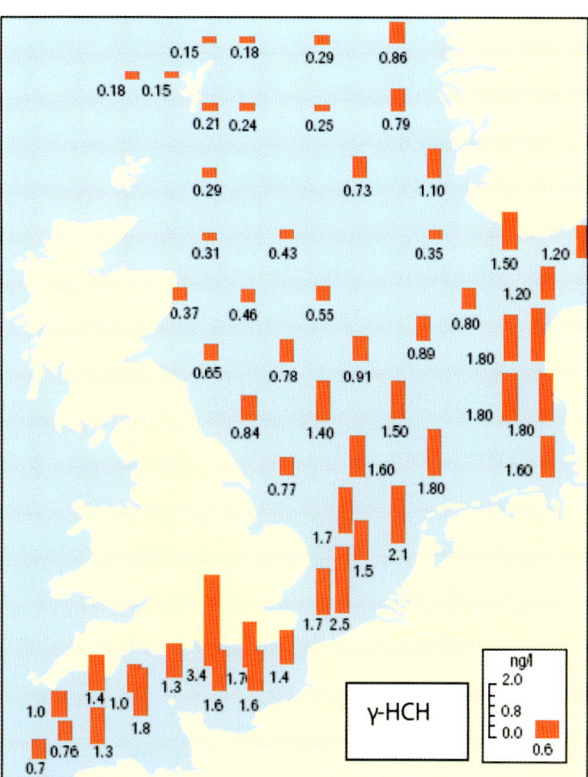

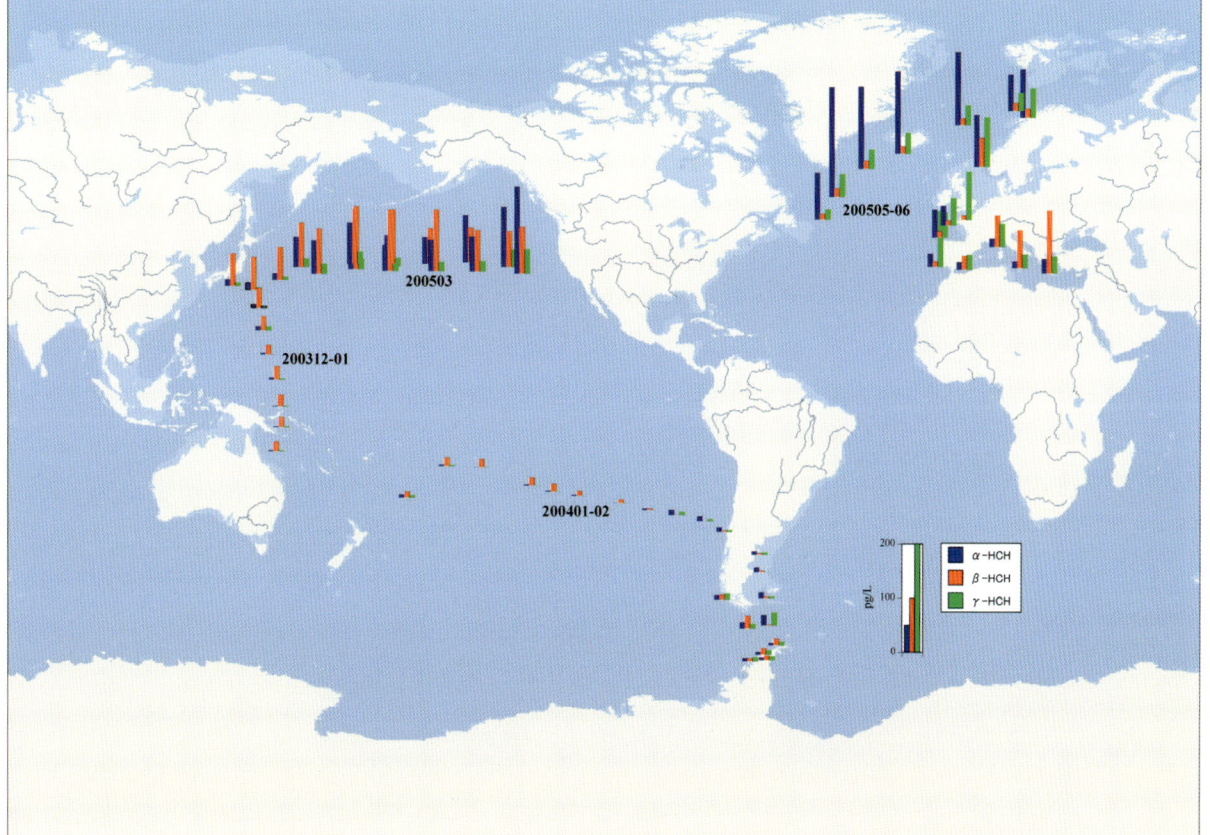

Abb. 7 *Verteilung von Hexachlorcyclohexanen in der Nordsee (1995) und in Atlantik und Pazifik (2004–2005) [11, 12].*

SCHADSTOFFE UND UMWELTSCHUTZ

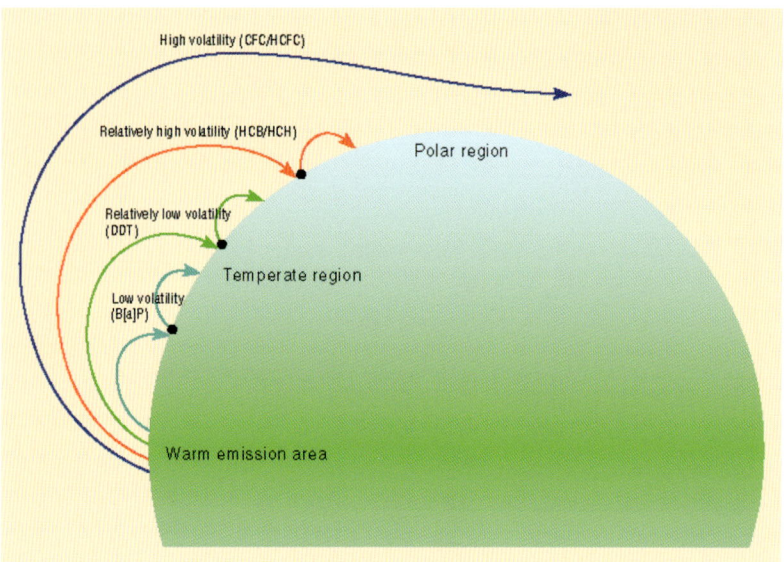

Abb. 8 *Gemäß thermodynamischer Überlegungen zu erwartende Transporte von POPs (Grashüpfer-Effekt) (nach [14])*

gebnis des Zusammenwirkens dieser Eigenschaften mit den in Raum und Zeit variablen Umweltbedingungen. Sie variieren deshalb in Raum und Zeit und sind insbesondere auch vom Ausbringungsort abhängig [16].

Alarmierend waren Befunde einer Anreicherung von POPs in Bergseen der Alpen und Pyrenäen sowie in den kanadischen Rocky Mountains [17]. Tatsächlich zeigt sich hier eine vom Temperaturgradienten gesteuerte Anreicherung ähnlich der in den Polargebieten. Auch herkömmliche Luftschadstoffe werden im Bergland vermehrt aus der Atmosphäre eingetragen; die verschiedenen Formen des Eintrags mittelflüchtiger und lipophiler Stoffe sind aber besonders sensitiv gegenüber Temperaturgradienten an Gebirgshängen [18].

Infolge zunehmender Restriktionen in den Industriestaaten haben sich die globalen Ausbringungsmuster von DDT und anderen problematischen Pestiziden im Laufe der Jahre nach Süden verlagert. Damit einher ging auch ein historisch verändertes Umweltverhalten. Für DDT nimmt man an [15], dass die global gemittelte Anzahl der Emissions-Transport-Depositions-Zyklen im Zeitraum 1970–1990 von 1,8 auf 2,6 zunahm und die mittlere atmosphärische Verweildauer von 4,4 auf 5,4 Tage leicht anstieg. Wegen der Langlebigkeit eines problematischen Stoffes ist mit einem Moratorium noch keineswegs Entwarnung für die Umwelt und die Nahrungsketten gegeben. Wie lange und wo, in welchen Regionen und in welchen Umweltkompartimenten zykliert der Stoff bis zu seiner endgültigen Mineralisierung? Werden bei seinem Abbau möglicherweise Stoffe gebildet, die ihrerseits persistent sind oder anderweitige Gefährdungen beinhalten? Konsistente Ansätze einer großräumigen und langzeitlichen Bilanzierung liegen noch kaum vor.

Die unter Klimawandel veränderten Umweltbedingungen stellen einen weiteren, wichtigen Aspekt des Langzeitverhaltens von POPs dar. Die Einflüsse von Temperatur und Niederschlagsmuster auf Transporte und Massenaustauschprozesse zwischen den Kompartimenten, direkt oder indirekt, sind vielfältig. Der kombinierte Effekt veränderter Klimaparameter, geschweige denn deren Statistiken (z. B. Extremereignisse) sind noch kaum untersucht worden. Dies ist der Gegenstand aktueller Forschung, insbesondere dort, wo bereits heute dramatische Klimaveränderungen zu beobachten sind wie in der Arktis [14].

Literatur

[1] L. Ritter, K.R. Solomon, J. Forget, M. Stemeroff and C.O'Leary (1995) An Assessment Report on: DDT, Aldrin, Dieldrin, Endrin, Chlordane, Heptachlor, Hexachlorobenzene, Mirex, Toxaphene, Polychlorinated Biphenyls, Dioxins and Furans, Ritter-Report, International Programme on Chemical Safety (IPCS), Genf.

[2] F. Wania und D. Mackay (1993) *Ambio*, 22, 10.

[3] K.-U. Goss und R.P. Schwarzenbach (1999) *Environ. Sci. Technol.*, 33, 4073.

[4] J.F. Pankow (1987) Review and comparative analysis of the theory of partitioning between the gas and aerosol particulate phases in the atmosphere, *Atmos. Environ.* 21, 2275–2283.

[5] T.F. Bidleman (1988) *Environ. Sci. Technol.*, 22, 361.

[6] W. Klöpffer und B.O. Wagner (2007) *Atmospheric Degradation of Organic Substances – Data for Persistence and Long-range Transport Potential*, Wiley-VCH, Weinheim.

[7] M. Scheringer (2002) *Persistence and Spatial Range of Chemicals*, Wiley-VCH, Weinheim.

[8] M.H. Hermanson, E. Isaksson, C. Teixeira, D.C.G. Muir, K.M. Compher, Y.F. Li, M. Igarashi und K. Kamiyama (2005) *Environ. Sci. Technol.*, 39, 8163.

[9] T.F. Bidleman, L.M. Jantunen, R.L. Falconer und L.A. Barrie (1995) *Geophys. Res. Lett.*, 22, 219.

[10] Stemmler, I., Lammel, G. (2009) Cycling of DDT in the global oceans 1950–2002: World ocean returns the pollutant. *Geophys. Res. Lett.*, 36, L24602, doi:10.1029/2009GL041340.

[11] N. Theobald, H. Gaul, U. Ziebarth (1996) *Dtsch. Hydrogr. Z.*, 6 (Suppl.), 81.

[12] M. Kunugi, K. Fujimori und T. Nakano (2006) *Organohal. Compounds*, 68, 2422.

[13] W.A. Ockenden, A.J. Sweetman, H.F. Prest, E. Steinnes und K.C. Jones (1998) *Environ. Sci. Technol.*, 32, 2795.

[14] Arctic Monitoring and Assessment Program: AMAP Assessment 2002: Persistent organic pollutants in the Arctic (2004) AMAP, Oslo.

[15] G. Lammel, V.S. Semeena, F. Guglielmo, T. Ilyina und A. Leip (2006) Bestimmung des Ferntransports von persistenten organischen Spurenstoffen und der Umweltexposition mittels Modelluntersuchungen, Umweltwissenschaften und Schadstoff-Forschung, 18, 254–261.

[16] A. Leip und G. Lammel (2004) *Environ. Poll.*, 128, 205.

[17] J.O. Grimalt, P. Fernandez, L. Berdie, R.M. Vilanova, J. Catalan, R. Psenner, R. Hofer, P.G. Appleby, B.O. Rosseland, L. Lien, J.C. Massabuau und R.W. Battarbee (2001) *Environ. Sci. Technol.*, 35, 2690.

[18] F. Wania., Westgate, F.N. (2008) On the mechanism of mountain cold trapping of organic chemicals. *Environ. Sci. Technol.*, 42, 9092–9098.

SCHADSTOFFE UND UMWELTSCHUTZ

Sisyphus im Dienste der Umwelt: Chemischer Pflanzenschutz

EDGAR L. GÄRTNER

Chemische Pflanzenschutzmittel (Pestizide) gelten heute als Problemstoffe, deren Entwicklung, Herstellung, Vermarktung und Anwendung strengen gesetzlichen Vorschriften unterliegt. Gerade ist die Europäische Union wieder einmal dabei, mit der Verordnung EG 1107/2009, die im Juni 2011 in Kraft treten wird, die Zulassung von Pflanzenschutzmitteln neu zu regeln, um noch strengeren Umweltschutz-Anforderungen gerecht zu werden. Das In-Verkehr-Bringen vieler hochwirksamer, aber potentiell gesundheits- oder umweltschädlicher Substanzen wird dann von vornherein gar nicht mehr erlaubt sein, selbst wenn diese bislang sicher gehandhabt wurden.

Es gab Zeiten, da hatten chemische Pflanzenschutzmittel einen weitaus besseren Ruf. Acker- und Obstbauern und erst recht die Winzer wussten, dass sie ohne Chemie gegen Unkraut und Schädlinge wie Pilze, Fadenwürmer oder gar gegen die mitunter auftretende Massenvermehrung von Schadinsekten wie Wanderheuschrecken kaum Chancen hatten. Das galt übrigens selbst für „biologisch" beziehungsweise „organisch" arbeitende Landwirte. Diese lehnen zwar den Einsatz chemischer Kunstdünger ab, kommen aber bei der Schädlingsbekämpfung auch nicht ohne Chemie aus [1]. Bis in die jüngste Zeit galt bei ihnen Kupfersulfat-Kalkbrühe („Bouillie bordelaise") als Mittel der Wahl für die Bekämpfung von Mehltau und anderen durch Pilze und Insekten verursachte Pflanzenkrankheiten. Dabei war Kupfersulfat wegen seiner hohen Giftigkeit und Beständigkeit längst aus dem konventionellen Obst- und Weinbau verbannt und durch biologisch leicht abbaubare synthetische Wirkstoffe, wie z. B. Strobilurin-Analoge, ersetzt worden [1].

Neben Kupfersulfat waren vor der gezielten Synthese organischer Pflanzenschutz-Wirkstoffe starke Gifte wie Salze von Arsen und Quecksilber, elementarer Schwefel und daneben Öle und verschiedene Pflanzenextrakte – etwa von Tabakpflanzen oder Chrysanthemen – im Einsatz. Schon seit dem Altertum waren auch mechanische Vorkehrungen wie das Anbringen von Leimringen an Obstbäumen oder das Aufstellen von Vogelscheuchen auf Feldern gebräuchlich. Oft mussten sich die Bauern aber aufs Beten verlassen. Über Jahrhunderte konnte die Produktivität der Landwirtschaft nur allmählich gesteigert werden. Das änderte sich schlagartig nach dem Zweiten Weltkrieg. Zwischen 1950 und dem Beginn des 21. Jahrhunderts hat sich die Weltgetreideproduktion mehr als verdreifacht. Neben der Mechanisierung ist die Chemisierung der Landwirtschaft, d. h. der Einsatz von Kunstdünger und synthetischen Schädlingsbekämpfungsmitteln, der Hauptgrund für diesen Erfolg. Aber

Abb. 9 *In den USA werden auf großen Ackerflächen Pflanzenschutzmittel häufig aus der Luft ausgebracht.*

bis heute ist der Schutz von Nutzpflanzen gegen verschiedenartige Schädlinge eine Sisyphus-Arbeit geblieben. Das geringste Problem dabei ist noch die von sensationshungrigen Massenmedien oft übertriebene Furcht vor Gift-Rückständen in Nahrungsmitteln. Viel ernster ist die Problematik der Resistenzbildung gegen bewährte Schädlingsbekämpfungsmittel. Deshalb muss ständig nach neuen Wirkstoffen gefahndet werden. Diese Suche wird immer aufwändiger. In der Tendenz hat heute nur eine von etwa 100 000 untersuchten Verbindungen gute Chancen auf dem Markt [2]. Deshalb können sich nur noch große Konzerne in der Pflanzenschutzforschung engagieren.

Nutzen und Risiken chemischer Pestizide

Um Nutzen und Risiken chemischer Pflanzenschutzmittel nüchtern beurteilen zu können, ist eine differenzierte Betrachtung der verschiedenen Anwendungsgebiete notwendig. Während der Kahlfraß ganzer Ländereien durch Wanderheuschrecken schmerzhafte Einzelereignisse darstellen, schafft der weitaus weniger spektakuläre Befall von Nutzpflanzen durch Pilze viel nachhaltigere Probleme. Erinnert sei nur an die gesundheitlichen Folgen des Befalls von Getreide mit dem Mutterkorn-Pilz *Claviceps pupurea* im Mittelalter oder an die demografischen Folgen der Kartoffelfäule zwischen 1845 und 1851 in Irland, verursacht durch den Pilz *Phytophthora infestans*. Fungizide stellen deshalb bis heute die mengenmäßig bedeutendste Gruppe von

221

SCHADSTOFFE UND UMWELTSCHUTZ

TAB. 4 | **PRODUZIERTE PFLANZENSCHUTZMITTEL IN DEUTSCHLAND AUFGETEILT NACH ANWENDUNGSKATEGORIEN**

	Produzierte Wirkstoffmenge in 1000 Tonnen			Veränderung in %
	2007	2008	2009	2008/2009
Herbizide	16,69	19,63	17,49	−10,9
Fungizide	42,63	61,76	55,89	−9,5
Insektizide	17,22	23,22	13,98	−39,8
Sonstige	10,18	11,13	8,06	−27,6
Summe	86,72	115,7	95,42	−17,6

Pflanzenschutzmitteln dar. Danach kommen Insektizide und Herbizide (siehe Tabelle 4). Es folgen Nematizide, Rodentizide, Akarizide und andere [3, 4], die hier des beschränkten Platzes halber nicht im Einzelnen betrachtet werden [5].

Insektizide

Historisch begann der Einzug der synthetischen Chemie in die Landwirtschaft allerdings nicht mit den Fungiziden, sondern mit Insektiziden, und zwar im Jahre 1892 mit dem von BAYER hergestellten Dinitrokresol (Antinonnin). Der Siegeszug synthetischer Pestizide in der Landwirtschaft startete aber erst so richtig mit der Entdeckung der insektiziden Eigenschaften von Dichlor-Diphenyl-Trichlorethan (DDT) im Jahre 1939 durch den schweizerischen Chemiker Paul Hermann Müller von der Firma Geigy. Müller wurde dafür im Jahre 1948 mit dem Nobelpreis geehrt. Erstmals synthetisiert worden war DDT schon 1874 vom österreichischen Chemiker Othmar Zeidler. Das durch Umsetzung von Chloralhydrat und Chlorbenzol in konzentrierter Schwefelsäure im Batch-Verfahren einfach herstellbare DDT-Pulver hatte sich am Ende des Zweiten Weltkrieges unter anderem nach der Landung der Alliierten in Süditalien bei der Bekämpfung von Stechmücken und Läusen sowie bei einer durch Mücken verbreiteten Typhus-Epidemie in Neapel eindrucksvoll bewährt. Es erwies sich später in den tropischen Zonen Afrikas und Asiens als eine Art Wunderwaffe im Kampf gegen die Malaria übertragenden *Anopheles*-Mücken. Die in hohem Maße tödliche Parasiteninfektion Malaria, die noch zu Beginn der 50er Jahre allein auf der Insel Ceylon (Sri Lanka) Jahr für Jahr einige Millionen Menschenleben gefordert hatte, war zu Beginn der 60er Jahre des 20. Jahrhunderts dank des Einsatzes des äußerst billigen und lange wirksamen Insektizids in Form einer systematischen „DDT-Kur" mit hohen Dosen bis auf eine Hand voll Fälle zurückgedrängt worden [1].

Doch der Siegeszug des DDT währte nicht lange. Im Jahre 1962 veröffentlichte die amerikanische Autorin Rachel Carson unter dem Titel *Silent Spring* ein Buch über bedenkliche Nebenwirkungen von DDT und anderen synthetischen Pestiziden, das wie eine Bombe einschlug. Obwohl der Plot dieses Buches weitgehend auf Science-Fiction beruht, beschreibt es doch reale Gefahren, die mit der Langlebigkeit chlororganischer Verbindungen zusammenhängen. Es braucht zehn Jahre, bis in Ackerböden gelangtes DDT zur Hälfte abgebaut wird [3, 4]. Diese lange Verweilzeit begünstigt zum einen die Ausbildung von Resistenzen bei Schadinsekten und zum andern die biologische Anreicherung von DDT-Rückständen beziehungsweise -Metaboliten in Böden und entlang der Nahrungsketten von Kleinmilben über Würmer bis zu Vögeln und Säugern. Da DDT stark lipophil ist, kann es im Fettgewebe von Top-Prädatoren (z. B. Adlern) bedenkliche Konzentrationen erreichen. In den USA wurde der massive DDT-Einsatz für den sinkenden Bruterfolg des Weißkopf-Seeadlers, des US-Wappentiers, verantwortlich gemacht. Streng beweisen ließ sich das allerdings nicht. Eine von der US-Umweltbehörde EPA unter Leitung von Edmund M. Sweeny durchgeführte Anhörung kam jedenfalls zum Schluss, der Nutzen des DDT-Einsatzes übersteige deutlich die mit seinen Nebenwirkungen verbundenen Kosten, zumal die Gesundheitsrisiken verfügbarer Ersatzstoffe viel größer seien als beim DDT. Dabei dachte Sweeny wohl an die schon seit 1938 von Gerhard Schrader bei BAYER entwickelten Insektizide auf der Basis von Phosphorsäureestern. Diese waren zwar leicht biologisch abbaubar, gefährdeten aber als starke Nervengifte die Gesundheit der Landarbeiter, die mit ihnen in Berührung kamen.

Dennoch sprach sich William D. Ruckelshaus, der erste Direktor der 1971 neu geschaffenen US-Umweltbehörde, 1972 für ein Verbot von DDT aus. Dabei stützte er sich auf den Verdacht, DDT sei krebserregend. Obwohl die zuständigen Experten-Gremien diesen Verdacht schon damals für unbegründet hielten, setzte sich Ruckelshaus über deren Rat hinweg, weil er dachte, dem Anliegen des Umweltschutzes einen Dienst erweisen zu können, indem er DDT aus Gründen der Vorsorge dennoch mit einem Bann belegte. Die Folgen ließen nicht auf sich warten. Kaum hatte die Weltgesundheitsorganisation (WHO) im Jahre 1974 unter Hinweis auf das Auftauchen DDT-resistenter *Anopheles*-Mücken einen Anwendungsstopp für DDT erlassen, schnellte die Zahl der Malaria-Kranken wieder bis fast auf den ursprünglichen Stand hoch. Heute schätzt die WHO, dass weltweit jedes Jahr 300 bis 500 Millionen Menschen neu mit dem Malaria-Erreger infiziert werden. Davon stirbt schätzungsweise ein Zehntel. Modernere Insektizide können sich die betroffenen armen Länder kaum leisten. Deshalb hat die WHO inzwischen DDT wieder für das Besprühen von Häuserwänden als Malaria-Prophylaxe zugelassen. Dabei benötigt man nur sehr geringe Mengen des umstrittenen Insektizids, was die Gefahr einer biologischen Anreicherung in Grenzen hält.

Aus den übrigen Anwendungsgebieten wurden die persistenten chlororganischen Pestizide (neben DDT waren bis in die 70er Jahre des 20. Jahrhunderts auch Chlordan, Lindan, Aldrin und Dieldrin von Bedeutung) inzwischen längst durch biologisch gut abbaubare verdrängt. Erwähnt wurden bereits die Phosphorsäureester. Diese hemmen das für

SCHADSTOFFE UND UMWELTSCHUTZ

die Nervenreizleitung über Synapsen notwendige Enzym Acetylcholinesterase und eignen sich deshalb auch für die chemische Kriegsführung. 1944 entdeckte Gerhard Schrader bei BAYER, dass sich auch die weniger gefährlichen Thio-Phosphorsäureester gut als Insektizide eignen. Bekanntestes Beispiel dafür ist Parathion (E 605), das bis gegen Ende des 20. Jahrhunderts als Standardmittel im Gemüseanbau diente, mitunter aber auch für Giftmorde missbraucht wurde. Daneben gelangten die Carbamate, d. h. Harnstoffderivate wie Carbaryl, Aldicarb oder Carbofuran, zu einiger Bedeutung, wie z. B. im Zuckerrübenanbau. In jüngerer Zeit wurden diese in manchen Anwendungsbereichen durch Neonicotinoide, wie z. B. das unter dem Markennamen „Gaucho" angebotene Imidacloprid, als Beizmittel abgelöst. Diese docken fest am nikotinischen Acetylcholin-Rezeptor an und bewirken durch eine Dauerreizung das Gleiche wie die Unterbrechung der Reizleitung durch Phosphorsäureester und Carbamate. Im Unterschied zu diesen sind sie aber schlecht abbaubar und können sich deshalb in Böden anreichern. Bei falscher Anwendung kann es zum „Bienensterben" kommen.

Seit der Mitte der 70er Jahre haben wieder Insektizide an Bedeutung gewonnen, die wie das DDT nicht die Acetylcholinesterase, sondern Natriumkanäle der peripheren Insektennerven blockieren und deshalb vergleichsweise langsam wirken. Es handelt sich um die Pyrethroide, d.h. um synthetische Abkömmlinge des in natürlichen Chrysanthemen gebildeten Pyrethrins (wie Allethrin, Permethrin, Deltamethrin, Cyfluthrin usw.). Sie sind für Insekten etwa 400 Mal giftiger als das natürliche Pyrethrin, für Menschen aber nur schwach giftig. Sie wurden deshalb auch für die Ausrüstung von Teppichen und anderen Heimtextilien eingesetzt. Bei empfindlichen Personen können Pyrethrine dennoch Übelkeit und Kopfschmerzen auslösen.

Herbizide

Vor dem Zweiten Weltkrieg standen zur Bekämpfung von Unkräutern außer dem Jäten nur unspezifisch wirksame anorganische Stoffe wie Eisen- und Kupfersulfat oder Natriumchlorat zur Verfügung. Im Jahre 1942, d. h. fast zur gleichen Zeit wie das DDT, entdeckte ein für die Steigerung der Agrarproduktivität in Kriegszeiten eingesetztes britisches Team unter Leitung von Judah Hirsch Quastel, dass 2,4-Dichlorphenoxyessigsäure (bekannt unter dem Kürzel 2,4-D) als synthetisches Analogon zum natürlichen Pflanzenhormon Auxin wirkt. Wie dieses fördert 2,4-D in geringer Konzentration das Pflanzenwachstum, führt aber in höherer Konzentration zum Absterben der behandelten Pflanzen durch Nährstoffmangel. 2,4-D wird aus Chloressigsäure und 2,4-Dichlorphenol hergestellt [3, 4]. Mit dem 2,4-D verwandt ist das ebenfalls zu Beginn der 40er Jahre entdeckte Herbizid 2,4,5-T (Trichlorphenoxyessigsäure). Es wirkt vor allem auf breitblättrige Pflanzen und eignet sich deshalb zur gezielten Unterdrückung breitblättriger Unkräuter in grasartigen Getreidesaaten. 2,4,5-T erlangte einen schlechten Ruf, weil es von der US Air Force im Vietnam-Krieg als „Agent Orange" für die Entlaubung von Wäldern eingesetzt wurde und weil sich herausstellte, dass es Spuren von 2,3,7,8-Tetrachlorodibenzo-p-dioxin (TCDD) enthielt.

Nach dem Zweiten Weltkrieg wurden dann verstärkt die bereits als Insektizide bekannten Carbamate eingesetzt. Seit den 60er Jahren wurden diese durch Triazin-, Diazin-, Diphenylether- und Amidderivate abgelöst. Bekanntester Vertreter der Chlortriazine ist das Atrazin, das hauptsächlich im großflächigen Maisanbau eingesetzt wurde, und zwar in relativ hohen Dosen. Atrazin unterbricht in Grünpflanzen die Elektronentransportkette im Photosystem II, und ist deshalb für Säuger nur wenig giftig. Es kam dennoch in Verruf, weil es im Herbst 1986 nach dem Brand eines Chemie-Lagers bei Basel zusammen mit anderen Pestiziden ein Fischsterben im Rhein auslöste und weil es neben Nitrat-Rückständen aus überdüngten Maisfeldern im Grundwasser nachgewiesen wurde, wobei es fraglich blieb, ob das wirklich ein Risiko für die Trinkwassergewinnung aus Grundwasser darstellte. Jedenfalls wurde der Einsatz von Atrazin in der Europäischen Union ab 1. April 1991 wegen seines zu langsamen Abbaus im Boden verboten.

Deshalb wurden die Triazine und andere Photosynthesehemmer als Breitband- bzw. Vorlauf-Herbizide seit den 90er Jahren durch Aminosäuresynthese-Hemmer wie Glyphosat (Handelsname „Roundup") oder Glufosinat (Handelsname „Basta") abgelöst. Glyphosat, das umsatzstärkste Herbizid auf dem Weltmarkt, hemmt gezielt die Synthese aromatischer Aminosäuren über den Shikimisäureweg (siehe Abb. 10) [4]. Da dieser Syntheseweg bei Tieren nicht existiert, wirkt Glyphosat nur bei Pflanzen. Ähnlich selektiv wirkt Glufosinat, das die Synthese von L-Glutamin hemmt.

Als Aminosäurederivate werden Glyphosat und Glufosinat biologisch leicht abgebaut. Als die Firma Monsanto 1996 gentechnisch verändertes Saatgut einführte, das gegen „Roundup" resistent ist, also zusammen mit dem Breitbandherbizid ausgebracht werden kann, wurde sie dennoch zum Ziel heftiger Angriffe durch verschiedene Nicht-Regierungs-Organisationen, da befürchtet wurde, diese Kombination mache die Landwirte von einem einzigen Konzern abhängig. Zusätzliche Nahrung erhielt dieser Widerstand durch die generelle Ablehnung Grüner Gentechnik durch „grüne" politische Parteien und Bewegungen.

Fungizide

Da das Abtöten der widerstandsfähigen Pilzsporen nicht einfach ist, wurden bei der Bekämpfung von Pflanzenkrankheiten durch Pilzbefall jahrhundertelang besonders aggressive Chemikalien wie Quecksilber- und Arsensalze eingesetzt. Bis heute wird Bordeaux-Brühe im Bio-Landbau als Universal-Fungizid eingesetzt, obwohl es etwa zehnmal giftiger ist als das im Öko-Anbau bislang nicht erlaubte synthetische, aber biologisch abbaubare Fungizid Thiabenzadol. Kupfersulfat kann bei Winzern schwere Leberschäden verursachen und die freigesetzten Kupfer-Ionen können

SCHADSTOFFE UND UMWELTSCHUTZ

sich unter den Weinstöcken über die Jahre so stark anreichern, dass Regenwürmer und andere für die Bodenfruchtbarkeit wichtige Organismen dort nicht mehr leben können und schließlich ein kompletter Bodenaustausch erforderlich wird. Damit bei der Zulassung von Fungiziden nicht weiterhin mit zweierlei Maß gemessen wird, hat die EU-Kommission im Januar 2009 verfügt, dass Kupfersulfat im Bio-Anbau nur noch für maximal sieben Jahre zugelassen bleibt. Somit steht nun auch die Bio-Branche unter großem Innovationsdruck und es zeichnet sich ab, dass die Grenzen zwischen konventioneller und ökologischer Landwirtschaft immer durchlässiger werden.

Obwohl Quecksilbersalze für die Saatgutbeize noch bis in die 80er Jahre zugelassen waren, wurden im konventionellen Landbau anorganische Spritz- und Saatgutbeizmittel im 20. Jahrhundert nach und nach durch organische Wirkstoffe wie Dithiocarbamate, Carboxanilide, Phthalimide, Imidazole, Benzimidazole und Strobilurine verdrängt. Bei der zuletzt genannten Stoffgruppe machten sich Chemiker von BASF und Zeneca (heute Syngenta) die Tatsache zunutze, dass es zwischen verschiedenen Pilzen einen chemischen Krieg mithilfe von Strobilurinen gibt. Da die natürlichen Strobilurine instabil sind, stellten Chemiker im Labor ähnlich wirksame synthetische Analoge her. Seit 1996

TAB. 5 | WERTENTWICKLUNG DES GLOBALEN PFLANZENSCHUTZMARKTES

Entwicklung des Welt-Pflanzenschutzmarktes			
	2007	2008	2009
Weltmarkt (in Milliarden €)	24,6	28,4	27,1*
$-Kurs	0,74	0,68	0,72
Weltmarkt (in Milliarden $)	33,2	41,7	37,7*

* vorläufig

TAB. 6 | ENTWICKLUNG DER F&E-KOSTEN IM BEREICH DES PFLANZENSCHUTZES IM ZEITRAUM 1995–2008 [6]

F&E-Kostenentwicklung bei Pflanzenschutz			
	Kosten in Mio. $		Veränderung in %
1995	2000	2005–2008	2005–8/2000
Chemie	32	41	42	+2,4
Biologie	30	44	32	−27,3
Toxikologie/Umwelt	10	9	11	+22,2
Forschung gesamt	72	94	85	−9,6
Chemie	18	20	36	+80,0
Feldversuche	16	25	54	+116,0
Toxikologie	18	18	32	+77,7
Umweltchemie	13	16	24	+50,0
Entwicklung gesamt	67	79	146	+84,4
Registrierung	13	11	25	+127,3
Insgesamt	152	184	256	39,1

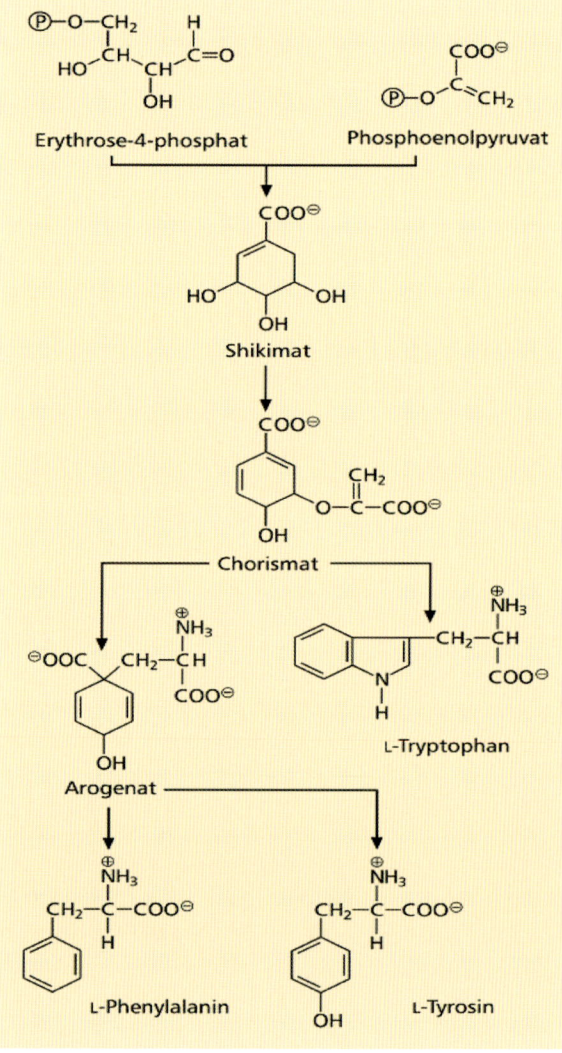

Abb. 10 Synthesemechanismus aromatischer Aminosäuren über den Shikimisäureweg. Dieser Mechanismus wird gehemmt durch Glyphosat, dem umsatzstärksten Herbizid auf dem Weltmarkt.

sind die synthetischen Wirkstoffe Azoxystrobin und Kresoxim-methyl auf dem Markt. Im Jahre 2003 folgte das Dimoxystrobin. Strobilurine hemmen das Coenzym Q für den Elektronentransport in der Atmungskette und verhindern so die Energiegewinnung. Es wird befürchtet, dass dies die Resistenzbildung begünstigt [2, 4].

Wirtschaftliche Aspekte

Der Weltmarkt für Pestizide ist im vergangenen Jahrzehnt nur gerechnet in US-Dollar expandiert. Gerechnet in Euro zeigen sich eher Stagnationstendenzen. Das Marktvolumen schwankte in den letzten Jahren zwischen 25 und 28 Milliarden Euro und schrumpfte zuletzt leicht. Beim derzeit umsatzstärksten Marktsegment Herbizide gibt es infolge des Auslaufens der Lizenz für den „Blockbuster" Glyphosat ein Überangebot von Generika, was zum Sinken der Preise im ganzen Segment geführt hat (Tabelle 5).

SCHADSTOFFE UND UMWELTSCHUTZ

Wegen ständig steigender Anforderungen für die Genehmigung neuer Pflanzenschutz-Wirkstoffe und der Bedrohung des Marktes für bewährte Produkte durch das Aufkommen von Resistenzen wird die Entwicklung neuer Wirkstoffe immer kostspieliger. Eine von der britischen Unternehmensberatung Phillips McDougall [6] im Auftrag des US-Dachverbandes Crop Life America und des EU-Dachverbandes European Crop Protection Association bei 14 führenden Unternehmen der Agrochemie durchgeführte Studie hat zutage gefördert, dass die Entwicklungskosten eines einzigen Wirkstoffes zwischen 1995 und 2005 bis 2008 von 152 Millionen auf 256 Millionen Dollar angestiegen sind (Tabelle 6).

Am größten waren die Kostensteigerungen bei den Registrierungsprozeduren, die offenbar auf beiden Seiten des Atlantiks immer bürokratischer werden. An zweiter Stelle folgen die Kosten der immer aufwändigeren Feldversuche und an dritter Stelle die Kosten der toxikologischen Untersuchungen. Damit im Zusammenhang stehen steigende Kosten der Umweltchemie. Von den im Zeitabschnitt 2005 bis 2008 synthetisierten 140 000 neuen Wirkstoffen gelangte nur ein einziger bis zur Registrierung. Und von der ersten Synthese bis zur Vermarktung eines Wirkstoffes vergingen fast zehn Jahre. Wesentlich günstiger scheinen deshalb die Aussichten für patentierbare Cocktails bekannter Wirkstoffe. So wird zum Beispiel mit in Speiseöl gelösten insektiziden Gewürzpflanzenextrakten experimentiert. Dabei verschwimmen die Grenzen zwischen „Bio" und synthetischer Chemie.

Literatur

[1] D. Jaskolla (2006) Der Pflanzenschutz vom Altertum bis zur Gegenwart, Biologische Bundesanstalt, Informationszentrum Phytomedizin und Bibliothek Berlin-Dahlem.

[2] E.L. Gärtner (2009) Konzerne auf der Suche nach sicheren Pestiziden. *Chemische Rundschau*, 62, 9, 4–6.

[3] R. Dittmeyer, W. Keim, G. Kreysa, K, Winnacker, L. Küchler (2004) *Chemische Technik,* Bd. 8, Ernährung, Gesundheit, Konsumgüter, 5. Aufl., Wiley-VCH, 218–223.

[4] Ullmanns Enzyklopädie der technischen Chemie, Bd. 18, Stichwort: Pflanzenschutzmittel, Toxikologie, 4. Aufl., Verlag Chemie, Weinheim.

[5] Verzeichnis zugelassener Pflanzenschutzmittel: https://portal.bvl.bund.de/psm/jsp/.

[6] Ph. Mc Dougall, The Cost of New Agrochemical Product Discovery, Development and Registration in 1995, 2000 and 2005–2008, R&D expenditure in 2007 and expectations for 2012, Final Report, January 2010.

SCHADSTOFFE UND UMWELTSCHUTZ

Wohin führt uns REACH

Gesine Fickel

Am 1. Juni 2007 trat das neue europäische Chemikalienrecht, die REACH-Verordnung (Verordnung (EG) Nr. 1907/2006), auf EU-Ebene in Kraft. Beim Begriff „REACH" handelt es sich um eine aus dem Englischen entlehnte Abkürzung des Verordnungsnamens, der die Registrierung, Bewertung, Zulassung und Beschränkung chemischer Stoffe umfasst (*Registration, Evaluation, Authorisation and Restriction of Chemicals*). Es hat sich auch im deutschen Sprachraum eingebürgert, von REACH bzw. der REACH-Verordnung zu sprechen.

Ziele und Aufgaben der REACH-Verordnung

Hintergrund für die Einführung der REACH-Verordnung war das Bestreben, ausreichende Informationen und Daten über die Eigenschaften chemischer Stoffe und ihre Auswirkungen auf Mensch und Umwelt zu erhalten. Die REACH-Verordnung definiert deshalb in Artikel 1: „Zweck dieser Verordnung ist es, ein hohes Schutzniveau für die menschliche Gesundheit und für die Umwelt sicherzustellen." Mit REACH wird eine Daten- und Informationslage geschaffen, um für in der EU auf dem Markt befindliche Stoffe die sicheren Verwendungen zu definieren. Zukünftig sollen durch die Umsetzung der Anforderungen der REACH-Verordnung innerhalb der EU nur noch solche chemischen Stoffe gehandhabt werden, für die die physikalisch-chemischen, toxikologischen und ökotoxikologischen Eigenschaften ausreichend bekannt sind.

Abb. 11 *Die REACH-Verordnung ist Teil des neuen europäischen Chemikalienrechts.*

Verantwortlichkeiten unter REACH

Um diese Ziele zu erreichen, werden in den kommenden Jahren alle chemischen Substanzen, die in Mengen ≥ 1 Tonne/Jahr in der EU hergestellt oder in die EU importiert werden, systematisch erfasst und durch die Hersteller oder Importeure registriert. Abbildung 12 verdeutlicht schematisch die Grundprinzipien der REACH-Verordnung, deren Anforderungen in den Mitgliedstaaten der Europäischen Union (blau dargestellt) verbindlich sind. Die Registrierpflicht betrifft chemische Stoffe, die in Mengen von ≥ 1 Tonne/Jahr innerhalb der EU hergestellt bzw. in die EU importiert werden. Für die chemischen Stoffe kann dabei sowohl für Stoffe als solche, aber auch für Bestandteile von Mischungen und in Erzeugnissen eine Registrierung erforderlich sein.

Bei Erzeugnissen handelt es sich um Gegenstände, deren Form oder Oberfläche ihre Funktionalität in höherem Ausmaß bestimmt als ihre chemische Zusammensetzung, beispielsweise Schweißelektroden oder auch Kunststoffbauteile. Wenn einer der enthaltenen chemischen Stoffe „unter normalen oder vernünftigerweise vorhersehbaren Verwendungsbedingungen freigesetzt werden soll" (Artikel 7), unterliegt er der Registrierpflicht.

Die Umsetzung der Verordnung stellt hohe Anforderungen an firmeninterne Kontrollmechanismen. Ein Importeur von Mischungen muss z. B. detailliert verfolgen, welche chemischen Substanzen die von ihm importierten Materialien enthalten, die Tonnagen für jede Einzelsubstanz aufaddieren und dann prüfen, ob der jeweilige Einzelstoff der Registrierpflicht gemäß der REACH-Verordnung unterliegt.

Neben Herstellern und Importeuren tragen nun auch die nachgeschalteten Anwender, d. h. die gesamte Lieferkette, eine größere Verantwortung für die Produktsicherheit. Alle nachgeschalteten Anwender eines bestimmten Stoffes sind verpflichtet, ihren direkten Lieferanten Informationen über Verwendungszwecke und Exposition des jeweiligen Stoffes zur Verfügung zu stellen. Erst eine effektiv eingerichtete Kommunikation in der gesamten Lieferkette ermöglicht es, die sicheren Verwendungsbedingungen für einen Stoff festzulegen.

Die REACH-Verordnung ist substanzbezogen, d. h. alle Anforderungen und Pflichten sind auf den chemischen Einzelstoff gerichtet. Da jedoch die meisten im Handel befindlichen Produkte letztlich Mischungen verschiedener Einzelstoffe sind, betreffen die Auswirkungen und Aktivitäten im Rahmen von REACH nicht nur die chemische Industrie, sondern alle Branchen, die Chemikalien herstellen, importieren oder verwenden. Die Anforderungen, welche die REACH-Verordnung an Unternehmen stellt, sind dabei von der Unternehmensgröße unabhängig; kleine und große Unternehmen haben generell dieselben Pflichten.

SCHADSTOFFE UND UMWELTSCHUTZ

Kernelemente der REACH-Verordnung

Die Kernelemente der REACH-Verordnung in vereinfachter Form sind in Abb. 13 dargestellt.

Die linke und die mittlere Säule der Abb. 13 beschreiben die Pflichten der Hersteller und Importeure. In der linken Säule wird auch verdeutlicht, welche Informationspflichten jedem Hersteller und Importeur in der Lieferkette – unabhängig von der Stoffmenge – obliegen. Mengenabhängige Pflichten dagegen sind in der mittleren Säule aufgeführt. Die systematische Erfassung aller relevanten Stoffe erfolgte im Rahmen der Vorregistrierung im Jahr 2008.

Der nächste Schritt ist die eigentliche Registrierung. Dazu ist ein Dossier vorzulegen, das aus folgenden beiden Teilen besteht:

- Technisches Dossier. Hierbei handelt es sich um eine Zusammenfassung der Ergebnisse bereits durchgeführter Untersuchungen sowie um Vorschläge für weitere erforderliche Untersuchungen. Detaillierte Angaben zu sicheren Verwendungen sind ebenfalls erforderlich;
- Stoffsicherheitsbericht. Dieser ist erforderlich für alle Stoffe mit Produktionsmengen $\geq$ 10 Tonnen/Jahr.

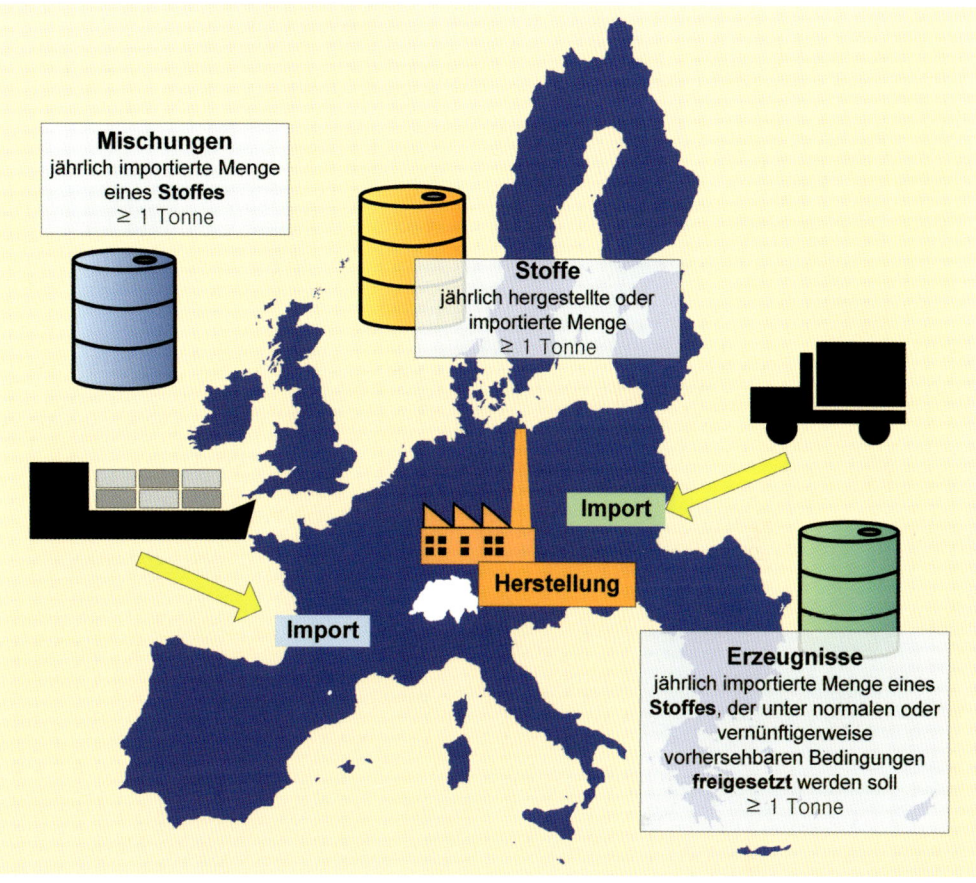

Abb. 12 Schematische Darstellung der Grundpflichten von Herstellern und Importeuren in der EU nach Maßgabe der REACH-Verordnung

Für die Stoffsicherheitsbeurteilung, die im Stoffsicherheitsbericht dokumentiert wird, ist neben den intrinsischen Stoffeigenschaften die genaue Kenntnis der Verwendungs- und Expositionsdaten für jeden zu registrierenden Stoff erforderlich. Nicht vertrauliche Inhalte der Registrierdossiers werden über das Internet kostenlos öffentlich zugänglich gemacht (http://echa.europa.eu/). Die nachgeschalteten Anwender werden über die Details der sicheren Verwendung auch direkt durch das „erweiterte Sicherheitsdatenblatt" (kurz e-SDS bzw. e-SDB) informiert. Dieses fasst in einem Anhang die wichtigsten Szenarien zum sicheren Umgang kurz – und nach Verwendung gegliedert – zusammen.

TAB. 7 DATENANFORDERUNGEN FÜR REGISTRIERDOSSIERS IN DEN UNTERSCHIEDLICHEN TONNAGEBÄNDERN

Menge [t/a]	Für das Registrierdossier erforderliche Daten[1]	Beispiele
$\geq$ 1 bis 10	Physikalisch-chemische Daten Basisdatensatz Toxikologie und Ökotoxikologie	Wichtige Kenngrößen wie Flammpunkt, Entzündlichkeit, $\log P_{ow}$ u. a. In-vitro-Studien oder akute Studien, Bioabbau
$\geq$ 10 bis 100	Erweiterter Basisdatensatz Toxikologie und Ökotoxikologie	Akute und subakute Studien Fischtoxizität, Verbleib und Verhalten in der Umwelt
$\geq$ 100 bis 1 000 $\geq$ 1 000	Die für die beiden höchsten Tonnagebänder einzureichenden Daten richten sich nach den erhaltenen Ergebnissen im Basisdatensatz. Aus diesem Grund sind diese Endpunkte nur als Testvorschläge vorzulegen. Die Entscheidung über die tatsächlich durchzuführenden Untersuchungen wird in Absprache mit der zuständigen europäischen Behörde gefällt.	Subchronische und chronische Studien Simulationstests zum Abbau in Oberflächenwasser, Boden und Sediment Wirkung auf terrestrische Organismen

[1] Die in einem Registrierdossier vorzulegenden Daten sind in der REACH-Verordnung in den Anhängen VII bis X aufgeführt.

SCHADSTOFFE UND UMWELTSCHUTZ

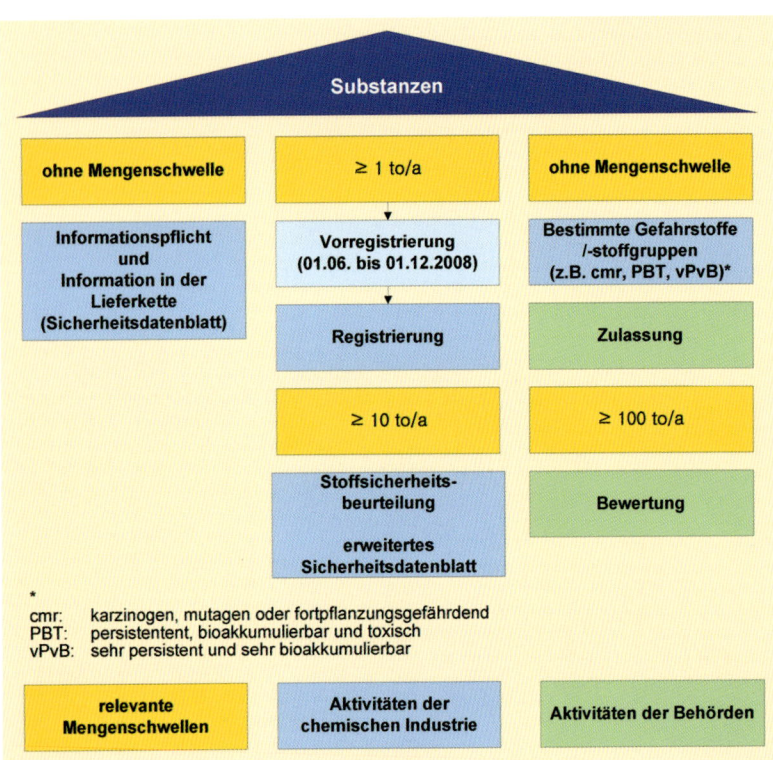

Abb. 13 *Kernelemente der REACH-Verordnung*

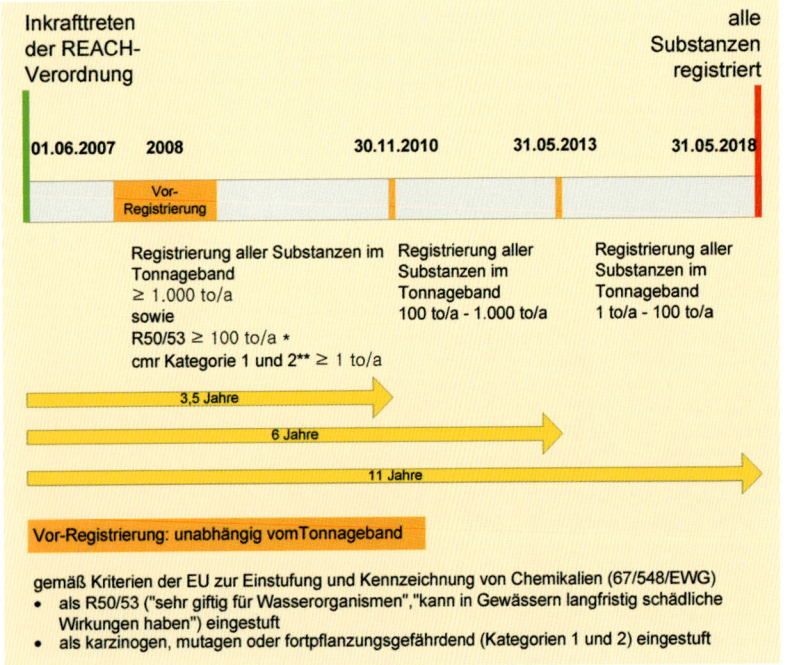

Abb. 14 *Zeitrahmen der Umsetzung der REACH-Verordnung*

Der Umfang der im Registrierdossier vorzulegenden Daten ist in Abhängigkeit von der hergestellten bzw. importierten Menge eines Stoffes gestaffelt (siehe Tabelle 7).

Die rechte Säule in Abb. 13 verdeutlicht die Aufgaben der zuständigen Behörden. Im Rahmen der Bewertung „sollten Nacharbeiten im Anschluss an die Registrierung vorgesehen werden, wobei die Übereinstimmung des Registrierungsdossiers mit den Anforderungen dieser Verordnung geprüft werden kann und erforderlichenfalls noch weitere Informationen über Stoffeigenschaften gewonnen werden können." (Präambel der REACH-Verordnung).

Bestimmte Gefahrstoffe bzw. Gruppen von Gefahrstoffen, die besonderen Anlass zur Besorgnis geben, können einem verwendungsspezifischen Zulassungsverfahren, der Zulassung, unterworfen werden.

Zeitrahmen

Der zeitliche Rahmen der Umsetzung der REACH-Verordnung ist in Abb. 14 dargestellt. Um ein Registrierdossier zu erstellen, ist die effektive Zusammenarbeit zwischen allen interessierten Parteien (Herstellern, Importeuren, nachgeschalteten Anwendern, Untersuchungslaboratorien etc.) erforderlich. Bis zum 30. November 2010 wurden alle Stoffe registriert, denen entweder aufgrund
- ihrer hohen Tonnage (> 1 000 Tonnen/Jahr) oder
- ihrer Wirkungen auf Mensch (karzinogen, mutagen oder fortpflanzungsgefährdend) und Umwelt (sehr giftig für Wasserorganismen, langfristig schädliche Wirkungen in Gewässern möglich)

die höchste Priorität eingeräumt wurde. Zum 31. Mai 2013 sind alle Stoffe im Tonnageband 100 bis 1 000 Tonnen /Jahr zu registrieren, zum 31. Mai 2018 erfolgt die Registrierung aller Stoffe im niedrigsten Tonnageband.

Für alle Stoffe, die mit Ablauf der ersten Frist am 30. November 2010 registriert sein mussten, wurde ein federführender Registrant bestimmt, der das komplette Registrierdossier in digitaler Form bei der Europäischen Chemikalienagentur (European Chemicals Agency, ECHA) in Helsinki einreichte. Das Dossier wurde im Regelfall in enger Zusammenarbeit aller oben angeführten Parteien erstellt, um das durch die REACH-Verordnung vorgegebene Ziel zu erfüllen, nämlich die Schaffung einer ausreichenden Daten- und Informationslage, die es ermöglicht, für in der EU auf dem Markt befindliche Stoffe sichere Verwendungsbedingungen herzustellen.

SCHADSTOFFE UND UMWELTSCHUTZ

Abb. 15 *Eine intakte Natur, sauberes Wasser und reine Luft bilden die Voraussetzung für hohe Lebensqualität.*

Autorenverzeichnis

Dr. Ian Barnes
Bergische Universität
Fachbereich C / Physikalische Chemie
Gaußstraße 20
42119 Wuppertal

Prof. Dr. Karl-Heinz Becker
Am Engelspfad 16
53127 Bonn

Prof. Dr. Peter Bruckmann
Landesamt für Natur, Umwelt und Verbraucherschutz NRW
Wallneyer Straße 6
45133 Essen

Prof. Dr. John Burrows
Institut für Umweltphysik
Universität Bremen
Postfach 330440
28334 Bremen

Prof. Dr. Klaus Butterbach-Bahl
Institut für Meterologie und Klimaforschung
Karlsruher Institut für Technologie
Kreuzeckbahnstr. 19
82467 Garmisch-Partenkirchen

Prof. Dr. Martin Dameris
Deutsches Zentrum für Luft- und Raumfahrt
Institut für Physik der Atmosphäre
Oberpfaffenhofen
82234 Wessling

Prof. Dr. Thomas Eikmann
Justus-Liebig-Universität
Institut für Hygiene und Umweltmedizin
Friedrichstraße 16
35385 Gießen

Prof. Dr. Johann Feichter
Max-Planck-Institut für Meteorologie
Bundesstraße 53
20146 Hamburg

Gesine Fickel
Celanese Deutschland Holding GmbH
Prof. Staudinger-Str.
65451 Kelsterbach

Prof. Dr. Hans-Curt Flemming
Universität Duisburg-Essen
Biofilm-Centre
45117 Essen

Dr. Edgar L. Gärtner
Otto-Weiss-Str. 10
61231 Bad Nauheim

Dr. Stefan Gilge
Deutscher Wetterdienst
Hohenpeissenberg
Albin-Schwaiger-Weg 10
82383 Hohenpeissenberg

Dr. Matthias Haeckel
Leibniz Institut für Meereswissenschaften
IFM-GEOMAR
Wischhofstr. 1-3
24148 Kiel

Dr. Roswitha Harrer
In den Wintergärten 23
67697 Otterberg

Prof. Dr. Martin Heimann
Max-Planck-Institut für Biogeochemie
Postfach 100164
07701 Jena

Prof. Dr. Hartmut Herrmann
Leibniz-Institut für Troposphärenforschung (IfT)
Abteilung Chemie
Permoserstr. 15
04318 Leipzig

Prof. Dr. Andreas Hofzumahaus
Forschungszentrum Jülich GmbH
ICG-2: Troposphäre
52425 Jülich

Dr. Astrid John
IUTA e.V.
Bliersheimer Strasse 60
47229 Duisburg

Jun.-Prof. Dr. Lars Kaleschke
Institut für Meereskunde
Universität Hamburg
Bundesstrasse 53
20146 Hamburg

Dr. Markus Kasper
Matter Engineering AG
Bremgarterstrasse 62
5610 Wohlen
Schweiz

Dr. Evgenii V. Kondratenko
Leibniz-Institut für Katalyse e.V.
Universität Rostock
Albert-Einstein-str. 29 a
18059 Rostock

Dr. Thomas A. J. Kuhlbusch
IUTA e.V.
Bliersheimer Strasse 60
47229 Duisburg

Prof. Dr. Gerhard Lammel
Max-Planck-Institut für Meteorologie
Bundesstr. 53
20146 Hamburg

Dr. David Linke
Leibniz-Institut für Katalyse e.V.
Universität Rostock
Albert-Einstein-str. 29 a
18059 Rostock

Dr. Andreas Martin
Leibniz-Institut für Katalyse e. V.
Universität Rostock
Albert-Einstein-Str. 29a
18059 Rostock

Dr. Franz May
Bundesanstalt für Geowissenschaften und Rohstoffe
Geozentrum Hannover
Stilleweg 2
30655 Hannover

Prof. Dr. Jürgen O. Metzger
Carl-von-Ossietzky-Universität
Fakultät V - Organische Chemie
Postfach 2503
26111 Oldenburg

Prof. Dr. Detlev Möller
Lehrstuhl für Luftchemie und Luftreinhaltung
Brandenburgische Technische Universität
Postfach 101344
03013 Cottbus

Dr. Geert Moortgat
Max-Planck-Institut für Chemie
Joh.-J.-Becher-Weg 27
Universitätscampus
55128 Mainz

Dr. Dirk Notz
Max-Planck-Institut für Meteorologie
Bundesstr. 53
20146 Hamburg

Dr. Wolf-Ulrich Palm
Institut für Ökologie und Umweltchemie
Leuphana Universität
Scharnhorststr. 1 / 13
21335 Lüneburg

Prof. Dr. Ulrich Platt
Ruprechts-Karls-Universität
Institut für Umweltphysik
Im Neuenheimer Feld 229
69120 Heidelberg

Dr. Ulrich Quass
IUTA e.V.
Bliersheimer Strasse 60
47229 Duisburg

Hilmar Rempel
Bundesanstalt für Geowissenschaften und Rohstoffe
Geozentrum Hannover
Stilleweg 2
30655 Hannover

Dr. Markus Rex
Alfred-Wegener-Institut
Telegrafenberg A43
14473 Potsdam

Dr. sc. nat. Manfred Richter
Leibniz-Institut für Katalyse e. V.
Universität Rostock
Albert-Einstein-Str. 29a
18059 Rostock

Prof. Dr. Michael Röper
BASF SE, GOH - B001
Science Relations / Innovation Management
67056 Ludwigshafen

AUTORENVERZEICHNIS

Dr. Jürgen Russow
Am Kalkofen 47
65835 Liederbach

Prof. Dr. Günter Schmid
Enggasser Bogen 28
80639 München

Prof. Dr. Torsten Schmidt
Universität Duisburg-Essen
Fakultät für Chemie
45117 Essen

Prof. Dr. Christian-D. Schönwiese
Goethe-Universität
Institut für Atmosphäre und Umwelt
Postfach 11 19
60054 Frankfurt am Main

Prof. Dr. Günter Siegemund
Frankfurter Str. 21
65719 Hofheim

Dr. Gerhard Smiatek
Institut für Meteorologie und Klimaforschung
Karlsruher Institut für Technologie
Kreuzeckbahnstr. 19
82467 Garmisch-Partenkirchen

Prof. Dr. Clemens von Sonntag
Bleichstraße 16
45468 Mülheim

Prof. Dr. Erwin Suess
Leibniz Institut für Meereswissenschaften
IFM-GEOMAR
Wischhofstr. 1-3
24148 Kiel

Prof. Dr. Rainer Steinbrecher
Institut für Meteorologie und Klimaforschung
Karlsruher Institut für Technologie
Kreuzeckbahnstr. 19
82467 Garmisch-Partenkirchen

Jun.-Prof. Dr. Christiane Voigt
Deutsches Zentrum für Luft- und Raumfahrt
Institut für Physik der Atmosphäre
Oberpfaffenhofen
D-82234 Wessling

Prof. Dr. Andreas Wahner
Forschungszentrum Jülich GmbH
ICG-2: Troposphäre
52425 Jülich

Prof. Dr. Peter Wiesen
Bergische Universität
Fachbereich C / Physikalische Chemie
Gaußstr. 20
42097 Wuppertal

Prof. Dr. Dr. h.c. Reinhard Zellner
Universität Duisburg-Essen
Institut für Physikalische Chemie
45117 Essen

Prof. Dr. Cornelius Zetzsch
Atmosphärisch-chemisches Forschungslaboratorium
BAYCEER
Universität Bayreuth
Dr.-Hans-Frisch-Str. 1-3
95448 Bayreuth

Bildquellen

(sofern nicht im Text vermerkt)

Kapitel 1
Aufhänger: Photodisc
Abb. 1: NASA/JPL.
Abb. 3: *Chemie in Unserer Zeit*, 2007, 41, 170-191.
Abb. 7: ImageState
Abb. 10: drx/Fotolia
Abb. 12: Deutsche Stiftung Weltbevölkerung (www.weltbevoelkerung.de). (Mit freundlicher Genehmigung durch J. Joachim und A. Wendler).
Abb. 14: PhotoDisc/Getty Images
Abb. 15: Mit freundlicher Genehmigung durch E. Dlugokencky (Originalautor) und durch James H. Butler (Global Monitoring Division, NOAA Earth System Research Laboratory)
Abb. 16: NASA (http://ozonewatch.gsfc.nasa.gov/monthly/)

Kapitel 2
Aufhänger: Isleif Heidrikson/Fotolia
Abb. 5: Digital Vision
Abb. 11: Corbis Digital Stock
Abb. 17: DAJ/Getty Images, Inc.
Abb. 19: Kristian Peters (http://en.wikipedia.org./wiki/Photosynthesis)
Abb. 20: Yikrazuul (http://de.wikipedia.org/wiki/Thylakoid)
Kasten „Biologische Membranen": *Chemie in Unserer Zeit*, 2003, 37, 234 – 241
Abb. 21: *Chemie in Unserer Zeit*, 2010, 44, 284 – 305.
Abb. 22: Digital Vision
Abb. 24: LianeM/Fotolia
Abb. 26: Corbis Digital Stock
Abb. 27: Statoil (http://www.statoil.com/en/Technology Innovation/ProtectingTheEnvironment/CarboncaptureAnd Storage/Pages/CarbonDioxideInjectionSleipnerVest.aspx)
Abb. 28: RWE Power AG
Abb. 29: Vattenfall Europe AG
Abb. 30: RWE Power AG
Abb. 31, 32, 33: Bundesanstalt für Geowissenschaften und Rohstoffe (BGR), http://www.bgr.bund.de.

Kapitel 3
Aufhänger: Corbis Digital Stock
Abb. 1: Harrer, R. (2003) *Chemie in Unserer Zeit*, 37, 234 – 241.
Abb. 3: Institute of Environmental Physics (IUP), University of Bremen (mit freundlicher Genehmigung von M. Buchwitz)
Abb. 4 und 5: Mit freundlicher Genehmigung durch E. Dlugogencky (Originalautor) und durch James H. Butler (Global Monitoring Division, NOAA Earth System Research Laboratory)
Abb. 8 Nasa

Abb. 9: Bundesamt für Geowissenschaften und Rohstoffe (BGR)
Abb. 13: Neil Beer/PhotoDisc/Getty Images, Inc.
Abb. 16: G. Bohrmann, E. Suess, in Vorträge der Münchner Tagung (Ed.: M. Keilhacker), Deutsche Physikalische Gesellschaft, 2004, pp. 133.
(Mit freundlicher Genehmigung durch Erwin Suess, IFM-GEOMAR)
Abb. 17und 19: IFM-GEOMAR, Leibniz Institut für Meereswissenschaften an der Universität Kiel (http://www.ifm-geomar.de)
Abb. 18: K. A. Kvenvolden und T. D. Lorenson, USGS, Menlo Park, California http://walrus.wr.usgs.gov/globalhydrate.
Abb. 20: MARUM, Universität Bremen
Abb. 21: Andy Washnik/Wiley archive
Abb. 26: Onkelchen /Fotolia
Abb. 29: PhotoDisc, Inc.

Kapitel 4
Aufhänger: Kurhan/Fotolia
Abb. 4: Corbis Digital Stock
Abb. 6: Klaus Eppele/Fotolia

Kapitel 5
Aufhänger: PhotoDisc/Getty Images
Abb. 5: Corbis Digital Stock
Abb. 6: Umweltbundesamt, 1990-2008 (http://www.umweltbundesamt.de/emissionen/publikationen.htm)
Abb. 7: Umweltbundesamt, 2009 (http://www.umweltbundesamt.de/emissionen/publikationen.htm)
Abb. 9: cdellwo/Fotolia
Abb. 12: Umweltbundesamt, II 4.2 Beurteilung der Luftqualität
Abb. 14: Datenbank des GAW-Weltdatenzentrums für Treibhaus- und reaktive Gase (WDCGG), Tokio
Abb. 15 Klaus Eppele /Fotolia
Abb. 16 Andrea Lehmkuhl/Fotolia
Abb. 17 Digital Vision
Abb. 23 Corbis Digital Stock
Abb. 24: Mit freundlicher Genehmigung der RWW Rheinisch-Westfälischen Wasserwerksgesellschaft mbH (RWW)
Abb. 26 PhotoDisc, Inc.

Kapitel 6
Aufhänger: Corbis Digital Stock
Abb. 2 PhotoDisc, Inc.
Abb. Abb. 5: SeaWiFS Project, NASA/Goddard Space Flight Center and ORBIMAGE- NASA
Abb. 18 Albix/Fotolia
Abb. 19 Corbis Digital Stock

BILDQUELLEN

Abb. 20 PhotoDisc/Getty Images
Abb. 21 Corbis Digital Stock

Kapitel 7
Aufhänger: PhotoDisc, Inc.
Abb. 2: Corbis Digital Stock
Abb. 4: Digital Vision
Abb. 6 Alaska Stock Images
Abb. 7: http://arctic.atmos.uiuc.edu/cryosphere/IMAGES/ seaice.area.arctic.png)
Abb. 8: M. Zhang, Stony Brooke University (ftp://eos.atmos.washington.edu/pub/breth/CPT/zhang_cloud-feedback-04.pdf)
Abb. 11: *Chemie in unserer Zeit*, Themenheft „Chemie der Atmosphäre", 3/2007
Abb. 14: http://www.stmuk.bayern.de/blz/web/100065/ abb5.gif
Abb. 15: Corbis Images
Abb. 16: NASA (http://earthobservatory.nasa.gov/IOTD/ view.php?id=4998)
Abb. 17: Mit freundlicher Genehmigung von Stefan Niederhauser (http://www.chueweid.ch)
Abb. 18: Corbis Digital Stock
Abb. 19: http://lexikon.freenet.de/images/de/ 4/43/Kl%C3%A4ranlage_Ablaufschema_-_anaerobe_Schlammbehandlung.jpg
Abb. 20: Digital Vision

Kapitel 8
Aufhänger: Digital Vision
Abb. 2: PhotoDisc/Getty Images
Abb. 3: PhotoDisc/Getty Images
Abb. 4: Mit freundlicher Genehmigung von Stefan Kern, Universität Hamburg
Abb. 5: Mit freundlicher Genehmigung von Gunnar Spreen, Universität Hamburg
Abb. 6: D. Notz, basierend auf „IPCC: Zwischenstaatlicher Ausschuss für Klimaänderungen" (Intergovernmental Panel on Climate Change, IPCC)
Abb. 7: PhotoDisc, Inc.
Abb. 9: Tyler Olson/Fotolia
Abb. 10: NASA (http://earthobservatory.nasa.gov/IOTD/ view.php?id=681)

Kapitel 9
Aufhänger: kimihito/Fotolia
Abb. 2: Volz, A. and Kley, D. (1988), Evaluation of the Montsouris series of ozone measurements made in the nineteenth century, *Nature*, 332, 240-242.
Abb. 4: PhotoDisc/Getty Images
Abb. 7: Persönliche Information, Hauglustaine, 2000.

Kapitel 10
Aufhänger: Foto-Ruhrgebiet/Fotolia
Abb. 1: NASA/JPL
Abb. 10: Hans-Christian Wöste/Alfred-Wegener-Institut für Polar- und Meeresforschung
Abb. 12: NASA/JPL-Caltech

Abb. 13, 14: M. Weber und J. P. Burrows, Institut für Umweltphysik, Universität Bremen.
Abb. 15, 16, 18, 19: A. Richter, Institut für Umweltphysik, Universität Bremen.
Abb. 20, 21: F. Wittock und J. P. Burrows, Universität Bremen (mit Genehmigung von A. Richter)
Abb. 22: M. Begoin, A. Richter und J. P. Burrows, Institut für Umweltphysik, Universität Bremen.
Abb. 23: A. Schoenhardt, A. Richter, F. Wittrock und J. P. Burrows, Universität Bremen.
Abb. 24, 25: M. Buchwitz, Institut für Umweltphysik, Universität Bremen.
Abb. 26: NASA

Kapitel 11
Aufhänger: Digital Vision
Abb. 1: D. G Loyola, R. M Coldewey-Egbers, M., Dameris, H. Garny, A. Stenke, M. Van Roozendael, C. Lerot, D. Balis and M. Koukouli (2009) Global long-term monitoring of the ozone layer - a prerequisite for predictions, *International Journal of Remote Sensing*,30:15,4295- 4318
Abb. 2: OSIRIS Science Team
Abb. 3: aktualisiert nach M. Rex et al., Chemical depletion of Arctic ozone in winter (1999/2000) *J. Geophys. Res.*, 107(D20), 8276, doi:10.1029/2001JD000533, 2002.
Abb. 4 und 5: aktualisiert nach M. Rex et al. (2000) Arctic and Antarctic ozone layer observations: chemical and dynamical aspects of variability and long-term changes in the polar Stratosphere, *Polar Research*, 19(2), 193-201
Abb. 7: Markus Rex/Alfred-Wegener-Institut Potsdam
Abb. 8: aktualisiert nach M. Rex et al. (2006), Arctic winter 2005: Implications for stratospheric ozone loss and climate change, *Geophys. Res. Lett.*, 33, L23808, doi:10.1029/2006GL026731.
Abb. A1: D.W.J. Thompson and S. Solomon (2002) Interpretation of Recent Southern Hemisphere Climate Change, *Science*, 296, 895-899.
Abb. A2: Alfred-Wegener-Institut Potsdam, basierend auf Daten des Ozone Monitoring Instruments (OMI).
Abb. 12: Hoechst GmbH, Unternehmensarchiv (aus: Frigen Spektrum, *Das Wichtigste über Frigen für die Kält-, Klima- und Energietechnik*", Hoechst AG, Frigen Informationsdienst, 3/1984)
Abb. 13: PhotoDisc, Inc.
Abb. 14: Hoechst GmbH, Unternehmensarchiv
Abb. 15: Hoechst GmbH, Unternehmensarchiv (aus: „Die Frigen-Story", Farbwerke Hoechst AG, Frigen Informationsdienst)
Abb. 16: Hoechst GmbH, Unternehmensarchiv (aus: Frigen Spektrum, *Das Wichtigste über Frigen für die Kunststoffverschäumung*", Hoechst AG, Frigen Informationsdienst, 1/1985)
Abb. 17, 18: Basierend auf Daten der AFEAS Administration Organization: Science Service& Policy Services Inc., USA

BILDQUELLEN

Abb. 19: Basierend auf Daten aus „Alternatives to Chlorofluorocarbons (CFCs) in R .E. Banks *et al.* (1994) Organofluorine Chemistry, Principles and Commercial Applications, Plenum, Press New York and London.

Kapitel 12
Aufhänger: otisthewolf/Fotolia
Abb. 2: PhotoDisc, Inc.
Abb. 3: J.F. Pankow (1987) Review and comparative analysis of the theory of

Abb. 5: Alfred-Wegener-Institut für Polar- und Meeresforschung
Abb. 9: Corbis Digital Stock
Abb. 11: **benqook/Fotolia**
Abb. 15: Corbis Digital Stock
Tabelle 4 und 5: Basierend auf Daten aus *Industrieverband Agrar*, Jahresbericht 2009/2010.

Stichwortverzeichnis

A
Abgasgesetzgebung 97
Absorptionsspektrometrie 177
- Streulicht 177
- Direktlicht 177
Absorptionsspektroskopie 175
Abwasser 103, 146
- Wiedernutzung 103
airborne fraction 30
Albedo 134
Aldehyde 187
Asthmaerkrankungen 121
Atmosphäre 9 ff., 15, 20, 129, 135, 163
- Zirkulationssystem 15
Atmosphärenchemie 155
ATP 40
ATP-Synthase 41

B
Bakterien 78
Bevölkerungswachstum 17 f.
- Weltklima 17
Bioenergiepflanzen 81
Biogene flüchtige organische
  Verbindungen (BVOC) 90
Biologie 126
- Nanotechnologie 126
Biomasse 45

C
Chemischer Pflanzenschutz 221
Chlorophyll 38
CNTs 125

D
DDT (Dichlor-Diphenyl-Trichlorethan) 222
Dieselmotoren 100
- Harnstoff-SCR-Konzept 100
DNA-Doppelhelix 126
Dunst 130
Dynamik 14

E
Eisberge 152
Emissionsgrenzwerte 94
Emissionsmodellierung 91
Energie 40
- Speicherung durch ATP Synthase 40
EnviNOx® 83
Erdatmosphäre 10 f.
Erdgas 71

F
FCKW (Fluor-Chlor-Kohlenwasserstoff) 21 ff., 195, 198, 205 ff.
- Ersatzstoffe 208
Feinstaub (PM) 105 ff., 120 ff.
- chemische Analytik 111
- chemische Zusammensetzung 108
- epidemiologische Studien 120
- Ferntransport 108
- Größenfraktionierung 110
- Konzentration 105
- toxikologische Studien 121
- Vorkommen 105
Feinstaubbildung 113
- Quelle 113
Fernerkundung 178, 181
- ballongestützte 181
- bodengebundene 178
- flugzeuggestützte 179
Ferntransport 218
Fischer-Tropsch-Synthese (FTS) 73
Flüchtige Verbindungen 90
- Biogene (BVOC) 90
Fullerene 125
Fungizide 223

G
Gletscher 152
Global Earth Observing System
  of Systems – GEOSS 183
Grashüpfer-Effekt 217
Grundwasser 132

H
Halogenverbindungen 188
Harnstoff-SCR-Konzept 100
Hauptgas 12 f.
- Kreislauf 12
Herbizide 223
HO_x-Radikal 167

I
Insektizide 222

K
Katalysator 98 ff.
Kläranlage 147
Klima 33 f., 132, 157, 202
- Ozonloch 202
Klimaschutz 44
- chemische Nutzung von CO_2 44
Klimasystem 56 ff.
- Bedeutung des Methans 57
- Oxidation des Methans 56
Klimawandel 20 ff., 27, 33, 35 f.
- Ursachen 35
Kohlendioxid 24, 27, 38, 43 ff., 155, 190
- Abscheidung 46
- atmosphärisch 38
- chemischer Rohstoff 43
- katalytische Synthese 44
- Speicherung 49 ff.
- technische Gewinnung 43
Kohlendioxid-Düngeeffekt 30
Kohlenstoff 28, 111
- anorganischem gelöstem (*DIC* = *Dissolved Inorganic Carbon*) 28
- organischer 111
Kohlenstoffbilanz 31
- globale 31
Kohlenstoffkreislauf 27 f.
- Veränderungen der atmosphärischen Kohlendioxid-Konzentration 27
- natürliche 28
Kohlenstoffnanoröhren (CNTs = *Carbon Nanotubes*) 125
Kohlenwasserstoff 86
Künstliches Blatt 41
Kyoto-Protokoll 23 f., 37, 53, 185

L
Lachgas (Distickstoffmonoxid) 77, 80
- biochemische Bildungsmechanismen 77
- biogene Quellen 80
- Chemie 77
- chemische Industrie 83
- Klimawirkung 77
Lambda-Regelung 99
Leben 140
LED = *Light Emitting Diodes* 125
Lichtreaktion 39
Luft 85
Luftqualität 105
Luftschadstoffe 94

M
marine biologische Pumpe 29
marine Carbonatpumpe 29
Medizin 126
- Nanotechnologie 126
Meereis 153, 158 ff.
Mensch als Störfaktor 17 ff., 29
- Energiebedarf 17
- globale Kohlendioxidbilanz 29
Methan 53 ff., 71 ff., 190
- atmosphärisch 53, 58
- biochemische Bildung 58
- Oxidation 56
- Verfahren zur Veredelung 72
- Verteilung 53
Methankreislauf 54
Methanol-Synthese 72
Montrealer Protokoll 22, 185, 191
Mülheimer Verfahren 102
Multikompartimentverbindungen 217, 220
Multiphasenmodellierung 138

N
N_2O-Artefakt 82 f.
NADPH 40
Nanopartikel 124
Nanotechnologie 126
- Biologie 126

236

STICHWORTVERZEICHNIS

- Medizin 126
NDAP 40
Nebel 130
Niederschlag 131

O
OH-Radikale 165 ff.
- troposphärische Chemie 165
OH-Radikal-Kreislauf 167
Organische Verbindungen 136
- Chemie 136
Ozeanzirkulation 159
Ozon 85, 92 ff., 101, 164, 185 ff., 195, 198
- Änderung der Ozonschicht 185
- Ozonbildung und katalytische Abbauzyklen 198
- Photochemie 198
- räumliche und zeitliche Verteilung 92
Ozonabbaupotential (*Ozone Depletion Potential*, ODP) 208
Ozon-Isoplethen-Diagramm 88
Ozonloch 20 ff., 195, 201 ff.
- Klima 202
Ozonschicht 195, 200 f.
- chemische und dynamische Einflüsse 195
- Erholung 200
Ozonschichtdicke 197

P
Partikel 117
- Abfangen 117
Persistenz 215, 218
Pestizide 221
- chemische 221
Photosynthese 38
PM *(Particulate Matter)* 105
POPs, *Persistent Organic Pollutants* 211 ff., 216, 220
- Abbauprodukte 216
- charakteristische Stoffeigenschaften 213
- Geschwindigkeitskonstanten 216
- Halbwertszeit 216

R
REACH-Verordnung (*Registration, Evaluation, Authorisation and Restrict of Chemicals*) 226 ff.
Reif 131

S
Satelliten 183
Sauerstoff 10
Schelfeis 152
Schnee 134, 151
Schwefelchemie 136
Schwefeldioxid 187
Schwer abbaubare Stoffe 215
Selbstreinigung 163
Sommersmog 85
- photochemische Mechanismen 85
Sonnenstrahlung 17
Sonnensystem 9 ff.
Speichergesteine 49
Spektalbereiche 176
- infrarote 176
- Mikrowellen und Sub Millimeterwellen Bereich 176
- ultraviolette und sichtbare 176
Spurengasabbau 168
Spurengase 12 ff., 163, 166, 169
- Kreislauf 12 ff.
- troposphärisch 169
Spurenstoffe 173 ff.
- Methoden der Fernerkundung 174
- Methoden der *in situ* Messungen 174
Stickoxid 99
- selektive katalytische Reduktion 99
Stickoxidchemie 136
Stickoxide (NO_x) 86 ff., 97
Stickstoffdioxid 186
Stickstoffkreislauf 78
Stockholmer Übereinkommen 211
Strahlung 15
Strahlungsantrieb 33
Strahlungscodes 33
Strahlungsenergie 31
Strahlungsgesetze 31
Strahlungsprozesse 31
- klimarelevante 31
Synthesegas 72

T
Tau 131
Temperatur 15, 31
Transport 14
Treibhauseffekt 33
Treibhausgas 27, 133
Treibhauspotential (*Greenhouse Warming Potential*, GWP) 208
Treibhauspotential (GWP – Greenhouse Warming Potential) 23
Trinkwasser 144
Trinkwasseraufbereitung 101, 145
Troposphäre 15
- Zirkulationssystem 15
Troposphärische Chemie 165, 186
Troposphärisches Mehrphasensystem 136
- Chemie 136

U
Ultra Feinstäube (UFP) 105
Umweltverschmutzung 186

V
Verwitterung 132
- chemische 132
VOC (*volatile organic compound*) 86 ff., 97
- Lebensdauer 88

W
Wasser 101, 129, 132 ff., 140 ff., 144
- Eigenschaften 141
- Klimaregulator 132
- Kreislauf 129
- Leben 142
- Vorkommen und Formen 129
Wasserdampf 129, 133
Wetter 33
Wolken 130, 134, 137
Wolkenwasser 135